FreeBSD

（原书第2版）

操作系统设计与实现

The Design and Implementation of the FreeBSD Operating System

Second Edition

马歇尔·柯克·麦库西克（Marshall Kirk McKusick）

[美]　乔治·V. 内维尔-尼尔（George V. Neville-Neil）　著

罗伯特·N. M. 沃森（Robert N. M. Watson）

陈向群 郭立峰 叶顺平 等译

U0381055

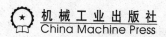

机械工业出版社

China Machine Press

图书在版编目（CIP）数据

FreeBSD 操作系统设计与实现：原书第 2 版 /（美）马歇尔·柯克·麦库西克，（美）乔治·V. 内维尔 - 尼尔，（美）罗伯特·N. M. 沃森著；陈向群等译 . -- 北京：机械工业出版社，2021.9

书名原文：The Design and Implementation of the FreeBSD Operating System, Second Edition

ISBN 978-7-111-68997-3

I. ①F… II. ①马… ②乔… ③罗… ④陈… III. ①UNIX 操作系统 IV. ①TP316.81

中国版本图书馆 CIP 数据核字（2021）第 172115 号

本书版权登记号：图字 01-2020-2397

Authorized translation from the English language edition, entitled *The Design and Implementation of the FreeBSD Operating System, Second Edition*, ISBN: 9780321968975, by Marshall Kirk McKusick, George V. Neville-Neil, Robert N. M. Watson, published by Pearson Education, Inc., Copyright © 2015.

All rights reserved. No part of this book may be reproduced or transmitted in any form or by any means, electronic or mechanical, including photocopying, recording or by any information storage retrieval system, without permission from Pearson Education, Inc.

Chinese simplified language edition published by China Machine Press, Copyright © 2021.

本书中文简体字版由 Pearson Education（培生教育出版集团）授权机械工业出版社在中华人民共和国境内（不包括香港、澳门特别行政区及台湾地区）独家出版发行。未经出版者书面许可，不得以任何方式抄袭、复制或节录本书中的任何部分。

本书封底贴有 Pearson Education（培生教育出版集团）激光防伪标签，无标签者不得销售。

FreeBSD 操作系统设计与实现（原书第 2 版）

出版发行：机械工业出版社（北京市西城区百万庄大街 22 号 邮政编码：100037）			
责任编辑：曲 熠		责任校对：马荣敏	
印　　刷：三河市宏图印务有限公司		版　　次：2021 年 10 月第 1 版第 1 次印刷	
开　　本：186mm×240mm 1/16		印　　张：38.5	
书　　号：ISBN 978-7-111-68997-3		定　　价：199.00 元	

客服电话：（010）88361066 88379833 68326294

华章网站：www.hzbook.com

投稿热线：（010）88379604

读者信箱：hzjsj@hzbook.com

版权所有 · 侵权必究

封底无防伪标均为盗版

本书法律顾问：北京大成律师事务所 韩光 / 邹晓东

The Translators' Words 译 者 序

本书是 Marshall Kirk McKusick、George V. Neville-Neil、Robert N. M. Watson 三位 FreeBSD 系统引领者的倾力巨著。Marshall Kirk McKusick 实现了 4.2BSD 快速文件系统，并负责监督 4.3BSD 和 4.4BSD 的开发与发布。George V. Neville-Neil 编写了安全、网络和操作系统相关的许多资料。Robert N. M. Watson 为 FreeBSD 核心团队服务了 10 年之久，并且当了 15 年贡献者。他们三位作为 FreeBSD 基金会的董事会成员，为 FreeBSD 的不断发展和演进做出了巨大贡献。

FreeBSD 始于 1993 年，经过近 30 年的发展，已经成为世界上非常重要的操作系统之一。当前有很多公司的核心平台在使用 FreeBSD 操作系统，FreeBSD 的一些设计思想和理念也深刻影响着操作系统世界。

FreeBSD 系统脱胎于 UNIX 系统，是基于 BSD 的分发版本。得益于系统的优雅设计，它在很多应用场景中发挥着重要作用。BSD 本身对 POSIX（IEEE 1003.1 标准）操作系统接口标准具有重要影响，很多优秀特性（如可靠信号、作业控制、逐进程的多个访问组以及目录操作等）被移植到 POSIX 上。

本书在第 1 版基础上进行了全面更新，涵盖 FreeBSD 5 和 FreeBSD 11 之间的所有重大改进，如高度可扩展和轻量级虚拟化、使用 Xen 和 Virto 设备半虚拟化进行虚拟设备加速、增加 Capsicum 沙箱和 GELI 加密磁盘保护等新的安全特性、全面支持 NFSv4 和 ZFS、DTrace 内核调试技巧等。

操作系统实施人员、系统程序员、应用程序开发人员、系统管理员和对本书感兴趣的其他读者都将从本书中受益匪浅。读者可以通过本书深入了解 FreeBSD 系统的性能和限制、系统的高效交互方式、配置、维护和系统调优以及如何扩展和增强系统。

总而言之，FreeBSD 是一个设计非常优雅的操作系统，它对整个操作系统世界的发展做出了巨大贡献，很多核心特性被其他操作系统所借鉴。通过深入阅读本书，并对书中的一些操作系统核心设计思想进行思考，相信读者一定会有巨大收获。

本书的出版得到了机械工业出版社华章公司的大力支持，在此要向温莉芳和何方表示由衷的感谢。

参加本书翻译、审阅和校对的还有刘德培、田檬、方喻婧、高力量、李钰、闫玉璠、张宸宁、李训涛、马凯强、梅楚鹤、贾志轩、张雨、韩博、蔡奕丰、王木、姬烨、李斌、舒俊宜、璩子昂、刘永政等。此外，赵霞博士对所有名词术语进行了审校并提出了宝贵意见。在此对他们的贡献表示诚挚的感谢。

由于译者水平有限，因此译文中难免会出现错误和不足之处，欢迎各位专家和广大读者批评指正，在此先表感谢。

译者

2021 年 7 月

Preface 前　　言

　　本书遵循早期权威的、完整的关于 UNIX 系统 4.3BSD 和 4.4BSD 版本的设计和实现的描述，这些 UNIX 系统是由加州大学伯克利分校开发的。自从伯克利在 1994 年发布最终版本以来，几个团队一直在开发 BSD。本书详细介绍了 FreeBSD，这个系统拥有最大的开发人员团体且发行最为广泛。尽管 FreeBSD 发行版在其基本系统中包含了近 1000 个实用程序，在其 ports 集合中包含了近 25 000 个可选实用程序，但本书几乎完全集中在内核上。

类 UNIX 系统

　　类 UNIX 系统包括：传统的供应商系统，如 Solaris 和 HP-UX；基于 Linux 的发行版，如 Red Hat、Debian、Suse 和 Slackware；基于 BSD 的发行版，如 FreeBSD、NetBSD、OpenBSD 和 Darwin。它们可以在从智能手机到最大的超级计算机的各种计算机上运行。它们是大多数多处理器、图形和向量处理系统选择的操作系统，并被广泛用于分时这一最初目的。作为 Internet 上提供网络服务（从 FTP 到 WWW）的最常用平台，它们是有史以来开发的最具可移植性的操作系统。这种可移植性既归功于它们的实现语言 C [Kernighan & Ritchie, 1989]（它本身就是一种广泛移植的语言），又归功于系统的优雅设计。

　　自 1969 年创始以来 [Ritchie & Thompson, 1978]，UNIX 系统在几个分分合合的支流中不断发展。最初的开发人员继续在 AT&T 贝尔实验室开发第 9 版和第 10 版 UNIX，以及 UNIX 第 9 版的后继版本。与此同时，AT&T 在将 UNIX System V 与 Sun Microsystems 的基于 BSD 的 SunOS 合并以生产 Solaris 之前，授权将 UNIX System V 作为产品。第 9 版 UNIX、System V 和 Solaris 都受到了加州大学伯克利分校计算机系统研究小组（CSRG）推出的伯克利软件发行版的强烈影响。尽管 Linux 操作系统是独立于其他 UNIX 变体开发的，但它实现了 UNIX 接口。因此，在其他基于 UNIX 的平台上开发的应用程序很容易移植到 Linux 上运行。

伯克利软件发行版（BSD）

BSD 系统是第一个基于 UNIX 系统并引入许多重要功能的发行版。这些重要功能包括：

❏ 按需分页的虚拟内存支持。

❏ 硬件、I/O 系统的自动配置。

❏ 快速、可恢复的文件系统。

❏ 基于套接字的进程间通信（IPC）原语。

❏ TCP/IP 的相关实现。

伯克利发行版进入了许多供应商的 UNIX 系统，并被许多其他供应商的开发团队在内部使用。TCP/IP 网络协议套件在 4.2BSD 和 4.3BSD 中的实现以及这些系统的应用，在推动 TCP/IP 网络协议套件成为世界标准方面发挥了关键作用。甚至像微软这样的非 UNIX 供应商也在自己的 Winsock IPC 接口中采用了伯克利套接字设计。

BSD 的发布对 POSIX（IEEE std1003.1）操作系统接口标准和相关标准也有很大的影响。这在一些特性上尤为明显，如可靠信号、作业控制、每个进程的多个访问组以及目录操作的例程，都是从 BSD 中改编后应用于 POSIX 的。

早期的 BSD 版本包含 UNIX 许可证代码，因此要求接收者拥有 AT&T 源代码许可证才能获得和使用 BSD。1988 年，伯克利把它的发行版分为 AT&T 授权的和可自由再发行的代码。可自由再发行的代码是单独授权的，任何人都可以获得、使用和重新分发。1994 年伯克利发布的最后一个可自由再发行的 4.4BSD-Lite2 版本包含了几乎整个内核以及所有重要的库和实用程序。

NetBSD 和 FreeBSD 两个小组萌芽于 1993 年，并开始支持和分发由伯克利开发的免费可再发行与构建的系统。NetBSD 小组强调可移植性和极简主义的方法，将系统移植到近 60 个平台上，他们决心保持系统的精简以易于兼容嵌入式应用程序。FreeBSD 小组强调最大限度地支持 PC 体系结构，推动其系统易于安装，并向尽可能广泛的用户进行推广。

1995 年，OpenBSD 组从 NetBSD 组中分离出来，开发了一个强调安全性的发行版。2003 年，Dragonfly 组从 FreeBSD 组中分离出来，开发了一种轻量级的机制来支持多处理的发行版。多年来，BSD 发行版之间处于良性竞争状态，许多想法和大量代码之间经常互通有无。

本书内容

本书介绍 FreeBSD 11 内核的内部结构以及实现 FreeBSD 系统功能所涉及的概念、数据结构和算法，从系统调用层向下（从接口到内核，再到硬件本身）涵盖 FreeBSD 的内容。该内核包括进程管理、内核安全、虚拟内存、I/O 系统、文件系统、套接字 IPC 机制和网络协议实现等系统模块。除了与终端接口、系统启动有关的内容，系统调用层之上的知识，例如与库、Shell、命令行、编程语言和其他用户接口有关的内容都不在本书范围之内。本书沿袭了 Organick 在编写 Multics 操作系统书籍时首次采用的组织结构 [Organick, 1975]，是对现代操作系统的深入研究。

在涉及特定硬件时，本书参考了 Intel 32 位体系结构和类似的 AMD 64 位体系结构。由于 FreeBSD 加强了在这些体系结构上的开发，它们是获得 FreeBSD 最全面支持的体系结构，因此十分便于参考。

计算机专业人士阅读指南

FreeBSD 被广泛应用于全球许多公司的核心基础体系结构。由于构建过程占用空间较小，它在嵌入式程序中的应用场景也越来越多。FreeBSD 的授权条款不要求对发生变更或功能增强的系统进行发布，而 Linux 则要求以源代码形式提供对内核的所有更改和增强。因此，需要控制其知识产权发布的公司会使用 FreeBSD 构建产品。

本书主要针对使用 FreeBSD 系统工作的专业人员。技术人员和销售支持人员可以了解该系统的能力和局限性，应用程序开发人员可以学习如何有效地和系统进行交互，经验较少的系统管理员可以学习如何使用 FreeBSD 内核进行维护、调优和系统配置，系统程序员可以学习如何扩展、增强系统以及与系统交互。

不论是操作系统的开发者、系统程序员、UNIX 应用程序开发人员、系统管理员还是没有相关经验的新手，都可以从本书中学习操作系统的相关知识。在阅读本书的同时可以结合系统源代码一起学习，这样有助于理解得更透彻。本书既不是 UNIX 编程手册，也不是用户教程，如果熟悉某些版本的 UNIX 系统（参见 Stevens[1992]）和 C 编程语言（参见 Kernighan & Ritchie[1989]）的使用将会非常有帮助。FreeBSD 手册全面介绍了 FreeBSD 的创建、操作和编程 [FreeBSD Mall, 2004; FreeBSD.org, 2014]。PC-BSD 发行版提供了 FreeBSD 安装包，旨在使台式机和笔记本电脑用户能够轻松安装和使用 [Lavigne, 2010；PC-BSD.org，2014]。

操作系统课程用书指南

本书适合用作参考书，为操作系统基础课程的初级教材提供背景知识。本书不应用作操作系统入门教材，读者应当已经了解过诸如"内存管理""进程调度""I/O 系统"[Silberschatz 等，2012]"网络协议"[Comer，2000; Stallings，2000；Tanenbaum，2010] 等术语，这些对于理解后面的某些章节会很有帮助。

本书可与 FreeBSD 系统的代码一起使用，以用于更高级的操作系统课程。学生作业内容可以包括对关键系统组件（如调度程序、分页守护程序、文件系统、线程信号、各种网络层、I/O 管理等）的更改或替换。学生需要掌握如何从正在运行的内核中加载、替换和卸载模块，这样无须反复编译和重启系统，从而提升实验效率。通过使用真实的操作系统，学生可以直接测试其更改的效果。由于经历了长达 35 年的代码评审并且严格遵循编码规范，FreeBSD 内核比大多数相似的软件项目更加干净、模块化、易于理解和修改。可以从 www.teachbsd.com 获得示例课程材料。

每章的末尾都有习题，习题分为三个类别：不带星号的习题可以直接从书中找到答案；带有一个星号的习题需要根据书中介绍的概念进行推理，并给出解题步骤；带有两个星号的习题表示主要的设计项目或未解决的研究问题。

章节结构

本书主要讨论操作系统的哲学、设计和实现的细节。通常来说，我们对这些内容的讨论会从系统调用级别开始，然后才讨论内核。书中的图表用来阐明数据结构和控制流程，类似于用 C 语言的伪代码来阐明算法。

本书分为五部分，主要内容如下：

❑ **第一部分，概述**。前三章主要介绍理解操作系统和本书其他部分内容所需的背景知识。第 1 章概述系统的发展历史，强调系统的研究方向。第 2 章描述系统提供的服务，并概述内核的内部组织，讨论系统开发过程中做出的设计决策。第 3 章说明系统调用如何执行，并详细描述内核的一些基本服务。

❑ **第二部分，进程**。第 4 章通过描述进程的结构，调度执行线程的算法（这些线程构成了进程），以及系统中为确保驻留在内核中的数据结构的一致性访问而设计的同步机制，为之后的章节奠定基础。第 5 章介绍整个内核使用的安全性框架，并详细介绍用于控制进程以安全获取系统资源的方式，以及进程间互访的安全性措施。第 6 章详细讨论虚拟内存管理系统。

❑ **第三部分，I/O 系统**。第 7 章介绍 I/O 的系统接口，并描述用来支持该接口的设施的结构。之后的 4 章详细介绍 I/O 系统的主要内容。第 8 章描述 Intel 和 AMD 系统的 I/O 体系结构，并介绍如何管理 I/O 子系统，以及内核最初如何映射，后来又如何管理所连接设备的接入与断开。第 9 章详细介绍实现原始本地文件系统的数据结构和算法（该文件系统直接与应用程序交互），以及如何将本地文件系统与第 8 章中描述的设备接口相连接。第 10 章介绍 Zettabyte 文件系统（已从 OpenSolaris 操作系统添加到 FreeBSD）。第 11 章分别从服务器端和客户端角度介绍新的 4.2 版本的网络文件系统。

❑ **第四部分，进程间通信**。第 12 章描述在相关 / 不相关进程之间提供通信的机制。第 13 章和第 14 章紧密相关，因为后者使用了前者中说明的功能，例如协议中使用的 UDP、TCP 和 SCTP 等。

❑ **第五部分，系统运行**。第 15 章从进程级别的角度描述从内核初始化到用户登录的系统初始化过程。

建议读者按照以上各章的顺序进行阅读，但第一部分以外的其他部分彼此独立，可以分开阅读。第 15 章应该最后阅读，但对于有经验的读者，单独阅读也是有帮助的。

本书的最后是术语表。每一章都包含参考文献，其中引用了相关的材料。

BSD 的获取

所有 BSD 的发行版都可以从网上下载，也可以从 CD-ROM 或 DVD 等可移动介质上下载。有关获取 FreeBSD 的源代码和二进制文件的信息，可访问网址 http://www.FreeBSD.org。NetBSD 发行版编译后可以在大多数工作站体系结构上运行。有关更多信息，请联系 NetBSD 项目（http://www.NetBSD.org/）。OpenBSD 发行版编译后可以在各种工作站体系结构上运行，并且已通过广泛的安全性和可靠性审查。有关更多信息，可访问 OpenBSD 项目的网站 http://www.OpenBSD.org/。

致谢

我们要特别感谢 Matt Ahrens（Delphix），感谢他对 ZFS 的工作原理提供了宝贵的意见，感谢他通过无数封电子邮件回答了我们关于 ZFS 如何工作以及为何要做出某些特定设计决策的问题。

我们也要感谢以下人员，感谢他们对内核的各个方面进行综述，他们在这些方面都有着深入的研究。感谢 John Baldwin（FreeBSD 项目）在锁、调度和虚拟内存方面的工作，感谢 Alan Cox（莱斯大学）在虚拟内存方面的工作，感谢 Jeffrey Roberson（EMC）在 ULE 调度器方面的工作，感谢 Randall Stewart（Adara Networks）在 SCTP 实现方面的工作。

我们同时感谢以下人员，他们都阅读并评价了本书各章的初稿：Eric Allman（加州大学伯克利分校），Jonathan Anderson（纽芬兰纪念大学），David Chisnall（剑桥大学），Paul Dagnelie（Delphix），Brooks Davis（SRI 国际），Paweł Jakub Dawidek（Wheel Systems），Peter Grehan（FreeBSD 项目），Scott Long（Netflix），Jake Luck，Rick Macklem（FreeBSD 项目），Ilias Marinos（剑桥大学），Roger Pau Monné（Citrix），Mark Robert Vaughan Murray，Edward Tomasz Napierała（FreeBSD 项目），Peter G. Neumann（SRI 国际），Rui Paulo，Luigi Rizzo（意大利比萨大学），Margo Seltzer（哈佛大学），Keith Sklower（加州大学伯克利分校），Lawrence Stewart（斯威本科技大学），Michael Tuexen（明斯特应用科学大学），Bryan Venteicher（NetApp），Erez Zadok（石溪大学），Bjoern A. Zeeb（FreeBSD 项目）。

我们还要感谢目前已退休的具有 25 年经验的资深编辑 Peter Gordon。尽管我们拖延了好几年，但他依然相信我们有能力完成这本书。同样要感谢我们的新编辑 Debra Williams，她见证了本项目的完成，并在我们完成终稿后加快了出版速度。感谢 Addison-Wesley 出版集团和 Pearson 教育的所有专业人员，他们帮助我们完成了本书：执行编辑 John Fuller，制作编辑 Mary Kesel Wilson，封面设计师 Chuti Prasertsith，文字编辑 Deborah Thompson，校对员 Melissa Panagos。最后，我们要感谢 Jaap Akkerhuis 的贡献，感谢他为 BSD 类书籍设计了 troff 宏。

本书采用 James Clark 所实现的 pic、tbl、eqn 和 groff 等程序进行编写。索引是由 Jon Bentley 和 Brian Kernighan 编写的索引程序所产生的 awk 脚本生成的 [Bentley & Kernighan, 1986]。大部分的版式是用 xfig 创建的，图形布局和未排满行的消除是用 groff 宏处理的，但是孤行的消除以及偶数页面底部的制作都必须手动完成。

我们鼓励读者对书中的排版或其他错误提出改进建议或评价，请发送电子邮件到 FreeBSDbook-bugs@McKusick.COM。

从左到右依次为 Marshall Kirk McKusick、Robert N. M. Watson 和 George V. Neville-Neil

Marshall Kirk McKusick 撰写了大量关于 UNIX 和 BSD 的著作和文章，在提供咨询服务的同时也教授有关课程。在加州大学伯克利分校期间，他实现了 4.2BSD 快速文件系统，并担任伯克利计算机系统研究小组（CSRG）的研究计算机科学家，负责监督 4.3BSD 和 4.4BSD 的开发及发布。他尤为感兴趣的领域是虚拟内存系统和文件系统。他在康奈尔大学获得电子工程学士学位，在加州大学伯克利分校完成研究生工作，并获得计算机科学和工商管理硕士学位以及计算机科学博士学位。他曾两次担任 Usenix 协会的董事会主席，目前是 FreeBSD 基金会的董事会成员，ACM《队列》杂志的编委会成员，IEEE 高级会员，以及 Usenix 协会、ACM 和 AAAS 会员。在业余时间，他喜欢游泳、潜水和收藏葡萄酒，他的葡萄酒被储藏在他和 Eric Allman 共有房屋的地下室中，在那里有一个特制的酒窖。

George V. Neville-Neil 长期从事安全、网络和操作系统领域的黑客、写作、教学和咨询工作，他还对嵌入式和实时系统、网络时间协议和代码挖掘等领域深感兴趣。2007 年，他参与发起了在日本东京举办的 AsiaBSDCon 系列会议，并常年任职于项目组委会。此外，他还是 FreeBSD 基金会的董事会成员，担任了 4 年的 FreeBSD 核心团队成员。他广泛致力于开源，是 Precision Time Protocol 项目（http://ptpd.sf.net）的主要开发人员和包构造集（http://pcs.sf.net）的开发人员。从 2004 年开始，他每月更新专栏"Kode Vicious"，这个专栏定期在 ACM 的《队列》和《ACM 通讯》上连载。他是《队列》杂志的编委会成员和 ACM 从业者委员会的副主席，也是 Usenix 协会、ACM、IEEE 和 AAAS 的会员。他在马萨诸塞州波士顿的东北大学获得计算机科学学士学位，是一位狂热的自行车爱好者、徒步爱好者和旅行者，曾在荷兰阿姆斯特丹和日本东京生活过。

Robert N. M. Watson 是一位从事系统、安全与体系结构研究的大学讲师，目前在剑桥大学计算机实验室安全研究小组工作。他在跨层研究项目中指导博士生和博士后研究人员，这些项目包括计算机体系结构、编译器、程序分析、程序转换、操作系统、网络和安全。Watson 博士是 FreeBSD 基金会的董事会成员，曾担任 FreeBSD 核心团队成员长达 10 年，成为 FreeBSD 代码提交者长达 15 年。他的开源贡献包括在 FreeBSD 网络、安全和多元处理方面的工作。他在华盛顿特区长大，在宾夕法尼亚州匹兹堡市的卡内基–梅隆大学获得逻辑和计算的本科学位，并拥有计算机科学的双学位，之后在多个工业研究实验室从事计算机安全的研究工作。他在剑桥大学获得博士学位，研究生期间的主要研究方向是可扩展操作系统的访问控制。Watson 博士和他的妻子 Leigh Denault 博士已经在英国剑桥生活了 10 年。

Contents 目　　录

第 9 章 快速文件系统

带 * 的章节为线上内容，请访问华章网站 www.hzbook.com 下载。——编辑注

第一部分 *Part 1*

概　述

Chapter 1 第 1 章

BSD 系统的历史和目标

1.1 UNIX 系统的历史

40 多年来，UNIX 系统得到了广泛应用，它帮助我们在计算机技术方面开拓了很多领域。尽管从过去到现在，始终有不计其数的个人和机构在为 UNIX 系统的发展做出贡献，但本书主要还是集中探讨 BSD 系统的发展历程：

- 贝尔实验室阶段，该实验室发明了 UNIX；
- 加州大学伯克利分校（University of California at Berkeley，UC Berkeley）的计算机系统研究小组（Computer Systems Research Group，CSRG）阶段，CSRG 赋予 UNIX 系统虚拟内存机制和 TCP/IP 参考实现；
- FreeBSD 项目、NetBSD 项目、OpenBSD 项目和 Dragonfly 项目阶段，这几个项目继承了 CSRG 所开创的工作；
- 作为 Apple 公司 OS X 系统核心的 Darwin 操作系统阶段，这个操作系统是以 FreeBSD 为基础开发出来的。

1.1.1 UNIX 系统的起源

UNIX 系统的第一个版本诞生于 1969 年的贝尔实验室。这个版本的 UNIX 是作为 Ken Thompson 的个人研究项目，由他在一台闲置的 PDP-7 上开发出来的。不久以后，Dennis Ritchie 也加入进来，他不仅为设计和实现系统做出了许多贡献，还发明了 C 语言。UNIX 系统后来用 C 语言进行了重写，只留下很少一点汇编语言程序。UNIX 系统与生俱来的精巧设计 [Ritchie，1978] 加上随后 15 年里的不断完善和发展 [Ritchie，1984a；Compton，1985]，使之成为一种功能强大的重要操作系统 [Ritchie，1987]。

Ritchie、Thompson 和贝尔实验室其他早期的 UNIX 开发者曾经在一个名为 Multics 的研究项目 [Peirce，1985；Organick，1975] 中一起开展过工作，这个项目对后来操作系统的发展起到了不可磨灭的作用。UNIX 这个名字就是关于 Multics 的双关语，顾名思义，Multics 系统试图做得多而全，而 UNIX 却只是设法做好一件事。文件系统的基本构成、采用一个用户进程作为命令行解释器的思想、文件系统接口的通用结构等诸多 UNIX 系统的特性都直接源于 Multics。

UNIX 还融入了许多其他操作系统的思想，比如 MIT（Massachusetts Institute of Technology，麻省理工学院）的 CTSS 系统。UNIX 里创建进程的 fork 操作则源于伯克利的 GENIE 操作系统（SDS-940，后来的 XDS-940）。UNIX 支持用户以较低的开销创建进程，一条命令就是一个进程，而不会和 Multics 一样以过程调用的方式运行命令。

1.1.2　Research 小组的 UNIX 系统

UNIX 的第一批重要版本是贝尔实验室 Research 小组开发的系统。其中除了 UNIX 系统最早的那些版本之外，还包括 1976 年的 UNIX 分时系统第 6 版，通常也叫 V6，它是在贝尔实验室之外被广泛使用的第一个版本。这些系统的版本是以系统发布时 *UNIX Programmer's Manual* 的版本号来加以区分的。

UNIX 系统和当时的其他操作系统在以下 3 个方面有着重要区别：

1）UNIX 采用高级语言（C 语言）编写。

2）UNIX 以源代码的形式发布。

3）UNIX 系统有很多强大的原语，它们往往只出现在那些要依托更为昂贵的硬件设备才能运行的操作系统中。

UNIX 的第一个重要特点是它的源代码大多数是用 C 语言而不是用汇编语言写成的。在当时，占主导地位的思想是操作系统一定要用汇编语言编写，这样才能保证它对硬件的有效访问及其执行效率。C 语言本身是一种相当高级的语言，易于在种类繁多的计算机硬件上进行编译。使用 C 语言的系统程序员不必求助汇编程序，就可以获得满足要求的效率或功能，这样就没那么复杂或者那么受限制。UNIX 系统在访问硬件时需要用到系统中仅有的那么一点汇编语言，UNIX 中只有 3% 的操作系统功能需要用到它们，比如上下文切换（context switching）。虽然 UNIX 的成功不仅仅因为它是用一种高级语言写成的，但使用 C 语言的确为它的成功迈出了第一步 [Kernighan & Ritchie，1978；Kernighan & Ritchie，1989；Ritchie 等，1978]。Ritchie 的 C 语言是对 Thompson 所创造的 B 语言的延续和发展 [Rosler，1984]，而 B 语言又起源于 BCPL 语言 [Richards & Whitby-Strevens，1980]。C 语言自身也处在不断的发展演变之中 [Tuthill，1985；ISO，2011]。

UNIX 的第二个重要特点是它一开始就以源代码的形式从贝尔实验室提供给其他研究机构。通过提供源代码，UNIX 系统的创造者做到了让其他研究机构不仅可以使用这个系统，还可以深入地研究和修改该系统的内部机制。这种能让系统很容易吸收新思想的做法是系统能不断发生变化的关键所在。一旦某个新系统试图在某方面超越 UNIX，总会有人开始研究这种新系统的特性，并把它的核心思想融入 UNIX 中。UNIX 有着小巧而且易于理解的设计，它采用高级语言编写，并且总是能得到最新思想和技术的补充，这种独一无二的能力让它在不断的发展演化中远远超越了其最初设计版本。虽然要得到源代码必须获得许可证，但是发给大学的许可证很便宜，因此，精通 UNIX 工作原理的人日益增多，这为后来的开放源代码时代拉开了帷幕。

UNIX 的第三个重要特点是它赋予个人用户并发运行多个进程并将这些进程关联起来构成命令管道（pipeline）的能力。在当时的情况下，一般只有在价格昂贵的大型机器上运行的操作系统才能运行多个进程，而且并发进程的数量往往紧紧控制在系统管理员一个人手中。

大多数早期的 UNIX 系统都在 PDP-11 上运行，这种机器在当时来说可称得上价廉物美。此外，V6 UNIX 至少还有一个被移植到不同体系结构上的早期版本，即 Interdata 7/32[Miller，1978]。PDP-11 的寻址空间太小，用起来不方便，而具有 32 位寻址空间的机器 VAX-11/780 的出现，为 UNIX 创造了一个拓展功能的机会，从而可以把虚拟内存机制和网络支持融入系统中。早些时候，Research 小组曾经试验过在不同体系结构的机器上实现一些与 UNIX 类似的功能，试验结果证明，整体移植操作系统和在另一操作系统下复制 UNIX 的服务一样容易。以可移植性为特定目标的第一个 UNIX 系统是 UNIX 分时系统第 7 版，它可以在 PDP-11 和 Interdata 8/32 上运行，并且在 VAX 机器上有一个变种系统：UNIX/32V 分时系统 1.0 版。贝尔实验室的 Research 小组又相继研制出 UNIX 分时系统的第 8、第 9 和第 10 版（V8、V9、V10）。该小组在 1996 年开发出的系统叫 Plan 9，但遗憾的是在发布 Plan 9 后贝尔实验室解散了。

1.1.3 AT&T UNIX System Ⅲ和 System V

在 1978 年发布 UNIX 系统第 7 版后，Research 小组将对外发布权转交给 USG（UNIX Support Group，UNIX 支持小组）。USG 曾对内发布过像 UNIX PWB（UNIX Programmer's Work Bench，UNIX 程序员工作平台）这样的系统，而这些系统有时也对外发布 [Mohr，1985]。

在第 7 版之后，USG 的第一个对外发布版本是 1982 年的 UNIX System Ⅲ（简称 System Ⅲ）。该系统融合了第 7 版、32V 以及 Research 小组以外其他机构所开发的 UNIX 系统的特性。UNIX/RT（一种实时 UNIX 系统）与 PWB 原先的许多特性都被包含进来。USG 随后于 1983 年发布了 UNIX System V，这个系统基本上由 System Ⅲ发展而来。虽然之后法院裁决把贝尔公司从 AT&T 中拆分出来，不过仍然允许 AT&T 在市场上大力销售 System V[Bach，1986；Wilson，1985]。

USG 演变为 USDL（UNIX System Development Laboratory，UNIX 系统开发实验室），并且在 1984 年发布了 UNIXSVR2（UNIX System V，Release 2）。UNIXSVR2 的第 4 版（UNIX

System V，Release 2，Version 4）向 System V 引入了调页（paging）机制 [Jung，1985；Miller，1984]，这种机制包括写时复制（copy-on-write）和共享内存（shared memory）技术。但在 System V 上，调页机制的实现却并不是以伯克利的调页系统为基础的。ATTIS（AT&T Information Systems，AT&T 信息系统）接替了 USDL，它在 1987 年发布了 UNIXSVR3，这个版本包括了流机制（STREAMS）———一种从 V8 借鉴而来的 IPC 机制 [Presotto & Ritchie，1985]。在 UNIX System V 作为产品发布后不久，AT&T 和 Sun Microsystems 合作，把 UNIX System V 与 Sun Microsystem 基于 BSD 的 SunOS 合并，开发了 Solaris。作为 UNIX System V 的衍生变体，Solaris 及其开源变体 Open Solaris 目前仍被广泛使用。

1.1.4　伯克利软件发布

除了贝尔实验室和 AT&T UNIX 开发小组之外，加州大学伯克利分校在操作系统上的贡献同样颇具影响力 [DiBona 等，1999]。伯克利的软件叫作 BSD（Berkeley Software Distribution，伯克利软件发布），例如 4.4BSD。BSD 这个名字源于伯克利的英文 Berkeley，伯克利的发布版本第一次确立了 BSD 操作系统的出现。伯克利 VAX UNIX 的第一项工作是在 32V 版本上增加了虚拟内存（virtual memory）、请求调页（demand paging）机制和页面替换（page replacement）技术，这项工作是由 William Joy 和 Ozalp Babaoğlu 于 1979 年为开发 3BSD 而完成的 [Babaoğlu & Joy，1981]。当时人们已经开发出了规模很大的程序，如伯克利的 Franz LISP，因此才会要求 3BSD 具有较大的虚拟内存空间。由于开发内存管理技术的工作取得了成绩，DARPA（Defense Advanced Research Project Agency，国防部高级研究计划署）决定签订合同资助伯克利的开发小组，令其完成随后标准版本（4BSD）的开发工作，并提供给 DARPA 方面使用。

4BSD 研发项目的一个目标是为 DARPA 的 Internet 网络协议 TCP/IP[Comer，2000] 提供支持。这种网络实现的通用性很强，能够满足从局域网（如以太网和令牌环网）到广域网（如 DARPA 的 ARPANET）在内的各种连网方式互连互通的需要。

虽然 3BSD 之后实际上存在好几个版本，如 4.0BSD、4.1BSD、4.2BSD、4.3BSD、4.3BSD Tahoe 以及 4.3BSD Reno，但我们还是把 3BSD 之后的所有伯克利 VAX UNIX 系统都称为 4BSD。从 1977 年刚刚有 VAX 开始，4BSD 就一直被选作 VAX 机器的 UNIX 操作系统，这种情况一直持续到 1983 年 AT&T 发布了 System V 才结束。许多机构一边购买 32V 的许可证，一边又从伯克利订购 4BSD。Bell System 公司的许多机器运行的都是 4.1BSD（在有了 4.3BSD 之后又换成 4.3BSD）。4.4BSD 在发布时提供一种新的虚拟内存系统。VAX 此时已经接近寿终正寝，所以 4.4BSD 没有被移植到这种机器上，而是让它可以运行在像 68000、SPARC、MIPS 以及 Intel PC 这类更新的体系结构上。

为 DARPA 研发 4BSD 的工作是在一个由工业界和学术界的知名人士组成的执行委员会的指导下进行的。伯克利原先的 DARPA UNIX 项目在 1983 年发展到顶峰时发布了 4.2BSD，随着进一步的深入研究，伯克利在 1986 年年中推出了 4.3BSD。接下来的版本包括 1988 年 6 月发布的 4.3BSD Tahoe 和 1990 年 6 月发布的 4.3BSD Reno。这些版本首先被移植到 CCI（Computer Consoles Incorporated）公司的硬件平台上。穿插在这两个版本间的还有两个不受许可证限制的网络版本：1989 年 3 月的 4.3BSD Net1 和 1991 年 6 月的 4.3BSD Net2。这两个版本选出了 4.3BSD 中不受许可证限制的代码，它们能够以源代码和二进制代码的形式向没有 UNIX 源代码许可证的公司和个人自由地重新发布。CSRG 发布的最后一个需要 AT&T 源代码许可证的版本是 1993 年 6 月的 4.4BSD。经过一年的法律诉讼之后（参见 1.3 节），4.4BSD-Lite 在 1994 年 4 月可以重新自由发布。1995 年 6 月，CSRG 发布了最后一个版本 4.4BSD-Lite Release 2。

1.1.5 UNIX 无处不在

UNIX 系统在学术界也是一个收获颇丰的领域。Thompson 和 Ritchie 因为设计 UNIX 系统而获得了 ACM 图灵奖 [Ritchie，1984b]。UNIX 及其相关系统，特别是 Tunis[Ewens 等，1985；Holt，1983]、XINU[Comer，1984] 和 MINIX[Tanenbaum，1987] 这些专门为教学而设计的系统，都已广泛用于操作系统课程的教学中。Linus Torvalds 在他的自由软件 Linux 中重新实现了 UNIX 的接口。UNIX 系统遍布于全世界的大学和研究机构，同时在工业界和商业界也获得了更为广泛的应用。

1.2 BSD 和其他系统

CSRG 在 BSD 中不仅融入了 UNIX 系统的特性，也吸收了其他操作系统的思想。4BSD 的终端驱动程序有许多特性来源于 TENEX/TOPS-20。作业控制（job control）这一概念（不是实现）源于 TOPS-20 和 MIT 的 ITS（Incompatible Timesharing System），最早在 4.2BSD 上提出，以首先在 TENEX/TOPS-20 上出现的文件映射和页面级接口为基础，最终在 4.4BSD 上实现虚拟内存接口。FreeBSD 目前的虚拟内存系统（参见第 6 章）则借鉴了 Mach 系统——4.3BSD 的一个分支。在为 BSD 设计许多新功能（facility）时，Multics 经常成为参考对象。

在 CSRG 的设计中，一个主要参考因素是对效率的追求。由于与 VAX 的专有 VMS 操作系统进行了对照，因此提高了一些效率 [Joy，1980；Kashtan，1980]。

其他的 UNIX 变体也借鉴了 4BSD 的特性。AT&T UNIX System V[AT&T，1987]、IEEE POSIX.1 标准 [P1003.1，1988]，以及与之相关的美国国家标准局（National Bureau of Standards，NBS）联邦信息处理标准（Federal Information Processing Standard，FIPS）都吸收了下面这些 4BSD 的特色功能：

❑ 作业控制（详见第 2 章）

❑ 可靠信号（详见第 4 章）

❑ 多个文件访问权限组（详见第 5 章）

❑　文件系统接口（详见第 9 章）

X/OPEN 组织（原先只是由欧洲的一些厂商组成，现在已包括大部分美国的 UNIX 厂商）发表了 X/OPEN *Portability Guide* [X/OPEN, 1987]，最近又发表了 *Spec 1170 Guide*。这两份文档规定了内核的标准接口，并提供给 UNIX 系统用户大量的标准工具程序。1993年 Novell 从 AT&T 购买 UNIX 的时候，把 UNIX 这个名字的专有权转给了 X/OPEN。这样一来，任何试图标榜自己为 UNIX 的系统必须符合 X/OPEN 制定的接口规范。迄今为止，BSD 系统还没有通过 X/OPEN 的接口规范测试，所以任何 BSD 版本都不能叫作 UNIX。X/OPEN 的规范采用了很多 POSIX 标准里的功能，POSIX.1 标准也是一种 ISO 国际标准，称为 SC22 WG15。世界上大多数类 UNIX 的系统都接受了 POSIX 标准里的功能。

4BSD 套接口进程间通信机制（详见第 12 章）在设计上具有良好的可移植性，虽然它从未随着 AT&T System Ⅲ 一同发布过，但它的确很快被移植到该系统上。4BSD 实现的 TCP/IP 网络协议族（见第 14 章）被广泛用作各种平台上 TCP/IP 实现的基础，从运行 System V 的 AT&T 3B 计算机到 VMS，再到 VxWorks 这样的嵌入式操作系统都是如此。

CSRG 与生产基于 4.2BSD 和 4.3BSD 系统的计算机厂商保持着紧密的合作关系。这种共同发展的关系使 4.3BSD 的进一步移植工作变得畅通无阻，而且极大地促进了当时正在进行的系统开发工作。

用户群对系统发展的影响

伯克利的大量开发工作都是为响应用户群的需求而完成的。新点子和新要求不仅来自主要的直接资助单位 DARPA，也来自遍布世界各地的公司和大学里的系统用户。

除了用户群之外，伯克利的研究人员还从现有的其他软件中得到启发。澳大利亚、加拿大、欧洲、日本以及美国的大学和机构都为 4BSD 的发展做出了贡献。一些重要功能如自动配置与磁盘配额机制的诞生都与之相关。虽然出于许可证和价格方面的原因，限制了在 4BSD 中使用 System Ⅲ 和 System V 中的任何代码，但还是有一些思想（如系统调用 fcntl）源于 System V。除了在发布版本中包括的软件之外，CSRG 还发布了一套由用户提供的外围软件程序。

例如，公共域时区处理软件包（public-domain time-zone-handling package）就是一个由用户群开发的工具软件，4.3BSD Tahoe 采用了这个软件包。它由一个国际性的研究小组设计并实现，小组成员包括 Arthur Olson、Robert Elz 和 Guy Harris，之所以称为国际性，部分原因是开发是在 USENET 新闻组 comp.std.unix 里进行讨论的。这个软件包从 C 的库函数中完整地提取出时区转换规则，并将它们存入文件，这样不需要改动任何系统代码就可以改变时区规则。对于只有可执行代码而没有源代码的 UNIX 系统来说，这个改变显得特别有用。这种方法还允许单个进程选择自己的时区，而不是在整个系统范围内只保持一种时区规则。这个软件包包含一个大的时区数据库，从中国到澳大利亚再到欧洲的时区设置都在其中。只要有了整个数据库，4.4BSD 系统就不用再针对不同的地区做不同的设置，因此也就简化了系统的发布。BSD 采用这种时区软件包引起了一些厂商的注意，例如 Sun Microsystems 公司也把它加到了自己的系统中。30 年后，这个时区框架仍在使用。

1.3 BSD 向开放源代码的转变

在发布 4.3BSD Tahoe 之前，所有取得 BSD 的个人或者机构都必须先获得 AT&T 源代码许可证，因为伯克利从不单独以二进制形式发布 BSD 系统，软件发布始终都包含系统每个部分的完整源代码。UNIX 系统的历史，尤其是 BSD 系统的历史都显示出了向用户提供源代码所爆发出来的巨大能量。用户不只是被动地使用系统，他们会积极地修正缺陷、提高性能、扩充功能，甚至会增加全新的特性。

随着取得 AT&T 源代码许可证的费用越来越高，那些想使用 BSD 代码为 PC 市场开发基于 TCP/IP 的网络产品的厂商发现，为每份二进制代码所付的成本太高了，于是他们要求伯克利把实现连网功能的那部分代码和工具分离出来，采用新的许可证条款，在不需要 AT&T 源代码许可证的情况下就能提供给他们。32/V 里显然没有 TCP/IP 连网代码，因此它完全是由伯克利以及其他无私奉献的人开发的。1989 年 6 月，BSD 的连网代码和支持工具发布了，它叫作 Networking Release 1，这是伯克利第一次提供可以自由地重新发布的代码。

这次的许可证条款相当慷慨，它允许以源代码或者二进制代码的形式发布已修改或者未修改过的代码，而且不用向伯克利支付费用。唯一的要求是，保持源代码文件中的版权声明不动，并且在采用了这些代码的产品文档中说明该产品包含了加州大学和许多无私奉献者提供的代码。虽然人们从伯克利获得代码时需要向其支付 1000 美元的费用来获得一盘存有代码的磁带，但是任何人都能从其他有代码的人手里免费获得一份代码拷贝。实际上，在伯克利的源代码刚发布不久，网上便有几个大站点把代码放到了匿名 FTP 上。虽然代码是可以免费拿到的，但还是有数百家机构购买了磁带，卖磁带的钱资助了 CSRG，激励着他们把开发工作进行下去。

1.3.1 Networking Release 2

有了第一个开放源代码版本的成功经验，CSRG 决定看看他们到底能让 BSD 在多大程度上变成免费软件。Keith Bostic 负责征募志愿者，要求仅仅根据他们所公布的描述来从头开始重写 UNIX 的工具程序。给予志愿者的补偿只是把他们的名字列在为伯克利做出贡献的名册上，放在他们重写的工具程序名字的旁边。这项工作刚开始时进展缓慢，而且重写的几乎都是微不足道的小工具，但是随着重写过的工具名单慢慢变长，加上 Bostic 不断在 Usenix 这样的公开场合积极宣传，工作进度开始加快了，重写完的工具很快就超过了 100 个，在 18 个月里，几乎所有的重要工具和库都已经重新写过了。

事实表明，重写内核是一项比较艰巨的任务，因为很难白手起家从头开始写出一个内核，所以要把整个内核一个文件接一个文件地检查一遍，去掉其中取自 32/V 的代码。检查完毕后，仅剩 6 个不能被轻易重写的内核文件仍然还有 32/V 的代码。虽然 CSRG 曾经考虑把这 6 个文件都重写一下，从而发布一个完整的内核，但是 CSRG 还是决定只发布不会引起争议的部分。CSRG 向大学的高层进行争取，希望被允许发行扩充过的版本，在对如何检测专有代码进行了大量的内部辩论和审查之后，CSRG 获准发布该版本。

伯克利最初想给第二个能够自由重新发布的版本起个新名字，然而让校方的律师拟定和核准一份新的许可证要花掉数月的时间，因此新版本干脆就叫 Networking Release 2，这样只要对已获批准的 Networking Release 1 的许可证稍加修改就行了。1991 年 6 月伯克利开始提供第二个，也是自由度更大的可重新发布版本。这一版的重新发布条款和费用与第一个网络版本的相同。和以前一样，又有数以百计的个人和机构支付了 1000 美元从伯克利那里购买了新的发行版本。

Networking Release 2 和一个功能完善的系统之间的沟壑并不需要花太多时间就能填平。在该版本出台不到 6 个月的时间里，Bill Jolitz 就写好了代替所缺 6 个文件的代码。他在 1992 年 1 月迅速推出了一个全编译好的、能自启动的系统，该系统用在基于 386 处理器的 PC 机上，称为 386/BSD。Jolitz 的 386/BSD 几乎全是在网络上完成的，他把它放到了 FTP 上，让任何想得到的人免费下载。短短几周之内，他就有了大量的追随者。

遗憾的是，Jolitz 有一份全职工作，这意味着他不可能有那么多时间来应付潮水般涌来的针对 386/BSD 的缺陷报告和改进需求。在发布 386/BSD 后的几个月里，一群热诚的 386/BSD 用户组成了 NetBSD 小组，他们团结集体的力量来维护并改进这个系统。到了 1993 年年初，他们发布的系统被称为 NetBSD。NetBSD 小组致力于支持尽可能多的平台，并且继续开展像 CSRG 那样的研究性开发工作。直到 1998 年，他们的版本还都只是在网上发布，没有以实体介质的形式出现，该小组仍然主要面向铁杆的技术性用户。

在 NetBSD 小组成立之后仅几个月，FreeBSD 小组就诞生了，小组的章程宣布只支持 PC 体系结构，并且开始像 Linux 那样面向数量更大、技术水平更低的用户对象。1993 年 12 月，他们编写了精细的安装脚本，开始通过一张廉价的 CD-ROM 提供自己的系统。易于安装的特点加上在网上和主要商业展示会（比如 Comdex）上的大力推介，让 FreeBSD 的知名度和用户数量迅速攀升。FreeBSD 迅速崛起，成为 Networking Release 2 的衍生系统中安装数量最多的版本。

FreeBSD 通过增加一种模拟 Linux 的模式，使得 Linux 的可执行程序能够在 FreeBSD 平台上运行，也借助 Linux 的流行壮大了自己。这一功能让 FreeBSD 用户在获得 FreeBSD 系统的健壮性、可靠性以及高性能的同时也能用上日趋丰富的 Linux 应用软件。

1995 年，OpenBSD 小组从 NetBSD 小组中脱离出来，他们在技术上着眼于提高系统的安全性能。他们关注的市场焦点放在了使用更广泛和更方便上面，因此，他们开始制作和销售 CD-ROM，这些光盘在易于安装方面从 FreeBSD 的发布版本那里借鉴了许多思路。

1.3.2 法律诉讼

众多自发组织的开发小组以 Networking Release 2 版本为基础又自由发布了多种系统，除此之外，BSDI 公司（Berkeley Software Design Incorporated）的成立则是为了开发和发布能够获得商业支持的代码版本。同其他组织一样，BSDI 公司也是以加上 Bill Jolitz 基于386/BSD 版本开发时缺少的 6 个内核文件为起点开始开发工作的。1992 年 1 月，BSDI 以995 美元的价格开始销售自己的系统，其中既包括源代码也包括二进制程序。该公司还打出广告，宣传自己的产品比起 System V 的源代码加上可执行系统来说，在价格上只及后者的百分之一，对产品感兴趣的人士可以拨打电话 1-800-ITS-UNIX。

在 BSDI 公司展开销售攻势之后不久，就接到了 USL（UNIX System Laboratory，UNIX 系统实验室，几乎完全为 AT&T 所有的下属机构，专门开发和销售 UNIX）的一封信 [Ritchie，2004]。信中勒令 BSDI 停止以 UNIX 为名推销其产品的行为，并特别强调它必须停止使用具有误导性质的电话号码。虽然这个电话号码被迅速撤换掉了，而且 BSDI 也改变广告内容，解释说其产品并不是 UNIX，可是 USL 依然对此感到不快，并继而提起诉讼，要求禁止 BSDI 销售产品。这项指控称 BSDI 的产品含有 USL 的专有代码和商业秘密。USL 声称如果 BSDI 的发布版本继续存在，那么 USL 就会因自己的商业秘密被泄露而遭受无可挽回的损失，同时 USL 据此谋求法院支持其在法律诉讼判决之前停止 BSDI 的销售行为的请求。

在案件的预审过程中，BSDI 反驳说自己只是使用了加州大学自由发布的源代码，又加上了 6 个文件。BSDI 愿意探讨所加 6 个文件的内容是否有问题，但是并不认为自己应该为加州大学发布的文件负责。法官支持 BSDI 的立场，要求 USL 必须只依据那 6 个文件重新提请诉讼，否则案件将不予受理。USL 意识到它仅仅为 6 个文件而起诉肯定会大费周折，于是决定同时起诉 BSDI 和加州大学。和从前一样，USL 要求禁止制作并销售加州大学的Networking Release 2 和 BSDI 的产品。

在距诉讼只有短短几周时间的时候，双方的准备工作进入白热化状态。CSRG 的所有成员，以及 BSDI 的几乎所有雇员都被要求提供证据。律师之间的辩论、反辩以及对反辩的反驳你来我往异常激烈。CSRG 的人员都从写代码转行干起了写数百页的材料以支持法庭辩论的工作。

1992 年 12 月，新泽西地区法院法官 Dickinson R. Debevoise 听完了对封禁 BSD 发行版本一案双方的法庭辩论。虽然法官通常会立即对此类禁止案的请求做出裁决，但是这一次他决定深入考虑一番再做判决。大约 6 个星期之后的一个星期五，他发表了一份内容长达40 页的意见，否决了封禁申诉，并且对除去两项之外的其他指控一律予以驳回 [Debevoise，1993]，剩下来的两项指控内容只缩小到近期的版权问题和泄露商业秘密的可能性上面。他还建议案情应该在提交给联邦法院之前先由州立法院进行审理。

加州大学领会了其中的暗示之后，在接下来的星期一上午火速向加利福尼亚州法院提交了对 USL 的反诉。由于先在加利福尼亚州立案，所以加州大学就为接下来所有的州法院审理工作确定下审理地点。因为宪法规定，任何案件在所有州一级的案卷都必须集中在一个州完成，以防止有钱的诉讼人通过在 50 个州里每个州提起一次诉讼的方式拖垮对手。这样一来，如果 USL 想要在州法院对加州大学采取任何法律诉讼，都必须在加利福尼亚州而不是自己的老家新泽西州来开庭。

加州大学宣称，USL 没有按照它与加州大学签署的许可协议所要求的那样，为在 System V 中使用 BSD 的代码履行给予加州大学权益的义务 [Linzner & MacDonald，1993]。如果这项指控经确认有效，那么加州大学要求 USL 必须重印相关文档，加入适当的给予权益的内容，完成所有其以前忽略的版权声明，并且在诸如《华尔街日报》《财富》杂志这样的重要出版物上刊登整版广告，向商业界坦白它在无意间所犯下的错误。

在加州大学完成州法院立案之后不久，USL 就被 Novell 从 AT&T 那里买了下来。Novell 的首席执行官 Ray Noorda 公开发表声明表示，他更愿意在市场上而不是法庭上展开竞争，于是双方在 1993 年的夏天开始了和解对话，遗憾的是双方的分歧很深，对话的进展缓慢。Ray Noorda 对 USL 方面做了进一步的动员工作之后，统一了许多有分歧的意见，双方最终在 1994 年 1 月达成协议。结果是从构成 Networking Release 2 的 18 000 个文件中删除 3 个，并且对其他文件做轻微的修改。此外，加州大学同意在大约 70 个文件里加入 USL 的版权声明，但这些文件继续可以自由地重新发布。

1.3.3　4.4BSD

新诞生的版本叫作 4.4BSD-Lite，它于 1994 年 6 月发布，其采用的许可条款和此前的两个 Networking 版本相同。值得一提的是，许可条款允许以源代码和二进制的形式自由地重新发布，只限定保留加州大学的版权声明不动，并且当其他人使用代码的时候应该给予加州大学权益。同时发布的完整系统叫作 4.4BSD-Encumbered，获得它仍然需要拿到 USL 的源代码许可证。

法律诉讼的和解也保证了 USL 不会控告任何使用 4.4BSD-Lite 作为自己的系统基础的机构。于是，所有的 BSD 研发小组（BSDI、NetBSD 和 FreeBSD）都重新以 4.4BSD-Lite 的源代码为基础，将他们所做的增强和改进合并到其中。虽然在各种 BSD 系统的开发过程中，这种对代码的再度集成会造成短期的拖延现象，但是在这背后却不失为一件塞翁失马般的好事，因为 CSRG 在发布 Networking Release 2 之后还进行了 3 年的开发工作，现在 BSD 其他所有分支的研发小组都必须把他们的版本重新和 CSRG 的工作保持同步。

1.3.4　4.4BSD-Lite Release 2

从 4.4BSD-Encumbered 和 4.4BSD-Lite 版本上获得的资金被用于资助业余投身修改缺陷和增强系统的行为。这番努力持续了两年之久，直到几乎没有缺陷报告和增补功能的需求出现才停止。最后修改好的完整系统在 1995 年 6 月发布，称为 4.4BSD-Lite Release 2，大多数融入 4.4BSD-Lite Release 2 的改动最终也都被吸收进其他 BSD 系统的源代码中。

尽管要求给予加州大学权益的许可证条款在打赢官司的时候帮助巨大，但是加州大学还是同意随着最后一版 BSD 的发布去掉它。由于许多人开始将 BSD 风格的版权声明用于他们自己的代码，在开放源代码软件中出现的权益问题逐渐积累起来并变得难以判断，以至于无法控制。加州大学最终同意放弃获得权益条款，希望能为使用其许可证的其他人树立一个榜样。随着时间的推移，加上 BSD 社群的多番努力，获益条款已经从使用 BSD 风格许可证的许多开放源代码程序中去掉了。

在发布了 4.4BSD-Lite Release 2 之后，CSRG 就被解散了。在驾驭了 BSD 这艘航船长达 15 年之后，的确到了该让其他有新鲜思想和无限热情的人来接手工作的时候了。虽然有一个处于中心的权威机构来审视系统的开发似乎是最好不过的，但是让若干有不同理念的组织并存的观点却能通过尝试不同的办法来避免单点故障。因为系统是以源代码方式发布的，所以其他小组很容易汲取其中的精髓。事实上，在开放源代码的项目之间互相借鉴思路是再普通不过的事了。

1.4 FreeBSD 的开发模式

执行开放源代码的项目同执行传统的软件开发项目不一样。在传统的开发模式下，要付给开发人员报酬，并由多位项目经理和一位系统架构师来制定进度安排和指导程序员开展各项工作。而在开放源代码的模式下，开发人员都是志愿者，他们都是临时性的，往往会在找到更有趣的"业余活动"之前，对当前的项目投入时间和精力。他们不能被指挥，因为他们只是愿意在自己感兴趣的地方工作。因为他们的工作、家庭和社会生活经常要比他们在项目上投入的工作更为重要，所以不可能安排统一的时间表。最后一点就是，没有组织和个人会因为他们承担了传统开发中的管理工作而付报酬给他们。因此，成功的开放源代码开发项目必须是自我组织型的，并且必须能够处理好开发人员流动性强这一特点。

FreeBSD（以及 NetBSD 和 OpenBSD）采取的开发模式由 CSRG 所首创 [McKusick 等，1989]。CSRG 一直都是一个规模不大的软件开发人员小组，这种人力资源条件上的限制要求精细的软件工程管理。不仅 CSRG 成员之间要仔细协调，而且对系统开发有所贡献的整个社群的成员之间也都需要仔细协调。某些外部的开发人员有权直接修改系统源代码的主拷贝。有权访问源代码主拷贝的人事先需要被仔细考察，但不会被严密监视。每个向系统源代码提交修改的人都会得到所有改动的通知，从而让每个人都知道自身工作对系统所做的修改有哪些。每个较大的改动都必须经由至少一名其他人员来审查，然后才能把改动提交给源代码树。这种模式允许开发人员在多条开发战线上并发开展工作，同时仍然可以保证项目的一致性。

FreeBSD 项目的组织方式和 CSRG 一样。整个 FreeBSD 项目，包括所有的源代码、文档、缺陷报告、邮件列表存档乃至管理性数据都保存在一个公共可读的源代码控制系统中。

任何人都可以查看源代码和现有的缺陷报告，跟踪修正缺陷的进展情况，也可以提供缺陷报告。任何人都可以加入和参与不计其数的 FreeBSD 邮件列表。直接在 FreeBSD 上开展工作的有 3 组人员：开发人员、提交人员和核心小组。

项目中有 5000～6000 名开发人员，每个人都在做系统某个部分的工作，比如维护 FreeBSD 内核、持续开发 1000 个 FreeBSD 核心工具程序、编写 FreeBSD 文档，以及升级 FreeBSD 移植软件库（ports collection）中的开放源代码软件。开发人员可以访问源代码库，但是不允许改动源代码库，他们必须和一位提交人员配合工作，或者以文件形式提供一份问题报告，才能使所做的改动加入系统。

目前 FreeBSD 项目中有 300～400 名提交人员。和开发人员相同，他们中的大多数人也是专门在系统的某个部分上做工作。和开发人员不同的是，他们被允许在授权他们负责的那部分源代码库上做出改动。所有较大的改动在被检入（check into）源代码树之前，都应该由一位或者几位其他提交人员进行审查。大多数提交人员在完成自己工作的同时还要审查和提交几位开发人员的工作。

将开发人员提升为提交人员的任命由执行委员会做出。在大多数情况下，被提升的开发人员由和他一起工作的提交人员推荐，并且将推荐意见、对过去工作的介绍和评价以及新工作的起步领域一道发给核心小组，以征得核心小组的批准。

处于项目中心位置的是核心小组。核心小组由 9 位成员组成，每两年选举一次。核心小组的候选人从提交人员中遴选，并且由提交人员选出最后的核心小组成员。核心小组的作用是对源代码进行最后的把关。如果两个或多个提交者无法就如何解决特定问题达成一致，核心小组成员将监管提交的内容并解决冲突。核心小组也负责批准开发人员晋升为提交人员，以及将某人临时（这种情况很罕见）或者永久性地从提交人员队伍中除名的事宜——除名的常见原因是消极工作（比如一年以上没有向系统提交改动）。

FreeBSD 项目的开发体系直接源于我们在 CSRG 中建立起来的开发体系。CSRG 和 FreeBSD 都采用一个中心源代码控制库。FreeBSD 核心小组就如同 CSRG 的成员。FreeBSD 的提交人员更像是伯克利给了他们在 CSRG 开发机器上的账号，允许他们向 CSRG 源提交更改。FreeBSD 的开发人员就和曾经为伯克利的软件做出贡献的那些人类似，但是他们没有 CSRG 开发机器上的账号。

FreeBSD 项目已经做出了一些重大的改进。首先，他们认识到，哪怕是最专注的程序员最终也会失去耐性、丧失兴趣或是决定离开。组织必须有办法让这些人妥善地退出，而不是因为他们的疏忽而在项目的关键之处留下隐患。于是，FreeBSD 形成了由选出的核心小组来负责提交人员的方式，而 CSRG 模式中的成员则完全自主，两者是不一样的。失去耐性的核心成员可以决定（或者被规劝）在其任期结束的时候不再连选。核心成员如果丧失了面对提交人员开展工作的兴趣，也将不会获选。因为核心小组是选出来的，所以他们能够达到这个层次的原因是在项目上积极工作的同事认为他们应该获得这份工作。这种遴选机制要比因为你和高层的某个人有私交而获提升的效果好得多。它还能确保核心小组是由善于和他人沟通的人所组成的，毕竟在那样的位置上，沟通是一项重要的技能。

　　FreeBSD 项目的另一重要进步是能够自动完成许多任务，并且建立了源代码库、Web 站点和缺陷报告的多处远程镜像。这些变革使得项目能够支持比 CSRG 模式更多的参与者。FreeBSD 项目还计划通过鼓励包括日本、澳大利亚、俄罗斯、南非、乌克兰、匈牙利、印度、丹麦、法国、德国以及英国的积极人士在内的全世界开发人员参与，并且将其中几个国家称为 FreeBSD 开发积极国家，从而让项目变得更加"去美国中心"化。

　　CSRG 过去每两年发布一个系统的新版本。对这些发行版本所做的改动很少，一般只是很小和很关键的关于安全性或者稳定性方面的改动。CSRG 会在发布版本之间提供测试版本，从而积累正在开发的新特性方面的经验。

　　FreeBSD 项目极大地拓宽了 CSRG 的发布机制。FreeBSD 始终至少都有两个版本发布：第一个称为"稳定"（stable）版本，专门供生产环境（production environment）使用；第二个称为"当前"（current）版本，它体现出 FreeBSD 系统的当前状态，专门供开发人员和需要最新特性的用户使用。

　　稳定版本变化较慢，变动局限于修正缺陷、提高性能以及增加更多的硬件支持。虽然用户希望能更频繁地进行更新，这样可以根据他们的需要频繁地下载和安装最新的稳定代码（比如，已经有针对某个重大安全漏洞的补丁之后），但是稳定的系统版本每年只发布3~4 次。FreeBSD 的稳定版本就如同 CSRG 发布的主版本，不同之处在于它们得到了更为积极的更新，而且用户也更容易获得更新。和稳定版本类似，当前版本的快照（snapshot）每隔几个月做一次。不过，当前版本的大多数用户都会更为频繁地进行更新（每天更新也是司空见惯的事）。FreeBSD 项目在全世界遍布稳定发布版本和当前发布版本的镜像拷贝，从而让全世界的用户都能比 CSRG 发布版本更及时地进行更新。

　　当前版本大约每两年就分离出来并创建一个新的稳定版本。一旦新的稳定版本经证实其稳定性足以满足生产环境的使用要求，那么在原来老的稳定版本上的工作大都会停止，将其用于生产性环境的用户就会切换到新的稳定版本上来。开发工作的主线继续留在当前版本上，几乎所有的改动都首先用在当前版本上。只有当一项改动已经在当前版本上通过测试，证实能够在那样的环境下工作，才会把它从当前版本合并到稳定版本中去。

　　作为加州大学伯克利分校的一部分，这是 CSRG 对比 FreeBSD 项目长期以来一直具有的一项优势。因为大学是一个非营利性机构，所以给 CSRG 的捐献会使赞助者得到减税优惠。长期以来，FreeBSD 项目的一些人一直认为，他们应该找到一种方法让项目的捐献者获得减税。他们在 2000 年成立了 FreeBSD 基金会，经过 3 年的非营利性工作之后，该基金会被美国税收部门批准为符合 501（c）3 条件。这项认证意味着向 FreeBSD 基金会的捐献可以和针对大学的捐献一样享受美国联邦以及州的减税优惠。能够减税的优势让 FreeBSD 项目获得的资金捐献在数量上显著提高，这又让他们可以资助项目中那些实现起来枯燥但又必需而且重要的开发工作。

　　经过过去 20 年的发展，FreeBSD 项目一直以稳健的脚步在成长。尽管 Linux 吸引了大量的追随者，但是 FreeBSD 依然继续保持着它在高性能服务器领域的地位。事实上，在 Linux 为开放源代码软件应用于企业级市场而四处布道时，FreeBSD 则隐藏在 Linux 的外衣之下，毕竟说服管理层从 Linux 切换到 FreeBSD，要比说服他们从微软的 Windows 切换到 FreeBSD 容易得多。Linux 也为 FreeBSD 带来了稳定的开发队伍。直到最近，Linux 都没有核心的源代码库，所以开发者如果想提供个人代码，要么为某个 Linux 发行厂商工作，要么说服某个可以将改动加入系统的人里的某一位。FreeBSD 项目用更平等和更友善的组织形式保证了有高素质的开发人员源源不断地加入进来。FreeBSD 项目中提交人员的年龄一般都在 25～30 岁之间，并且具有在 Linux 或其他开放源代码项目上 10 年左右的编程经验。这些人经验丰富、表现成熟，能够很快为项目做出贡献。从开发人员向提交人员提升的过程本身又确保了在某人直接向 FreeBSD 代码树提交代码时，他们能够理解代码风格和代码清晰合理等原则，这些原则对于保持 FreeBSD 的高质量、鲁棒性以及易维护性来说都是至关重要的。

FreeBSD 项目的目标是提供可以用于多种用途同时又不用额外缝缝补补的软件。许多开发人员都在代码（和项目）上投入巨大，而且并不在意偶尔获得的一点点经济上的补偿，但是他们肯定不会在这个项目上坚持下去。他们认为其首要任务是给所有的后来人提供可用于任何用途的代码，从而让代码得到尽可能最广泛的使用并且提供尽可能最大的效益 [Hubbard，2014]。

FreeBSD 设计概述

2.1　FreeBSD 的功能和内核

FreeBSD 内核提供 4 种基本功能：进程、文件系统、通信以及系统启动。我们将列出本书中讲解这 4 种服务的具体章节。

1）进程是由一个地址空间以及该空间内正在运行的一个或者多个控制线程共同组成的。创建、终止以及其他一些控制进程的机制将在第 4 章讨论。系统会为每个进程分配独立的虚拟地址空间。第 6 章讨论这一内存管理技术。

2）文件系统的用户接口和设备的用户接口十分相似，第 7 章将讨论两者的共同特性。第 8 章介绍在 I/O 子系统中对设备的组织和管理。文件系统提供多种操作来管理一个被命名的文件的集合，这些文件组成了一个树形的多层目录结构。文件系统必须组织好这些文件和目录在物理介质（比如磁盘）上的存储工作。第 9 章介绍传统快速文件系统在完成上述任务中所起到的作用。第 10 章介绍 Zettabyte 文件系统在完成上述任务中所起到的作用。第 11 章讨论的主题是如何访问远程系统上的文件。

3）传统的 UNIX 系统所能提供的通信机制包括：相关进程间单向可靠字节流机制（详见 7.1 节关于管道的介绍）和异常事件通知（详见 4.7 节关于信号的讨论）。FreeBSD 也拥有一套完善的进程间通信机制。它实现通信的方法运用了一种不同于文件系统的访问机制。一旦连接建立起来，对于进程来说，这种连接就像一个管道一样。以上内容将在第 12 章介绍。第 13 章讨论一种通用的连网框架，它通常用在 IPC 下面作为 IPC 的通信层。第 14 章详细描述了一种具体的连网实现。

4）任何一个实际的操作系统都会遇到运行问题，比如如何让它开始运行。系统的启动和运行问题在第 15 章介绍。

2.3～2.15 节分别概述第 3～15 章的内容。在这几节里，我们将定义术语，研究基本的系统调用，探讨技术的发展历程。最后，我们将告诉读者许多关键设计之所以这么做的理由。

内核

内核（kernel）是指运行在保护模式下，负责控制所有用户进程对底层硬件（比如 CPU、键盘、显示器、磁盘、网络链接）和软件构造（比如文件系统、网络协议）的访问的那一部分系统。内核还提供基本的系统功能，它创建和管理进程，提供一些用来访问文件系统和通信系统的函数。这些函数称作系统调用（system call），它们以库子例程（library subroutine）的形式出现在用户进程的代码中。用户进程只有通过系统调用这个接口才能利用内核提供的基本功能。系统调用机制的具体内容将在第 3 章介绍，这一章还描述了几种内核机制，它们的执行并不是一个进程发起一次系统调用的直接结果。

在传统的操作系统术语中，内核是一个小型的核心软件，它只提供为实现操作系统中其他服务而必须要有的基本功能。在 20 世纪 80 年代，对操作系统的研究——比如 Tunis[Ewens 等，1985]、Chorus[Rozier 等，1988]、Mach[Accetta 等，1986] 以及 V Kernel [Cheriton，1988]——更多是从功能上对内核进行划分，从而让内核不只是一个逻辑上的整体。在这类系统上，文件系统和联网协议等服务都是作为内核或者核心（nucleus）的客户端应用进程来实现的。这些微内核的方案大都以失败告终，因为在多个内核进程之间进行切换的开销太大了。

FreeBSD 系统的内核并没有被划分成多个进程，在最早的 UNIX 版本里就采取了这样的做法。由 Ken Thompson 所实现的最初两个 UNIX 版本里没有内存映射（memory mapping）机制，因此用户空间和内核空间在访问硬件方面没有区别 [Ritchie，1988]。与目前实际操作中使用的用户进程和内核进程并存的模型相比较而言，倘若我们要实现一个基于消息传递的系统，应该也一样容易。但人们之所以仍旧选择单内核，是因为它不但结构简单，而且性能好。早期的内核很小，在添加联网机制等一些功能之后，内核的规模增大了，但是同运行在内核之上的许多应用相比而言，内核仍然相当小。

用户一般通过一个叫作 shell 的命令行解释程序或者别的用户应用程序来与系统打交道。这些程序以及 shell 是作为进程而不是作为内核的一部分来实现的。这类程序不在本书的讨论范围之内，我们只专注于对内核进行研究。

2.3 节和 2.4 节描述了 FreeBSD 内核所提供的服务，并对它的设计做了简要的概述。以后的章节会详细介绍在 FreeBSD 里如何设计和实现这些服务。

2.2　内核结构

在这一节中，我们从两个角度来分析 FreeBSD 内核的组织结构：

1）把内核看作一个静态的软件实体，并按照构成内核的各个模块所提供的功能来进行分类。

2）根据内核的动态运行情况，按照其对用户提供的服务来进行分类。

内核的绝大部分内容都用来实现系统服务，应用程序通过系统调用来访问这些系统服务。在 FreeBSD 中，内核的组织结构如下：

- 基本的内核功能：定时器和系统时钟处理机制、描述符管理以及进程管理。
- 安全特性：在传统的 UNIX 模型基础上增加了沙箱、虚拟化、事件审计和加密服务。
- 支持内存管理：调页（paging）和交换（swapping）机制。
- 通用系统接口：I/O、控制、在描述符上执行的多重复用（multiplexing）操作。
- 文件系统：文件、目录、路径名转换、文件加锁以及 I/O 缓冲管理。
- 支持终端处理：伪终端（pseudo-terminal）接口和终端行规程（line discipline）。
- 进程间通信功能：套接字（socket）。
- 支持网络通信：通信协议和基本网络功能，例如路由功能。

以上列出的绝大多数内核组件都与运行的机器无关，可以在不同的硬件体系结构之间进行移植。

内核中与机器相关的部分被分离出了主流（mainstream）代码。特别要说明一点，内核中与机器无关的那部分代码里面不包含任何要求在某种硬件下才能运行的代码。当需要执行与机器相关的操作时，与机器无关的代码会调用一个与体系结构相关的函数，这个函数位于与机器相关的代码中。内核中与机器相关的代码包括：

- 系统启动时的底层操作；
- 陷阱（trap）和出错的处理；
- 进程在运行时（run-time）上下文的底层操作；
- 对硬件设备的配置和初始化；
- 对 I/O 设备在运行时的支持。

表 2-1 总结了 64 位 AMD 体系结构上的 FreeBSD 内核所包含的机器无关代码。其中第二列的数据为其各部分所包括的 C 语言代码、头文件和汇编语言代码的总行数。事实上，系统中几乎所有的代码都是用 C 语言编写的，而用汇编语言编写的代码仅占 0.6%。表 2-2 中的统计数据表明，与机器相关的内核代码，除去设备支持的那部分之后只占内核的 3.8%，这仅仅是内核的很小一部分。表中没有包括用于支持数百种设备的 2 814 900 行代码，它们中只有很少几行会被加载到内核里。

表 2-1 FreeBSD 内核中与机器无关的软件代码

类　型	代码行数	在内核中所占比例
头文件	59 070	3.8%
系统初始化	1438	0.1%
内核功能	136 277	8.6%
基本接口	6522	0.4%
进程间通信	24 791	1.6%

（续）

类　型	代码行数	在内核中所占比例
终端处理	19 163	1.2%
虚拟内存	34 484	2.2%
vnode 结构管理	29 664	1.9%
快速文件系统	45 788	2.9%
Zettabyte 文件系统	256 125	16.2%
各种文件系统 (17)	71 468	4.5%
网络文件系统	51 127	3.2%
网络通信	73 260	4.6%
netgraph⊖	88 447	5.6%
IPv4	142 033	9.0%
IPv6	40 480	2.6%
无线网	51 489	3.3%
包过滤器	37 330	2.4%
IPsec	18 746	1.2%
加密支持	17 908	1.1%
安全支持	48 516	3.1%
GEOM 层	87 711	5.6%
CAM 层	96 238	6.1%
PCI 总线	26 604	1.7%
虚拟化	21 479	1.4%
内核调试	8707	0.6%
兼容 Linux	20 839	1.3%
	-------	-------
与机器无关代码总计	1 515 704	96.2%

注：GEOM 表示物理结构；CAM 表示 Common Access Method（通用访问方法）；PCI 表示 Peripheral Component Interconnect（外设组件互连）。

表 2-2　FreeBSD 内核中与机器相关的软件代码

类　型	代码行数	在内核中所占比例
与机器相关的头文件	7927	0.5%
PCI 总线	755	0.1%
虚拟内存	16 637	1.1%
其他与机器相关的代码	15 489	1.0%
汇编语言例程	3737	0.2%
兼容 Linux	13 532	0.9%
	------	-------
与机器相关代码总计	58 077	3.8%

注：PCI 表示 Peripheral Component Interconnect（外设组件互连）。

⊖　内置于 Free BSD 内核的一种连网子系统。——译者注

本书前一版出版后的 10 年里，内核的总规模已从 798 140 行增长到 1 573 780 行。其中，ZFS 与 FreeBSD 的合并约占这一增长的三分之一。机器无关代码从 689 794 行（86.4%）增加到 1 515 700 行（96.2%）。机器相关代码从 108 346 行（13.6%）缩减到 58 077 行（3.8%）。以上统计数据没有包括从 846 525 行增长到 2 814 900 行的设备驱动代码。

系统初始化只用到了一小部分内核代码。这些代码在系统被引导（bootstrap）进入运行状态的时候才会被调用，它们负责设置内核的软硬件环境（参见第 15 章）。有些操作系统（尤其是那些物理内存有限的系统）会在这些代码执行完相应功能以后，把它们覆盖（overlay）掉或者从内存中删除。FreeBSD 内核不回收启动代码所占用的内存空间，因为它们用的内存空间只占内核在一般机器上所用资源的 0.2%。启动代码也不会出现在内核的某一个固定位置——它分布在内核的各个地方，通常出现的位置与正在初始化的进程有逻辑关系。

2.3 内核服务

底层硬件提供的硬件保护功能确立了内核代码与用户代码之间的界线。内核在一个独立的地址空间上运行，用户进程无法访问到这个地址空间。只有内核才可以执行特权操作——比如启动 I/O 或者暂停 CPU 的运行。应用程序必须通过系统调用请求获得内核的服务。系统调用会使内核执行一些或复杂（比如向辅助存储器写数据）或简单（比如返回当前系统时间）的操作。所有的系统调用看上去似乎是和应用程序同步（synchronous）执行的，因为在内核执行系统调用所关联的那些操作的时候，应用程序会等待而不会继续运行。但是内核在系统调用返回以后，可能还会执行某些与该系统调用相关联的操作。例如，在调用 write 的进程等待的同时，系统调用 write 只是把要写入的数据从用户进程复制到内核缓冲区里，而系统调用往往会在数据由内核缓冲区写入磁盘之前就已经返回了。

系统调用往往通过硬件陷阱的方式实现，这样将改变 CPU 的执行模式和当前的地址空间映射。内核会在系统调用启动前检验用户提供的参数，这样的检验保证了系统的完整性。所有传递给内核的参数都被复制到内核地址空间中，从而确保了经检验有效的参数不会因为系统调用的一些副作用而改变。系统调用的返回值不是放在硬件寄存器中，就是被复制到用户自己的地址空间中。与传递给内核的参数类似，存放返回值的地址也需要经过有效性检验，以确认它是在应用程序的地址空间内。如果内核在执行一次系统调用的时候出现了错误，它会返回给用户一个出错代码。在 C 语言中，出错代码保存在全局变量 errno 里，而执行系统调用的函数返回值为 −1。

用户应用程序和内核的运行彼此独立。FreeBSD 不会把 I/O 控制块或者其他与操作系统相关的数据结构存放在应用程序的地址空间中。每个用户级的应用程序在执行时都会被单独分配一块地址空间。内核让大多数的状态变化（比如挂起一个进程而让另一个进程运行）对变化所涉及的进程是不可见的。

2.4　进程管理

　　FreeBSD 支持多任务环境。每执行的一个任务或者过程都被称为一个进程（process）。FreeBSD 进程的上下文（context）结构由用户级状态（包括它的地址空间的内容和运行时环境）和内核级状态（包括调度参数、资源控制和识别信息）构成。上下文包含内核用来向外部进程提供服务的全部信息。用户可以创建进程，控制进程的执行，在进程执行的状态发生变化时还会收到通知。每一个进程都被赋予唯一的值，是进程标识符（PID）。当内核要向用户报告进程状态改变的时候，它使用这个值来区分进程；当用户在一个系统调用中引用一个进程的时候也使用这个值。

　　内核通过复制另一个进程上下文的方式创建一个新的进程。这个新进程是原父进程（parent process）的子进程（child process）。在创建进程时所复制的这个上下文中，既包含进程的用户级执行状态，也包含进程由内核管理的系统状态。第 4 章将介绍内核状态中的重要组成部分。

　　图 2-1 描述了进程的生命周期。一个进程可以用系统调用 fork 通过复制自身来产生一个新的进程。fork 返回两次：一次返回父进程，返回值是子进程的 PID；一次返回子进程，返回值为 0。这样的父子关系使得系统中的进程形成了一个继承关系的层次结构。每个新的进程可以共享其父进程的所有资源，比如文件描述符、信号处理状态以及内存布局。

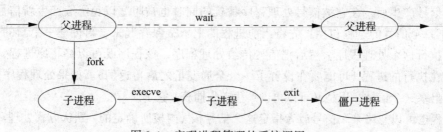

图 2-1　实现进程管理的系统调用

　　尽管偶尔我们会直接复制父进程作为新进程，但是加载和执行一个不同程序的情况更常见也更有用。一个进程可以通过使用系统调用 execve 的方法，用另一个程序的内存镜像覆盖自己的内存镜像，并传递给新创建的镜像一组参数。其中的一个参数就是存放该程序的文件名，这个文件的格式要能被系统识别——它要么是一个二进制可执行文件，要么是一个能让某个指定的解释程序执行起来以解释其内容的文件。

　　进程可以通过执行系统调用 exit 来结束运行，并向其父进程发送 8 位的退出状态码。如果一个进程希望向其父进程发送超过 1 字节的信息，则必须用管道或套接字建立一个进程间通信信道，或者使用一个中间文件做暂存处理。进程间通信机制将在第 12 章中展开讨论。

　　进程可以使用系统调用 wait 把自己挂起，直到它的某一个子进程终止之后才继续运行。

wait 系统调用返回刚刚终止运行子进程的 PID 及其退出状态。在某个子进程非正常退出或者终止运行时，父进程会收到一个通知信号。父进程使用系统调用 wait4 可以得到导致子进程不正常退出的事件相关信息，以及子进程在生命周期中所耗费的资源信息。如果某个子进程由于其父进程在它执行完毕之前退出而变成"孤儿"进程，内核将安排将它的退出状态返回给一个特殊的系统进程 init（见 3.1 节和 15.5 节）。有关内核创建进程和销毁进程的详细讨论见第 6 章。

执行多个进程时要根据进程优先级（process-priority）参数来进行调度。在默认的分时调度器（timesharing scheduler）的控制下，这个优先级由一种基于内核的调度算法来进行管理。用户可以通过修改一个表示全局调度优先级的参数（nice）来影响对进程的调度，不过仍然要遵循内核的调度策略来共享底层的 CPU 资源。FreeBSD 还有一个实时调度器，运行在实时调度器下的进程自己管理自己的优先级，内核不会改变它们的优先级。为了保证优先级最高的实时进程能够运行，内核会停止所有其他进程的执行。因此，FreeBSD 不要求实时进程共享底层的 CPU 资源。

2.4.1 信号

系统定义了一组可以发送给进程的信号（signal）。FreeBSD 中的信号模拟了硬件中断的机制。进程可以指定一个用户级的子例程（subroutine）作为专用的信号处理程序（handler）。当一个信号产生后，在它被信号处理程序捕获的同时也被阻塞以免继续产生新信号。捕获（catch）一个信号的过程包括：先将当前进程的上下文保存起来，再创建一个新的上下文，在其中执行这个处理程序。然后把信号传给处理程序，该程序既可以终止原进程，也可以返回正在执行的进程（可能要在设置了一个全局变量之后再返回）。如果处理程序返回了，就不再阻塞这个信号，于是又可以再度产生（和捕获）它了。

进程也可以忽略某个信号或者指定这个信号按（内核所确定的）默认方式处理。信号的默认处理方式是终止进程。终止进程的同时可能还会生成一个 core（内存转储）文件，它包含被终止进程的当前内存镜像，供事后调试之用。

有些信号不能被捕获或者忽略。这些信号包括杀死失控进程的信号 SIGKILL，以及作业控制信号 SIGSTOP。

进程可以选择将信号传送到某个特别的堆栈中，从而用更复杂的软件方式处理该堆栈。例如，一种支持协同例程（coroutine）的语言需要为每一个协同例程提供一个堆栈。这种语言的运行时系统可以将 FreeBSD 提供的单一堆栈划分开，分出这些堆栈来。如果内核不支持分离的信号栈，那么为每一个协同例程分配的空间必须扩大，增加捕获信号所需的空间。

所有的信号都有相同的优先级。如果同时发生多个信号，那么将它们传递给进程的顺序则与具体实现有关。信号处理程序在处理信号的同时将这个信号阻塞，但其他信号仍然可以出现。内核提供相关机制，使得进程可以保护其临界区的代码不会遇到出现特定信号的情况。信号的设计与实现在 4.7 节介绍。

2.4.2　进程组和会话

内核将进程划分为进程组（process group）。进程组可以控制对终端的访问，还可提供一种向相关进程的集合发送信号的手段。进程从父进程那里继承所属的进程组，内核提供相应机制，使进程可以改变自身以及后代进程所属的进程组。建立一个新的进程组很容易，这个新进程组的编号通常就是创建它的进程的进程标识符。

进程组中的一组进程有时候被称为一个作业（job），它们受高层的系统软件所控制，比如 shell。管道（pipeline）是一种由 shell 所创建的常见的进程组，它由若干个进程通过管道（pipe）相连而成，其中第一个进程的输出就是第二个进程的输入，而第二个进程的输出又是第三个进程的输入，依此类推。shell 为管道上的每一个环节创建一个进程，然后把所有这些进程放到一个单独的进程组，从而实现了一个作业。

用户进程可以向一个进程组中的每个进程发送信号，也可以向单个进程发送信号。在特定进程组中的进程可以接收到影响该进程组、控制该进程组挂起或者恢复执行、暂停或者终止该进程组的软件中断。

每个终端（或者说更常见的软件模拟终端，即伪终端）都会被赋予一个进程组标识符。这个标识符一般被设为与该终端相关联的进程组的标识符。执行作业控制的 shell 可以创建一系列与同一个终端相关联的进程组，这个终端就是这些进程组中每个进程的控制终端（controlling terminal）。只有当某个进程的标识符与控制终端的进程标识符相同时，它才可以从终端的描述符读取信息。如果标识符不同，该进程在企图从终端读取信息时将会被阻塞。通过改变终端的进程组标识符，shell 可以从几个作业中选取一个，将终端分配给它。这样的仲裁过程叫作作业控制（job control），它和进程组一起在 4.8 节介绍。

正如一系列相关进程可以归为一个进程组一样，一系列的进程组也可以归为一个会话（session）。会话的主要用途是为守护进程（daemon process）及其子进程建立一个独立的运行环境，并且将用户登录的 shell 和它上面启动的作业集中到一起。

2.5　安全

随着应用需求不断发展，FreeBSD 安全模型也进行开发并持续 40 多年了。关键在于，安全性必须是系统设计的一部分，不能抛开安全性去设计系统。该模型实现了许多不同的目标：

❑ 支持多个用户进行身份认证的本地访问和远程访问，以及分布式身份认证和目录服务的集成。

❑ 允许用户定义权限 / 访问控制列表，控制其他用户和组对其文件的使用。

❑ 为建立应用程序内部策略和缓解漏洞，支持应用程序开发者实现分区化。

❑ 实现高效的轻量级虚拟化，这种虚拟化允许管理员将根能访问到的安全目录委派给客户操作系统实例来管理。

❑ 允许系统管理员利用各种强制策略（包括信息流）控制多个用户之间的交互。

❑ 允许对系统中的安全事件（如文件系统操作或网络访问）进行详细的日志记录。

❑ 支持并实现更高级别的加密服务，如 IPSec、ssh、传输层安全保障（TLS）和全磁盘加密（GELI）。

应用程序开发人员和系统管理员可以多种方式构建这些功能。软件作者可以实现应用程序级沙箱、加密协议（如 https 和 PGP）、入侵检测和安全监视工具等功能。系统管理员和集成商可以构建提供虚拟专用网络（VPN）、多用户文件服务器或虚拟主机平台的系统或设备。这些具体目标都体现内核和核心操作系统组件本身的设计原则和要素：

❑ 具备自我保护功能的可信计算库（TCB）能够保证足够的系统完整性，实现多用户和密钥存储等功能。

❑ 使用虚拟内存的强进程隔离机制要确保内核不受用户代码的影响，且用户进程互不影响。

❑ 标识和检测内核中进行的与安全有关的操作，以实现访问控制、资源限制和事件审核。

❑ 在内核内部，不管有没有处于正常的访问控制模型之下，相干特权模型也允许异常操作（如系统管理、设备驱动程序实现）以结构化方式进行。

❑ 设计抽象实现，这种抽象便于为即将成型的产品使用未来的安全模型以及安全本地化。例如，策略和机制的清晰分离、面向对象的结构（受制于 C 的限制）以及用户空间能力系统模型，这种模型使用应用程序划分的原语而非策略提供保护。

❑ 加密原语，例如安全随机数生成和大量的加密与签名功能，这些原语支持许多不同的高级操作系统功能和应用程序。

2.5.1　进程凭证

内核将一组进程凭证与每个进程相关联，其中包含各种 UNIX 用户标识符（UID）、组标识符（GID）、资源限制、审核属性、强制访问控制标签、功能模式状态等凭证。在内核中进行与安全相关的操作时会检查这些凭证，比如对象以及对象属性（如文件权限和所有权），随后才能继续操作。凭证内容由于位于内核地址空间而受到保护：只有使用系统调用才能对它们进行修改，该系统调用会强制执行规则以防止操作逃避安全性检查。

FreeBSD 实现了 UNIX 的 set user identity（setuid）和 set group identity（setgid）权限，允许一个用户以另一个用户或组的权限来执行程序。当内核检测到此类二进制文件的执行时，进程的凭证将被修改为能够反映文件本身 ID 的用户 ID 或组 ID。

当文件归 root 用户所有时，进程凭证允许提升权限，但这个权限仅用于运行所讨论的程序。然后，程序可以实现特定的功能，例如修改系统密码文件以更改用户的密码，但不能更改任何其他用户的密码。然而，这种技术并不局限于 root 用户：某些用户和组拥有公共目录或设备，如打印机或终端，普通用户只能通过特定的二进制文件访问这些目录或设备。

2.5.2　特权模型

特权是指操作系统设计中必须存在的"安全阀"，用于描述正常访问控制规则的例外情况，例如：

- 配置网络接口和网络过滤；
- 安装、卸载和导出文件系统；
- 访问或修改内核数据和模块；
- 以系统管理员身份重写 ACL 或备份；
- 调试系统进程。

历史上，UNIX 实现了一个简单的特权模型：UID 为 0（即 root 用户）的进程能够绕过系统中几乎所有的保护。BSD 和后来的 FreeBSD 通过引入 securelevel、Jail 和强制访问控制，已经逐渐完善了这种方法。

特权模型要求将一个内核内置函数 suser()（该函数只检查当前线程是否具有 root 凭证）更改为一个更复杂的内核内置接口并命名为 priv_check()。虽然用户可见策略与 UNIX 根模型大致相似，但内部又被划分为大约 200 个新命名的权限，这种划分允许进行各种改进以及使用 MAC 策略来控制与特权模型的交互。例如相比操作系统的其他模块，Jail 中允许继续划分权限⊖。在实现支持产业链终端消费者的目标方面，这些更改也被证明是有价值的：产品本地化经常希望扩展特权模型，而特权空间本身是可扩展的。

2.5.3　自主访问控制

最初的 UNIX 安全模型的另一个改进领域是使得自主访问控制具备更大的灵活性和细粒度，即对象所有者为其他用户指定保护属性。UNIX 允许对文件所有者、文件组和其他所有人进行读、写和权限的执行控制。FreeBSD 添加了访问控制列表，其中的权限集被扩展为读、写、执行、查找和管理。这些扩展的权限可以应用于一个用户列表（每个用户都有自己的权限）、一个组列表（每个组都有自己的权限）和其他人。此模型允许之前的代码具备完全的向后兼容性，同时还提供了更精细的粒度控制。

2.5.4　能力模型

Capsicum 安全框架是 FreeBSD 9 中添加的一个新功能，它用于提供库或模块的沙箱，原因可能是代码的来源不可信，或者是怀疑代码在处理未知来源或可疑的数据时可能存在

⊖　Jail 命令在 FreeBSD 4.0 中首次出现，用于"监禁"进程以及其衍生的子进程。——译者注

漏洞。Capsicum 允许创建进程，这种进程只有被清晰地赋予系统权限才能执行。

在功能模式下运行的进程只有拥有文件描述符集才能工作，这种文件描述符集在进程创建时就被清晰地创建出来，或进程创建后通过 IPC 委托而来。创建者可以进一步限制在授予的描述符之上执行的操作集合。例如，它可能允许利用描述符进行 I/O 操作，但无权使用 select、poll 或 kqueue 来更改文件模式或测试事件。进程不得访问系统的全局命名空间，如进程标识符或文件系统。因此，open 系统调用将失败，但如果在操作目录的一开始就给 open 一个具有适当特权的描述符，open 系统调用就能工作。

2.5.5　Jail 轻型虚拟化

尽管 FreeBSD 在诸如 Xen 和它自己的 bhyve 管理程序等几种全机虚拟化技术下运行良好，但 FreeBSD Jail 以更低的资源投入提供更轻型的虚拟机。每个 Jail 都创建了一组进程，这些进程具有自己的根管理环境，这会给人一种错觉：它是在自己的专用硬件上运行的。与可以运行任何操作系统的完整虚拟机仿真器不同，Jail 只能提供 FreeBSD 内核环境。但是，它可以提供比完整虚拟机模拟器更高效的环境：一个物理机通常只能被最多几十个或数百个并发的完整虚拟机所使用，而它可以同时支持数千个 Jail。

实现 Jail 的三项技术：

❏ 访问控制，它可防止诸如 Jail 间进行进程调试之类的操作；
❏ 资源子集，它将 Jail 限制到分层文件系统命名空间的特定子集上（借助 chroot）；
❏ 真正的虚拟化，其中每个 Jail 都有全局系统命名空间的唯一实例。

访问控制和资源子集的成本很低，而完全虚拟化可能会产生大量的内核内存开销。因此，虚拟化是可配置的：可以授予 Jail 访问全局网络堆栈实例中系统 IP 地址子集的权限，也可以配置可选的全网络堆栈虚拟化。

通常配置下，每个 Jail 在特定于 Jail 的文件系统树中都有一个独立的 FreeBSD 用户界面安装程序，或者为了在更多的资源投入下实现更严格的资源隔离，每个 Jail 拥有自己的文件系统实例。每个 Jail 都将被授予其自己的系统 IP 地址子集。进程仅限于在这些地址下正常运行，例如，ISP 可能会为每个使用虚拟域的客户提供自己的虚拟 FreeBSD 安装程序，以及自己的用户账户数据库，并且每个数据库都包含一个仅绑定 Jail 的 IP 地址的 Web 服务器实例。Jail 中允许进行很多操作，包括：

❏ 在 Jail 内运行或发送信号；
❏ 在 Jail 内更改文件；
❏ 在 Jail 的 IP 地址上绑定低端口号；
❏ 在委托给 Jail 的更大卷上管理 ZFS 数据集（可选）。

在 Jail 内运行的进程不得执行对它们可见的或影响 Jail 外运行的任何内容的操作。此限制在很大程度上是通过屏蔽在 Jail 中运行的 root 进程可用的命名系统特权集来实现的。受限的权限包括：

- ❑ 获取 Jail 外进程的信息；
- ❑ 更改内核变量；
- ❑ 挂载或卸载文件系统；
- ❑ 修改物理网络接口或配置；
- ❑ 重新启动系统。

2.5.6　强制访问控制

强制访问控制（MAC）描述了一大类的安全策略，这些安全策略允许系统管理员（或系统集成商）控制系统行为，如信息流（例如，多级安全（MLS））或细粒度的系统级规则（例如，类型强制访问控制（TE））。对于哪种强制策略最适合解决特定的实际安全问题仍然存在很大的分歧，FreeBSD 为此实现了一个具备扩展性的内核访问控制框架——MAC 框架。

某些策略被编译到内核或内核模块中，该框架允许它们为内核安全决策提供工具，但框架本身也提供了许多策略所需的公共基础设施，如对象标签存储、用于安全管理并与策略无关的 API 以及跟踪 / 调试功能。内核子系统在开始访问对象上的操作以及进行权限检查等系统安全事件之前，在策略点调用 MAC 框架接口进行内核操作——创建和销毁对象。框架依次调用不同的策略模块来获得最终结果。

安全策略能够控制对一系列安全相关的系统对象和服务的访问，包括对文件系统对象（如文件 / 目录）、IPC 对象（如管道）和对网络套接字的访问。它们还可以限制进程间的操作，如执行、可视、发送信号和跟踪。

许多策略使用安全标签来标记进程和对象，并在访问控制检查期间使用附加的安全元数据。例如，这些安全标签可能包含每个对象或每个进程的机密信息，以便 MLS 利用它来阻止非法信息流；这些安全标签也可能包含域和类型信息，如基于交互控制的类型强制规则，这种信息就会被检测到。

MAC 框架不仅需要维护进行系统调用时直接作用到的用户空间可见对象上的标签，还需要维护内置对象，比如在存储器缓存中所存储的网络数据。框架设计中的一个关键问题是性能相称性：更严格的策略（如 MAC 标记策略）可能会导致更大的标记开销，但仅使用现有安全信息（如进程凭证 UID 和文件所有权）进行标记的策略不应开销过大。

FreeBSD 包括几个案例策略模块，如机密性模型和完整性模型，但 FreeBSD 的终端消费者已经使用该框架实现了许多其他策略，比如苹果针对 Mac OS X 和 iOS 的沙箱模型，以及 Juniper 的 Junos 路由器操作系统中的应用程序沙箱。

2.5.7　事件审计

最初的 UNIX 审计和新添加的 FreeBSD 跟踪服务都已经进行了扩展，包括入侵检测和用以分清责任归属的全方位审计，这是基于开放式基础安全模块的。启用后，它将为内核事件生成记录，例如访问控制、身份认证、安全管理、审计管理和用户级报告审计事件。对于每个事件，它都会记录用户凭证，这些凭证可以使用审计标识符进行扩充，审计标识符保存被添加到每个审计记录中的终端和会话信息。

使用可选的审计掩码对全局策略进行划分，会得到一个全局审计预选策略，利用这种策略可以控制审计轨迹的数量。auditreduce 实用程序能进一步简化审计记录。

2.5.8　密码学与随机数生成器

现代操作系统依赖于各种加密服务：

❑ 单向哈希方式可保护用户密码；

❑ 数字签名可以保护软件更新和用户数据不受篡改；

❑ 对称和非对称加密可保护磁盘和网络上的用户数据。

所有这些功能都基于密码学原理。FreeBSD 内核拥有一个强大的加密随机数生成器以及加密、完整性检查和哈希算法库。这些库被核心服务（如 GELI 磁盘加密和 IPSec 虚拟专用网络）所使用，也被用户的应用程序（如 ssh、GPG 和 Kerberos）所使用。

FreeBSD 使用 Yarrow 密码中的伪随机数生成器来实现内核内部的随机性和 dev 目录下的 random。Yarrow 重用现有的加密原语，如哈希加密和计数器模式块加密。使 Yarrow 的输出不可被破解，关键是有一个真正随机的种子源，Yarrow 能够组合多个熵源，并容许某个子源失效。

现在许多 CPU 都使用振荡器环路来实现内置硬件随机数生成器，以产生难以预测的输出。这些内置硬件随机数生成器中的第一个是自 FreeBSD 5.3 以来使用的 VIA 生成器。最近，英特尔推出了一种随机数生成器，它使用 rdrand 指令实现，该指令自 FreeBSD 9.2 以来就得到了支持。从 10.1 开始，因很难确定这些源是否正常工作，是否已经被破坏，FreeBSD 通过 Yarrow 提供硬件熵源的输出。在 FreeBSD 11 中，Yarrow 被 Fortuna 代替，因为 Fortuna 能自动估计如何以及何时使用可选熵源。

FreeBSD 使用内核中的加密服务，例如提供完整的磁盘进行加密。这些加密服务可以用软件或硬件加速器来实现。过去它们是在附加板中实现的，但现在逐步通过指令集扩展来实现。需要提供大量加密数据流的进程也能对硬件进行加密。

将这些安全组件结合起来就能满足运行 FreeBSD 的各种系统的需求，这些系统包括便携式计算设备、网络设备、存储设备和因特网服务提供商的大型托管环境。

2.6　内存管理

每个进程都享有自己的私有地址空间。这个地址空间在初始化时就被划分为 3 个逻辑段：代码段（text）、数据段（data）和堆栈段（stack）。代码段为只读段，其中包含程序的机器指令。数据段和堆栈段是可读写段。数据段包含程序中已初始化或未初始化的数据部分，而堆栈段负责存放程序运行时产生的堆栈结构。堆栈段会随着进程的执行被内核自动扩大。进程通过系统调用可以扩大或者减小自己的数据段，而只有在代码段的内容已经被文件系统来的数据所覆盖，或者在进行调试的时候才能改变进程的代码段大小。子进程的各个段的初始内容是从父进程处复制而来的。

在程序执行时，其所有的地址空间不一定需要全部调入内存。当一个进程访问到还没有调入内存的一段地址空间时，系统会自动将需要的信息页面调入内存。当系统资源缺乏的时候，会自动使用一种两级存储的方法管理可用的资源。当可用内存较少时，系统会从进程中释放一些最近很少使用的内存空间。如果出现严重的资源匮乏，系统将会用交换（swapping）的办法将整个进程上下文都换入辅助存储器中。系统的请求调页（demand paging）和交换（swapping）机制对进程来说是透明的。但是，作为一种提高性能的辅助手段，进程也可以直接向系统汇报自己预计的未来内存资源使用情况。

2.6.1 BSD 内存管理设计要点

对 4.2BSD 系统的要求之一是支持大规模稀疏地址空间、文件映射以及共享内存。系统曾把一个名为 mmap() 的系统调用列入设计，这个调用能让互不相关的进程把一个共享文件映射到它们各自的地址空间中。如果多个进程在它们自己的地址空间中映射了同一个文件，某个进程在自己空间中对该文件的修改将会反映到其他进程所映射的区域上，同时也会直接对文件本身进行修改。但迫于实现其他方面（比如连网）功能的压力，4.2BSD 最终并没有提供 mmap() 接口。

4.3BSD 继续对 mmap() 接口进行了深入开发。40 多家公司和研究机构参与了讨论，最终重写了体系结构，具体内容见 *Berkeley Software Architecture Manual* [McKusick 等，1994]。Sun Microsystems 公司完成了该接口在 UNIX 上的第一个实现 [Gingell 等，1987]。

由于时间关系，在 4.3BSD 中还是没有提供该接口的实现。虽然是可以在 4.3BSD 的虚拟内存系统中提供，但是开发者仍然决定不把它加进去，因为那个虚拟内存系统已经实现了有将近 10 年之久。此外，原来的虚拟内存机制是在假定计算机内存很小且十分昂贵，而本地连接的磁盘却价格便宜、速度快、容量大的前提下进行设计的。因此，虚拟内存系统在设计上以增加磁盘的访问开销来减少对内存的使用。另外，4.3BSD 上的这种虚拟内存设计是针对 VAX 的内存管理硬件的，它影响了该设计向其他计算机体系结构的可移植性。最后，该虚拟内存系统不支持日趋流行和重要的紧耦合多处理机。

企图逐步改进旧实现的做法看起来注定要失败。另一方面，采取一种全新的设计可以利用大内存的优势，降低磁盘的读写，并且有能力在多处理机上运行。于是在 4.4BSD 中全面更新了虚拟内存系统。4.4BSD 的虚拟内存系统以 Mach 2.0 的虚拟内存系统 [Tevanian，1987] 为基础，并且增加了 Mach 2.5 和 Mach 3.0 的更新部分。

FreeBSD 的虚拟内存系统是对 4.4BSD 的虚拟内存实现做了广泛调整之后的版本。它的特点包括：支持共享机制的效率高，彻底分置机器无关与机器相关功能，另外增加了对多处理机的支持。进程可以在其地址空间中任意的位置上映射文件。它们可通过映射同一个共享文件来共享部分地址空间。一个进程对共享映射文件所做的改动，在其他进程的地址空间内也可以看到，并且也会被回写到文件本身。进程还可以申请私有的文件映射，这可以不让其他映射该文件的进程看到这个进程所做的修改，或者不把修改回写文件里。

虚拟内存系统的另一个作用是执行系统调用 read 或者 write 时，作为将信息传入内核的途径。对于这类系统调用来说，FreeBSD 总是会将数据从进程的地址空间复制到内核的缓冲区里。这样做的理由如下：

- 用户的数据经常没有按页对齐，而且不是硬件页面大小的整数倍。
- 如果进程的某个页面被换掉，进程就再也访问不到它了。当然有些程序可以依靠留在缓冲区中的数据，即使这些数据已经写完。
- 如果允许进程保留页面的一份副本（在当前 FreeBSD 的语义里就是这样），必须对这个页面采用写时复制（copy-on-write）技术。"写时复制"的页面被设置为只读，从而防止它被修改。如果进程企图修改这样的页面，内核就会得到一个写入错（write fault）。接着，内核会复制页面的一个副本，进程可以在这上面进行修改。遗憾的是，一般的进程会立即向输出缓冲区中写入新数据，迫使数据一定要进行复制。
- 当页面被重新映射到新的虚拟内存地址时，大多数执行内存管理的硬件都要求对地址转换缓存有选择性地进行清除。清除缓存的速度往往很慢。这样造成的影响是，对于小于 4 KB 到 8 KB 的数据块来说，直接复制数据比重新进行内存映射要快。

对于要传送大量数据的读写操作来说，复制数据会相当费时。将进程的内存空间重新映射到内核中是代替复制数据操作的一种方法。内存映射最适用的地方是那些需要访问大文件，以及需要在进程间大量传递数据的场合。mmap() 接口提供的功能使这两类任务不需要复制数据就可以完成。

由于不同计算机上运行的进程之间不支持 mmap 系统调用，它们必须使用通过网络连接的套接字进行通信。因此，通过网络发送文件的内容是另一种常见的操作，实现这一操作需要避免复制。传统文件的发送是通过将文件读入应用程序缓冲区，再将该缓冲区写入套接字来完成的。这种方法需要两个数据副本：首先从内核到应用程序缓冲区，然后从应用程序缓冲区复制到内核，再通过套接字发送。FreeBSD 开创了 sendfile 系统调用的先河，它将数据从文件发送到套接字而不进行任何复制。

2.6.2　内核中的内存管理

内核经常分配一些只在某个系统调用中需要的内存空间。在用户进程中，这种短期的内存会在运行时栈（run-time stack）中分配。由于内核的运行时栈容量有限，所以即便是中等大小的内存块也无法在该栈中分配，必须通过一个更加灵活的机制来分配这样的内存。例如，当系统需要转换路径名的时候，它必须分配一个 1 KB 的缓冲区来保存该路径名。其他用途的内存块肯定要比一个系统调用存在的时间久，因此即使栈里还有剩余的空间，也不能从栈里给它们分配空间。协议控制的内存块就是这样的一个例子，它一直维持到网络连接断开。

随着更多的服务加入内核，内核里需要动态分配内存空间的情况也随之增多。采用一种通用的内存分配机制会大大降低编写内核代码的复杂性。因此 FreeBSD 内核就加入了一种通用的内存分配机制，可应用于系统的各个部分。这是一套类似于为应用程序提供动态内存分配的 C 语言库函数 malloc() 和 free() 的机制 [McKusick&Karels，1988]。就像 C 语言库函数的接口一样，这个分配内存的例程有一个指定所需分配空间大小的参数。请求分配的内存大小没有限制，不过，虽然分配了物理内存，但却没有分页。释放内存的例程有一个指向需释放内存块的指针，但并不需要指出要释放的内存块的大小。

这种通用的内存分配机制并不能很好地处理一些需要量大、持续时间长的内存分配要求，比如要求在进程生命周期内保留该进程相关信息的存储结构。内核为这类内存分配要求提供了一种区域内存分配机制。在这种机制下，给予每一种内存类型自己的内存区域，在该内存区域进行各自的内存分配。访问接口的语义规则和通用的内存分配方式类似，采用 zalloc() 例程从某个区域分配内存，用 zfree() 例程释放内存。

2.7　I/O 系统概述

UNIX 中 I/O 系统的基本模型是一个字节序列，它可以被顺序访问，也可以被随机访问。在通常的 UNIX 用户进程中既没有访问方法（access method）也没有控制块（control block）。

不同的应用程序要求不同层次的结构，但是系统内核并没有给 I/O 强加任何结构。例如，文本文件的结构按惯例是 ASCII 字符构成的行与行之间以一个换行符（newline，在 ASCII 码中是 line-feed 字符）分隔开来，但内核并不知道这些。为了达到能为大多数程序所接受的目的，I/O 模型被进一步简化成一个数据字节流，或者叫作 I/O 流（stream）。正是这种简单的数据形式，使那种典型的基于 UNIX 工具的处理方式能够工作 [Kernighan&Pike，1984]。一个程序的 I/O 流可以被当作几乎任何其他程序的输入。

2.7.1　描述符与 I/O

UNIX 进程使用描述符（descriptor）来引用 I/O 流。描述符是由 open 和 socket 这样的系统调用返回的无符号整数。系统调用 open 含有一个文件名参数和一个权限模式参数，后者标明所打开的文件是读操作还是写操作，抑或是两者兼而有之。这个系统调用也可以用来创建一个新的空文件。系统调用 read 和 write 使用 open 所返回的描述符来进行数据传送。系统调用 close 来释放任何描述符。

描述符代表内核支持的底层对象，它由针对该对象类型的系统调用来创建。在 FreeBSD 中，描述符可以代表 7 种对象：文件、管道、fifo、套接字、POSIX IPC、事件队列和进程。

1）文件（file）是至少有一个名字的线性字节序列。只有当文件的所有名字都被明确删除，且系统中没有进程拥有指向它的描述符时，该文件才被删除。进程可以通过系统调用 open 打开文件名的方式来获得某个文件的描述符。大多数 I/O 设备可以像文件一样进行访问。

2）管道（pipe）也是一种线性的字节序列，但它被单独当作一个 I/O 流来使用，并且是单向的。它没有名字，因此并不采用系统调用 open 来打开它，而是通过叫作 pipe 的系统调用来创建它。pipe 调用返回两个描述符，其中一个接受输入，并且不经复制将输入按顺序可靠地传送给另一个描述符。

3）fifo 也经常被叫作命名管道。除了出现在文件系统中并可以用系统调用 open 打开外，fifo 的特性与管道相同。两个需要相互通信的进程可以各自打开同一个 fifo：一个进程打开读数据，而另一个则向其中写数据。

4）套接字（socket）是一种进程间通信时使用的临时对象。只有某些进程拥有指向它的描述符时，套接字才存在。使用 socket 系统调用可以创建一个套接字，该系统调用返回此套接字的描述符。对于不同种类的通信方式，比如可靠的数据传送、保持报文顺序或保持报文边界等，都有不同种类的套接字提供相应的支持。

5）POSIX IPC 机制包括消息队列、共享内存和信号量。每一类 IPC 都有自己的一组系统调用。

6）事件队列是一个描述符，为应用程序发生的一组事件注册了通知请求。事件包括描述符数据的到达、描述符输出空间的可用性、异步 I/O 的完成、各种基于计时器的事件以及进程的各种状态变化。事件队列是由系统调用 kqueue 创建的，该调用返回事件队列的描述符。

7）进程描述符是 Capsicum 能力模型用来控制沙箱进程可以访问的进程集合的。我们可以通过为系统调用 rfork 指定 RFPROCDESC 标志来创建进程描述符。

在 4.2BSD 之前的系统中，管道是通过文件系统实现的。在 4.2BSD 中引入套接字之后，管道就通过套接字来实现。出于性能方面的原因，FreeBSD 不再使用套接字来实现管道和 fifo，转而采用一种单独的实现方式，该方式针对本地通信做了优化。

内核为每个进程维护了一个描述符表（descriptor table），内核使用这个表将描述符的外部表示翻译成内部表示（描述符仅仅是这个表的索引）。进程的描述符表最初是从其父进程那里继承而来的，而对描述符所指向对象的访问也同样被继承下来。进程获得描述符的办法主要有两种：

1）创建或者打开一个对象；

2）从其父进程那里继承得来。

除此以外，套接字 IPC 允许将描述符作为消息在同一台机器上运行的不相关进程之间进行传递。

每一个有效的描述符都有一个相应的文件偏移量（file offset），它标明从对象的初始处到当前位置的字节数。read 和 write 操作都是从这个偏移位置开始操作，并于每次数据传递操作后修改当前的位置偏移量。对于支持随机访问的对象来说，可以使用 lseek 系统调用来直接改变文件的偏移量。普通文件和部分设备都支持随机访问，但是其他类型的描述符（如管道、fifo 和套接字）不支持这种方式。

当一个进程终止时，内核回收该进程用到的所有描述符。如果该进程是最后一个引用某个对象的进程，那么会通知该对象的管理方，对该对象执行必要的清理工作，例如最终删除一个文件或者释放一个套接字。

2.7.2　描述符管理

大多数进程启动运行时，都要求打开 3 个描述符。这 3 个描述符是 0、1 和 2，它们更常用的名字分别是标准输入（standard input）、标准输出（standard output）和标准出错输出（standard error）。通常，由登录进程（login process，详见 15.4 节）把这 3 个描述符与用户终端关联起来，并且通过 fork 和 exec 调用把它们传给用户执行的进程。这样，一个程序可以通过读取标准输入而得到用户的输入，通过写入标准输出而将输出发送到用户屏幕上。标准出错输出描述符同样以写模式打开，用来向用户输出错误信息，而标准输出则被用于正常的输出。

除了终端设备外，这些描述符（以及其他描述符）还可以映射到其他对象上。这样的映射被称为 I/O 重定向（I/O redirection），所有的标准 shell 都支持用户进行重定向操作。shell 可以将一个程序的输出引向一个文件，只要它关闭描述符 1（标准输出），并打开一个文件且将其描述符设置为 1 即可。类似地，shell 也可以将一个文件作为标准输入，只要它关闭描述符 0（标准输入），并打开一个文件且将其描述符设置为 0。

管道允许在不重写甚至不重新连接两个程序的情况下，将一个程序的输出作为另一个程序的输入。具体做法是将源程序的描述符 1（标准输出）不设为写入终端，而是将它设为某个管道的输入描述符。类似地，将目标程序的描述符 0（标准输入）不设为终端键盘，而是设为管道的输出描述符。这种两个进程通过管道相连的结构被称作管道（pipeline）。管道可以是任意多个用管道连接起来的进程组合。

系统调用 open、pipe 和 socket 总是选用尚未被使用过的最小数作为新的描述符。管道工作的前提是必须存在一种机制，这种机制将这样的新描述符映射为描述符 0 和 1。系统调用 dup 创建一个描述符的副本，它与原描述符指向相同的文件表条目。新的描述符也使用尚未被使用过的最小整数，但是如果需要映射的描述符先被关闭了，可以使用 dup 来完成所要进行的映射。需要注意的是，在需要映射描述符 1 的时候，很可能描述符 0 被碰巧关闭了，此时 dup 会返回描述符 0。为了避免这个问题，系统提供了 dup2 系统调用。它与 dup 相似，但是它附带一个参数，标明了需要映射的描述符号（如果需要的描述符已经打开，dup2 将在重新使用该描述符之前先关闭它）。

2.7.3　设备

硬件设备有文件名，用户可以通过和访问普通文件一样的系统调用来访问硬件设备。内核可以区分一个文件是否为设备特殊文件（device special file）或者特殊文件（special file），从而得知该文件描述符具体指向哪台设备，但是绝大多数进程不需要知道具体指向哪台设备。访问终端、打印机和磁带机都按字节流来处理，就像 FreeBSD 中的磁盘文件一样。因此，设备的依赖性和特殊性被尽可能地隐藏在内核之中，并且即使在内核中，它们也大多被封装在各自的驱动程序里。

进程通常通过文件系统中的特殊文件来访问设备。对这些设备进行的 I/O 操作由驻留在内核中的一些软件模块处理，它们称为设备驱动程序（device driver）。大多数网络通信硬件设备只能通过进程间通信机制来访问，它们在文件系统的命名空间中没有专门的文件名，因为称为原始套接字（raw-socket）的接口提供了一种比使用特殊文件名更加自然的访问方式。

在第一次发现硬件的时候，设备驱动程序就在 /dev 文件系统下创建该设备的特殊文件。系统调用 ioctl 控制这些特殊文件的底层设备参数。每种设备的操作均有所不同。这个系统调用可以直接访问设备的特殊属性，而不用另外调用其他的系统调用。例如，在声卡上可以用 ioctl 调用设置音频编码格式，而不必去调用 write 函数的某个特殊的或者修改过的版本。

2.7.4　套接字 IPC

4.2BSD 内核引入了一套建立在套接字基础上的 IPC 机制，比管道更为灵活。套接字是由描述符所引用的通信端点，就像管道或者文件一样。两个进程可以各自创建一个套接字，并在这两个通信端点之间建立可靠的字节流连接。一旦连接建立起来，进程就可以通过描述符来对套接字进行读写操作，这和进程对管道进行操作一样。由于套接字具有透明性，使得内核可以将一个进程的输出重定向为另一台机器上的某个进程的输入。套接字和管道的主要区别在于：管道通常需要两个进程有一个共同的父进程来建立通信通道，而套接字可以在两个不相关的进程之间建立起来，而且这两个进程还可以位于不同的机器上。

fifo 就像文件系统中的对象一样，互不相关的进程可以打开它并且传送数据，所有操作都与进程通过一对套接字进行通信时一样。因此，fifo 不要求两个进程有共同的父进程才能建立连接，只要两个进程都启动了，就可以自行连接。fifo 与套接字的不同之处在于，它只能用于本地机器，而且是同一台机器上运行的两个进程。

套接字机制对传统的 UNIX I/O 系统调用进行了扩展，提供相关的命名机制和连接语义功能。开发人员没有重载原有的接口，而是扩展了原有接口的使用范围，他们没有对接口进行修改或者设计新的接口来处理新增的语义功能就达到了这一目的。在套接字通信中，系统调用 read 和 write 用于字节流类型的连接，但增加了 6 个新的系统调用，用于收发带有地址的数据报文，比如网络数据报。write 的系统调用包括 send、sendto 和 sendmsg，而 read 的系统调用包括 recv、recvfrom 和 recvmsg。这两类系统调用中的头两个调用是其他调用的特例，recvfrom 和 sendto 也可以分别作为 recvmsg 和 sendmsg 的库函数接口加入进来。

2.7.5　分散 - 收集 I/O

除了传统的系统调用 read 和 write 之外，4.2BSD 又增加了分散 - 收集 I/O（scatter-gather I/O）功能。分散输入（scater input）使用系统调用 readv 让单一的读操作访问若干个不同的缓冲区，系统调用 writev 使用一个原子写操作对若干个不同缓冲区写入数据。在分散 - 聚集 I/O 中，不像在 read 和 write 中那样，只传递一个缓冲区及其长度作为参数，而是让进程传递一个指向数组（数组内是缓冲区及其长度）的指针和表示该数组长度的数字作为参数。

有了这套机制，对于位于一个进程地址空间不同部分的多个缓冲区，系统不用先把它们复制到一个连续的缓冲区中，就能以原子方式执行写入操作。在底层抽象数据是基于记录方式的情况下，比如数据报要求每次写入请求都输出一则报文消息，就必须要采用原子写操作（atomic write）。一次读取请求能够同时从多个不同的缓冲区内获得数据也会带来方便（比如，记录头存放在一个缓冲区，而记录数据存放在另一个缓冲区）。虽然在应用程序中也可以通过把数据读入一个巨大的缓冲区，然后把不同的数据块复制到不同目的地的方法模拟这种分散数据的功能，但这种方法在内存到内存复制的过程中会浪费相关应用程序两倍的时间。

正如 send 和 recv 可以作为 sendto 和 recvfrom 的库函数接口来实现一样，read 和 write 也分别可以用 readv 和 writev 来模拟。但是由于 read 和 write 使用得太频繁，所以模拟它们所增加的代价就显得不太值得。

2.7.6　多文件系统支持

随着网络计算的发展，开始需要同时支持本地文件系统和远程文件系统。为了简化这种对多文件系统的支持，开发人员在内核中加入了一种新的虚拟节点（或者称为 vnode）接口。这套 vnode 接口提供的一套操作和本地文件系统原先支持的文件系统操作十分相似。不过它却能够支持多种多样的文件系统类型：

- ❏ 基于本地磁盘的文件系统；
- ❏ 通过各种远程文件系统协议导入的文件系统；
- ❏ 只读的 CD-ROM 文件系统；
- ❏ 为特殊需求提供的文件系统，比如 /dev 文件系统。

通过使用可加载的内核模块（参见 15.3 节），FreeBSD 可以在系统调用 mount 第一次引用文件系统时，把文件系统动态地加载到系统中。vnode 接口将在 7.3 节详细讨论，它的辅助性支持例程将在 7.4 节中讲述，7.5 节将介绍几种特殊用途的文件系统。

2.8　设备

过去的设备接口是静态的，而且结构简单。系统在启动的时候找到设备，此后就不能再改变。典型的磁盘驱动程序写出来只有几百行代码。随着系统的演变发展，增加的新功能使得 I/O 系统的复杂性不断增加。当系统正在运行的时候，设备既可以出现在系统中，也可以随后就从系统中消失。I/O 总线的类型以及复杂度都在增加，对于 I/O 请求的调度就变得越发复杂起来了。例如，在一台多处理机上，设备中断必须被送到最合适的处理器上，这可能和上次处理该设备中断的处理器不是同一台。PC 的体系结构将在 8.1 节做简要介绍。

设备是由字符设备驱动程序描述的。8.2～8.6 节介绍了设备驱动程序的结构，并详细介绍了磁盘、网络接口和终端的设备驱动程序。

逻辑磁盘也不再是指某个物理磁盘上的一个分区，它可能是将几个分区组合起来所创建的虚拟分区，在这个虚拟分区上构造的文件系统横跨了几个磁盘。通过这几种方式，将物理磁盘分区组合起来形成虚拟分区的做法就称为卷管理（volume management）。并不是在所有文件系统或者磁盘驱动程序中都要加入卷管理功能，而是把该功能抽出来放入 GEOM（geometry）层里实现。GEOM 层的操作在 8.7 节介绍，8.8 节介绍如何管理 FreeBSD 中的磁盘子系统。

自动配置是指系统为识别和启动系统中出现的硬件设备而执行的过程。过去，自动配置只是在系统启动的时候做一次。而在当前的系统上，特别是像便携式计算机这样强调移动性的机型上，一般会在机器运行的同时加载和卸载设备。因此，内核必须做好准备，在硬件接上的同时配置、初始化设备，使之能投入使用，并且在断开设备的同时停止对该设备的操作。FreeBSD 使用一种称为 newbus 的设备驱动程序功能来管理系统上出现的设备。newbus 的体系结构将在 8.9 节介绍。

2.9　快速文件系统

普通文件（regular file）是线性的字节序列，并且可以从文件内的任意一个字节开始读操作和写操作。虽然很多程序中都把换行（line-feed）字符当作一行的结束符，而其他程序可能会有别的硬性规定，但是内核并不区分普通文件中记录的边界。文件自身并不存有任何与系统相关的信息，但是文件系统中存有少量涉及每个文件的所有者、保护权限和用途的信息。

文件名（filename）是一个最长可以为 255 个字符的字符串。这些文件名保存在一种称为目录（directory）的特殊文件中。目录中关于一个文件的信息叫作一个目录条目（directory entry），除了文件名以外，其中还包含一个指向文件的指针。目录条目也可以指向其他目录，就像指向一般文件一样。这样就形成了一种文件和目录的层次结构，称作文件系统（filesystem）。图 2-2 是一个小型文件系统的结构。目录可以包含子目录，且目录的嵌套关系本身并没有深度的限制。为了维护文件系统的一致性，内核不允许进程直接对目录进行写操作。一个文件系统不仅包括目录和一般文件，还可以包括其他对象，比如套接字和 fifo。

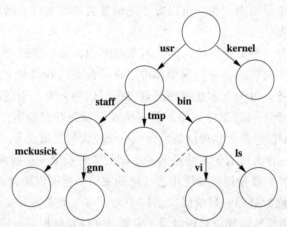

图 2-2　一个小型文件系统的树形结构

　　文件系统形成了一个树状结构，其开始处称作根目录（root directory），有时候也用一个斜杠符号"/"来表示它。根目录可以包含多个文件，在图 2-2 的例子中，根目录包含 kernel 文件，它是内核可执行目标文件的一个副本。根目录还可以包含多个目录，在这个例子里，根目录还包含目录 usr。在 usr 目录中又包含子目录 bin，这个目录下一般包含程序的可执行目标代码，比如 ls 和 vi 文件。

　　进程通过指定文件的路径名（pathname）来确定文件，该路径名是由 0 到若干个以"/"分开的文件名组成的字符串。内核为每个进程都关联了两个目录文件以帮助解释路径名。一个进程的根目录是在文件系统中进程所能访问的最高层目录，它一般设置为整个文件系统的根目录。以"/"开始的路径名叫作绝对路径名（absolute pathname），内核从进程的根目录开始解释它。

　　不是以"/"开始的路径名叫作相对路径名（relative pathname），从进程的当前工作目录（current working directory）开始解释。这个目录也可以简称为当前目录（current directory）或者工作目录（working directory）。当前目录自身可以用点文件名"."引用。双点文件名".."指该目录的父目录，而根目录的父目录为其自身。

　　进程可以通过系统调用 chroot 来设置自己的根目录，通过系统调用 chdir 来改变自己的当前目录。进程在任何时间都可以执行 chdir 操作，但是 chroot 只能在进程拥有超级用户的权限时才能执行。设置 chroot 一般用来限制对系统的访问。

对于图 2-2 所示的文件系统来说，如果一个进程的根目录为整个系统的根目录，而 /usr 目录为该进程的当前目录，则它可以用两种方法引用该目录下的 vi 文件：其一是用绝对路径 /usr/bin/vi，其二是用相对路径 bin/vi。

系统的实用程序和数据库被保存在一个众所周知的特定目录中。定义好的目录层次结构中有一部分应该有一个目录包含每个用户的主目录（home directory），例如图 2-2 中的 /usr/staff/mckusick 和 /usr/staff/gnn。当用户登录时，用户的 shell 进程的当前工作目录就设为用户的主目录。在主目录内，用户可以方便地创建目录与文件。因此，一个用户可以随意建立复杂的子目录结构。

用户通常只知道有一个文件系统，但是对系统来说，这个虚拟的文件系统实际上是由若干个物理文件系统所构成的，它们每个都可以在一台不同的设备上。一个物理文件系统不能跨越若干逻辑设备。由于大多数物理磁盘设备可以划分为几个逻辑设备，所以在一台物理设备上可以有多个不同的文件系统，但一台逻辑设备却只能有一个文件系统。相反，可以通过条带化或 RAID 将多个物理设备组合成单个较大的逻辑设备。

一个文件系统——作为所有绝对路径名的基础的文件系统——被称为根文件系统（root filesystem）的前提是，它要始终能够使用。其他的文件系统可以被挂载（mount）上来，即被集成到以根文件系统为基础的目录层次结构中来。对一个安装有文件系统的目录进行的访问操作，将被内核透明地转换成对该目录上安装的文件系统根目录的访问操作。

系统调用 link 的参数包括一个已经存在的文件的名称和想要为它起的另一个名字。如果一次 link 操作执行成功，则该文件可以用这两个名字中的任意一个来访问。用系统调用 unlink 可以将文件的一个名字删除。如果一个文件的最后一个名字被删除（而且最后一个打开这个文件的进程将文件关闭），则该文件会被删除。

文件在目录中按层次结构组织起来。目录是文件的一种，但是与普通文件不同的是，目录带有系统赋予的一个结构。进程可以像访问一般文件一样来读取一个目录，但是却只允许内核修改一个目录。目录由系统调用 mkdir 来创建，由系统调用 rmdir 来删除。在 4.2BSD 之前，系统调用 mkdir 和 rmdir 都是通过调用一系列的 link 和 unlink 来实现的。专门增加创建和删除目录的系统调用有 3 个原因：

1）保证操作的原子性。在使用一系列 link 操作的过程中，如果系统突然崩溃，目录会残留不全。

2）在一个网络文件系统中，创建和删除文件和目录的操作一定要保持原子性，从而保持操作按顺序在网络中传输。

3）要支持位于另一个磁盘分区上的非 UNIX 文件系统（例如 NTFS 文件系统）时，这些非 UNIX 文件系统可能不支持 link 操作。虽然其他文件系统可能也支持目录的概念，但它们很可能不会像 UNIX 操作系统一样使用 link 来删除和创建文件。这样它们只有在明确有创建和删除目录操作命令发出时才可能执行创建和删除操作。

系统调用 chown 能设置文件的所有者与所属组，而系统调用 chmod 可以改变文件的保护权限。将文件名传给 stat 调用可以返回一个文件的上述属性。系统调用 fchown、fchmod 和 fstat 与前面对应调用的功能相同，只不过它们的参数是文件描述符而不是文件名。系统调用 rename 可以为一个文件更名，替换掉原来多个旧名字里的一个。像目录创建和删除操作一样，rename 操作在 4.2BSD 版本中才加入，其原因也是出于对本地文件系统里改名操作的原子性考虑。事实证明这样的决定对于网络操作和其他文件系统操作均是有利的。

在 4.2BSD 中还加入了系统调用 truncate，它可以将文件设置为任意的长度。但是 truncate 这个名字起得不好，因为它既可以缩短一个文件，也可以扩大一个文件。文件里允许有孔（hole）存在。孔就是文件线性区域内的无效区域，该区域内从不会写入数据。进程可以通过把文件指针移到当前的文件结尾之外，然后再执行写操作的方法来形成孔区域。在文件末尾加孔的另一种方法是使用系统调用 truncate 增加这个文件的长度。在读到孔的时候，系统把它当作值为 0 的字节处理。

由于文件系统可以缩短文件，内核就可以利用这种能力将一个大而空的目录缩短。缩短空目录的好处在于，在创建或者删除名字时缩短内核搜索的时间。

新建文件以创建它的进程所属用户标识符作为该文件拥有人，以创建它们所在目录的所属组标识符作为此文件的所有组。内核提供了一个 3 级访问控制机制来保护文件。下面的这 3 个级别确定了一个文件的访问权限。

1）文件所属的用户。

2）文件所属的组。

3）其他用户。

每一级访问都有单独的标识来指出对该文件的读、写以及执行权限。如果需要有更细粒度的访问控制，FreeBSD 5 还提供了 ACL（Access Control List，访问控制列表），可以针对每个用户或者每个组来指定读、写、执行和管理权限。

文件在初始创建的时候长度为 0，随着写入的数据的增加，文件的长度会增加。打开一个文件时，系统会维护一个指向文件当前位置的指针，并把它与文件描述符相关联。该指针可以在文件中任意移动。通过系统调用 fork 或 dup 共享一个文件描述符的进程也共享文件内当前位置的指针。对于由不同的系统调用 open 创建的文件描述符，其当前位置指针是不相关的。

文件库

用户能看到的那部分文件系统是它的层次命名、上锁、配额、属性管理和保护机制，但是文件系统的实现还包括数据在存储介质上的组织和管理工作。文件内容在存储介质上如何布局是由文件库（filestore）来负责的。缺省情况下，FreeBSD 使用传统的伯克利快速文件系统格式。它将磁盘划分成连续存储块的组，称为柱面组（cylinder group）。根据文件在文件系统中所处的位置，有可能一起访问的文件被保存在相同的柱面组里，不太可能一起访问到的文件则移入不同的柱面组中。

文件库主要负责确保文件系统始终处于一种能在发生软硬件故障后可以恢复的状态。使用同步写入磁盘的机制虽然可以保证数据的可恢复性,但是使用这种技术的文件系统性能太低,达不到要求。FreeBSD 使用一种称为软更新(soft update)(参见 9.6 节和 9.8 节)的技术,在确保有恢复能力的同时仍然具有良好的性能,并且在系统崩溃之后可以快速重启。

FreeBSD 文件库另一个特性是它能够快速生成一个文件系统的快照(snapshot)。快照可以每隔几小时生成一次,安装在一个明确的位置,于是用户可以恢复他们在当天早时创建或者写入而又在无意间删除的文件。快照还可以在系统持续使用的过程中创建一致的文件系统存档。有关快照的知识将在 9.7 节介绍。

2.10 Zettabyte 文件系统

Zettabyte 文件系统(ZFS)是一类从不覆盖现有数据的文件系统。这种类型的文件系统的设计在伯克利首创,并在 4.4BSD 中实现了这种日志结构的文件系统并投入生产。

非重写文件系统的想法是合理的,Sun Microsystems 对其进行极大的改进,并在 OpenSolaris 中将其作为 Zettabyte 文件系统发布。FreeBSD 项目在 2007 年用 ZFS 取代了很少使用的日志结构文件系统。在几年内,ZFS 成为具有大型存储组件的 FreeBSD 安装的首选文件系统。

ZFS 的设计具有许多优势:

❏ 创建快照(只读)和克隆(可写)既简单又便宜。它们中的许多都可以在不影响性能的情况下创建。

❏ 磁盘上的文件系统状态是一致的。ZFS 从一个一致的状态移动到下一个一致的状态,而不用经过不一致状态。

❏ 机器上的所有磁盘可以汇集在一起,然后在所有文件系统之间共享空间池。为了控制池空间的分配,可以使用一些类型的配额和保留。

❏ 大规模支持 PB 大小的存储池,其数据结构允许扩展到 Zettabyte。

❏ 提供快速的远程复制和备份。

❏ 通过镜像和单、双、三奇偶校验 RAID,校验和以及磁盘级冗余提供了强大的数据完整性。

❏ 支持混合存储池,方法是使用快速设备(如固态磁盘 SSD)来缓存读取,同时使用非易失性内存(NVRAM)来加速同步写入。

ZFS 被设计成易于管理和操作的大型文件系统,在它的设计中,假定有快速 64 位 CPU 来支持这些巨大的文件系统,这种 CPU 具有大量内存。当 CPU 资源可用时,它工作得非常好。然而,它不适合在资源受限的系统上运行,也不是为了在资源受限的系统上运行而设计的。这种受限的系统使用 32 位 CPU,内存小于 8 GB,并且只有一个小的、几乎满的磁盘，这是许多嵌入式系统的典型特点。因此，快速文件系统仍然是这些小型系统的首选文件系统。

2.11　网络文件系统

最开始的时候，网络的作用只是从一台机器向另一台机器传送数据。后来，它发展到用户可以直接远程登录到其他机器上。再下一步是将数据带给用户，而不是让用户去访问数据——这样就诞生了网络文件系统。在本地工作的用户不会在每次敲键盘的时候都遇到网络延迟，从而拥有一个响应更为及时的环境。

将远程文件系统引入本地机器是最早的一批客户端 - 服务器（client-server）应用之一。其中的服务器是支持一种或多种文件系统输出的远程机器，而客户端则是导入这些文件系统的本地机。在本地客户端的角度看来，远程安装文件系统在文件树的命字空间中与本地安装的其他文件系统没有什么不同。运行在客户端上的用户和程序可以进入远程文件系统的目录，也可以像对本地文件系统一样对远程文件系统中的文件进行读、写与执行操作。

当客户端对远程文件系统进行操作时，该操作请求被装入数据包发送到远端服务器。服务器按要求执行操作后，再将客户端所需的信息或者解释请求被拒绝原因的出错信息传送回来。为了提高性能，客户端必须对频繁访问的数据实行缓存处理。远程文件系统实现的难度在于维护服务器与其多个客户端的数据缓存一致性上。

尽管近年来出现了许多远程文件系统协议，但在 UNIX 体系中使用最普遍的还是NFS（Network Filesystem，网络文件系统），NFS 的协议和使用最广的协议实现是由 Sun Microsystems 公司完成的。FreeBSD 内核支持 NFS 协议，但它的实现却是按照协议规范独立完成的 [Macklem, 1994]。持续成功的 NFS 在版本 4 中对协议有了重大更新。新的协议除了名字和目标（让一组客户端共享访问一个文件存储区）之外，与前代协议没有什么共同之处。它增加了很多新功能，包括集成了安全性、更好的缓存以及增强的文件和字节级锁。第 11 章介绍了当前使用 NFS 协议的 NFSv3 和 NFSv4。

2.12　进程间通信

FreeBSD 中的进程间通信机制包含在通信域（communication domain）中。当前支持的最重要的通信域包括：在同一台机器上的两个进程间通信使用的本地域（local domain），采用 TCP/IP 族的进程间通信使用的 IPv4 域，以及采用新版 IP 的进程间通信使用的 IPv6 域。

在一个域中，通信在被称作套接字的通信端点之间进行。就像在 2.7 节中所描述的那样，系统调用 socket 创建一个套接字并返回一个描述符。其他 IPC 系统调用将在第 12 章详细介绍。每个套接字都有一个类型属性，该属性定义了套接字的通信语义，这些语义包括可靠性、顺序机制以及消息可否重复等。

对每一个套接字都有一种通信协议（communication protocol）与之相关联。协议根据套接字的类型提供所需的通信语义。应用程序可以在创建套接字的时候为其指定一种协议，或者在创建后由系统根据 socket 套接字的类型选择一个合适的协议。

套接字一般绑定有地址。套接字地址的形式和含义取决于该套接字是在哪个通信域内创建的。在本地域上给套接字绑定一个名字会导致在文件系统中生成一个新的文件。将 IP 地址绑定到套接字时，只更新套接字结构中的条目。

套接字发送和接收的一般数据并没有格式。表示数据的任务交由进程间通信之上的库负责完成。

在 4.2BSD 之前的 UNIX 版本中，网络通常用重载字符设备接口的方法来实现。提供套接字这种接口的目的之一就是要对程序进行屏蔽，使其不需要改变流类型的连接就可以工作。这样的程序只有在 read 和 write 系统调用都不变的情况下才可以运行。于是既保持原有接口不动，又可以在流类型的套接字上运行。这样为数据报套接字增加了一个新的接口，每次调用 send 时都必须提供一个目的地址。

套接字 API 的实现几乎出现在各种现代操作系统上，其中还包括几种和 UNIX 有很大不同的操作系统。

FreeBSD 还支持几种和网络无关的本地 IPC 机制，包括信号量、消息队列以及共享内存。这几种机制在 7.2 节介绍。

计算机系统的日益强大导致了包括与 IPC 相关的服务的许多核心服务的虚拟化。FreeBSD 的一个最新特性是网络堆栈虚拟化，其中套接字、网络地址和网络路由表等元素可以不是整个系统的全局元素，而是只包含在单个网络堆栈实例中。这些虚拟化特性允许系统管理员对单个系统进行配置，从而为多个独立的网络提供服务，这在 ISP 中是很常见的。

2.13　网络层协议

socket IPC 机制支持的通信领域大多能提供对网络协议的访问。这些协议被实现为一个单独的软件层，逻辑上，它位于内核的 socket 软件之下。内核提供了许多辅助服务，如缓冲区管理、消息路由、协议的标准化接口以及网络接口驱动程序接口，各种网络协议都使用该接口。

网络层协议位于管理网络硬件的网络接口软件的正上方或附近。因特网协议 IPv4 和 IPv6 是网络层协议的两个例子。FreeBSD 从 4.2BSD 开始支持多个协议，为处在 Internet 上的不同机器集之间提供互操作和资源共享。多种协议的支持还为将来的更改提供了支撑。今天为 1～10 千兆位以太网设计的协议可能不足以满足明天的 40～100 千兆位网络。因此，网络通信层被设计成支持多种协议。新的协议被添加到内核中，而不影响对旧协议的支持。旧的应用程序可以在物理网络上继续使用旧协议运行，而该物理网络上已经运行着使用新网络协议的新应用程序。

最初的互联网协议并没有考虑到安全性。在网络堆栈的多个层（包括网络层本身）添加了用于保护 Internet 安全的协议。IPSec 协议套件引入了一个框架，该框架用于对数据包中的数据进行身份认证，并在系统的网络层私有化这些数据。

网络防火墙（如 PF 和 IPFW）在通过系统时需要修改网络数据，它们也在核心软件的网络层实现。FreeBSD 内核有几个包处理框架，这些框架在网络数据通过系统时对其进行操作，并不处理网络流量的输入或输出。其他的包处理框架被用于协议实验，它们允许应用程序在没有任何网络或传输层协议处理的情况下高速访问原始网络包。

2.14　传输层协议

传输层协议负责网络中的端到端连接。传输控制协议（TCP）仍然是迄今为止最常用的端到端传输协议。关键的因特网服务（如 DNS）允许用户使用用户数据报协议（UDP）按名称查找系统。TCP 的流行推动了对协议的一系列改进，提高了协议的稳定性和性能。FreeBSD 包含一个特定于 TCP 的框架，该框架允许调整某些关于性能和稳定性的特性。较新的传输协议（如 SCTP）增加了通信路径的安全性和故障转移功能。UDP、TCP 和 SCTP 的实现在第 14 章中有详细描述。

2.15　系统启动和停止

引导操作系统是一个复杂的多步骤过程，从硬件平台的 BIOS 或固件开始，这种固件会加载一系列升级的操作系统供应商提供的引导加载程序，然后加载内核和模块。加载后，内核开始执行，初始化后启动第一个用户进程 init。init 进程负责启动用户空间引导进程，启动细节因硬件平台而异：在内核加载前，高端服务器和工作站将运行一系列较小的引导加载程序，这些加载程序最终会启动 boot 目录下的 loader、支持内核交互选择的脚本化引导程序环境以及利用 NFS 进行网络引导。相比之下，低端嵌入式系统通常有一个内核，该内核将由固件直接加载，无须任何干预阶段。

内核首先初始化各种内部子系统，如内核的内存分配器和调度器。它使用特定于平台的硬件枚举方法来识别可用的硬件资源并附加驱动程序。不同的技术反映了不同的操作模式：一些硬件总线是自枚举的（例如 PCI），而另一些则需要人工描述（例如，许多系统芯片总线）。在桌面 / 服务器系统上，一个内核将经常用于许多不同供应商的各种机器类型。相比之下，嵌入式安装通常为每个目标设备配置一个内核。在 PC 上，这个枚举通常通过 ACPI 完成，它允许 BIOS 描述处理器配置、总线拓扑和直接连接的硬件设备。在嵌入式系统中，设备枚举是通过诸如扁平设备树（FDT）之类的系统来完成的，该系统提供对直接连接的资源的静态描述。与 ACPI 不同，它的硬件描述符几乎总是随硬件本身一起提供，FDT

的硬件描述通常被嵌入内核中。PCI 等总线可以通过发现附加设备（如以太网网卡）和到其他总线的网桥来执行进一步的动态枚举。

内核中的引导进程由一个名为 SYSINIT 的系统控制，该系统可以利用名为 linker set 的编译器／链接器功能。链接器允许标记数据结构和函数的符号，以便包含在内核的特定部分中。子系统初始化程序以及关于它们应该被执行的顺序的信息都被标记为包含在内核的初始化模块中。当内核及其模块被链接时，内核链接器遍历各种被标记的函数，排序，然后调用它们来启动那些内核子系统。存在类似的 SYSUNINIT 机制可用于在卸载模块之前执行模块的有序关闭，并能为内核的关闭或重新启动做准备。

内核首先初始化自己的数据结构，比如描述物理内存的虚拟内存结构。接下来，它启动一组实现计时器等服务的内核线程，依次枚举设备，并添加设备驱动程序。网络堆栈不仅可以初始化每个协议，还可以初始化每个设备，例如地址生成和路由器探查。GEOM 子系统会识别存储设备并通过 GELI 实现 RAID 或加密技术来控制转换。加密服务可能要求用户在引导加载程序中输入口令。最终，某个存储设备能够被检测到适合用作根文件系统，接着就被挂载文件系统。遍历其他处理器，并同样启动它们的调度器。最后一个内核引导步骤是使用 PID 1 创建第一个用户进程，以执行 sbin 目录下的二进制文件 init。init 进程负责执行启动脚本，这些脚本执行文件系统检查、配置网络接口、启动记录和配额、启动系统守护进程（如 inetd 和 sshd），并使系统达到完全的多用户操作模式。

在多用户操作中，系统可以充当一般的分时系统，支持用户直接登录或基于网络登录，然后用户就能按需运行自己的进程。FreeBSD 通常充当服务器，提供文件服务并实现网络客户端发送的 Web 请求。所有这些基于网络的服务都可以在系统启动时自动启动。当系统被用作服务器时，通常只有一个人（管理员）登录到里面。

习题

2.1　用户进程如何从内核请求服务？

2.2　如何在进程和内核之间传输数据？有哪些方法？

2.3　进程如何访问 I/O 流？列出三种类型的 I/O 流。

2.4　进程生命周期的四个步骤是什么？

2.5　为什么在 FreeBSD 中提供进程组？

2.6　描述内核中的四个与机器相关的函数。

2.7　描述绝对路径名和相对路径名之间的区别。

2.8　给出系统调用 mkdir 被添加到 4.2BSD 的三个原因。

2.9　定义分散－收集 I/O。它为什么有用？

2.10　管道和 socket 有什么区别？

2.11　描述如何在管道中创建一组进程。

*2.12　列出在添加 mkdir 系统调用之前在当前目录中创建新目录 foo 所需的三个系统调用。

*2.13　解释进程间通信和联网之间的区别。

第 3 章 *Chapter 3*

内 核 服 务

3.1 内核结构

FreeBSD 内核可被看作一种服务器，它向用户进程提供服务。进程一般通过系统调用来访问这些服务。其中有些服务，例如进程调度和内存管理，采用以内核态执行的进程或者内核里定期执行的例程这样的形式来实现。本章介绍内核如何向用户进程提供服务，以及内核完成的一些辅助工作。然后介绍 FreeBSD 提供的基本内核服务，并且给出它们的实现细节。

3.1.1 系统进程

FreeBSD 的所有用户级进程都起源于内核在启动时生成的一个进程。表 3-1 列出了内核启动时就创建，然后一直存在于系统中的最重要的进程。它们被称为内核进程（kernel process），而且只在内核中发挥作用。内核进程执行被编译到内核加载镜像文件中的代码，并以内核的特权级执行模式运行。这些进程通常有许多线程，例如，intr 进程为每台设备启动一个内核线程，负责处理该设备的中断。

在创建好内核进程之后，内核接着就创建第一个在用户态（user mode）下运行程序的进程，这个进程作为以后所有进程的父进程。第一个在用户态下运行的进程叫作 init——也就是历史上称为 1 号进程的那个进程。这个进程要负责许多管理性的任务，比如为机器上的每个终端派生一个 getty 进程、收集孤儿进程的退出状态，以及在系统从多用户模式转为单用户模式运行时，负责依次执行关闭操作。init 进程是一个在用户态下运行的进程，它运行在内核之外（详见 15.4 节）。

表 3-1　始终存在的内核进程

名　称	说　明
audit	将系统调用跟踪记录写入其输出文件
bufdaemon	当干净缓冲区获取变慢的时候，通过清除脏缓冲区来维持干净的缓冲区供应
crypto	处理数据流的加密 / 解密
geom	g_event 负责处理配置任务 g_up 处理来自设备的要送往进程的数据 g_down 处理来自进程的要送往设备的数据
idle	在系统没有其他要执行的任务时运行
intr	每个硬件中断对应一个线程
pagedaemon	把进程的部分地址空间写入辅存，以支持虚拟内存系统的调页机制
syncer	确保在 30 秒之后脏文件的数据被写入
vmdaemon	在系统资源不足时，把整个进程从主存转移到辅存
vnlru	对最近最少使用的 vnode 进行清理，以维持空闲 vnode 的数量
yarrow	收集随机（entropy）数据，为内核随机数和 /dev/random 设备提供随机数种子

3.1.2　系统入口

进入内核的入口可以根据发起进入内核的事件或操作分为以下几类：

❏ 硬件中断（hardware interrupt）；

❏ 硬件陷阱（hardware trap）；

❏ 软件产生的陷阱（software-initiated trap）。

硬件中断是由外部事件引起的，例如 I/O 设备请求，或者时钟报告经过的时间（例如，内核通过一个实时时钟或者一个定时器来维护当前的系统时间，并根据系统时间来完成对进程的调度，以及启动执行系统超时功能）。硬件中断异步产生，可以与当前执行进程的上下文无关。

硬件陷阱可能是同步的，也可能是异步的，与当前执行的进程有关。非法算术操作——例如除以 0 的操作——会产生的结果就是硬件陷阱的例子。

软件产生的陷阱被系统用来以强制方式尽快安排处理一个事件，如进程的重新调度或者网络处理。要实现软件产生的陷阱，可以设置一个标志，在进程准备从内核退出时要检查这个标志。如果设置了该标志，则执行软件中断代码，而不是从内核退出。

系统调用是软件产生的陷阱的一个特例——用来发起一次系统调用的机器指令往往会立即造成一个硬件陷阱，该陷阱需由内核给予特别处理。

3.1.3　运行时的内核结构

内核可以在逻辑上划分为上半部（top half）和下半部（bottom half），如图 3-1 所示。内核的"上半部"向进程提供服务，对系统调用和陷阱做出响应。这部分软件可以当作所有进程共享的例程库。内核上半部在特权执行模式下运行，在该模式下，它既可以访问内核数据结构，也可以访问用户级进程的上下文。每个进程的上下文包含两个内存区域，其中保存着进程的特定信息。第一个区域是进程结构（process structure），它一般包含那些即使在进程被换出内存后仍旧需要的信息。在 FreeBSD 中，这些信息包括：与进程相关联的标识符、进程的权限、进程描述符、内存映射、未处理的外部事件以及相关操作、最大资源利用率、当前资源利用率和许多其他资料。另一个区域是线程结构（thread structure），它一般包含那些当进程被换出内存以后就不再需要的信息。在 FreeBSD 中，每个进程的线程结构信息包括：硬件的 TSB（Thread State Block，线程状态块）、内核堆栈，以及用于调试或创建 core（内存转储）文件所需的少量信息。在 FreeBSD 以前的系统中，决定哪些信息应该存放在进程结构，而哪些应该存放在线程结构是很重要的，其重要性要比在目前 FreeBSD 中的重要性大得多。这是因为，如今内存已经不再是一种稀缺资源，为方便起见，线程结构的大部分内容都被并入了进程结构中（详见 4.2 节）。

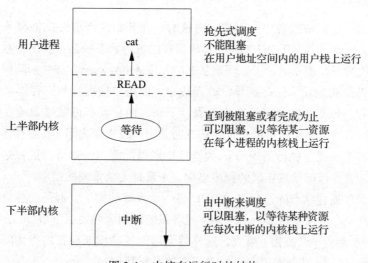

图 3-1　内核在运行时的结构

下半部内核由负责处理硬件中断的例程组成。下半部内核中执行的中断操作与中断来源是同步的，但与上半部内核是异步的，这部分软件并不要求在一个中断出现时让某个特定（或者任何）进程运行。因此，对下半部内核来说，它没有引发中断操作的那个进程的状态信息。内核的上半部和下半部通过数据结构相互通信，这些数据结构一般围绕工作队列（work queue）来组织。

当 FreeBSD 内核运行在上半部的时候（例如在执行一次系统调用时），它绝对不会被其他用户进程所抢占，但当它必须等待某个事件或者某个共享资源的时候，它会主动放弃 CPU。不过，它执行系统调用时可能被需要运行实时进程或内核下半部的中断所打断。当接收到一个中断的时候，内核会安排执行负责处理该设备的内核进程。在正常情况下，这些设备中断进程的优先级要比用户进程或者在内核上半部内运行的进程的优先级高。因此，当发生一次中断，使得设备中断进程开始运行的时候，该进程往往会抢占当前正在执行的进程。当一个运行在内核上半部的进程想要在设备的工作链表内加入一项时，它需要通过把新项链接到工作链表的做法，确保它不会被那台设备抢占。在 FreeBSD 里，工作链表受一个互斥锁的保护。任何想要修改工作链表的（上半部或者下半部）进程都必须首先获得互斥锁。一旦获得互斥锁，那么其他任何想要获得互斥锁的进程都会等待，直到占有互斥锁的进程完成对链表的修改，然后释放互斥锁为止。

多个进程要协调共享系统资源，比如磁盘和内存。内核的上下半部也要进行协作，以此来实现某些特定的系统操作，比如 I/O。一种典型的运作方式是，上半部启动一个 I/O 操作，随即放弃处理器，然后发起请求的进程将会进入休眠状态，等待下半部发回 I/O 执行完毕的通知。

3.1.4　内核的入口

当一个进程通过陷阱或者中断而进入内核时，在开始向该事件提供服务之前，内核必须保存当前的机器状态。对于 PC 来说，必须保存的机器状态包括：程序计数器、指向用户堆栈的指针、通用寄存器和记录了处理器状态的长字（longword）。PC 的陷阱指令负责将程序计数器和处理器状态长字保存到异常处理栈中，而用户栈指针和寄存器必须经由软件陷阱处理程序保存。如果机器状态没有全部保存下来，内核就有可能错误地改变当前正在执行的程序的数据。由于中断很可能出现在任意两条用户级指令之间（在某些体系结构中，甚至很可能出现在单条指令执行的中间），而这些中断可能跟当前执行的进程毫无关系，如果状态保存不全，就有可能导致正确的程序出现非正常且无法重现的错误。

尽管对于保存进程状态的过程来说，PC 是一个很好的例子，但是保存进程状态所需事件的确切次序却完全取决于机器。一个陷阱或者系统调用会触发以下事件：

- ❑ 硬件切换到内核（监控）模式，这样就会以内核特权来检查内存访问，对栈的引用则会使用进程的内核栈指针，而且可以执行有特权的指令；
- ❑ 硬件将程序计数器、处理器状态长字和陷阱类型的描述信息推入进程自己的内核栈中（在非 PC 的体系结构中，这些信息还可能包括系统调用号以及通用寄存器）；
- ❑ 由一个汇编语言例程保存硬件没有保存的所有状态信息。在 PC 上，这些信息包括通用寄存器和用户栈指针。同样，它们也被保存在进程自己的内核栈中。

预先保存好状态之后，内核才开始调用一个 C 例程，这个 C 例程能像其他任何 C 例程那样自由地使用通用寄存器，而不用担心改变进程的状态。

有 3 类主要的中断处理程序，分别对应于特定的内核入口：

1）对于系统调用，用 syscall()。

2）对于硬件陷阱和除系统调用之外由软件产生的陷阱，用 trap()。

3）对于硬件中断，用相应的设备驱动程序里提供的中断处理程序。

每种中断处理程序都有自己的一套参数。对于系统调用来说，其参数为该系统调用号和一个异常处理结构。对于一个陷阱而言，参数为陷阱的类型、与陷阱有关的浮点和虚拟地址信息，以及一个异常处理结构（陷阱的异常处理结构参数和系统调用的异常处理结构参数是不一样的。PC 硬件对不同种类的陷阱保存不同的信息）。对一个硬件中断来说，唯一的参数就是设备单元号（或部件号）。

3.1.5 从内核返回

在进入系统内核完成处理之后，系统就要恢复用户进程的状态，并且把控制权还给用户进程。返回用户进程的步骤正好与进入内核的步骤相反。

- 由一个汇编语言例程将先前压入栈的通用寄存器和用户栈指针恢复回来；
- 由硬件负责恢复程序计数器和程序状态长字，然后切换到用户态运行。这样，以后再引用的栈指针就是用户栈的指针，不能再执行特权指令，并且切换为以用户级权限来做内存访问检查。

接着，继续执行用户进程中的下一条指令。

3.2 系统调用

进入内核最频繁的陷阱是系统调用（频繁程度排在时钟处理之后）。出于系统性能方面的要求，内核要让执行系统调用的开销最小才行。系统调用处理程序必须完成以下工作：

- 检验系统调用的参数是否位于有效的用户地址里，并将它们从用户地址空间复制到内核中。
- 调用一段实现该系统调用的内核例程。

3.2.1 调用结果的处理

系统调用不管有没有成功执行，最后都要返回调用它的进程。在 PC 体系结构上，用户进程的程序状态长字中有一个出错标志位，系统调用成功与否体现在该标志位上：如果标志位是 0，说明返回成功；否则说明不成功。在许多机器上，C 函数的返回值由一个通用寄存器传递回来（在 PC 中是通过数据寄存器 EAX）。内核中实现系统调用的例程所返回的值一般会关联到一个全局变量 errno 上。在一次系统调用之后，内核的系统调用处理程序会把这个出错值保存在寄存器里。如果系统调用失败，就有一个 C 语言库例程把系统调用的出错值赋给 errno 变量，并且把返回寄存器的值设置为 –1。调用它的进程先注意到返回寄存器的值是 –1，于是就再去检查 errno 的值，这种由出错标志位和全局变量 errno 构成的机制是从 PDP-11 沿袭而来的。

系统调用不成功，意味着两种可能：一种是内核例程检测到有错误发生；另一种是系统调用被中断。最常见的情形是，系统调用主动放弃处理器去等待一个可能要很久才出现的事件（比如终端输入），在这期间又收到了一个信号，于是该系统调用被中断。进程在对信号处理程序进行初始化的时候，信号处理程序就会指出，是在中断处理结束后重新启动被中断的系统调用，还是直接让系统调用返回一个错误（EINTR），报告系统调用已经中断。

当一个系统调用被中断时，中断信号会被发送给进程。如果进程已经要求该信号中止系统调用的执行，那么中断处理程序将会如上文所说返回一个出错值。但是，如果进程希望重新启动系统调用，那么中断处理程序将会重新设置该进程的程序计数器，设置为那条产生系统陷阱而进入内核的机器指令的地址（必须这样做，因为在系统调用陷阱结束时所保存的程序计数器的值，已经是产生陷阱的那条指令之后的下一条指令了）。中断处理程序用这个地址替换掉以前保存的程序计数器的值。当进程从中断处理程序返回时，它从中断处理程序提供的程序计数器的地址接着开始，继续执行原来的系统调用。

通过重置程序计数器的办法重新启动一个系统调用有它的隐含要求。首先，内核一定不能修改进程地址空间中的任何输入参数（它可以在内核中所复制的这些参数的副本上进行修改）。其次，它必须保证系统调用没有形成任何不可重复的操作。例如，在当前系统中，如果从终端读取了若干字符，那么必须返回所读取的字符。否则，如果该系统调用以后重新执行，那么将会丢失已经读取的那些字符。

3.2.2　从系统调用返回

当一个系统调用正在运行，或者当它被信号阻塞而处于休眠状态时，可能会有信号发送给执行该系统调用的进程，或者另一个进程会得到更高的调度优先级。在系统调用完成以后，系统调用的退出代码将查看是否出现了这两个事件。

系统调用的退出代码先检查进程是否收到过信号。这类信号包括中断系统调用的信号，以及在系统调用运行过程中收到的，但直到系统调用结束还没有被处理的信号。程序中默认或者人为设置过要予以忽略的信号是不会发送给进程的。如果有针对信号的默认操作，那么进程再次运行之前，要先执行此操作（即，进程可能会根据情况被暂停或者终止）。如果要截获一个信号（而且当前没有阻塞该信号），那么系统调用退出代码时会先调用与之相关的信号处理程序，而不是直接从系统调用返回进程。在信号处理程序返回以后，用户进程在系统调用返回后（如果重新启动系统调用，就是在执行系统调用时）将继续执行。

在查看是否有信号要发送给进程之后，系统调用退出代码接着检查是否有哪个进程的调度优先级比当前要返回的进程高。如果存在这样的进程，系统调用退出代码将调用上下文切换例程，让优先级更高的进程得以优先运行。一段时间后，原先调用系统调用的那个进程会再度获得最高的优先级，那时它就可以从系统调用中返回，并且继续运行了。

如果进程要求系统提供剖析数据（profiling），系统调用退出代码也可以计算出系统调用所花费的时间总量，也就是说，进程在系统调用进入内核到退出内核之间所花费的系统时间。这段时间被计入调用该系统调用的那个用户进程的执行时间内。

3.3 陷阱和中断

陷阱（trap）像系统调用一样，它的出现也是与进程同步的。陷阱的出现一般是因为发生了意料之外的错误，比如除数为 0，或者间接访问了一个无效的指针。进程通过捕捉信号或者被终止的方式来得知错误的发生。陷阱也可能在缺页的时候产生，此时系统会将所缺页调入内存，并重新启动进程，这个时候进程就不知道发生过缺页的问题。

调用陷阱处理程序和调用系统调用处理程序类似。首先，保存进程状态。接着，陷阱处理程序先确定陷阱的类型，再适时地决定是发送一个信号还是产生一个页面调入（pagein）请求。最后，它检查是否有未处理的信号或者存在着优先级更高的进程，然后像系统调用处理程序那样返回，只是它没有返回值。

3.3.1 I/O 设备中断

I/O 以及其他设备所产生的中断，都是由中断处理例程来处理的，这些例程作为内核地址空间的一部分被载入内存。它们可以处理控制台终端界面、一个或多个时钟以及一些软件产生的中断，系统将这些中断用在低优先级的时钟处理和连网功能上。

与陷阱和系统调用不同，设备中断是异步出现的。请求中断服务的进程不太可能是当前正在运行的进程，甚至可能已经不存在！当发出中断的进程再次运行时，它将会被告知中断任务已经完成。像陷阱和系统调用一样，整个机器的状态都必须保存起来，因为任何改变都可能导致当前运行的进程出现错误。

设备中断处理程序只有在需要的时候才会运行。与多处理器版本之前的 FreeBSD 不同，现代 FreeBSD 内核会为每个设备驱动程序创建一个线程上下文。正如一个进程不能访问刚才正在运行的进程的上下文，中断处理程序也不能访问刚才运行的中断处理程序的上下文。内核通常所用的栈是一个进程的上下文的一部分。由于每台设备都有自己的上下文环境，所以它也有它自己的栈，在自己的栈上运行。

在多处理前的 FreeBSD 系统中，中断没有上下文环境，所以它们必须一直运行到结束，中间不能休眠。在现代 FreeBSD 内核里，可以阻塞中断来等待资源。不过当它们被阻塞的时候，不能用另一个事件再触发它们。因此为了减少错丢中断的可能性，大多数中断处理程序仍然一直运行到结束，中间不会休眠。

中断处理程序一定不会从上半部内核来调用。因此，中断处理程序必须从它和上半部内核所共享的数据结构——一般而言是它的全局工作队列——那里获得它所需的全部信息。类似地，中断处理程序提供给上半部内核的所有信息也必须通过相同的方式来传送。

3.3.2 软件中断

内核中许多事件是以硬件中断的方式驱动的。对于网络控制器这样的高速设备来说，它们的中断享有高优先级。网络控制器收到一个数据包后，必须尽快向对端发回确认，然后让控制器接收更多的数据包，以此避免丢失间隔很近的数据包。但是，接下来将数据包传递给接收进程的工作，虽然费时却不需要尽快完成，因此可以给接下来的处理工作分配一个低优先级。这样一来，关键性的操作不会因为执行时间过长而被阻塞。

这种执行低优先级处理的机制叫作软件中断（software interrupt）。典型的情况是，一个高优先级的中断创建了一个工作队列，而该队列内的任务将在低优先级状态下完成。与FreeBSD 中的硬件设备情况类似，每个软件中断也有一个与之相关联的进程上下文。给软件中断进程分配的优先级一般要比设备驱动程序进程的优先级低，但是又要比用户进程的优先级高。一旦出现硬件中断，设备驱动程序所关联的进程将会获得最高优先级，并且遵照调度开始运行。当没有要运行的设备驱动程序进程时，就安排优先级最高的软件中断进程运行。如果没有要运行的软件中断进程，那么就运行优先级最高的用户进程。如果软件中断进程或者用户进程正在运行的时候发生了硬件中断，则要开始运行硬件的设备驱动程序进程，那么调度器会让设备驱动程序进程抢占软件中断进程或者用户进程来运行。

把网络数据包发送给目标进程的工作由一个数据包处理函数来处理，这个处理函数的优先级要比网络控制器设备驱动程序的优先级低。数据包到达后，就被放入一个工作队列，并且立即重启网络控制器。在数据包到达的间隙，数据包处理进程就传送数据包。因此，控制器可以不必等待前一个数据包传送完毕，就开始接收新的数据包。除了网络处理之外，软件中断还用于处理与时间相关的事件和进程的重新调度。

3.4 时钟中断

系统由一个时钟驱动，这个时钟以固定的时间间隔产生中断。每一次中断称为一个节拍（tick）。在 PC 上，时钟每秒钟产生 1000 次节拍。每次节拍，系统都会更新当前系统时间，以及用户进程和系统的定时器。

每秒钟处理 1000 个中断可能对系统来说非常耗时耗力。为了减少中断负载，内核会计算将来可能需要执行某个操作的节拍数。然后安排下一个时钟中断在那个时间发生。因此，时钟中断通常比每秒 1000 个节拍的频率低得多。这样降低中断率对于笔记本电脑和嵌入式系统等功耗预算有限的系统尤其有用，因为这允许它们在低功耗休眠模式下停留更多的时间。

时钟节拍产生的中断发出后具有很高的硬件中断优先级。在切换到时钟设备进程之后，该进程会调用 hardclock() 例程。hardclock() 例程要快速执行完毕，这一点很重要：

- ❏ 如果 hardclock() 运行的时间比一次节拍还长，它就赶不上下一次时钟中断。因为hardclock() 负责维护系统时间，如果它错过一次中断，就会导致系统时间少算；
- ❏ 由于 hardclock() 拥有很高的中断优先级，所以在 hardclock() 运行的过程中，系统内几乎所有其他操作都会被阻塞。这种阻塞将会导致网络控制器丢包。

所以在 hardclock() 上花的时间要做到最少，而对时间要求不太严格的那些工作将交给一个名为 softclock() 的低优先级软件中断处理程序处理。除此以外,如果有多个时钟,那么有些与时间相关的操作可以在替代时钟所支持的其他例程中完成。在 PC 上,除了系统时钟之外,还有另外两个时钟,它们运行的频率和系统时钟不一样:statclock() 每秒 127 拍,用于收集系统统计信息;profclock() 每秒 8128 拍,用于收集剖析信息。

hardclock() 所做的工作如下:

❑ 如果当前运行的进程有一个虚拟的时间间隔定时器,或者有一个剖析统计时间间隔定时器(参见 3.6 节),那么将定时器时间减 1 个时间单位,并在到时间以后发送一个信号。

❑ 根据自上次调用 hardclock() 以来的节拍数递增当前时间。

❑ 如果系统没有一个独立的时钟用于进程剖析,则 hardclock() 例程负责通常应该由 profclock() 完成的操作(profclock() 要完成的操作请参考下一节的内容)。

❑ 如果系统没有一个独立的时钟用于收集统计信息,则 hardclock() 例程负责通常应该由 statclock() 完成的操作。

❑ 如果需要运行 softclock(),就要让 softclock 进程可以运行。

3.4.1 统计和进程调度

在以前的 FreeBSD 系统上,hardclock() 例程负责收集在时钟中断时系统运行的资源使用情况统计。这些统计数据可以用来记账,可以用来监视系统正在执行什么,还可以用来决定未来的调度优先级。此外,hardclock() 会强制实施上下文切换,这样就能让所有进程都可以获得一份 CPU 资源。

这种方法有一些缺点,因为支持 hardclock() 中断的时钟是周期性的。进程会与系统时钟同步,从而造成资源利用率(尤其是 CPU)的测量数据不准确,以及剖析信息的不准确 [McCanne&Torek,1993]。同时,如果故意编写一个与时钟同步的程序,就可能骗过调度器。

在有多个高精度、可编程时钟的体系结构(比如 PC)上,统计时钟的运行频率和计时钟(time-of-day clock)并不一样。FreeBSD 上 statclock() 的运行频率为每秒 127 拍,它负责累计进程的资源使用情况。它在每一拍都要给当前运行的进程加上 1 拍;如果某个进程已经累积了 4 拍,那么就要重新计算它的优先级。如果新的优先级比目前的优先级低,那么就要重新安排调度这个进程。因此,和系统时钟保持同步的进程仍然可以获得分配给它们的 CPU 时间。

statclock() 还会收集在这一拍时间内系统正执行任务的统计信息(任务是正处于空闲状态,还是在用户态下运行,抑或是在系统态下运行)。最后,它还会收集系统 I/O 的基本信息,比如哪些磁盘驱动器当前在活动。

为了收集更为准确的剖析信息,FreeBSD 还支持一个剖析统计时钟(profiling clock)。当一个或者多个进程需要剖析信息的时候,剖析统计时钟就设为以逼近主系统时钟(在 PC

上是每秒 8128 拍）的速度来运行。在每个节拍里，它都要查看是否有哪个已经要求它对其进行剖析的进程正在运行。如果正好有这样的进程在运行，那么它就会得到程序计数器的当前位置，并且让这个进程的剖析信息缓冲区内与那个位置相关联的计数器加 1。

3.4.2 超时

其他与时间相关的操作还包括：处理超时请求，以及定期为待运行的进程重新设置优先级。这些功能由 softclock() 例程负责处理。

当 hardclock() 执行完以后，如果还有 softclock() 任务要做，那么 hardclock() 就会安排 softclock 进程运行。

softclock() 例程的主要任务是安排周期性事件的执行，例如：

❏ 进程的实时定时器（详见 3.6 节）；

❏ 络丢包的重传；

❏ 外设上需要监视的 watchdog 定时器；

❏ 系统进程重新调度的事件。

有一个重要的事件是：根据每个进程目前对 CPU 的使用情况，周期性地升高或者降低进程的 CPU 优先级（见 4.4 节）。这种重新调度的计算每秒钟进行一次。在系统启动的时候调度器就运行起来了，并且在每次运行之后，它都会要求在一秒钟以后再次执行它。

在一个运行了很多进程的重负荷系统上，调度器将花费很长的时间来完成任务。它每次执行完以后过 1 秒钟再次要求执行，这样的做法可能会造成不能每秒调度一次的情况出现。不过，因为调度器负责的所有工作对时间的要求都不高，比如不会用于维护系统时间，所以不能每秒调度一次一般不是问题。

用来描述等待事件的数据结构叫作 callout 队列。图 3-2 给出了一个 callout 队列的例子。当进程调度一个事件时，它会指定一个要调用的函数、一个作为函数参数传递的指针，以及在该事件出现之前所需要等待的时钟节拍数。

内核维护着一个队列头（queue header）数组，其中的每个队列头代表一个特殊的时间。还有一个指针，指向当前时间的队列头，这个指针在图 3-2 中标为"now"。在指针当前所指的队列头之后的队列头，代表一个节拍之后的事件。再后面的队列头代表两个节拍之后的事件。这个链表首尾相连，所以说，如果链表中最后一个队列头表示时间 t，那么链表中的第一个队列头就表示 $t+1$。正好在当前指针所指向的队列头前面的队列头代表从现在往后算最远的时间。在图 3-2 里有 200 个队列头，所以在标为"now"的队列头之前的那个队列头代表 199 个节拍之后的事件。

hardclock() 例程每次运行都要把 callout 的队列头指针加 1。如果队列不为空，那么它就会调用 softclock() 进程。softclock() 进程扫描当前队列中的事件，它把当前时间和保存在事件结构内的时间进行比较。如果时间相等，那么就从链表中删除这个事件，调用它在注册时指定的函数，并把指定的参数传给这个函数。

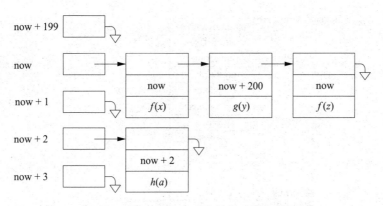

图 3-2 callout 队列中的定时器事件

　　如果一个事件要在 n 拍之后发生，那么可以找出图 3-2 中标为"now"的那个队列的索引，给它加上 n，然后把得到的结果用队列头的数目取模，就计算出了这个事件的队列头。如果一个事件要在很晚以后发生，晚的节拍数比队列头的数量还多，那么就把它排在队列中，和其他要更早发生的事件放在一起。因此，事件的实际时间是保存在它自己的队列项中的，softclock() 在扫描队列的时候，它能够判断出哪些事件是当前事件，哪些事件是以后事件。在图 3-2 中，目前对队列的扫描会跳过"now"队列的第二项，而在经过 200 个节拍之后，当 softclock() 再次处理这个队列的时候，就会处理这一项。

　　在调用 callout 队列函数的时候要提供给它一个参数，这样多个进程可以使用一个函数。例如只有一个实时定时器函数，它在一个定时器到时间以后向进程发送一个信号。一个实时定时器在运行的任何进程都会在定时器到时间后请求执行这个函数；传递给这个函数的参数是一个指针，它指向该进程的进程结构。这个参数使超时函数把信号传递给正确的进程。

　　如果超时采用节拍为单位，那么超时处理的效率会更高。这样一来，更新时间只需要做整数减法，检查定时器超时也只用进行整数比较。如果定时器包含的值采用时间形式，那么它们的减法和比较操作都会变得更为复杂。FreeBSD 中采用的方法以 [Varghese&Lauck，1987] 的工作为基础。另一种可能的方法是维护一个堆结构（heap），使下一个将要出现的事件位于堆结构的顶部 [Barkley&Lee，1988]。

3.5 内存管理服务

　　图 3-3 显示了与 FreeBSD 进程有关的内存组织和布局。每个进程在开始执行时都有 3 个内存段，分别叫作代码（text）段、数据（data）段和堆栈（stack）段。数据段划分为初始化数据和非初始化数据（也称作 bss）两部分。代码段是只读的，执行同一个文件的所有进程一般都共享代码段，但数据段和堆栈段可以由进程执行写操作，它们是进程私有的内存段。代码段和进程的初始化数据从可执行文件中读取。

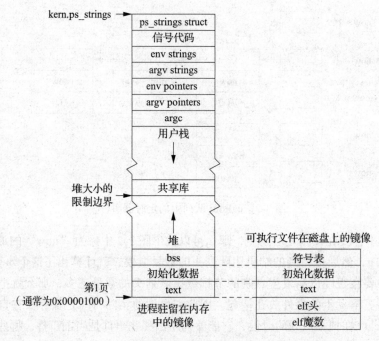

图 3-3　一个 FreeBSD 进程在内存和磁盘上的分布情况

可执行文件（executable file）的特征是，它是一般文件（不是目录、特殊文件或者符号链接），而且设置了一个或者多个执行位。每个可执行文件都有一个 exec 头，其中包含一个魔数（magic number），它指出可执行文件的具体类型。FreeBSD 支持的可执行文件格式有以下两类：

1）必须由解释器（interpreter）读取的文件。

2）可直接运行的文件，包括 AOUT、ELF 和采用 gzip 压缩过的 ELF 格式。

可执行文件先要由镜像激活（imgact）框架进行分析。即将要被执行文件的头部在一组注册过的镜像激活器之间传递，从而找到一个与之匹配的格式。找到匹配的格式之后，相应的镜像激活器就会为文件安排执行前的准备。

在第一种类型的文件中，它们的魔数（magic number）——文件的头两个字节——是双字符序列 #!，后跟用于读取该文件的解释程序的路径名。这个路径名目前被一个编译时常量限制在 128 个字符以内。例如，#!bin/sh 是指 Bourne shell。匹配该格式的镜像激活器负责启动这个解释程序。它把这个解释程序调入内存，然后开始运行，接着把要解释的文件名作为一个参数传递给解释程序。为了避免出现循环嵌套，FreeBSD 只允许存在一级解释处理，而且文件的解释程序自己不能再被其他解释程序进行解释。

出于性能上的原因，大多数可执行文件都是第二种类型，这类文件可以直接执行。在一个可以直接执行文件的文件头里包括如下信息：构建可执行文件的体系结构和操作系统，它是静态链接的还是使用了动态共享库。与之匹配的镜像激活器可以利用这些信息，比如知道了可执行文件是为哪种操作系统编译的，就可以配置内核，在运行这个程序的时候使用恰当的系统调用。例如，系统调用分配向量（system-call dispatch-vector）提供了模拟 Linux 系统调用的功能，通过使用它，就可以把可执行文件无缝地移到 FreeBSD 上运行，该文件是为了在 Linux 上运行而编译的。

文件头还指出了代码、初始化数据、未初始化数据以及供调试用的附加信息分别有多大。调试信息不是供内核或者正在执行的程序本身使用的。在文件头之后是代码的镜像，再后面是初始化数据的镜像。可执行文件中不包括未初始化的数据，因为它们可以在需要的时候再创建，并将其所占的内存用 0 填满。

为了执行一个可执行文件，内核首先将文件的代码部分映射到进程地址空间的低端，进程的地址空间从虚拟地址空间的第二页开始。虚拟地址空间的第一页标记为无效，所以通过一个空指针来读写该页会出错。文件的初始化数据部分被映射到紧挨着地址空间代码部分的位置。在初始化数据区之后，用全填 0 的内存创建了一块和未初始化数据区一样大的地方。堆栈段也是用全填 0 的内存来创建的。虽然堆栈段无须都填 0，但是 UNIX 系统之前都是这么做的。开发人员尝试在 4.2BSD 上节省启动进程所需时间的时候，他们修改了内核，不把堆栈都填 0，而且保留页面原来随机的内容。但是由于担心前面运行过的程序可能会留下潜在的误用数据，以及前面执行任务的程序中会有不可重复出现的错误，所以到了 4.3BSD 发布的时候，又恢复了在堆栈段里全填 0 的做法。

对于较大的程序来说，将它的整个代码段和初始化数据部分复制到内存中会造成程序启动迟缓。FreeBSD 不是事先将程序都装入内存，而是使用请求调页（demand paging）机制来把程序载入内存，从而避免了在启动程序时消耗过多时间。在请求调页机制下，程序被划分成小块（页面），在需要它们的时候才把它们调入内存中，而不是在开始执行程序的时候就一次性地把程序全调进来。系统要实现请求调页机制，就要把地址空间划分为大小相等的区域，这个区域称为页面（page）。内核记录了每一个页面所对应的数据在可执行文件中的偏移量。对每页的第一次访问会引起内核的一个缺页异常（page-fault）陷阱。缺页处理程序将可执行文件所对应的页面读入内存中。这样，内核就只需要把可执行文件中所要用到的部分载入内存即可。第 6 章将介绍调页机制。

一次将整个进程调入内存似乎要比把进程分成许多小块调入内存效率更高。但是，大多数进程在整个执行过程中使用的地址空间不到一半。利用率这么低是因为一般的用户命令都有很多选项，可是调用一次命令只会用到其中很少的一部分选项。用来支持那些没有用到的选项的代码和数据结构都不需要载入内存，因此，只载入一部分用到的页面，要比一开始就载入整个进程代价更低。通过避免载入整个进程的做法，请求调页机制不但节省了时间，而且还减少了运行进程所需的物理内存数量。

非初始化数据区域可以通过系统调用 sbrk 用全填 0 的内存页面来进行扩展，但是大多数用户进程都使用库例程 malloc() 来分配空间，malloc() 是 sbrk 的一个接口，程序员用它更方便。这个例程分配的内存是从原来的数据段顶端向上扩展的内存，被称作堆（heap）结构。在 PC 上，栈从内存的高端向下扩展，而堆从内存的低端向上扩展。

用户栈的上面是在进程启动时由系统创建的内存区域。在用户栈之上紧接着的有：表示参数个数的变量（argc）、参数向量（argv），以及在执行程序时设置的环境向量（envp）。在它们之上的是参数字符串和环境字符串本身。再上面是信号代码，它们在系统向进程发送信号的时候使用。进程内存区域的顶部是 ps_strings 结构，它被 ps 用来定位进程的 argv。

过去，大多数可执行程序都采用静态链接。在静态链接的二进制文件里，所有的库例程和系统调用函数都是在编译的时候加到二进制镜像文件里去的。现在，大多数二进制程序都采用动态链接。动态链接的二进制程序只包含编译好的应用程序代码和它所需要的例程（库和系统调用）清单。可执行文件运行时，作为启动过程的一部分，它会把一套共享库映射到它自己的地址空间里，这套共享库包含它需要用到的例程。它第一次调用一个例程的时候，会在共享库里找到那个例程，并且创建一个到该例程的动态链接。

当动态加载程序执行 mmap 系统调用给共享库分配空间的时候，内核必须在进程地址空间中找到一个位置存放它们。FreeBSD 习惯于把它们恰好放在栈管理的最低位置的下面。因为不允许栈扩展到管理下限之外，所以不会发生共享库被覆盖的危险。这种实现方法有副作用，那就是在二进制程序开始运行之后，如果改变栈界线会不安全。在理想情况下，进程（比如 shell）在启动应用程序之前可以设定一个比较大的栈界线。不过，在启动的时候就知道自己需要一个较大栈的应用程序可以扩大它们的栈界线，然后对它们自己调用 exec 系统调用，重新启动自己，这样一来，就可以把它们的共享库重新放在新的栈界线下方。

另一种做法是把共享库正好放在堆（heap）界线的上方。不过，这样做意味着二进制程序一旦开始运行，就不能提高堆大小的界线。因为应用程序想要增加其堆大小限制的情况要比增加其栈大小限制的情况常见得多，所以选择栈的界线来作为放共享库的位置更合适。

进程还要求使用系统的一些全局资源。内核维护了一个进程的链表，系统上的每个进程在这个链表里都有一个条目。进程的链表条目记录了有关调度和虚拟内存分配的信息。因为进程的整个地址空间，包括进程的内核栈在内，都可能被交换出主存，所以进程条目必须记录足够多的信息，以便在进程被调出主存以后还可以再找回它的位置，并在适当的时候再将其换回主存。除此以外，在把进程交换到内存之外时，进程表条目还要维护所需的相关信息（例如，调度信息），这些信息不能放在用户结构里，避免了内核将进程调入后却又认为它的优先级不够高，不足以运行的情况出现。

其他与进程相关联的全局资源还包括：为记录描述符的有关信息而开辟的空间，以及记录了物理内存使用情况的页表。

3.6 时间服务

内核向进程提供几种不同的时间服务。这些服务包括：实时运行的定时器，以及只有在进程执行时才运行的定时器。

3.6.1 真实时间

系统调用 gettimeofday 返回的系统时间是从 UTC（Universal Coordinated Time，世界协调时）时间 1970 年 1 月 1 日起计算的时间偏移量，1970 年 1 月 1 日也称作元年（Epoch）。大多数现代处理器（包括 PC 处理器在内）都带一个用电池供电的计时寄存器（time-of-day）。即使处理器关闭，这个时钟仍然会继续向前走。系统启动的时候，会查看这个计时寄存器来获得目前时间。在这以后，系统时间就由时钟中断来提供。每次中断的时候，系统将其全局时钟变量增加一个节拍所占用的时间（微秒数）。对于每秒 1000 节拍的 PC 来说，每个节拍相当于 1000 微秒。

3.6.2 外部表示

从系统里读出的时间一般都以微秒为单位，而不是以时钟节拍为单位，这样给出的时间格式与节拍的时间粒度没有关系。在系统内部，内核程序可以选择任何节拍频度，从而在时钟中断处理开销和定时器精度之间取得最好的折中效果。随着每秒内节拍频度的增加，系统定时器的精度也随之提高，而处理硬时钟中断所花的时间也会增加。随着处理器的速度变得越来越快，可以适当增加节拍频度，这样既不给用户应用造成负面情况，又提供了更高的时间精度。有实时性要求的系统，经常以每秒 5000 或者 10 000 节拍的速度运行时钟。如 3.4 节所述，内核通常可以消除与高节拍率相关联的大多数中断。

所有文件系统（以及其他）时间戳都采用自元年起至今的 UTC 时间差来保存。把这些时间转换为本地时间（包括夏时制的调整）都是由系统外部的 C 语言库函数来处理的。

3.6.3 调整时间

我们通常希望让一个网络中的所有机器都保持相同的时间，而且也有可能维护一个比基本处理器时钟的时间更准确的时间。例如，很容易就可以买到一些硬件，它们能监听美国境内广播 UTC 同步信号的无线电台对时信号。当不同机器上的进程同意采用一个共同的时间以后，它们就希望调整自己主机处理器上的时钟，以和全网时间保持一致。使用系统调用 settimeofday 是把系统时间改为网络时间的一种可能的方法。遗憾的是，系统调用 settimeofday 会使那些时钟快一些的机器出现时间倒退的现象。这种时间倒退会让那种认定时间一直保持递增的用户程序（比如 make）感到迷惑。为了避免这个问题，系统提供了系统调用 adjtime[Mills, 1992]。系统调用 adjtime 采用时间增量（要么是正值，要么是负值）作为参数，每次通过改动时钟速度，把它调快或者调慢 10%，直到纠正了系统时间为止。操作系统通过让全局时间每个节拍增加 1100 微秒来加快时钟速度，或者让全局时间每个节拍增加 900 微秒来减缓时钟速度。无论哪种情况，系统时间都保证单调增加，这使得那些依靠时间前后来判断文件改变与否的用户进程不会受到干扰。然而，花数十秒的时间来调整时间会影响那些通过反复调用 gettimeofday 来测量时间间隔的应用程序。

3.6.4 时间间隔

系统为每个进程提供 3 个时间间隔定时器。实时定时器（real timer）实时递减。使用这种定时器的一个例子是维护唤醒服务队列的库例程。该定时器到时间时，将发送一个 SIGALRM 信号给进程。实时定时器是从 softclock() 例程维护的超时队列中运行的（见3.4 节）。

剖析定时器（profiling timer）只有在进程的虚拟时间内（当进程运行在用户态下）以及系统在为该进程服务时才递减。设计这个定时器是供进程对其执行过程进行统计分析的。当该定时器到时间时，将向进程发送一个 SIGPROF 信号。profclock() 每次运行时，会检查当前正在运行的进程有没有申请一个剖析定时器。如果有，profclock() 将递减该定时器，并且在计时器归 0 时发给进程一个信号。

虚拟定时器（virtual timer）在系统的虚拟时间内才递减。只有当进程在用户态下执行的时候，这个定时器才会运行。定时器到时间后，会发送一个 SIGVTALRM 信号给进程。像剖析定时器一样，虚拟定时器同样也是在 profclock() 里实现的，但不同之处在于，只有当前进程在用户态下运行时它才会递减，进程在内核中运行时定时器不变。

3.7　资源服务

所有的系统都有由它们的硬件体系结构和配置对其强加的限制，这样的限制可以确保系统合理运行，防止用户无意（或者恶意）地造成资源短缺。从最低限度来说，在系统上运行的进程需要受到硬件限制。通常我们希望在这些硬件限制之外给予进程更严格的限制。系统可以测量资源利用情况，把对资源的消耗控制在硬件限制以下。

3.7.1　进程优先级

FreeBSD 系统里默认的调度策略是由共享调度机制来管理的，它把 CPU 的优先使用权交给最近没有占用过 CPU 时间的进程。这种优先级调度机制对执行时间短的进程比较有利，例如交互式进程。内核内部维护着为每个进程选择的优先级。优先级的计算受每个进程中的变量 nice 的影响。nice 值为正表示进程希望减少对处理器的占用。nice 为负说明进程希望多占用处理器。大多数进程运行时的 nice 默认值为 0，它们不要求多用处理器，也不会少用处理器。在系统中可以修改当前分配给某个进程、某个进程组或者某个用户的所有进程的 nice 值。除了 nice 值会影响调度之外，还有许多因素，包括进程最近已经用过 CPU 的时间、进程最近用过的内存数量，以及系统的当前负载等都会影响调度。

除了上述的共享调度机制以外，FreeBSD 还有一种实时调度机制。实时调度机制能让进程精确地控制它们的执行顺序，以及分给每个进程的时间量。在 4.4 节中，我们将详细介绍共享调度算法和实时调度算法的细节。

3.7.2　资源利用

在进程执行的时候，它要使用系统资源，比如 CPU 和内存。内核跟踪每个进程使用的资源，并且编译统计数据来反映使用情况。进程执行的时候，它能得到这些由内核管理的统计数据。进程终止时，通过 wait 系列的系统调用，可以将这些资源数据留给它的父进程。

系统调用 getrusage 返回一个进程所使用的资源情况。我们可能需要得到当前进程，或者当前进程所有已经终止的子进程所使用的资源情况。这些信息包括：

- ❑ 进程在用户态和系统态下运行的时间；
- ❑ 进程使用的内存多少；
- ❑ 进程的调页和磁盘 I/O 操作；
- ❑ 进程执行过程中上下文切换（包括主动切换和被动切换）的次数；
- ❑ 进程与其他进程的通信量。

内核里各处都在收集资源使用情况的信息。CPU 时间是用 statclock() 函数来收集的，这个函数可以由 hardclock() 里的系统时钟来调用，如果有另一个替代时钟，那么也可以由替代时钟的中断进程来调用。内核调度器一边对当前活动进程的内存用量进行采样，计算出内存使用情况，一边以此为依据来重新计算进程的优先级。vm_fault() 例程在每次启动磁盘传输来完成调页请求时，都需要重新计算调页情况（参见 6.11 节）。另外，进程每次启动数据传输来完成对文件或者 I/O 的操作请求时，或者在计算总的系统统计数据时，都需要收集有关 I/O 操作的统计数据。IPC 通信活动统计在每次发送或接收消息时进行更新。

3.7.3　资源限制

内核同时也支持对进程独享资源的限制。这些资源包括：

- ❑ 能累积的最长 CPU 时间；
- ❑ 进程可以请求的驻留内存的最大字节数；
- ❑ 进程数据段大小的最大值；
- ❑ 进程堆栈段大小的最大值；
- ❑ 进程在任何时刻所能拥有的最大私有物理内存量；
- ❑ 进程在任何时刻所能拥有的最大私有或者共享物理内存量；
- ❑ 进程用于套接字缓冲区的最大物理内存量；
- ❑ 进程能够创建的最大文件；
- ❑ 进程能创建的最大核心文件；
- ❑ 进程能同时打开的最大文件数；
- ❑ 用户能同时运行的最大进程数。

内核控制的每种资源都有两种限制：软限制（soft limit）和硬限制（hard limit）。所有的用户都可以改变软限制，它的范围在 0 到指定的硬限制之间。所有用户都可以降低硬限制量（不能恢复），但只有超级用户可以提高硬限制量。当一个进程超过某种软限制时，内核会发给该进程一个信号，通知它已经超过了软限制。在正常情况下，这个信号会使程序终止运行，但是进程也可以选择忽略这个信号。如果进程忽略了这个信号，没有释放它已经占有的资源，那么它再继续占用更多资源的时候会导致出错。

资源限制通常都是在收集资源统计数据的位置或其附近位置来实施的。CPU 的时间限制在进程上下文切换的函数中实施。而堆栈段和数据段的大小限制是通过在资源超限后再分配该资源时返回一个分配失败消息的方法来实现的。文件大小的限制则由文件系统实施。

3.7.4　文件系统配额

除了对单个文件大小进行限制外，内核对某个用户或某个用户组能使用的最大系统空间也可以进行限制。这些限制的实现我们将在 9.4 节讨论。

3.8　内核跟踪工具

操作系统内核是一个庞大复杂的软件，包含成千上万行代码，主要是 C 代码。内核被组织成多个子系统，包括数百个设备驱动程序。了解操作系统的运行状况不只对代码开发人员很重要，对每天利用系统完成工作的用户也很重要。FreeBSD 包括若干工具，允许用户和系统管理员了解系统运行时内部发生的情况。

3.8.1　系统调用跟踪

通过 ktrace 工具，用户可以获取应用程序所做的所有系统调用的顺序、参数和结果的详细跟踪信息。这些信息包括诸如正在查找的路径名、发送信号的类型和定时，还包括了所有输入和输出操作的内容等重要细节。

该工具可用于任何应用程序，无须事先编译或包含专门的钩子。因此，在调试没有源代码的应用程序时，该工具特别有用。

跟踪工具使用很灵活。该工具可以在应用程序开始运行时启动跟踪，也可以在已经运行的应用程序上进行跟踪。可以应用于单个进程、进程组中的所有进程，或者通过继承关系应用于所有当前或未来的子进程。

为了尽量紧凑，跟踪结果以二进制格式生成。使用二进制格式还可以最大限度地减少应用程序运行时收集和写入信息的时间，并避免在内核中进行字符串处理。kdump 程序可以把二进制转储结果转换为可读的格式，该程序将系统调用号转换为系统调用名、ioctl 值转换为宏名称、系统错误号转换为标准错误字符串，并显示系统调用之间和系统调用期间的运行时间。

在 System V 和 Solaris 中常用的 truss 命令提供了类似的功能，但它不是在内核中设置专门的钩子来收集跟踪信息，而是通过停止和重启 ptrace 系统调用监视的进程来收集信息。

因此，truss 命令比 ktrace 的开销更大而提供的信息更少。

3.8.2 DTrace

ktrace 收集的信息只限于从内核的固定钩子集中获得一组信息，这组钩子也只包含那些最普遍有用的信息。如果 ktrace 收集了可能有用的每一位信息，它将为应用程序生成大量的数据，即使这个应用程序不重要也是如此。ktrace 的另一个主要局限性是它只收集有关系统调用的信息。当试图跟踪 bug 或性能问题时，需要分析整个软件栈，包括应用程序本身、它使用的库以及进行的系统调用。为了解决所有这些问题，开发人员研发出了 DTrace 工具 [Cantrill 等，2004]。DTrace 最初是为 Sun 公司的 Solaris 操作系统编写的工具，在 FreeBSD 8 中开始支持 DTrace，FreeBSD 10 之后的内核默认情况下都支持 DTrace。

DTrace 通过添加成千上万个钩子（称为跟踪点）极大地扩展了来自系统调用的信息集，这些钩子可以识别正在发生的事件的各种细节。为了避免产生海量数据，每个跟踪点被配置为有条件地收集和输出信息。DTrace 定义了 D 语言，允许应用程序开发人员和系统管理员编写一个 D 语言程序来描述想要收集的信息。也可以指定感兴趣的跟踪点来检查和优化输出的信息。例如，D 程序可以监视更改引用计数器以收集它曾经达到的最高值的例程，或者收集资源被引用的总次数，而不是每次调用该例程时都盲目地输出信息。可以只激活那些对分析有用的跟踪点，而其他所有跟踪点都处于休眠状态。DTrace 能够在任何时候只触发少量的跟踪点，因此它可以利用低开销和仔细限定的输出来收集一组感兴趣事件的详细信息。

通过向系统库和应用程序本身添加 DTrace 跟踪点，跟踪信息可被扩展到软件栈的其余部分。库或应用程序开发人员无须编程就可以使用标准的跟踪点集合。标准跟踪点是库、应用程序或内核本身中所有函数的集合，拥有在每个子例程调用和返回时捕获参数信息的能力。除了函数边界跟踪点之外，系统库的开发人员还添加了其他特定于应用程序的钩子。

DTrace 中的跟踪功能是利用探针和 provider 模块实现的。探针是正在运行的内核中的特定跟踪点，例如函数边界，而 provider 是一个支持一组探针的内核模块。设计 DTrace 系统时考虑了可扩展性，这样新的内核模块或服务就可以添加原来没有的跟踪点。表 3-2 列出了 FreeBSD 中的 provider 模块。mac_framework、sched 和 vfs 等 provider 模块是 FreeBSD 独有的。关于 DTrace 的 provider 模块以及开发者和管理员如何使用它们的完整内容可以参考 Gregg&Mauro[2011]。本节只介绍 DTrace 如何与 FreeBSD 内核交互，而不讨论一般情况下如何使用 DTrace。

表 3-2　FreeBSD 支持的 DTrace provider 模块

名　称	描　述
fbt	函数边界跟踪
io	块 I/O 探针

（续）

名 称	描 述
lockstat	锁操作探针
profile	性能剖析探针
mac_framework	强制访问控制
nfscl	网络文件系统客户端探针
sched	进程 / 线程调度器
sctp	SCTP 网络协议
sdt	静态定义的跟踪
syscall	系统调用探针
vfs	文件系统操作

DTrace 出现之前，对系统添加日志记录或跟踪记录已显示出显著的探针效果。请读者思考当函数包含决定是否报告统计数据的条件语句时，会发生什么。不管统计数据是否报告，与根本没有编写条件语句相比，在函数中使用条件语句的效果是可度量的。通过使用条件语句看到的开销称为探针效果。

DTrace 通过在激活探针时给可执行文件打补丁来实现探针。例如，为了监视对例程的调用，被调用例程的第一条指令将被替换成对探针的调用。然后，探针收集相关信息，执行被替换的指令，再返回到修补后的指令。停用探针后，调用探针的补丁指令改回旧的指令。这一技术避免了非活动探针的探针开销。调试器（例如 lldb）也使用同样的技术给要调试的程序增加断点。给正在执行的指令流打补丁是一件很难完成且很难保证安全的事情，也明显侵犯了系统中数据结构的安全性和私密性。因此，需要超级用户权限才能启用内核探测。因为 DTrace 可以确保对程序或内核打补丁都不会引起错误的行为，所以在生产系统中可以安全地使用 DTrace。举一个例子，为确保安全操作而采取的预防措施是 DTrace 不会检测跳转表，而这一操作很容易导致系统故障。

在构建内核的过程中，对内核的所有目标文件执行一个单独的程序 ctfconvert，以生成 DTrace 可以理解的更新的目标文件。ctfconvert 程序从目标文件的调试部分获取信息，并创建一个新部分 .SUNW_ctf，其中包含 DTrace 可以使用的每个函数参数的类型信息。目标文件的 .SUNW_ctf 部分中出现的每种类型都被转换为数据，函数边界跟踪 provider 可以用该数据将数据类型与函数参数关联起来，从而允许用户空间 D 脚本以某种方式询问函数参数，该方式与调试器允许程序员检查具有关联类型信息的程序数据方式类似。在调试部分查找的所有函数都作为单独的跟踪点提供给用户。FreeBSD 内核包含超过 45 000 个函数边界跟踪点或 fbt 探针，每个都可以在进入或退出内核中的例程时触发。由于函数边界跟踪探针的生成是在系统构建时自动进行的，因此每当向 FreeBSD 内核添加新的代码时，都会产生新的探针，因此，开发人员无须手动给系统增加跟踪点，并使跟踪点与其他代码的更改保持同步。函数边界跟踪点可能会随操作系统的不同版本而变化，这意味着函数边界跟踪点可能已更改或者消失了，因此在升级主版本时，例如从 FreeBSD 9 升级到 FreeBSD 10 时，脚本中不能依赖于这些函数。编译器优化或将函数重新定义为静态函数也可能导致函数边界跟踪点消失。除非程序员明确定义了静态定义的跟踪点（SDT），否则它们不会更改，因此在主版本中都被认为是稳定的。

通过 DTrace provider 可以访问跟踪点，每一个 provider 都是一个内核模块，向内核的其余模块开放一个统一的接口。所有 DTrace provider 都开放了统一的 API，这是通过嵌入在 DTrace provider 的 dtrace_pops 结构中的一组函数指针完成的。通过调用 dtrace_register() 例程，每个 provider 在 DTrace 系统中进行注册，该例程允许 DTrace 跟踪所有可用的 provider，并通过 D 编程语言将其公开给用户。dtrace_register() 例程将 provider 的 dtrace_pops 结构作为其参数之一传递。provider 的操作包括启用、禁用、挂起和恢复探针，以及从探针中检索参数名称和值。DTrace 不仅要理解函数，还要理解基本类型如整数、字符串和程序员定义的结构。

加载 fbt 模块时，可使用内核的链接器函数为内核创建跟踪点。fbt_provide_module_function() 例程负责分解内核中每个函数的入口和出口点以及所有已加载的模块，从而建立 fbt_probe_t 结构列表，其中包含可以探测的函数地址。fbt_probe_t 结构包含打开或关闭跟踪时 DTrace 使用的三个关键组件。 fbtp_patchpoint 是启用或禁用跟踪时需要替换的指令的地址。运行 fbt_provide_module_function() 时，它将确定指令的地址，之后，该地址在激活跟踪期间用 DTrace 系统的函数调用替换。上述指令的地址存储在 fbtp_patchpoint 中。同时，将在跟踪过程中必须替换的指令放入结构的 fbtp_savedval 元素中，并将用于更改入口点的指令放入 fbtp_patchval 中。当 DTrace 命令启用跟踪点时，会将 fbtp_patchpoint 设置为存储在 fbtp_patchval 中的指令。而关闭跟踪，存储在 fbtp_savedval 中的指令将再次放回 fbtp_patchpoint 中。相对于在用户启用跟踪点时必须反汇编要跟踪的函数，在模块加载期间存储指令会使 fbt_enable() 和 fbt_disable() 例程更短、更安全。

尽管为函数自动生成跟踪点是 DTrace 的一个强大功能，但是增加与函数边界无关的特定跟踪点的能力也是系统的一个重要组成部分。任何子系统或子系统集合都可以封装为 provider，供开发人员和管理员监视使用。单个线程的加锁统计信息集合是 DTrace provider 的一个示例，它是手工编写到内核源代码中的。DTrace lockstat provider 通过在每个 lockstat 宏中增加一个探针来捎带之前存在的 lockstat 统计信息集合。

FreeBSD 内核提供了几种同步原语，统称为锁，4.3 节中有完整介绍。为了在较低的级别上跟踪内核的加锁和解锁动作，不仅要了解所请求的锁，还需要知道是否有必要等待锁，如果需要等待，是哪一个线程阻止我们获取锁。从锁调用的参数中不容易得到我们需要的关于加锁的信息，因为这些信息是嵌入在实现锁的代码中的。通过在加锁实现代码中的关键点手动植入宏，可以收集加锁统计信息，以便在获取锁或释放锁时记录有关锁的数据。这些加锁统计信息位于 lockstat provider 中。编写用于收集 lockstat 统计信息的宏时考虑了通用性，以便可以在系统的所有加锁原语中使用它们。获取锁后，将为宏提供一个指向锁对象的指针、一个用于指示该锁是否已被争用的布尔标志、线程开始等待该锁的时间以及内核文件名和调用加锁原语的函数中的行号。这些宏会调用合适的函数来收集有关获取锁的频率、锁的平均持有时间、锁的争用频率和锁的争用时间以及被阻塞线程必须等待的平均时间等统计信息。这些统计信息可识别内核中存在的争用锁。提高系统性能的一个重要方法就是对系统中竞争最激烈的锁采用细粒度锁。 例如，控制哈希表访问的单个全局锁可能会替换为每个哈希链一个锁。

只有将 lockstat 锁剖析文件编译到内核中，这个 DTrace 的 provider 才可用。每个探针由 lockstat_probe 结构定义，该结构包含导出给用户的探针函数和名称，以及触发探针时 lockstat provider 使用的探针编号和探针标识符。

通常将图 3-4 所示的宏放入各种锁函数中，这样每当要获取锁时就可以记录数据。宏中的 lock_profile_obtain_lock_success() 函数是收集 lockstat 信息的，其余部分则实现 lockstat provider 探针。如果 lockstat_probemap 中的探针入口不为空，则该探针就是处于活动状态的，这是通过 lockstat provider 的 lockstat_enable() 例程激活探针来实现的。配置内核以收集 lockstat 统计信息会带来固定的开销。DTrace provider lockstat 则引入了可变的开销，具体取决于处于活动状态的探针数量。

```
#define LOCKSTAT_PROFILE_OBTAIN_LOCK_SUCCESS(probe, lockptr,
        wascontested, startwaittime, file, line)
do {
    uint32_t id;
    lock_profile_obtain_lock_success(lockptr, wascontested,
        startwaittime, file, line);
    if ((id = lockstat_probemap[(probe)]))
        lockstat_probe_func(id, (uintptr_t)(lockptr), 0, 0);
} while (0)
```

图 3-4　lockstat 探针宏

3.8.3 内核跟踪

任何大型软件系统通常都包含一个日志记录系统，可以在软件发布后帮助调试出现的问题，FreeBSD 也不例外。内核跟踪工具（KTR）是一组日志记录工具，可以通过配置选项将其编译进内核中。本节中介绍的其他跟踪工具主要是帮助调试用户级进程的，而 KTR 工具则主要是帮助调试内核的。

在没有使用 KTR 前，开发人员会在整个代码中零星分散对 printf() 的调用，并使用下列语句有条件地将其编译到内核中或从内核中编译出来：

```
#ifdef DEBUG
printf()
#endif DEBUG
```

KTR 系统为内核引入了一个单独的日志记录系统，该日志记录系统可由整个源代码库共享，并在内核配置文件集中控制。

内核跟踪事件是用 ktr_entry 结构描述的，如图 3-5 所示。每个条目都包含一个时间戳，标记事件发生在哪个 CPU 上，标记事件所在的源代码文件和行数，程序员设定的描述，指向执行该事件的线程的指针，以及最多 6 个参数的数组。

```
struct ktr_entry {
        u_int64_t ktr_timestamp;
        int ktr_cpu;
        int ktr_line;
        const   char *ktr_file;
        const   char *ktr_desc;
        struct  thread *ktr_thread;
        u_long  ktr_parms[KTR_PARMS];
};
```

图 3-5　内核跟踪条目的结构

图 3-6 给出了为了对内核跟踪系统进行调用而实现的一组宏。与 printf() 例程不同，内核跟踪工具不允许参数数量可变。可变参数的解析计算开销很大，不适用于内核日志记录工具，因为花费额外的 CPU 时间可能会妨碍开发人员捕获与时序相关的问题。

```
CTR0(event_mask, format)
CTR1(event_mask, format, p1)
CTR2(event_mask, format, p1, p2)
CTR3(event_mask, format, p1, p2, p3)
CTR4(event_mask, format, p1, p2, p3, p4)
CTR5(event_mask, format, p1, p2, p3, p4, p5)
CTR6(event_mask, format, p1, p2, p3, p4, p5, p6)
```

图 3-6　内核跟踪使用的宏

当把对 KTR 系统的支持编译到内核时，会使用一个事先定义好大小的数组，将其用作循环缓冲区以记录所有的跟踪事件。正确设置事件缓冲区的大小非常重要，因为如果在短时间内记录了许多事件，则可能在内核读取条目之前会有新的条目将其覆盖。

如果启用 KTR 记录的已定义事件超过 1700 个，系统会逐渐停止运行。因此，程序员可以通过定义事件掩码来标记每个事件，这样可以控制事件产生的速率。所谓事件掩码是指汇总的一组相关事件，可以把它们作为一个组打开或关闭。第一次启动带有 KTR 的内核时，会清除系统的事件掩码，这样就不会记录任何事件。在用户级下设置事件掩码可以使用 debug.ktr.mask sysctl，如果需要从系统引导时开始记录事件，就可以在引导配置文件 /boot/loader.conf 中设置事件掩码。

内核中有一个作为常驻线程运行的异步日志记录工具，通过这一工具，内核跟踪事件可以被记录到磁盘上。它从内核跟踪缓冲区读取事件，并把事件写入用户利用 sysctl 指定的文件中。无论是本地磁盘还是远程文件系统，将事件写入文件都会给系统带来额外的 I / O 负载，这样就不适合查找系统中与时间相关的问题。

习题

3.1 试描述系统活动的 3 种类型。

3.2 运行在内核上半部的例程何时才可以被抢占？何时才可以被中断？

3.3 为什么运行在内核下半部的例程不能使用当前用户进程内的信息？

3.4 为什么系统把尽可能多的工作从高优先级的中断中推迟到低优先级的软件中断进程中去完成？

3.5 是什么决定了用户进程在设置定时器时所能申请到的最短（非零）时间周期？

3.6 内核是如何判断出要它执行哪个系统调用的？

3.7 初始化数据在可执行文件中如何出现？非初始化数据又是如何出现的？为什么这两种数据的出现方式不同？

3.8 试述如何用 "#!" 机制使得需要解释器的程序可以像普通可执行程序一样运行。

3.9 DTrace 能提供哪些 ktrace 不能提供的工具？

*3.10 试述如果堆栈区域在程序启动时不清零，将会产生什么安全隐患？

*3.11 为什么从 UTC 时间到本地时间的转换是在用户进程中完成，而不是在内核中进行？

*3.12 由内核而不是应用程序来重新运行一个被中断的系统调用有什么好处？

*3.13 试描述一种定时器环（timer-wheel）算法不适用 callout 队列的状况，并提出一个不同的数据结构，使得 callout 队列在你所提出的状况下运行得更快。

*3.14 剖析定时器 SIGPROF 本来是为了取代系统调用 profil 来收集一个程序中程序计数器的采样数据而设立的。请给出两个原因，说明为什么仍然要保留 profil 系统调用？

**3.15 进程的记账机制有何弱点使得它不适用于商业环境？

进　程

进程管理

4.1 进程管理概述

进程（process）是正在执行的程序。进程有一个地址空间，包含了程序的目标代码和全局变量的映射。进程还拥有一组可以命名的内核资源，可以通过系统调用来操作它们。这组内核资源包括了它的进程凭证、信号状态以及用于访问文件、管道、套接字和设备的描述符数组。每个进程至少有一个线程，也可能有多个线程。每一个线程都代表了一个虚拟处理器，拥有一个完整的上下文寄存器状态，以及映射到地址空间的线程栈。进程中运行的每个线程都有一个对应的内核线程，内核线程有自己的内核堆栈，该内核堆栈可以代表由于系统调用、页面错误或信号传递而在内核中执行的用户线程。

进程必须拥有系统资源，如内存和 CPU。内核通过在各个待执行的进程之间调度系统资源，使得多个进程看起来像在并发执行一样。在多处理器上，相同或不同进程的多个线程可以并发执行。本章详细介绍进程的组成、系统用来在多个进程之间进行切换的方法，以及内核用于提高 CPU 使用率的调度策略。本章还介绍进程的创建和终止，并详细说明信号机制和进程调试机制。

在开发者们实现第一个 UNIX 系统之后的两个月，系统中只有两个进程，它们分别对应 PDP-7 上的两个终端。之后十个月，还是在 PDP-7 上，但此时的 UNIX 已经有了许多进程，支持了 fork 操作，还有一些类似于 wait 系统调用的操作。进程通过把一个新程序读入自身来执行这个程序。第一个 PDP-11 系统（UNIX 第 1 版）引入了系统调用 exec。所有这些系统一次只允许一个进程驻留在内存中。当一台有内存管理机制的 PDP-11（KS-11）出现后，为了减少交换操作，系统改为允许同时有多个进程驻留在内存中。因为磁盘 I/O 是同步的，所以这种改变并没有用于多道程序设计。这种状况一直持续到 1972 年出现第一个 PDP-11/45 系统才有了改变。在用 C 语言重写了系统之后，终于引入了真正的多道程序设计。一个进程的磁盘 I/O 可以在其他进程执行的同时继续执行。从那以后，UNIX 中进程管理的基本结构就没有改变过 [Ritchie，1988]。

进程既可以在用户态（user mode）运行，也可以在内核态（kernel mode）运行。在以用户态运行时，进程在一个没有特殊权限保护的模式下执行应用程序代码。当进程借助一次系统调用来要求操作系统提供服务时，它通过一种保护机制切换到机器的特权保护模式，然后在内核态下执行操作。

同样，进程使用的资源也分成两部分。在用户态执行所需的资源是由 CPU 的体系结构决定的，通常包括 CPU 的通用寄存器、程序计数器、处理器状态寄存器以及和堆栈相关的寄存器，此外还有内存段（代码段、数据段、共享库和堆栈段）里的内容，这些内存段构成了一个 FreeBSD 概念上的程序。

在内核态执行所需的资源则包括：底层硬件要求的资源——如寄存器、程序计数器和栈指针——以及 FreeBSD 内核为了向一个进程提供系统服务所需的内核状态而要求的资源。这个内核状态（kernel state）包括当前系统调用参数、当前进程所属用户的 UID、调度信息等。正如 3.1 节所述，每个进程的内核状态分为几个独立的数据结构，其中最主要的两个数据结构是进程结构（process structure）和线程结构（thread structure）。

进程结构里包含有必须驻留在内存中的信息，还有一些对同样驻留在内存中的其他结构的引用。线程结构用于记录进程执行时需要保留的信息，例如其内核运行时的堆栈内容。进程创建过程中动态分配进程和线程结构，进程退出时释放这些结构。

4.1.1　多道程序设计

FreeBSD 系统支持透明的多道程序设计：多个进程或程序像是在同时执行。这一机制是通过上下文切换（context switching）来实现的，即在多个进程执行的上下文之间进行切换。还有一种机制用来调度进程的执行，即决定接下来应该执行哪个线程。系统还设计了某些机制来保证对进程间共享数据访问的一致性。

上下文切换是一种与机器相关的操作，它的实现受底层硬件的影响。一些体系结构提供了机器指令，可以用来存储和恢复线程或进程在硬件上执行的上下文，其中包括虚拟地址空间。而在另一些体系结构中，必须用软件的方法从各个寄存器中收集硬件状态信息，并将它们保存起来，然后再把新的硬件状态调入那些寄存器。任何体系结构都必须能够保存和恢复由内核使用的软件状态。

系统会频繁进行上下文切换，提高上下文切换的速度可以显著地降低花费在内核上的时间开销，给予用户程序更多的执行时间。由于上下文切换的大部分工作都用在了保存和恢复线程或进程的上下文上面，因此减少上下文所需的信息量可以有效地加快上下文切换。

4.1.2 调度

线程和进程的公平调度是一个棘手的问题，它与可执行程序的类型以及调度策略的目标有关系。一个程序的特征取决于它对运算量的要求和它对 I/O 设备的使用情况。典型的调度策略试图在程序执行完毕所需的时间和它的资源用量之间求得平衡。在 FreeBSD 默认的调度机制下，每个进程的优先级都会根据若干个参数（比如，它已使用的 CPU 时间、它执行时已占用的内存以及还需要多少内存，等等）周期性地重复计算。我们称这种调度机制为分时调度（time-shared scheduling）。有些任务要求对进程的执行做更精确的控制，这称为实时调度（real-time scheduling），它必须确保线程能在一个特定期限之前，或者必须按照一定的顺序计算完它们的结果。FreeBSD 内核采用一个独立的队列来实现实时调度，这个队列和普通的分时进程所用的队列不一样。有实时优先级的进程不会被降低优先级，而且只能被实时优先级和它相同或比它高的另一个线程抢占。FreeBSD 内核还为优先级为空闲（idle）的线程维护了一个队列。这种线程只有当实时队列或者分时队列中没有其他线程，而且它的空闲优先级等于或者高于其他所有可以运行的空闲优先级线程时，才可以运行。

FreeBSD 分时调度使用了一种基于优先级的调度策略，该策略优先照顾交互式程序（interactive program），如文本编辑器，而不是长时间运行的批处理作业。交互式程序一般都会在 I/O 操作或者一段空闲后突发运行一小段时间。调度策略一开始给每个线程赋予一个高优先级，并让这些线程每次执行固定长度的一个时间片。对于那些执行用完时间片的线程，系统将会降低它们的优先级，而那些还没有用完时间片就主动交出 CPU（一般是因为它们去执行 I/O 操作了）的程序，则可以继续保留在原优先级上。不活跃的线程优先级会被调高。这样，那些大量使用 CPU 的任务很快便进入低优先级状态，而交互式程序一般都属于不活跃的进程，它们总停留在一个高优先级上，于是它们一旦准备运行，就会从那些长时间运行低优先级任务的线程那里抢占 CPU。一个交互式作业（例如在文本编辑器中进行字符串查找）可能会在短时间内成为一个计算密集型程序，于是它就被降到低优先级，然而一旦用户开始面对查找的结果展开思考时，该程序又将处于不活跃状态，于是它又返回到高优先级上。

有些任务，比如编译一个大型应用程序，可能需要经过很多小步骤才能完成，每一步在一个独立的进程中编译应用软件的各个组件。但是没有哪个小步骤会花很长时间，使得它的优先级被降低，所以编译过程整体来看还是影响到了交互式的程序。为了发现并且避免这种问题，可以把子进程的调度优先级返回给它的父进程。在启动新的子进程时，它以其父进程当前的优先级来开始运行。这样一来，因为负责协调编译工作的那个程序（一般情况下都是 make）启动了很多编译步骤，它的优先级就会由于子进程中执行了 CPU 密集计算任务而逐渐降低。以后 make 再启动的编译步骤开始运行时，就会处于一个比较低的优先级，这就可以让优先级较高的交互式程序如愿以偿地优先运行。

系统还需要一种调度策略，用于处理因为内存不够，不能装下所有要执行的进程的上下文而造成的问题。这种调度策略的主要目的是消除颠簸（thrashing）——当内存供应不足，大量时间消耗在处理缺页和调度进程上，而不是花费在用户态下运行程序上时，就会出现这种现象。

系统必须能发现和消除颠簸现象。通过观测空闲内存的多少可以检测颠簸的产生。当系统所剩空闲内存页面不多，而对内存的需求源源不断时，它就认为自己可能产生了颠簸。系统将近期最少执行的进程标为不许执行，从而减少颠簸的产生。这种标志使得pageout（页面调出）守护进程把所有和进程相关的页面都调出主存，存入辅助存储器。在大多数体系结构中，内核还可以将那些做了标志的进程的所有线程的内核栈调出保存到辅助存储器。这样，这些进程和其所有线程被交换出内存（参见 6.12 节）。阻塞这些进程的执行所获得的内存空间可以再分配给其他进程使用，让它们继续执行。如果颠簸现象仍然存在，系统会再选择阻塞一部分进程，直到内存满足剩下的进程流畅运行为止。最后，足够多的进程执行完毕并将内存释放出来，而那些原本被阻塞的进程就得以继续执行。然而，即使没有足够的内存，被阻塞的进程在 20 秒后也会被允许恢复运行。通常这样会再度引发颠簸，于是系统将继续选择别的进程予以阻塞（或者采取管理措施降低负载）。

4.2　进程状态

系统中的每个进程都会分配一个唯一的标识符，这个标识符叫作 PID（Process IDentifier，进程号）。应用程序和内核都采用 PID 来引用进程。应用程序向进程发送信号，以及从终止的进程那里接收退出状态时也要用到 PID。每个进程都有两个特别重要的 PID：一个是进程自己的 PID，另一个是其父进程的 PID。

图 4-1 给出了进程状态的结构。这种结构能够支持多个线程共享地址空间以及其他资源。线程（thread）是进程的执行单位，虽然它需要一个地址空间和其他一些资源，但是它可以与其他线程共享许多资源。共享一个地址空间和其他资源的多个线程虽然被独立调度，但是在 FreeBSD 中它们可以同时执行系统调用。FreeBSD 中重新组织了进程状态，新的设计支持线程可以选择其要共享的资源，这种线程称为可变量级进程（variable-weight process）[Aral 等，1989]。

进程状态的每一个组成部分按照状态信息的类别单独保存在独立的子结构中。进程结构直接或间接地引用了所有子结构。线程结构只包含在内核中运行所需的那些信息：有关调度的信息、一个在内核中运行时使用的栈、一个线程状态块（Thread State Block，TSB）以及其他与机器有关的状态。TSB 随机器的体系结构不同而不同；它包括通用寄存器、栈指针、程序计数器、处理器状态字，以及内存管理寄存器。

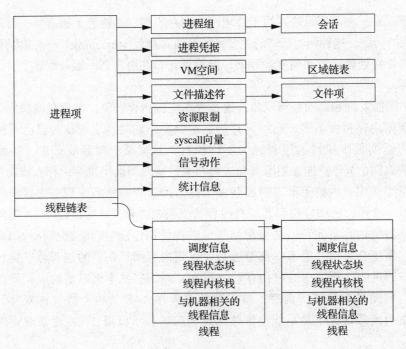

图 4-1 进程状态

在 FreeBSD 5 和 Solaris 等系统中实现的第一个线程模型是一个 $N:M$ 线程模型，该模型允许多个用户级线程（N）对应于内核中运行的少数线程（M）[Anderson 等，1992；Simpleton，2008]。$N:M$ 线程模型是轻量级的，但当用户级线程需要进入内核时会产生额外的开销。该模型假设当应用程序开发人员编写服务器应用程序时，可能有很多客户端，每个客户端都是一个线程，但其中大多数客户端都是空闲地等待 I/O 请求。

虽然很多早期使用线程的应用程序（如文件服务器）采用 $N:M$ 线程模型，且运行良好，但是后来的应用程序更倾向于使用有数十到数百个工作线程的线程池，其中大多数线程是定期进入内核的。之所以采用这种方法，是因为应用开发人员希望程序能在各种平台上运行，而像 Windows 和 Linux 这样的关键平台无法支持成千上万个线程。为了提高这些应用程序的效率，随着时间的推移 $N:M$ 线程模型演化为 $1:1$ 线程模型，即每个用户线程都由一个内核线程支持。

像大多数操作系统一样，FreeBSD 决定支持 POSIX 线程 API，也就是 Pthreads。Pthreads 模型包含了一组丰富的原语，包括进程内线程的创建、调度、协作、信号、汇合和销毁。此外，它还提供了共享锁、独占锁、信号量和条件变量等工具，用于当多个线程同时访问数据结构时实现可靠地互锁访问。

FreeBSD 的线程采用最轻量级进程的形式，它们共享包括 PID 在内的所有进程资源。当需要增加并行的计算任务时，就使用库调用 pthread_create() 创建一个新线程。pthread 线程库跟踪每个线程所使用的用户级堆栈，因为线程共享了整个地址空间，其中也包括供堆栈使用的区域。因为所有的线程都共享一个进程结构，所以它们只有一个 PID，因此在 ps 命令的输出清单中只显示为一个条目。ps 有一个选项，可以为进程中的每个线程单独列出一个条目。

许多应用程序不希望共享一个进程的所有资源。系统调用 rfork 创建的新进程条目可以有选择地共享其父进程的一部分资源。一般情况下，不共享信号操作、统计信息以及地址空间内的堆栈和数据部分。与 pthread_create() 创建的轻量级线程不同，系统调用 rfork 给每一个线程关联一个 PID，这些线程会在 ps 的输出清单中出现，而且可以按照系统中与其他进程一样的方式来进行操作。由 fork、vfork 或者 rfork 创建的进程都只有一个与之相关联的线程结构。rfork 系统调用的变体用于模拟 Linux clone() 的功能。

4.2.1 进程结构

图 4-1 所示的进程条目除了包括对子结构的引用之外，还包含以下几类信息：

- ❑ 进程标识：进程 PID 及其父进程的 PID；
- ❑ 信号状态：等待处理的信号，以及信号处理操作集合；
- ❑ 跟踪信息：进程的跟踪信息；
- ❑ 定时器：实时定时器以及 CPU 利用率计数器。

图 4-1 所示的进程子结构包括以下几类信息：

- ❑ 进程组标识：进程所属的进程组和会话；
- ❑ 用户凭证：实际的 UID 与 GID、有效的 UID 与 GID，以及保存的 UID 与 GID；第 5 章会更详细地介绍凭证；
- ❑ 内存管理：描述进程所用虚拟地址空间的分配情况；虚拟地址空间及相关数据结构在第 6 章中有更详细的介绍；
- ❑ 文件描述符：一个指向若干文件条目的指针数组，这些文件条目按照进程打开的文件描述符索引，同时还保存了文件打开的标志以及当前目录的信息；
- ❑ 系统调用向量：系统调用号到操作的映射；除了目前 FreeBSD 的可执行文件格式，以及那些已经废弃不用的老格式之外，内核还可以在需要的环境下，提供一套系统调用向量，运行为几种别的 UNIX 变体编译的二进制文件，比如 Linux 和 SVR4；
- ❑ 资源记账：rlimit 结构，它反映了系统提供的很多资源的使用情况（参见 3.7 节）；
- ❑ 统计信息：当进程执行时进行收集，并在其退出时报告并写入记账文件的统计数据；它也包括进程定时器和剖析信息（如果收集过剖析信息）；
- ❑ 信号动作：当信号发送给进程时需要采取的行动；
- ❑ 线程结构：线程结构所包含的内容（将在本节末尾介绍）。

进程结构的 state(状态) 一项保存有进程状态的当前值。表 4-1 给出了状态的可能取值。当用系统调用 fork 创建进程的时候，它一开始被标为 NEW。在给进程分配了足够的资源，进程开始执行的时候，状态就变为 NORMAL。从这里开始直到进程结束，进程的状态就是 NORMAL，而线程会在几种状态之间不断变化：RUNNABLE——线程准备好执行或者已实际执行；SLEEPING——线程在等待某个事件；STOPPED——一个信号或者父进程停止了线程的执行。停止运行的进程在释放了自己的资源，并且把终止状态通报给其父进程之前，都被标记为 ZOMBIE。

表 4-1　进程状态

状　态	说　明
NEW	进程正在创建过程中
NORMAL	线程可以运行（RUNNABLE）、休眠（SLEEPING）或者停止（STOPPED）
ZOMBIE	进程正在终止过程中

系统把进程结构划分成两个链表。如果进程处于 ZOMBIE 状态，那么进程条目被放入 zombproc 链表；否则放入 allproc 链表。因为这两个队列彼此互斥，所以它们共享进程结构里的同一个链接指针。把死掉的进程同活着的进程隔离开，可以减少系统调用 wait（它必须扫描僵死进程，看看有没有可以返回的僵死进程），以及调度器和其他功能（它们必须扫描所有可能可以运行的进程）所花费的时间。

除了当前正在执行的那个线程（如果系统在一台多处理器计算机上运行，那么可能是若干个线程）之外，其他大多数线程也属于三个队列中的一个：运行队列（run queue）、休眠队列（sleep queue）或 turnstile 队列。如果线程处于可运行的状态，就把它放在运行队列中，而那些处于阻塞状态等待事件的线程则被放在休眠队列或 turnstile 队列中。停止并等待事件的线程也放入 turnstile 队列或休眠队列，否则它们将不存在于任何队列中。运行队列按照线程的调度优先级来组织，我们将在 4.4 节介绍它。休眠队列和 turnstile 队列采用哈希（hash）数据结构，便于在执行某个事件的唤醒操作时找到需要唤醒的那些休眠进程。休眠队列和 turnstile 队列将在 4.3 节介绍。

如图 4-2 所示，在定位相关进程时，要用到 p_pptr 指针以及其他相关链表（p_children 和 p_sibling）。当进程创建一个子进程时，该子进程被加入其父进程的 p_children 链表中。而子进程也保留一个回溯指针 p_pptr 指向其父进程。如果进程同时有多个子进程，则这些子进程通过它们的链表条目 p_sibling 链接到一起。在图 4-2 中，进程 B 是进程 A 的直接子进程，而进程 C、D 和 E 是进程 B 的子进程，它们之间互为兄弟关系。进程 B 的一个典型的例子就是 shell，它启动了一个管道线（参见 2.4 节和 4.8 节），管道线包括进程 C、D 和 E。进程 A 可以看作系统的初始化进程 init（参见 3.1 节和 15.4 节）。

CPU 时间根据线程的调度类型和调度优先级来分配。如表 4-2 所示，FreeBSD 内核有 2 种内核调度类型和 3 种用户调度类型。内核总是运行处于最高优先级类型的线程。所有的内核中断

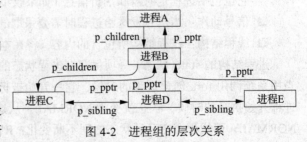

图 4-2　进程组的层次关系

线程的执行都先于任何其他线程，然后是任何可运行的实时线程。任何上半部分内核线程的执行都先于分时和空闲类型的可运行线程。可运行的分时线程优先于可运行的空闲类线程。实时类型和空闲类型线程的优先级由应用程序使用系统调用 rtprio 来设置，内核从不会调整它们的优先级。下半部内核中断的优先级在配置设备的时候设置，而且不会再变化。上半部的优先级则根据为每个内核子系统预先指定的优先级来设置，也不会再变化。

正在运行的分时类型线程的优先级由内核根据资源使用情况和最近的 CPU 利用率进行调整。线程有两个调度优先级：一个用于用户态的执行；另一个用于内核态的执行。线程结构中的 td_user_pri 包含了用户态调度优先级，而 td_priority 包含了当前的调度优先级。当线程在上半部内核中执行时，当前优先级可能会与用户态优先级不一样。优先级的范围介于 0～255 之间，数值越小表示优先级越高（参考表 4-2）。用户态优先级取值范围为 120～255，实时线程可以使用小于 120 的优先级，或者当线程休眠（即等待内核中的事件）被唤醒时可以使用小于 120 的优先级。之所以赋予内核中的休眠线程比较高的优先级（优先级的值较小），是因为它们在非休眠状态时经常会占用一些内核的共享资源。系统希望在它们得到资源以后越早结束运行越好，这样一来，在另一个线程请求资源并被阻塞而等待资源之前，它们就用完了资源并还给系统。

表 4-2　线程调度的类型

范　围	类　型	线程种类
0～47	ITHD	下半部内核（中断）
48～79	REALTIME	实时用户
80～119	KERN	上半部内核
120～223	TIMESHARE	分时用户
224～255	IDLE	空闲用户

当一个线程在内核中进入休眠状态时，它必须指出，如果有一个信号发送给它，它是否应被唤醒并被标为可运行状态。在 FreeBSD 上，一个内核线程只有当它在休眠时设置了 PCATCH 标志才会被一个信号唤醒。msleep() 接口也可以处理时间限制在最长限度内的休眠，而且能处理可以重启的系统调用。它的参数中有一个字符串指针，指向一个说明线程正在等待什么事件的字符串；这个字符串对外部是可见的——例如，用 ps 命令就能看到它。是否使用可以被中断的休眠，取决于线程会被阻塞多长时间。在执行其他操作的过程中间处理信号会比较复杂，所以许多休眠请求都是不可中断的；也就是说，在线程等待的事件出现之前，不能调度该线程投入运行。例如，等待磁盘 I/O 操作的线程在休眠的同时会阻塞信号。

对于发生速度很快的事件来说，处理一个信号从开始到完成所造成的延迟时间几乎感觉不到。不过，那些可能让一个线程长时间等待的请求（比如等待终端或者网络输入）必须做好在休眠中被中断的准备，以避免发送来的信号被无限期拖延下去。在休眠过程中可以被中断的线程可能会在它所等待的事件到来之前，因为接收到一个信号，而中途退出它们的系统调用。为了避免一直占着一项内核资源不放，这些线程必须检查它们被唤醒的原因。如果它们被一个信号唤醒，则它们必须释放自己所占有的资源。接着，它们必须返回由 sleep() 传回给它们的出错值。如果要在收到信号之后中途放弃系统调用，出错值为 EINTR；如果要重新启动这个系统调用，则为 ERESTART。在某些场合下，原本应该很快结束的事件，比如磁盘 I/O，会由于硬件故障而停滞。由于在内核中休眠的进程阻塞了信号，它不会受到发送给它的任何信号的影响，即使该信号的目的是使其立即无条件退出执行也不例外。这个问题的唯一解决办法就是，在可能发生挂起现象的硬件事件中，将 sleep() 改为可以被中断的。

在本书的后面部分，我们的程序都使用 sleep() 来表示使线程进入休眠的例程，即使正在使用的是 mtx_sleep()、sx_sleep()、rw_sleep() 或 t_sleep() 时也是如此。

4.2.2 线程结构

图 4-1 所示的线程结构包括以下几类信息。

❑ 调度机制：线程优先级、用户态调度优先级、最近的 CPU 利用率以及休眠所用的时间量；线程的运行状态（可运行、休眠中）；其他状态标志；如果线程正在休眠，还有等待通道（wait channel），即线程正在等待的事件标识（参见 4.3 节），以及一个指向描述该事件的字符串的指针；

❑ TSB：用户态和内核态的执行状态；

❑ 内核栈：每个线程给内核的执行栈（execution stack）；

❑ 机器状态：机器相关的线程信息。

以前，内核栈被映射到虚拟地址空间内的一个固定位置。使用一个固定映射是因为当父进程执行 fork 操作的时候，能把它的运行时栈复制给它的子进程。如果内核栈被映射到了一个固定地址，那么子进程的内核栈就会被映射到和它的父进程内核栈相同的地址上。这样一来，它的所有内部引用，比如栈帧指针（frame pointer）和栈变量的引用，都能按预期的那样起作用了。

在采用虚拟地址高速缓存（virtual address cache）的现代体系结构上，把内核栈映射到一个固定地址的做法不但速度慢，而且不方便。在 FreeBSD 中，从父进程复制得到子进程之后，会从子进程的栈中删掉除了栈顶的调用帧（call frame）之外的所有内容，这样一来，子进程会直接返回用户态，从而避免了栈的复制和重新定位的问题。

每个有可能会运行的线程必须让它的栈驻留在内存中，因为线程栈的任务之一就是处理缺页。如果线程栈不驻留内存，那么当线程尝试运行的时候，就会引发缺页，可是又没有内核栈给缺页提供服务。由于一个系统可以有成千上万个线程，所以内核栈必须保持很小，这样才可以避免浪费过多的物理内存。在 Intel 体系结构上的 FreeBSD 中，内核栈被限制在只有内存的两页大小。编写在内核里执行的代码时，程序员必须注意避免使用太多的局部变量和深层嵌套调用子例程，以避免运行时发生栈溢出。作为一种安全防范措施，有些体系结构在运行时的栈区和其后的数据结构之间留了一个无效页。这样一来，内核栈溢出只会造成内核访问出错，而不会造成覆盖其他数据结构这样的灾难性错误。此时只要简单地杀死出错的进程，然后再继续运行就可以了。但是简单地杀死进程会很困难，因为线程可能持有锁，或者正在修改某些数据结构，而清理它们将使这些数据结构处于不一致或无效状态。所以，FreeBSD 内核在发生内核访问错误的时候会出现恐慌（panic），因为这样的错误表明在内核中有一个根本性的设计错误。内核通过发生恐慌、崩溃并转储内存镜像，往往就可以找到出错的地方，然后予以修正。

4.3 上下文切换

为了有效地共享 CPU，内核要在线程间进行切换，这种行为称为上下文切换（context switching）。当一个线程执行完它的时间片或者它请求了某个目前还不能用的资源时，内核就要另找一个线程来执行，并切换成新线程的上下文。系统也可以中断一个正在运行的线程，转而运行一个由异步事件触发的线程，如设备中断。虽然以上两种情况会涉及 CPU 运行的上下文切换，但是线程间的切换与当前正在执行的线程同步（synchronously）出现，而中断服务却与当前线程异步（asynchronously）出现。此外，进程间的上下文切换可以分为主动（voluntary）和被动（involuntary）两种。主动的上下文切换发生在线程需要等待不可用资源的情况，被动的上下文切换则发生在线程的时间片用完或系统确定让优先级更高的线程先执行的情况。

每种上下文切换都以不同的接口实现。主动上下文切换通过调用 sleep() 例程执行，而被动上下文切换通过直接调用嵌入在 mi_switch() 和 setrunnable() 例程中的底层上下文切换机制来强制执行。异步事件处理由底层硬件来触发，且实际上对系统透明。

4.3.1 线程状态

线程间的上下文切换同时要求改变用户态与内核态的上下文环境。为简化这种改变，系统必须保证一个线程所有的用户态状态信息都放在一个数据结构——线程结构中，而大多数内核状态都保存在其他地方。这种定位方法遵从以下约定：

❑ 内核态硬件执行状态：上下文切换只能在内核态下发生。这样一来，内核的硬件执行状态由位于线程结构内的 TSB 的内容来规定。

❑ 用户态硬件执行状态：当在内核态执行时，线程在用户态下的状态（如程序计数器的副本、栈指针、通用寄存器）总是被保存在位于线程结构内的内核执行栈中。在系统调用和陷阱处理程序每次进入内核时，系统都要求它们保存用户态执行上下文的内容，通过这一点来确保用户态状态的位置不变（参见 3.1 节）。

❑ 进程结构：进程结构总是驻留在内存中。

❑ 内存资源：用 TSB 中的内存管理寄存器以及进程和线程结构中的一些值就能有效地

描述进程的内存资源。只要进程驻留在内存中，这些值就保持有效，这时执行上下文切换就无须保存和恢复相关页表。不过在进程被交换到辅助存储器之后，再度返回主存时，需要重新计算这些值。

4.3.2 底层上下文切换

进程的上下文位于它的线程结构中，因此内核要执行上下文切换时，只需改变当前线程结构，（如果需要）还要改变进程结构，再将线程结构中的 TSB 所描述的上下文（包括虚拟地址空间的映射）恢复回来即可。当需要切换上下文时，内核调用 mi_switch() 例程，让优先级最高的线程开始运行。mi_switch() 例程先从调度队列中选择适当的线程，然后再从该线程的 TSB 载入上下文，恢复运行被选中的线程。

4.3.3 主动上下文切换

每当线程必须等待可用的资源或事件时，就会发生主动上下文切换。主动上下文切换在正常的系统操作中经常发生。在 FreeBSD 中，主动上下文切换是通过请求获取其他线程已持有的锁或调用 sleep() 例程来启动的。当线程不再需要 CPU 时它就会被挂起，在等待通道等待需要的资源，同时等待通道为该线程赋予了调度优先级，该优先级在唤醒线程时分配给该线程。此优先级不影响用户级别的调度优先级。

当阻塞锁时，等待通道通常是锁的地址。当阻塞资源或事件时，等待通道通常是某些数据结构的地址，这些数据结构标识线程正在等待的资源或事件。例如，线程正等待缓冲区被填充的时候，等待通道就采用一个磁盘缓冲区的地址。当缓冲区被填满以后，正等在这个通道上的线程就会被唤醒。除了资源地址可以作为等待通道之外，还可以采用一些用于特殊目的的地址。

❏ 当一个父进程使用 wait 系统调用来收集其子进程的终止状态时，它必须一直等到有一个子进程终止。由于它不知道哪一个子进程会首先退出，又因为它只能等在一个等待通道上，所以从多个事件中等待率先发生的事件就变得无从下手。解决这个问题的方法是令父进程在自己的进程结构上休眠。当某个子进程退出时，它唤醒其父进程的进程结构地址，而不是它自己的。这样一来，无论哪一个子进程先退出，等待中的父进程就可以被最先退出的子进程唤醒。父进程一旦开始运行后，它必须扫描自己的子进程链表，判断是哪一个子进程退出。

❏ 当线程执行 sigsuspend 系统调用时，是不希望它在收到信号之前运行的。因此它需要在一个永远不会被唤醒的等待通道上做可中断休眠。根据习惯，这时把信号动作结构的地址作为等待通道。

线程可能会根据需要等待的原因而阻塞不同长短的时间。当线程需要等待对保护数据结构的锁的访问时，等待时间会比较短暂。在线程等待的事件预期会比较快发生（例如，等待从磁盘读取数据）时，线程会等待中等时长。当线程正在等待的事件（例如来自用户的输入）在不确定的时间发生时，等待时间会比较长。

短期等待仅由锁请求引起。短期锁包括互斥锁、读写锁和只读锁。这些锁的详细信息将在本节后面给出。短期锁的要求是，在锁定事件时可能不会像中长期锁那样保留这些事件。线程持有短期锁而没有运行的唯一原因是它被更高优先级的线程抢占。一个线程持有短期锁，通过运行持有短期锁的线程，或是运行阻塞了该线程的线程，都可以释放短期锁。

短期锁定由旋转数据结构管理。闸机跟踪锁的当前所有者以及等待访问锁的线程列表。图 4-3 显示了如何使用闸机来跟踪阻塞的线程。图的顶部是一组哈希头，允许快速查找以找到具有等待线程的锁。闸机被找到后，将提供一个指向当前拥有锁的线程的指针，以及正在等待排他和共享访问的线程列表。闸机最重要的用途是快速找到释放锁时需要唤醒的线程。在图 4-3 中，锁 18 由线程 1 拥有，并且线程 2 和 3 等待对其进行独占访问。此示例中的闸机还显示线程 1 持有有竞争的锁 15。

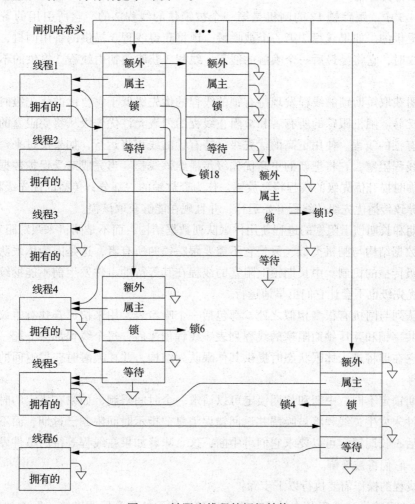

图 4-3　被阻塞线程的闸机结构

每当线程在有竞争的锁上阻塞时，都需要闸机。由于阻塞是很常见的，因此每次需要分配和释放一个闸机时，速度都将过慢。因此，每个线程在创建时都会分配一个闸机。由于线程在任何时间都只能在一个锁上被阻塞，因此永远不需要一个以上的闸机。闸机由线程分配，而不是合并到每个锁结构中，因为内核中的锁远远多于线程。每个线程分配一个闸机，而不是每个锁分配一个闸机，可以避免导致内核中的内存使用率降低。

当线程要在短期锁上阻塞时，它将提供其闸机以用于跟踪锁。如果它是锁上第一个被阻塞的线程，则使用它的闸机进行跟踪。如果不是要阻塞的第一个线程，则使用较早线程的闸机对锁进行跟踪。其他闸机保存在空闲列表中，这个空闲列表的头部用于跟踪锁的闸机。当一个线程被唤醒并使其可运行时，它会从空闲列表中得到一个闸机（它可能与它最初提供的那个不一样）。当最后一个线程被唤醒时，空闲列表将为空且不再需要闸机，因此唤醒线程可以将其占用。

在图 4-3 中，跟踪锁 18 的闸机是第一个被锁住的线程 2 的，它所引用的备用闸机是由线程 3 提供的。如果线程 2 第一个被唤醒，锁将获得线程 3 提供的备用闸机，而当稍后唤醒线程 3 时，它将是最后一个唤醒的线程，线程 3 获取最初由线程 2 提供的不再需要的闸机。

当试图获取短期锁的线程发现持有锁的线程的优先级低于它自己的优先级时，就会发生优先级反转。闸机跟踪的所有者和被阻止线程的列表允许优先级从将要阻塞的线程传播到当前持有锁的线程。使用更高的优先级，持有锁的线程将运行，如果反过来，它又被低优先级的线程阻塞，它将把新的更高优先级传播给该线程。当完成对受保护数据结构的访问时，被临时提升优先级的线程将释放锁。作为释放锁的一部分，传播的优先级将被删除，这通常会导致传播优先级的线程开始运行，并且现在能够获取该锁。

在中期和长期锁上阻塞的进程使用休眠队列数据结构，而不是闸机来跟踪阻塞的线程。休眠队列数据结构与闸机类似，只是它不需要跟踪锁的所有者，这是因为休眠队列不需要提供优先级传播的机制。中长期锁上阻塞的线程在其等待的事件发生前不能继续运行，提高它们的优先级也不会让它们更早地运行。

休眠队列与闸机有很多相似之处，都包括一个哈希表，用来快速查找有争议的锁，以及因等待共享锁和互斥锁而阻塞的线程列表。线程创建后，每个线程都会分配一个休眠队列结构，它在即将进入休眠状态时提供其休眠队列结构，并在唤醒时获得返回的休眠队列结构。

与短期锁定不同，中期和长期锁定可以请求一个时间限制，如果在指定的时间限制内等待的事件未发生，线程将被唤醒并返回错误消息，指示时间限制已过期，而不是事件已发生。最后，长期锁定可以要求它们可中断，这意味着如果在线程等待的事件发生之前收到了信号，它们将被唤醒。

挂起线程的操作需要执行以下步骤：

1）防止可能导致线程状态转换的事件。过去使用的是全局调度锁，但这是一个瓶颈。

现在每个线程都使用与其当前状态绑定的锁来保护每个线程的状态。例如，当线程在运行队列中时，使用运行队列的锁；当线程在闸机上阻塞时，将使用闸机锁；当线程在休眠队列中被阻塞时，将使用等待通道哈希链的锁。

2）记录线程结构中的等待通道，并求等待通道值的哈希，来检查是否存在等待通道的闸机或休眠队列。如果存在，将线程链接到它，并保存线程提供的闸机或休眠队列的数据结构，否则，将闸机或休眠队列放置到哈希链上，并将线程链接到哈希链中。

3）对于放置在闸机上的线程，如果当前线程的优先级高于当前持有锁的线程的优先级，则将当前线程的优先级传递到当前持有锁的线程。对于放置在休眠队列中的线程，将线程的优先级设置为唤醒线程时要具有的优先级，并设置它的休眠标志。

4）对于放置在闸机上的线程，将其分类到等待线程列表中，使优先级最高的线程出现在列表中的第一位。对于放置在休眠队列中的线程，将其放置在等待该等待通道的线程列表的末尾。

5）调用 mi_switch() 以请求安排新线程；关联的互斥锁将在切换到另一个线程时释放。

一个处于休眠状态的线程直到从闸机或休眠队列中移除，并标记为可运行后，才会被执行。此操作可以作为释放锁的一部分隐式完成，也可以通过调用 wakeup() 例程来显式完成，该例程发出一个表示事件已发生或资源可用的信号。调用 wakeup() 时，会为其提供一个等待通道，用于查找对应的休眠队列（使用哈希查找）。此操作唤醒所有在该等待通道上休眠的线程。唤醒所有等待资源的线程，是为了确保所有线程均不会意外进入休眠状态，如果只有一个线程被唤醒，则它可能不会请求正在休眠的资源。如果它不使用也不释放资源，则等待该资源的所有其他线程将永远处于休眠状态。需要一个空磁盘缓冲区来写入数据的线程就是一个例子，它可能不会请求它正在休眠等待的资源，这样的线程可以使用任何可用的缓冲区，如果没有可用的磁盘，它将尝试请求将脏缓冲区写入磁盘，然后等待 I/O 完成来创建一个缓冲区。I/O 完成后，线程将唤醒并检查缓冲区是否为空。如果有多个可用的线程，它可能不使用它清理出的那个缓冲区，而其他线程在等待清理后的缓冲区永远处于休眠状态。

在某些情况下，线程会一直使用可用的资源，这时可以用 wakeup_one() 代替 wakeup() 例程。例程 wakeup_one() 仅唤醒它发现等待资源的第一个线程，因为该线程处于最长的休眠状态。假设当唤醒的线程完成资源使用时，它将发出另一个 wakeup_one() 来通知下一个等待线程该资源可用。连续的 wakeup_one() 调用将持续到所有等待该资源的线程都被唤醒并有机会使用它。因为线程是从最长等待时间到最短等待时间的顺序排列的，所以这也就是唤醒它们并访问资源的顺序。

释放旋转锁时，将释放所有等待的线程。因为线程是从最高优先级到最低优先级排序的，所以它们将按顺序被唤醒。通常会按照释放的顺序安排这些线程，当线程最终同步运行时，自适应自旋锁（在本节后面介绍）通常能确保它们不会阻塞。由于这些线程是从最高优先级到最低优先级释放的，因此最高优先级的线程通常会第一个获得锁，不需要优先级传播，因此也没有开销，相应地，锁将从最高优先级线程通过中间优先级传递到最低优先级。

为了避免唤醒过多的线程，内核程序员尝试使用锁和足够细粒度的等待通道，使无关的调用不会在同一资源上发生冲突。例如，它们将锁放在高速缓存中的每个缓冲区上，而不是将一个锁放在整个缓冲区高速缓存中。

在恢复线程的操作中需要执行以下步骤：

1）从闸机或休眠队列中移除线程。如果它是要唤醒的最后一个线程，则将闸机或休眠队列返回给它。如果不是最后一个要唤醒的线程，则将空闲列表中的闸机或休眠队列返回给它。

2）如果线程休眠的时间超过一秒，则重新计算用户模式的调度优先级。

3）如果线程是在闸机上被阻塞，则将其放置在运行队列中。如果线程是在休眠队列中被阻塞或是处于休眠状态并且其进程未从主存中交换出来，则将其置于运行队列中。如果进程被换出了，则会先唤醒 swapin 进程将其读入主存（见 6.12 节）；如果线程处于停止状态，只有用户级别的进程显式重启它时才会放回运行队列。ptrace 系统调用（见 4.9 节）和 continue 信号（见 4.7 节）可以用来重启线程。

如果将任何线程放在运行队列中，并且其中一个线程的调度优先级高于当前正在执行的线程，则它还将请求对 CPU 尽快进行重新调度。

4.3.4 同步

FreeBSD 内核同时支持对称多处理（SMP）体系结构和非均匀内存访问（NUMA）体系结构。在 SMP 体系结构中所有 CPU 都连接到公共主内存，而在 NUMA 体系结构中 CPU 连接到非统一内存。在 NUMA 体系结构中，一些内存可以快速访问本地的 CPU，而另一些内存因为属于其他的本地 CPU 或在 CPU 之间共享所以访问速度较慢。本书对多处理器和多处理的引用同时涉及 SMP 和 NUMA 体系结构。

多处理器内核要求大规模、细粒度的同步。最简单的同步形式是临界区。当线程在临界区运行时，既不能被转移到另一个 CPU 上，也不能被另一个线程抢占。临界区保护每个 CPU 的数据结构，例如运行队列或特定 CPU 储存器分配的数据结构。因为临界区只控制一个 CPU，所以不能保护整个系统的数据结构，保护整个系统的数据结构必须使用下面描述的锁定机制。虽然临界区只对有限的数据结构有用，但对于这些数据结构使用它们是有益的，因为其开销比锁低得多。临界区首先调用 critical_enter() 函数，然后继续调用 critical_exit() 函数。

表 4-3 给出了上锁操作的层次，这对于支持多处理器来说是必需的。表 4-3 中的"休眠"列显示，当线程因中长期休眠而阻塞时，是否可以保留该类型的锁。

表 4-3 锁的层次结构

级 别	类 型	休 眠	描 述
最高	witness 模块	是	部分有序休眠锁
	锁管理器	是	输出共享 / 独占访问
	条件变量	是	基于事件的线程阻塞

（续）

级　别	类　型	休　眠	描　述
	共享 – 独占锁	是	共享和独占访问
	主读锁	否	读访问权限优化
	读写锁	否	共享和独占访问
	休眠互斥	否	先自旋一会，然后休眠
	自旋互斥	否	自旋锁
最低	硬件	否	实现内存互锁的"compare-and-swap"（比较 – 交换）指令

虽然可以使用单内存操作来构建锁 [Dekker, 2013]，但在实际应用中，硬件必须提供内存互锁的"compare-and-swap"指令。"compare-and-swap"指令必须要在一个主存位置上完成两次操作——先读取并且和特定的值进行比较，然后看是否能够与比较值匹配，如果匹配则写入新值——在此期间其他任何处理器不能读或写那个内存位置。FreeBSD 系统中的所有锁原语都使用"compare-and-swap"指令构建。

4.3.5　互斥锁同步

互斥锁（mutex）是保持短期线程同步的基本方法。互斥锁的主要设计思想是：

❑ 获得和释放不被争用的互斥锁，代价应该尽可能小。

❑ 互斥锁必须带有信息和存储空间，以此来支持优先级传播。在 FreeBSD 中，互斥锁使用闸机管理优先级传播。

❑ 线程必须能够以递归方式获得一个互斥锁（如果互斥锁经初始化后支持递归）。

互斥锁是基于硬件的"compare-and-swap"指令构建的，里面有一个为锁预留的内存位置。当锁空闲时，MTX_UNOWNED 的值存储在内存位置；当锁被占用时，在内存位置会存储指向持有锁的线程指针。"compare-and-swap"指令会尝试获取锁，将锁中的值与 MTX_UNOWNED 进行比较，如果匹配就将其替换为指向线程的指针。指令返回旧值，如果旧值是 MTX_UNOWNED 就成功获取锁，线程继续运行，否则是另外的线程持有锁，因此线程必须循环进行"compare-and-swap"，直到持有锁的线程（并在另一个处理器上运行）将 MTX_UNOWNED 存储到锁中，表明已使用完它为止。

目前有两种风格的互斥锁：一种阻塞，一种不阻塞。默认情况下，当线程请求一个已经被持有的互斥锁时会被阻塞。大多数内核代码使用默认的锁类型，该类型允许线程在无法获得锁的情况下从 CPU 挂起。

不休眠的互斥锁称为自旋互斥锁（spin mutex）。自旋互斥锁在不能立即获得所申请的锁时，不会放弃 CPU，而是进入循环，等待另一个 CPU 释放互斥锁。如果一个线程中断了占有互斥锁的另一个线程，然后企图获得这个互斥锁，那么会引起死锁。为了保护中断线程不被自身阻塞，在其被持有期间，自旋互斥锁在临界区内运行，并在 CPU 中禁用中断。

因此，一个中断线程只能在自旋互斥锁保持期间在另一个 CPU 上运行。

自旋互斥锁专门适用于持有时间较短的情况。一个线程可以持有多个自旋互斥锁，但是需要以获取互斥锁的相反顺序释放它们。持有自旋互斥锁的线程不会进入休眠状态。

在大多数体系结构中，获取和释放不被争用的自旋互斥锁比非自旋互斥锁代价更大。自旋互斥锁比阻塞锁代价更大是因为自旋互斥锁必须在持有锁时禁用或延迟中断，以防止与中断处理代码的竞争。因此，持有自旋互斥锁会增加中断延迟。为了最小化中断延迟并减少锁的开销，FreeBSD 只在执行低级调度和上下文切换的代码中使用自旋互斥锁。

获得一个锁要花的时间不是固定的。考虑锁在列表中搜索需要的时间成本：持有搜索锁的线程从列表中删除找到的项之前要获取另一把锁。如果所需的锁已经被持有，将会阻塞以等待。不同的线程使用自适应旋转试图获取搜索锁。自适应旋转通过让需要锁的线程从锁结构中提取线程指针实现。在这之后会检查线程是否正在执行，如果正在执行，它将旋转到该线程释放锁或停止执行为止。只要当前的锁持有者在另一个 CPU 上执行就会自旋。采用这种做法的原因有很多：

- ❏ 锁通常保持很短的一段时间，如果锁拥有者正在运行，那么它可能会在当前线程完成锁的阻塞过程之前释放锁。
- ❏ 如果一个锁持有者没有运行，那么当前线程必须等待至少一个上下文切换时间才能获取锁。
- ❏ 如果锁拥有者在运行队列中，则当前线程应立即阻塞，以便将其优先级让给锁拥有者。
- ❏ 用一个原子操作释放一个不被争用的锁比释放被争用的锁代价更小。被争用的锁必须找到闸机，对闸机链和闸机进行加锁，然后唤醒所有等待的线程。因此，自适应旋转减少了锁拥有者和试图获取锁的线程的开销。

用这个算法来唤醒互斥锁上的等待线程，原因是它能够以更低的成本释放不被争用的锁。以前的互斥锁只有在释放被争用的锁时才能唤醒一个等待线程，如果有多个等待线程，那么这个锁就会处于争用状态。然而，持有被争用的锁使新锁的新持有者不得不执行更昂贵的解锁操作。事实上，除了最后一个外，所有等待线程都需要代价较高的解锁操作。在当前的 FreeBSD 系统中，锁被释放时，所有的等待线程都会被唤醒。它们通常都会被按顺序调度，使其进行代价更小的解锁操作。如果它们并发运行，就会使用自适应旋转，并更快地完成一系列的锁请求，这是因为唤醒线程的上下文切换并行而不是顺序执行。这种行为变化的原因参见 *Solaris Internals*[McDougall & Mauro, 2006]。

在会被长期占用的资源上使用自旋锁会浪费 CPU 周期。例如，在一次磁盘 I/O 结束之前一直要上锁的磁盘缓冲区上，如果采用自旋锁就不合适。这里应该使用一个休眠锁（sleep lock）。当线程试图获得休眠锁的时候，它发现该锁已经被占，那么它就会进入休眠，在能获得锁之前，可以让其他线程运行。

在单处理器上始终不适合采用自旋互斥锁，因为要让另一个线程释放一项资源，唯一的途径就是让那个线程开始运行。因此，在单处理器上运行时，自旋互斥锁必定会转为休眠锁。与多处理器一样，在持有自旋互斥锁时，中断被禁用。由于没有其他处理器可以进行中断，中断延迟在单处理器上更加明显。

4.3.6 互斥锁接口

在使用一个互斥锁之前，必须使用 mtx_init() 函数对其进行初始化。函数 mtx_init() 确定了一个类型，witness 代码在检查锁的次序时用该函数来给互斥锁分类。如果中间没有调用 mtx_destroy()，不允许把同一个互斥锁多次传给 mtx_init()。

函数 mtx_lock() 为当前正在运行的内核线程申请一个互斥锁。如果另一个内核线程正好占有这个互斥锁，那么调用这个函数的线程会进入休眠，直到能够获得该互斥锁为止。函数 mtx_lock_spin() 与 mtx_lock() 类似，不同之处在于它在等着获得互斥锁之前保持自旋。当函数获得自旋互斥锁时，进入一个临界区，当释放自旋互斥锁时，退出临界区。持有互斥锁的 CPU 在自旋期间会禁止中断，持有锁期间其他线程（包括中断线程）都不能在该 CPU 上运行。

如果在初始化互斥锁时，把 MTX_RECURSE 位传给了 mtx_init()，那么同一个线程可以递归地获得一个互斥锁而不会有什么不好的影响。witness 模块会确保线程不会在一个非递归锁上执行递归操作。如果一种资源可以在内核中被层层上锁（两级以上），那么就可以使用递归锁。有了递归锁，如果资源已经在较高一级被上锁，那么不需要在较低一级再进行检查，它只要随需要简单地对资源上锁和释放资源就行了。

函数 mtx_trylock() 尝试为当前正在运行的线程获得一个互斥锁。如果不能立即获得这个互斥锁，那么 mtx_trylock() 就返回 0；否则就获得互斥锁，并且返回一个非 0 值。函数 mtx_trylock() 不能与自旋互斥锁一起使用。

函数 mtx_unlock() 释放一个互斥锁；如果有一个优先级更高的线程正在等待这个互斥锁，那么释放该锁的线程就进入休眠，从而让优先级高的线程获得这个互斥锁，然后执行。允许递归使用的互斥锁保留了一个引用计数，记录了已经上锁的次数。每次成功的上锁请求都必须有一次对应的解锁请求。在最后一次解锁请求完成，互斥锁引用计数归 0 之后，才能释放互斥锁。

函数 mtx_unlock_spin() 释放一个自旋类型的互斥锁；同时，在获取互斥之前的关键部分将退出。

函数 mtx_destroy() 销毁一个互斥锁，与之相关的数据都被释放或者被覆盖。被销毁的任何互斥锁都必须是用 mtx_init() 进行过初始化的。在销毁一个互斥锁的时候，允许还存在一个对该锁的引用。但是在销毁互斥锁的时候，不允许该锁被递归占有，或者有别的线程被阻塞在该互斥锁上。如果违反了这些规定，那么内核就会发生恐慌。

通常，互斥锁是在它要保护的结构中分配的。对于长生命周期的结构或从某些区域（其中的结构只创建一次，在销毁之前可多次使用）中分配的结构，初始化和销毁它的时间开销是很少的。对于未从区域外分配的短生命周期结构，初始化和销毁嵌入式互斥锁的成本可能超过使用该结构的时间。此外，互斥锁占用空间很大，可能是短生命周期结构的两倍或三倍（互斥锁占用空间往往是高速缓存行的大小，通常是 128 字节）。为了避免这种开销，内核提供了一种互斥锁池，可以从池中借用池互斥锁用于短生命周期结构。短生命周期结构不需要为互斥锁保留空间，只需要为指向池互斥锁的指针保留空间。在结构被分配时，它请求一个池互斥锁，并将其指针指向该池互斥锁。当生命周期结束后，池互斥锁将归还给内核，结构被释放。池互斥锁的一个使用示例来自 poll 系统调用的实现，该实现用一个结构跟踪一个轮询请求，从系统调用开始，到请求的数据到达描述符为止。

4.3.7　锁同步

进程间对一种资源的同步一般是通过把它和一个锁结构联系起来的方法来实现的。内核有一个锁管理器（lock manager）来操控一个锁。锁管理器提供的操作有：

- 请求共享。获得一个可能被共享的锁。如果一个正持有独占锁（exclusive lock）的线程请求共享锁（shared lock），一些锁管理器会将独占锁降级为共享锁，而另一些则只返回错误。
- 请求独占。当所有共享锁都被清除时，可以授予一个独占锁。为了确保快速授予独占锁，一些锁管理器在请求独占锁时停止授予共享锁。另一些只对递归锁请求授予新的共享锁。一次只能存在一个独占锁，除非在初始化锁时设置了 canrecurse 标志，持有独占锁的线程才可能会获得额外的独占锁。一些锁管理器允许在锁请求中指定 canrecurse 标志。
- 请求释放。释放一个锁的实例。

除了这些基本请求，有一些锁管理器提供以下额外的功能：

- 请求升级。线程必须持有它想要令其升级为一个独占锁的共享锁。在发出升级请求到批准升级的这段时间，其他线程可以以独占方式访问这一资源；在一些锁管理器中，当锁可被立即授予时只允许立即升级的形式，但是不提供等待升级的机制。
- 请求独占升级。线程必须持有它想要令其升级为一个独占锁的共享锁。如果请求成功，那么在发出升级请求到批准升级的这段时间，其他线程都不能以独占方式访问这一资源。不过，如果另一个线程已经要求过一次升级，那么这次请求失败。
- 请求降级。线程必须持有一个它想要降级为共享锁的独占锁。如果线程持有多个（递归）独占锁，一些锁管理器会将它们全部降级为共享锁；另一些锁管理器将请求失败。
- 请求停用（drain）。等待锁上的所有活动结束，把它标为停用。这项功能用在释放一个锁之前，这个锁位于一段要被释放的内存中的情形。

锁在首次使用之前必须调用初始化函数进行初始化。这个初始化函数的参数可能包括：

- 上半部内核优先级，线程一旦获得锁应该以这个优先级运行；
- 诸如 canrecurse 这样的标志，允许当前持有一个独占锁的线程能够获得另一个独占锁，而不会因为"锁住自己"的问题引起内核恐慌；
- 一个字符串，描述锁保护的资源，称为等待通道消息（wait channel message）；
- 等待锁可用所花的最长时间，这是个可选参数。

并不是所有类型的锁都支持所有这些选项。当不再需要一个锁时，必须释放它。

如表 4-3 所示，最低级别的锁类型是读写锁。读写锁的运作与互斥锁非常相似，不同之处在于读写锁支持共享访问和独占访问。与互斥锁一样，它由一种叫作闸机的数据抽象管理，因此不能在中期或长期休眠中持有读写锁，以及为独占锁（但不是共享锁）提供优先级传播。读写锁可以被递归。

接下来是在表 4-3 中的主读锁。主读锁具有与读写锁相同的功能和限制，同时它们还通过使用调用方提供的跟踪器数据结构跟踪共享所有者，从而为共享锁添加优先级传播方式。主读锁主要用于保护读取比写入多的数据。它们的工作方式是在不获取锁的情况下，假设读操作会成功，只有在假设不成立时才使用锁。读取通常会更快，但修改底层资源时代价更高。路由表是一个典型的主读数据结构。路由很少更新，但经常被读取。

其余类型的锁都允许中期和长期休眠。这些锁都不支持优先级传播。共享独占锁是这些锁中速度最快、功能最少的。除了基本的共享和独占访问之外，它们为共享和独占锁提供递归、信号中断的能力和有限的升级和降级功能。

锁管理器锁是所有锁方案中功能最全面但也最慢的。除了共享独占锁的功能，它们提供了完整的升级和降级功能，能够在指定的时间间隔后被唤醒，停用所有正在为释放做准备的使用者，并且能够在线程和内核之间传递锁的所有权。

条件变量可以与互斥锁一起使用，以等待条件发生。线程通过调用 cv_wait()、cv_wait_sig()（除非被信号中断，否则等待）、cv_timedwait()（等待最长时间）或 cv_timedwait_sig()（除非被信号中断或到达最长时间，否则等待）来等待条件变量。线程通过调用 cv_signal()来解封一个等待者，或者调用 cv_broadcast() 来解封所有等待者。cv_waitq_remove() 函数在条件变量等待队列上删除一个排在首位的等待线程。

在调用 cv_wait()、cv_wait_sig()、cv_timedwait() 或 cv_timedwait_sig() 之前，线程必须持有一个互斥锁。当一个线程等待一个条件时，在它被阻塞之前，将原子性地释放互斥锁，然后在函数调用返回之前原子性地重新获得互斥锁。所有等待者都必须使用相同的带有条件变量的互斥锁。在调用 cv_signal() 或 cv_broadcast() 时，线程必须持有互斥锁。

4.3.8　死锁预防

级别最高的锁能防止若干个线程在给多项资源上锁的时候发生死锁（deadlocking）现象。假定有两个线程，分别是线程 A 和线程 B，它们要以互斥方式访问两种资源 R_1 和 R_2，来执行图 4-4 所示的一些操作。如果线程 A 占有资源 R_1，而线程 B 占有资源 R_2，当线程

A 试图获得资源 R_2，而线程 B 试图获得资源 R_1 的时候，就会发生死锁。为了避免死锁，FreeBSD 对所有的锁有一定优先次序。这两种优先次序规则如下：

1）一个线程只能获得每一类型中的一个锁。

2）线程要能获得一个某种类型的锁，这个锁的类型号必须高于该线程已持锁的最高类型号。

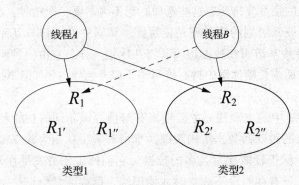

图 4-4 资源的优先次序

图 4-4 显示了两个类。第一个类有资源 R_1、$R_{1'}$、和 $R_{1''}$，第二个类有资源 R_2、$R_{2'}$ 和 $R_{2''}$。在图 4-4 中，线程 A 占有资源 R_1，它可以申请获得 R_2，因为 R_2 和 R_1 属于不同类型，而且 R_2 的类型号比 R_1 高。不过，线程 B 在申请获得 R_1 之前，必须先释放 R_2，因为 R_2 的类型号要高于 R_1。因此，线程 A 在线程 B 释放了 R_2 的时候能够获得它。在线程 A 执行完毕，释放了 R_1 和 R_2 之后，线程 B 才能获得这两个锁，然后直至它执行完毕，整个过程不会发生死锁。

以前类型号和次序缺乏文档资料说明，也不做强行规定。当几个线程发生死锁的时候才发现有违规现象发生，要仔细分析才能判断出违反了什么样的次序规定。随着开发人员数量的增多以及内核规模的不断增大，按既有的方法来维护锁的优先级次序变得很不可靠。因此，内核里加入了一个 witness 模块，产生并强制执行锁的优先级次序规则。witness 模块跟踪每个线程获得和释放的锁以及锁与锁之间的相互次序。每次有一个锁被线程持有的时候，witness 模块使用两个链表来核实该锁没有按错误的次序被线程获得。如果它发现了违反上锁次序的行为，那么就会向控制台发出一则消息，详细说明出现的问题涉及的锁和位置。witness 模块还会验证线程在请求休眠锁或自愿进入休眠状态时，没有占有禁止休眠的锁。

witness 模块可以这样配置：当发生违反次序的情况，或者有别的 witness 检查结果不成功时，那么就发生内核恐慌或者进入内核调试器。在运行调试器时，witness 模块可以把当前线程占有锁的清单，以及每个锁上次被持有是在哪个文件的哪一行，都输出到控制台上。witness 模块的代码首先显示所有休眠锁的锁次序树，然后显示所有自旋互斥锁的锁次序树，最后显示还没有被线程获得的锁的清单。

4.4　线程调度

FreeBSD 调度器定义了一组良好的内核应用程序编程接口（称为内核 API），可以支持不同的调度器。从 FreeBSD 5.0 开始，内核就有了两种调度器：

❑ ULE 调度器首次出现在 FreeBSD 5.0 中，它在 /sys/kern/sched_ule.c 文件里 [Roberson，2003]。这个名字并不是一个首字母缩写词。如果把文件名（sched_ule）里面的那个下划线拿掉，它起这个名字的原因就显而易见了。系统默认情况下使用该调度器，本节稍后将进行介绍。

❑ 老的 4.4BSD 调度器可以在 /sys/kern/sched_4bsd.c 这个文件里找到。本节前面会介绍该调度器。

在繁忙的系统上，每秒钟都要做出百万次调度决策，所以做出调度决策的速度就成为提高系统整体性能的关键。其他的 UNIX 系统此前已经加入了一个动态调度器，但是这个程序必须遍历每一种调度决策。为了避免这样做带来的开销，FreeBSD 要求在编译内核的时候就选好调度器。这样一来，负责调度的代码内所有的调用都已经在编译时刻就决定好了，从而避免了在每次要进行调度决策时都要有一次间接函数调用所带来的开销。

4.4.1　低级调度器

调度分为两级：一个是简单的、运行频繁的低级调度器，另一个是更复杂的、每秒最多运行几次的高级调度器。当线程阻塞时，必须选择要运行的新线程，这时都会运行低级调度器。为了提高每秒运行数千次的效率，低级调度器必须根据最少的信息快速做出决策。因此，为了简化低级调度器的任务，内核为系统中的每个 CPU 维护一组运行队列，这些队列是按优先级从高到低进行组织的。当一个任务在某个 CPU 上阻塞时，低级调度器的唯一任务就是从该 CPU 的非空的最高优先级队列中选择线程。高级调度器负责设置线程的优先级，并决定应将它们加入哪一个 CPU 的运行队列。每个 CPU 都有自己的一组运行队列，这样设计是为了避免两个 CPU 同时选择一个新的线程运行时引起的访问争用。只有当高级调度器决定将一个线程从某个 CPU 的运行队列移到另一个 CPU 的运行队列时，才会发生运行队列之间的争用。内核需要尽量避免在 CPU 之间移动线程，因为 CPU 本地缓存的失效会降低它的速度。

高级调度器会给所有可以运行的线程分配一个调度优先级和一个 CPU，并决定将线程放入哪一个运行队列。当选择新的线程时，低级调度器按优先级从高到低扫描 CPU 的运行队列，并在第一个非空队列上选择第一个线程。如果在一个队列里有多个线程，那么系统就轮转执行它们；也就是说，系统按照线程在队列中出现的顺序来运行它们，每个线程运行的时间都一样。如果一个线程发生阻塞，就把它放到一个闸机或一个休眠队列上，不把它放回任何一个运行队列。如果一个线程用完了分配给它的时间配额（time quantum）（或叫时间片（time slice）），就把它放回原来队列的末尾，然后选择排在该队列前面的线程来运行。

时间配额越短，交互响应速度越快。时间配额越长，则系统吞吐量更大，这是因为系统执行上下文切换所产生的开销较小，刷新（flush）处理器缓存的频率较低。FreeBSD 使用的时间配额是由高级调度器调整的，详见本节后面的内容。

4.4.2 线程运行队列和上下文切换

内核有一组运行队列来管理表 4-2 中的所有线程调度类型。上一小节介绍的调度优先级计算方法用来把那些分时线程按顺序分到 120～223 的优先级。而那些实时线程和空闲线程的优先级则由应用程序本身自行设置，内核把它们的优先级分别限定在 48～79 以及224～255。系统中所有可运行线程放入的队列数量有多少决定了管理队列所需要的开销。如果只维护一个单一的（有序）队列，那么选择下一个要运行的线程变得十分简单，而其他操作将变得开销很大。如果使用 256 个不同的队列又会大大增加确定下一个要执行的线程所花费的代价。系统使用 64 个运行队列，它根据线程优先级除以 4 的商，为线程选择一个队列。为了节省时间，每个队列中的线程都不会再根据它们的优先级来排序。

除了当前正在运行的线程之外，运行队列将其他所有可以运行的线程都放在主存中。图 4-5 显示了每个队列是怎样按线程结构的双向链表形式进行组织的。每个运行队列的队列首项都保存在一个数组中，该数组关联一个位向量（bit vector）rq_status，用它来确定某个队列是否为空。runq_add() 和 runq_remove() 这两个例程分别用于将线程置于运行队列末尾和将位于运行队列首位的线程取出。调度算法的核心是 runq_choose() 例程，它负责选择新的线程来运行，执行以下操作：

1）确保调用它的线程能获取与运行队列关联的锁。

2）找到位于向量 rq_status 中第一个非 0 位，确定一个非空运行队列的位置。如果 rq_status 等于 0，说明没有要运行的线程，于是选择空闲循环（idle loop）线程。

3）对于找到的非空运行队列，取出其中的第一个线程。

4）如果运行队列在线程取出后为空，则重新设置 rq_status 中相应的位。

5）返回被选出的线程。

上下文切换代码分为两部分。其中机器无关的部分在 mi_switch() 中，而机器相关的部分则放在 cpu_switch() 中。在大多数体系结构中，cpu_switch() 的代码用汇编语言编写，以保证执行的效率。

有了 mi_switch() 例程和线程优先级计算方法之后，在调度模块中还缺少一部分，即系统如何执行被动的上下文切换。前面讲过，在线程调用 sleep() 例程的时候才会进行主动的上下文切换。sleep() 只能被可运行的线程调用，因而 sleep() 所需要做的只是把当前线程放进休眠队列，并且调用 mi_switch() 来调度下一个线程投入运行。中断线程往往并不想调用 sleep()，而是要传送数据，但是传送这些数据会让内核想要去运行另一个线程，可这个线程并不是中断之前正在运行的那个线程。因此，内核需要一种机制，在中断结束时要求进行被动的上下文切换。

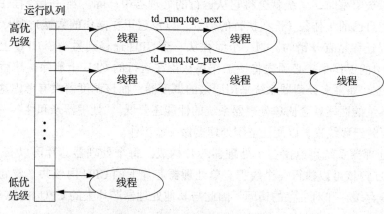

图 4-5 可运行线程的队列结构

实现这种机制的做法是，设置当前正在运行的线程的 TDF_NEEDRESCHED 标志，然后发出一个 AST（Asynchronous System Trap，异步系统陷阱）。AST 是一种陷阱，它在线程下一次从中断、陷阱或者系统调用返回时被发送给这个线程。有些体系结构直接在硬件里支持 AST，而其他系统则通过在每次系统调用、陷阱和中断结束时检测 AST 标志的方法模拟实现 AST。当发生硬件 AST 陷阱或者设置了 AST 标志以后，当前运行线程不再继续运行，而代之以调用 mi_switch() 例程。重新调度的请求可以由 sched_lend_user_prio()、sched_clock()、sched_setpreempt() 和 sched_affinity() 例程发出。

FreeBSD 支持多处理器后，就可以抢占在内核模式下执行的线程。但是，这种抢占通常不会对在分时类中运行的线程执行，因此使用分时调度器运行时对事件的最差实时响应取决于通过内核上半部分的最长路径。因为系统没有给系统调用的持续时间限制上限，所以当只使用分时调度器 FreeBSD 运行时，它显然不是一个硬实时系统。

实时线程和中断线程会抢占优先级较低的线程。禁用实时线程、中断线程抢占的最长路径取决于持有自旋锁、进入临界区的最长时间。因此在使用实时线程时，可以确保微秒级的实时截止日期。系统可以通过配置内核，允许较高优先级的分时线程抢占内核的分时线程。这个选项默认不会启用，因为它会增加上下文切换的开销，且不会使分时线程的响应时间更加可预测。

4.4.3 分时线程调度

多处理器系统的目标是利用多个 CPU 的处理能力来解决一个或者多个问题，从而可以用比单处理器系统更少的时间来取得结果。如果系统中可运行的线程与 CPU 的数量一样多，那么实现上述目标是很容易的，每个可运行的线程只需在各自的 CPU 上运行完毕即可。然而通常情况下，有很多可运行的线程在竞争为数不多的处理器。调度器的任务之一就是确保 CPU 总是处于繁忙状态，不会浪费 CPU 周期。当一个线程完成了它的任务，或者因等待资源被阻塞时，系统就会将它从运行的处理器中移除。当一个线程在处理器上运行时，它会把自己的工作集（正在执行的指令，以及它正在操作的数据）放入 CPU 的内存缓存中。线程迁移是有开销的。当一个线程从一个 CPU 迁移到另一个 CPU 上时，就丢失了 CPU 缓存中的工作集，必须先将该工作集从正在运行的 CPU 上删除，然后再加载到迁移的新 CPU 上。如果多处理器系统采用原来的调度器，而该调度器没有考虑这种开销，那么多处理器系统的性能就会比单处理器系统的性能还要低。"处理器亲和性"一词表明，调度器只在必要时迁移线程，以便让空闲处理器做一些工作。

一个多处理器系统可以由多个处理器芯片构成。每个处理器芯片可以有多个 CPU 内核，每个 CPU 内核可以执行一个线程。单处理器芯片上的 CPU 内核共享着处理器的许多资源，例如内存缓存和对主存的访问。因此与其他处理器芯片上的 CPU 相比，它们的同步更加紧密。

多 CPU 处理器芯片的处理是不同芯片上 CPU 之间负载均衡的一种派生形式。它是通过维护 CPU 的层次结构来处理的。同一芯片上的 CPU 之间迁移线程的成本最低。下一个层次是同一主板上的处理器芯片。处理器芯片下面是由同一个背板连接的芯片。调度器支持硬件指定的任意深度层次结构。当调度器决定将线程迁移到哪个处理器时，它将尝试选择层次结构更高的处理器，因为这是成本最低的迁移路径。

从线程的角度来看，它并不知道在同一个处理器上还运行着其他线程，因为处理器会单独处理各个线程。系统中有一段代码需要知道有多个 CPU 核，这段代码就是调度算法。特别地，调度器认为一个芯片上的每一个 CPU 的线程迁移成本都比将该线程迁移到另一个芯片上的 CPU 的成本小。本节后面将对同一处理器芯片上的 CPU 与在不同处理器芯片上的 CPU 的紧密亲和性机制进行比较。

传统的 FreeBSD 调度器维护了一个可运行线程的全局链表，它每秒遍历一次以重新计算它们的优先级。所有可运行的线程都采用单一——个链表意味着调度器的性能与系统中的任务数有关系，并且随着任务数量的增多，调度器必须花费更多的 CPU 时间来维护这个链表。

ULE 调度器是在 FreeBSD 5.0 期间开发的，主要工作持续到 FreeBSD 9.0，共历时 10 年。该调度器是为解决多处理器系统中传统 BSD 调度器的不足而开发的。新的调度器是基于以下几个原因开发的：

- ❑ 解决多处理器系统中对处理器亲和性的需求。
- ❑ 在多处理器系统上的 CPU 之间提供均衡的负载分配。
- ❑ 为单个芯片上具有多个 CPU 内核的处理器提供更好的支持。
- ❑ 提高调度算法的性能，从而让性能不再依赖于系统中的线程数量。
- ❑ 提供与传统 BSD 调度器类似的交互性和分时性能。

传统的 BSD 调度器在大型分时系统、单用户台式机和笔记本电脑系统上具有良好的交互性。但是，它只有一个全局运行队列，因此只有一个全局调度器锁。争用全局锁和难以实现 CPU 亲和性都会使单个全局运行队列的速度变慢。

优先级计算依赖于单个全局计时器，该计时器遍历系统中的每个可运行线程，并对持有几个高度争用的锁的线程评估优先级。随着可运行线程数的增加，这种方法变得更慢。在进行优先级计算时，进程不能分叉或退出，CPU 不能进行上下文切换。

从逻辑上讲，ULE 调度器可以看作两个基本上正交的算法集：管理 CPU 之间线程的亲和性和分布的算法集，以及负责线程运行时的顺序和持续时间的算法集。这两组算法协同工作，在低延迟、高吞吐量和良好的资源利用率之间取得平衡。调度器的其余部分是事件驱动的，并根据系统状态的变化使用这些算法来实现各种决策。

在一个多处理器友好且时间固定的实现中，平衡传统 BSD 调度器的异常交互行为和吞吐量是 ULE 开发中最具挑战性、最耗时的部分。交互性、CPU 利用率估计、优先级和时间片算法共同实现了分时调度策略。

线程的行为由 ULE 在事件驱动的基础上进行评估，以区分交互式线程和批处理线程。交互式线程是那些被认为正在等待和响应用户输入的线程。它们需要低延迟才能获得良好的用户体验。批处理线程是那些消耗尽可能多的 CPU 的线程，可能是后台作业。前者一个很好的例子是文本编辑器，后者则是编译器。调度器必须使用不完美的启发式方法，基于给定线程适合分类的最佳推断来提供行为梯度。在线程的生命周期中，此分类可能经常更改，并且必须在使用者要求的时间内做出响应。

评估交互性的算法称为交互性得分。交互性得分是自愿性休眠时间与正常运行时间的比率，该比率在 0～100 之间。当线程还不是队列中优先级最高的线程时，此得分不包括在运行队列上等待的时间。通过是否要求显式的自愿休眠，我们可以区分由于优先级较低而没有运行的线程和那些周期性等待用户输入的线程。这一要求还使得随着系统负载的增加，将线程标记为交互式线程变得更具挑战性，这是可取的，因为这样可以防止系统被交互式线程淹没，同时让管理员可以使用 shell 和简单文本编辑器之类的工具。在标记时，由可能的休眠和运行时间矩阵得出的交互性得分成为三维 sigmoid 函数。使用这种方法意味着交互任务倾向于保持交互，批处理任务倾向于保持批处理。

一个特殊的挑战是复杂的 X Window 应用程序，如 Web 浏览器和办公软件。这些应用程序可能在短时间内消耗大量资源，但同时用户希望它们保持交互。为了解决这个问题，我们保留了几秒钟的休眠和运行行为的历史记录，并逐渐迭代。因此，调度器会保持一个移动平均值，它可以容忍突发行为，但会很快惩罚滥用其提升状态的分时线程。历史越长，爆发时间越长，学习速度越慢。

将交互性得分与交互性阈值进行比较，后者是考虑线程交互性的临界点。交互性阈值由进程 nice 值修改。正的 nice 值使线程更难以被认为是交互式的，而负的值则使线程更容易被认为是交互式的。因此，nice 值可以让用户控制减少线程调度延迟的主要机制。

如果线程的自愿休眠时间与其运行时间的比率低于某个阈值，则认为该线程是交互式的。交互性阈值是在 ULE 代码中定义的，且不可配置。ULE 使用两个方程来计算线程的交互性得分。对于休眠时间超过运行时间的线程，使用公式（4.1）：

$$交互性得分 = \frac{比例因子}{休眠/运行} \tag{4.1}$$

当一个线程的运行时间超过了它的休眠时间时，就改用公式（4.2）：

$$交互性得分 = \frac{比例因子}{运行/休眠} + 比例因子 \tag{4.2}$$

比例因子等于交互性得分的最大值除以 2。交互性得分低于阈值的线程被看作交互式线程，所有其他线程则都是非交互式线程。一个线程存在的过程中会有多处要调用 sched_interact_update() 例程，例如，当线程被 wakeup() 调用唤醒以更新线程的运行时间和休眠时间。休眠和运行时间的值只能增长到某个上限。当运行时间和休眠时间的总和超过这个限制时，就要把它们减回到这个范围。如果没有记录到有休眠时间，那么这个交互式线程就不再是交互式线程了，会导致不良的用户体验。一个交互式线程的休眠时间太长会使线程获得的 CPU 时间比平等分给它的时间多。保留下来的历史休眠时间量和交互性阈值是对用户在系统上的交互体验影响最大的两个值。

优先级是根据线程的交互状态分配的。交互式线程的优先级来自交互性得分，并位于批处理线程之上的优先级带宽中。它们就像实时循环线程一样被调度。批处理线程的优先级由估计的 CPU 利用率决定，该估计值是根据其进程的 nice 值修改的。在这两种情况下，可用的优先级范围在可能的交互性得分或 CPU 计算百分比中平均分配，两者的值都在 0～100 之间。由于每个类别的可用优先级少于 100 个，因此某些值共享优先级。这两种计算都根据 CPU 利用率的历史来粗略地分配优先级，但使用时间和比例因子各不相同。

CPU 利用率估计器在线程运行时累积运行时间，并在线程休眠时递减。利用率估计器提供 top 和 ps 中显示的 CPU 值百分比。ULE 将运行时间的递减延迟到线程唤醒，以避免定期扫描系统中的每个线程。由于此延迟使值在休眠期间保持不变，因此在任何用户进程检查这些值之前，这些值也必须递减。这种方法保留了调度器的恒定时间和事件驱动特性。

在线程中，CPU 利用率以时间刻度（通常为 1 毫秒）的形式记录在线程中，在此期间线程一直在运行，同时还定义了第一个和最后一个时间刻度的时间范围。调度器试图保留大约 10 秒的历史记录。为了完成递减，它会等到有 11 秒的历史记录，然后减去十分之一的刻度值，同时将第一个刻度向前移动 1 秒。这种廉价的移动平均估计算法具有允许任意更新间隔的特性。如果在超过更新间隔之后检查利用率信息，则刻度值为零。否则，已运行的秒数除以更新间隔将被减去。

调度器通过时间轮转算法来分配时间片。时间片是在调度器选择另一个具有相同优先级的线程运行之前允许的固定运行时间间隔。时间片防止了同等优先级线程之间的饥饿。时间片乘以给定优先级中可运行线程的数量，定义了该优先级的线程在运行之前将经历的最大延迟。为了限制这个延迟，ULE 根据系统负载动态调整它分配的时间片大小。时间片有一个最小值来防止抖动并平衡吞吐量与延迟。中断处理程序调用调度器来计算每个状态时钟周期内的时间片。利用状态时钟对时间片进行评估是一种高效但不失精确性的随机切片计算方法。

调度器还必须设法防止高优先级批处理作业导致低优先级批处理作业饥饿致死。传统的 BSD 调度器通过周期性地迭代等待运行队列的所有线程来提高低优先级线程的优先级，降低垄断 CPU 的高优先级线程的优先级，从而避免了饥饿。此算法违背了在不依赖于系统线程数的恒定时间内运行的愿望。因此，批处理策略分时线程的运行队列与系统调用轮（也称为日历队列）保持类似的方式。日历队列是队列的头和尾根据时钟或周期旋转的队列。一个元素可以被插入一个日历队列中远离头部的位置并逐渐向头部迁移。因为这个运行队列是专用的，所以它与实时队列和空闲队列分开保存，而交互式线程与实时线程一起保存，直到它们不再被认为是交互的。

ULE 调度器为系统中的每个 CPU 都创建了三个数组队列。每个处理器都有自己的队列，于是就有可能在多处理器系统上实现处理器亲和机制。

三个队列中有一个数组队列是空闲队列，其中保存了所有的空闲线程，空闲队列中的线程是按优先级从高到低排列的。第二个队列被指定为实时队列。与空闲队列一样，实时队列中的线程也是从最高优先级到最低优先级排列的。

第三个队列数组被指定为分时队列。分时队列不是按优先级顺序排列的，而是作为日历队列进行管理。指针引用当前项。该指针在每次系统运行时前进一次，但在当前选定的队列为空之前，指针可能不会前进。由于每个线程都有一个最大的时间片，且不能将任何线程添加到当前位置，因此队列将在有限的时间内被清空。这种在进入下一个队列之前清空队列的要求意味着线程经历的等待时间不仅是其优先级的函数，也是系统负载的函数。

线程如何插入分时队列是由其优先级和最高分时优先级之间的差决定的。高优先级线程将很快放置在当前位置之后。低优先级线程将放置在远离当前位置的位置。此算法确保即使是最低优先级的分时线程最终也能到达所选队列并执行，尽管其他队列中有较高优先级的分时线程可用。两个线程优先级的差异将决定它们的实时比率。在队列位置更新之前，高优先级线程可以在低优先级线程前面插入多次。这个实时比率赋予分时 CPU 占用不同的 nice 值，以及不同比例的 CPU 份额。

这些算法共同决定了分时线程的优先级和运行时间。它们实现了基于系统负载、线程行为和基于 nice 值做出的用户调度决策所导致的延迟和吞吐量之间的动态权衡。可以使用 sysctl kern.sched 树来实时地探索控制这些算法限制的许多参数。其余的是编译时常量，记录在调度器源文件（/sys/kern/sched_ule.c）的顶部。

线程将从实时队列中按优先级顺序选择运行，直到实时队列为空，此时将运行当前所选分时队列中的线程。空闲队列中的线程仅在其他两个数组队列为空时运行。实时线程和中断线程总是插入实时队列中，这样它们将具有最小的调度延迟。交互式线程也被插入实时队列中，以保持系统的交互响应是可接受的。

非交互式线程被放入分时队列中，并在切换队列时被安排运行。切换队列可以保证线程在不考虑优先级的情况下，每次遍历分时数组队列时至少运行一次，从而确保处理器的公平共享。

4.4.4　多处理器调度

ULE 开发的主要目标是提高多处理器系统的性能。良好的多处理性能在亲和力与处理器利用率之间保持平衡，并在具有本地调度队列的系统中给人以全局调度的错觉。这些系统管理决策的实现基于机器相关代码所支持的 CPU 拓扑，这个拓扑描述了系统中 CPU 之间的关系。每当线程变为可运行、CPU 空闲或运行定期任务的时候，操作系统会评估当前 CPU 运行状态以重新平衡 CPU 负载。这些事件共同构成了多处理器感知调度决策。

CPU 拓扑系统过去被用于识别哪些 CPU 是对称多线程对等实体，之后增强了拓扑系统通用性，用来识别其他 CPU 的关系。例如，包中的 CPU、共享高速缓存层的 CPU、有特定内存的本地 CPU 或共享执行单元（例如对称多线程）的 CPU。此拓扑以任意深度的树的形式实现，其中每一层用成本价值和共享该资源的 CPU 的位掩码描述一些共享资源。树的根包含系统的 CPU 信息，每有一个插槽就增加一个分支，更深层的分支依次描述共享缓存、共享功能单元等。由于系统是通用的，因此这个树应当是可以扩展的，以用于描述未来的新的 CPU 结构。树的深度没有限制，也没有要求实现所有级别。

解析这个拓扑的是一个名为 cpu_search() 的递归函数。它是一种路径感知、基于目标的树遍历函数，可以从任意子树开始。可能会要求查找满足给定条件（例如优先级或负载阈值）的负载最小或负载最大的 CPU。在考虑负载时，它将考虑整个路径的负载，因此具有平衡插槽、缓存、芯片等的潜力。这个函数是所有多处理相关的调度决策的基础。通常，由于存在堆栈耗尽的可能性，在内核编程中应当避免使用递归函数。但是，这个拓扑深度是由处理器拓扑的深度决定的，一般不超过 3 层。

当线程由于被唤醒、解锁、线程创建或其他事件而变为可运行状态时，会调用 sched_pickcpu() 函数来确定线程将在哪个 CPU 上运行。ULE 根据以下条件确定最合适的 CPU：

- ❑ 与单个 CPU 具有硬亲和力或短期绑定的线程会选择唯一允许的 CPU。
- ❑ 由其硬件中断处理程序调度的中断线程，如果其优先级高到足以立即运行，则在当前 CPU 上调度。
- ❑ 通过从调度线程的最后一个 CPU 开始向后遍历树来评估线程的亲和力，直到找到一个具有有效亲和力的程序包或 CPU，该程序包或 CPU 能够立即运行调度线程。
- ❑ 在整个系统中搜索运行线程优先级低于计划线程的负载最少的 CPU。
- ❑ 在整个系统中搜索负载最少的 CPU。
- ❑ 将这些搜索的结果与当前 CPU 进行比较，以查看是否可以做出更好的决定来改善休眠线程和唤醒线程之间的局部性，因为它们可能共享某些状态。

此方法从最优先到最不优先的顺序排序。如果线程的休眠时间短于时间常数和拓扑中最大缓存共享级别的乘积，则优先判断亲和力。此计算粗略地模拟将状态从缓存推出所需的时间。每个线程都有一个允许进入的 CPU 的位图，该位图由 cpuset 操纵，每次做调度决策时将位图传递给 cpu_search()。当休眠线程和唤醒线程之间具有共享的缓存状态时，它们之间的局部性可以优化生产者 / 消费者类型线程调度情况，但在每个线程在给定自己的 CPU 可以更快运行的情形下，也可能导致 CPU 利用率不足。这些示例说明了一些类型的决策必须使用不完善信息做出。

　　另一个重要的多处理调度算法在 CPU 空闲时运行。CPU 在位掩码中设置一个位，该位掩码由所有处理器共享，表示它是空闲的。空闲的 CPU 调用 tdq_idled() 在其他 CPU 中搜索可以迁移或偷取（ULE 中的术语）的工作，以保持 CPU 处于忙碌状态。为了避免抖动和过度迁移，内核设置了一个负载阈值，当其他 CPU 负载超过这个阈值时，才可以进行迁移工作。如果有任何 CPU 超过此阈值，则空闲 CPU 将在其运行队列中搜索可迁移的工作，具有最高优先级的工作将被迁移到空闲 CPU 上执行。这种迁移可能不利于亲和力，但会减轻许多对延迟敏感的工作负载。

　　工作也可以被推送到空闲的 CPU。当一个处于活动状态的 CPU 要向自己的运行队列增加工作任务的时候，首先要检查它的工作是否超额，以及系统中是否有其他的空闲 CPU。如果找到空闲的 CPU，则使用处理器间中断（IPI）将这个线程迁移到空闲的 CPU。通过检查一个共享掩码的方式做出迁移线程的决策，这比扫描所有其他处理器运行队列速度快得多。在增加一项新任务的时候搜索空闲处理器的做法很不错，因为它将负载分散到整个系统中。

　　最后一个重要的多处理算法是长期负载均衡器。这种迁移方式被称为推送迁移，由系统定期执行，能积极地将工作均摊到系统中的其他处理器。由于上述两个分配负载的调度事件仅在添加线程和 CPU 空闲时运行，因此可能出现负载长期不平衡的情况，即一个 CPU 上运行的线程多于另一个 CPU。推送迁移确保了可运行线程之间的公平性。例如，在一个双处理器系统上有三个可运行的线程，让一个线程独占一个处理器，而让另两个线程必须共享另一个处理器显然是不公平的。为了实现模拟公平的全局运行队列的目标，ULE 必须定期打乱线程以保持系统平衡。通过将一个线程从具有两个线程的处理器推到只有一个线程的处理器，就不会有单个线程独占处理器的情况。理想的情况是每个线程可以获得 66% 的平均使用时间。

　　长期负载平衡器会平衡层次结构中最差的路径对，以避免插槽、缓存和芯片级不平衡。它以大约 1 秒的随机间隔从中断处理程序开始运行。该间隔是随机的，以防止周期性线程和周期性负载平衡器之间产生谐波关系。与随机采样分析器的工作方式大致相同，平衡器从当前树位置选择负载最大和负载最小的路径，然后通过迁移线程递归地平衡这些路径。

　　调度器必须确定在将线程添加到远程 CPU 时是否必须发送 IPI，就像调度器必须确定在当前 CPU 上添加线程时是否应该抢占当前线程一样，该决策是根据目标 CPU 上运行的线程的当前优先级和正在调度的线程的优先级做出的。当所推线程的优先级高于当前正在运行的线程时，抢占会导致过多的中断和抢占。因此，线程必须超过分时优先级，才会生成 IPI。此要求在批处理作业中牺牲一些延迟以提高性能。

负载平衡事件中一个值得注意的遗漏是线程抢占。被抢占的线程被简单地添加回当前 CPU 的运行队列，此时可以做出另外的负载平衡决策。但是，抢占线程的运行时间是未知的，并且被抢占线程可能保持 CPU 亲和力。而调度器乐观地选择等待被抢占线程，并假定优先考虑亲和力比优先考虑响应的延迟更有价值。

系统中的每个 CPU 都有自己的一组运行队列、统计信息和一个用于保护线程队列结构中的这些字段的锁。在迁移或远程唤醒期间，这个锁可能被拥有队列的 CPU 外的其他 CPU 获取。然而在实践中，很少对锁的所有权发生竞争，除非工作负载表现出严重过度的上下文切换和线程迁移，这通常表明存在更高级别的问题。每当需要一对这样的锁时，例如为了负载平衡，一个特殊的函数就会用一个定义好的锁顺序来锁定这对锁。锁顺序是指针值最低的锁优先。这些具有 per-CPU 变量特性的锁和队列在性能良好的工作负载下几乎是线性扩展的，在这种情况下，以前添加新 CPU 的方式并不能提高性能，有时还会随着新 CPU 引入导致更多争用而使性能下降。这种设计已从单个 CPU 扩展到 512 线程的网络处理器。

4.4.5 自适应空闲

许多工作负载具有频繁发生中断的特点，它们的工作量很少，但是需要得到快速响应。这些工作负载常见于吞吐量低，数据包传输速率高的网络中。对于这些工作负载，从低功耗状态唤醒 CPU（可能需要通过另一个 CPU 处理器间中断唤醒）的成本过高。为了提高性能，ULE 包含一个称为乐观自旋的特性，当 CPU 以超过设置频率的速率进行上下文切换时，CPU 将等待负载。当这个频率降低或超过了自适应自旋计数时，CPU 进入深度休眠。

4.4.6 传统的分时线程调度

传统的 FreeBSD 分时调度算法是以多级反馈队列为基础的。系统动态地调整线程的优先级，反映出资源需求（例如，因等待事件而被阻塞）和线程消耗的资源量（例如，CPU 时间）。线程根据调度优先级的变化把它们在运行队列之间移动（这就是多级反馈队列这个名字中"反馈"二字的由来）。当一个不是当前正在运行的线程获得了更高的优先级（在唤醒该线程时分配或赋予这个优先级）时，如果当前线程处于用户态，则系统会立即切换到该线程。如果当前线程不处于用户态，一旦当前线程退出内核，系统便立即切换到优先级更高的线程。系统通过调整这种短程调度算法，提高因等待 I/O 阻塞 1 秒钟以上的线程的优先级，并降低累计使用 CPU 较多的线程的优先级，从而有利于交互式任务的运行。

FreeBSD 的时间配额为 0.1 秒。这是个经验值，因为我们发现这是一个可以在不损失交互式作业（如编辑器）等所需响应时间的条件下的最长时间配额。令人惊讶的是，调度器的时间配额 30 年保持不变。虽然时间配额的取值最初是在多用户的集中式分时系统上确定的，但对于分散各处的便携式计算机来说，它仍然是适用的。虽然便携式计算机用户期望的响应时间比最初分时系统用户所期望的要快，但单用户计算机上的运行队列较短，没有必要缩短时间配额。

4.5　创建进程

在 FreeBSD 中，使用系统调用 fork 来创建新的进程。系统调用 fork 创建父进程的一个完整副本。系统调用 rfork 创建的新进程和它的父进程共享一组选定的资源，而不是全盘复制父进程。另一种方法是使用系统调用 vfork，它在处理虚拟内存资源方面与 fork 不同；而且 vfork 保证了在子进程调用 exec 或者 exit 系统调用前，父进程不会继续运行。系统调用 vfork 将在 6.6 节中予以介绍。

使用 fork 创建的进程称为原来的父进程（parent process）的子进程（child process）。从用户的角度来看，子进程是父进程的一个精确副本，两个进程只是 PID 不同：一个是子进程 PID，另一个是父进程 PID。fork 调用将子进程的 PID 返回给父进程，而将 0 返回给子进程。这样一来，在执行 fork 操作之后，程序可以通过检测 fork 的返回值来判断当前进程是父进程还是子进程。

一次 fork 调用包含以下几步：

1）为子进程分配并初始化一个新的进程结构。

2）将父进程的上下文（包括线程结构和虚拟内存资源）复制给子进程。

3）调度子进程运行。

其中，第 2 步与将在第 6 章介绍的内存管理机制密切相关。所以，在这里我们只讲解与进程管理相关的操作。

内核创建进程的操作从为新的进程条目和线程条目（参见图 4-1）分配内存开始。进程条目和线程条目分 3 步初始化：一部分从父进程结构中复制，一部分清零，剩下的则显式地进行初始化。被清零的区域包括：最近 CPU 利用率、等待通道、交换和休眠时间、定时器、跟踪机制以及挂起信号的信息。复制区域包括所有从父进程继承而来的特权和限制，它们包括：

- ❏ 进程组和会话信息；
- ❏ 信号状态（忽略、捕获和阻塞信号的掩码）；
- ❏ p_nice 调度参数；
- ❏ 对父进程凭证的引用；
- ❏ 对父进程打开文件的引用；
- ❏ 对父进程限制的引用。

子进程要显式初始化的内容包括：

- ❏ 进程的信号动作结构；
- ❏ 将进程的统计结构归零；

   ❑ 包含所有进程的链表的入口；

   ❑ 父进程的子进程链表的入口以及指向其父进程的返回指针；

   ❑ 父进程的进程组链表的入口；

   ❑ 哈希结构的入口，该结构使得进程可以通过其 PID 进行查找；

   ❑ 该进程的新 PID。

在所有进程中，新的 PID 必须唯一。早期版本的 BSD 中采用遍历进程表的方法来检查 PID 的唯一性。这种搜索方法在有很多进程的大型系统中不可行。FreeBSD 中有一个未分配 PID 的范围，该范围介于 lastpid 和 pidchecked 之间。它先把 lastpid 加 1，然后用 lastpid 的值作为新的 PID 值。当新选出的 PID 达到 pidchecked 时，系统通过扫描目前所有的进程（不但活动进程被扫描，僵死进程和交换出去的进程也会被扫描）重新计算出一个未使用 PID 的新范围。

最后一步是复制父进程的地址空间。在复制一个进程的镜像时，内核通过 vm_forkproc() 来调用内存管理机制。vm_forkproc() 例程的参数是一个指向已经初始化过的子进程结构的指针，它的任务是为该子进程分配其执行所需的全部资源。vm_forkproc() 调用在子进程中通过另一条直接进入用户态的执行路线返回，而在父进程中沿着正常的执行路线返回。

子进程最终创建完毕以后，就被放入运行队列，这样调度器就知道它的线程了。另一条返回路线则把 fork 系统调用返回给子进程的返回值设为 0。父进程里正常的返回路线则把 fork 系统调用的返回值设为新的 PID。

4.6 终止进程

进程可以通过系统调用 exit 自行终止，也可以被信号强制终止。不管哪种情况，进程终止都会产生一个状态码返回给其父进程（如果其父进程还存在）。这个终止状态由系统调用 wait4 返回。系统调用 wait4 能让一个应用程序取得终止进程或者暂停进程的状态。一个父进程可以使用 wait4 调用来等待它的任何一个直接子进程返回，或者它也可以有选择地等待某一个子进程返回，或者只等待处于某个特定进程组内的子进程返回。wait4 也可以获得对终止子进程资源使用情况的描述信息。最后还要提一下，wait4 接口能让一个进程在不阻塞等待的情况下直接得到子进程的状态码。

在内核中，要通过调用 exit() 例程来终止一个进程。exit() 例程首先要清除和这个进程有关的所有其他线程。终止其他线程按如下几步实施：

   ❑ 对于正在从用户空间进入内核的任何线程，在它们陷入内核里面的时候，都要调用 thread_exit() 来终止；

   ❑ 已经在内核中，并且试图进入休眠的任何线程都会立即以 EINTR 或者 EAGAIN 返回，这会迫使它们返回用户空间，在它们离开之前要释放资源。当线程试图返回用户空间的时候，它会碰到 exit() 调用。

接着，exit() 例程执行以下操作，清除进程在内核态下的状态：

❏ 取消所有挂起的定时器；

❏ 释放虚拟内存资源；

❏ 关闭已打开的描述符；

❏ 处理暂停或被跟踪的子进程。

进程清除了内核态下的状态之后，就会从活动进程链表——allproc 链表——中被删除，然后放入 zombproc 指向的僵死进程链表。该进程的状态会发生变化，表明它当前没有正在执行的线程。接着，exit() 例程执行以下操作：

❏ 在进程结构的 p_xstat 字段中记录终止状态；

❏ 将进程累计的资源使用统计数据（只用于记账目的）复制一份，放入一个结构，并将此结构挂到进程结构中的 p_ru 字段；

❏ 通知被终止进程的父进程。

最后，在其父进程收到通知后，cpu_exit() 例程释放所有机器相关的进程资源，并安排进程最终被上下文切换出去。

wait4 调用搜索一个进入 ZOMBIE 状态（例如，已终止）的后代进程。如果找到一个处于 ZOMBIE 状态的进程，发现它符合 wait 参数中所提供的条件，那么系统将复制该终止进程的终止状态。接着把该进程条目从僵死进程链表中取出并释放掉。值得注意的是，我们只有通过 wait4 调用才能获得一个进程的子进程的资源使用状况。当用户企图分析一个长期运行程序的行为时，希望在其运行过程中就获得资源使用数据。然而尽管这些信息在内核中和程序上下文中都有记录，却没有一个接口可以用来在进程终止之前取得这些信息。

4.7　信号

信号最初的设计目的是模拟异常事件，比如模拟一个用户试图终止失控程序运行的动作。当初并没有想到将信号作为一种最基本的进程间通信方式来使用，因此没有设计任何确保可靠性的手段。在早期系统中，每当一个信号被捕获，对它的操作就被重新设为默认操作。作业控制的出现使得信号的使用越来越频繁，并使下面这个问题愈发突出，即使在高速处理的情况下也仍然很棘手：如果快速发出了两个信号，即使已经建立了一个信号处理程序来捕获第一个信号，第二个信号仍会造成进程终止。这样一来，可靠性变成一个重要的问题。于是开发者们设计了一套新的框架，它包括原先的机制作为其中的一个子集，此外又增加了一些新的机制。

FreeBSD 中的信号机制围绕虚拟机（virtual-machine）模型来设计，在该模型中，将系统调用与机器硬件指令集对等看待。信号在软件角度上等同于陷阱或者中断，而信号处理例程与中断和陷阱服务例程作用相同。就像机器提供一种机制阻塞硬件中断，故而对数据结构的访问一致性得到了保证。信号机制也提供了对软件信号的屏蔽功能。最后，由于需

要复杂的运行时栈环境，信号就像中断一样可以在其他应用程序的运行栈上处理。表 4-4
总结了这些机器模型。

Free BSD 定义了一组信号，这些信号用来表示程序执行过程中产生的软件和硬件状态
条件。表 4-5 列出了这些信号。信号可以通过程序指定的信号处理程序传送给进程进行处
理，也可以由系统按照默认操作进行处理，如进程终止。FreeBSD 的信号在软件角度上等
同于硬件中断或陷阱。

表 4-4　硬件机器的操作及其相应的软件虚拟机操作之间的对照

硬件机器	软件虚拟机	硬件机器	软件虚拟机
指令集	系统调用集	中断 / 陷阱处理程序	信号处理程序
重启指令	重启系统调用	阻塞中断	屏蔽信号
中断 / 陷阱	信号	中断栈	信号栈

每个信号都有一项与之对应的操作，它规定了在进程收到该信号时该如何处理。如果
进程包含一个以上的线程，那么每个线程都可以指定它是否希望针对每种信号采取措施。
通常会选出一个线程来处理所有和进程相关的信号，比如中断、停止和继续。进程中所有
其他线程则要求屏蔽掉与进程相关的信号。针对线程的信号，比如段错误、浮点异常以及
非法指令等都应该由造成上述问题的线程来处理。因此，所有的线程一般都选择要接收这
些信号。在后面介绍发送信号的小节里，会指出如何准确地把信号发送给线程。首先，我
们介绍信号可以请求的操作。

表 4-5　FreeBSD 中定义的信号

信号名	默认操作	说　明
SIGHUP	终止进程	终端连线挂断
SIGINT	终止进程	中断程序
SIGQUIT	创建 core 镜像	退出程序
SIGILL	创建 core 镜像	不合法指令
SIGTRAP	创建 core 镜像	跟踪陷阱
SIGABRT	创建 core 镜像	放弃执行
SIGEMT	创建 core 镜像	模拟执行指令
SIGFPE	创建 core 镜像	浮点异常
SIGKILL	终止进程	杀死程序
SIGBUS	创建 core 镜像	总线错误
SIGSEGV	创建 core 镜像	段错误
SIGSYS	创建 core 镜像	系统调用的参数出错
SIGPIPE	终止进程	向没有进程读取的管道写入数据
SIGALRM	终止进程	实时定时器时间到

（续）

信号名	默认操作	说　明
SIGTERM	终止进程	软件终止信号
SIGURG	丢弃信号	I/O 通道上的紧急情况
SIGSTOP	停止进程	不是从终端来的停止信号
SIGTSTP	停止进程	从终端来的停止信号
SIGCONT	丢弃信号	原来停止的进程继续执行
SIGCHLD	丢弃信号	在子进程停止或者退出时通知父进程
SIGTTIN	停止进程	后台进程从终端读数据
SIGTTOU	停止进程	后台进程向终端写数据
SIGIO	丢弃信号	描述符上可能的 I/O 操作
SIGXCPU	终止进程	超出 CPU 时间限制
SIGXFSZ	终止进程	超出文件大小限制
SIGVTALRM	终止进程	虚拟定时器时间到
SIGPROF	终止进程	剖析定时器时间到
SIGWINCH	丢弃信号	窗口大小变化
SIGINFO	丢弃信号	信息请求
SIGUSR1	终止进程	用户定义的信号 1
SIGUSR2	终止进程	用户定义的信号 2
SIGTHR	终止进程	线程库使用
SIGLIBRT	终止进程	实时库使用

　　各个进程可以分别指定如何处理信号。如果一个进程没有指定对某个信号的操作，系统将会选择以下操作（参见表 4-5）中的一个作为默认操作：

❑ 忽略信号；

❑ 终止进程内的所有线程；

❑ 将信号送达时的进程执行状态保存到一个 core（内存转储）文件中，随后终止进程内的所有线程；

❑ 停止进程内的所有线程；

❑ 恢复执行进程内的所有线程。

　　应用程序可以使用系统调用 sigaction 来为某个信号指定一项处理操作，可供选择的操作包括：

❑ 执行默认操作；

❑ 忽略信号；

❑ 用一个处理程序捕获信号。

　　信号处理程序（signal handler）是一个用户态例程，当进程接收到信号的时候，系统会调用这个信号处理程序。这时，我们称该处理程序捕获（catch）了信号。SIGSTOP 和 SIGKILL 两个信号不能被屏蔽、忽略或捕获，这样的限制保证了用软件机制可以杀死或者停止那些失控的进程。在默认情况下，用户进程不能判断哪个信号会产生 core（内存转储）文件，但是它可以通过忽略、阻塞和捕获信号来避免产生 core 文件。

当系统检测到一个硬件事件（如一条非法指令）或者一个软件事件（如终端传来的一个停止请求），它会向进程发送信号。进程间也可以通过系统调用 kill 来互相发送信号。进程只能向那些与其有着相同有效 UID 的进程发送信号（超级用户可以向任何进程发送信号）。这里有一个例外，就是继续信号 SIGCONT，这个信号可以由一个进程发送给它的所有后代进程。之所以会有例外，就是为了让用户可以重新启动一个他们停止的 setuid 程序。

与硬件中断类似，发来的信号也可能被进程内的各个线程屏蔽（mask）掉。每个线程的执行状态中包含着目前被屏蔽掉的那些信号的集合。如果发给一个线程的一个信号被屏蔽了，那么信号被记录在线程的挂起信号集合中，直到它被解除屏蔽为止，其间不会有任何操作。系统调用 sigprocmask 用于更改某个线程所屏蔽的一组信号。它可以增加一个信号到屏蔽信号集合中，也可以从中删除某个信号，或者替换屏蔽信号集合。虽然发送给一个进程的信号处理程序的 SIGCONT 信号可能会被屏蔽，但是不会阻止让原先停止的进程继续运行。

其他的两个与信号有关的系统调用是 sigsuspend 和 sigaltstack。其中 sigsuspend 调用让一个线程放弃处理器，直到它接收到一个信号为止。这和系统中的 sleep() 例程相似。而 sigaltstack 调用让进程指定一个运行时堆栈用于信号发送。在默认的情况下，系统通过进程自己的运行时栈来向它发送信号。然而在某些应用程序中，不能采用这样的缺省处理。例如，如果一个应用程序有许多线程，这些线程会把正常的运行时栈分成许多小段，因此，创建一个大容量的信号栈，所有的线程都在这个栈上处理它们的信号，比起在每个线程的栈上为信号留出一块空间来说，前者对内存的利用率会更高。

最后一个与信号有关的功能是系统调用 sigreturn。系统调用 sigreturn 等同于一个用户级的载入处理器上下文（load-processor-context）的操作，将描述线程的用户级执行状态（机器相关的）的上下文块的指针传递给内核。系统调用 sigreturn 用于在用户的信号处理程序返回以后，恢复当前线程状态并继续执行进程。

4.7.1 发送信号

信号的实现分为两部分：发送信号到进程，以及识别信号并且把信号传给目标线程。信号可以由任意一个进程或者执行中断的代码发出。而信号的传输通常在接收进程的线程里发生。但当某个信号的作用是迫使某进程停止时，该操作可以在信号发到进程以后，在所有和进程有关的线程上执行。

使用 psignal() 例程将信号发送到单个进程，而使用 gsignal() 例程可以将信号发送给一组进程。gsignal() 例程中调用了 psignal() 来对进程组中的每个进程进行操作。发送信号的操作看起来简单，但细节却十分复杂。理论上说，向进程发送一个信号的操作就是将该信号加入进程内适当线程的挂起信号队列，并且将选出的线程设置成运行（如果该线程正在可中断的优先级上休眠，则唤醒这个线程）。

信号是按各个进程来处理的。所以内核首先进行检查，看是否应该忽略信号，就会取消信号。如果进程已经指定了默认操作，那么就执行默认操作。如果进程指定了一个应该执行的信号处理程序，那么内核必须从应该处理这个信号的进程内选出一个合适的线程来。目前正在运行的线程引发了一个信号的时候（例如，段错误），内核只会尝试把信号传给那个线程。如果这个线程屏蔽了该信号，那么信号会保持挂起状态，直到解除了对它的屏蔽为止。当发出了一个与进程有关的信号时（例如，一个中断），那么内核会搜索与该进程有关的所有线程，找到其中一个没有屏蔽该信号的线程。信号会传给没有屏蔽该信号的第一个线程。如果与该进程相关的所有线程都屏蔽了这个信号，那么这个信号就留在挂起信号链表中，等待进程下次再接收它。

当线程从 sleep() 调用返回（设置了 PCATCH 标志）或在处理系统调用或陷阱后准备退出系统时，它都会通过 cursig() 例程检查是否有等待的信号。cursig() 例程检查进程的信号列表 p_siglist，确定应该传递给线程的下一个信号，判断是否有应该传递到线程的信号列表 td_siglist 的信号。然后检查 td_siglist 字段，检查是否有任何应传递到线程的信号。如果信号是挂起的，并且必须在线程的上下文中传递，那么将它从挂起的集合中移除，并且调用 postsig() 例程来执行相应的操作。

psignal() 所做的是针对一些特殊情况的补充工作，调试进程、作业控制，以及信号的内在属性导致的特殊情况。发送信号包含如下步骤：

1）决定在传输信号时接收进程所需要进行的操作。与之相关的信息记录在进程结构的 psigignore 和 p_sigcatch 中。如果一个进程既没有忽略，也没有屏蔽某个信号，则执行默认操作。当某个进程被其父进程所跟踪——也就是说，由一个调试器跟踪——则父进程总能在信号传输之前插进来。如果进程选择忽略该信号，则 psignal() 结束工作，例程得以返回。

2）对于一项操作，psignal() 选择合适的线程，将信号加入该线程的挂起信号队列 td_siglist，然后执行一些特定于该信号的隐含操作。例如，如果该信号是一个继续信号 SIGCONT，那么所有会使进程停止的挂起信号（比如 SIGTTOU）都会被删除。

3）接下来，psignal() 检测信号是否已经被屏蔽了。如果线程当前已经屏蔽了该信号的传输，则 psignal() 的工作宣告完成，可以返回了。

4）如果信号未被屏蔽，则 psignal() 必须直接进行信号操作，或者安排线程执行，这样一来，进程就会开始执行与该信号相关的操作。在将线程设为可运行状态之前，根据线程状态的不同，psignal() 必须采取不同的操作步骤：

❑ SLEEPING。该线程被阻塞，等待一个事件。如果线程正在不可中断地休眠，就不能再执行操作。否则，内核就可以唤醒线程，直接或者间接地执行操作。有两种操作可以直接执行：对于让进程停止的信号，进程内的所有线程都被转入 STOPPED 状态，并且向父进程发送一个 SIGCHLD 信号，告诉它状态已经变了。对于默认被忽略的信号，则直接将其从信号链表中删除，工作就算做完了。否则，与信号相关的操作一定要在接收信号的线程的上下文中完成，这时用一次 setrunnable() 调用把该线程放入运行队列。

❑ STOPPED。进程被信号停止或者进程正在被调试。如果进程正在被调试，那么在控制进程允许其再次运行之前什么也不做。如果进程被信号停止，且新发来的信号同样是要它再停止，那么也不必进行任何操作，直接将新发来的信号丢弃即可。否则，该信号要么是一个继续运行信号，要么是一个使进程正常终止的信号（除非该信号被捕获）。

如果该信号为 SIGCONT，那么刚才正在运行的进程内的所有线程又开始运行。进程内被阻塞在一个事件上的所有线程都返回 SLEEPING 状态。如果信号为 SIGKILL，那么不管怎样，进程内所有的线程都再次被设为运行，以便其下一次得到调度运行时可以终止。其他情况下，信号让进程内的线程都设为运行，但是不会把线程放入运行队列，因为它们还必须等待一个继续运行信号。

❑ RUNNABLE、NEW、ZOMBIE。如果一个线程按照调度要接收一个信号，这个线程又不是当前正在执行的线程，那么设置它的 TDF_NEEDRESCHED 标志，于是接收线程会尽快得知这个信号。

4.7.2 传输信号

传输信号的大部分工作在接收线程的上下文中完成。线程每次进入系统时，至少通过调用 cursig() 检测一次自己进程结构中的 td_siglist 字段，了解是否有挂起的信号。

如果 cursig() 判定在线程的信号链表中还有未被屏蔽的信号，那么它就调用 issignal() 找出链表里第一个未被屏蔽的信号。如果在接收该信号的过程中导致调用某个信号处理程序或者造成内存转储（core dump），那么会通知调用 issignal() 的线程，信号被挂起，信号传输工作通过调用 postsig() 来完成，即

```
if (sig = cursig(curthread))
    postsig(sig);
```

否则，与信号相关的处理工作在 issignal() 中完成（这些操作模拟了 psignal() 中执行的操作）。

postsig() 例程要处理如下两种情况：

1）产生一个内存转储。

2）调用一个信号处理程序。

其中，前者使用 coredump() 例程来完成，并总是在其后跟随一个 exit() 调用来迫使进程终止。为了调用信号处理程序，postsig() 首先计算出一组被屏蔽的信号，并且把这组信号存

入 td_sigmask。这组信号通常包括正被传输的信号，从而保证信号处理程序不会被同样的信号递归地调用。另外，在调入处理程序时，sigaction 系统调用中所指定的任何信号也会被包含进来。接着，postsig() 例程调用 sendsig() 例程，使得线程一旦返回用户态，中断处理程序立即执行。最后，在 td_siglist 中的信号被清除，postsig() 返回，紧接着就是返回用户态。

sendsig() 例程的实现是机器相关的。图 4-6 显示了信号传输过程中的控制流程。如果另外开辟了一个栈，则用户栈的指针被切换到指向新栈。内核把参数列表，以及进程在当前用户态下的上下文都保存到这个（可能是新的）栈里面。对线程状态要进行控制，以使线程在返回用户态时，会立即调用一段称为信号弹床（signal-trampoline）的代码。该代码以适当的参数列表调用信号处理程序（在图 4-6 中的步骤 2 和步骤 3 之间），并且如果处理程序返回，则调用 sigreturn 系统调用，将线程的信号状态重新设置为当前信号之前的状态。信号弹床代码 sigcode() 包含了一些汇编语言指令，在信号即将被传输时，这些指令被复制到线程的堆栈中。信号弹床代码负责调用已注册的信号处理程序，处理任何可能的错误，然后将线程返回到正常执行状态。因为信号弹床代码需要直接操作 CPU 寄存器，包括那些与堆栈和返回值相关的寄存器，所以是用汇编语言实现的。

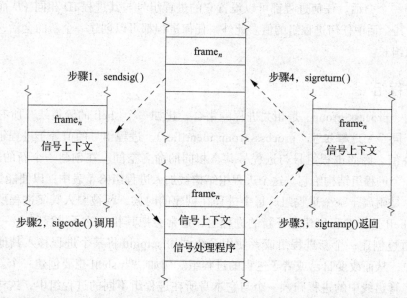

图 4-6　将信号传输给进程的过程。步骤 1：内核把信号上下文放入用户栈。步骤 2：内核把信号处理程序帧（signal-handler frame）放入用户栈，在 sigcode() 的代码中安排开始执行用户进程。当 sigcode() 例程开始运行的时候，它调用用户的信号处理程序。步骤 3：用户的信号处理程序返回 sigcode() 例程，它把信号处理程序的上下文从用户栈中弹出。步骤 4：sigcode() 例程最后调用 sigreturn 系统调用，sigreturn 从信号上下文恢复到先前的用户进程上下文，从栈中弹出信号上下文，并且从用户进程在信号出现前运行的地方继续执行下去

4.8   进程组和会话

系统中的每个进程都关联一个进程组。进程组中的一组进程有时被称为是一个作业，被如 shell 等进程作为单个实体进行操作。有一些信号（如 SIGINT）可以发送给进程组的所有成员，导致整个进程组暂停或恢复执行，或者被中断或终止。

会话是由 IEEE POSIX.1003.1 工作组设计的，其目的是解决 UNIX 中一个长期存在的安全问题，即进程可以修改被另一个用户进程信任的终端的状态。会话是进程组的集合，进程组的所有成员都是同一会话的成员。在 FreeBSD 中，当用户第一次登录系统时，将开启一个新的会话。每个会话都有一个控制进程，通常是用户的登录 shell。如果没有显式创建新的会话，用户创建的所有后续进程都是此会话中进程组的一部分。每个会话关联了一个登录名，通常是用户的登录名。这个登录名只能由超级用户修改。

每个会话都与一个终端相关联，称为其控制终端。每个控制终端都关联了一个进程组。通常，只有终端的当前进程组中的进程才能对终端读写，从而允许在多个不同作业之间对终端进行选择。在控制进程退出后，不允许会话中的其他进程访问终端。

新创建的进程被分配了与已有进程和进程组不同的进程 ID，但与其父进程属于同一个进程组和同一个会话。任何进程都可以设置它的进程组号与其进程 ID 相同（从而创建新的进程组）或其会话中任何进程组的值。此外，任何进程都可以创建一个新的会话，只要它还不是进程组组长。

4.8.1   进程组

进程组（process group）是相关进程的集合，比如一个 shell 的管道线，所有这些进程都会被赋予同一个进程组号（process-group identifier）。进程组号的值等于进程组内第一个进程的 PID 值，因此进程组号与进程号共享相同的命名空间。在创建一个新的进程组时，内核分配一个进程组结构给它。这个进程组结构被加入进程组哈希表中，以便能快速搜索。

进程总是附属于某个进程组。每个进程在创建的时候，都被归入其父进程所属的进程组。比如 shell 这样的程序建立了新的进程组，通常会把其相关的子进程归入一个进程组。进程可以通过创建一个新进程组或者使用系统调用 setpgid 将某个进程移入其他已经存在的进程组中，从而改变自己或者子进程的进程组。例如，当 shell 想要创建一个新的管道线时，它会将管道线中的进程归入一个与它本身所在进程组不同的进程组中，这样管道线可以与 shell 分开控制。shell 首先创建管道线中的第一个进程，它一开始与 shell 有相同的进程组号。在执行目标程序之前，第一个进程执行 setpgid 来将自己的进程组号设为与自己的 PID 相同。该系统调用建立一个新的进程组，而这个子进程作为此进程组的先导（leader）。随后 shell 启动管道线的其他进程，每个子进程都用 setpgid 来加入现在的进程组。

在我们举出的 shell 创建管道线的例子中，存在一个竞争条件（race condition）。随着 shell 派生出管道线中的其他进程，每个进程都被放入了由管道线内第一个进程所创建的新进程组。这些工作由系统调用 setpgid 来完成。它保证某个进程的进程组号,要么等于自己的 PID,要么等于其会话中另一个进程号的值。遗憾的是,如果在进程组先导完成其 setpgid 调用之前,就已经创建了一个管道线内的另一个进程,那么用于加入进程组的 setpgid 调用就将失败。由于 setpgid 调用允许父进程设置它们子进程的进程组号(出于安全考虑,有些限制),shell 可以通过 setpgid 调用,在新创建的子进程和父进程 shell 中改变子进程的进程组来避免这种竞争。该算法保证了无论哪个进程先运行,进程组都会通过正确的进程组先导建立起来。shell 也可以通过系统调用 fork 的变体 vfork,强制父进程等待子进程退出或者系统调用 exec 以后才能继续执行。此外,如果进程组的初始成员在管道线内所有成员都加入该进程组之前就退出了——例如,如果进程组的先导进程在第二个进程还没有加入之前就退出了,则第二个进程的 setpgid 操作可能会失败。shell 可以使所有子进程都不用 wait 系统调用的方法加入进程组,从而避免出现以上情况。它通常是采用阻塞 SIGCHLD 信号的方法,这样即便某个子进程退出,shell 也不知道。只要有一个进程组成员存在,哪怕是一个僵死进程,其他的进程也可以顺利地加入进程组。

在 setpgid 系统调用上还有其他限制。进程只能加入其当前会话中的进程组(这在下一节讨论),并且它不得在已经调用过 exec 的情况下再加入。后一条限制是为了避免进程在开始运行以后再转入其他进程组而可能造成的异常情况。因此,当 shell 在 fork 调用之后对父进程和子进程同时调用 setpgid 时,如果子进程已经调用了 exec,那么父进程的调用就会失败。不过,这时子进程已经成功地加入进程组,所以这里父进程的调用失败了也无所谓。

4.8.2 会话

正如一组相关的进程可以形成一个进程组一样,一些相关的进程组也可以形成一个会话(session)。会话是一个或多个可能与某台终端设备相关联的进程组的集合。会话的主要用途是将一个用户的登录 shell 以及由 shell 所创建的作业集中到一起,并为守护进程及其子进程建立一个独立的环境。任何一个不是进程组先导的进程都可以通过系统调用 setsid 建立一个会话,并成为会话先导(session leader)进程以及该会话中唯一的成员。创建一个会话的同时会创建一个新的进程组,该进程组的 ID 是创建会话的进程的 PID,而创建进程也成为该进程组的先导。根据定义,进程组的所有成员都是同一会话的成员。

会话可能有一个与之相关联的控制终端(controlling terminal),用来作为与用户通信的默认方式。只有会话的先导进程才可以为会话分配一个控制终端,当它分配这样一个控制终端后,它就成为控制进程(controlling process)。一台设备最多只能同时成为一个会话的控制终端。终端 I/O 系统(在 8.6 节介绍)一次只允许一个进程组从而控制终端的前台(foreground)进程组,确保对终端访问的同步性。有些终端操作只限于该会话中的成员才能执行。同样,一个会话最多只能有一个控制终端。当会话创建以后,会话的先导进程与它的控制终端(如果它有控制终端)脱离关系。

登录（login）会话由一个程序创建，该程序为用户登录系统准备一个终端。那个进程一般为用户启动一个 shell，把这个 shell 作为进程组 4 进程组 8 的控制进程。图 4-7 是一个典型的登录会话的例子。

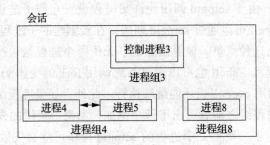

图 4-7　一个会话及其包含的进程。在这个例子中，进程 3 为该会话的初始成员（会话先导进程），并且作为控制进程，条件是该会话有一个控制终端。它属于自己的进程组 3。进程 3 创建了两个作业：一个是由进程 4 和 5 组成的管道线，属于进程组 4；另一个是进程 8，它属于自己的进程组 8。进程组的先导进程不能创建新的会话，因此，进程 3、4 和 8 都不能创建它们自己的会话，而进程 5 可以

图 4-8 所示为 FreeBSD 中用于支持会话和进程组的数据结构。该结构对应于图 4-7 中所示的进程布局。其中，进程组结构中的 pg_members 是成员进程链表的链表头，这些进程被进程结构中的 p_pglist 链接起来。此外，每个进程在进程结构的 p_pgrp 里有一个指向其所属进程组的指针。每个进程组结构都有一个指向其所属会话的指针。会话结构中记录了每次登录的信息，包括创建和控制该会话的进程、会话的控制终端，以及与会话相关联的登录名。如果需要判断两个进程是否属于同一个会话，可以通过遍历它们的 p_pgrp 指针来得到其所属进程组的结构，再比较 pg_session 指针来确定它们所属会话是否相同。

4.8.3　作业控制

作业控制（job control）是由 C Shell[Joy，1994] 首先提供的一项功能，如今它已经被绝大多数 shell 所支持。它允许用户控制由进程组所形成的称为作业（job）的操作。作业控制提供的最重要的功能是挂起和重新启动作业，以及对用户终端的多路访问。一次只能有一个作业可以得到终端的控制权并对其进行读写操作。该功能提供了一些在窗口系统才有的优点，但是作业控制与窗口系统截然不同，所以它经常与窗口系统配合起来一起使用。作业控制是在进程组、会话和信号机制的基础上实现的。

每个作业都是一个进程组。在内核外面，一个 shell 通过系统调用 killpg 向作业的进程组发送信号来操作作业。killpg 的功能是对某个进程组中的所有进程传输信号。在系统内，进程组的主要使用者是终端处理程序（详见 8.6 节）和进程间通信程序（详见第 12 章）。这两个程序把进程组号记录在私有数据结构中，并在传输信号的时候使用它们。此外，终端处理程序还通过进程组来对控制终端进行多路访问。

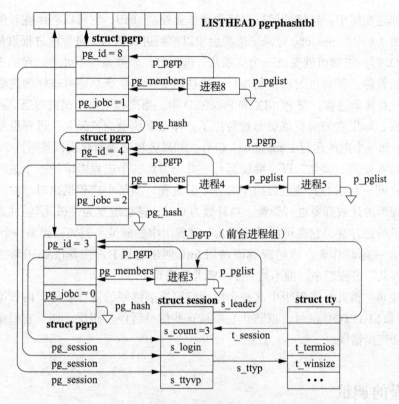

图 4-8　进程组的结构

　　例如，在终端键盘上键入特殊字符（例如，ctrl+C 或者 ctrl+\）会产生一个信号，该信号会发送给会话中某个作业的所有进程，这个作业称为前台（foreground）作业，而其他作业都在后台（background）。shell 可以通过 tcsetpgrp() 函数来改变前台作业，该函数是由控制终端上的 TIOCSPGRP ioctl 实现的。后台作业如果企图从终端读数据，会收到 SIGTTIN 信号，这个信号一般是将该作业暂停。SIGTTOU 信号被发送到后台尝试 ioctl 系统调用，该系统调用将改变终端的状态，如果为终端设置了 TOSTOP 选项，当试图往终端写入时，则也会发送 SIGTTOU 信号。

　　会话的前台进程组保存在会话的进程控制终端 tty 结构（详见 8.6 节）中的 t_pgrp 字段里。该会话中所有其他的进程组都在后台。在图 4-8 中，会话先导进程将其控制终端的前台进程组设置为自己所属的进程组。这样一来，它的两个作业都在后台，终端的输入和输出都由会话先导进程 shell 来控制进行。作业控制仅限于同一个会话中的进程，以及与该会话相关联的终端。只有会话中的成员才能为该会话中的进程组重新分配控制终端。

　　如果控制进程终止了，则系统会取消其他还在进行的对控制终端的访问操作，并向前台进程组发送一个 SIGHUP 信号。如果一个进程（比如作业控制的 shell）退出了，那么它所创建的所有进程组都会变成孤儿进程组——这个进程组中没有一个成员的父进程在同一个会话的其他进程组中。这样的父进程通常是作业控制 shell，它可以将那些暂停的子进程恢复运行。图 4-8 中的 pg_jobc 记录了进程组中以控制进程作为父进程的进程数量，当这个 pg_jobc 变为 0 时，进程组就变成一个"孤儿"进程组。如果系统不处理这样的进程组，那么它们一旦被暂停，就再也无法恢复运行。以往历史上，系统总是对这样的进程组采取最严厉的措施：直接杀进程。在 POSIX 和 FreeBSD 中，当进程组由于父进程退出而成为孤儿进程组的时候，如果它的所有成员都被暂停了，那么系统会向"孤儿"进程组发送一个挂断（hangup）和一个继续运行（continue）信号。如果进程选择捕获或者忽略这个挂断信号，那么它们可以在变为"孤儿"以后继续运行。系统为每一个进程组维护一个进程计数，被计数的进程在同一会话的其他进程组中有一个父进程。当某个进程退出时，对其所有子进程所属的进程组的计数都要进行调整。当计数为 0 时，进程组变为"孤儿"。注意，即使一个进程的父进程还存在，它也可能是"孤儿"进程组中的成员。例如，如果一个 shell 以一个进程 A 启动一项新作业，该进程继而调用 fork 创建进程 B，接着该 shell 终止。这时 B 就在一个"孤儿"进程组中，但不是一个"孤儿"进程。

为了避免将"孤儿"进程组中那些企图读或写控制终端的进程暂停，内核不向它们发送 SIGTTIN 和 SIGTTOU 信号，以防止它们被这些信号暂停。相反，如果它们企图读写控制终端，则会产生错误。

4.9   进程的调试

FreeBSD 提供了一套简单的机制来控制和调试一个进程的执行过程。这套机制通过系统调用 ptrace 来访问，它让父进程通过操纵用户态和内核态的运行状态来控制其子进程的运行。具体来说，一个父进程可以使用 ptrace 对它的某个子进程进行如下操作：

- ❑ 依附在一个现有的进程上，开始对其进行调试；
- ❑ 读写地址空间和寄存器；
- ❑ 截获发送给进程的信号；
- ❑ 单步和连续执行该进程；
- ❑ 终止该进程的执行。

ptrace 调用几乎是专供程序调试器（比如 lldb）使用的。

当一个进程被跟踪时，所有发送给它的信号都将导致其进入 STOPPED 状态。父进程将收到一个 SIGCHLD 信号，并且可以使用系统调用 wait4 查询子进程的状态。在大多数机器上，在进程单步执行时所形成的跟踪陷阱（trace trap），以及在进程执行到一条断点指令时所产生的断点异常（breakpoint fault），都被 FreeBSD 系统直接转为 SIGTRAP 信号。由于向被跟踪的进程发送信号会使其暂停并通知其父进程，这样一来，就可以很容易地控制一个程序的执行。

在启动被调试程序时，调试器首先用 fork 系统调用建立一个子进程。调用完 fork 之后，子进程会调用 ptrace，设置进程结构中 p_flag 字段的 P_TRACED 位，标志该进程已被跟踪。接着，子进程设置进程的处理器状态字中的跟踪陷阱（trace trap）位，并调用 execve 来载入被调试程序的镜像。设置这个位标志的用处是，确保在载入新镜像之后，执行子进程的第一条指令会产生一个硬件跟踪陷阱，该陷阱被系统转为 SIGTRAP 信号。由于父进程会接收到子进程的所有信号，所以在子进程开始执行一条指令之前，父进程就能截获信号并且得到该程序的控制权。

调试器还可以通过把自己附在一个现有进程上的方式来接管该进程。成功附在进程上之后会让该进程进入 STOPPED 状态，并且会设置其进程结构中 p_flag 字段的 P_TRACED 位。于是调试器就可以开始在进程上执行操作，方式和它直接启动调试该进程的方式一样。

代替系统调用 ptrace 的另一种方法是利用 /proc 文件系统。/proc 文件系统提供的功能和 ptrace 的功能一样，它只是在接口上有所不同而已。/proc 文件系统在文件系统内实现了一个系统进程表的镜像，之所以称之为 /proc 文件系统，是因为它一般安装在 /proc 下。它提供了进程空间的两级镜像。在最高级镜像中，按照进程的 PID 来命名进程。还有一个称为 curproc 的特殊节点表示发出查询请求的进程。

每个节点都是一个目录，其中包括的目录条目如下：

ctl	一个只供写入的文件，它支持各种控制操作。控制命令以字符串的形式写入 ctl 文件。能写入 ctl 文件的控制命令有： • attach：停止目标进程的执行，安排发命令的进程作为调试控制进程。 • detach：继续执行目标进程，让它脱离调试进程（它不必是发命令的进程）的控制。 • run：继续运行目标进程，直到它收到一个信号、碰到一个断点，或者目标进程退出为止。 • step：单步执行目标进程，不进行信号传输。 • wait：等待目标进程进入可以调试的就绪状态。在能执行其他命令之前，目标进程必须进入这个状态。 字符串也可以是不以 SIG 开头的、小写的信号名，此时将向该进程发送这个信号
dbregs	按照机器体系结构的定义设置调试寄存器
etype	由 file 条目指出的可执行文件类型
file	一个指向 vnode 的引用，从此处开始读取进程代码。这一条目可以用来获得对进程符号表的访问，或者启动进程的另一个副本
fpregs	由机器的体系结构定义的浮点寄存器。只在有特殊的通用和浮点寄存器组的机器上才能实现
map	进程虚拟内存的一个映射
mem	进程完整的虚拟内存镜像。只有在进程里有的那些地址才可以访问。读写这个文件会修改相应的进程，但是写代码段的操作仍然只能由进程来执行。因为用系统调用 read 和 write 可以访问另一个进程的地址空间，所以比起使用系统调用 ptrace，调试器能够更为高效地访问一个被调试的进程。被调试进程中受关注的页面会映射到内核的地址空间上。于是，可以直接把调试器所需的数据从内核复制到调试器的地址空间内

regs	允许对进程的寄存器组进行读写访问
rlimit	一个只读文件，其中包括进程当前的限制和最大限制
status	进程状态。这个文件是只读文件，它返回的一行内容用空格隔开了多个信息字段，其中包括命令名、PID、PPID、进程组 ID、会话 ID、控制终端（如果有）、一份进程标志的清单、进程起始时间、用户和系统时间、等待通道消息，以及进程凭证信息

每个节点的所有者都是进程的用户，而且属于用户的主用户组。mem 节点除外，它属于 kmem 组。

在正常的调试环境（此时目标进程调用一次 fork，然后调试器执行 exec）下，调试器应该执行 fork，而子进程应该自行停止（例如，使用由其自身发出的 SIGSTOP 信号）。父进程应该调用一次 wait，然后通过适当的 ctl 文件发出一条 attach 命令。子进程在调用 exec 之后会立即收到一个 SIGTRAP 信号。

对于希望查看进程信息的用户而言，使用 procstat 命令比从 /proc 文件系统提取信息更容易。

习题

4.1 针对表 4-1 列出的每种状态，列出可能找到处于该状态的进程的系统队列。

4.2 为什么在多道程序高度并发执行的系统中，上下文切换的性能对系统性能起重要影响？

4.3 增加时间片定额对系统交互式响应速度和吞吐量有何影响？

4.4 将运行队列数量从 64 个减少到 32 个，会对调度开销以及系统性能产生何种影响？

4.5 给出系统选择新进程切换运行的 3 种情况。

4.6 试述 FreeBSD 中提供的 3 种调度策略。

4.7 分时调度策略偏向何种类型的作业？举出一个能够识别这类作业的算法。

4.8 线程调度和内存管理机制是在何时并如何相互作用和影响的？

4.9 当一个进程退出后，它在完全从系统中消失前会进入 ZOMBIE 状态。该状态的目的是什么？哪些事件可以导致进程退出 ZOMBIE 状态？

4.10 假设图 4-2 中所描述的数据结构并不存在。而是每个进程表条目只含有其自身的 PID 和父进程的 PID。试比较在支持下列操作时在时间和空间上的开销：

    a. 创建一个新进程

    b. 查找进程的父进程

    c. 查找进程的所有兄弟进程

    d. 查找进程的所有后代进程

    e. 销毁一个进程

4.11 互斥锁与锁管理器锁之间有何不同？

4.12 试举一个应该使用互斥锁的例子。再举一个应该使用锁管理器锁的例子。

4.13 阻塞一个进程时没有设置 PCATCH 标志，那么这个进程就不能用信号唤醒。试述如果一个磁盘当系统正在运行的时候突然无法使用，不能中断的休眠可能造成的两个问题。

4.14　试述监管环境对文件系统命名空间、网络访问以及自身内部运行的进程造成的限制。

*4.15　在 FreeBSD 中，当用户键入一个"挂起字符"时，进程将接收到 SIGTSTP 信号。为什么进程在暂停之前要捕获该信号？

*4.16　在引入 FreeBSD 信号机制之前，捕获 SIGTSTP 的信号处理程序如下：

```
catchstop()
{
    prepare to stop;
    signal(SIGTSTP, SIG_DFL);
    kill(getpid(), SIGTSTP);
    signal(SIGTSTP, catchstop);
}
```

　　这段代码在 FreeBSD 中导致一个无限循环。为什么会这样？应该如何重写这段代码来避免这样的情况？

*4.17　计算进程优先级和记账数据都要以采样数据为基础。请描述可以实现更精确统计和优先级计算的硬件支持。

*4.18　为什么信号不是一种好的进程间通信机制？

*4.19　当硬件检测出无效的内核态栈指针时，会出现一个内核栈无效（kernel-stack-invalid）陷阱。如果进程在接收到这样一个陷阱时，正运行在它的内核运行栈上，那么系统该如何使该进程终止？

**4.20　在多处理器 FreeBSD 系统上，除了用 test-and-set 指令，还能怎样建立起多处理器同步体制？

**4.21　轻量级进程（lightweight process）是在普通 FreeBSD 进程上下文中执行的线程。在一个 FreeBSD 进程中可以有多个轻量级进程，它们可以共享内存，但每个都可以执行阻塞操作，比如系统调用。试描述完全在用户态之中如何实现轻量级进程。

安 全 性

安全性是现代操作系统设计中不可或缺的一部分，包括支持多用户并通过访问控制限制其交互，通过沙箱减少软件漏洞，以及对网络和磁盘数据进行加密保护。FreeBSD 安全模型可以解决各种场景的问题，包括经典的 UNIX 服务器和工作站、存储设备、网络路由器和交换机、Internet 服务提供商托管环境，甚至手持设备等应用场景。通过活跃的安全研究和开发社区 30 年来的贡献，安全模型仍在不断满足这些变化的需求。

内核是 FreeBSD TCB（Trusted Computing Base，可信计算基）的核心，TCB 是系统组件的最小子集，系统组件必须是安全的，整个系统才是安全的。内核使用处理器特权级别（ring）和虚拟内存来保护自己免受用户空间的干扰，这些 CPU 特性也支持 UNIX 的进程模型，进程模型将应用程序彼此隔离。进程不仅在面临应用程序 bug 时提供稳健性，而且还提供实现访问控制所需的底层隔离假设。内核给每个进程安排了一份防篡改凭证，其中保存一些安全信息，比如该进程以什么用户和群组的身份在运行。这些凭证用于作为进程间和自主访问控制（比如文件系统权限）的输入，它使得系统管理员、应用程序开发者和用户能够指定系统内数据分享的策略。近期 FreeBSD 一些新增的安全特性集包括轻量级的 Jail 虚拟化、强制访问控制、Capsicum 能力模型（用于沙箱）和安全事件审计（或日志）。

内核的底层安全特性是地基，有了这个地基，更复杂的用户空间安全模型才能构建起来。例如，内核本身并没有用户认证的概念，而是进程凭证、root 权限和文件系统权限共同保护密码文件并允许用户在登录时进行受控切换。随着网络安全变得越来越重要，威胁模型已经扩展到包括计算机系统的物理盗窃，内核的密码学特性（比如安全伪随机数生成器、加密、完整性检查）被引入。这些安全特性支持现代密码协议，比如 IPSec、ssh 和全磁盘加密。

本章介绍底层的模型和它的实际实现。这些设计原则和底层服务直接影响了后续章节介绍的各个子系统。

5.1 操作系统安全

操作系统安全是一个内容广泛的范畴，它横跨内核、文件系统布局和用户空间应用程序。操作系统安全的概念长期集中在认证、访问控制和安全事件审计方面——这些特性在 20 世纪 60 年代到 90 年代进行了探索和大规模标准化。这些特性限制并记录用户对数据的访问，最初仅在高端计算系统中存在（它们的硬件支持内存保护）：大型机、小型机、服务器和后来的高端工作站 [Saltzer & Schroeder，1975]。到 20 世纪 90 年代末，高端技术在个人工作站和笔记本电脑中得到普及，到了 21 世纪初期，平板电脑和智能手机也开始支持高端技术。消费领域应用了基础的新型信息技术，包括数字用户线路、局域网（LAN）、广域网（WAN）和无线网络，使得个人计算设备成为计算机安全的高危领域，而不是外围设备。

因此，操作系统安全的需求扩展了，其中包含一些新特性，它们之前只存在于研究系统或者高可靠的可信系统中。它们还包含了解决分布式系统领域所必需的新技术，而这些在早期开发中未曾被预料到。一些特性集中在可信计算基（TCB）的概念上，TCB 是操作系统自我保护的核心，它提供了对系统安全性的信心 [Anderson，1972]。其他则关注如何将个人计算机系统安全地置于全球网络环境中，安全将由基于密码学和加密协议构建的服务以及 20 世纪 80 年代和 90 年代的安全产品共同保障。

BSD 和后来的 FreeBSD 一直是这一发展的核心，因为它们给各种设备提供了高级操作系统，从传统的大型计算机到商用服务器硬件和个人计算机（PC），再到各种嵌入式操作系统和移动设备。FreeBSD 开发并采用了新的安全特性，以支持个人工作站、网络服务器和派生系统的安全需求，包括 Juniper 的 Junos 操作系统（在 Juniper 的路由器、交换机和防火墙产品中广泛使用）和苹果公司的 Mac OS X 和 iOS 操作系统（用于苹果 Mac 计算机，以及 iPhone、iPod Touch 和 iPad 移动设备）[Watson，2013] 中创建的安全模型。

FreeBSD 提供以下安全特性：

❑ 一个跨越内核和用户空间的自我保护的可信计算基；
❑ 基于虚拟内存的内核隔离和进程分离；
❑ 认证功能和多用户并行的多路复用；
❑ 自主和强制访问控制模型；
❑ 沙箱设施以包含潜在的恶意代码；
❑ 一系列缓释（mitigation）技术，比如堆栈保护；
❑ 安全事件审计，可用于问责和入侵检测；
❑ 基于 Yarrow 的 /dev/random，支持硬件和软件熵源；
❑ 支持可信平台模块（TPM）；
❑ 一个支持硬件和软件实现的加密框架；
❑ 支持全磁盘加密和加密完整性保护；
❑ 分布式认证模型（例如 Kerberos，x.509 证书）；

❑ 加密保护网络协议（例如 ssh、TLS、IPSec）；

❑ 二进制更新，以修复发布后发现的漏洞。

本章主要讲述内核安全模型和设施——用户空间安全的基础，包括无处不在的多用户 UNIX 模型。

5.2　安全模型

FreeBSD 安全模型的核心是一个可信的、自我保护的内核，用于托管用户进程模型。自主和强制访问控制限制进程间的通信，限制网络访问和存储设施。为实现系统操作和管理，特权模型允许以受控的方式突破访问控制策略。总体而言，这些功能支持 FreeBSD TCB 的定义：一个自我保护的操作系统的核心，它允许为相互不信任的用户安全执行不可信的代码。其他功能（比如强制访问控制、能力系统模型、安全事件审计、轻量级虚拟化以及加密）都是建立在这些底层元素上并进一步强化的。

5.2.1　进程模型

内核依赖两个硬件特性以实现进程隔离：虚拟寻址和特权级别，前者为每个进程构建独立的虚拟内存地址空间，后者在用户态模式下，限制对特权 CPU 保护功能的访问，否则可能允许突破进程限制。系统调用（如 MIPS 平台的 syscall 和 X86 平台的 sysenter）、虚拟内存陷阱和中断允许从用户态切换到特权内核态，或者反过来。系统调用通过硬件支持的调用门实现，在同一个 CPU 上，它能控制不可信的用户进程安全转移到内核执行。内核能访问用户进程内存，但是用户进程既不能访问内核内存，也不能访问其他进程的内存。只有在以下情况允许例外：有特权的系统管理、调试、一些进程间通信类型（例如共享内存对象）。

在 UNIX 系统的大部分历史里，只使用了两种硬件特权级别：用户模式和监视模式（supervisor mode）。最近，完全系统虚拟化使得其他特权级别的使用逐渐流行，这个级别里，hypervisor 托管通用操作系统内核，就如同操作系统内核托管用户进程一样。FreeBSD 可以运行在多个这样的虚拟系统上，甚至其本身也可以托管虚拟机，不过本章不会继续讨论它们，而是只讨论单一操作系统实例中的安全问题。

5.2.2　自主与强制访问控制

内核服务桥接了隔离的进程，比如文件系统、进程间通信和网格等进程。它们受到访问控制策略的限制，包括自主访问控制（Discretionary Access Control，DAC）和强制访问控制（Mandatory Access Control，MAC）。顾名思义，DAC 由对象属主自主去控制对象——比如，文件权限或访问控制列表（Access Control List，ACL）。相反，MAC 允许系统管理员对所有进程施加强制规则。MAC 策略往往采用基于信息流的模型（例如保密性），或基于规则的模型（例如限制应用程序只能执行特定操作，而不管运行程序的用户是谁）。

策略和执行分离是一个关键的设计目标，它能防止代码重复（以及由此引发的 bug），需求变更时也更易于扩展安全模型，并促进安全审查。访问控制的实现在内核里也因此被切分到两个地方：集中的策略实现以及各个子系统里较为分散的执行点。例如，subr_acl_posix1e.c 文件中的 vaccess_acl_posix1e() 函数集中实现了 POSIX.1e ACL 评估，但是却被多个独立的文件系统调用以进行访问检查。强制访问控制和系统特权检查代码结构上也是类似的。

在做访问控制决策时，访问控制策略依赖于进程凭证（保存和进程相关的安全元数据，比如用户 ID 和 MAC 标签，这些元数据和以下元数据类似：文件系统对象、IPC 对象），也依赖于其他进程。凭证在内核地址空间中维护和保护，因此只能根据安全策略进行修改。

5.2.3 可信计算基

访问控制的一个关键功能是保护 TCB 自身的完整性免于非授权的修改，否则可能使其他安全保护措施都失效。FreeBSD TCB 包括启动加载器、内核、用户空间库和支持启动到多用户模式的程序、用户登录和系统管理功能（例如 setuid-root 二进制程序）。在实践中，TCB 包括完整的 FreeBSD 用户空间的很大一部分，包括 /sbin/init、/etc/rc.d 以及运行它们所需要的库和工具（比如 /lib/libc.so 和 /bin/sh），也包括用户登录和管理相关组件（比如 /usr/sbin/sshd 和 /usr/bin/passwd）。在典型的 FreeBSD 安装过程中，TCB 的保护主要通过仔细配置系统用户和文件所有权来实现：大部分系统文件的属主是 root 用户，并且不能被任何其他用户修改。强制访问控制策略，比如本章中要讨论的 Biba 完整性模型，对访问控制的这种自主形式做了补充。

5.2.4 其他内核安全特性

本章介绍的其他关键概念还包括内核的特权模型，为了系统引导、管理和调试的目的，它可以选择性地不遵守访问控制规则。FreeBSD 还实现了一种混合的能力系统模型 Capsicum，它提供 API 以进行应用程序区隔（在沙箱中运行代码）。复杂且安全感知的应用程序（例如 Web 浏览器）使用 Capsicum 来限制访问全局授权或者获取用户的所有权限，以用于监测危险功能（例如，Web 页面渲染）。FreeBSD Jail 构建在访问控制和特权功能上，它为操作系统提供了虚拟化。安全事件审计记录了安全的关键事件，以让系统管理员审查，或给自动入侵检测系统使用。内核底层的加密功能（比如内核的密码学框架和 Yarrow 随机数生成器）支持着上层的服务（比如 GELI 磁盘加密和 IPSec 网络协议）。

5.3 进程凭证

进程凭证表示一类安全和资源管理相关主题的概念：它们持有 UNIX 安全元数据（比

如用户 ID、组 ID、MAC 标签、事件审计状态），以及指向当前 Jail 状态和资源限制的引用。这些字段共同封装了进程在系统中拥有的权限，这些权限的内容各有不同：拥有进程的用户、用户所属的组、进程所在的 Jail、进程正在执行的二进制文件，以及诸如资源限制和 MAC 策略（可以为每个进程提供或限制更细粒度的权限）之类的其他属性。当内核在系统调用或者陷阱处理期间做出访问控制决策时，授权凭证会和对象属性（比如文件属主、权限和标签）进行匹配检查。授权凭证也会和全局策略进行匹配检查，以决定是否继续执行操作。

用户凭证保存在内核的 ucred 结构里，它被保存在内核内存中以免受来自用户进程的意外修改，它们只能根据系统访问控制规则进行修改。每个 proc 结构通过 p_ucred 字段指向它的进程凭证。进程内的每个线程也通过它们的 td_ucred 字段拥有凭证的引用。每个线程的凭证相当于进程凭证的一个线程局部缓存，它们可以在不获取进程锁的情况下被只读访问，从而避免竞争。对执行很多访问控制检测的系统调用而言，避免锁竞争非常重要。例如，路径名查找时，对每个查找的中间目录，它使用凭证来确定应用的文件权限位掩码的一部分，决定什么特权覆盖它。

在系统调用时，或者处理陷阱进入内核时，或者当线程修改进程凭证时，线程凭证会和进程凭证同步，这是通过调用 cred_update_thread() 来实现的。该模型使得系统调用和陷阱能在处理过程中使用同步的凭证，在凭证改变时（例如，另一个线程调用了 setuid）避免竞争条件，否则会导致不同步的行为。然而，这个设计抉择的一个重要结果是，一个线程降级权限不会立即影响其他线程里进行中的操作，例如长时间运行的 I/O 操作，它将持有系统调用开始时存在的凭证继续运行。

5.3.1　凭证结构

凭证使用 ucred 结构表示，如图 5-1 所示。凭证包括传统的 UNIXID，包括有效、真实和保存的 UID 与 GID，还包括一个变长的其他 GID，其使用 cr_ngroups（现有的其他组的个数）、cr_groups（指向组数组的指针）和 cr_agroups（能存储在当前已分配数组中的组个数）进行描述。历史上，其他组的列表是凭证结构内部的定长数组，随着更大的组列表变得常见，后来就被挪到外部的变长存储。凭证结构体还包含一个标志字段 cr_flags，它当前仅保存一个标志（CRED_FLAG_CAPMODE），用于表示进程处于 Capsicum 能力模型沙箱中，本章随后会介绍它。

凭证引用其他两类外部数据结构。每用户资源使用策略和记账使用了几个数据结构（基于引用计数实现），它们由 cr_uidinfo、cr_ruidinfo 和 cr_loginclass 这几个指针指向。一些可选的安全功能一定条件下才会分配存储空间，包括 MAC（cr_label）、安全事件审计（cr_audit）和 Jail（cr_prison）。共享对象通过引用计数来实现，不仅通过避免给多个凭证保存相同的信息而节省了存储空间，还能实时重新配置全局主题状态，例如更改 Jail 的配置。

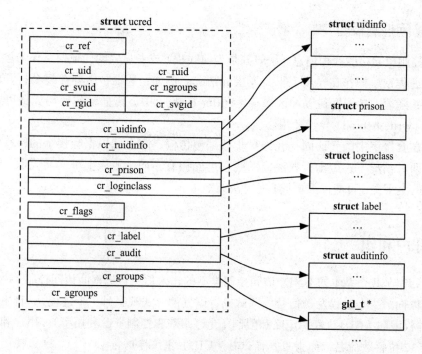

图 5-1　凭证结构

5.3.2　凭证内存模型

为了节省空间，凭证结构使用 cr_ref 字段实现了引用计数和写时复制，任何引用计数大于 1 的凭证都是不可更改的。如果要进行修改，需要先复制一份原先的凭证，然后更新操作都在新的凭证上进行，就绪后用新的引用凭证替换旧的凭证。因为凭证很少被修改，该模型节省了内核内存，减少了缓存空间。管理凭证相关的内核函数如表 5-1 所示。

表 5-1　管理凭证的函数

接　口	描　述
crget()	分配一个新的凭证
crhold()	增加凭证的引用计数
crfree()	释放对凭证的引用
crshared()	检测凭证是否是共享的（因此也是不可更改的）
crcopy()	复制凭证的内容
crdup()	复制凭证
cru2x()	导出凭证到用户空间
cred_update_thread()	从进程凭证中更新线程的凭证

5.3.3　访问控制校验

访问控制校验接受线程信息（一般都是当前线程）或者显式的凭证信息作为参数。后者用于处理进程授权操作在异步上下文发生的情况。例如，凭证被缓存在每个打开的文件描述符中，并随着 I/O 传播到缓冲区缓存（buffer cache）中。传播动作使得凭证可以和 NFS 后写操作（write-behind）异步使用。

缓存在套接字中的凭证同样允许异步数据包传输，防火墙根据套接字的所有权完成授权。在这两种情况下，做出授权决定的线程可能拥有不同于原先上下文的凭证，但是依旧使用原先的上下文（可能权限更低）进行决策。

5.4　用户和组

用户和组是几个基本的 UNIX 访问控制类型的输入信息：进程间访问控制（决定一个进程是否可以向另一个进程发送信号、调试或者以其他方式观察另一个进程）；自主访问控制（包括文件权限和 ACL）；资源记账和限制（允许跟踪和控制资源利用率）。用户和组使用两个独立的 32 位整数命名，称为用户标识符（UID）和组标识符（GID）。通过使用用户和组来代表真实世界的用户和他们所属的项目或者组织。伪用户偶尔会用于表示系统角色，比如超级用户（root 用户），或者服务执行者（比如邮件系统），允许它们分配文件的所有权和资源限制等。类似的，组负责委派系统对象的访问权限，比如从调制解调器拨出的权限或读取审计跟踪文件的权限。

UID 和 GID 是由外部的授权管理模块来分配的，它们通过系统调用推到内核，比如在用户登录或设置文件所有权时发生。使用外部的授权管理模块，使得用户和组信息可以来自文件系统中的数据库，或者来自分布式目录服务（比如 NIS 或者 LDAP）。实际上，内核的用户凭证和组凭证是其他地方的授权数据的缓存——管理员必须理解该属性，因为它对删除用户和从组中删除等有影响。例如，将一个用户从 /etc/group 文件里的某个组中删除，并不会影响现存的用户进程，进程将在它们的凭证中继续持有该 GID。类似的，将一个在 /etc/master.passwd 文件中的用户删除，并不会终止该用户所有的进程，也不会撤销该用户对文件系统对象的访问权限。

第一个进程（init 进程）凭证信息里的 UID 和 GID 字段都为 0，0 是保留的 UID，通常被称为超级用户（用户名为 root），它受系统信任并有权限执行系统支持的任意内核操作。每个使用 fork 创建的其他进程都会继承它的父进程的凭证信息，包括 UID 和 GID。

操作中我们可以使用诸如 setuid 和 setgid 之类的系统调用来操纵用户 ID 和组 ID（当然，受制于访问控制规则），或者可以通过执行 set-user-identifier 或 set-group-identifier 程序来设置。凭证操作规则经过精心设计，因此权限一旦失去，只有通过执行授权程序才能重新获得。当用户登录时，在运行用户的登录 shell 前，登录程序（参见 15.4 节）会先设置 UID 和

GID。因此后续的所有进程都将继承相应的标识符。

UID 和 GID 保留在主体（进程凭证）和客体（例如，文件和共享内存对象）中，用于识别所有权，如用于资源记账、资源限制、检查系统特权和访问控制。如进程中的一组受控的系统调用，比如 chown 和 chgrp，用于操控文件对象的所有权。文件所有权的使用将在 15.7 节中介绍。

setuid 与 setgid 二进制程序

我们经常需要授予用户额外的权限。例如，想要发送邮件的用户必须能够将邮件内容附加到另一个用户的邮箱。如果使所有用户可写入目标邮箱，这将允许其他用户（非属主）修改其中的邮件（无论是恶意还是无意）。为了解决这个问题，内核允许创建的程序在运行时被授予额外权限——这也称为特权操作。使用不同 UID 运行的程序被称为 set-user-identifier（setuid）程序。使用其他组权限运行的程序被称为 set-group-identifier（setgid）程序 [Ritchie，1979]。当一个 setuid 或 setgid 程序运行时，进程的权限会提升，包含和程序相关联的 UID 或 GID 的权限。称程序的 UID 为进程的有效 UID，而称进程原始的 UID 为真实 UID。与之类似，执行 setgid 程序，进程的权限会被扩充为包含和程序 GID 相关的权限，并分别定义有效 GID 和真实 GID。

系统可以使用 setuid 和 setgid 程序来提供对文件或者服务的受控访问。例如，添加邮件到用户的邮箱的程序使用超级用户特权在运行，这些特权使得它能够往系统里的任何文件写东西。因此，用户并不需要具备写入其他用户邮箱的权限，也可以通过运行该程序来实现。当然，这样的程序必须仔细编写，让它只有有限的功能。

内核把进程的 UID 和 GID 信息保存在进程的凭证里。历史上，GID 实现的时候包括一个特殊的 GID（有效 GID）和一个 GID 补充数组，它们逻辑上可以看成一个 GID 集合。在 FreeBSD 中，特殊的 GID 是 GID 数组的第一个元素。

FreeBSD 是这样实现 setgid 工具的：它设置进程（执行 setgid 程序的进程）的补充组的第一个数组元素（下标为 0）为文件的组。因为这个增加的组，相比运行没有特殊特权的程序对应的进程而言，setgid 程序有可能访问更多的文件。为了避免在运行 setgid 程序时丢失第一个数组元素对应的组所具有的特权，登录程序在初始化用户的补充组数组时，复制下标为 0 的数组元素到下标为 1 的数组元素。因此，当 setgid 程序运行并修改了下标为 0 的元素后，并不是失去任何特权，因为下标为 0 的数组元素对应的组依然可以从下标为 1 的数组元素里获得。

setuid 工具则是这样实现的：将进程的有效 UID，从用户的有效 UID 更改为正在执行的程序的 UID。和 setgid 一样，保护机制现在允许访问而不需要做任何改变，或具备程序正在运行 setuid 这个特殊知识。因为进程在某个时刻只能拥有唯一的 UID，它有可能在运行 setuid 时丢失某些特权。当设置好新的有效 UID 后，之前的真实 UID 仍然作为真实 UID 存在。不过，真实 UID 不再用于任何验证检查。

setuid 进程可能想在执行时临时撤销它的特殊权限。例如在它执行的开始和结束期间，它可能需要特殊的权限访问某个受限的文件。在执行的其他时间，它应该只具备真实用户的特权。在 BSD 早期版本里，特权的撤销是通过切换真实 UID 和有效 UID 来实现的。因为在访问控制时，只使用了有效 UID，该方法提供了所需的语义，并隐藏了特殊权限。该方法的缺点在于容易混淆真实 UID 和有效 UID。

在 FreeBSD 里，一个被称为保存 UID（saved UID）的额外 ID 记录了 setuid 程序的 ID。当程序执行起来后（exec 调用后），它的有效 UID 被复制到保存 UID。如表 5-2 第一行所示，对非特权程序而言，它们的真实 UID、有效 UID 和保存 UID 都和真实用户 ID 一致。表 5-2 第二行显示了执行 setuid 程序时，有效 UID 被设置为和它关联的特权 UID。该特权 UID 也被复制到保存 UID。

表 5-2 影响真实、有效、保存 UID 的操作

操　作	真　实	有　效	保　存
1. exec-normal	R	R	R
2. exec-setuid	R	S	S
3. seteuid(R)	R	R	S
4. seteuid(S)	R	S	S
5. seteuid(R)	R	S	S
6. exec-normal	R	R	R

注：R 表示真实用户 ID，S 表示特权用户 ID。

seteuid 系统调用只会设置有效 UID，它不会影响真实 UID 或保存 UID。seteuid 系统调用有权将有效 UID 设置为真实 UID 或者保存 UID。表 5-2 的第三行和第四行表明在持续保留其正确的真实 UID 的情况下，setuid 可以放弃然后再收回其他特殊特权。第五行和第六行表明，一个 setuid 程序可以运行一个子进程而不赋予其特殊的特权。首先，它设置它的有效 UID 为真实 UID。然后，当执行子进程时，有效 UID 被复制到保存 UID，这时失去了对特殊特权 UID 的所有访问权限。类似的保存 GID 的机制，允许进程在真实 GID 和初始的有效 GID 之间切换。

5.5　特权模型

在 FreeBSD 中，允许用户进程访问受访问控制策略约束的、由内核管理的对象（如文件和 IPC 原语）。如上一节所述，所有特权被授予 root 用户。特权是指一组隐式或显式的、能绕过系统访问控制策略的权限。我们分别考虑隐式特权与显式特权。

5.5.1 隐式特权

隐式特权源于系统及其访问控制策略的配置，描述用户或进程所拥有的权限，这些权限允许其违反 TCB 或其他安全策略的完整性。下面通过一个例子来解释隐式特权：系统引导的完整性取决于从磁盘加载的内核的完整性。在传统的 UNIX 系统中（包括默认配置的 FreeBSD），内核由 root 用户拥有，并受限制性文件权限保护。如果内核文件由恶意用户持有，或者权限未正确配置，则系统完整性可能被破坏。因此，隐式信任 root 用户会维护正确的配置，会支持系统的完整性。隐式信任不是内核访问控制模型结构的属性，而是它的应用。

对系统的物理访问在许多计算机系统中也具有隐含权限，例如，访问系统可能可以不经过 OS 保护而篡改存储设备。

5.5.2 显式特权

一般而言，仅由访问控制策略授予的权限足以在系统稳定状态下对其进行操作。但是，某些情况下要求为用户进程提供额外的显式权限，从而让访问控制授予其执行某些关键系统功能，包括：

❏ 在整个系统中产生全局影响的内核管理操作，例如重启或在网络接口上配置 IPv4 地址。

❏ 有效授予内核权限的内核管理操作，例如内核模块的加载。滥用这些功能会违反 TCB 的完整性。

❏ 具备系统特权的系统管理操作，例如系统二进制文件（包括内核）的维护。

❏ 配置访问控制策略，尤其是在登录过程中设置进程凭证。

❏ 具备更高层级的管理操作，它需要绕过每个对象的保护机制，例如以系统管理员的角色备份系统、更改文件的属主或权限。

❏ 执行某些类型的调试操作，它们提供对全局行为的深入了解，通常这些操作会被限制，以避免信息泄露，例如对内核自身使用 DTrace 或硬件性能监视计数器（hardware-performance-monitoring counter）。

FreeBSD 的特权模型是这些案例的解决方案，它允许进程以提升的特权执行，即可以突破访问控制策略。FreeBSD 在 sys/priv.h 中显式列出内核特权，为了验证特权，内核上下文调用了函数 priv_check() 和 priv_check_cred()，函数参数是授权凭证和请求的特权。（这是策略与执行分离的一个例子。）表 5-3 列出了几个具名特权的示例，它们支持系统管理、凭证管理和覆盖自主访问控制。但是，FreeBSD 目前没有一种机制可以对任意进程进行细粒度的权限委派——它依赖于将有效 UID 或真实 UID（在某些情况下涉及资源限制）与 root 用户进行简单的比较检查，这有时也称为超级用户策略。当系统启动 UID 为 0 的第一个进程时，root 用户的隐式权限使得系统引导顺利进行，当登录进程切换到另一个 UID 时，权限被删除。

表 5-3　内核特权示例

特　权	描　述
PRIV_ACCT	管理进程记账
PRIV_SETDUMPER	配置转储设备
PRIV_KENV_SET	设置内核环境变量
PRIV_KENV_UNSET	删除内核环境变量
PRIV_KLD_LOAD	加载某个内核模块
PRIV_KLD_UNLOAD	卸载某个内核模块
PRIV_CRED_SETUID	设置真实 UID
PRIV_CRED_SETEUID	设置有效 UID 为真实或保存 UID 之外的 ID
PRIV_CRED_SETGID	设置真实 GID
PRIV_CRED_SETEGID	设置保存 GID 为真实或保存 GID 之外的 ID
PRIV_CRED_SETGROUPS	设置进程其他组
PRIV_VFS_READ	覆盖 vnodeDAC 读权限
PRIV_VFS_WRITE	覆盖 vnodeDAC 写权限
PRIV_VFS_ADMIN	覆盖 vnodeDAC 管理权限
PRIV_VFS_EXEC	覆盖 vnodeDAC 执行权限
PRIV_VFS_LOOKUP	覆盖 vnodeDAC 查找权限
PRIV_NETINET_RESERVEDPORT	绑定低端口号
PRIV_NETINET_REUSEPORT	允许快速端口 / 地址复用
PRIV_NETINET_IPFW	管理 IPFW 防火墙
PRIV_NETINET_DIVERT	创建 DIVERT 套接字
PRIV_NETINET_PF	管理 PF 防火墙

　　FreeBSD 的 Jail 扩充了特权模型，它限制 Jail 中的 root 用户对某些特权的访问，如本章后面所述。此外，可插拔的强制访问控制策略可以限制或授予特权。例如，当 root 用户执行进程时，如果没有 Biba 策略本身的权限声明，那么 Biba 完整性策略限制对大多数（但不是所有）系统特权的访问。有限的系统特权让 Biba 在低完整性执行时可以限制加载内核模块，同时（根据完整性策略）仍允许覆盖自主访问控制规则。当前的权限接口设计支持在将来引入通用且细粒度的权限模型。

5.6　进程间访问控制

　　进程间操作指允许一个进程（主体）监视、管理或调试另一个进程（目标）的系统调用。由于这些操作绕过进程隔离，因此它们受到访问控制的约束。进程间访问控制实施起来特别棘手：监控的便捷性与以信息流为中心的控制是直接冲突的（例如，之前的历史选择是允许用户在 UNIX 中列出彼此的进程），并且事实证明，在调试其他进程时，很难说清隐含获得的可访问权限集需要有哪些。进程间访问控制集中在 kern_prot.c 文件中，并被分为几类。

5.6.1 可见性

进程可见性控制对 sysctl 节点的访问，例如被 ps 用于列出进程列表的节点和系统调用（如 sched_getparam）。主体始终是进程凭证（cr_cansee）或进程（p_cansee），目标是受监控的单个进程。

cr_cansee 的行为由两个全局可调参数控制：see_other_uids（它限制用户之间的进程可见性）和 see_other_gids（限制了具有非重叠组集的进程之间的可见性）。出于易用性和兼容历史的原因，默认情况下，允许展示其他用户和组拥有的进程。特权可以覆盖这两个参数的约束。

授权进程可见性时会考虑另外两个方面：Jail 和 MAC。Jail 要求如果主体进程在 Jail 中，那么目标进程也必须在同一个 Jail 中，而对于信息流 MAC 策略（如 Biba 或 Multilevel Security），需要先检查以确定信息是否可以从目标流向主体。

5.6.2 信号

信号传输控制比可见性控制复杂得多：检查取决于主体进程（或仅其凭证）是否可用；可以基于共同的登录会话来授权信号，而不仅仅是所涉及的凭证；控制取决于发送的特定信号类型；信号处理中的应用程序竞争导致了过去的安全漏洞，使访问控制逻辑变得复杂。

cr_cansignal() 和 p_cansignal() 这两个函数根据主体的凭证或线程、目标进程和信号编号来检查信号是否应该传递。如果进程共享 tty，则 p_cansignal() 函数允许 SIGCONT，这些进程就像一个线程组一样工作，在这些进程中也允许 SIGTHR 和其他与线程相关的信号。接着 p_cansignal() 会调用 cr_cansignal() 函数。

cr_cansignal() 函数强制执行各种检查，所有检查都必须通过：如果主体进程在 Jail 中，则客体进程必须位于同一个 Jail 中；MAC 必须授权信号传输（例如，通过信息流检查）；接着检查 UID 和 GID 可见性规则。如果进程自上一次 execve 后更改了凭证，即在进程的标志中设置了 P_SUGID，则只能传递某些信号——例如，SIGKILL 而不是 SIGTHR，以防止操纵内部进程状态。最后，检查凭证：如果主体的真实 UID 或有效 UID 都不匹配目标的真实 UID 或保存 UID，则需要特权。

5.6.3 调度控制

当一个进程尝试操纵另一个进程的调度属性时（例如，将进程绑定到某个 CPU 集，或更改其调度优先级），就会进行调度检查。p_cansched() 接受主体线程和目标进程，并执行一组和传输信号类似的检查：强制执行 Jail 保护、查询 MAC、强制执行 UID 和 GID 可见性约束，并将主体线程的真实 UID 和有效 UID 与目标进程的真实 UID 进行比较。特权可覆盖基于 UID 的检查结果。

5.6.4　等待进程终止

　　wait4 系统调用允许父进程等待子进程终止；如果干扰该机制，则无论可见性和信息流目标如何，都会对 shell 或 init 进程的正确行为产生严重后果，因为它们必须收割僵尸进程以收回资源。此处仅强制执行 Jail 和 MAC 检查：允许父进程收集子进程终止信息，而忽略 UID 和 GID 的不同。

5.6.5　调试

　　控制调试和跟踪接口需要非常小心，以避免不恰当地授予主体进程访问目标进程的权限、机密映射或目标进程地址空间中的数据（例如，密码或私钥）。因此，授权调试的规则很复杂，并且它被各种子系统使用，包括传统的进程调试（ptrace）、内核跟踪（ktrace）以及某些进程监视功能（例如提供对目标进程地址空间布局和文件描述符信息的 sysctl 节点）。

　　首先，检查全局可调参数 unprivileged_proc_debug，以确定调试功能是否可供非特权用户使用（默认情况下是可用的）。然后检查 Jail 和 MAC 策略是否允许该授权操作，接着检查 UID 和 GID 可见性规则。

　　下一类检查则是：主体进程是否具有目标进程的权限超集，即对目标进程的完全控制是否授予了主体额外的权限。首先，检查目标进程的组集以确保它是主体进程的子集；然后，对有效性、真实性和保存 UID 进行类似的比较。最后，检查目标进程中的凭证更改（若凭证被修改了，则表明从 UID 继承的权限或数据已不再在凭证中了）。特权可以覆盖这些检查。

　　还需强制执行另外两条规则：首先，只有当 securelevel 小于等于零时，才允许调试 init 进程；其次，无法调试正在执行 exec 调用的进程，因为它们的凭证（或其他属性）可能处于变化状态，这可能导致访问控制结果不一致。

5.7　自主访问控制

　　自主访问控制（Discretionary Access Control，DAC）允许用户将自己的对象的访问权限授予给系统的其他用户。DAC 通常与 MAC 形成对比：在 DAC 中，对象属主可以自行分享（或不分享）对象的访问权限，而在 MAC 中，系统管理员决定用户何时能够共享数据。DAC 主要关注文件系统对象：文件、目录、命名管道和特殊设备。但是，DAC 也负责以下对象的访问控制：System V 和 POSIX 共享内存段、信号量和队列。

　　FreeBSD 之前实现了 UNIX 权限模型，其中每个文件或目录都与权限的短位掩码（short bit mask）或文件权限相关联。此模型简单，易于理解，占用资源最少：每个文件 32 位 UID 和 GID inode 字段由 32 位文件模式补充说明，它指定授予文件组的权限，以及系统上的任何其他用户的权限。最近，访问控制列表（ACL）提供了更大的灵活性，但在性能和管理复杂性方面有一些成本，允许对象属主为其他用户和组指定权限。FreeBSD 支持两种 ACL：POSIX.1e（更兼容历史上的文件权限）和 NFSv4（更兼容 Windows 及其 CIFS 协议）[P1003.1e，1998;Shepler 等，2003]。

5.7.1 虚拟文件系统接口与 DAC

在 UNIX 早期版本中，UNIX 文件系统全权负责实现自主访问控制：它存储文件所有权信息，维护文件权限位掩码，并在需要授权的操作发生时进行检查。随着文件系统类型的增加，实现通用访问控制检查的代码被聚合。今天，许多与虚拟文件系统接口（VFS）相链接的内核组件，包括系统调用（如 open 和 execve）、IPC 实现（如本地域套接字和 POSIX 消息队列）以及 NFS 服务器，在启动 I/O 操作之前需要进行 DAC 检查。文件系统也需要直接调用检查（例如，查找路径名或修改文件属性时）。

在过去的实践中，单个 vnode 操作 VOP_ACCESS() 接受粗粒度 VFS 权限的位掩码，这些位掩码反映了 UNIX 模式位：VEXEC、VWRITE（可附加使用 VAPPEND）、VREAD 和 VADMIN。引入 NFSv4 ACL 时，需要新的 VFS 权限，以反映更细粒度的 NFSv4 ACL 权限。例如，以前 VWRITE 封装了修改文件数据和删除目录中条目的权限，这与在 UNIX 文件权限位掩码中的操作类似。在 NFSv4 ACL 中，ACL_WRITE_DATA 和 ACL_DELETE_CHILD 是单独的权限；因此，引入后 VWRITE 现在已细分为 VWRITE 和 VDELETE_CHILD。表 5-4 中显示了当前权限的完整列表。

表 5-4 VFS 层传给 vaccess() 的访问控制权限

权 限	描 述
VEXEC	执行文件 / 目录中查找
VWRITE	写文件或目录
VREAD	读文件 / 列目录
VADMIN	chmod 之类的文件属主操作
VAPPEND	追加文件 / 目录中插入记录（总是和 VWRITE 一起设置）
VDELETE_CHILD	删除目录的子节点
VREAD_ATTRIBUTES	获取文件和目录的属性
VWRITE_ATTRIBUTES	写入文件或目录的时间戳
VDELETE	删除文件或目录
VREAD_ACL	读取文件或目录的 ACL/ 模式
VWRITE_ACL	写入文件或目录的 ACL/ 模式
VWRITE_OWNER	更改文件或目录属主

VOP_ACCESS() 继续接受较旧的、更有限的 VFS 权限集；新的 vnode 操作 VOP_ACCESSX() 接受更细粒度的权限。所有文件系统都实现这两个操作中的一个，依赖于 VFS

层来提供所需的包装函数：例如，vop_stdaccessx() 使用 vfs_unixify_accmode() 将细粒度的 VFS 权限映射到旧文件系统支持的历史版本。实现 NFSv4 ACL 的文件系统必须实现较新的 VOP_ACCESSX()。

除了 VFS 权限的位掩码外，vnode 操作还接受以下信息：要操作的文件或目录、进程凭证和线程指针。

由于内部使用同一抽象，使得文件系统更易于实现多个访问控制模型：例如，UFS 的 ufs_accessx() 在每个挂载点上选择 POSIX.1e 或 NFSv4 ACL（有关 UFS 的讨论，请参阅第 9 章）。在这些 vnode 操作的内部，文件系统将加载任何必要的元数据（如 ACL），并进行文件系统特有的检查（例如，文件标志）。大多数文件系统依赖于三个授权函数的子集（它们模型相关，但与文件系统无关）：用于 UNIX 权限的 vaccess()，用于 POSIX.1e ACL 的 vaccess_acl_posix1e() 和用于 NFSv4 ACL 的 vaccess_acl_nfs4()。文件系统传递从 vnode 操作传过来的进程凭证，但也提取并直接传递文件元数据，如文件类型、属主、组和模式，以及模型所需的任何 ACL。访问控制实现将凭证数据和 VFS 权限位掩码与文件所有权、UNIX 模式位和 ACL 条目进行比较，成功时返回 0，失败时返回 errno 值。

5.7.2 对象属主与组

支持 DAC 的所有对象都具有属主和组，它们由存储为对象元数据的 UID 和 GID 对表示。对于文件系统对象，UID 和 GID 存储在 inode 的 i_uid 和 i_gid 字段中。对于 IPC 对象，UID 和 GID 存储为描述对象的内存数据结构的字段。

用户可以完全访问他们拥有的对象，并可以设置组字段、权限和可选 ACL，以控制其他用户和组的访问。对象 GID 的语义取决于所使用的 ACL 模型。对于 UNIX 权限，对象的组作用为：控制其他用户拥有的进程是否会受到该对象文件权限中的组或"other"条目的影响。

当进程创建新对象时，该对象将继承进程的有效 UID 作为其属主。新文件和目录在创建时从其父目录继承它们的组。新的 IPC 对象从创建进程的有效 GID 继承其组。使用 chown、fchown 和 lchown 系统调用在创建文件后可以修改文件的 UID 和 GID。更改文件的 UID 需要权限（如 root 权限）。属主可以将文件的 GID 设置为他所属的任何组。

5.7.3 UNIX 权限

在 UNIX 权限模型中，每个对象都具有关联的文件权限，这些权限描述授予对象属主、组和"other"的权限。在 UFS 中，文件权限存储为存储在 i_mode 字段中的 16 位文件模式的低 12 位，i_mode 的其余位则保存 inode 的文件类型。可以使用 stat、lstat 和 fstat 系统调用查询文件的属主和权限；可以使用 chmod、lchmod 和 fchmod 系统调用来设置权限。

当进程创建文件系统对象时，它们将初始权限指定为系统调用的参数。请求的权限将被进程的 umask 屏蔽，该 umask 指定可以在进程创建的任何对象上设置的最大创建时权限。解释 umask 取决于是否在文件系统上启用了 ACL。但是，常用的 022 umask 允许系统上的任何用户读取新对象，但是除非使用单独的系统调用显式设置，否则它们不会让任何用户都可以写入。

对文件权限的解释是在访问凭证的有效 UID、有效 GID 和其他组的上下文中进行的。系统将这些 ID 与 i_uid 和 i_gid 进行比较，以选择将在授权中使用文件的权限位掩码的哪个部分。每个文件都有三组权限位，分别对应于每个属主、组和 "other" 的读取、写入或执行权限。如果目标对象是目录，则读取位授权列出目录中的条目，执行位授权查找其下的其他文件和子目录。

vaccess() 函数结合了凭证、请求的 VFS 权限（和 UNIX 文件权限的映射关系如表 5-5 所示）、属主、组和权限位掩码，如下所示：

1）如果文件的 UID 与线程的有效 UID 相同，则仅检查属主权限，不检查组和其他权限。

2）如果 UID 不匹配，但文件的 GID 与线程的有效或其他 GID 匹配，则仅检查组权限，不检查属主和其他权限。

3）仅当线程的 UID 和 GID 与文件的 UID 和 GID 不匹配时，才会检查所有其他的权限。如果这些权限不允许所请求的操作，则它将失败。

表 5-5 VFS 权限到 UNIX 权限的映射

VFS 权限	UNIX 文件权限
VEXEC	S_IXUSR,S_IXGRP, S_IXOTH
VWRITE	S_IWUSR,S_IWGRP, S_IWOTH
VREAD	S_IRUSR, S_IRGRP, S_IROTH
VADMIN	文件属主
VAPPEND	S_IWUSR,S_IWGRP, S_IWOTH
VDELETE_CHILD	总是拒绝
VREAD_ATTRIBUTES	总是允许
VWRITE_ATTRIBUTES	映射到 VADMIN
VDELETE	总是拒绝
VREAD_ACL	总是允许
VWRITE_ACL	映射到 VADMIN
VWRITE_OWNER	映射到 VADMIN

如果上面的权限都不足以授权所请求的访问，则将检查特权并覆盖 DAC 保护。

另外三个模式位与 UNIX 安全模型有关。setuid 位和 setgid 位控制在执行二进制文件时的凭证 UID 和 GID 转换，如本章前面所述。还有一个特殊的位：黏性位。如果存在于目录的权限中，该位将阻止用户取消删除他们不拥有的子文件或子目录。此功能几乎专门用于

共享的 /tmp 目录。

5.7.4　访问控制列表

UNIX 权限允许用户以极少的存储或性能开销保护或共享数据，然而，模型的表示能力是有限的。组权限是文件属主可以将授予特定用户的权限与授予系统的任何其他用户的权限区分开来的唯一方法，但每个文件仅限于一个组。每当文件或目录必须将权限分配给以前未使用过的用户组合时，必须创建一个新组——而这在 UNIX 下需要系统管理员干预。在多用户环境中，UNIX 组代表项目或团队，权限模型无法轻松描述常见设置，例如一个目录可由一个组读写，另一个组只读，系统的其他用户无法访问。

文件权限可被视为访问控制列表（ACL）的降级形式：用户和组及给它们分配的权限的每对象列表。完整的 ACL 实现提供了更强大的表达能力，不过代价是增加了复杂性、存储开销和性能开销。FreeBSD 支持两种 ACL 模型：POSIX.1e，它强调与 UNIX 权限的兼容性；NFSv4，它是一种改进网络文件系统（NFS）和 Windows 之间互操作性的新模型，现在也被 Mac OS X 使用。UFS 支持简单的 UNIX 权限（默认），POSIX.1e ACL 和 NFSv4 ACL。ZFS 仅支持 NFSv4 ACL（有关 ZFS 的讨论，请参阅第 10 章）。不同的 ACL 模型可能具有明显不同的语义：不仅可以表达不同的权限，并且与传统的 UNIX 权限兼容程度不同，此外，受条目排序的影响，语义上可能也不同。例如，用户描述的 POSIX.1e ACL 是排序无关的（将在内部排序），相反，NFSv4 ACL 中，条目指定的顺序不同，权限的解释不同。

每个 ACL 由 acl 数据结构描述，它包含一个 acl_entry 结构的数组，如图 5-2 所示。每个条目都包含 tag、ID、文件权限、条目类型和标志（flag）。tag 和 ID 标识条目描述的主体——通常是 UID 或 GID。entry_type 和 flags 字段仅用于 NFSv4 ACL：前者表示特定 ACL 条目是授予还是拒绝权限；后者表示如何继承该 ACL 条目。perm 字段包含 ACL 模型特有的（授予或拒绝）权限的位掩码。

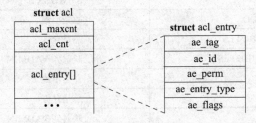

图 5-2　ACL 包含一个 acl 结构体，它内含一个 acl_entry 结构体数组

系统调用 API 是跨（ACL）模型可移植的：使用同一系统调用去检查、删除、获取和设置文件系统对象的 ACL，如表 5-6 所示。每个系统调用都接受以下参数：一个对象名称或文件描述符，一个指向用户内存中 acl 结构体的指针，以及一个 ACL 类型。在文件上设置的 ACL 必须是适当的类型，并且对目标有效（例如，默认 ACL 仅可以在目录上设置）；用

户空间程序可以通过 aclcheck() 系统调用测试 ACL 的内部一致性和对特定文件系统对象的适用性。表 5-7 列出了当前支持的类型，随着更完善的 ACL 模型的引入，将来可能会添加其他类型。ACL 模型允许一次在文件上设置多个 ACL：例如，POSIX.1e 支持目录上的访问和默认 ACL，分别控制访问控制和 ACL 继承。

表 5-6　ACL 系统调用适用于不同的 ACL 模型

接　口	描　述
__acl_aclcheck_fd()	通过文件描述符检查 ACL 是否有效
__acl_aclcheck_file()	通过路径（跟踪链接）检查 ACL 是否有效
__acl_aclcheck_link()	通过路径（不跟踪链接）检查 ACL 是否有效
__acl_delete_fd()	通过文件描述符删除 ACL
__acl_delete_file()	通过路径（跟踪链接）删除 ACL
__acl_delete_link()	通过路径（不跟踪链接）删除 ACL
__acl_get_fd()	通过文件描述符获取 ACL
__acl_get_file()	通过路径（跟踪链接）获取 ACL
__acl_get_link()	通过路径（不跟踪链接）获取 ACL
__acl_set_fd()	通过文件描述符设置 ACL
__acl_set_file()	通过路径（跟踪链接）设置 ACL
__acl_set_link()	通过路径（不跟踪链接）设置 ACL

表 5-7　ACL 模型可支持多种类型的 ACL

类　型	描　述
ACL_TYPE_ACCESS	POSIX.1e 访问 ACL
ACL_TYPE_DEFAULT	POSIX.1e 默认 ACL
ACL_TYPE_NFS4	NFSv4 ACL

支持 ACL 的文件系统实现了三个与 ACL 相关的 vnode 操作：VOP_GETACL()、VOP_SETACL() 和 VOP_ACLCHECK()。ACL 实现分为跨文件系统独立的 VFS 代码和特定文件系统实现。跨 ACL 模型和文件系统的可移植代码（包含 ACL 系统调用代码和用于管理 ACL 内存的实用函数）可以在 vfs_acl.c 中找到。模型相关的 ACL 代码可以在 subr_acl_posix1e.c 和 subr_acl_nfs4.c 文件中找到。这些文件包含用于替换 vaccess() 的 ACL 评估函数。他们检查 ACL 的有效性，并实现对新文件 / 目录的创建（例如，ACL 继承和模式初始化）。

支持 ACL 的文件系统做了三处改动以实现 ACL：它们通过实现 VOP_GETACL() 和 VOP_SETACL() 来提供特定文件系统对 ACL 的存储；它们在文件创建期间调用 VFS 层的 ACL 工具函数，以确保正确初始化新对象上的文件模式和 ACL；它们调用 VFS 层的 vaccess() 变体，根据需要传入加载的 ACL，以实现各种 ACL 模型的访问控制检查。

UFS 能够在每个文件的 inode 中存储文件属主、组和权限，因为它们所占的空间很小（每个 4 字节）。然而，ACL 要大得多（几百字节）。不同的是，它们存储在 inode 之外的扩展属性中。因此，读取和更新 ACL 需要额外的磁盘访问。UFS 使用系统扩展属性，可以防止直接修改 ACL 内容（哪怕是文件属主）。为了将尽可能多的访问控制逻辑集中化，UFS 使用 VOP_ACCESSX() 这个 vnode 操作来执行内部检查。ufs_vaccessx() 加载 ACL，然后根据文件系统上启用的 ACL 模型类型，调用 vaccess()、vaccess_acl_posix1e() 或 vaccess_acl_nfs4()。

5.7.5 POSIX.1e 访问控制列表

POSIX.1e ACL 扩展了 UNIX 权限，以提供更强的表达能力，代价是更高的复杂度、更多的存储要求和更大的性能开销。与文件权限模型一样，文件和目录具有属主的 UID、关联的 GID 和文件权限位掩码，这些位掩码保存属主、组和 "other" 的权限，这些权限构成文件 ACL 中的规范条目。POSIX.1e 允许使用进一步的文件权限来补充这些权限，以反映其他用户和其他组的读取、写入和执行权限。

所有文件和目录都具有访问 ACL 的权限，可在路径名查找和文件打开期间决定访问控制。访问 ACL 直接解决了多用户环境中 UNIX 权限遇到的许多问题：文件属主可以添加额外的条目，为多个用户和组分配特定权限，而不会受到同一组的限制，或在与很少用户合作时需要管理员干预来创建组。

在 POSIX.1e 中，ACL 有 6 个可能的标签值，如表 5-8 所示。对象属主、组和 "other" 条目是从 UNIX 模型继承的规范条目。掩码条目在兼容权限模型中起着关键作用。应用程序继续通过 open、mkdir 请求简单的文件权限，通过 chmod 和 umask 设置权限和掩码，并通过 stat 检索文件模式。同样，当看到 ls 列出的权限或通过 chmod 命令设置权限时，用户可以合理地预期合理的行为。当文件或目录中只存在规范条目时，通过权限设置或检索的组位（bit）会影响对象组（object-group）的 ACL 条目。但是，如果 ACL 中存在任何其他用户或组条目，则将出现新的掩码条目，其值将被设置或检索。在 ACL 评估期间，掩码条目限制任何非规范 ACL 条目授予的最大权限。因此，设置保守的 umask 或文件权限将导致以下结果：通过其他用户和组字段设置的权限将仅限于用户为文件组指定的权限。同样，ls 的文件模式输出将提供对文件上存在的任何 ACL 授予的权限的保守（过于宽松的）估计，更倾向于显示比实际存在更少（而不是更多）的保护信息。

表 5-8　POSIX.1e ACL 条目标签

标签值	描　　述
ACL_USER_OBJ	对象属主
ACL_USER	其他用户
ACL_GROUP_OBJ	对象组

（续）

标签值	描　述
ACL_GROUP	其他组
ACL_MASK	掩码
ACL_OTHER	其他

POSIX.1e ACL 评估过程由 subr_acl_posix1e.c 中的 vaccess_acl_posix1e() 函数实现。VFS 的权限映射到 POSIX.1e ACL 权限的关系如表 5-9 所示。它使用以下算法替换 vaccess() 的检查，该算法的返回值会传给第一个 ACL 条目，从而与线程的凭证进行匹配：

1）在文件或目录的访问 ACL（类型为 ACL_TYPE_ACCESS）中搜索对象属主、掩码和 "other" 条目，以便在评估的各个点查阅。

2）如果凭证的有效 UID 与对象属主 ACL 条目匹配，则根据条目的权限检查访问请求。如果权限足够，则返回成功，如果不足，则检查适当的特权以补足条目的权限，如果足够，则返回成功。否则，拒绝访问，不再查阅其他条目。

3）如果凭证的有效 UID 与其他用户 ACL 条目匹配，则根据条目的权限检查访问请求——权限仅限于 ACL 掩码条目授予的权限，如果足够，则返回成功。如果不足，则检查适当的特权以补足条目的权限，如果足够，则返回成功。否则，拒绝访问，不再查阅其他条目。

4）如果凭证的有效或其他 GID 中的任何一个与对象组条目或任何其他组 ACL 条目匹配，则根据条目的权限（仅限于 ACL 掩码条目授予的权限）检查访问请求。如果任何条目权限足够，则返回成功。

5）如果没有任何组条目的权限足够（不考虑特权），则将重试任何匹配过的组条目，并检查适当的特权以补足条目的权限，如果足够，则返回成功。否则，如果不存在任何待匹配的组，则拒绝访问，并且不会查阅其他条目。

6）最后，将查阅 ACL 的 "other" 条目，如果权限足够，则返回成功。如果不足，则检查适当的特权以补足条目的权限，如果足够，则返回成功。否则，访问被拒绝。

表 5-9　VFS 权限到 POSIX.1e ACL 权限的映射

VFS 权限	POSIX.1e ACL 权限
VEXEC	ACL_EXECUTE
VWRITE	ACL_WRITE
VREAD	ACL_READ
VADMIN	文件属主
VAPPEND	映射到 VWRITE
VDELETE_CHILD	总是拒绝
VREAD_ATTRIBUTES	总是允许

（续）

VFS 权限	POSIX.1e ACL 权限
VWRITE_ATTRIBUTES	映射到 VADMIN
VDELETE	总是拒绝
VREAD_ACL	总是允许
VWRITE_ACL	映射到 VADMIN
VWRITE_OWNER	映射到 VADMIN

如果存在任何非规范的 ACL 条目，则始终存在掩码条目，并且它将应用于除对象属主和"other"条目之外的所有条目。当多个组条目与凭证匹配时，则选择最佳匹配而不是第一个匹配的条目。匹配条目时，仅当条目的权限不足时才检查特权——特权检查的这种限制避免了不必要的特权行使，行使特权的行为可能在之后被记录在事件审计记录中。

此外，目录中创建新对象时，可能会使用默认 ACL（类型为 ACL_TYPE_DEFAULT），acl_posix1e_newfilemode() 函数将这些条目与系统调用 mode 字段、进程 umask 结合。FreeBSD 实现了 POSIX.1e 指定的行为，其做法是：允许 umask 限制 ACL 最终授予的所有权限。此行为不同于 Linux，Linux 允许目录的掩码条目覆盖 umask。这两种模型都有其优点：严格遵守 POSIX.1e，使得用户和应用程序在设置 umask 和文件模式时，始终保持权限模型的保守行为。允许掩码（mask）覆盖 umask，这使得这样创建项目目录成为可能：目录属主不必担心进程 umask 被其他用户如何设置，照样可以确保（比如说）文件始终是组可写的。

POSIX.1e ACL 的 UFS 实现使用 inode 的 UID、GID、mode 字段来保存规范的 ACL 条目。如果存在扩展 ACL，则会在扩展属性中放置其他条目。如果存在 ACL 掩码条目，则 inode mode 字段中的组权限将用于掩码条目，而对象组条目的权限将存储在扩展属性中。此方法与通过系统调用接口传递的文件权限一致，它也使用组位作为文件掩码，并在实现 stat 和 chmod 时避免使用扩展的属性操作。

5.7.6 NFSv4 访问控制列表

虽然 POSIX.1e ACL 是为兼容 UNIX 而设计的，但 NFSv4 ACL 的主要设计考虑因素是：访问 UNIX 服务器（通过网络文件系统或 CIFS 协议）的 Windows 客户端的兼容性。因此，NFSv4 ACL 建模在 Windows 文件系统 NTFS 提供的访问控制的基础上。主要是因为 FreeBSD 包含 ZFS，FreeBSD 对 NFSv4 ACL 采用了 Solaris 语义。因此这里必然存在设计的权衡：在 POSIX.1e ACL 中，兼容那些仅了解 UNIX 权限模型的用户和应用程序是关键目标，在 NFSv4 ACL 中，用户可能会遇到意外行为，因为 ACL 条目会覆盖更多 UNIX 系用户的预期。例如，为了更好地兼容 Windows 模型，如果某目录上没有写入权限，文件有某个 ACL 条目授予删除权限，则它可能会覆盖父目录的权限。

在 NFSv4 ACL 模型中，每个文件系统对象都有一个 ACL_TYPE_NFS4 类型的 ACL。与 UNIX 权限和 POSIX.1e ACL 相比，NFSv4 ACL 评估考虑了所有与凭证的有效 UID、有效 GID 和其他组匹配的条目，而不仅仅是与凭证匹配的第一个条目。

NFSv4 ACL 条目支持的标签集类似于 POSIX.1e ACL 中的标签集（参见表 5-10）。新增的标签 ACL_EVERYONE 允许对象属主指定适用于所有用户和组的权限。虽然对文件模式的更改确实会影响对 ACL 的解释，为了反映 ACL 更改也会去更新 mode，但 NFSv4 中没有 ACL_MASK 条目的概念。

表 5-10　NFSv4 ACL 条目标签

标签值	描　　述
ACL_USER_OBJ	对象属主
ACL_USER	其他用户
ACL_GROUP_OBJ	对象组
ACL_GROUP	其他组
ACL_EVERYONE	匹配所有用户 / 组

NFSv4 定义了 4 种类型的 ACL 条目：允许条目、拒绝条目、审计条目和警报条目。在 FreeBSD 中只实现了允许和拒绝条目；设置其他类型的 ACL 条目将返回错误。NFSv4 ACL 默认定义为拒绝：未被 ACL 条目明确授权的操作将被拒绝。此外，显式拒绝条目可以阻止任何可能由其他允许条目授予的访问。FreeBSD 的实现中，默认拒绝有一个例外：无论 ACL 内容如何，总是允许文件属主获取和设置文件的 mode 和 ACL。表 5-11 包含从 VFS 权限映射到 NFSv4 ACL 权限的完整列表。

表 5-11　VFS 权限到 NFSv4 ACL 权限的映射

VFS 权限	NFSv4 ACL 权限
VEXEC	ACL_EXECUTE
VWRITE	ACL_WRITE_DATA
VREAD	ACL_READ_DATA
VADMIN	文件属主
VAPPEND	ACL_APPEND_DATA（目录） ACL_WRITE_DATA（文件）
VDELETE_CHILD	ACL_DELETE_CHILD
VREAD_ATTRIBUTES	文件属主；ACL_READ_ATTRIBUTES
VWRITE_ATTRIBUTES	文件属主；ACL_WRITE_ATTRIBUTES
VDELETE	ACL_DELETE
VREAD_ACL	文件属主；ACL_READ_ACL
VWRITE_ACL	文件属主；ACL_WRITE_ACL
VWRITE_OWNER	ACL_WRITE_OWNER

　　vaccess_acl_nfs4() 中实现了 NFSv4 ACL 评估。该函数首先确定必须授予的 NFSv4 ACL 权限集：

　　1）access_mask 初始化为与所请求的 VFS 权限对应的 NFSv4 权限集，它由 _access_mask_from_accmode() 计算得到。

　　2）如果文件属主等于凭证的有效 UID，则从 access_mask 中删去 ACL_READ_ACL、ACL_WRITE_ACL、ACL_READ_ATTRIBUTES 和 ACL_WRITE_ATTRIBUTES。

　　3）如果目标对象不是目录并且请求了 ACL_APPEND_DATA，则将其替换为 ACL_WRITE_DATA。

　　接下来，vaccess_acl_nfs4() 必须确定 ACL 和其他属性（例如文件模式和所有权）是否会授权该请求：

　　4）调用 _acl_denies() 来遍历 ACL 条目并做评估，其结论将被存储在局部变量 denied 中。每次遇到匹配的允许条目时，它授予的任何权限都将从 access_mask 中删除。如果在任何时候遇到拒绝了 access_mask 中剩余权限的匹配条目，则变量 denied 将设置为 EPERM，并且 _acl_denies() 函数立即返回。如果在迭代条目时，access_mask 降为 0，则变量 denied 将设置为 0，并且 _acl_denies() 函数立即返回。如果到达 ACL 的末尾了，但是 access_mask 还没有降到 0，则变量 denied 将设置为 EPERM，这反映了采用的是默认拒绝模型。

　　在 _acl_denies() 返回后，会考虑其他几个可能拒绝访问的因素：

　　5）如果原始操作请求包含 VADMIN，并且有效 UID 不等于文件属主，则 denied 将设置为 EPERM。

　　6）如果已请求 VEXEC，且该对象不是目录，操作也尚未被拒绝，则 ACL 的等效文件权限由 acl_nfs4_sync_mode_from_acl() 计算。遵循和 execve 中强制执行的规则一样的规则，如果文件模式不包括 S_IXUSR、S_IXGRP 或 S_IXOTH，则 denied 将设置为 EACCES。

　　如果在这些测试后 denied 值为 0（成功），则 vaccess_acl_nfs4() 将返回成功，否则继续以下步骤：

　　7）如果设置了 VEXPLICIT_DENY，并且 _acl_denies() 并没有因为拒绝条目而失败，则返回成功。此测试仅在文件 unlink 期间使用，其中找到 VDELETE_CHILD 拒绝条目可以阻止 unlink 子目录中的孩子，但未能找到允许条目不足以导致其失败：在 UNIX 模型中，父目录的一般写入权限也是能够授权 unlink 操作的。

　　8）然后将对任何剩余的未授权权限使用适当的特权进行检查，这个检查可能会让 vaccess_acl_nfs4() 返回成功。

　　9）最后，选择一个错误值：如果操作需要文件或目录的所有权，或涉及 unlink 操作，则返回 EPERM；否则，返回 EACCES，它反映了 DAC 失败。

　　与 POSIX.1e ACL 不同，ACL 继承信息融合在单个 NFSv4 ACL 条目中，而不是存储在单独的默认 ACL 中。每个 ACL 条目的 flag 指示该条目是由新文件还是子目录继承，以及该条目是用于访问控制还是仅用于继承。acl_nfs4_compute_inherited_acl() 根据父目录的 ACL 和系统调用请求的权限（与 umask 结合）计算新创建的文件系统对象的 ACL。若满足以下条件之一，则 acl_nfs4_inherit_entries() 允许继承条目：条目不是对象属主条目、对象组条目或 everyone 条目；条目被标记为可被目录或文件继承，且对象不是目录，则只使用文件可继承的条目；条目类型必须是允许或拒绝。

与 POSIX.1e ACL 一样，UFS 已经付出了一些努力，使得只使用 inode 字段就能存储 NFSv4 里简单的 ACL；只有定义了更复杂的 ACL，它们才会因为装不下而存储到扩展属性中。在写出 ACL 之前，acl_nfs4_is_trivial() 负责执行此计算，其方法是：首先将 ACL 转换为文件模式，然后将其转换回 ACL，并确定它是否在语义上与原始 ACL 相同。两个 NFSv4 ACL 在语义上是相同的，当且仅当它们具有相同数量的条目，并且每个条目具有相同的标签、ID、权限、条目类型和 flag。

5.8 Capsicum 能力模型

21 世纪前 10 年中期后，操作系统安全研究侧重于多用户系统：自主访问控制和强制访问控制模型、细粒度特权、审计和虚拟化。随着 UNIX 系统被用于小型个人和移动设备，例如笔记本电脑、手机、平板电脑以及嵌入式和器械设备，本地操作系统安全性的目标发生了显著变化。开发人员不是去控制多个用户之间的交互，而是试图限制应用程序或应用程序组件的权限，以保护单个用户（系统所有者）远离应用程序漏洞，漏洞会被来自因特网的恶意内容利用。传统的操作系统安全概念（如用户和组）有时会在这些环境（Android）以及强制访问控制方案（iOS、SELinux）中使用，但事实证明它在区隔应用程序（有时也会称为特权分离）这个特殊问题上表现平庸。

应用程序区隔将程序分解为多个隔离的组件，每个组件以不同的权限运行，这样一个组件被攻击了，只会丢失其自身权限，而不是丢失组合起来的应用程序的总权限，从而减轻安全漏洞的影响。在 Provos 等人 [2002] 开创的早期工作以及 Kilpatrick[2003] 的类似工作中，目标是减少全能 root 权限被攻击者攻击获得，否则攻击者就可以执行任意代码了（例如缓冲区溢出）。在后来的 Reis & Gribble[2009] 的应用程序级研究和 Watson 等人 [2010] 的 OS 研究中，区隔也被使用在了无权访问系统特权的、复杂的、安全敏感的应用程序中，例如 Web 浏览器。这种方法的观点很简单：在具有单个用户的计算机系统中，系统上的所有关键数据都可供用户使用，而无须本地权限提升，用户有权访问自己的数据，这个事实让历史上设计的 root 权限的重要性降得很低。

Capsicum 是 FreeBSD 9 中首次提出的基于能力的方案，它为应用程序区隔提供了更好的操作系统支持。Capsicum 采用了历史上的能力系统的想法，它不强调全局授权（ambient authority）：相比允许所有进程命名所有系统对象，然后根据权限或标签执行显式访问控制，沙箱是通过程序驱动的委派获得对象的访问权限的。此方法符合安全敏感的应用程序的要求

（它们必须支持自己的分布式系统，或用户当面确认的安全模型，例如万维网的同源策略，或弹出带特权的文件打开对话框，点击其上的开关按钮，授予沙箱对文件的访问权限）。

5.8.1 Capsicum 应用体系结构

虽然启用 Capsicum 的简单的应用程序可能只包含单个沙箱进程，但实际上大多数复杂的应用程序都包含一组紧密互连的进程，这些进程统称为逻辑应用程序。通常，一个进程具有全局授权，充当网关和全局权限源，它将有选择地委托一些权限给封装特定保护域的一个或多个沙箱进程。例如，如图 5-3 所示的 Capsicum 化的 gunzip 由两个进程组成。第一个进程执行主循环，遍历命令行上的一系列路径名参数，而要通过路径名打开文件，则需要申请全局授权。它有选择地将打开的文件描述符委托给第二个沙箱进程，该进程从只读输入能力⊖中读取数据，对数据执行具有潜在风险的解压缩操作，并将解压缩的数据写入只写输出能力中。如果解压缩逻辑中存在允许任意代码执行的漏洞，则攻击者只能获取委派的能力，而不能获取全局授权（允许访问所有用户的文件）。

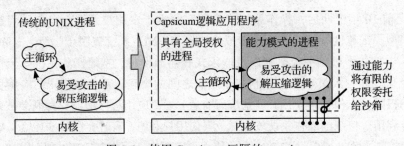

图 5-3 使用 Capsicum 区隔的 gunzip

多进程沙箱设计中必然存在着权衡：必须在上下文切换和进程间通信带来的性能开销与细粒度区隔的安全优势之间进行权衡；并且调试多进程程序要困难得多。例如，可以对 gunzip 进行改进，为每个正在解压缩的文件使用新的沙箱，进一步限制了泄露的数据和能力（假如在同一命令行上传入的几个文件之一被攻击）。但是，此限制的代价是，每个文件都要额外进行进程创建和销毁。Capsicum 已被证明用在各种高风险应用中很有效，但如何给软件加上区隔功能并降低其开销，依然有待研究。

5.8.2 能力系统

Capsicum 是一种混合能力系统，将历史上的能力系统研究的思想与现代 UNIX 设计相结合。在能力系统中，任务通过能力（不可伪造的权限标记）对所有资源进行操作。在基于能力的操作系统中，能力是指向对象的通信端点；通过将消息传递给实现底层对象的进程

⊖ 能力在这里指打开的文件句柄。——译者注

来实现对能力的调用。能力不仅包括对对象的引用，还包括限制可通过该能力调用的方法集的权限掩码。应用程序由能力链接的多组进程构成，每个进程都包含一个保护域，包括对系统中的整体能力的子集的访问权限。通过最小化每个进程所具有的能力，还可以最大限度地减少发生故障或漏洞被攻击时的损坏范围。

能力是不可伪造的，它们的完整性受到 TCB 的保护，TCB 阻止任务通过构造任意对象的能力来绕过保护模型。基于 OS 的方案，能力在内核中维护；用户空间代码使用每进程索引来标识系统调用应该在哪个能力上运行。进程可以通过创建新对象获得能力，从父进程继承能力，通过另一个进程（如通过消息传递）显式委托该能力，或通过从它们已经拥有的另一个能力派生出来。细化（refinement）允许进程为已经拥有其能力的对象创建新能力；新能力的权利必须是原始能力的权利子集。

能力系统支持在通信进程对之间构建等级和非等级的安全关系。等级关系是指一个进程拥有另一个进程的权利严格子集（非对称不信任）的关系。非等级关系是这样的关系：两个进程具有不同的权利集，但两者都不是另一个的严格子集（对称不信任）。两种类型的关系在应用程序区隔中都很有价值。

传统的沙箱关系是等级关系，因为沙箱相对于创建它的全局进程（ambient process）具有严格的权限子集——例如之前 gunzip 的例子。有用的非等级关系的一个例子是，在两个网络接口之间实现协议代理的两个进程，它们之间的有保证的（assured）管道就存在该关系。每个进程都有权在自己的接口上进行通信，并与其他进程进行通信；但是，它们都没有权限直接访问对方的网络接口。此限制允许两个进程对其接口上发送和接收的消息施行防御性规则，即使另一个进程已被攻击。

Capsicum 扩展了 UNIX 语义，以三种方式引入能力系统行为：文件描述符被修改为具有类似能力的属性；添加了一种新的能力模式，限制了进程对全局授权的使用；引入了新的基于能力的原语，例如进程描述符，以将 UNIX 服务转换为更适合基于能力的软件设计的形式。

5.8.3　能力

在 UNIX 中，文件描述符具有许多能力的属性：内核保护它们的完整性，使它们不可被伪造，它们不仅封装对象的引用，还封装特定于引用的访问权限，并且可以跨 fork 继承或使用 UNIX 域套接字在进程之间传递。尽管存在相似之处，但依然存在显著差异，需要修改文件描述符模型以构建能力系统。也许最重要的是，在许多和文件描述符相关的系统调用中，只有少数由现有的每描述符 f_flag 访问权限掩码控制。例如，open 返回的只读描述符将不允许执行写入 I/O 操作；但是，无论打开时的 flag 如何，都允许执行 fchmod 系统调用。在文件描述符被创建之后（委托给其他进程之前），无法修正文件描述符的权限。

在 Capsicum 中，通过引入一种新型的文件描述符来解决这些问题，它就是能力，它允许以适合于委托给沙箱的细粒度方式限制和优化权限。表 5-12 中说明的能力权限对应于文件描述符的常见操作。一旦持有，对象的能力可以作为参数传递给可以传递原始文件描述符的任何系统调用，但需要存在适当的权限。系统调用与权限之间没有一对一的映射关系：系统调用可能需要多个权限，而单个权限可以授权多个系统调用。例如，write、writev、pwrite 和 pwritev 系统调用都需要 CAP_WRITE 来授权对文件描述符进行写操作。但是，pwrite 和 pwritev 在文件描述符的当前偏移以外的位置写入时也需要 CAP_SEEK。相反，lseek 只需要 CAP_SEEK。

表 5-12 部分能力权限

能力权利	授权文件描述符操作
CAP_READ	读取或接收
CAP_WRITE	写入或发送
CAP_SEEK	修改偏移量或者在非当前位置读 / 写
CAP_FCHDIR	设置工作目录
CAP_FCHFLAGS	设置文件 flag
CAP_FCHMOD	修改文件模式
CAP_FCHOWN	修改文件属主
CAP_LOOKUP	用作 at() 操作的起始目录
CAP_KQUEUE_EVENT	测试 kqueue 上的事件
CAP_KQUEUE_CHANGE	修改在 kqueue 上监控的事件
CAP_ACCEPT	接受套接字
CAP_LISTEN	创建监听套接字

使用 cap_rights_limit 系统调用来创建能力，类似于 dup2，它接受现有的文件描述符（可能已经是一种能力）和请求的访问权限掩码，返回一个带有该新掩码的新能力。如果请求的掩码包含任何尚未被参数中传入的能力所持有的权限，则操作将失败，从而强制单调减少权限。

能力是通过嵌入在每个文件描述符数组条目（filedescent 结构体）中的 filecaps 结构体实现的。描述符的能力权限包括授权对描述符进行系统调用的基本 CAP_ 权限的掩码，如图 5-4 所示。它还包括允许的特定 ioctl 和 fcntl 命令的白名单。ioctl 操作是设备相关的，因此系统调用上的常规掩码单独提供的粒度不足以有效地将设备节点委托给沙箱。例如，白名单允许高可用存储守护程序（hastd）委派内核 GEOM_GATE 设备，同时仅允许合适的 ioctl 命令。

在系统调用中查找文件描述符时将被评估能力，通常发生在 fget() 中，该函数接受操作所需的能力权限的掩码作为参数。fget() 调用 cap_rights() 来提取文件描述符的权限集，然后将其传递给 cap_check()，以确认权限足以授权对此特定对象的当前系统调用。

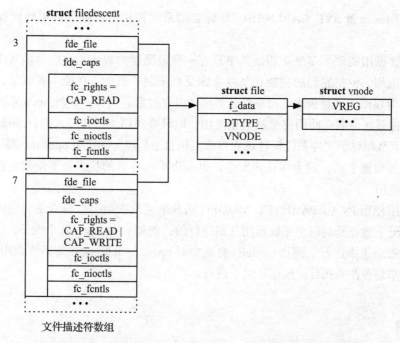

图 5-4　每个文件描述符数组条目持有一个控制访问的能力掩码

5.8.4　能力模型

在严格的能力系统中,全局能力被分配给第一个进程,所有其他能力将直接或间接地从中派生,然后系统运行时在后代进程中进行分发。在 UNIX 中,访问全局命名空间(例如通过 open 可访问的文件系统命名空间)使进程能够获取未被委托的能力。因此,Capsicum 区分了常规 UNIX 进程(保留全局授权)和使用能力模式的进程(能力模式中,访问全局命名空间将被拒绝)。系统必须为能力模式进程委派它们要使用的任何权限,支持基于能力模型的细粒度沙箱。这种混合方法允许部分应用程序以用户的全部权限运行,但其他应用程序可能只能访问显式委派的文件、目录、设备或网络连接。

进程通过调用 cap_enter 系统调用进入能力模式,该调用在进程凭证的 cr_flags 字段上设置 CRED_FLAG_CAPMODE 标志。fork 创建的子进程继承父进程凭证,因此也继承了能力模式标志。进程可以使用 cap_getmode 查询它们是否处于能力模式,但是并没有系统调用来清除标志和退出能力模式。在能力模式下,所有系统调用都必须实现能力规则:它们的操作必须限定为当前进程或使用文件描述符参数命名的对象。

当与常规文件和目录描述符参数一起使用时,自然实现能力规则的系统调用不受限制,例如,read 和 write 系统调用不受能力模式的限制。类似地,某些系统调用仅作用于本地进程,例如 getuid 和 signal,它们也不受限于能力模式。这些调用列在 capabilities. conf 中,这会在编译内核时在其系统调用描述中设置 SYF_CAPENABLED 标志。当能力模式进程调用未设置 SYF_CAPENABLED 标志的系统调用时，系统调用处理程序将返回 ECAPMODE。

某些系统调用实现了多个功能，其中只有一些遵循能力规则。在能力模式中，允许使用这些系统调用，但是它们的功能在某些方面受到限制。例如，在能力模式下，允许使用 shm_open，但仅限于创建匿名（而非具名）共享内存对象。同样，虽然 open 系统调用因依赖于全局文件系统命名空间而完全被阻止使用，但只要仅用于打开传入的目录描述符"下"的文件（而不是相对于文件系统根目录或当前工作目录）就允许使用 openat。实现文件系统子树的委托是很棘手的，因为存在并发性，也因为唯一有效的技术似乎是禁止在能力模式路径查找中使用".."。

系统调用使用 IN_CAPABILITY_MODE() 函数来实现限制，它检查是否应限制当前线程。少数情况下检查是对每个系统调用分别进行的，例如 shm_open 这个例子，但是在多数情况下，检查会集中进行，例如 namei() 会集中对 openat、fchmodat 等系统调用执行检查，检查查找操作是否在委托目录描述符之下进行。

5.9 Jail

Jail 最初是在 FreeBSD 4.0 中引入的，它是一个轻量级的基于操作系统的虚拟化框架，允许将 FreeBSD 系统的子集安全地委派给 guest root 用户 [Kamp & Watson，2000]。guest 实例的管理员（称为 Jail）可以持有 root 访问权限，管理自己的用户和组，安装第三方软件包，以及安全地执行各种其他管理活动，而不会使主机系统面临风险。当配置为使用 ZFS 时，guest 管理员还可以管理数据集，设置配额和准备快照，以上行为都只能在他们单独的 Jail 中本地化操作。结合最新的 IPC 和网络堆栈虚拟化功能，管理员可以被授予管理网络属性（如路由、VLAN 和防火墙）的能力。从 FreeBSD 9.0 开始，资源控制能力得到增强，它允许对 Jail 进行资源限制设置并严格执行，包括 CPU 时间、驻留内存使用量、打开文件数、交换空间使用量、进程数和线程数。

Jail 广泛用于限制集成的系统级应用程序，例如数据库 /Web 服务器组合，其中独立运行的服务可能需要 root 权限，但也必须安全地共享单个服务器系统。它们是 Internet 服务提供商（ISP）特别受欢迎的工具，因为客户可以为他们管理的系统授予管理权限（包括 root 权限），同时还允许在单个服务器上进行高密度托管——单个服务器上托管数百甚至数千个虚拟实例。安全性高和托管密度大是经常被提起的虚拟化的好处，但还有其他一些好处——尤其是大量更小和更专业的安装可以更容易管理，并且在应用程序具有复杂和敏感的包依赖时，避免组合升级变得棘手。

Jail 的起源是 chroot（change root）系统调用，它负责转换进程的文件系统命名空间，方法是通过将进程本地的根 vnode（fd_rdir）修改为与启动时全局根 vnode 不同。chroot 早期用于促进可重复的软件构建，但在 20 世纪 90 年代，它成为限制系统守护进程（如匿名

FTP 服务器）的流行技术。后来发现，该技术既不够方便，也不够安全。实际上，更改进程的根目录很棘手，因为应用程序通常需要访问系统配置文件、库和 IPC 通道，而这些都是通过文件系统命名空间才能触达的。这些要求有时会导致需要将系统内容复制到每个应用程序的根目录中，例如，当 BIND 的具名守护进程（named daemon）为了安全而运行 chroot 时，它需要挂载自己的 devfs。

更重要的是，chroot 是设计作为一种命名空间转换工具而不是安全工具：存在许多非文件系统的系统调用，能够访问全局资源，这些资源可能允许"逃离"chroot 的约束，或者能够以某种方式对系统操作产生负面影响，而沙箱模型是绝不允许它发生的。例如，一些 FreeBSD 支持的体系结构，具有不受 chroot 限制的机器相关的系统调用，这些调用提供了对硬件 I/O 空间（属于 root 用户进程）的直接访问。最后，与可用性和安全性都有关的是，chroot 需要 root 权限，因为更改文件系统命名空间的能力会影响 setuid 二进制文件的安全性，setuid 二进制文件依赖于系统目录（例如 /usr/lib 和 /etc）的不可侵犯，以确保操作的正确和安全，而能够改变这些路径指向的位置可能导致安全漏洞。

凭借无特权的沙箱原语和以应用为中心的安全模型，Capsicum 现在已经替换掉 chroot，成为单个应用程序中首选的限制手段。Jail 解决了 chroot 的另一个重要使用场景：为一组应用程序提供自己的文件系统命名空间，实现类似虚拟化的效果。Jail 复用 chroot 的思想来实现轻量级的文件系统虚拟化；它还解决了可能会"逃逸"的技术问题，以及限制或拒绝使用一些系统服务，这些服务可能允许 Jail 中的进程产生更多全局影响。后一种概念必须是可配置的，因为对系统服务的可用性和范围的合适限制，会随着部署环境及其应用的特定要求而变化。

Jail 是一组进程的集合，它们具有一组通用命名空间转换（包括文件系统根目录）、虚拟化网络、IPC 子系统以及进程间操作的相互可见性。在内核中，每个 Jail 由引用计数的 prison 结构表示，如图 5-5 所示。借助于进程凭证中的 cr_prison 指针，每个进程都在一个 Jail 中。在引导时，第一个用户进程 init 被放置在静态分配的 prison0 中。与其他凭证属性一样，Jail 引用在 exec 和 fork 时是可继承的，除非显式更改，否则新进程将与其父进程在同一个 Jail 中。Jail 可以嵌套，由一个 prison 结构的树（由 pr_children、pr_sibling 和 pr_parent 字段链接而成）表示。Jail 扩展了 chroot，添加了许多限制：

❑ 通过区分每个进程的当前根目录（fd_rdir）和 Jail 根目录（fd_jdir），防止进一步使用 chroot 进行"逃逸"。在评估".."查找时，两个目录都将进行测试（并在非法时阻止）。引入嵌套 Jail 后，必须遍历 pr_parent 指针来检查每个祖先 Jail 的根。

❑ 限制 Jail 中 root 拥有的进程可用的权限集，例如，限制不允许加载内核模块或直接访问内核空间内存。

❑ 阻止不在同一个 Jail 中的进程的进程间操作，例如，它们不允许 Jail 内的进程使用 kill 给 Jail 外或在其他 Jail 中的进程发出信号，也不允许使用 ptrace 将调试器关联到这些进程。

❑ 不允许 Jail 中的进程将套接字绑定到尚未委托给 Jail 的 IPv4 和 IPv6 地址。同样，它们强制回环网络请求仅连接到 Jail 中绑定的套接字。

❑ 禁止 Jail 内的进程打开已被另一个 Jail 使用的终端设备，以防止通过伪终端捕获或伪造用户输入。

❑ 限制只对 Jail 安全的文件系统使用 mount 系统调用，这类文件系统在其 VFS 声明中标记为 VFCF_JAIL：nullfs、tmpfs、procfs devfs 和 ZFS。

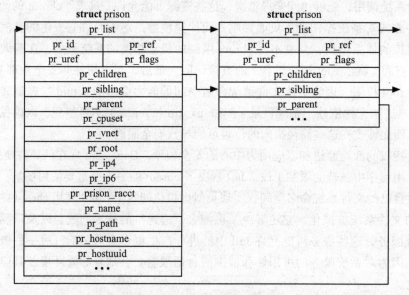

图 5-5　prison 结构是 Jail 的内核表示

Jail 使用几种跨各种内核子系统的策略来实现这些保护。完全阻止的服务（例如 Jail 不安全的文件系统）受到 Jail 保护，会对进程凭证调用 jailed()。集中式 priv_check() 函数调用 prison_priv_check() 来验证 Jail 对白名单请求的权限，示例如表 5-13 所示。Jail 通过重写系统调用参数来实现某些约束，例如，IP 地址的使用被限定在特定范围内，调参方法是重写 bind 和 connect 的 sockaddr_in 参数，替换 INADDR_ANY 为 Jail 自己的 IP 地址。最后，系统调用（如 ptrace）会检查其参数是否满足适当范围：p_candebug() 检查如果调用进程在 Jail 中，则目标进程应当位于同一个 Jail 中。伪终端访问被做了类似的范围限定，它通过将打开的终端设备打上标签来实现（标签为首先打开它们的进程的 Jail）；如果进程不在同一个 Jail 中，后续尝试打开设备将失败。

表 5-13　Jail 托管的进程允许和拒绝的权限示例

特　权	Jail 内是否具有该权限?
PRIV_ACCT	否
PRIV_SETDUMPER	否

（续）

特　权	Jail 内是否具有该权限？
PRIV_KENV_SET	否
PRIV_KENV_UNSET	否
PRIV_KLD_LOAD	否
PRIV_KLD_UNLOAD	否
PRIV_CRED_SETUID	是
PRIV_CRED_SETEUID	是
PRIV_CRED_SETGID	是
PRIV_CRED_SETEGID	是
PRIV_CRED_SETGROUPS	是
PRIV_VFS_READ	是
PRIV_VFS_WRITE	是
PRIV_VFS_ADMIN	是
PRIV_VFS_EXEC	是
PRIV_VFS_LOOKUP	是
PRIV_NETINET_RESERVEDPORT	是
PRIV_NETINET_REUSEPORT	是
PRIV_NETINET_IPFW	仅限于 VNET
PRIV_NETINET_DIVERT	仅限于 VNET
PRIV_NETINET_PF	仅限于 VNET

　　进程创建新 Jail 最简单的方法是通过 Jail 系统调用，该调用接受 Jail 结构，由其指定新的根目录、主机名、Jail 名称以及 IPv4 和 IPv6 地址列表。在执行所请求的二进制文件之前，Jail 程序小心地关闭来自 Jail 外部的任何打开的目录描述符和资源，它们可能会允许"逃逸"。系统为每个 Jail 分配一个唯一的 Jail ID（JID），之后可以将其指定为其他系统调用的参数，这些调用将在 Jail 创建后作用于 Jail。进程可以使用 jail_attach 系统调用关联到现有的 Jail，这允许从外部将新命令注入 Jail 中；另外需要极其小心，防止资源意外泄露到 Jail 中。我们可以使用 jail_remove 系统调用销毁 Jail，这将终止 Jail 中的任何进程。

　　在 FreeBSD 8.0 中，引入了新的系统调用，以简化对日益灵活和可配置的 Jail 的管理。jail_get 和 jail_set 系统调用允许使用 JID 在现有 Jail 上获取和设置名称 – 值对变量集。Jail 可能的选项名称如表 5-14 所示。在 FreeBSD 8 中，Jail 还与实验性的 VIMAGE 工具集成，后者允许 IPC 和网络堆栈虚拟化，在第 12 章和第 13 章中对其有更详细的描述。启用此功能后，Jail 内的 root 用户可以管理每个 Jail 的防火墙和路由表，也可以使用 tcpdump 之类的包嗅探工具。它将虚拟（或真实）网络接口分配给 Jail，而不是委托 IP 地址。

表 5-14　jail_get() 和 jail_set() 使用的 jail 选项

Jail 选项	描　　述
jid	Jail ID
children.max	嵌套 Jail 的最大个数（0 表示禁止创建嵌套 Jail）
devfs_ruleset	指定 Jail 内使用的 devfs ruleset
enforce_statfs	禁止使用 statfs() 从其他 Jail 导出文件系统
host	虚拟化 hostname 标志位
host.hostname	gethostname() 返回的名字
host.domainname	getdomainname() 返回的名字
host.hostuuid	Jail UUID
host.hostid	kern.hostid sysctl() 的返回值
ipv4	启用 IPv4 的标志位
ipv4.addr	IPv4 地址列表
ipv4.saddrsel	IPv4 源地址自动选择的标志位
ipv6	启用 IPv6 的标志位
ipv6.addr	IPv6 地址列表
ipv6.saddrsel	IPv6 源地址自动选择的标志位
name	Jail 名字
path	根目录
persist	没有进程标志依然保留 Jail
securelevel	每 Jail 的安全级别
vnet	虚拟化网络堆栈标志位
allow.set_hostname	允许设置 kern.hostname sysctl()
allow.sysvpic	允许访问 System V IPC
allow.raw_sockets	允许使用原始套接字
allow.chflags	允许设置系统文件的标志位
allow.mount	允许挂载 Jail 安全型文件系统
allow.quotas	允许 quota 操作
allow.socket_af	允许不限量使用 socket 地址族
allow.mount.devfs	允许挂载 devfs
allow.mount.nullfs	允许挂载 nullfs
allow.mount.zfs	允许挂载 zfs
allow.mount.procfs	允许挂载 procfs
allow.mount.tmpfs	允许挂载 tmpfs

与基于虚拟机管理程序的虚拟化系统（如 bhyve）不同，Jail 在所有实例之间共享一个

内核，从而有显著高于虚拟机方法的效率，支持更整体的调度和内存管理，并通过基于操作系统的常规 IPC 原语（如管道和套接字）促进虚拟机之间的共享。通过 nullfs 挂载和 ZFS 写时复制功能，系统可以最大限度地减少 Jail 存储空间，同时还可以简化许多虚拟系统的管理。另一方面，guest 管理员更容易感知到基于 Jail 虚拟化的存在，因为他们无法升级内核版本，无法使用需要访问内核内存的工具，也无法直接访问硬件。与基于 hypervisor 的解决方案（如 Xen）相比，Jail 还共享更大的通用 TCB，其中相互不信任的访客之间的常见攻击面仅限于较窄的超级调用接口和常见的半虚拟化后端驱动程序（如第 8 章所述）。自开发以来，FreeBSD Jail 推广的方法也被其他系统采用，包括 Solaris Zones 和 Linux Containers。

5.10 强制访问控制框架

强制访问控制（MAC）描述了一类安全模型，该安全模型中系统或安全管理员定义的策略约束所有系统用户的行为和交互。在 DAC 中，对象属主可以自行决定保护（或共享）对象，而 MAC 则不管用户的偏好如何，强制执行系统范围的安全不变量。安全研究文献已经定义了一系列不同的强制性安全策略，其中最有影响力的策略将在下一节中介绍。用户和社区对设备和嵌入式系统（如防火墙和智能手机）的特定产品安全定制也很感兴趣。但是，开发者并不希望将所有可能的安全模型直接集成到 FreeBSD 中，也不希望在每个 FreeBSD 派生产品中鼓励对 OS 内核进行广泛且难以维护的本地修改。

MAC 框架为以下问题提供了一个合理的解决方案：一个内核态的访问控制扩展基础设施能够用于表示许多不同的策略，提供改进的可维护性和显著的灵活性（这些受到操作系统供应商的支持）[Watson 等，2003；Watson，2012]。与设备驱动程序框架和 VFS 类似，MAC 框架允许策略使用定义良好的内核编程接口（KPI）来修改内核安全策略，这些策略被编译到内核中，或封装在内核模块中。策略模块可以增强内核访问控制决策，并利用公共的策略基础设施（如给对象打标签）来避免代码复制或直接修改内核的需求。与先前为访问控制扩展提出的文件系统堆叠不同，该框架支持执行跨越各种内核对象类型（从文件到网络接口）的普遍存在的策略。该框架还支持访问控制策略与内核并发模型的紧密集成，这与系统调用插入并不相同（另一个广泛讨论的内核访问控制扩展技术 [Watson，2007]）。

5.10.1 强制策略

早期的强制安全模型专注于信息流，并要求在所有内核服务中普遍实施。Bell 和 LaPadula 的多级安全（MLS）通过控制操作系统内的信息流来保护机密性 [Bell & LaPadula，1973]。Biba 完整性策略是 MLS 的逻辑对偶，它负责保护完整性 [Biba，1977]。Fraser 的低水位强制访问控制（LOMAC）是一种完整性策略，可跟踪系统中污染的动态流 [Fraser，2000]。这些模型负责维护不变量，做法是允许或拒绝导致信息升级或降级的操作。为了达到这个效果，他们将含有策略相关元数据的安全标签放置在主体（凭证）和客体（文件、套接字等）

上，以支持访问控制决策。

在 MLS 中，主体标签表示用户的安全许可，而客体标签表示客体分类；在 Biba 和 LOMAC 中，标签代表主体和客体的完整性。信息流控制是通过控制读写功能的使用来实现的，例如，在 MLS 中，不允许具有 SECRET 许可的用户将秘密数据"向下写"[⊖]到标记为 UNCLASSIFIED 的文件中；同样，不允许具有 SECRET 许可的用户从标记为 TOP SECRET 的文件中"向上读"绝密数据。相反，完整性模型可防止低完整性数据的向上流动，阻止将数据从低完整性主体向上写入更高完整性的文件。Biba 防止"向下读"的做法是阻塞低完整性文件上的读操作，而 LOMAC 允许"向下读"操作成功执行，但会对读方的主体标签进行降级，防止后期写入更高完整性的客体，保持相同的信息流不变。

Boebert 的类型强制执行（Type Enforcement，TE）和 Badger 的域 - 类型强制执行（Domainand Type Enforcement，DTE）也很有影响力，TE 在 SELinux 和 McAfee 的基于 FreeBSD 的 Sidewinder 防火墙中广泛部署 [Boebert & Kain，1985；Badger 等，1995；Loscocco & Smalley，2001]。两种模型都具有灵活性和细粒度，主体和客体标有符号化的域和类型。管理员控制的规则集定义了如何解释这些标签，授权允许的交互和域转换。系统可以允许 user_d 域中的进程读取（但不能写入）system_t 类型的对象，而不管文件系统所有权和权限如何。域之间的转换是通过执行特殊标记的程序而发生的，执行方式类似于 setuid 二进制文件，转换受策略约束。进程也可以动态地在域之间转换，同样受策略约束。

最后，很多类型的强化策略也是彼此相关的，各种强化策略普遍采用较少原则的方法，但以更加以系统为中心的方式，提供对操作系统级服务和功能的直接控制，而不是依赖于抽象的信息流或以标签为中心的方法。例如，ugidfw 文件系统防火墙策略允许一组全局系统管理员定义的规则来控制用户、组和文件 / 目录的交互，就和网络防火墙类似。此策略在概念上与 TE 类似，但仅适用于文件系统，并依赖于进程凭证的现有 UID 和 GID 元素，而不是依赖补充的安全标签。

5.10.2 设计的指导原则

明确的访问控制可扩展性和与下游系统供应商的接合的双重目标促成了几个哲学和编程上的设计原则：

1）不要承诺特定的访问控制策略，因为没有就单一真实策略甚至策略语言达成过共识。因此，策略由 C 代码实现，C 代码可以动态地计算结果（可能基于可配置的策略或标签），也可以实现纯静态的决策。

2）避免特定的策略侵入内核子系统：将这些细节封装在与策略无关的内核接口之后。这种方法自然促成了以对象为中心的设计：访问控制检查与主体（进程凭证）、客体和方法相关。

3）为避免代码冗余，提供了与策略无关的基础设施，例如访问控制检测点、标签存储、标签 API 和跟踪。如果可能，用户 API 也做到策略无关以允许共享命令行工具。

⊖ 上下指安全级别。——译者注

4）策略的作者在安全和性能之间做权衡。MAC 框架支持很重的策略设计（例如 Biba 和 MLS 所需的对网络数据包无处不在的标记），但只有使用这些功能的策略才需要为它们付出性能代价。

5）支持多个同时存在且独立的策略。大多数商业可信系统包括至少两种不同的强制性策略：用于机密性的 MLS 和用于 TCB 保护的 Biba。此方法允许第三方在基本操作系统策略到位时扩展安全模型。在可能的情况下，对同时加载的策略提供可预测的、确定的和理想的合理组合。

6）强制使用简化保险 (assurance) 参数的结构体。在 Anderson 的说法中，MAC 框架充当引用监视器：防篡改，总是被调用，并且小到足以进行分析和测试 [Anderson，1972]。防篡改和不可跳过的目标是通过内核强制执行访问控制策略来实现的。可分析性的目标是通过策略和机制的分离来完成的。访问控制策略可以与它们保护的服务以及允许其实施的框架分开验证。

7）为日益并发的操作系统内核而设计。目前即使是手持系统也已经强化了原生并行性，对内核可伸缩性的要求也在增长，鉴于此，新的安全策略不仅要能正确运行，还需要能随着其保护的内核功能一起扩展。

5.10.3　MAC 框架的体系结构

MAC 框架的体系结构（如图 5-6 所示）由一个瘦服务层组成，它连接了安全感知的用户应用程序、内核服务和访问控制策略模块。策略使用框架的基础设施来检测与策略相关的内核安全决策，在对象上存储和检索安全标签，以及与其他加载的模块动态组合。此外，MAC 框架实现了一组 DTrace 探测器，支持使用 D 脚本语言进行调试和分析，请参见 3.8 节。该框架还公开了与策略无关但安全感知的系统调用，因此与策略无关的监视和管理工具（如 getfmac 和 setfmac）可以查询和操作对象上的标签。定义了几个不同的接口：

❑ 内核服务入口点 KPI 由内核服务调用，比如被虚拟文件系统（VFS）和进程间通信（IPC）调用，以将对象事件（如分配和销毁）通知 MAC 框架用于进行访问控制检查。定义了大约 240 个入口点，大多数表示特定对象类的特定方法。通常，访问控制入口点采用主体（通常由进程凭证表示）调用方法作用于客体的观点。内核子系统负责以 void* 指针的形式为其对象上的标签提供不透明存储，它由框架维护。

❑ 策略入口点 KPI 位于 MAC 框架和已注册策略之间。虽然在参数集中添加了显式标签引用，但许多策略入口点依然直接对应于内核入口点。这些标签引用由策略生命周期事件和可用于策略的基础设施功能库（如内存分配和标签存储）进行补充。策略模块需要实现和调用它们所需的那些 KPI，并且对象标签存储方式的细节对策略是不透明的，以使它们隔离于内核实现细节的变化。

❑ 标签管理 API 允许用户空间程序在各种对象类型（包括文件、套接字和进程）上查询和设置安全标签，而无须了解已加载策略的详细信息。

❑ 一组 DTrace 探测器允许使用 D 脚本监视框架操作：探测器在进入时可用，并从每个 MAC 框架访问控制入口点返回，提供对参数和返回值的访问，以便可以监视或操纵决策。

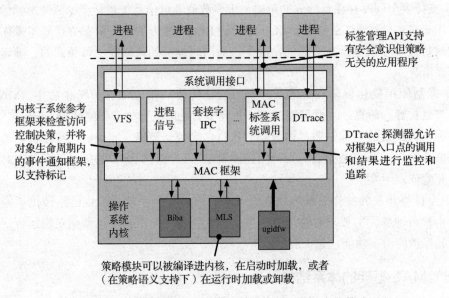

图 5-6　MAC 框架是可插拔的框架，用于增强内核策略

5.10.4　启动框架

为了满足引用监控器的不可跳过性要求，系统必须在第一个用户进程 init 开始执行之前，完成 MAC 框架的初始化，并准备好处理访问控制检查。无处不在的标记策略（如 Biba 和 MLS）要求框架可以更早地使用，以便从一开始就在所有内核对象上维护安全标签。因此，框架会在引导的早期初始化——在内核内存分配器、控制台和锁原语可用之后，但在设备探测和进程创建开始之前。初始化分几个阶段进行：

1）初始化框架数据结构、锁和内存分配。

2）注册编译到内核或在引导之前加载的策略。

3）设置全局 mac_late，指示从此时起，可以分配由框架控制的内核对象了。

4）进入 MAC 框架稳定状态，并继续内核引导。

mac_late 之后加载的策略无法确保它们能完全访问所有受控对象上的所有事件，并且无法依赖于在策略注册之前就分配的对象存在的标签内存。这些约束与许多以 UNIX 为中心的策略，甚至一些标签策略兼容，但不兼容 MLS 和 Biba 等策略（它们需要无处不在的标签和控制，以强制执行信息流约束）。实际上，目前在内核停止时，并不需要进行特殊操作。

5.10.5 策略注册

策略必须在 MAC 框架中注册，以检测访问控制决策，接收对象生命周期内的事件和标记对象类别和访问框架服务。内核链接器使用链接器集工具识别内核和模块中的 MAC 策略。每个策略都声明一组属性，包括是否可以在引导后关联策略（即在设置 mac_late 之后），以及是否可以卸载策略。这些属性存储在静态分配的每策略数据结构 mac_policy_conf 中，如图 5-7 所示，mac_policy_conf 还包括对策略入口点完整集合的引用，它们存储在 mac_policy_ops 结构中。

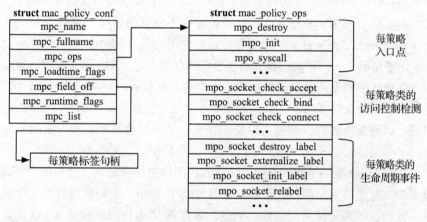

图 5-7　MAC 策略使用 mac_policy_conf 和 mac_policy_ops 数据结构进行描述

当内核服务调用入口点时，加载的策略集在该调用的生命周期内是稳定的；尝试更改已加载策略集必须先等待让进行中的调用结束之后才能继续。此设计可确保访问控制检查的实现一致性，并防止实现中的竞争，例如在卸载模块后，在策略中就不应当使用该模块的代码。

图 5-8 说明了策略的生命周期：在策略注册和注销期间，分别调用 MAC 策略的 mpo_init() 和 mpo_destroy() 这两个入口点。在两个入口点上都持有独占的框架锁，以确保策略上的所有稳态入口点调用都被两个事件保护起来，从而保证策略初始化和清理是安全的。

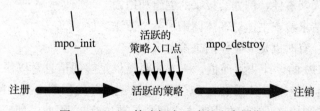

图 5-8　MAC 策略拥有显式的生命周期

5.10.6 框架入口点设计考量

内核服务入口点 KPI 是内核子系统（如文件系统和网络堆栈）在安全相关事件和决策

中使用引用监视器的方法。MAC 框架尽可能采用这样的观点：内核子系统实现实例可能被打标签的对象，以及实现在方法调用时通过控制来充分实施的策略。这种方法非常适合内核体系结构，该方案通常采用面向对象的结构（尽管 C 语言缺少对面向对象语言功能的支持）。

在大多数情况下，利用系统调用分析提供给用户空间的 API，这能够得出哪些对象需要保护：套接字、管道和文件上的方法，使用框架进行保护看起来就很自然。在其他情况下，设计选择就没有那么清晰：是否所有 sysctl 管理信息库（MIB）节点都是独立的对象，且每个对象都有自己的标签？是否应该将它们统一视为具有读写方法的单个对象？ MAC 框架采用后一种方法，因为 sysctl 节点经常提供对许多独立的后端对象的访问，就像导出进程信息以供 ps 使用的节点一样。当然，授权过程使用的是底层的进程标签。

一旦确定了对象，入口点的选择和放置也需要仔细考虑：KPI 越细粒度，策略就越具有表现力——但是这种粒度是以策略复杂性为代价的。放置入口点调用的一致方法也很重要：调用的地方越少，验证就越容易，但是调用太少会导致保护不足。MAC 入口点的设计必然有主观因素，但通常需要深入检查，以便能够充分了解对象类型，为特定抽象级别提供单个执行点。

例如，在 MAC 框架的早期版本中，文件的访问控制检查是在文件系统中完成的，而在以后的版本中，这些访问控制检查被移到公共 VFS 代码中，它们调用所有文件系统的代码以提供更一致的保护和更简单的实现。但是，如果将 VFS 访问控制放在 I/O 系统调用的调用堆栈中的高位，会为时过早，此时区分文件描述符指的是那种特定对象类型（如 vnode 和套接字）。文件系统内持久标签的存储策略必然牵涉文件系统，但若可能，将依赖 MAC 框架中的通用基础设施代码来实现通用模型，例如基于扩展属性的存储。类似地，当策略进行访问控制决策时，文件系统采用对 vnode 打标签，而不是按需提供标签，这样做是希望在文件系统之间共享抽象并提供统一的缓存模型。

5.10.7　策略入口点设计考量

大多数策略入口点被调用，是由于调用了相应的内核服务入口点：

❑ 对象生命周期事件，例如套接字的创建和销毁。

❑ 访问控制请求检查主体对客体调用了某个方法。

❑ 一般性的，有时也是无主体的决策请求。

策略入口点 KPI 的设计非常谨慎，一方面要提供足够的信息，以便策略可以满足功能目标，同时还要避免使用不安全构造（它可能导致例如并发漏洞之类的问题），避免过度依赖内核内部的二进制接口（它们在小版本之间容易被更改）。因此，期望限制策略模块对内核内部数据结构的使用，尤其是策略语义并非很需要时。同时，开发者希望系统提供一定的灵活性，以便在需要时使用这些内部结构，以避免策略开发人员简单地绕过正式 KPI，这将违背 MAC 框架的可维护性目标。

构建 MAC 框架以防止策略模块和框架本身中的错误是一个核心问题。在可能的情况下，框架使用语言类型来检测程序员犯的错误；它的结构还通过分析它对符号的使用来实现静态分析（例如控制对类访问的完整性检查）。可编程性和二进制兼容性这两个目标有时会发生冲突。在 C99 稀疏静态结构（sparse-static-structure）初始化出现之前，框架的早期版本通过数组（入口点名称以整数来表示）和转型为 void* 的函数指针声明策略入口点。表面上看，这种方法提供了更强的二进制兼容性，因为它允许定义新的入口点而不破坏当前的数据结构布局。但是，它也会丢弃入口点函数参数的类型信息。当开发者实验性地尝试切换到显式的、带类型的入口点函数时，他们在策略模块中发现了一些先前未被注意的错误，它们错误地解释了其参数的类型。

5.10.8　内核服务入口点调用

为了理解 MAC 框架如何集成到内核中，以及它与策略的关系，我们来看一个发生在读取文件时的访问控制检查形式的示例。vn_write() 函数的摘录如图 5-9 所示，这个函数是实现对文件执行写入系统调用的内核函数。当 MAC 框架被编译到内核中时，vn_write() 调用 mac_vnode_check_write() 来授权请求。如果允许写入继续，框架将返回 0，或者如果当一个或多个策略拒绝请求时，则返回非 0 的 errno 值。在大多数情况下，框架能够选择返回给用户空间的错误号，例如，这种方法允许策略指示错误是否是因为违反某条策略的规则（EACCES），或者因为持有的特权不足（EPERM）。

```
static int
vn_write(struct file *fp, struct uio *uio,
    struct ucred *active_cred, int flags, struct thread *td)
{
 ...
        vn_lock(vp, lock_flags | LK_RETRY);
...
#ifdef MAC
        error = mac_vnode_check_write(active_cred,
            fp->f_cred, vp);
        if (error == 0)
#endif
                error = VOP_WRITE(vp, uio, ioflag,
                    fp->f_cred);
 ...
        VOP_UNLOCK(vp, 0);
...
        return (error);
}
```

图 5-9　VFS 调用 MAC 框架的示例

vn_write() 将几个参数传递到入口点：授权写操作的凭证（active_cred），文件打开时缓存在文件描述符中的凭证（file_cred），以及执行写操作的 vnode(vp)。内核同步模型与调用代码的交互确保了入口点参数的稳定性。凭证内容是写时复制的，并且调用线程和文件描述符所持有的引用会阻止它们被垃圾回收。vnode 受引用计数保护，vnode 数据（包括 vnode 上的 MAC 标签）由 vnode 锁确保稳定；vn_write() 在检测和使用期间都持有锁，以确保足够的原子性。这种结构避免了在使用其他安全扩展方法时可能发生的几个严重竞争，例如系统调用拦截（interposition）。

入口点调用中没使用的参数与使用的参数一样值得注意。例如 vn_write() 的数据指针不会传给入口点，因为它引用的数据驻留在用户地址空间中，在该用户地址空间中，无法在随后的文件写入操作时进行无竞争的访问。整个内核服务 KPI 中的类似的设计选择，对那些无法在内核同步模型中安全表示的策略不建议使用。

5.10.9 策略组合

内核入口点对应一个（或多个）策略级入口点，并将在每次调用时调用这些入口点的任何策略实现。策略入口点调用非常重要：必须同步对策略列表的访问，以防止和策略加载与卸载的竞争，对事件感兴趣的策略子集必须调用其入口点实现，并且这些调用的结果必须合理。除了授予系统特权之外，MAC 框架策略只能限制而无法授予权限，这导致一种简单的组合：授予的权限集合是基本系统授予的权限与任何已注册的权限的交集。这个元策略（meta-policy）是简单的、确定的、可由开发人员预测的，最重要的是它是有用的。

基于返回类型，可以将策略入口点分为三大类：无返回值的事件通知，返回 errno 值的访问控制检查，以及返回布尔值的决策函数。组合策略要求，如果访问控制检查要返回成功，则所有表示对入口点感兴趣的策略都必须返回成功；策略对相同的访问控制检查可能返回不同的错误号，使用组合函数 mac_error_select() 从可用的错误值中进行排序和选择，如图 5-10 所示。使用一组组合相关的宏来完成策略入口点的调用和结果的组合，这些宏包含了同步、选择性策略调用和组合：

❏ MAC_POLICY_PERFORM() 向所有感兴趣的策略广播事件通知。事件可能与策略更改、标签管理、策略管理或内核对象生命周期事件有关。

❏ MAC_POLICY_CHECK() 组合多个策略返回的访问控制结果。每个策略都返回一个 errno 值，这些值由 mac_error_select() 函数进行组合，该函数对失败类型进行排序。仅当所有感兴趣的策略都接受请求时，才会返回成功。

❏ MAC_POLICY_BOOLEAN() 组合由扩展一般内核决策的入口点返回的布尔值。在 IP 片段重组期间使用布尔"与"，例如，若要与重组队列匹配，所有感兴趣的策略必须接受一个片段。

❏ MAC_POLICY_GRANT()，它在 FreeBSD 7 中被添加进来，用于允许策略进行特权授予。与 MAC_POLICY_CHECK() 相反，如果任何感兴趣的策略返回 0，则其组合函数返回成功。

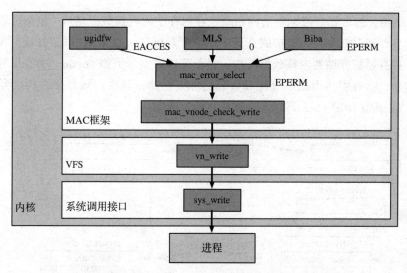

图 5-10 使用显式的组合元策略来组合 MAC 策略的结果

　　某些 MAC 框架操作会调用多个入口点。例如设置标签的系统调用需要为对象类型分配和初始化临时标签存储，复制一个用户空间内部的标签版本，执行访问控制检查，设置标签以及释放临时存储，每个部分都需要单独的策略入口点调用。此序列支持策略组合中一个更有趣的方面：关于重新打标签操作的两阶段提交。该方法允许一个策略提供访问控制逻辑，限制另一个策略对同一个对象进行标签设置，例如，Biba 策略可以防止低完整性主体在高完整性对象上设置 MLS 标签。

5.10.10　给对象打标签

　　一些感兴趣的访问控制策略需要额外的策略特有的元数据，它们与主体（进程凭证）和（一些或所有的）客体（比如文件、管道、网络接口等）相关联。此元数据称为标签，它提供进行访问控制决策所需的主体或客体特有的信息。例如，Biba 对主体和客体打上完整性级别的标签，MLS 给主体打上许可信息标签，给客体打上数据分类级别和区隔的标签。MAC框架为内核对象提供了策略无关的标签抽象，提供了用于查询和设置这些标签的系统调用（受策略控制），也提供了文件系统对象上标签的持久存储。

　　如图 5-11 所示，策略模块控制标签内容和语义——不仅指存储的字节数，还包括内存管理、同步和持久化的运行时需求。例如，策略可以为每个客体存储独立的标签数据，也可以对由许多不同主体引用的中央数据结构添加引用计数。提供标签基础设施，避免了策略制定者对标签存储设施的冗余操作，而集成标签模型与内核的同步模型则避免了竞争条件。

5.10.11　标签的生命周期与存储管理

　　MAC 框架使用 label 表示标签存储，当策略请求在对象类型上存储标签的时候，它可以转换为策略相关的数据。带标签的内核对象在内存中的内核数据结构（包括进程凭证、虚拟文件系统节点和 IPC 对象）被扩展，其中保存了对标签（由 MAC 框架管理）的引用。表5-15 列举了具有标签存储的内核数据结构；对于某些类型，例如 vnode，标签指针被添加到数据结构本身，指针引用由框架分配和管理的标签存储；其中内核数据结构已经支持元数据方案，例如 mbuf 标记（tag），该元数据保存标签数据。

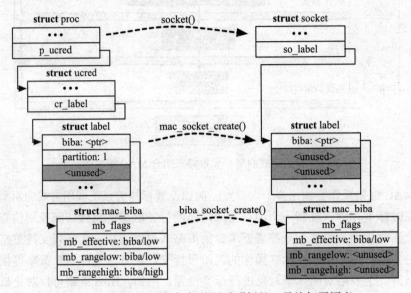

图 5-11 策略对 MAC 框架的不透明标签工具施加了语义

表 5-15 支持 MAC 标签的内核对象类型

结 构	描 述
struct bpf_d	BFS 数据包嗅探设备
struct devfs_dirent	devfs 条目
struct ifnet	网络接口
struct inpcb	IPv4/6 连接块
struct ip6q	IPv6 片段队列
struct ipq	IPv4 片段队列
struct ksem	POSIX 信号量
struct mbuf	传输中的数据包
struct mount	文件系统挂载
struct msg	System V 消息
struct msq	System V 消息队列
struct pipepair	IPC 管道
struct proc	进程

(续)

结　构	描　述
struct semid_kernel	System V 信号量
struct shmfd	POSIX 共享内存
struct shmid_kernel	System V 共享内存
struct socket	BSD IPC 套接字
struct syncache	TCP syncache 条目
struct ucred	进程凭证，表示主体
struct vnode	VFS 节点：文件、目录等

　　label 结构体对内核子系统和 MAC 策略都是不透明的。前者调用内核服务入口点来管理字段，后者使用两个存取函数 mac_label_get() 和 mac_label_set() 来检索和设置策略相关的不透明的值，该值类型为 uintptr_t，它的大小足以容纳一个指针或者整数。在内部，MAC 框架将标签实现为 uintptr_t 的数组，每个策略加载时会分配一个不同的插槽号（如果策略请求），数组使用该插槽号进行索引。但是，该机制将来可能会发生变化。

　　从 FreeBSD 8 开始，仅当策略专门为该对象的标签注册初始化入口点函数时，才为其分配标签。因此，引导后才加载的策略可能会发现：在加载策略之前实例化的对象不存在 label 结构体，因此后加载策略必须能够处理这种情况。另一种方案是，可以在引导后将策略标记为不可加载。

　　在 FreeBSD 内核中，数据结构分配以多种形式出现，最常见的是，使用 slab 分配器（在 6.3 节中描述），它缓存部分初始化的对象实例，以避免在每次重用时完全重新初始化。在其他情况下，使用内核的 malloc() 分配器，每次分配都会发生对象的完整重新初始化。在极少数情况下，子系统以更复杂的方式管理自己的缓存，例如 vnode 缓存，它使结构体完全初始化并可供继续使用，直到由于内存压力而由 pageout 守护程序回收内存。每个标签对象的内存模型都反映在 MAC 框架和策略入口点中，在跨对象类型的标签处理中，内存模型有所不同。

　　当内存资源紧张时，等待内存分配的不同配置，也以参数的形式传播到 MAC 框架标签分配中，参数指示是否允许休眠，该参数也暴露到策略入口点；未能分配标签也会导致对象分配失败。禁止休眠的上下文包括中断线程和内核线程，这些线程持有保证不进入休眠状态的锁；在这两种情况下，允许无条件（也就是可能正在休眠）的内存分配可能导致死锁；因此，必须允许分配失败，而这会影响到调用代码的复杂性，因为调用代码必须能够对该失败进行处理。

　　内核对象分配比简单的分配内存要复杂得多：一旦内存可用，其字段必须初始化，锁也要初始化，并且必须挂接到命名空间等。类似地，标签分配与对象创建及对象关联在概念上是分开的，这两个机制使得 MAC 策略可以在给定的安全上下文中初始化自己的标签状态。

在调用用于创建新对象的 API 时会发生对象创建：例如，对 open 的调用可能会创建新文件、新套接字或新管道。在这些场景中，新对象的安全属性（包括任何策略相关的 MAC 标签数据）将从诸如创建进程的凭证或父对象（例如父目录）的安全属性之类的源进行初始化。

当内核将内核数据结构的实例与持久化存储中的现有底层对象相关联时，就会发生对象关联，此时内核数据结构只是一个缓存。例如，一个特定文件只有在被拉入文件系统的内存工作集之后才会为其分配 vnode，如果它掉出工作集，则可以从 vnode 中断开，并且必须重用该 vnode。在这种情况下，标签关联发生在 vnode 与磁盘文件关联时，此时 MAC 策略有机会设置策略相关的标签状态，标签状态可能是从文件的挂载点（文件从这里被载入）派生，也可能从磁盘文件的扩展属性派生。文件标签的数据源及其解释都是策略相关的，但 MAC 框架提供了必要的入口点，以根据需要解释和传播标签数据。对于文件系统之类的内核服务，系统允许策略模块实现的创建和关联操作失败，并反过来将故障传播回内核服务。此设计会阻止创建文件，假如（比方说）无法在文件系统中分配其安全标签的存储。

对象析构可能代表实际对象（例如进程退出）的析构，或者只是为某些持久对象（例如文件退出 vnode 缓存）的内存存储的回收，也会触发对象标签的析构。MAC 框架有机会释放标签的存储空间，允许策略释放任何已分配的存储或与该标签相关的引用。

5.10.12 标签同步

在内核锁语义支持的情况下，MAC 框架允许策略模块借用标记对象上的现有内核锁。设计将锁的数量和锁操作的次数减少，这不仅有改进性能的好处，而且还允许标签访问与对象访问同步，从而避免了检查时与使用时之间（time-of-check-to-time-of-use）的竞争。通过文档化每个策略入口点的锁定协议，并通过在内核的调试版本中的锁断言来强制执行协议，策略开发人员可以依赖同步属性。

在某些情况下，这些语义不足以满足策略要求：例如，如果策略在多个对象（例如基于引用计数的沙箱描述符）之间共享可变标签数据，则可能需要其他同步来保护策略数据。类似的问题可能出现在以下场景：在对象上使用读写锁，策略需要改变标签（例如 LOMAC 中的污点跟踪），而框架却只持有读锁，此时，政策必须提供其他锁，以确保标签数据的互斥。

另一个有趣的情况是进程凭证，它本身是一个引用计数的只读对象——一种重要的性能优化，它能减少凭证数据的内存开销，并且还使得在大部分访问控制场景中，可以使用 lock-free 和线程局部的凭证。当内核需要修改凭证时，它将执行写时复制，分配新凭证，复制旧数据，然后修改必要的字段；但是，这种设计意味着，在很多时候，凭证数据不仅在线程之间共享，还在进程之间共享。由于内存分配的约束和锁顺序，无法在任意上下文中执行凭证的写时复制，因此 LOMAC 策略使用受其自己的锁保护的附加进程标签，在下一次系统调用返回时，异步地标记污点传播（taint propagation）的进程。但是，现有对象的锁通常足以保护对象的标签数据。框架对入口点有关锁和标签生命周期的期望是否得到维护，这点由 mac_test 模块进行验证。特定对象行为的详细介绍可以在 Watson[2012] 中找到。

5.10.13　从用户空间进行策略无关的标签管理

MAC 框架支持两类应用程序的标签操作：知道 MAC 但不知道特定策略的应用程序，以及旨在管理特定 MAC 策略标签的应用程序。

与策略无关但与 MAC 相关的应用程序（包括传统的 UNIX 监控工具，如 /bin/ps、/bin/ls 和 /sbin/ifconfig）已扩展为能够显示主体和客体的标签信息。新的命令也被添加进来了（例如 /bin/getfmac 和 /bin/setfmac），以设置系统对象（如文件）上的 MAC 标签。系统 login 进程也已扩展为根据 /etc/login.conf 中定义的用户类型在进程凭证上设置标签。这些程序都以抽象的、与策略无关的方式处理标签。用户空间的框架使用配置文件 /etc/mac.conf 来确定管理员定义的标签的默认值，以查询和列出文件、接口和进程。

与特定策略相关的应用程序了解特定安全策略的语义，以及它们放置在对象上的安全标签（如果适用）。根据应用程序的性质，开发人员可以选择使用 MAC 框架提供的与策略无关的接口，或者由策略特别导出的新的策略相关的接口。例如，如果知道 MLS 标签语义的应用程序，可以通过与策略无关的标记接口，执行仅涉及 MLS 标签元素的打标签操作。另一方面，ugidfw 策略模块通过内核 sysctl 管理接口导出规则列表。

为实现这些功能，内核提供了新的系统调用和套接字选项，以支持用策略无关的格式查询和设置标签，包括 mac_get_file、mac_get_fd、mac_set_file 和 mac_set_fd，它们用于获取 / 设置文件和文件描述符上的标签。应用程序通过不透明的 mac_t 类型处理 MAC 标签，该类型在内部实现为字符串缓冲区。

由应用程序操纵的标签有多个部分，由一系列名称 / 值对组成，允许来自不同策略的标签组件在软件堆栈中同时（并且具有互斥原子性）被操纵。应用程序可以将标签转换为方便打印的显式文本格式，也可以反过来；但是，标签解析通常由内核完成，这样的设计推动内核扩展了安全字符串处理的例程。例如，字符串 "biba/low，mls/10" 描述了由两个元素组成的标签：低完整性的 Biba 标签和灵敏度为 10 的 MLS 标签。应用程序可以处理对象上可用的所有元素或其任何子集。在早期的 MAC 框架设计中，我们打算允许使用插件模块对标签的用户空间框架进行运行时扩展，就像内核中一样，但是这种设计被放弃了，而采用了更简单的方法。

5.11　安全事件审计

安全事件审计通常也被简称为审计，它是安全、可依赖、细粒度和可配置的安全相关系统事件的日志。审计可能感兴趣的事件包括安全相关的用户认证和授权活动，以及影响系统安全的管理事件，比如网络接口的配置或重启。历史上，操作系统厂商提供了审计设施，以提供入侵的事后分析。然而，FreeBSD 的审计系统设计得更宽泛，它还能用于实施入侵检测和通用系统监控。至于撰写本节的目的，我们主要关注审计实现的内核部分及其对一般内核设计的影响。

FreeBSD 事件审计系统由 Apple 和 FreeBSD Project 在 Mac OS X 的 Common Criteria 认证期间联合开发，旨在实现通用访问保护配置（Common Access Protection Profile，CAPP）。FreeBSD 用户空间审计的库和工具一定程度兼容 Sun 公司的基本安全模块（Basic Security Module，BSM）API，它们作为 OpenBSM 被单独分发。它的 BSM 兼容的 API 和文件格式已得到显著扩展，以支持 Solaris 系统所没有的操作系统的可移植性和功能——如 FreeBSD 里的 Capsicum 和 Mac OS X 里的目录操作，它也被修改为字节序无关了。FreeBSD 和 Mac OS X 里的内核审计实现都源自 OpenBSM 代码库 [Watson & Salamon，2006]。

5.11.1 审计事件与记录

可审计事件是指那些审计系统能够记录的事件，包括以内核为中心的活动（比如，文件系统和网络访问）和用户层的事件（比如认证）。CAPP 要求操作系统里的可审计事件集包括与系统相关的如下任意活动：访问控制策略\认证\安全管理和审计管理。内核审计框架主要专注于捕获系统调用引发的事件，它们反映了主体（进程）对受控内核客体采取的行为。用户进程，比如 login 和 su，也可以使用审计系统调用，提交描述用户层事件的审计记录。通过审计系统提交审计记录的行为，也是可审计事件，也应该考虑记录下来。

每个审计安全事件使用包括以下信息的审计记录进行描述：负责此事件的主体（比如进程、用户、记录的位置）、受事件影响的客体（比如文件）和与事件相关的数据（比如 chmod 对文件设置的新模式）。记录按顺序存储到文件中，它被称为审计账目。审计受审计预选策略的约束，该策略指定实际记录的可审计事件的子集——如果没有这个功能，正常的系统使用都会产生大量的日志数据，快速占用磁盘，并严重影响性能。审计账目也可以浓缩（reduce）或在捕获后过滤掉，以删除在之后可能价值不大的已生成的记录。比如，系统管理员可以配置策略，只保留详细的文件访问日志 1 个月，但是保留登录信息 12 个月。这里 auditreduce 命令增量地对日志做瘦身。

CAPP 还描述了有主（attributable）事件，这些事件可以追溯经过身份认证的用户——例如登录用户的文件访问。CAPP 也描述了作为系统操作的一部分而发生的无主（non-attributable）事件——例如，系统启动时安全相关的守护程序的启动。可归主的想法要求在进程凭证中添加一个新的审计 UID（AUID），如图 5-12 所示。AUID 都会跟踪发起事件的经过身份认证的用户，无论执行 setuid 二进制文件可能发生了任何 UID 更改。进程凭证也已扩展，它包括审计终端和审计会话（将打到为进程生成的每个审计记录里），以及审计掩码（它与全局审计配置一起，共同控制将为进程审计哪些事件）。

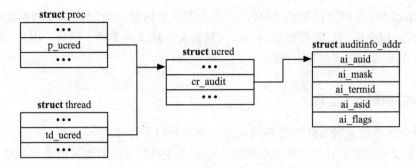

图 5-12　进程凭证里审计相关的额外信息

5.11.2　BSM 审计记录与审计跟踪

BSM 审计账目是由一系列机器可读短语（token）组成的二进制文件，如图 5-13 所示。短语具有类型（由其短语 ID 描述）和值，其解析是类型相关的；从大多数短语类型中省略长度字段会无法解析无法识别的短语——这可以说是设计的不足，但却可以节省大量空间。记录以几个可能的报头短语之一开始，其中包括记录的总长度，时间戳和指示记录描述内容的事件类型——例如，它是 open 系统调用还是 login 提交的事件。报头之后是一系列数据短语，其中包含事件的凭证信息、参数和返回值，最后是终止记录的账目短语（trailer token）。除了面向记录的短语之外，审计账目文件还以独立文件短语（包含开始和停止时间戳）标记开始和结束。

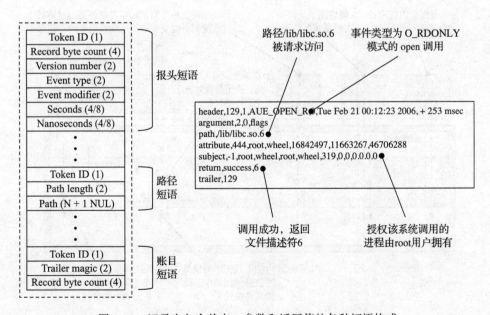

图 5-13　记录由包含状态、参数和返回值的各种短语构成

虽然 FreeBSD 内核直接生成 BSM，但用于大多数内核内处理的内部数据结构并不是 BSM 相关的，因此可以轻松替换它们以添加对新文件格式的支持。同时，用户空间通过审计系统调用提交的记录也包含 BSM。

5.11.3　内核审计的实现

内核审计实现的关键组件如图 5-14 所示，它包括以下部分：

- ❏ 用于设置全局审计配置的系统调用，包括无主事件和账目翻转的全局预选参数；此全局审计配置主要由 auditd 使用。
- ❏ 用于保存 AUID 和审计掩码的进程凭证的扩展，由 login 和 sshd 等程序使用的新系统调用进行管理。
- ❏ 系统调用入口代码，用于执行初始预选，并有选择地为线程分配审计记录。
- ❏ 系统调用检测，负责捕获事件参数，例如文件路径或 UID。
- ❏ 系统调用返回前的代码，一旦系统调用的返回值确定下来，就执行进一步的预选，并将记录提交到全局审计队列。
- ❏ 审计工作线程，负责管理将记录交付到活跃的审计账目和审计管道；它还同步处理审计账目翻转请求。
- ❏ 审计管道代码，负责进一步进行管道相关的过滤，用于检测系统调用入口和返回 ioctl，以配置过滤。

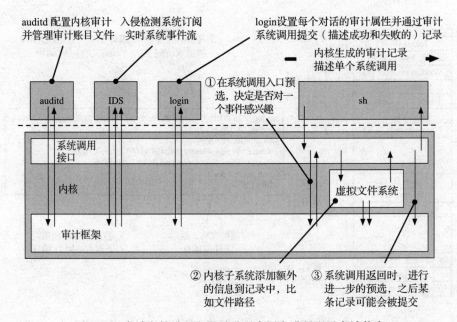

图 5-14　审计守护进程和登录进程为用户进程配置审计状态

　　强制监控和高可靠性都是审计系统的关键要求：如果事件配置为需要审计，则要么事件发生并被审计，要么不允许发生该事件。通过在 TCB（也就是内核和可信用户进程）中执行审计来实现不可旁路性。对审计账目的访问被严格控制，以确保完整性和机密性。但是，可靠性还有许多其他含义，包括需要仔细跟踪剩余的磁盘存储，以确保足够存储正在进行的事件的记录。这些要求与系统日志守护程序 syslogd 实现的要求完全不同，系统日志守护程序用于公共日志数据，数据可由任何用户提交，在提交过快或填满磁盘时，为了不影响系统可用性，它会直接丢弃记录。

　　图 5-15 说明了系统中队列的排列，每个队列有着不同的长度和可靠性属性。单个线程最多可以携带两个描述正在进行的活动的审计记录：活跃的内核审计记录和通过审计提交的可选用户审计记录。在系统调用返回时，审计记录被提交到全局队列，该队列是可靠的，其长度受限以防止超出可用磁盘空间。一旦审计工作线程从全局队列中删除了一条记录，它就会将记录转换为 BSM 格式，并根据全局和每个进程的配置有选择地将其传递给全局审计账目，也根据全局配置或每管道配置有选择地传递给任何打开的审计管道（具体取决于管道的配置方式）。

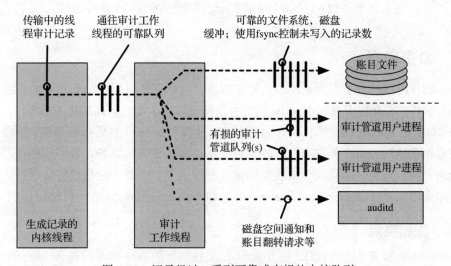

图 5-15　记录经过一系列可靠或有损的内核队列

　　图 5-16 展示了相关的数据结构：在当前的系统调用中，如果存在 thread 结构，那么它指向当前的 kaudit_record 结构体。该结构体描述了一个内核生成的记录，其字段存储在 audit_record 中，其中一个位掩码显示哪些字段已设置以便它们可以转换为短语，k_udata 指向 BSM 记录（从用户空间提交的）。全局 audit_queue 只是未完成记录的链表和有关队列限制和长度的元数据。

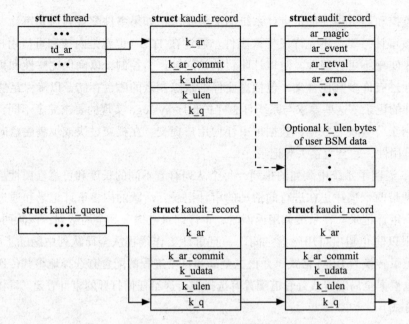

图 5-16 每线程的流动审计记录和全局审计记录队列

5.12 加密服务

FreeBSD 内核整合了不少低层级的加密服务，包括支持通用加密和加密哈希函数的软件和硬件实现的框架以及基于 Yarrow 的加密伪随机数生成器。更高层级的服务（比如全磁盘加密（GBDE 和 GELI）、用于 NFS 的 GSSAPI 实现和 IPSec）整体依赖这些低层级的加密服务来提供本地和分布式的安全性。随机数支持许多其他内核服务，其中一些存在重要的安全隐患。内核是为伪随机数生成收集熵输入的好地方。加密和随机数生成服务也可以为用户空间使用，通过 /dev/crypto、/dev/random 和 kern.arandom sysctl 即可使用。

5.12.1 加密框架

底层的加密服务（比如 GELI 和 IPSec）是支持加密的 API 和库的集合。FreeBSD 的加密子系统支持对称和非对称加密。对称加密（被 IPSec 使用）使用相关的密钥进行加密和解密。非对称加密实现的是公钥加密，它使用一个密钥加密数据，使用另一个进行解密。本节介绍如何实现对称加密，因为它和 IPSec 这个特别的客户端有关。

加密子系统是从 OpenBSD 移植过来的，并针对完全抢占式多处理内核进行了优化 [Leffler，2003]。在 FreeBSD 中，加密算法或者以软件或者以特殊用途的硬件存在。为加密提供支持的软件模块，其实现方式与加密硬件的驱动程序完全相同。这个相似性意味着，从加密子系统的视角看，软件和硬件驱动是一样的。加密子系统的上层使用者（比如 IPSec）使用的都是一样的 API，不管它们请求的加密操作是被硬件还是软件来完成的。

加密子系统由两组 API 和两个内核线程实现。一组 API 给希望使用加密的软件使用。设备驱动程序编写者使用另一组 API 来为其硬件提供接口。加密子系统支持的计算模型是任务提交与回调的一类，具体如下：用户将工作提交到队列，并提供指向函数的指针，该函数将在作业完成时回调。

在加密的消费者提交工作到加密子系统之前，它必须先创建会话。会话是一种封装信息的方式，它封装了消费者请求的工作类型的信息。它也是一种控制设备上资源消耗量的方式，因为一些设备对它们能支持的最大并发有限制。消费者使用 crypto_newsession() 例程来创建会话，会话要么返回有效的会话 ID，要么返回错误信息。

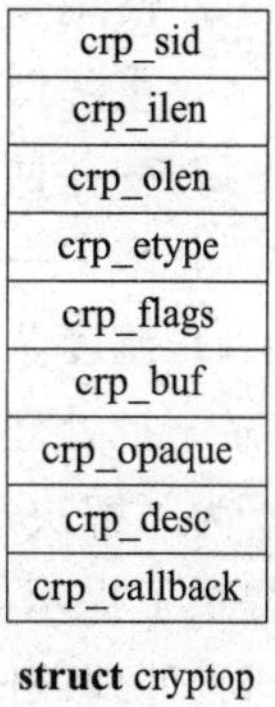

消费者在有了合适的会话 ID 后，会话将请求一个加密描述符（cryptographic descriptor），如图 5-17 所示。消费者填充加密描述符的字段，包括在 crp_callback 元素里提供适当的回调函数。当描述符就绪后，crypto_dispatch() 函数将它传递给加密子系统，在加密子系统里它被放到待处理队列。当任务结束后，回调函数被调用。所有的回调函数形如：

| crp_sid |
| crp_ilen |
| crp_olen |
| crp_etype |
| crp_flags |
| crp_buf |
| crp_opaque |
| crp_desc |
| crp_callback |

struct cryptop

图 5-17　加密描述符

```
int (*crp_callback)(
    struct cryptop *arg);
```

如果发生了错误，错误码放在加密描述符的 crp_etype 字段里，加密描述符被传递给回调函数。

一些设备驱动给特殊的加密硬件提供了低级别的接口。每个驱动器在注册自己时，提供了三个函数指针给加密子系统。设备注册通过调用 crypto_register() 例程来完成。

```
crypto_register(
    u_int32_t driverid,
    int alg,
    u_int16_t maxoplen,
    u_int32_t flags,
    int (*newsession)(void*, u_int32_t*, struct cryptoini*),
    int (*freesession)(void*, u_int64_t),
    int (*process)(void*, struct cryptop *, int),
    void *arg);
```

每当消费者调用了 crypto_newsession() 或者 crypto_freesession() 例程，加密子系统就会调用 newsession() 或者 freesession() 例程。process() 例程由 crypto_proc() 内核线程调用，以将操作传递到设备中。

加密子系统的下半部分使用两个软件中断线程和两个队列来控制底层硬件。每当 crp_q 队列有请求，crypto_proc() 线程就会将它们出队，并通过调用 crypto_invoke() 例程将它们发送到底层设备。调用后，底层的硬件负责处理该请求。唯一的要求是，当硬件完成了任务后，和机器相关的设备驱动程序必须调用 crypto_done()，它或者将回调函数放入 crp_ret_q 队列，或者（比较少见）直接调用使用者的回调函数。之所以提供 crp_ret_q 队列，是因为 crypto_done() 例程在中断上下文中被调用，而在锁定中断的情况下运行使用者的回调将降低系统的交互性能。在中断上下文中运行时，回调函数会被放入队列，crypto_ret_proc 软件中断线程会在随后处理它。使用队列和软件中断线程，有效地将内核与各种加密硬件引入的任何可能的性能问题解耦。

遗憾的是，刚才描述的系统依然存在一些问题：

- 使用多个线程使得每次加密操作需要两次上下文切换。上下文切换代价不小，这严重降低了吞吐量。
- 一些回调例程做的事情很少，因此，将所有的回调挪出设备驱动的中断服务例程，多了一次上下文切换，这很耗费资源且无必要。
- 调度队列是批处理进行操作的，但加密子系统的许多使用者（包括 IPSec）并不进行批处理操作，因此将任务分配到调度队列是不必要的开销。

为了解决这些性能问题，加密子系统做了一些改进。当任务被提交到加密驱动时，系统提供了提示信息给它，提示是否后续会有其他工作。驱动可以使用这个提示信息来决定是否批处理该任务，当请求未被批处理时，就完全绕过了 crp_q 队列。回调例程很短的加密请求在请求中做标记，这样底层的设备就可以直接执行它们而不是将它们放入 crypto_ret_q 队列。绕过 crypto_req_q 队列的优化，对 /dev/crypto 设备的使用者尤其有用，它的回调例程仅唤醒写入它的线程。所有的这些优化在 Leffler[2003] 中有更完整的描述。

5.12.2 随机数生成器

随机（或不可预测）数被 FreeBSD 内核和用户空间所依赖。比如，一些网络协议使用随机生成的 ID 而不是全局管理的 ID，这样既能为主机和用户提供唯一的名字（比如 UUID），又可以避免全局注册的代价。强随机数——即使是有动机的对手也无法预测——对安全和鲁棒性有着重要的作用。它生成：

- PID 和堆栈金丝雀（canary）用于减少漏洞攻击发生。
- IPID、TCP 初始序列化（ISN），以及 TCP SYN cookies 的密钥（在 14.3 节描述）。
- 网络协议中使用的认证和加密的密钥以及初始化向量（IV）：内核包括 IPSec 和 SCTP；用户空间包括 TLS、ssh、Kerberos 和 GSSAPI。
- GELI 和 GBDE 使用的认证和加密密钥以及 IV。
- 用于 NFS 文件句柄的初始化 UFS inode 生成数。
- 加密哈希的盐（salt），用在系统密码数据库。
- 用于像 GPG（pretty-good privacy）邮件加密的第三方应用的密钥、IV 和 nonce。

计算机在设计上具有高度确定性，要给软件提供所需要容量的难以预测的数字比较困难。即使现在有了硬件内的随机数发生器关于其有效性也存在争议，因为它们可能遭受偏差（bias）和供应链攻击（supply-chain attack），而这些攻击难以识别或缓解。因此，软件开发者依靠伪随机数生成器（PRNG）来生成数字序列，给定较小的密钥（或种子）作为初始输入时，事实证明这些数字序列对攻击者来说是相当不可预测的。通过收集系统周围的熵来生成种子，这些熵攻击者是无法访问的，熵包括：显式硬件熵源，系统中存在的硬件总线和外设的布局和探测时间，唯一的序列号以及来自系统的不可预测的时刻——比如中间包（interpacket）和中断的到达时间。

虽然内核可以很好地收集熵，但在技术上生成和保护种子依然面临挑战：弱种子或不正确保护的种子可能会让攻击者减少密钥的搜索空间（甚至完全重建过去的伪随机序列）。然而，如果有足够复杂的处理和强大的加密数生成器，并非种子的所有输入都必须做到不可预测，因此系统包含某些攻击者可能访问到的源也是安全的。比如，中间包到达时间对种子是有用的，即使一些对手可能能够嗅探到同一个无线网络。

熵输入内核中的随机数生成器，随机数生成器生成伪随机字节流供内核使用。熵通过 /dev/random 和 kern.arandom sysctl 导出到用户空间。有时候生成器也直接提供随机数据——比如，/dev/random 上和读相关的系统调用。在其他情况下，出于对安全和性能的不同权衡，我们在操作中允许使用更便宜的生成器，它们的种子使用强生成器生成。比如，在网络协议栈中使用的 arc4random() 接口，以及用于 C 运行时的堆栈金丝雀初始化的 kern.arandom sysctl。

随机数发生器设计中的一个关键问题是完美前向保密（Perfect Forward Secrecy，PFS），它保证后来产生的随机数信息不能攻击序列中较早生成的随机数。比如，攻击者通过窃取或导出随机数，可以获得对系统的访问权限，这时，PFS 可防止攻击者轻松攻破密钥，这些密钥用于保护磁盘存储或前一天与其他方的通信。PFS 通过使用新熵间歇地追播发生器来完成。追播的间隔控制时间窗口，只有在该窗口内，已经危害系统的攻击者才可以获得有关早期随机序列的信息。必须注意的是：如果熵太频繁地被发生器使用，那么攻击者可以通过检查生成器的历次输出来获得有关熵源的信息。

为了解决上述问题，FreeBSD 使用 Yarrow 加密伪随机数生成器生成随机数序列，供整个系统使用 [Kelsey 等，1999；Murray，2002]。Yarrow 有 4 个主要组件：熵累加器（使用加密哈希在两个池中的一个中收集熵样本）、一种追播的机制（每隔一段时间，追播生成器密钥）、使用密钥生成伪随机序列的生成机制、追播的控制器（它确定应该在何种间隔从新熵重新生成）。这些结构直接反应在了软件实现中。

Yarrow 的一个重要设计选择是使用现有的强加密原语，例如设计中的 triple-DES 和 SHA-1，这会带来显著的性能成本，但避免了使用自定义加密原语（较少经过密码学分析论证）。FreeBSD 实现支持多种加密哈希和加密算法，扩展了原始设计；默认情况下，使用 AES 和 SHA-256——它们都是在 Yarrow 发布后才出现的。

FreeBSD 有能力收集熵样本，包括时间戳和依赖于上下文的数据（比如数据包报头）。可配置的熵源包括：
- 底层的硬件中断处理
- 为线程调度硬件中断
- 为线程调度软件中断（SWI）

❏ 通过以太网接口注入的数据包报头

❏ 通过点对点接口注入的数据包报头

❏ 在引导时硬件枚举（enumeration）期间的连接次数（attach times）

❏ 键盘和鼠标输入

❏ 硬件随机数源，比如英特尔的 `rdrand` 指令

❏ 重新启动时保存在文件中的熵

整个内核都会进行熵收集。在调用 random_harvest() 之前，各个源将检查它们是否已被启用。通常通过大多数现代 CPU 设计中提供的高精度循环计数器来收集时间戳。但是，一些较旧的体系结构可能不支持循环计数器，在这种情况下，源将使用较慢的实时时钟。源还传递指向可选数据的指针、指向数据的长度、样本中估计的熵的位数以及熵源类型。

函数 random_harvestq_internal() 将熵样本入队到全局链表，将进一步处理延迟到专用内核线程，以避免在性能敏感的上下文（例如中断处理）中执行计算密集的哈希计算。如果队列是满的，就丢弃样本以让内存使用不超过设定大小。random_kthread() 每秒唤醒 10 次以将待处理的样本出队，并通过 random_process_event() 将它们注入 Yarrow。random_kthread() 还通过调用 live_entropy_sources_feed() 以相同的间隔对高容量专用硬件熵源（如 `rdrand`）进行采样。设置采样间隔和限制链表大小，这两者限制了每秒可收集的熵总量，因此限制了花在哈希计算（很耗 CPU）的 CPU 时间总量。

当熵事件到达 Yarrow 时，它们被交替注入慢池或快池，每个池由所选加密哈希函数的实例组成。池可以存储的最大熵受哈希宽度的限制：SHA-1 为 160 位，SHA-256 为 256 位。完整样本（包括数据和时间戳）被传递给哈希函数，熵估计（调用者提供的）更新每个源的运行时估计。当任何一个源贡献至少 100 位累积熵时，快池将为 Yarrow 追播。当任何两个源都贡献至少 160 位累积熵时，慢池将为 Yarrow 追播。Yarrow 的作者呼吁使用统计测试来帮助测量从源收集的熵。然而，设计有效的统计测试已被证明是棘手的，并且它们是 Yarrow 算法中最受批评的方面。FreeBSD 完全依赖程序员对每个样本中熵的估计。

随着时间推移，这种方法融合来自不同来源的熵，以防止池子被特别快速却低质量（或甚至泄露了）的熵源稀释掉——同时仍然允许强健的快速移动源经常追播。在追播时，始终包含快池哈希的内容；只有在触发缓慢追播时，才包含慢池内容。加密哈希被多次应用，以确保如果哈希上下文和密钥大小有变化，则存储的熵的所有位均匀地分布在被哈希的材料的所有位上。

Yarrow 的生成器仅在需要随机性时才运行，这和熵累积不同，熵累积在有熵样本时就会运行。因此，生成器的开销与消耗的随机性成比例，而累加器的开销则与采样的熵成比例，并且相比计算较低开销的加密哈希算法，现代加密算法对生成器的性能开销有着更大的容忍度。Yarrow 的种子不是被当作密钥直接使用的；相反，它被 generator_gate() 用来生成一个短暂的当前密钥。这种方法可以防止相同的加密密钥被使用太多次，否则可能会在 PRNG 中出现输出周期。密钥生成将来自 PRNG 的输出位作为密钥材料馈送回来；因为它

没有引入任何新的熵，所以它不会引起追播。默认情况下，每输出 10 个块后，密钥将重新生成一次。

当在 /dev/random 上发生读取类别的系统调用时，会查询 Yarrow 以确定它是否已生成了种子；如果没有，请求会被阻止。如果已生成种子，则调用它，使用当前密钥进行计数器模式加密。虽然一些系统针对**随机**和**非随机**设备，提供阻塞和非阻塞两种不同的熵源，但 FreeBSD 只是将 Yarrow 的输出直接提供给两种设备节点，因此一旦种子没有阻塞它，Yarrow 将在任一设备上提供无限的随机性。

/dev/random 框架提供了非常好的可插拔性和灵活性，允许引入新的熵源和新的加密 PRNG。在当前实现中，FreeBSD 通过 Yarrow 传递所有熵源，但是如果需要，可以配置为允许直接使用硬件随机源。直接使用硬件随机性可能适用于（相对而言）密码方案特别耗费资源的低端嵌入式设备，或者在硬件源可以被高度信任时。Yarrow 的作者们后来发布了新计划 Fortuna，可能在以后会取代 FreeBSD11 中的 Yarrow；框架应该允许两个实现并行存在，在编译时或运行时可以进行选择。另一个潜在的未来方向是，跨 CPU 复制 PRNG 实例，而不是使用单个实例（它需要处理器相互通信）。

5.13 GELI 全磁盘加密

GELI 是一个 GEOM 类，它为存储设备（可能丢失或者被盗窃）提供加密隐私和完整性保护。它的首要目标是确保一旦关机后，如果无法访问合适的加密密钥或口令字，将无法从磁盘恢复机密数据。次要目标是，如果设备被恢复，则检测磁盘数据的损坏情况。

5.13.1 机密性和完整性保护

数据机密性是这样来确保的：在每个扇区写入磁盘之前，对其应用对称加密，在读回扇区时对其进行解密。当 provider 处于活跃状态时（例如，文件系统被挂载），其加密密钥保存在内存中；当 provider 断开或关机时，密钥材料将被丢弃。GELI 也可以配置为当系统挂起时丢弃密钥材料，这要求当笔记本电脑恢复并从磁盘加载更多数据时，它必须存在。加密操作的计算成本相当高，但是仅需要一个额外的元数据存储扇区（在设备的末端），就能支持任意数量的数据扇区了。默认（和推荐）的加密算法是高级加密标准 AES-XTS，这是一种 AES 衍生的分组密码，被设计用于存储设备。

可选的完整性保护是通过在写入时计算磁盘扇区的基于密钥的加密哈希来完成的；每次从磁盘读取时都会验证扇区哈希值。扇区级的验证失败被强制转换为读取失败，它必须由文件系统或应用程序处理。完整性检查带来额外的计算成本，另外也需要为每个磁盘扇区存储哈希值。在保持文件系统扇区大小不变的情况下，哈希值不能存储在 512 字节的扇区内；为了减轻这种开销，GELI 将多个 512 字节扇区合并为 4 KB 扇区，每个底层磁盘扇区都有一个哈希，这带来大约 11% 的存储开销。推荐的加密哈希是 HMAC SHA-256；默认情况下禁用完整性保护。GELI 利用内核加密框架，因此能够使用卸载式（offloaded）或 CPU 加速的加密，从而显著提高性能。

5.13.2　密钥管理

每个 GELI 分区受两个底层加密密钥保护：数据加密密钥和初始化向量密钥，它们共同构成 GELI 的每 provider 主密钥。单独的每块密钥（用于数据加密）、初始化向量（IV）和完整性检查是从主密钥生成的（使用加密哈希值而不是直接使用主密钥）。这种方法避免将相同的密钥重复使用于多种用途（例如，机密性和认证），重复使用的做法在现代密码学中非常不建议使用。

主密钥以加密方式存储在磁盘上，必须先解密才能关联 provider。解密主密钥的典型方法是使用以下一到两个口令字：控制台上输入的口令（"你知道的东西"）和存储在可移动 USB 设备上的密钥文件（"你拥有的东西"）。使用不同口令或密钥文件加密的主密钥材料副本（最多两个），可以存储在磁盘上的元数据中。例如，该方法允许公司笔记本的日常用户指定一个口令和密钥，而雇主在保险库中保留其自己的恢复口令或密钥，这样如果用户口令忘了或者 U 盘丢了，就能派上用场了。GELI 还可以将随机生成的密钥用于交换分区，这样重启后数据持久性就失效了。

保护磁盘上的主密钥对 GELI 的安全性至关重要。主密钥实例在磁盘上受到派生密钥的保护，该密钥是通过将磁盘上的密钥文件、磁盘上的盐和用户口令（可选择使用 PKCS#5v2 加强）串联在一起，然后传递给无密钥的 HMAC SHA-512 而生成的。通过将字符串 "\x01" 和派生密钥传给 HMAC SHA-512 来生成主密钥加密密钥。和块存储配置一样，对主密钥使用相同的加密算法和密钥长度。将派生密钥通过字符串 "\x00" 传给 HMAC SHA-512，并将解密的主密钥与解密后的验证哈希进行比较，来完成解密的主密钥的验证。如果口令或密钥文件与磁盘存储不匹配，则比较失败。

一旦解密，在 provider 的生命周期内，主密钥都会存储在内存中。一旦不再需要密钥，代码实现就需要小心地将保存密钥的内存清零。内存清零对口令和密钥文件尤为重要，它们在 GELI 实例关联（attach）上后不再被使用。

5.13.3　启动 GELI

GELI provider 在系统引导时自动关联，或者在运行时使用 /sbin/geli 命令显式关联。在引导期间，将使用 GELI 的 g_eli_taste() 方法发现适当配置的实例，在 GEOM 发现新的设备和分区时，该方法将被调用。启动后，/sbin/geli 使用 ioctl 系统调用来触发 GELI 的配置方法 g_eli_config()，该方法将为设备或分区配置新的 GELI provider。

只有标记为 G_ELI_FLAG_BOOT 的 GELI 实例才会自动启动；必需的密钥文件必须由引导加载程序预加载，并且 GELI 可能需要在根文件系统挂载之前挂起引导，以交互式请求用户密码。对于引导后关联操作，密钥材料和口令字在配置请求中显式传递。挂载根文件系统后，将禁用自动启动新 GELI 实例，仅支持用户驱动的配置。

GELI 的元数据位于底层设备或分区的最后一个扇区中。GELI 支持多种多磁盘布局版本，这样尽管功能不断发展，仍可实现向后兼容；磁盘账目文件的版本 7 如图 5-18 所示。元数据包括加密的主密钥，用于保护存储在 GELI 实例中的所有数据。其他信息（例如加密算法、密钥长度和盐）未加密。元数据由 g_eli_taste() 解码为 g_eli_metadata 结构，该结构初始化 g_eli_softc 数据结构，如图 5-19 所示，g_eli_softc 包含所关联的 provider 的信息。

扇区 *n*−1 内容

魔法数字（16 字节）	
版本	标志
ealgo	密钥长度
aalgo	provsize
扇区大小	密钥
迭代	
盐值（64 字节）	
mkeys[2]（384 字节）	
MD5 哈希（16 字节）	

mkeys[*i*]:主密钥布局（192 字节）

IV 生成密钥（64 字节）
数据加密密钥（64 字节）
密钥上的 SHA512 哈希（64 字节）

图 5-18 GELIv7 版本的磁盘元数据，包括加密的主密钥

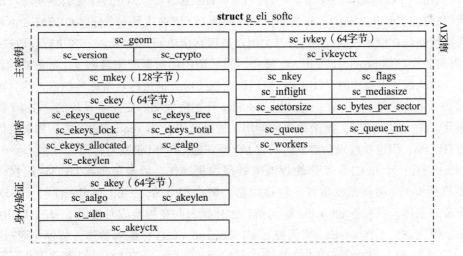

struct g_eli_softc

图 5-19 g_eli_softc 结构，用于描述活跃的 GELI 会话

5.13.4 加密块保护

GELI 各个扇区使用不同的 IV，来防止写入不同扇区的相同数据具有相同的密文，这可能让攻击者深入了解磁盘布局和内容。对于大多数加密算法，每扇区 IV 是将扇区字节偏移的小端表示和主密钥的 IV 生成密钥一起，传递给 HMAC SHA-256 计算得到的。出于性能原因，GELI 在其 softc 结构中缓存哈希的部分计算结果。AES-XTS 是默认加密算法，它

将扇区号直接作为参数，因此不需要 GELI 进行显式的 IV 计算。

最新版本的 GELI 改变了磁盘上的每扇区加密密钥的方法，以限制底层主密钥数据加密密钥的直接重用。磁盘的每个 512 MB 块与一个密钥相关联；通过将字符串"ekey"与密钥的小端表示串联在一起，传递给 HMAC SHA-512（用主密钥数据加密密钥作为密钥）来计算密钥。由于此计算耗费资源，因此 GELI 维护一个红黑树来缓存计算过的值。缓存中的条目使用引用计数，因此加密框架可以防止缓存条目在使用时被释放。

经过适当配置后，GELI 将生成并检查扇区数据上的密钥加密哈希值。这种方法为每个块增加了额外的元数据开销；为了最大限度地减少这种开销，启用了身份认证的 GELI provider 通常会配置为使用更大（4 KB）的块大小，从而减少开销。与每块的加密密钥和 IV 一样，每块的认证密钥是通过将 provider 的数据加密密钥和扇区偏移量（字节表示）拼接在一起，再传给 SHA-256 而生成的。由于数据加密密钥的哈希对于所有块是一样的，因此部分计算的哈希值存储在 softc 中，在 I/O 期间，它是和每块的偏移组合在一起的⊖。

5.13.5　I/O 模型

所有 GELI I/O 活动都源于以下三种：1）g_eli_taste()，当 GEOM 在引导期间发现新分区时调用它；2）g_eli_start()，每当 provider 的新 I/O 请求从另一个分层 GEOM provider 或文件系统传递到存储堆栈时调用它；3）用户进程直接访问 /dev 节点。当执行读取操作时，GELI 将向底层存储 provider 发出 I/O 操作，然后调用加密框架来解密（并可选地验证）结果数据。当执行写入操作时，GELI 将使用加密框架对数据进行哈希然后加密，然后再向底层存储 provider 发出 I/O 请求。与底层 provider 和加密框架的交互是异步的：GELI 提供了回调函数，在操作完成时，该函数才被调用。通过调用 g_io_request() 将成功和失败信息都返回给 GEOM，而这反过来会触发向发起 I/O 操作的 GEOM 消费者的通知。

GELI 创建一个每 CPU 工作线程池来处理加密操作，以避免拥塞 GEOM 线程，否则将同步执行 I/O 启动和完成事件，包括加密、解密和哈希。g_eli_worker() 例程实现了线程工作者的主体，它在 g_eli_softc 结构指针上休眠，并在被唤醒时使用 g_eli_takefirst() 从 sc_queue 中领取新工作。GELI 实例被 g_eli_suspend_one() 标记为暂停，暂停是通过在 sc_flags 中设置 G_ELI_FLAG_SUSPEND 来实现的。暂停后，所有 I/O 请求都将停止。暂停操作清除 softc 的加密材料，它们必须在恢复 I/O 之前恢复。g_eli_ctl_resume() 负责清空 G_ELI_FLAG_SUSPEND 标志，通过它来恢复 I/O。

5.13.6　不足

与所有安全功能一样，GELI 必须在了解其威胁模型和安全保证的情况下使用。例

⊖　一起拼接为字符串。——译者注

如，完整性保护可以检测到那些在无权访问 provider 的主密钥时被写入的扇区数据。但是，完整性保护无法检测"重放攻击"，"重放攻击"使用较旧版本的扇区取代了较新版本，原因是两者都能通过完整性检查。因此，同一存储设备的多次丢失使磁盘易于倒带（rewinding）——这是一个难以解决的问题，GELI 将其列在其威胁模型之外。GELI 还对其他一些攻击者模型无能为力，包括：

- 在写入磁盘时在线侦听（而不是离线分析）加密的 I/O 流，例如，tcpdump 带有受 GELI 保护的数据的 iSCSI 数据流。
- 进行社会工程攻击以获得密钥或口令。任何加密方案，只要它依赖于需要记住的口令字，都可能通过骗取该口令字而攻破它。
- 但是，对攻击者窃取笔记本的情况，它确实有显著的帮助，因为可以限制攻击者的访问权限。

习题

5.1 描述自主访问控制和强制访问控制的区别。

5.2 隐式特权和显式特权的定义如何影响 FreeBSD 中对 TCB 的保护？实现一个灵活的、细粒度的特权模型有什么潜在的风险和益处？

5.3 设置某个文件的 UNIX 权限集，使得它能够被组用户读取，却不能被属主读取，这能做到吗？如果该属主还在有读权限的组里，这有可能吗？请解释你的答案。

*5.4 分布式认证和授权系统（比如 Kerberos 或 NFS）与本地的认证和访问控制如何交互？

*5.5 分布式文件系统的访问控制在客户端何时执行？在服务器端呢？

*5.6 和历史上的 DAC 与 MAC 模型相比，访问控制已经有了重大的改变，并有了更为现代的像 Capsicum 的方法。有哪些类似的考虑可能适用于 FreeBSD 中传统的审计框架。

**5.7 FreeBSD 使用了一个模型，第一个进程启动时有完整的特权，随着用户认证发生等事件发生，特权被丢弃。该模型在过去被证明是有问题的，系统登录服务（如 sshd）有安全漏洞，利用该漏洞能获取 root 权限。如何重新设计该模型，以在没有特权时进行用户认证，并对特权进行升级而非丢弃？

**5.8 有哪些硬件支持会使得内核实现 FreeBSD 安全策略更加高效？

**5.9 本章主要介绍单一操作系统实例下对象的保护，比如本地文件和 IPC 对象。随着虚拟化越来越流行，hypervisor 和操作系统访问控制模型可能会如何交互？

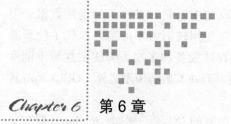

存储管理

6.1 术语

任何一个操作系统的核心部分都是存储管理系统（memory-management system）。顾名思义，存储管理工具负责管理机器上可用的存储资源。通常可以把这些存储资源分为不同的层次，其存取速度与它们跟 CPU 的距离成反比（参见图 6-1）。最主要的存储系统是主存（main memory），下一级是二级存储（secondary storage），或者叫作备份存储（backing storage）。主存系统通常由随机存取存储器（random access memory）构成，而二级存储则放在磁盘上。在某些工作站的环境中，这种常见的两级存储管理系统正在向三级系统转变，增加的一级是通过局域网连接到工作站上的文件服务器或者 NAS 系统（Network-Attached Storage，网络附加存储）[Gingell 等，1987]。

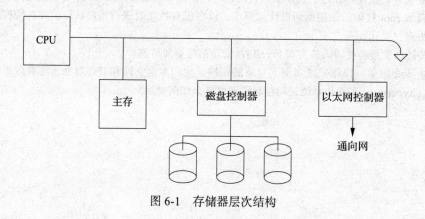

图 6-1　存储器层次结构

在这个层次结构中，每一层都可以有自己的层次结构。例如，在 CPU 和主存之间，一般会有几层的高速缓存。二级存储通常具有动态内存或闪存构成的缓存，以加快对移动磁盘驱动器的访问。

在一个支持多程序的环境下，对于操作系统来说，在进程间高效地共享系统的可用存储资源至关重要。任何存储管理策略的实施都与执行进程所需的存储器直接有关。换句话说，如果进程必须全部驻留在主存里才能执行，那么存储管理系统就必须选择以大块单元来分配内存。另一方面，如果进程只需要部分驻留在主存里就可以执行，那么存储管理的策略可能又会截然不同。存储管理机制通常要优化在主存中驻留的可执行进程数。这一目标必须与进程调度一起考虑（参见 4.4 节），才可以避免出现会影响整个系统性能的冲突。

虽然在增加了二级存储之后，比起将进程都驻留在主存内的情况来说，可以让系统中有更多的进程，但是系统需要安排一些额外的复杂算法来管理它。与内存不同，空间管理通常需要不同的算法和策略，并且必须设计策略来决定何时在主存和二级存储器之间移动进程。

6.1.1　进程与内存

每个进程都运行在一个虚拟地址空间上，这个虚拟地址空间是由其底层硬件的体系结构定义的。虚拟地址空间是进程可访问的内存范围，它与系统中有多少物理内存无关。换句话说，进程的虚拟地址空间独立于 CPU 的物理地址空间。对于支持虚拟内存（virtual memory）的机器来说，要让一个进程能够运行，并不要求它的全部虚拟地址空间都驻留在主存中。

对虚拟地址空间的引用（即虚拟地址）要通过硬件转为对物理内存的引用。这一操作被称为地址转换（address translation），有了这个操作以后，不需要修改程序中那些位置相关的虚拟地址，就可以把程序载入内存的任意位置。之所以能给程序中位置相关的地址重新分配，是因为程序已知地址没有变。地址转换和虚拟寻址（virtual addressing）技术对于高效地共享 CPU 来说也很重要，因为它们往往可以加快上下文切换（context switching）完成的速度。

当许多进程共同驻留在主存中时，我们必须保护与每个进程虚拟地址空间相关联的物理内存，确保一个进程不能改变另一个进程虚拟地址空间中的内容。这种保护由硬件实现，并且通常与地址转换的实现密切相关。因此，通常这两种操作在称为 MMU（Memory Management Unit，内存管理单元）的硬件上一起定义和实现。

虚拟内存可以用很多种方式实现，其中有些是基于软件来实现的，比如覆盖（overlay）技术。然而大多数高效的虚拟内存机制是基于硬件实现的。在这些方式中，虚拟地址空间被分割成固定大小的单元，称为页面（page），如图 6-2 所示。在引用虚拟内存时，由地址转换单元计算出主存中的页号以及在该页面中的偏移量。MMU 逐页提供硬件保护。

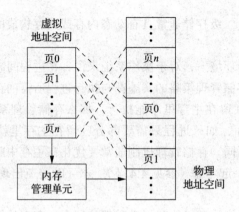

图 6-2　基于调页的虚拟内存方案

6.1.2　调页机制

地址转换通过把进程的虚拟地址空间同 CPU 的物理地址空间分离来实现虚拟内存。虚拟内存的每一页都在主存中被标为驻留（resident）或非驻留（nonresident）。如果一个进程要访问虚拟内存中的某个地址，但这个地址没有驻留在主存中，此时就会触发一个称为缺页（page fault）的硬件陷阱。缺页中断服务或缺页机制（paging）允许进程即使只有部分在主存中也能执行。

Coffman &Denning[1973] 给调页系统提出了 3 个重要策略：

1）系统何时把页面载入内存——取页策略（fetch policy）。

2）系统把页面放在内存何处——放置策略（placement policy）。

3）当执行放置操作时，发生页面不足，如何选择要从主存里删除的其他页面——替换策略（replacement policy）。

现代计算机的高性能高度依赖一块或者多块高速缓存（cache），以减少需要访问速度缓慢的主存的情况。放置策略（placement policy）应该确保虚拟内存中的连续页面能充分利用处理器上的高速缓存和地址转换缓存 [Kessler & Hill., 1992]。FreeBSD 使用超级页来保证取得良好的放置效果。在纯按需调页（pure demand-paging）系统上，采用按需取页策略（demand-fetch policy），该策略只取缺少的页面，而且仅当主存用完时才进行换页。实际上，调页系统并不会实现纯按需调页算法。相反，取页策略经常被修改为执行预调页（prepaging）——取出的内存页不只是导致缺页的那个页面——而且在主存用完之前就会调用替换策略。

6.1.3　替换算法

替换策略在任何一个调页系统中都很重要。在为调页系统设计替换策略时，我们可以选择很多种算法。在评价不同的页面替换算法的性能上，已经开展过许多研究工作 [Jiang

等，2005；Bansal & Modha，2004；Belady，1966；Marshall，1979；King，1971]。

对于某种给定的输入，进程所采取的调页行为可以用进程在一段执行时间内所引用的页面来描述。这些页面的次序称为引用串（reference string），它表示了进程在生存期内非连续时间段里的行为。进程引用串由引用采样构成，引用采样所对应的实时值反映出了相关引用是否造成一次缺页。有效衡量进程行为的一项指标是缺页率（fault rate），即在处理一个引用串期间遇到的缺页次数（用引用串的长度归一化）。

页面替换算法通常这样衡量：从实际程序执行过程中收集引用串，评估算法对引用串产生的效果。当然也可以对算法采用形式化分析，但是除非对执行环境增加很多限制条件，否则这种分析很困难。衡量页面替换算法效率最常用的指标是缺页率。

页面替换算法是由回收页面的选择标准来定义的。例如，最优替换策略（optimal replacement policy）[Denning，1970] 把预计下次引用时间最晚的页面作为被替换页面的最好选择。显然，因为该策略要预先了解进程在执行调页时的特性，所以它不适用于动态系统。然而该策略可用于评估其他页面替换算法的性能，因为它提供了比较的标准。

实用的页面替换算法需要一定量的状态信息，供系统在选择替换页面时使用。这些状态一般包括进程引用页面的模式，该模式是在离散的时间间隔采样获得的。在一些系统上，收集这些信息代价很高 [Babaoğlu &Joy，1981]。所以说，"最好"的替换算法不一定是效率最高的替换算法。

6.1.4　工作集模型

工作集模型用于确定进程在活跃使用的页面集合。工作集模型假设进程引用（内存）的局部性（locality of reference）变化缓慢。在一段时间内，进程执行的子程序或循环操作是有限集，使得它所有的内存引用都指向其地址空间的一个固定子集，这个子集就叫作工作集（working set）。进程定期改变它的工作集，释放某些内存区域，同时又开始访问一些新的内存区域。一段时间后，进程就确定了一系列新的页面作为它的工作集。一般来说，如果系统能够提供给进程足够的页面，以容纳进程的工作集，那么进程在运行的时候，缺页率就会较低。否则，进程就会运行很慢，且缺页率较高。

如果事先不了解进程的内存引用模式，那么要精确地计算出一个进程的工作集是不可能的。不过，工作集可以用多种方法来近似得到。一种估算法是跟踪进程所占有的页面数和进程的缺页率。如果缺页率超过了某个上限，就可以假定工作集已经增大了，并允许这个进程增加它占用的页面数。反之，如果缺页率降到某个下限，就可以假定工作集已经缩小了，并且减少这个进程所占用的页面数。

6.1.5　交换机制

交换（swapping）是一种存储管理策略。当主存不足时，这种策略将整个进程从主存移出到二级存储器或从二级存储器移入主存。基于交换的存储管理系统通常比请求调页系统要简单，因为它要做的维护操作较少。然而，纯交换（pure swapping）系统的效率一般没有调页系统高，因为它要求整个进程在执行时必须全部驻留内存，导致可以同时运行的程序数量就减少了。有时会把交换机制和调页机制结合起来使用，以两层的方案协同工作：调页机制满足一般情况的内存调配需求，而在内存严重不足不得不进行大规模调整的情况下，则使用交换机制。

在本章中，在二级存储器中用来作为调页或交换的存储区叫作交换区域（swap area）或者交换空间（swap space）。这些区域所在的硬件设备叫作交换设备（swap device）。

6.1.6　虚拟内存的优点

对支持虚拟内存的计算机来说，使用这项技术有几个优点。虚拟内存能让大程序在主存配置比程序本身还小的机器上运行。对内存大小中等的机器来说，由于程序运行时不必全部驻留内存，虚拟内存能让更多的程序驻留在主存中竞争 CPU 时间。当程序一段时间内只使用部分代码段或数据段，而不用其他部分的时候，那些没有用到的部分就不用放在内存中。另外，使用虚拟内存可以加速程序启动，因为通常程序在处理命令行参数和决定采取何种操作之前，只需要把一小段代码载入内存。在程序的一次执行过程中，可能根本不需要程序的其他部分。随着程序不断运行，其代码段和数据段的其余部分在需要时才被调入内存（请求调页机制）。最后，相比仔细地将数据结构放到较小的内存区域，有许多算法更容易通过稀疏使用大地址空间进行编程实现。如果不用虚拟内存，这些技术实现起来代价太大。但是一旦有了虚拟内存，在没有太多物理内存的情况下，它们依然会运行得更快。

另一方面，使用虚拟内存会降低性能。把程序一次性载入内存，要比根据需要一块块地将整个程序载入内存的效率高得多。因为每次操作都需要一定的开销：保存和恢复状态、决定必须载入哪个页面。所以，有些系统只对大小超过某一最小值的程序才使用请求调页机制。

6.1.7　虚拟内存的硬件要求

几乎所有的 UNIX 版本都需要有某种形式的存储器管理硬件来支持透明的多道程序机制（multiprogramming）。为了保护进程不会被别的进程修改，存储器管理硬件必须防止程序改变它们自己的地址映射。FreeBSD 的内核运行在一种特权模式下，叫作内核态（kernel mode）或系统态（system mode），在这种模式下可以控制内存映射，而一般的程序运行在一种非特权模式下，称作用户态（user mode）。为了支持虚拟内存，还需要体系结构上的一些支持。CPU 必须能够区分地址空间驻留和非驻留的部分，当程序访问没有驻留在内存中的地址时，必须挂起该程序，而操作系统将所需页面调入内存之后，必须能继续运行程序。由于 CPU 在执行某条指令时，在各个不同阶段都可能发现缺少数据的情况，所以它必须提供一种保存机器状态的方法，这样可以在稍后继续或重新执行这条指令。这种重启指令的能力称为精确异常。在指令开始执行时，CPU 会保存足够多的状态，这样就可以在发现缺少数据的错误时恢复状态，CPU 借此来实现指令的重新启动。另一种方法是，指令可以推迟任何修改或者副作用，直到发现了所有错误之后再做，这样使得指令在重新执行之前不需要备份。在一些计算机上，指令备份需要操作系统支持。

大多数在设计上支持请求调页式虚拟内存的计算机，都在硬件上支持收集程序对内存访问的信息。当系统选中将被替换的页面时，如果自从该页面被调入内存之后，已经被修改过，那么必须先保存该页面的内容。硬件通常对每个页面有一个标志，记录该页是否被修改过。许多机器还用一个标志来记录对该页的访问，给替换算法使用。

6.2 FreeBSD 虚拟内存系统概述

FreeBSD 虚拟内存系统以 Mach 2.0 的虚拟内存系统为基础 [Tevanian, 1987；Rashid 等，1987]，并根据 Mach 2.5 和 Mach 3.0 进行了改进。之所以选择 Mach 的虚拟内存系统，是因为它具有几个特点：支持共享机制，能很好地区分与机器无关和与机器相关的功能，而且支持多处理器。虽然一些 Mach 的原始抽象被保留了，但是很少有代码被保留。Mach 系统原有的系统调用接口一个都没保留下来。由 4.2BSD 首先提出而得到 UNIX 业界广泛采用的接口完全代替了它们，6.5 节中会介绍这些 FreeBSD 接口。

许多体系结构上的虚拟地址空间被分为两部分：内核专用的高地址空间和用户进程专用的低地址空间。图 6-3 给出了一个典型的地址空间布局，内核及其相关的数据结构位于地址空间的顶部。用户进程初始的代码和数据空间从靠近内存起点的地方开始。通常，进程不能使用内存的前 4 KB 或 8 KB。有这个限制的原因是限制通过内核态的空指针解引用，转换为特权提升攻击。这条限制同样便于调试程序。这样一来，引用一个空指针的内容会产生无效地址错误，而不会去读 / 写程序的代码。

正在运行的进程调用库函数 malloc() 分配的内存，紧随数据段之后，并且地址向上增长的内存里（堆）分配。参数向量和环境向量位于用户地址空间的顶端，用户栈从这些向量以下的空间开始，并且向下增长。

对于运行在 64 位地址空间体系结构上的进程，它的栈映射在 malloc() 区域之上，栈和堆永远不会相遇，因为在相遇之前，进程早就耗尽了内存资源了。

对于运行在 32 位体系结构上的进程来说，地址空间的前 1 GB 保留给内核使用。如果系统中有许多进程，这些进程大量使用内核提供的服务（比如网络），那么可以配置系统把地址空间的前 2 GB 留给内核。其余的 3 GB 或者 2 GB 地址空间供进程使用。除非管理员做了限制，进程的栈和堆各自都可增长，直到两者相遇。

64 位体系结构的内核地址空间一般足够将机器的所

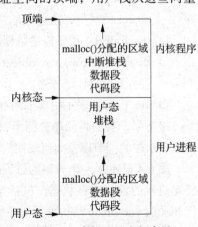

图 6-3 虚拟地址空间布局

有物理内存进行固定和持久映射。这种（虚拟内存）到物理地址空间的直接映射，极大简化了很多内存操作，因为内核总是可以直接读取物理内存的任何页面。

在 32 位体系结构上，物理内存一般会超过分配到内核的地址空间，因此，内核必须将它的部分地址空间用于临时映射需要读取的物理页面。每次内核需要读取一个新的物理页面时，它都必须查找能够未映射的现有页面，以给新的页面留出空间。内核必须随着操作它的内存映射，将旧的映射和与之关联的缓存作废，然后使用新的映射。由于必须使每个 CPU 上的缓存都无效，因此多处理器计算机上的缓存失效代价很高。

用户地址空间管理

虚拟内存系统实现了受保护的地址空间，像文件等数据资源（对象）、私有或者匿名的交换空间都可以映射进来。物理内存被用于缓存最近使用的这些对象的页面，其使用一个全局的页面替换算法进行管理。

在支持 mmap 系统调用的 FreeBSD 与其他现代 UNIX 系统里，地址空间的使用不够结构化。共享库的实现可以随便放置代码或数据，从而使得先前对各个区域的划分缺乏时效性。共享库默认放在运行时配置的最大堆区域的上方。

无论何时，当前正在运行的进程都被映射到虚拟地址空间里。当系统决定切换到另一个进程时，必须先保存当前进程的地址映射，然后载入即将运行的进程的地址映射。地址映射切换的具体细节和体系结构有关。大多数体系结构只需要改变一些指向基地址的内存映射寄存器，并指定驻留在内存中的页表的长度。

内核和用户进程均使用相同的基本数据结构来管理它们的虚拟内存。用来管理虚拟内存的数据结构如下：

❏ vmspace：表示进程地址空间的结构，它包含与机器相关的结构和与机器无关的结构。

❏ vm_map：表示与机器无关的虚拟地址空间的最高层级数据结构。

❏ vm_map_entry：该数据结构用于描述一段连续的虚拟地址范围到后备存储 vm_object 的映射，这些地址共享保护权限和继承属性。

❏ vm_object：用于描述数据源，比如物理内存，或者包括指令或数据的其他资源。

❏ 影子（shadow）vm_object：特殊的 vm_object，用于表示原数据被修改过的副本，在 6.5 节会详细描述。

❏ vm_page：表示由虚拟内存系统使用的物理内存的最底层数据结构。

接下来，我们将简单介绍所有这些数据结构是如何组织在一起的。本章余下部分将讨论这些结构的细节以及如何使用它们。

图 6-4 显示了一个典型的进程地址空间及其相关的数据结构。vmspace 结构封装了一个特定进程的虚拟内存状态，包括与机器相关 / 无关的数据结构，还有一些统计数据。与机器相关的 vm_pmap 结构除了对系统的最底层透明，对其他部分都是不透明的，而且它包含了管理存储器管理硬件必须要有的全部信息。pmap 层是 6.13 节讨论的内容，暂且略过不

提。包括地址空间在内的与机器无关的数据结构由 vm_map 结构表示。vm_map 中包含一个 vm_map_entry 结构的有序链表，用于在分配内存和处理缺页时加快查找速度的二叉搜索树；它还有一个指针，指向 vmspace 里包含的那个与机器相关的 vm_pmap 结构。vm_map_entry 结构描述了一块连续的虚拟地址范围，范围内的这些地址具有相同的保护权限和继承属性。每个 vm_map_entry 指向一个 vm_object 结构链，它们描述了被映射进指定地址范围内的数据源。在链表的末尾是最初被映射进来的数据源，它通常是一个永久数据源，比如一个文件。在那个 vm_object 和映射条目 vm_map_entry 之间插入了零个或多个临时的影子 vm_object，它们表示原数据被修改过的副本。这些影子 vm_object 将在 6.5 节中讨论。

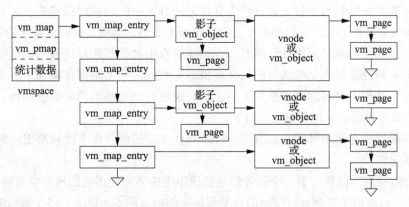

图 6-4　用于描述进程地址空间的数据结构

每个 vm_object 结构里有一个 vm_page 结构（它表示 vm_object 的物理存储高速缓存）的有序列表。vm_page 结构最常用，它可以使用每个 vm_object 都维护有的基数树进行高效查找。在基数树中，页面被它的逻辑偏移量（相对 vm_object 起始地址）索引。缓存的页面也被保存在一个有序列表中，以提供一定虚拟地址范围内的所有页面的高效遍历。vm_page 结构也记录了调页器的类型和指针（图里没显示），它们包含了如何从后备存储里换入和换出数据的信息。

在启动阶段，内核分配了一个数组，存放 vm_page 结构，用于定位虚拟内存系统管理的每个物理页面，页面 N 就是数组里的第 N 个元素。该数据结构还包含了页面的状态信息（比如修改和引用相关信息），以及指向不同的调页队列的指针。

在多处理器环境中，所有的结构都为支持多线程技术（multithreading）而包含了必要的互锁机制（interlock）。这种锁是细粒度锁，一种数据结构的每个实例至少都有一把锁。许多结构包含了不同的锁来保护结构里的各个域。

6.3　内核的存储管理

64 位地址空间的体系结构，内核始终永久映射到每个进程地址空间的高端。然而，对

32 位地址空间的体系结构，组织内核存储的方法有两种。最常见的方法是把内核永久性地映射到每个进程地址空间的高端。在这个模型中，从一个进程切换到另一个进程并不影响地址空间的内核部分。另一种方法是在内核占用整个地址空间和当前运行进程映射到整个地址空间这两者之间切换。把内核永久性地映射到每个进程地址空间会减少较大进程（以及内核）的可用地址空间，但同时也减少了复制数据的开销。许多系统调用需要在内核和当前运行的用户进程之间传输数据。把内核永久映射到进程地址空间之后，就可以使用高效的块复制指令来复制数据。如果内核和进程交替地映射到地址空间，则数据复制需要使用临时映射或使用特殊的指令来复制到先前映射的地址空间或从先前映射的地址空间复制。这些指令要比标准的块复制指令慢 2 倍。因为有将近三分之一的内核时间都花在了在用户进程和内核之间复制数据上面，所以如果让复制操作慢上 2 倍，会明显地降低系统的吞吐率。

当内核永久性地映射到地址空间时，内核能够自由地读写用户进程的地址空间，反之却不然。所有的进程都不允许访问内核的虚拟地址空间。限制写操作是为了防止用户进程改写内核数据结构。限制读操作是为了防止用户进程看到敏感的内核数据结构，比如终端输入队列，其中可能会有用户输入的口令。

通常由硬件决定使用哪种组织方式。FreeBSD 支持的所有体系结构都把内核映射到地址空间的高端。

当系统启动后，内核的第一个任务便是创建用于描述和管理它的地址空间的数据结构。表 6-1 列出了内核用于管理地址空间的分配器层次结构。图 6-5 显示了层次结构里各个要素之间的关系。本节剩下的篇幅描述分配器层次结构，内容涉及从低级别的 vm_map 到每个 CPU 都有的存储桶（bucket）。

表 6-1　内核内存分配器层次结构

级　别	用　途
bucket	每 CPU 专用的对象分配
zone	从 keg 到 bucket 的对象分配
keg	存储某一类对象的 slab 集合
slab	从某个 vmem 区分配一组对象
vmem	在 vm_map 内进行多页分配
vm_map	内核地址空间分区

6.3.1　内核映射和子映射

与任何进程一样，内核有一个 vm_map 结构以及相应的一组 vm_map_entry 结构来描述一段地址范围的使用情况（见图 6-6）。子映射（submap）是内核独有的结构，它用来隔离和限制给内核子系统分配的地址空间。在需要连续的若干段内核地址空间的子系统中会用到它。为了避免在一段地址范围内混入不相关的地址段，可以用子映射来覆盖那段地址范围，只有合适的子系统可以从该映射中分配内存。映射将具有相似大小和生命周期的数据对象关联起来，以分别最小化内部和外部碎片。内核的某些部分可能也要求地址有特殊的对齐格式，甚至会要求特定的地址。这都可以用子映射来解决。最后，子映射可以用来静态地限制子系统使用的地址空间大小，从而限制子系统消耗的物理内存。

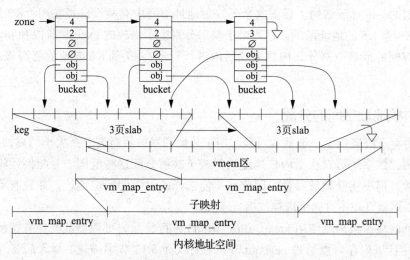

图 6-5　内核内存分配器层次结构

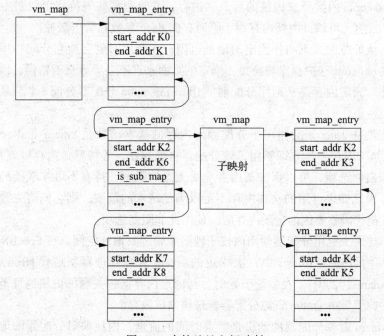

图 6-6　内核地址空间映射

图 6-6 是一种内核映射的示例布局。图的左上角是描述内核地址空间的 vm_map 结构。

在 vm_map 结构上，从 K0 到 K8 按地址从小到大的顺序链接起来的 vm_map_entry 结构用来描述若干段地址空间。这里，内核代码、初始化的数据、未初始化的数据以及初始分配的数据结构都在 K0 到 K1 范围内，并由第一个 vm_map_entry 结构表示。第二个 vm_map_entry 结构关联到 K2 到 K6 这段地址范围。这段内核地址空间由子映射管理，子映射的头指向被引用的 vm_map 结构。目前这个子映射地址空间中有两段已经在用：K2 到 K3 的地址范围和 K4 到 K5 的地址范围。这两个子映射分别表示内核的 exec 参数段和 pipe 缓冲段。内核地址空间的最后一部分在内核主映射内进行管理，K7 到 K8 的地址范围表示内核 I/O 暂存区。

6.3.2　内核地址空间的分配

　　虚拟内存系统实现了一组基本函数，用于分配和释放页对齐、页大小的虚拟内存范围，供内核使用。该系统可以从主内核地址映射或子映射分配这些范围。分配例程将映射和大小作为参数，但不接受地址参数。因此，不能选择映射内的特定地址，并且有不同的分配例程来获得可调页和不可调页内存范围。

　　可调页内核虚拟内存使用 kmap_alloc_wait() 进行分配。可调页范围具有按需分配的物理内存，并且该内存可以通过 pageout 守护程序（在 6.12 节中描述）写入后备存储，这是 pageout 正常替换策略的一部分。在地址空间可用之前，kmap_alloc_wait() 函数将一直阻塞。kmap_free_wakeup() 函数释放内核的可调页内存，并唤醒那些等待指定映射中的地址空间的任何进程。目前，可调页内核内存用于临时存储 exec 参数和管道缓冲。

　　不可调页地址范围，也叫作固定的地址范围，在调用时就会给它分配物理内存，并且该内存不会被 pageout 守护程序替换掉。固定的页面永远不会导致页面错误，因为这可能会导致阻塞操作。固定内存是从通用分配器 malloc() 或 zone 分配器分配（本节最后两小节中描述）的。

　　通用分配器和 zone 分配器用于分配固定内存的基本函数是 kmem_malloc() 和 kmem_free()。通常如果内存不是立即够用，则分配器将阻塞住，等待释放内存以满足分配需求。分配器具有非阻塞选项，可以保护调用者免受无意的阻塞。持有不可休眠锁的调用者使用非阻塞选项，因此如果可用的物理内存不足以满足请求的范围，则它们将失败。在中断时和在代码的其他代码临界区内分配内存时，使用此非阻塞选项。

　　在过去，这两个通用分配器使用内核子映射来管理其地址空间。在 FreeBSD 10 中，分配器地址空间的管理被 Solaris 中首次描述的 vmem 资源管理器所取代 [Bonwick，1994；Bonwick & Adams，2001]。在系统引导时，与固定内存区相关联的内核地址范围完全分配在一个大块中，然后由 vmem 资源分配器管理该内核内存。

　　更改为 vmem 资源分配器的动机是随着时间的流逝，内核映射分配器的地址空间往往会严重碎片化。找到一块空闲空间的时间与它正在管理的已分配空间的数量呈对数上升。相比之下，vmem 在常量时间内分配空间。内核映射分配器使用最先拟合（first-fit）策略，而 vmem 使用近似的最佳拟合（best-fit）策略。最佳拟合可以降低碎片率，减少内存浪费。

vmem 用于管理其地址空间区的数据结构，如图 6-7 所示。它管理的粒度是单页内存。图 6-7 底部显示的是它正在管理的页面集。区被分为空闲内存（阴影）和已分配内存（白色）。每块空闲或已分配内存由边界标记描述。所有边界标记在段列表（按最低到最高地址排序）中链接在一起。

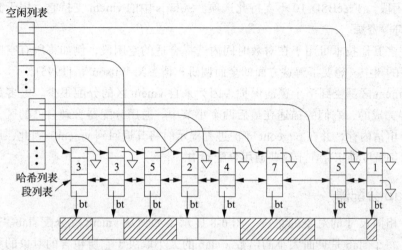

图 6-7 vmem 数据结构。bt 表示边界标记

引用已分配内存的边界标记保存在哈希列表中，使用其起始地址作为哈希键。释放一块内存时，分配器会查找其边界标记，并从哈希表中删除。如果有序的边界标记列表中的某个（或左右两个）邻居是空闲的，则可以将它们合并。然后将得到的空闲块置于适当的空闲列表上。发生合并时，将释放任何不需要的边界标记。在释放哈希列表时，从列表中删除内存，有助于检测多次释放相同内存的尝试。第二次尝试释放它，将无法在哈希列表中找到它，这时可以抛出适当的错误。

引用空闲内存的边界标记位于 2 的幂的空闲列表中，其中 freelist[n] 是 $2^n \sim 2^{n+1}-1$ 范围内的空闲段列表。为了分配一个内存段，我们在适当的空闲列表中搜索足够大的段以满足分配。这种方法称为隔离拟合（segregated fit），它是一种近似最佳拟合，因为所选空闲列表上的任何段都是一个很好的拟合 [Wilson 等，1995]。

近似最佳拟合很有吸引力，因为在实践中，它们在各种各样的工作负载中，表现出较低的碎片率 [Johnstone & Wilson，1998]。

用于选择空闲段的算法取决于分配请求中指定的分配策略。如果请求的大小在 $2^n \sim 2^{n+1}-1$ 范围内，则可以使用以下策略：

❑ VM_BESTFIT：搜索 freelist [n] 上可以满足分配的最小段。如果未找到，则在 freelist [$n+1$] 上搜索可满足分配的最小段。

❑ VM_INSTANTFIT：如果大小正好是 2^n，则在 freelist [n] 上取第一个段。否则，在

freelist [*n*+1] 上取第一个段。此空闲列表中的任何段都必须足够大以满足分配，从而在具有可接受的良好拟合下，做到性能为常量时间。 Instant Fit 是 FreeBSD 的默认设置，因为它保证了常量时间性能，在实践中提供了低碎片率，并且易于实现。

❑ VM_NEXTFIT：完全忽略空闲列表，并在区中搜索先前分配的空闲段之后的下一个空闲段。FreeBSD 10 不支持此选项。Solaris 中的 vmem 支持它，用于分配进程标识符等资源。

还有许多其他技术可用于在对数时间内选择合适的空闲段，例如将所有空闲段保留在按大小排序的树中。想要了解这方面的全面调研，请参阅 Wilson 等 [1995]。

每个 vmem 区都受到单个锁的保护，因为来自 vmem 区的分配很少。大多数分配是由通用分配器完成的，它们的描述在最后两个小节中。通用分配器管理自己的区，在需要时从 vmem 中申请内存，并在 pageout 守护进程提示时将其返回到 vmem。因此，用于处理多线程分配的细粒度锁定存在于这些通用分配器中。

6.3.3　slab 分配器

slab 是相同尺寸的对象的集合。图 6-8 显示了如何从 vmem 层分配 slab。根据 vmem 层的要求，每个 slab 是页面大小的倍数。slab 的大小取决于它所包含的对象的大小。如果 slab 包含 N 个对象，则内部碎片最多为 1/N。因此，slab 大小的选择可以控制内部碎片的数量。然而，较大的 slab 更可能引起外部碎片，因为随着每个 slab 的对象数量增加，能够回收 slab 的可能性就会降低。

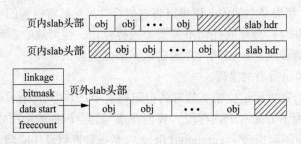

图 6-8　slab 数据结构

在 vmem 的 Solaris 实现中，在分配大对象时为 slab 选择的大小必须足够大，以容纳至少 8 个对象，以便将浪费控制在 12.5% 以内。小于八分之一页面大小的对象分配在单页 slab 上。

FreeBSD 11 没有实现 Solaris 的策略。它将 slab 大小限制为单个页面，除非对象本身需要多个页面，才增大 slab 大小。在 FreeBSD 中，分配的大小为保存一个对象所需的页数。在过去，单页限制的原因是减少 slab 分配器使用的内核子映射中的碎片。由于内核映射分配器的运行时间是映射条目数的对数，因此分配内存的时间受到碎片的影响。主要处理单页请求可以减轻这种不良行为。

在添加了 vmem 分配器后,这些问题已经减少,因为无论碎片程度如何,它都会在常量时间内完成分配。但是,FreeBSD 开发人员选择继续使用 vmem 分配器获得更多实操经验,之后再将其放入具有更具挑战性的工作负载的生产版本中。

图 6-8 显示了三个 slab。顶部的两个 slab 将内部描述 slab 的头部放置在保存对象的内存中。底部的一个 slab 将描述 slab 的头部置于单独分配的内存中,它位于保存对象的内存之外。在内部或外部放置头部的决定主要取决于对象的大小。如果放置在外部可以让内存多放一个额外的对象,则使用外部头。例如,如果一个对象的大小为 2 的幂,那么相比使用外部头部,使用内部头部将使得每个 slab 少分配一个可能的对象。

大多数 slab 都有一些未使用的空间。 FreeBSD 11 总是将未使用的空间放在最后。在 Solaris 中,未使用的空间以高速缓存对齐大小的步长分散在头尾之间,以提高缓存行 (cache line) 利用率(硬件缓存在 6.11 节中描述)。例如,如果高速缓存行是 64 字节,而 slab 有 160 字节未使用,则 slab 将以 0 字节,64 字节和 128 字节的偏移量启动对象分配。 Solaris 报告称,使用该方案显著提高了性能 [Bonwick & Adams,2001]。

释放某个对象时,zone 管理器必须确定它所属的 slab,才能够返回它。在 Solaris 中,使用哈希表来查找 slab,该哈希表将对象的地址映射到其对应的 slab 头部,其方式与 vmem 系统使用哈希表查找适当的边界标记的方式相同。 FreeBSD 不使用哈希表,而是在 vm_page 结构中存储一个指针,该指针引用回 slab 头部。通过使用 pmap_kextract() 从 slab 的虚拟地址获取物理页面地址,可以找到 vm_page 结构。物理地址索引 vm_page 结构的数组。由于每个 slab 至少使用一个页面,因此总有一个 vm_page 结构可用于存储回指指针。由于固定内存不在任何页面队列中,因此现有的页面–队列链接字段可用于此目的。因此,不必向 vm_page 结构添加额外空间以支持此功能。

内核必须为机器上的每个内存页面分配 vm_page 结构,所以最好让 vm_page 结构保持得尽可能小。为了让它够小,vm_page 结构和大多数其他内核数据结构不同,它不包含互斥锁来控制对其字段的访问。相反,有一个互斥锁池,vm_page 使用其地址的哈希值从中选择一个锁。当多个页面哈希到同一个锁时,虽然有一些锁争用,但远远好于单个全局锁。

图 6-8 中显示了页外 slab 头部的重要字段。slab 由 keg 分配和管理,本节稍后将对此进行介绍。keg 使用 linkage 字段来跟踪它们管理的 slab。使用 bitmask 和 freecount 跟踪对象的使用。bitmask 每个对象有一位,在空闲时置 1,正在使用则清 0。 freecount 跟踪 slab 中可用对象的数量。当它为 0 时,所有对象都已分配。最后,data start 字段指向 slab 中第一个对象的起始位置。如果对象偏离 slab 的开头,则数据开始指针将反映该偏移量。

6.3.4　keg 分配器

keg 是一组 slab 的集合,slab 存放相同大小的对象。必要时将 slab 分配给 keg。图 6-9

显示了 keg 数据结构如何管理其 slab 集合。keg 跟踪每个 slab 中的页数、每个 slab 中保存的对象数以及客户区（client zone）列表。通常,keg 具有单个客户区，但它也可能具有多个。keg 将其 slab 保存在三个列表中：

- full，当前所有对象都已分配的 slab。
- partial 当前对象已部分分配的 slab。
- empty，当前对象全部空闲的 slab。

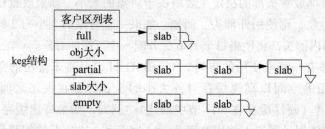

图 6-9 keg 数据结构

当向 keg 请求分配时，它首先尝试从其部分已分配列表上的 slab 进行分配。如果部分已分配的列表没有 slab，它会尝试从其完全填充（fully populated）的 slab 列表中的 slab 进行分配。如果完全填充的 slab 列表没有 slab，则调用 vmem 层来分配其所选页数的新 slab。如上所述，slab 被分解成它可以容纳的物体的数量。新分配的 slab 删除请求的对象，并将自己放在部分已分配的列表中。

当一个对象被释放时，它将被返回到它来自的 slab。如果它是第一个被释放的对象，则 slab 将从空列表移动到部分已分配列表。如果它是要释放的最后一个对象，则 slab 将从部分已分配列表移动到完全填充的列表。

具有单个客户区的 keg 中的对象其类型是稳定的。keg 中的内存不会用于任何其他目的。keg 中的结构只需在第一次分发使用时进行初始化。以后的使用可以假设初始值将保留其先前释放时的内容。

对象根据需要进行分发和返回。只有当 pageout 守护进程执行内存回调时，才会使用包含未初始化的对象的未使用的 slab，并释放该 slab。在 slab 中的每个对象都提供回调，以允许在释放 slab 内存之前清除任何持久状态。

6.3.5 zone 分配器

zone 管理一个或多个 keg 中的一组对象。zone 分配器跟踪活动和空闲条目，并提供从 zone 分配条目并将其回收回来使其可供以后使用的函数。图 6-10 显示了 zone 分配器如何管理其 zone 中的对象。zone 通常从单个 keg 中获取其对象，虽然它也可以从多个 keg 中获取其对象。zone 的作用是使用对象填充桶（bucket），然后将其用于服务分配请求。

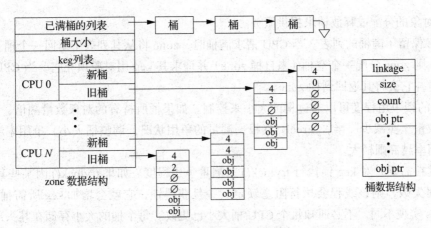

图 6-10　zone 和桶数据结构

桶的详细信息显示在图 6-10 的右侧。桶包含指向可用对象的指针数组。 size 字段给出数组的大小，count 是数组中可用对象的数量。当数组满时，count 等于 size，当数组为空时，count 等于零。

与 vmem 和 slab 分配器使用的全局锁不同，每个 zone 及其 key 都有自己的锁，因此可以同时访问不同的区域而不会阻塞。如后面有关内核 malloc() 和内核 zone 分配器的两个小节所描述，大多数 zone 用于特定对象，例如 vnode、进程条目等。malloc() 使用一组 zone 来提供 2 的幂大小的对象，对象大小从 16 字节到单页字节数不等。由于每个 2 的幂都有自己的 zone，因此对某个 2 的幂大小的分配不会阻止其他 2 的幂大小的分配。

单个 zone 的高频访问仍然可能导致锁争用。为了提高多处理器系统的性能，zone 为系统上的每个 CPU 提供单独的对象桶。每个 CPU 都能够从其两个桶中分配或释放对象，而无须任何锁定。唯一的要求是它需要围绕从其中一个桶中插入和移除对象时设置临界区。如 4.3 节所述，临界区可防止当前正在运行的线程被抢占或移动到其他 CPU。

如 4.4 节所述，调度器使用处理器亲和性来尝试使线程在同一 CPU 上运行。从 CPU 的桶分配的进程条目等对象，很可能已经存在于该处理器的高速缓存中。因此，对该结构的访问可能比从全局池中分配对象时更快。

每个 CPU 拥有两个大小为 M 的桶，即当前分配桶和先前的分配桶。保留两个桶是为了确保 CPU 在需要获得 zone 锁以补充其供应或返回满桶之前，可以分配或释放至少 M 个对象。如果它只有一个桶，桶只包含一个对象，两个分配请求过来时，它将从其桶中为第一个请求服务，然后需要获取一个新桶来为第二个分配请求提供服务。如果它有两个释放请求，它会将第一个对象放入其当前已满的存储桶中，然后需要用空桶替换该桶以返回第二个对象。

通过使用两个桶，CPU 可以简单地切换两个桶以继续服务请求。如果两个桶都满了，它可以变成一个满桶并用一个空桶替换其中之一。或者，如果两个桶空了，它可以变成一个空桶并用满桶替换其中之一。一旦它变为一个桶，它就能够在更换其中一个桶之前至少

为 M 个对象的分配或释放请求提供服务。

zone 保留了满桶的列表。当 CPU 请求满桶时，zone 将从其列表中返回一个桶。如果列表变空，则 zone 分配一个空桶（来自桶 zone）并请求其 keg 用对象填充它。当 CPU 清空了某个桶时，它会将其返回到桶 zone。

keg 的锁争用程度可以通过桶的大小来控制。如果桶所持有的对象数量翻倍，则对 keg 的请求数量至少减少一半。FreeBSD 根据测量的争用状况，调整桶大小。争用率越低则桶小；争用率越高则桶大。

通过在需要时对 keg 锁执行 trylock() 来测量争用程度。如果 trylock() 因某些其他 CPU 持有锁而失败，则该线程会执行阻塞锁定。一旦获得锁，它就会增加 keg 所需桶的尺寸。与 Solaris 实现不同，不必通知每个 CPU 桶大小已更改。每个桶的大小存储在其头部中，因此桶大小可能会随时间而变化。新桶创建时，它们将具有更大的尺寸。最终，较旧和较小的桶将被回收，所有存储桶将具有新的大小。使用的桶越活跃，它更换的速度就越快，因此剩余的小桶不会参与创建锁争用。

zone 仅在调页守护进程请求时释放内存。因此，如果对 zone 的需求激增，它将有一长串的满桶。当调页守护程序请求回送内存时，该 zone 将遍历其完整桶列表，并且对于每个桶，将其所有对象返回到其 keg 并释放存储桶。反过来，keg 将对象返回到其 slab。一旦完成从 zone 到 keg 的对象返回操作，keg 就将其全列表上的所有 slab 返回到 vmem。然后，vmem 层将解除锁定（unwire）并释放其未使用的页面区域，以便它们可用于其他用途。在将来分配已释放区域时，vmem 层必须首先请求内核映射层使用固定页面填充它们。

在大量调页活动期间，调页守护进程可以请求减少桶的大小。如果内存变得非常低，则调页守护进程可以请求刷新（flush）每个 CPU 桶列表。每个 CPU 桶列表刷新需要连续将刷新线程绑定到每个 CPU，以便它可以访问私有的每个 CPU 桶指针。

zone 分配器提供 uma_zone_set_max() 函数来设置 zone 中条目的上限。zone 中条目总数的限制包括已分配和空闲的条目，以及每个 CPU 桶列表中的条目。在多处理器系统上，可能无法为特定 CPU 分配新条目，因为已达到限制，并且所有空闲条目都位于其他 CPU 的桶列表中。无法从 CPU 桶列表中回收桶，因为桶列表不受锁保护。只有在 CPU 上运行的线程才能进入临界区来操作桶列表。

6.3.6 内核 malloc

内核提供了一个通用的不可调页内存分配和释放机制，它可以处理任意大小的请求，以及在中断时分配内存。malloc() 是分配内核内存的首选方式，而不是那些大型的、固定大小的结构（它们由 zone 分配器处理更好）。这种机制有一个类似于众所周知的内存分配器的接口，它通过 C 库例程 malloc() 和 free() 向应用程序开发者提供接口。与 C 库接口一样，分配例程采用一个参数来指定所需的内存大小。内存请求的大小范围不受限制。释放例程接受一个指向正被释放的存储的指针，但它不需要待释放内存的大小。

通常，内核需要在单个系统调用期间进行内存分配。在用户进程中，通常在运行时堆栈上分配这样的短期内存。由于内核具有有限的运行时堆栈，因此在其上分配哪怕是中等大小的内存块也是不可行的。因此，必须动态分配这样的内存。例如，当系统必须转换路径名时，它必须分配一个 1 KB 的缓冲区来保存路径名。其他内存块必须比单个系统调用更持久，并且必须从动态内存中分配。例子包括在整个网络连接期间保留的协议控制块。

内核内存分配器的设计规范与用户级内存分配器的设计标准类似，但不完全相同。内存分配器的一个标准是它要充分利用物理内存。内存的使用量是通过在任何时间点保持一组分配所需的内存量来衡量的。百分比利用率表示为

$$利用率 = 请求大小 / 所需大小$$

这里，"请求大小"是已请求但尚未释放的内存总和；"所需大小"是分配给内存池的大小（内存请求从内存池中满足分配）。分配器需要的内存多于请求的内存，因为内存碎片会占用内存，还需要为将来的内存请求准备好可用内存。一个完美的内存分配器应该具有 100% 的利用率。不过在实践中，一般认为 50% 的利用率是不错的 [Korn & Vo，1985]。

良好的内存利用率在内核中比在用户进程中更重要。由于用户进程在虚拟内存中运行，因此其地址空间中未使用的部分可以被页面调出。因此，进程地址空间中作为内存需求池的一部分且未被请求的页面不需要占用物理内存。由于内核 malloc 区不会被调页，因此内存需求池中的所有页面都由内核持有，不能用于其他用途。为了使内核内存利用率保持尽可能高，内核应该释放所需池中未使用的内存而不是持有它，就像用户进程通用的做法一样。

评价内核内存分配器最重要的标准是它要够快。由于内存分配经常进行，因此内存分配器运行慢会降低系统性能。在内核中执行时，分配速度比在用户代码中执行更为关键，因为内核必须分配许多数据结构，用户进程可以在运行时堆栈上低成本分配这些数据结构（而内核不行）。此外，内核代表运行所有用户进程的平台，如果它运行缓慢，则会使正在运行的每个进程都降低性能。

如果内存分配器很慢，另一个问题是经常使用内核接口的程序员会认为他们不能使用内存分配器作为首要的内存分配器。相反，他们将通过维护自己的内存块池来构建自己的内存分配器。多个分配器会降低使用内存的效率。内核最终会有许多不同的内存空闲列表，而不是一个可以从中进行所有分配的空闲列表。例如，考虑两个需要内存的子系统的情况。如果它们有自己的空闲列表，则两个列表中占用的内存量将是两个子系统中每个子系统使用的最大内存量之和。如果它们共享一个空闲列表，则空闲列表中占用的内存量可能与任一子系统使用的最大内存量一样低。随着子系统数量的增长，单个空闲列表能节省的规模也会增加。

内核内存分配器使用混合策略。使用 2 的幂的列表策略完成小内存的分配。使用 zone 分配器，内核创建一组 zone，每个 zone 对应一个 2 的幂的大小（在 16 到页面大小之间）。分配只是从适当的 zone 请求一块内存。通常，该 zone 将在其运行的 CPU 的一个存储桶中

具有可用的内存块，它可以返回这些内存。仅当 CPU 桶都为空时，zone 分配器才必须进行完全分配。如 6.3.5 节所述，当强制进行额外分配时，它会用适当大小的部分填充整个桶。这种策略加速了之后的分配，因为调用分配器后，几块内存变得可用。

释放一个小块也很快。内存只是返还给它所来自的 zone。

由于 2 的幂分配策略在分配大于页面大小时比较低效，所以在分配大于一个页面的块时，分配方法基于以页面的倍数分配内存块。当分配大小大于单个页面时（vmem 分配器的上限），该算法切换到较慢但更具内存效率的策略。选择该值是因为 2 的幂算法产生的大小为 2、4、8、16、…、n 页，而分配 n 页的大块算法使用的大小为 2、3、4、5、…、n 页。因此，对于一页以上的分配，大块算法将使用小于或等于 2 的幂算法所使用的页数，因此大小分配器之间的阈值被设置为一页。

大型分配首先向上舍入为页面大小的倍数。然后，分配器使用前一小节中描述的算法来查找 vmem 区中的空间。

由于在释放内存块时未指定大小，因此分配器必须跟踪它已分发出去的块的大小。许多分配器将分配请求增加几字节，以创建空间用来在分配内存之前，将分配的块大小存储在头部中。但是，当请求大小为 2 的幂的块时，此策略满足该分配的内存需求加倍。因此，内核内存分配器在外部存储大小。对于从 zone 进行的分配（最大为单个页面大小），zone 分配器将大小信息与内存页面相关联。在分配的块之外放置分配大小可以提高利用率，效果远超预期。原因是内核中许多分配的内存块，其大小正好是 2 的幂。如果使用更通用的策略，这些请求的大小将几乎翻倍。现在它们可以在不浪费内存的情况下就满足。

系统可以在内核中的任何位置调用分配器。使用者（client）表明他们愿意（也有能力）等待传递给分配例程一个标记。对于愿意等待的使用者，分配器保证他们的请求会成功。因此，这些使用者不需要检查分配器的返回值。如果内存不够且使用者无法等待，则分配器返回空指针。这些使用者必须准备好应对这种（通常不常见的）情况。持有短期锁而无法等待的使用者，经常会释放锁，等待内存变为可用，然后重新获取锁。另一个策略是放弃分配，并希望以后能够分配成功。

6.3.7　内核 zone 分配器

内核中的一些常用条目（如进程、线程、vnode 和控制块结构）通过通用 malloc() 接口无法很好地处理。这些结构都有以下几个特征：

❑ 它们往往很大，因此浪费空间。例如，进程结构大约为 550 字节，当向上舍入到 2 的幂大小时需要 1024 字节的内存。

❑ 它们往往很常用。因为它们每个都很浪费空间，与更紧凑的表示相比，它们总共浪费了太多空间。

❑ 它们通常链接在一起形成长列表。如果每个结构的分配都从页面边界上开始，那么列表指针都将与页面开头的偏移相同。遍历这些结构时，链接指针将全部竞争一小组硬件高速缓存行，导致列表中的许多步骤产生高速缓存未命中，使列表遍历变慢。

❑ 这些结构通常包含许多必须在使用前初始化的列表和锁。如果每个结构都有一个专用的内存池，那么只有在首次创建池时（而不是每次分配后）才需要初始化这些子结构。

出于这些原因，FreeBSD 为每个内核结构分配一个单独的 zone。因此，有一个 zone 只包含进程结构，另一个 zone 只包含 vnode，等等。

使用 uma_zcreate() 函数创建一个新 zone。它必须指定要分配的条目的大小，并注册两组函数。无论何时从 zone 分配或释放条目，都会调用第一个函数集合。这些例程通常跟踪分配的条目数。无论何时从 zone 的 keg 中分配或释放内存，都会调用第二组函数。当一个新的内存 slab 被分配给 zone 的 keg 时，新 slab 中每个对象的所有锁和列表头都被初始化。从 zone 进行分配时，内核知道锁和列表头已经初始化并可以使用。类似地，在释放结构时不需要销毁它们。只有当从 zone 的 keg 中回收内存时才需要销毁锁。

条目使用 uma_zalloc() 进行分配，它接受 uma_zcreate() 返回的 zone 标识符。使用 uma_zfree() 释放条目，uma_zfree() 接受 zone 标识符和指向要释放的条目的指针。分配或释放时不需要大小信息，因为在创建区域时设置了条目大小。

创建单独的 zone 与将所有内存保留在单个池中以最大化利用效率的愿望背道而驰。但是，使用合适的 zone 分配器，将特定的结构集进行内存区隔，它的好处超过了将它们保留在通用池中的效率增益。zone 分配器通过以下方法来最小化单独池的浪费：根据对该 zone 对象需求量减少的判断来释放内存，以及在 pageout 守护进程通知内存不足时释放内存。

6.4　进程独立拥有的资源

如前所述，每个进程需要一个进程条目和一个内核栈。接下来必须要分配的一项重要资源是它的虚拟内存。对虚拟内存的初始要求在进程的可执行文件的头部就已经指定好了。这些要求包括程序代码段、初始化数据段、未初始化数据段以及运行时堆栈需要的空间。在程序刚启动期间，内核会构造出用来描述这 4 块区域的数据结构。大多数程序还需要额外多分配一些内存。内核通常通过扩展非初始化数据区域来提供这些额外的内存。

大多数 FreeBSD 程序还要使用共享库。可执行程序头部会说明它所需要的库（一般是 C 库，也可能是其他库）。内核并不负责在程序开始执行时定位和映射这些库。寻找、映射动态库，以及创建到这些库的动态链接，是由文件头指定的解释器来处理的。对 ELF 格式的二进制而言，对应的解释器是 /libexec/ld-elf.so。先由解释器执行这些启动代码，然后才把控制权交给主程序入口点。

6.4.1　FreeBSD 的进程虚拟地址空间

进程地址空间的初始分布如图 6-11 所示。我们在 6.2 节中已经讨论过，进程的地址空间是由进程的 vmspace 结构来描述的。地址空间中的内容由一个 vm_map_entry 结构的列表来定义，每个结构描述一个虚拟地址空间内的区域（region），这个区域介于起始地址和结束地址之间。区域用于表示按同样方式处理的一段内存。例如，程序的代码段是一个只读并可执行的区域，其根据需要从磁盘上保存它的文件里调入。这样，在 vm_map_entry 中也包含保护模式信息，该保护模式会应用到它所描述的区域上。每个 vm_map_entry 结构还含有一个指向为该区域提供初始数据的 vm_object 的指针。最后，每个 vm_map_entry 结构还有一个偏移量，表示在 vm_object 中映射的起始位置。

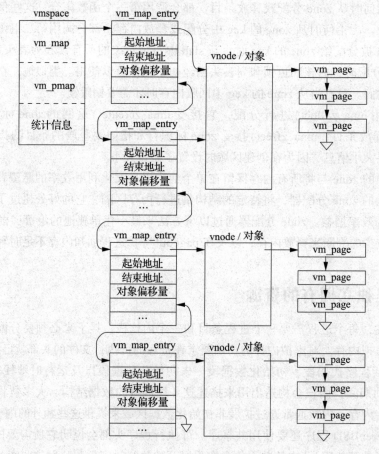

图 6-11　地址空间的布局

图 6-11 所示的例子为一个刚刚开始执行的进程。前两个映射条目都指向同一个 vm_object，此处的 vm_object 为可执行文件本身。该文件由两部分组成：在文件开始部分保存的程序代码段以及其后的初始化数据段。这样，第一个 vm_map_entry 表示一个映射程序代码段的只读区域。第二个 vm_map_entry 表示一个映射文件里程序代码之后的初始化数据的写时复制区域（写时复制将在 6.6 节介绍）。映射条目里的偏移量字段反映出了映射的不同

起始位置。第三和第四个 vm_map_entry 结构分别表示未初始化数据和栈区域。这些区域都以匿名 vm_object 的形式出现。匿名 vm_object 在首次使用时提供一个清零的页面，而在内存紧张时直接将修改过的页面存入交换区域。匿名 vm_object 将在本节后面详述。

6.4.2 缺页处理

当一个进程企图访问它的某段地址空间，而这块地址目前又不在内存里的时候，就会产生缺页。这时会把引起缺页的虚拟地址和访问类型（执行、读或者写）作为参数，提交给内核中的缺页处理程序。缺页处理分成以下 4 步：

1）找到缺页进程的 vmspace 结构，并在其中找到 vm_map_entry 对应的二叉搜索树。

2）查找缺页地址。如果查找失败，那么表明造成缺页的地址并不在进程的任何有效地址空间中，于是发送一个段错误（segment fault）信号给进程。查找算法使用 Tarjan 和 Sleator 提出的自顶向下的展开算法。该算法对树进行重排，以让最近查找到的节点挪到树顶。最近查找到的那些节点会保留在树的顶层附近。该算法的优点是利用了缺页错误经常有局部性的特点。算法的不足是查找通常需要获取树的互斥锁来进行排列，导致共享该地址空间的缺页线程之间会发生锁竞争。

3）如果发现了包含缺页地址的 vm_map_entry，就将该地址转化为下层 vm_object 内的一个偏移量。计算 vm_object 内偏移量的方法为：

```
object_offset = fault_address
    - vm_map_entry->start_address
    + vm_map_entry->object_offset
```

减去起始地址是为了得到在该 vm_map_entry 结构所映射区域中的偏移量。加上对象偏移量（object_offset）就可以得到在 vm_object 内页面的绝对偏移量。

4）将 object_offset 传给下层 vm_object，下层 vm_object 分配一个 vm_page 结构并使用它的调页器来填充页面。这个 vm_object 返回一个指向 vm_page 结构的指针，该结构映射发生缺页的位置到进程地址空间。

一旦把正确的页面映射到发生缺页的位置以后，缺页处理程序便返回，并重新执行引起缺页的指令。

6.4.3 映射到 vm_object

vm_object 通常用来保存有关一个文件或者一块匿名内存区域的信息。不管一个文件是被系统中的单个进程还是多个进程所映射，总是用同一个 vm_object 来表示它。这样，vm_object 就负责维护一个文件里驻留页面的所有状态。对该文件的所有引用都由引用同一个 vm_object 的 vm_map_entry 结构来表示。vm_object 不会把一个文件中的同一个页面保存到多个物理内存页面里，因此所有映射都拥有文件的一致视图。

vm_object 保存的信息如下：

❑ 该 vm_object 当前驻留在主存中的页面集；一个页面可能被同时映射到多个地址空间中，但是它始终只为一个 vm_object 所有。

❑ 该 vm_object 被 vm_map_entry 结构或其他 vm_object 引用的次数。

❑ 该 vm_object 所描述的文件或匿名区域的大小。

❑ 该 vm_object 驻留内存的页面数。

❑ 对影子对象而言，还包含指向链中的下一个 vm_object 的指针（影子对象会在 6.5 节介绍）。

❑ 该 vm_object 所用调页器的类型；调页器负责提供数据来填充页面，以及在页面被修改后提供一个位置保存该页（调页器在 6.10 节介绍）。

系统中总共有 3 种类型的 vm_object：

❑ 具名 vm_object 表示文件；它们也可用来表示那些能够提供可映射内存（如帧缓存）的硬件设备。

❑ 匿名 vm_object 用来表示那些在初次使用时被清零的内存区域；在不再需要的时候，它们会被直接丢弃。

❑ 影子 vm_object 用来存放在页面被修改后的私有副本；当它们不再被引用时，就被自动丢弃。

影子 vm_object 和所有匿名 vm_object（除了 POSIX shmem 外）在源代码中经常称为"内部" vm_object。vm_object 的类型由其用来执行缺页请求的调页器的类型决定。

具名 vm_object 既可以使用设备调页器（如果它映射一个硬件设备），也可以使用 vnode 调页器（如果它映射的是文件系统中的某个文件），或者使用交换调页器（如果它对应一个 POSIX shmem 对象）。设备调页器通过返回被映射设备的合适的物理地址来处理缺页异常。由于设备内存和机器的主存是分开的，所以 pageout（页面调出）守护进程肯定不会选择它。所以，设备调页器不需要处理页面调出请求。

vnode 调页器给 vm_object 提供了一个接口，其表示文件系统中的文件。vnode 调页器中存有一个 vnode 的引用，它表示 vm_object 内所映射的文件。vnode 调页器通过在 vnode 上执行一次读操作来处理页面调入（pagein）请求；而通过在 vnode 上执行一次写操作来处理页面调出（pageout）请求。这样一来，文件本身就保存着修改后的页面。在不适合对文件进行直接修改的情况下（比如某个可执行文件，不希望修改其初始化数据对应的页面），内核必须在表示该文件的 vm_map_entry 和 vm_object 之间插入一个影子 vm_object，参见 6.5 节。

匿名或者 POSIX shmem 对应的 vm_object 使用交换调页器。这种 vm_object 通过从空闲链表中取出一页内存并且清零该内存页来处理页面调入请求。当第一次发出对某个页面的调出请求时，交换调页器负责在交换区域中找出一个未被使用的页面，将要调出的页面内容写入其中，并且记下它的地址。在对原先调出的页面发出调入请求时，交换调页器先找到它的地址，然后将其内容再读回到内存中的一个空闲页面。后面如果又有对该页面的调出请求，那么这一页将被写回到先前给它分配的位置。

影子 vm_object 也使用交换调页器。它们就像匿名或 POSIX shmem vm_object 一样。不同之处在于，此时交换调页器并不需要提供初始页面。在写时复制操作产生缺页时，交换调页器调用 vm_fault() 例程创建初始化页面，其通过复制现有页面实现。

6.10 节将对调页器进行深入讨论。

6.4.4 vm_object

每个虚拟内存 vm_object 都有其相关联的调页器类型（pager type）、调页器句柄（pager handle）和调页器私有数据（pager private data）。映射文件的 vm_object 有一个 vnode 调页器类型与之相关联。vnode 调页器的句柄是一个指向 vnode 的指针，在这个 vnode 上执行 IO 操作，私有数据是执行映射时 vnode 的大小。每个映射到文件的 vnode 都有一个与之相关联的 vm_object。当一个已经映射到内存的文件发生缺页时，就要检查关联到这个文件的 vm_object，看所缺页面是否驻留在内存中。如果该页面驻留在内存中，那么就可以使用它。如果没有驻留在内存中，就要分配一个新页面，接着调用 vnode 调页器填充这个新页面。

虚拟内存系统中的缓存由 vm_object 完成，这个 vm_object 与它所表示的一个文件或者区域相关联。每个 vm_object 包含若干页面，它们是关联的文件或者区域中被缓存的内容。一旦 vm_object 的引用数降为 0，就回收它。回收的 vm_object 的页面被移入空闲表。回收表示匿名内存的 vm_object，则是在进程退出时清理工作的一部分。不过，指向文件的 vm_object 仍然保留。当 vnode 的引用数降为 0 的时候，vm_object 被存入 LRU（Least-Recently Used，近期最少使用）表，这个表也叫作 vnode 缓存。vnode 的介绍见 7.3 节。直到该 vnode 被回收并重新用于其他文件，vnode 才会释放它的 vm_object。除非内存紧张，否则和 vnode 关联的 vm_object 都会保留其页面。如果 vnode 被重新激活，而在其关联的页面被释放之前发生一次缺页，那么所缺的页面就可以直接用上，而不需要从磁盘再读一次。

这种缓存与 BSD 早期版本中的代码缓存相似，它提高了那些运行时间短但执行频繁的程序的性能。这类频繁执行的程序包括用于以下目的的程序：列出目录内容、显示系统状态或者在编译一个程序的过程中所执行的中间步骤。举例来说，假设有一个由多个源文件组成的典型应用程序，每个文件都要依次执行几个编译步骤。当编译器第一次运行时，和不同组件相关的可执行文件都要从磁盘中读入。随后再编译每个文件时，都可以找到先前创建好的可执行文件，以及许多前面已经读入的头文件，这样就不必每次再从磁盘重新读入它们了。

6.4.5 vm_object 到页面

当系统首次启动时，内核要检测一遍机器上的物理内存，统计有多少页面可用。除去内核本身运行所专用的物理内存，剩余的所有物理内存页面由 vm_page 结构来表示。这些 vm_page 结构一开始都放在内存空闲链表中。随着系统开始运行，其他进程开始执行，它们都会产生缺页。每次缺页都会与一个 vm_object 相匹配，即引起缺页的地址空间在该 vm_object 所包含的区域内。在某个 vm_object 里的地址空间第一次缺页时，vm_object 必须从空闲链表中申请一个页面，并把它清零或者从文件系统读取其内容。这样，该页面就关联到这个 vm_object 上了。每个对象当前都有一组 vm_page 结构链接到自身。

当内存资源不足时，调页守护进程会搜索使用不频繁的页面。在这些页面被新 vm_object 使用之前，它们必须从所有正在映射它们的进程中删除，并且拥有它们的 vm_object 需要保存它们所修改的任何内容。当这一切都完成后，这些页面可以从其所属的 vm_object 中删除，并放回到空闲链表重用。调页系统的详细内容将在 6.12 节讨论。

6.5　共享内存

在 6.2 节和 6.4 节中，我们讲述了进程的地址空间是如何组织的。本节主要介绍为了支持在进程之间共享地址空间所要额外支持的数据结构。传统的做法是，每个进程的地址空间同系统中正在运行的其他进程的地址空间完全隔离开来。只有一个例外，那就是共享的只读代码段。所有进程间的通信都需要借助经过内核的特殊通道：管道、套接口、文件或者特殊设备。这种分隔机制的好处是，不管一个进程将自己的地址空间损坏到何种地步，都不会影响系统中正在运行的其他进程的地址空间。每个进程可以精确地控制数据发送和接收的时间，还可以精确地标识自己地址空间中读写操作的地址。这种分隔机制的缺点是，所有的进程间通信都至少需要两次系统调用：一次由发送进程调用；另一次由接收进程调用。在进程间通信量很大的情况下，尤其是在交换小数据包时，系统调用的开销占据了通信开销的绝大部分。

共享内存提供了一种大大降低进程间通信开销的方法。两个以上需要互相通信的进程会把一块可以读写的内存映射到它们各自的地址空间中。当所有的进程都把这块内存映射到自己的地址空间以后，对该内存的任何改动都会在各个进程中反映出来，其间无须经过任何内核操作。这样，除去初始化映射的开销之外，进程间通信可以不花费任何系统调用的开销就能实现。这种方法的缺点是，如果一个已经做了内存映射的进程将那块内存中的某个数据结构破坏了，那么映射了该内存的其他进程里相应的数据结构也就被破坏了。此外，这种方法也增大了应用程序的开发人员的开发难度，因为他们必须开发出能够控制对共享内存访问的数据结构，而且必须处理好会出现的竞争状态（race condition），这在操作和控制并发访问的数据结构时是必须处理的。

某些 UNIX 的变体中具有基于内核的信号量（semaphore）机制，以提供访问共享内存所需的序列化。然而，获取和设置这样的信号量都需要系统调用。使用这种信号量方法和使用传统进程间通信方法的开销接近。遗憾的是，这种信号量机制的复杂度与共享内存差不多，而且在速度上也缺乏足够优势。引入复杂的共享内存机制，其主要原因就是为了提高速度。如果要达到这样的效果，大多数的数据结构上锁操作都需要在共享内存段自身内部完成。基于内核的信号量只能用在那种两个进程争夺锁而其中一个进程必须等待的少见情况上。因此，现代的系统接口（如 POSIX Pthread）的设计都使信号量可以放在共享内存区域内。通常设置和清除无竞争的信号量可以由用户进程完成，不需要调用内核。有两种情况进程必须进行系统调用。其一，当进程企图设置一个已经上锁的信号量时，它必须调用内核来阻塞自己，直到可以获得该信号量。这样的系统调用对性能影响不大，因为出现对锁的竞争以后，它就不会继续执行下去，反正也需要调用内核进行上下文切换。其二，如果一个进程企图清除另一个进程正在等待的信号量，它必须先调用内核来唤醒那个等待进程。由于大多数的锁都不用竞争，所以应用程序基本可以不调用内核而全速运行。

6.5.1　mmap 模型

当两个进程试图创建一块共享内存区时，这两个进程必须通过某种方式来命名它们希望共享的内存，而且它们还必须能描述共享内存的大小和初始内容。表示共享内存区的系统接口以文件为基础来表示共享内存段，从而达到了上述这些目标。进程要建立共享内存段，可以通过调用 mmap 函数：

```
void *addr = mmap(
    void *addr,        /* 基地址 */
    size_t len,        /* 区域长度 */
    int prot,          /* 保护区域的访问权限 */
    int flags,         /* 映射标志 */
    int fd,            /* 映射的文件 */
    off_t offset);     /* 映射的起始偏移量 */
```

这个函数把文件描述符 fd 从偏移量 offset 开始连续 len 字节的内容映射到起始地址为 addr 的地址空间中，其访问权限为 prot。参数 flags 让进程决定是采用共享映射还是私有映射。在共享映射方式下，对数据的改动将被回写到文件中，其他进程可见。而在私有映射方式下，对数据的改动不会被回写到文件中，其他进程不可见。需要共享一块内存的两个进程可以把同一个文件以共享方式映射到各自的地址空间。这样可以利用现有且易于理解的文件系统命名空间来标志共享对象。该文件的内容就是共享内存段的初始内容。所有对映射内存进行的修改都将被回写到文件，因此即使共享内存的进程经历了多次调用执行，长期状态也能被保留在共享内存区中。

有些应用程序想把共享内存纯粹作为一种短期的进程间通信机制来用。这些程序需要一块一开始被清零的内存，并且在它们使用过后可以直接丢弃这块内存中的内容。这样的进程既不希望有太多的启动开销（调入文件的内容来初始化共享内存段），也不希望有结束开销（使用完内存后，需要把修改过的页面回写到文件里）。虽然 FreeBSD 确实提供了 System V shmem 接口的命名方案，可作为上述短期共享内存的一种会和（rendezvous）机制（见 7.2 节），但是这个方案不但范围有限而且还很怪异，所以设计者们最终还是决定使用文件系统的命名空间来为 mmap 命名所有的内存对象。为了给短期的共享内存提供一种行之有效的机制，不需要系统重启后保持稳定的映射，可以设置 MAP_NOSYNC 标志，规避定期同步脏页面的开销。当指定了该标志后，只有在内存需求量很大的时候，脏页面才会被回写到文件系统。

当不再需要某个映射时，可以调用下面的函效释放它

```
munmap(void *addr, size_t len);
```

系统调用 munmap 可以用来卸载地址空间中任意一块起始地址为 addr，长度为 len 字节的映射。先前的映射与随后的卸载映射之间没有任何约束。这个指定的范围可能是之前 mmap 的一个子集，它也可能覆盖了一个内有许多被映射文件的区域。进程退出时，系统对进程的整个地址空间隐式调用一次 munmap。

在初始化映射时，进程可以设置一个页面的保护权限，以允许读、写或执行。此后，进程可以调用以下函数来改变这些保护权限：

```
mprotect(const void *address, int length, int protection);
```

调试器可以用此特性来跟踪内存破坏（memory-corruption）的 bug。通过禁止在包含受损数据结构的页面上执行写操作，调试器就可以捕获对该页面的每一次写操作，在写操作实施之前检查它们是否正确。

按传统的做法，实时系统的程序开发要在专用的操作系统上完成。为了节省开发实时应用的成本，并利用大量 UNIX 程序员的技能，开发实时应用的公司目前都使用基于 UNIX 的系统来开发实时应用。实时系统的两个基本要求是控制最大延迟和可预测的运行时间。在一个基于虚拟内存的系统上，很难准确预测运行时间，这是因为在程序执行期间，随时都有可能发生缺页的情况，而如果要从磁盘或者网络上调入所缺页面，可能会造成很长时间的延迟。为了避免调页延时，系统允许一个进程强制其页面驻留在内存之中而不被调出。这可以调用以下函数来完成：

```
mlock(const void *address, size_t length);
```

只要进程只限于访问其地址空间内被锁定的区域，就可以保证它不会因为缺页而发生延迟。为了防止单个进程获取了机器上的所有物理内存而损害其他进程的运行，系统实施一种资源限制方案，控制单个进程能锁定内存的数量。典型的做法就是单个进程锁定内存的上限不允许超过整个物理内存的三分之一，而且系统管理员如果不想让任何进程垄断系统资源，他也可以把上限设为 0。

当进程用完了为保证实时性而用 mlock 锁定的区域，就可以调用以下函数释放该锁定：

```
munlock(const void *address, size_t length);
```

在 munlock 调用以后，指定地址范围内的页面仍然可以访问，但是如果需要内存，它们可能会被调出内存，从而无法访问相关页面。

应用程序可能需要既保证将某些记录写入磁盘，又不必像系统调用 fsync 那样把一个文

件被修改过的所有脏页面都回写到磁盘里。例如，一个数据库程序可能想要提交一段元数据（metadata），但又不回写数据库文件的所有脏块。要进行这种有选择的同步操作，进程可以调用以下函数：

```
msync(void *address, int length, int flags);
```

只有那些在指定地址范围内的被修改过的页面，才会被回写到文件系统里。系统调用 msync 对匿名区域无效。

6.5.2 共享映射

当多个进程将同一个文件映射到各自的地址空间后，系统必须保证每个进程看到的都是同一组内存页面。如 6.2 节和 6.4 节所述，虚拟内存系统的一个用户进程所主动使用的每个文件都由一个 vm_object 来表示。进程到文件的每个映射都由 vm_map_entry 结构体描述。两个进程将同一个文件映射到各自地址空间的例子如图 6-12 所示。当其中一个进程发生缺页时，该进程的 vm_map_entry 结构会访问该 vm_object 以找到适当的页面。由于所有映射都指向同一个 vm_object，进程就会得到同一组物理内存页面。这样一来，就能确保某个进程对于其地址空间的改动对其他进程都是可见的。

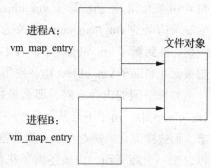

共享同一映射的两个进程，并不需要将其映射到各自地址空间的相同虚存地址上。而且，一个进程在其地址空间中，甚至可以有两个或者更多的 vm_map 条目指向同一个文件（或者文件的某个区域）。例如，运行一个可执行程序时，进程有一个 vm_map 条目指向程序的代码段，而另一个 vm_map 条目指向初始化数据段。

图 6-12　到一个文件的多个映射

6.5.3 私有映射

进程有时会请求文件的私有映射。私有映射有两个主要作用：

1）在映射到文件的内存中所做的改动不会反映到被映射文件中。

2）在映射到文件的内存中所做的改动不会被其他映射该文件的进程看到。

调试程序的过程就是一个使用私有映射的例子。调试器可能会对程序的代码段做一次私有映射，这样当它设置断点时，这一改动不会被回写到（保存在磁盘上的）可执行文件里，而且其他执行该程序的（假定不是正在调试该程序）进程也不可见。

内核使用影子 vm_object 来避免将进程所做的改动回写到对象中。图 6-13 显示了影子对象的使用。当一开始请求私有映射时，文件 vm_object 用写时复制方式映射到请求进程的地址空间内。

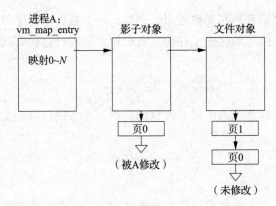

图 6-13　为私有映射使用影子 vm_object

当进程企图对该 vm_object 的一个页面进行写操作时，则发生缺页，然后引发陷阱进入内核。如果本次缺页对 vm_object 的私有映射而言是第一次，那么必须创建一个新的影子 vm_object。首先，分配一个新的影子 vm_object，其调页器类型为交换调页器（调页器将在 6.10 节介绍）。新的影子 vm_object 设置为指向将要影化的原先的 vm_object。随后将发生缺页错误的 vm_map_entry 修改为引用该影子 vm_object。内核把将要被修改的页面复制一份，挂到影子 vm_object 下。在本例中，进程 A 修改了文件 vm_object 的页面 0。内核复制页面 0 到影子 vm_object 中，使用该影子 vm_object 作为进程 A（对文件）的私有映射。

如果空闲的内存有限，那么最好干脆将修改过的页面从文件 vm_object 中移动到影子 vm_object 中。由于不必马上分配一个新页面，所以这样的移动降低了对空闲内存的直接需求。而这样优化的缺点在于，如果随后有其他进程对文件 vm_object 进行访问，则内核必须再分配一个新页面。内核还需要花费一次 I/O 操作来重新读取该页面的内容。在 FreeBSD 中，虚拟内存系统总是会复制文件 vm_object 中的页面而不是移动它。

当私有映射出现缺页时，内核遍历 vm_map_entry 所指向的 vm_object 链表，找出所缺页面。链表中第一个包含所缺页的 vm_object 就是要使用的 vm_object。如果搜索到链表的最后一个 vm_object，还是没有所需的页面，则从最后一个 vm_object 请求该页。这样，影子 vm_object 上的页面如果与文件 vm_object 本身的页面相同，则会被优先选取。缺页处理的具体内容将在 6.11 节探讨。

当进程从它的地址空间（要么直接调用 munmap，要么在进程退出地址空间被释放的时候间接发生）移除映射时，影子 vm_object 所保存的页面不会被回写到文件系统。很简单，影子 vm_object 的页面被放回内存空闲链表，以供立即重用。

当进程执行 fork 操作时，它不希望在 fork 之后，对其私有映射上所做的改动被它的子进程看到。同样，子进程也不希望自己的改动让父进程看到。这样造成的结果是：如果一个进程继续对私有映射进行修改，那么它就需要创建一个影子 vm_object。在图 6-13 中，当进程 A 执行 fork 时，也会随之创建一个影子 vm_object 链，如图 6-14 所示。在这个例子中，进程 A 在其 fork 之前修改了第 0 页，在 fork 之后修改了第 1 页。对第 1 页的修改版本关联到新的影子 vm_object 上面，所以其子进程看不到其对第 1 页的修改。同样，其子进程修改了第 0 页。如果子进程打算在原来的影子 vm_object 上修改第 0 页，那么父进程肯定能看到。为了使父进程看不到这次改动，子进程只能在自己的影子 vm_object 上再创建一个第 0 页的副本。

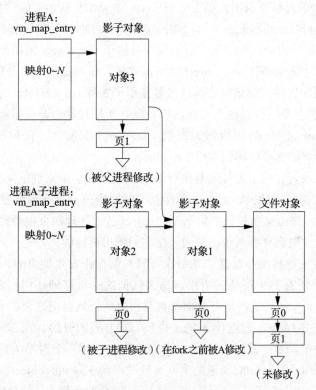

图 6-14　影子对象链

　　如果系统出现内存短缺，内核需要回收影子 vm_object 的非活跃内存。内核先让交换调页器完成备份影子 vm_object 的任务。交换调页器随即创建一个能包含影子 vm_object 全部内容的数据结构（在 6.10 节介绍）。接着，它分配足够的交换空间来存放这些影子页面，并将它们写入该区域内。此外，还可以释放这些页面，用于其他用途。如果随后某次缺页需要某个已经被交换出去的页面，那么先要在内存里分配一个新页面，然后通过 I/O 操作从交换区内重新载入该页的内容。

6.5.4　压缩影子链

　　当一个带有私有映射的进程直接用 munmap 系统调用或者间接地通过退出程序来删除该映射时，它的父进程或子进程会残留下一个影子 vm_object 的链表。这样的链表通常可以被压缩为单个影子 vm_object，并且压缩时可以释放一部分内存。在图 6-14 中，考虑当进程 A 退出时，会发生什么情况。首先，3 号影子 vm_object 连同它所关联的内存页面被释放。它释放后导致了 1 和 2 号 vm_object 形成了孤立的链表。于是这两个对象可以压缩成单个影子 vm_object。由于它们都含有第 0 页的副本，并且只有 2 号影子 vm_object 中的第 0 页可以被留下的子进程访问，所以在 1 号对象中的第 0 页可以连同 1 号对象一起被释放掉。

如果进程 A 的子进程要退出，则 2 号影子 vm_object 及其相关的内存页面将被释放。1 号和 3 号影子 vm_object 便形成一个可以被压缩的链。此时，它们没有共有的页面，所以 3 号 vm_object 将保留它自己的第 1 页，并获得 1 号影子 vm_object 的第 0 页。而 1 号对象接下来会被释放。除了合并两个 vm_object 的页面之外，压缩操作要对分配给两个 vm_object 的交换空间做类似的合并。如果第 2 页已经复制给了 3 号 vm_object，而第 4 页已经复制给了 1 号 vm_object，但是这两页随后又被回收，那么 3 号对象的调页器就会有第 2 页的一个交换块，而 1 号 vm_object 的调页器则有第 4 页的一个交换块。在释放 1 号 vm_object 之前，必须将其第 4 页的交换块移到 3 号 vm_object。

如果一个进程或者它的子进程重复执行 fork 调用，就会带来性能问题。如果不加干涉，它们会创建很长的影子对象链。如果进程存在的时间很长，那么系统就没有机会压缩这些影子 vm_object 链。遍历这些长长的影子 vm_object 链来处理缺页很费时间，而且创建出许多不会用到的页面，也会导致系统白费力气把它们调出再回收。

对这个问题的一种解决办法是，在每次写时复制操作发生缺页时，计算这一页上存活的引用数目。如果还有一个存活的引用，那么就把这一页移到还引用它的影子 vm_object 上。当一个影子 vm_object 里的所有页面都被移出之后，就会把这个影子 vm_object 从链表删除。例如，在图 6-14 中，当进程 A 的子进程写第 0 页的时候，在 2 号影子 vm_object 里建立了第 0 页的一个副本。此时，1 号 vm_object 里仅存了一个对第 1 页的引用，就是从进程 A 的引用。于是 1 号 vm_object 里的第 0 页就被移到 3 号 vm_object。剩下的 1 号对象就没有任何页面了，所以可以回收这个 vm_object，留下 2 号和 3 号对象直接指向文件对象。遗憾的是，这一策略会给缺页处理例程增加很大的开销，显著降低系统的整体性能。所以 FreeBSD 没有采用这种优化手段。

FreeBSD 采用一种代价更小的启发式方法来减少影子页面的相互复制。当一个（影子 vm_object）链表头部的影子 vm_object 发生了缺页，内核检查是否链表尾部的影子 vm_object 包含该页面的一份副本。如果是，并且仅被链表前面的影子 vm_object 引用（也就是说，原则上该链表可以被压缩），该页面会被挪走，而不是复制一份（从链表尾部挪到链表前部的影子 vm_object），并且映射权限包含读权限。

6.5.5　私有快照

当一个进程不断对 vm_object 的私有映射进行读操作时，它能持续查看通过文件系统写入该 vm_object 或与该 vm_object 共享映射的其他进程对该 vm_object 所做的修改。当进程要对 vm_object 的私有映射进行写操作时，会在影子 vm_object 中建立起一个该 vm_object 内相应页面的快照（snapshot），并直接在快照上进行修改。这样，其他进程通过文件系统或对该 vm_object 建立共享映射来对该页进行的修改就不会反映到快照上。然而，对象中那些未被修改的页面仍然可见。文件修改与未修改的部分混在一起（而可见性不同），这造成困扰。

为了让文件看起来有更好的一致性，进程希望在文件刚进行私有映射时就建立起快照。以前，Mach 和 4.4BSD 都提供一种 vm_object 副本，它的作用是在建立私有映射的时候取得一个 vm_object 的快照。vm_object 副本跟踪其他进程对一个 vm_object 所做的修改，并且还保留着所有被改页面原来的副本。只有 Mac OS/X 实现这种 vm_object 副本，然而并没有需要依赖它们的大应用程序。在虚拟内存系统中，vm_object 副本的代码又多又复杂，并且它显著降低虚存的性能。FreeBSD 认为副本 vm_object 没有必要，从而删除了它，这是在虚拟内存系统上早期进行的清理和改善性能工作的一部分。想要获得文件快照的应用程序可以这么做：把该文件读入自己的地址空间，或者在文件系统里创建该文件的副本，然后引用该副本。

6.6　创建新进程

进程是通过 fork 系统调用来创建的。在 fork 调用后一般紧跟着一个 exec 系统调用，它读取文件系统中的可执行程序镜像，覆盖掉新建子进程的虚拟地址空间。接着，进程就一直运行直到退出，要么是主动退出，要么是接收到信号后被强制退出。6.6 节～6.9 节，我们将跟踪进程生命周期中每一步的内存资源管理情况。

fork 系统调用复制现有进程的地址空间，创建一个与之相同的子进程。在 FreeBSD 中，fork 族的系统调用是创建新进程的唯一方法。fork 调用复制原进程的所有资源（kqueue 描述符除外）及该进程的地址空间。

必须给子进程分配的进程虚拟内存资源包括：进程结构与其子结构，以及内核栈。此外，可以通过 procctl 系统调用请求内核保留用来给进程提供后备支持的存储空间（内存、文件系统或者交换空间）。fork 调用的一般实现流程如下：

- ❏ 如被指定，为子进程保留虚拟地址空间；
- ❏ 为子进程分配一个进程条目和线程结构，并且填充其字段；
- ❏ 将父进程的进程组、凭证信息（credential）、文件描述符、限制（limit）以及信号操作复制到子进程中；
- ❏ 分配一个新的内核栈，将当前系统调用返回的最后一个栈帧复制过去初始化它；
- ❏ 分配一个 vmspace 结构；
- ❏ 复制地址空间：创建父进程 vm_map_entry 结构的副本，并标记为写时复制；
- ❏ 使函数在子进程中返回 0，以有别于返回给父进程的值（新进程的 PID）。

进程结构的分配和初始化以及返回值的安排在第 4 章已介绍过。本节接下来着重讨论复制进程过程中的其他几步操作。

6.6.1　预留内核资源

在复制地址空间时，所要保留的第一项资源是所需的虚拟地址空间。为了避免用光内存资源，内核必须保证答应提供的虚拟内存不会超过其交付能力。内核所能提供的全部虚拟内存有上限，其等于可供调页使用的物理内存大小加上系统提供的交换空间大小。另外还要留几个页面用来处理在交换区和主存之间的 I/O 操作。

采取这种限制是为了保证所有进程都可以同步得到内存资源短缺的警告。特别地，如果没有足够的资源来分配所需的虚拟内存，那么进程应该从系统调用（比如 sbrk、fork 或者 mmap）得到出错提示。如果内核答应提供的内存超过它所能提供的数量，那么在处理缺页的时候就可能会发生死锁。当内核不能拿出空闲页提供给所缺页面，而且也没有交换空间保存活动的页面时，就会发生问题。此时，内核除了给发生缺页的进程发一个 kill 信号之外别无选择。像这样把内存资源紧缺的消息异步通知给进程的方法是无法接受的。

地址空间内以只读方式映射的那些部分（比如程序代码）并不受此限制。地址空间内只读部分所用的全部页面都可以被收回以做它用，无须保存，因为这些内容可以从数据源重新填充。同样，映射共享文件的那部分地址空间也不受此限制。在一个共享映射的内容回写到它们所映射的文件系统以后，内核就可以回收该映射所使用的全部页面。这里的文件系统是作为交换区的扩展。最后，被多个进程同时使用的内存（比如几个进程共享的匿名内存），计入虚拟内存限制只需要一次。

可分配的虚拟地址空间的数量有上限，因此当应用程序要求分配一块大的地址空间，但只使用很小一部分时就会引起问题。例如，某进程可能会为一个大型数据库创建私有映射，但是该进程仅会访问其中很少一部分。因为内核无法保证访问是小范围的，所以当请求保留时，它只能悲观地认为整个文件都可能被修改，如果资源不足便会拒绝请求。

精确地跟踪未完成分配的虚拟内存，并且判断何时禁止继续分配内存，这是一项复杂的任务。因为大多数进程都只会使用近半的虚拟地址空间，因此，把未完成分配的虚拟内存上限定为进程地址空间的总和过于保守。不过，允许分配更多内存增加了耗尽虚拟内存资源的风险。虽然 FreeBSD 系统会计算未完成分配内存的用量，但是它只有在 vm.overcommit sysctl 被激活了时才对总的内存使用量施加限制。因为 vm.overcommit 采取了保守的方法，把未完成分配的虚拟内存限定为进程地址空间的总和，因此 vm.overcommit 默认是关闭的。因此系统没有对内存总和做任何限制，它可以分配比实际可用空间更多的空间。当内存资源耗尽时，它会优先选择一个占用大量内存的进程终止其运行。今后要实现的一项重要改进就是开发一种启发式方法，用于判断虚拟内存资源何时面临耗尽危险而需要加以限制。作为权宜之计，FreeBSD 10 添加了 procctl 系统调用，可以使用保护工具访问该系统调用，它允许系统管理员识别对系统操作至关重要的进程，不应将其作为要被杀死的进程候选。

6.6.2 复制用户地址空间

fork 调用的下一步是分配和初始化一个新的进程结构。这项操作必须在复制当前进程的地址空间之前完成，因为它要在进程结构里记录状态。从开始分配进程结构到分配好所需的全部资源，父进程都被锁定，不会被交换，以此避免发生死锁。因为子进程处于不一致的状态，还不能运行或被交换，所以需要父进程来完成其地址空间的复制工作。为了确保调度器忽略子进程，内核会在整个 fork 过程中设置子进程的状态为 NEW。

过去的 fork 系统调用会复制整个父进程的地址空间。当一个大进程执行 fork 时，复制整个用户地址空间的代价很高，而如果 fork 后立马执行 exec，会很浪费资源，因为它会先丢弃所有现存的页面，然后再分配新的页面，以加载将要执行的程序的代码。所有在二级存储器的页面都需要读入内存，以进行复制。如果没有足够的空闲内存完成复制操作，内存短缺的问题就会让系统开始进行调页，以产生足够多的内存用于复制操作（参见 6.12 节）。复制操作可能会致使父进程和子进程的一部分被换出内存，或是让其他不相关进程的一部分被换出内存。

FreeBSD 采用写时复制技术创建进程，它可以避免上述开销。现在，fork 操作所涉及的父进程和子进程都引用相同的物理页面，而不是复制父进程的每一个内存页面。此时的页表会做修改，以防止它们中的任一进程修改共享页面。当进程要修改页面时，就会产生保护错误并进入内核。内核发现该错误是由修改共享页面而产生时，就简单地复制这个页面，改变该页面的保护字段使它能够再次被修改。只有被其中一个进程修改过的页面才需要复制。因为父进程用 fork 创建子进程后，通常子进程马上会用 exec 系统调用载入一个新的可执行文件镜像，覆盖掉从父进程复制的镜像，所以这种写时复制技术会显著改善 fork 的性能。

fork 过程进行写时复制时，遍历父进程的 vm_map_entry 结构链表，并在子进程内创建一个对应条目。每个条目都必须加以分析并采用适当的操作：

- ❑ 如果该条目映射了一个共享区域，那么子进程可以得到一个指向它的引用；
- ❑ 如果该条目映射了一个已按私有方式被映射的区域（比如数据段或栈），子进程必须创建该区域的一个写时复制映射。父进程也要把对该区域的映射改成写时复制方式。如果随后父或子进程要写该区域，就要创建一个影子对象存放修改过的页面。

在分配了虚拟内存资源之后，系统会建立新进程的内核态和用户态的状态。然后清除子进程的 NEW 标志，把子进程的线程放到运行队列中，于是新进程就可以开始执行了。

6.6.3 不通过复制创建新进程

当一个进程（例如 shell）要启动另一个程序时，它通常会调用 fork，做些诸如 I/O 描述符重定向、改变信号动作之类的简单操作，然后调用 exec 开始运行新的程序。同时，父进程 shell 调用 wait 挂起自己，直到新程序结束。对于这些操作，父进程和子进程不必同时运行，因此只需要一个地址空间。由于要经常使用这一套系统调用，于是人们实现了 vfork 系统调用。虽然 vfork 的效率极高，但是它的功能很奇特，一般认为它在体系结构上有缺陷。

vfork 方式的实现总是比"写时复制"方式的实现效率高，因为内核不用为子进程复制地址空间，而是简单地把父进程的地址空间传递给子进程，并挂起父进程。子进程不需要分配任何虚拟内存的结构，而是从它的父进程那里获得 vmspace 结构及其全部组件。子进程从 vfork 调用返回时，父进程仍然处于挂起状态。子进程还要完成为准备运行新程序所需的常规操作，然后就调用 exec。现在，地址空间返还给父进程，而不是像通常的 exec 调用那样被丢弃。如果子进程发生错误而不能执行新程序，它就会退出，地址空间又会返还给父进程，而不是被丢弃。

在采用 vfork 调用的情况下，不需要复制表示地址空间的那些条目，也不需要像写时复制方式那样先标记页表条目为只读，然后再清除只读标记。vfork 可能仍然比写时复制或者其他必须复制进程虚拟地址空间的方式效率高。vfork 调用在体系结构上的缺陷是，子进程得到控制权后可以修改父进程的内容和地址空间的大小。虽然修改父进程的地址空间是不好的编程作风，但是却已知有几个程序利用了这个缺陷。

6.7　执行一个文件

系统调用 exec 在 2.4 节和 3.1 节已有介绍；它从可执行文件中读取新程序的内容，替换掉进程的地址空间。调用 exec 时，先检查目标可执行文件的镜像是否有效，随后把参数和环境变量从当前进程镜像复制到一个临时区域（在可调页的内核虚拟内存中）。

要调用 exec，系统必须分配资源来容纳虚拟地址空间的新内容，建立该地址空间和新的镜像之间的映射关系，并释放原虚拟内存正在使用的资源。

要调用 exec 的第一步是检查是否向内核申请给新的可执行文件预留内存资源。如果是，则必须预留新程序需要的空间。exec 在为它们保留空间的时候不用先释放当前已经分配的空间，因为系统在确保能运行新的可执行程序之前，还必须能继续运行原来的可执行程序。如果系统释放了当前的空间而又没能保留新的内存空间，那么 exec 就不能返回到原来的进程。一旦预留好了内存，当前进程的地址空间和虚拟内存资源就被释放掉，就好像进程退出一样，这种机制在 6.9 节介绍。

现在，进程仅有一个内核栈。内核现在分配一个新的 vmspace 结构，并创建含 4 或 5 个 vm_map_entry 结构的链表：

1）一个采用写时复制方式从文件填充（fill-from-file）的节点映射代码段。这里采用写时复制方式进行映射（而不是只读方式的映射），是为了允许对活跃代码段设置调试断点而不影响代码的其他用户。

2）一个采用私有的写时复制方式从文件填充的节点映射初始化数据段。

3）一个按需清零（zero-fill-on-demand）的匿名节点映射未初始化的数据段。

4）一个按需清零的匿名节点映射堆栈段。

5）对动态加载的程序而言（大部分程序都如此），一个写时复制、从文件填充的节点，将运行时加载器映射进来。程序从加载器开始执行，它将需要的共享库映射进来，将程序和这些库进行链接，结束时调用程序本身的代码。

至此，exec 系统调用时创建新地址空间的工作就完成了，剩下的工作包括把参数和环境变量复制到新堆栈的顶部，初始化寄存器：程序计数器（PC）指向程序入口点，堆栈指针指向参数向量。好了，新的进程镜像已准备就绪，可以运行了。

6.8　操作进程地址空间

一旦进程开始执行，它有几种方法去操作其地址空间。系统总是允许进程扩大它们的未初始化数据段（通常用库函数 malloc() 来完成）。栈则根据需要增长。在 6.5 节介绍过，FreeBSD 系统还允许一个进程把文件和设备映射到它的地址空间的任意部分，并且改变其地址空间内各部分的保护模式。本节将介绍这些地址空间的操作如何实现。

6.8.1　改变进程大小

一个进程在执行时可以通过系统调用 sbrk 显式请求更多的数据空间，从而改变它的大小。而且，如果由于堆栈向下增长超出了其范围下限，导致出现无效地址错误，那么堆栈段将会自动扩大。在以上两种情况下，进程地址空间的大小必须要改变，请求大小总四舍五入到页大小的整数倍。因为新的地址空间一开始没有关联什么内容，所以新页面都标为"清零"（fill-with-zero）。

扩大一个进程大小的第一步是检查新的大小是否超出了进程段的空间限制。如果没有，则通过以下几步来扩大数据区：

1）核实紧接当前数据段的末尾，大小为所请求大小的那段地址空间有没有被映射。

2）如有要求，核实虚拟内存资源是否可用。

3）如果当前 vm_map_entry 结构是交换 vm_object 的唯一引用，那么就把 vm_map_entry 的结束地址增加所请求的大小，然后等量增加交换 vm_object 的大小。如果交换 vm_object 有两个或者更多个引用（比如在一个进程执行 fork 之后），那么必须创建一个新的 vm_map_entry 节点，它的起始地址紧接着前面大小固定的 vm_map_entry 节点的结尾。它的结束地址根据所请求的空间大小来计算，还可以用一个新的交换 vm_object 来补充。在这个进程再次执行 fork 之前，新的条目及其交换的 vm_object 能不断增长。

如果要缩小数据段，那么操作起来很容易：任何分配给了页面的内存，如果这些页面不再属于地址空间的一部分，就会释放这些内存。vm_map_entry 的结束地址要减去对应大小。如果要减少的空间大于 vm_map_entry 所定义的空间大小，则释放整个 vm_map_entry

结构，剩余要释放的空间大小再从前一个 vm_map_entry 结构里减去，直至请求减少的所有空间都被释放完。引用那些被释放的地址会产生无效地址错误，因为被释放的地址范围不允许再被访问。

6.8.2 文件映射

系统调用 mmap 把文件映射到某个地址空间。该系统调用可能需要把文件映射到一个特殊的地址空间，或者由内核选择一个没有使用的区域。如果是要映射到特殊的地址范围，内核首先检查这部分地址空间是否已被使用。如果已被使用，内核先调用 munmap 卸载该空间的映射，然后进行新的映射。

内核通过遍历进程的 vm_map_entry 结构链表来执行 mmap 系统调用。图 6-15 列举了需要考虑的各种重叠情况。这 5 种情况如下：

1）新的映射正好覆盖了现有的映射。按 6.9 节介绍的方法释放掉原来的映射。在它的位置上建立新的映射，具体会在后面的段落中介绍。

2）新的映射是现有映射的子集。把原来的映射分成 3 段（如果新映射的起始地址和老映射的相同，或者其结束地址和老映射的相同，则分成 2 段），用另外一个或两个 vm_map_entry 结构扩充现有的 vm map_entry 结构。一个映射到新映射前的属于现有映射的那段，另一个映射到新映射后的属于现有映射的那段。重叠的那段被新的映射替换，具体在后面的段落中介绍。

3）新的映射是现有映射的超集。按 6.9 节介绍的方法释放原来的映射，然后建立新的映射，具体会在后面的段落中介绍。

4）新的映射从现有映射的中间开始，结尾超出了现有映射。现有映射的地址空间要减去重叠的那部分空间。重叠的部分被新的映射所替换，具体会在后面的段落中介绍。

5）新的映射覆盖了现有映射的前半部分。按照重叠的那段空间长度，把现有映射的起始地址右移、长度缩短。重叠部分被新的映射所替换，具体会在后面的段落中介绍。

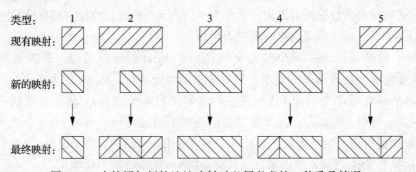

图 6-15　内核添加新的地址映射时必须考虑的 5 种重叠情况

除了以上 5 种基本的重叠类型之外，一个新映射可能会跨越几个现有映射。例如，新映射可能由零个或一个类型 4、零个到多个类型 3，以及零个或一个类型 5 的映射组成。当一个映射空间被缩短时，任何与之相关的影子页面都会被释放掉，因为不再需要了。

地址空间被清零以后，内核就会创建一个新的 vm_map_entry 结构来表示新的地址区域。如果要被映射的 vm_object 已经映射到另一个进程，则新的结构得到一个对现有 vm_object 的引用。获得这个引用的方式和创建一个新进程且需要映射其父进程中每个区域的时候所用的方法一样（在 6.6 节中介绍过）。如果是请求映射一个文件，那么内核会建立新的 vm_map_entry 结构来引用它的 vm_object。如果映射到一个匿名区域，则内核创建新的 vm_map_entry 来引用该 vm_object，但是会设置 MAP_ENTRY_NEEDS_COPY 标志，这样如果 vm_object 对应的页面被修改了，就会创建新的影子 vm_object。

6.8.3　改变保护权限

一个进程可以使用 mprotect 系统调用来改变其虚拟内存空间中一个区域的保护权限。被保护的区域大小可以小到一个页面。因为内核要依靠硬件来落实访问权限，所以保护机制的粒度受到底层硬件的限制。一个区域可以设置读、写和执行权限的任意组合。许多体系结构并不区分读和执行的权限，在这些体系结构上，执行权限等同于读权限。

内核实现 mprotect 系统调用时，要找出 mprotect 调用所给区域现有的一个或多个 vm_map_entry 结构。如果现有的权限和所要求的权限相同，则不需要再做其他工作。否则，就要把新权限和 vm_map_entry 结构的最大权限值做比较。最大权限值在调用 mmap 时设定，它反映了底层文件所允许的最大值。如果新权限是有效的，那么要建立一个或几个新的 vm_map_entry 结构来表示新的保护权限。对于覆盖情况的处理同上一小节里介绍的类似。任何 mprotect 指定范围完全包含的 vm_map_entry，简单修改下它们的权限即可。对于需要拆分的 vm_map_entry，未修改地址范围对应的 vm_map_entry 保留旧的权限，而 mprotect 修改的地址范围，则修改为新的权限。对于新的 vm_map_entry 结构而言，不是替换掉 vm_object，而是仍然引用该相同的 vm_object。不同的是，它们对 vm_object 设置了不同的访问权限。

6.9　终止进程

和虚拟内存系统操作有关的最后一个进程状态变化是 exit。正如第 4 章所介绍的那样，这个系统调用负责终止一个进程。这里讨论释放进程的虚拟内存资源，需要释放的虚拟内存资源有两类：

1）地址空间中的用户态部分，包括内存和交换空间。

2）内核栈。

第一类资源在 exit 调用里释放。第二类资源在 wait 调用里释放。因为在进程最终交出处理器之前，必须使用内核栈，所以内核栈要延后一些再释放。

第一步（释放用户地址空间）与 exec 调用中释放旧的地址空间相同。释放操作通过与地址空间关联的 vm_map_emtry 结构链表逐条执行。释放一个条目的第一步是调用机器相关的函数，解除映射和释放与该 vm_map_entry 有关的页表或数据结构。下一步就是遍历它的隐藏 vm_object 链表。如果该条目是一个影子 vm_object 的最后引用，那么任何与该 vm_object 相关的内存和交换空间都可以被释放掉。如果影子对象仍然被其他的 vm_map_entry 结构所引用，它就不能被释放掉。最后，如果被 vm_map_entry 引用的对象失去了它的最后一个引用，该 vm_object 就将被释放掉。如果一个 vm_object 永远不会再被使用（例如一个和堆栈或未初始化数据区相关联的匿名 vm_object），那么它的资源将被释放，就如同它是个影子 vm_object 一样。然而，如果该 vm_object 和一个 vnode 相关联（例如，它映射了一个文件，比如一个可执行文件），该 vm_object 都会一直保持不变，直到该 vnode 被挪为他用。在 vnode 被重新使用之前，这个 vm_object 及其相关联的页面可被新执行的进程或者映射进文件的进程再次使用。

正在退出的进程释放掉它的全部资源之后，就自行脱离它的进程组，并且通知它的父进程已退出完毕。这个进程现在成了僵尸进程——没有资源的进程。它的父进程可以调用 wait 取得它的退出状态。因为进程结构和内核栈都是由区域分配器分配的空间，所以在正常情况下，它们都会被保留，供将来别的进程使用，而不是被破坏掉并被回收内存页。因此，在调用 wait 的时候，虚拟内存系统什么也不必做：一个进程的全部虚拟内存资源都在执行 exit 时就删除了。而在执行 wait 调用的过程中，系统只是把进程状态返回给调用者，将进程结构和内核栈放回区域分配器，并且释放保存资源使用信息的空间。

6.10 调页器接口

调页器接口提供了在后备存储和物理内存之间转移数据的机制。在 FreeBSD 中的调页器接口是随着 4.4BSD 的发展，由 Mach 2.0 中的接口演化而来的。这个接口以页面为基础，因而所有的数据请求都是页面大小的整倍数。vm_page 结构作为描述符传递给接口，它提供了所需数据在后备存储内的偏移地址，以及在物理内存的地址。不要把这个接口和 Mach 3.0 中的外部调页接口 [Young，1989] 混为一谈，后者的调页器是典型的内核外用户应用程序，它是使用 Mach 的进程间通信机制，通过异步的远程过程调用来调用的。在 FreeBSD 中，调页器被编译进了内核，通过简单的函数调用便可以访问调页器例程，从这个意义上来讲，FreeBSD 的接口算是内部调页接口。

每个虚拟内存 vm_object 都有与之关联的调页器类型、调页器句柄和调页器私有数据。从概念上来讲，调页器代表一个在逻辑上连续的后备存储区域，比如一块交换空间或者一个磁盘文件。调页器类型确定了负责给 vm_object 内的页面提供内容的是哪个调页器。每个调页器都注册了一个定义其操作的函数集合。这些函数集合保存在一个按调页器类型索引的数组里。当内核需要执行一次调页器操作时，它就使用调页器类型作为索引，在调页器函数数组中进行查找，选出它所需要的例程，比如读取或者保存页面等。例如

```
(*pagertab[object->type]->pgo_putpages)
    (object, vmpage, count, flags, rtvals);
```

这一操作把 object 从 vmpage 页开始的 count 个页面写回。

当创建了一个 vm_object 用于表示一个文件、设备或者一段匿名内存的时候，就要指定调页器类型。调页器管理 vm_object 整个生命周期。当映射一个特殊 vm_object 的虚拟地址出现缺页的时候，缺页处理代码就要分配一个 vm_page 结构，把缺页地址转换成 vm_object 内的偏移地址。这个偏移地址被记录在 vm_page 结构里，而页面则被添加到 vm_object 所缓存的页面链表里。接着再把页面帧（page frame）和 vm_object 传给下层的调页器例程。该调页器例程负责根据 vm_page 结构所给出的对象偏移地址，用适当的初始值来填充 vm_page 结构。

调页器还负责在系统决定将脏页的内容写回后备存储时，保存脏页的内容。当 pageout 守护进程决定不再需要某一特定页面时，它就要求拥有该页的 vm_object 释放该页。这个 vm_object 首先将该页连同它所关联的逻辑偏移地址一起传给下层调页器进行保存，以供将来使用。而调页器负责找到一个合适的位置来保存该页、执行保存该页所必需的 I/O 操作。当它做完上述工作之后，调页器就将这页标为"干净"（clean），然后通知 vm_object 该页已经被写回了，于是 pageout 守护进程就可以把 vm_page 结构移到高速缓存或空闲链表，以供将来使用。

每种调页器类型有相关的 7 种例程，见表 6-2。在系统启动的时候调用 pgo_init() 例程，完成一些与类型相关的一次性的初始化工作，比如分配一些私有的调页器结构数据。在创建 vm_object 的过程中，调用 pgo_alloc() 例程分配与该 vm_object 相关联的一个调页器。在撤销 vm_object 的过程中，调用 pgo_dealloc() 例程，释放与该 vm_object 相关联的一个调页器。

表 6-2　调页器定义的操作

操　作	描　述
pgo_init()	初始化调页器
pgo_alloc()	分配调页器
pgo_dealloc()	释放调页器
pgo_getpages()	从后备存储读取页面
pgo_putpages()	写页面到后备存储
pgo_haspage()	检查后备存储是否有某页面
pgo_pageunswapped()	从后备存储删除某页面（仅限交互调页器）

调用 go_getpages() 函数可以从一个调页器返回一个或者多个页面的数据。这个例程主要供缺页处理程序使用。调用 pgo_putpages() 函数可以把一页或者多页的数据写回调页器。pageout 守护进程调用这个例程异步地把一页或多页写回调页器，而调用 msync 则可以同步

或者异步地把一页或多页写回调页器。在调用读和写的例程时，都有一个指向 vm_page 结构类型的指针数组和一个标明受影响页数的 count 参数。

pgo_haspage() 例程查询一个调页器，看这个调页器内是否有位于某个后备存储偏移地址的数据。这个例程在缺页处理程序的页面成簇代码（clustering code）中使用，用以判断是否能在一次 I/O 操作中读取所缺页面前后两侧的其他页面。它还可以用在压缩 vm_object 上，判断给影子 vm_object 分配的页面是否完全覆盖了给它所影子（shadow）的 vm_object 分配的页面。

系统支持的 4 种类型的调页器将在下面 4 个小节中介绍。

6.10.1 vnode 调页器

vnode 调页器处理的 vm_object 提供物理内存用于缓存文件系统中的文件的数据。不管文件是通过 open 显式打开，还是通过 exec 隐式打开，系统都必须找到当前代表该文件的一个 vnode，如果当前没有代表这个文件的 vnode，那么就要给它分配一个新的 vnode。分配一个新的 vnode，一部分工作是分配一个 vm_object 来保存该文件的页面，一部分是将该 vm_object 关联到 vnode 调页器。然后设置 vm_object 句柄指向 vnode，同时私有数据保存了文件的大小。只要 vnode 的大小发生变化，需调用 vnode_pager_setsize() 通知 vm_object。

当 vnode 调页器的 pgo_getpages() 例程接到页面调入请求时，例程参数传入的内容包括：一个指向物理页面的指针数组，该数组的大小以及为解决缺页问题所请求的页面在该数组中的索引。虽然只需读取被请求的页面，但是我们希望 pgo_getpages() 例程一次尽可能多地提供它能读取的其他页面。例如，如果被请求的页面位于某个文件块中间，由于只要一次 I/O 操作就能读取这个文件块，所以文件系统通常会读取整个文件块。一次读取较多页面，这样不但会填充被请求的页面，也一并填充了该页面周围的其他页面。

内核有两种类型的 I/O 操作：映射式和非映射式。映射式 I/O 要求将物理页映射到内核的地址空间。映射式 I/O 操作使用了一个物理 I/O 缓冲，它把要读取的页面映射到足够长的内核地址空间内，使得调页器能调用设备驱动程序的策略例程（strategy routine）将文件内容载入这些页面中。一旦页面填充完毕，就可以解除内核对页面的映射，释放物理 I/O 缓冲，然后将页面返回。

非映射式 I/O 不需要将物理页面映射到内核的地址空间。许多设备都能够通过使用硬件 I/O 映射，在未映射的页面上进行 I/O。对于这些设备，内核不必将它们映射到其地址空间内。相反，vm_page 结构可以直接传递给设备。设备可以将物理页码复制到其 I/O 映射中，然后继续进行 I/O 操作。8.8 节介绍了使用硬件 I/O 映射的详细信息。

当要求 vnode 调页器保存一个即将被释放的页面时，它只是简单地将这个页面写回其所属的文件部分。使用例程 pgo_putpages() 向 vnode 发出这一请求，此时作为参数要提供给该例程一个指向物理页面的指针数组、数组大小以及要回写的页在该数组内的索引。虽然要求必须回写的只有那一个页面，但是仍然希望 pgo_putpages() 例程一次尽可能多地回写它能处理的其他页面。文件系统会将和该页面都在同一文件系统块上的所有页面都写回该文件。和 pgo_getpages() 例程一样，这些页面也要映射到长度足够完成写入操作的内核地址空间内，除非要写回的设备没有能力对这些未映射的页面进行 I/O 操作。

如果对一个文件做了私有映射，那么修改过的页面就不能被写回文件系统。这种映射必须使用一个影子 vm_object 和交换调页器来共同处理所有修改过的页面。所以说，不会要求一个私有映射 vm_object 将脏页面写回它所属的文件。

过去，BSD 内核针对文件系统和虚拟内存的缓存是分开的。FreeBSD 取消了文件系统缓冲区缓存（buffer cache），并且用虚拟内存缓存来代替它。每个 vnode 都有一个相关的 vm_object，该文件的数据块都保存在和这个 vm_object 相关的页面里。访问文件的数据都使用相同的页面，不管这些页面是被映射到一个地址空间，还是通过读写操作来访问。采用这样的设计会获得额外的好处，文件系统缓存不再受到内核能给它分配多少地址空间的限制。如果没有其他需要系统内存的地方，就可以将系统内存全部用于缓存文件系统的数据。

从 OpenSolaris 集成过来的 ZFS 文件系统是集成的缓冲区缓存的一个例外。ZFS 有它自己管理的内存集。必须将从 ZFS mmap 进来的文件复制到虚拟内存管理的内存中。除了在内存中需要复制两次文件之外，每次通过读写接口访问 mmap 进来的 ZFS 文件时，都会发生额外的复制。如 10.5 节所详述，ZFS 需要进行大量重组，以将其缓冲区缓存集成到虚拟内存基础体系结构中。

6.10.2　设备调页器

设备调页器处理的 vm_object 代表映射到内存的硬件设备。映射到内存的设备提供的接口看起来就像是一段内存空间。帧缓冲区就是一个内存映射设备的例子，它表示一段地址空间，屏幕上的每个像素一个字长。内核通过将设备内存映射到一个进程的地址空间来访问内存映射设备。随后进程就可以访问那一块内存区域而不需要操作系统的干预。设备每写一个字到帧缓存区，将使对应的像素呈现恰当的颜色和亮度。设备调页器还可用于创建内核缓冲区的用户级映射。例如，网络驱动程序可以使其缓冲区可供用户级应用程序使用，以允许应用程序直接访问其内容。

设备调页器与其他三种调页器有根本区别，因为它并不在给定的物理内存页面中填入数据。相反，它创建并管理自己的 vm_page 结构集，每一个结构表示设备空间的一个页面。这些页面的链表头保存在 vm_object 的调页器私有数据区内。这种方法使设备存储器看上去就像固定的（wired）物理内存。因此，在虚拟内存中不需要特别的代码来处理设备存储器。

当第一次映射设备时，设备调页器分配例程会调用设备的 d_mmap() 例程，确认所要求的地址范围有效。如果设备允许请求访问该范围内的所有页面，在管理该设备映射的 vm_object 的私有数据区域内，会创建一个空的页面链表。这时，设备调页器分配例程不会立即创建 vm_page 结构——在引用它们时由 pgo_getpages() 例程逐个创建。推迟分配的原因是一些设备导入了很大的地址范围，在此范围内并不是所有的页面都有效，而且常见的操作可能不会访问到某些页面。为这些访问不是很频繁的设备分配完整的 vm_page 结构是一种浪费。

第一次访问设备页面将会导致一次缺页，这时要调用设备调页器的 pgo_getpages() 例程。设备调页器会创建一个 vm_page 结构，用适当的 vm_object 偏移地址以及设备的 d_mmap() 例程所返回的一个物理地址初始化这个结构，并将此页面标记为"虚拟"（fictitious）。这个 vm_page 结构被加入一个集合中，集合的元素是按照上述方法为该 vm_object 分配的所有页面。由于缺页处理程序对设备调页器没有多少了解，因此它预先分配了一个物理页面并装入数据，同时将这个 vm_page 结构关联到该 vm_object 上。设备调页器例程从 vm_object 中删除这个 vm_page 结构，将其返回到空闲链表中，并在同一个位置上插入自己的 vm_page 结构。

不要调用设备调页器的 pgo_putpages() 例程，如果调用它，将会造成内核错误（panic）。采取这种做法是基于这样的假设，即设备调页器的页面不会进入任何调页队列，因而不会被 pageout 守护进程看到。不过，当应用程序调用 msync 操作它的一段映射到设备内存的地址空间时，确实需要调用设备调页器。虽然没有什么需要做的，但是这个操作为更高级别的虚拟内存系统忽略设备内存带来了一个例外：vm_object 的页面清理例程将跳过标记为"虚拟"的页面。

最后，当取消对一台设备的映射时，要调用设备调页器的释放例程。这个例程将释放它所分配的所有 vm_page 结构。

6.10.3　物理内存调页器

物理内存调页器处理含有非调页内存的 vm_object。它用于复制用户进程可访问的当前时间结构，以允许它们在不进行系统调用的情况下获取当前时间。它还用于内核与所有进程共享的包含 signal trampoline 代码[⊖]的数据页。trampoline 代码过去放置在每个进程的堆栈顶部。为了使堆栈溢出漏洞更加困难，堆栈区域被标记为不可执行。因此，trampoline 代码被移动到内核的一个代码页，该页面是只读的，并且可以被每个进程执行。 System V 共享内存接口在配置为使用不可调页内存（而非默认的可交换内存）时，将使用物理内存调页器。

第一次访问一个物理内存调页器页面时，会导致一次缺页，并继而调用 pgo_getpages() 例程。和交换调页器一样，在页面第一次发生缺页的时候，物理内存调页器将页面清零。和交换调页器不一样的是，该页面被标记为"非托管"（unmanaged），于是 pageout 守护进程就不会考虑替换它。非托管页面永远不需要查找其映射的所有实例，因此无须分配用于

⊖　信号处理函数在恢复的时候会跳转到一段由内核注入用户程序的代码，叫作 signal trampoline。——译者注

查找所有映射的相关数据结构（在 6.13 节中描述）。将页面标记为非托管使物理内存调页器的内存看上去就像固定物理内存。因此在虚拟内存系统中不需要特别的代码来处理物理内存调页器的内存。

不要调用物理内存调页器的 pgo_putpages() 例程，如果调用它，将会造成内核错误。采取这种做法是基于这样的假设，即物理内存调页器的页面不会进入任何调页队列，因而不会被 pageout 守护进程看到。不过，的确有可能用 msync 操作以设备内存调页器作为后备的内存范围。高层虚拟内存系统原本应该忽略物理内存调页器的内存，但这一操作是个例外：vm_object 的页面清理例程会跳过那些标记为非托管的页面。

最后，当释放一个使用物理内存调页器的 vm_object 时，其所有页面都要清除非托管的标记，并将其释放回空闲页链表。

6.10.4　交换调页器

交换调页器一词是指两种功能不同的调页器。最常用的交换调页器是指由映射匿名内存的 vm_object 所使用的调页器。这种调页器有时候也称为默认调页器，因为只要没有要求用其他的调页器，就会使用它。它提供通常所说的交换空间：在第一次访问时清零的临时性后备存储空间。当第一次创建一个匿名 vm_object 的时候，给它指派的就是默认调页器。默认调页器既不分配资源也不提供后备存储。默认调页器处理缺页时（pgo_getpage()），只是对页面进行清零，而处理页面查询（pgo_haspage()）时，则返回未找到页面。我们期望系统有足够的空闲内存，这样就不必把任何页面交换出去了。vm_object 只要在进程生命周期内创建用零填充的页面，而在进程退出时把这些页面返回给空闲链表就可以了。采用默认调页器释放一个 vm_object 的时候，由于没有给调页器分配过资源，因此调页器不需要进行清理工作。

但是，当 pageout 守护进程第一次要求将一个分配的页面从某个匿名 vm_object 里移出的时候，默认的调页器就会用交换调页器代替它自己。交换调页器负责管理交换空间：它计算出把脏页保存到哪里，当再次需要它们的时候如何找到它们。影子 vm_object 要求这些操作必须高效执行。一个典型的影子 vm_object 分布会很分散：它覆盖的页面范围可能比较广，但只有那些被修改过的页面会放在影子 vm_object 的后备存储空间中。除此之外，如果影子 vm_object 链很长，就可能需要很多次调页器查询来确定某个 vm_object 页面的正确副本所在的位置，以此来满足缺页的要求。因此，需要能够快速断定一个调页器是否包含某个特定页面，而且最好不要执行 I/O 操作。对交换调页器的最后一项要求是，它能够以异步方式回写脏页。这对于原始 pageout 守护进程很有必要，pageout 是单线程的进程。如果 pageout 守护进程因为要等待清除页面操作的完成被阻塞了，而不能执行下一步操作，那在内存需求量大的情况下，很难保证有足够的空闲内存。即使使用异步 I/O，哪怕直到 FreeBSD 10，仍需要给 pageout 守护进程创建多个线程，以满足繁忙系统的内存需求。

理论上，任何满足上述要求的调页器都可以作为交换调页器。在 Mach 2.0 中，曾经使用 vnode 调页器作为交换调页器。在任何文件系统中都可以创建特殊的调页文件，并在内核中注册。于是交换调页器可能还要再细分这些文件的小块来为特定的匿名 vm_object 提供后备。使用 vnode 调页器有一个明显好处，就是可以通过增加更多的交换文件，或者扩展已有的交换文件来动态地（也就是说，不用重启或重新配置内核）扩大交换空间。而它的主要缺点是，比起直接访问磁盘的方式来，文件系统提供的磁盘吞吐带宽小。

在 FreeBSD 中，为了要提供尽可能高的磁盘吞吐带宽，系统创建了一个特殊的原始分区调页器（raw-partition pager）作为交换调页器。以前的 BSD 版本也使用专用的磁盘分区，通常称为交换分区，因此这种分区调页器就成了交换调页器。本节接下来的部分将介绍如何实现交换调页器，而它又是如何为后备匿名 vm_object 提供必要的功能。

在 4.4BSD 中，交换调页器要预先分配一个大小固定的结构来描述用于 vm_object 的后备空间。对较大的 vm_object 来说，即便这个 vm_object 里只有几个页面被送入后备存储中，也要给它分配一个很大的结构。更糟糕的是，在分配空间的时候，vm_object 的大小就固定不变了。这样一来，如果匿名区域不断增长（比如一个进程的栈或者堆），那么必须创建新的 vm_object 来描述扩大以后的区域。如果系统缺少内存，其结果就是一个大进程需要很多的匿名 vm_object。如果要减少此类 vm_object 的扩散，可以将交换调页器改为能处理动态增长的 vm_object。4.4BSD 的交换调页器还有一个问题，它使用 block 列表来跟踪交换空间的使用情况。随着交换区域变得分散，block 列表的大小也将增加。当内存不足时，系统就会进行交换。为避免潜在的死锁，不应在此时分配内核内存。4.4BSD 的交换调页器对交换空间的管理过于简单，造成碎片化，在高负载下分配空间速度慢，而且因为在内存不足时它需要分配内核内存，会导致死锁问题。出于上述这些原因，FreeBSD 4.0 中彻底重写了交换调页器。

交换空间的分配往往较为稀疏。就平均水平而言，一个进程在其生命周期内，只会访问分给它的大约一半地址空间。因此，一个 vm_object 内只有大约一半的页面会出现。除非计算机对内存的需求很大，而且进程存在的时间又很长，否则 vm_object 内那些出现过的大多数页面都不会被回写到后备存储。于是，新的交换调页器使用了一种方法来替换原来给每个 vm_object 使用固定大小块映射的方式，即给已经分配的每组交换块分配一个结构。每个结构可以记录一组不超过 32 个连续页面的交换块。换出两个页面的大型 vm_object 最多使用两个这样的结构，而如果两个被交换出来的页面彼此相距很近（它们经常会靠得很近），则只要一个结构。为了记录一个 vm_object 所使用的交换空间而需要的内存数量和该 vm_object 被写入交换区的页面数量成正比，而不是和 vm_object 的大小成正比。在 vm_object 的第一个页面被换出后，vm_object 的大小就不再是固定的了，因为其增大后的任何页面也能被容纳了。

记录交换空间使用情况的结构都保存在一个全局的哈希表中，哈希表由交换调页器负责管理。虽然把这些结构分别保存在各自所属 vm_object 的链表里似乎更合乎逻辑，但是采用单一的全局哈希表具有两个重要优势：

1）它能保证在较短时间内就能判定一个 vm_object 的某一页面是否已经被送入交换空间了。如果以 vm_object 作为链表头，属于它的结构都链到一个链表上，那么有许多交换页面的 vm_object 就要遍历一个长长的链表。为每个 vm_object 都创建一个哈希表，可以缩短这种很长的链表，但是比起只分配一个大的哈希表供所有 vm_object 使用而言，这需要更多的内存。

2）有些操作需要扫描所有已分配交换块，它能让这些操作在一个集中的位置就找到所有的块，而不需要扫描系统内的所有匿名 vm_object。系统调用 swapoff 就是这样的一个例子，它负责删除一个正在使用的交换分区。它要求把设备上准备卸载的所有的数据块都调入内存。

交换区域内的空闲空间采用一个位图（bitmap）来进行管理，位图的每一位代表交换空间的一页数据块。当交换空间首次加入系统的时候，就会给整个交换区域分配位图。位图一开始就分配好，可以在内存低至临界水平而执行交换操作期间，避免分配内核内存。

通过线性扫描交换块的位图来找到空闲空间的做法，速度慢得不能接受。于是，位图按照基数树（radix-tree）的数据结构来组织，空闲空间的指示信息则位于基数节点（radix-node）的结构内。使用基数树数据结构可以使分配和释放交换空间成为常量操作。为了降低碎片程度，基数树可以跳过太小的碎块，一次分配一大段连续的存储块。

今后的改进是，随着交换空间的分配，跟踪不同大小的空闲区域，做法类似于文件系统跟踪不同大小空闲空间的方式。有了这些空闲空间的信息，就会提高连续分配空间的可能性，从而改善引用的局部性。

交换块在换出完成后才被分配。当页面被取回并成为脏页的时候，或者 vm_object 被释放的时候，才会释放交换块。

交换调页器负责管理和 pgo_putpages() 请求相关的 I/O 操作。一旦它找出了 pgo_putpages() 请求里要执行写操作的那一组页面，它必须分配一个缓冲区，把那些页面映射到这个缓冲区内。因为交换调页器不会同步地等待 I/O 执行完毕，所以在 I/O 操作完成后，它不会重新获得控制权。因此，它给缓冲区添加 callback 标记，设置回调要执行的例程为 swp_pager_async_iodone()。

当写操作完成之后，接着就会调用 swp_pager_async_iodone()。这个例程将写过的每一页都被标为 clean（干净），清除掉它的 busy 位，并且调用 vm_page_io_finish() 例程通知 pageout 守护进程写操作已经完成，可以唤醒所有等待写操作完成的进程。接着，交换调页器解除那些页面和缓冲区之间的映射，并且释放缓冲区。每个 vm_object 所关联的调页器都有一个正处理的调出页面的计数；当一个页面调出完成以后，这个计数值就减 1。如果计数值减到 0，会调用一次 wakeup()。进行此操作是为了使正在释放交换调页器的 vm_object 可以等待所有页面的调出操作完成，然后再释放调页器引用的相关交换空间。

因为交换缓冲区使用与其他内核子系统共享的物理 I/O 缓冲区，并且在系统启动后，分配的交换缓冲区是固定数量的，所以交换调页器必须注意确保它使用的缓冲区不会超过自己应该分得的数量。一旦达到这个上限，pgo_putpages() 操作就会阻塞，直到交换调页器正在执行的某一次写操作完成为止。pageout 守护进程出现的这种意外阻塞现象是将缓冲区管理权下放给调页器所带来的负面影响。如果有一个调页器达到了它的缓冲区上限，都会令 pageout 守护进程停止运行。虽然 pageout 守护进程或许想要使用别的 I/O 资源（比如网络）来执行更多的 I/O 操作，但是要避免它这么做。更糟糕的是，任何一个调页器发生问题，都可以因为它令 pageout 守护进程停止运行而造成系统死锁。

6.11 调页机制

当负责管理内存的硬件检测到一个无效的虚拟地址时，它就会产生一个系统陷阱，这种缺页陷阱可能由几种原因引起。大多数的 BSD 程序在创建时所采用的格式允许将可执行程序镜像直接从文件系统中调入主存。当第一次运行一个请求调页格式（demand-paged format）的程序时，内核把正在执行的进程的代码和初始化数据区段的页面标记为无效页。代码和初始化数据段共享一个 vm_object，这个 vm_object 可以根据需要从文件系统进行填充。在建立这个 vm_object 的映射过程中，内核遍历 vm_object 所关联的页面集合，在新创建的进程里把它们标记为"驻留"。对于可写区域（例如可执行文件的初始化数据），页面被标记为写时复制。对于使用很频繁的一个可执行镜像来说，它的大多数页面已经驻留在内存中了，这种预调页机制能够减少进程执行初期发生的很多缺页。随着进程的执行，开始访问到代码或者初始化数据段中没有驻留主存的页面，或者开始向初始化数据段内的页面写入数据，这时才开始出现缺页。

当一个进程第一次访问程序的未初始化数据段里的某一页面时，也会发生缺页。此时，管理该区域的匿名 vm_object 自动给进程分配内存并对新分配的页面清零。系统由于内存不够而回收了原先已经驻留在内存中的页面时，（再次访问它）也会引起其他类型的缺页。

缺页由例程 vm_fault() 来处理。该例程处理所有的缺页问题。每次调用 vm_fault()，都要提供给它引起缺页的虚拟地址。vm_fault() 首先遍历产生缺页的进程的 vm_map_entry 链表，找到和缺页相关的那一个条目。然后计算出下层 vm_object 内的逻辑页面，并遍历 vm_object 链来找出或创建所需要的页面。一旦找到了所需要的页面，vm_fault() 必须调用与机器相关的功能层使验证错页有效，然后返回重新执行进程。

在 6.4 节详细介绍过如何计算 vm_object 内的地址。在计算出了 vm_object 内的偏移地址，并且从 vm_map_entry 结构中确定了 vm_object 的保护权限和对象链后，内核就可以寻找或创建相关的页面。缺页处理算法如图 6-16 所示。在下面的概览中，以字母开头的一段说明对应于代码中左边标有同一字母的地方。

```
/*
 * Handle a page fault occurring at the given address,
 * requiring the given permissions, in the map specified.
 * If successful, insert the page into the associated
 * physical map.
 */
int vm_fault(
    vm_map_t map,
    vm_offset_t addr,
    vm_prot_t type)
{
RetryFault:
    lookup address in map returning object/offset/prot;
    first_object = object;
    first_page = NULL;
[A] for (;;) {
        page = lookup page at object/offset;
[B]     if (page found) {
            if (page busy)
                block and goto RetryFault;
            remove from paging queues;
            mark page as busy;
            break;
        }
[C]     if (object has nondefault pager or
            object == first_object) {
            page = allocate a page for object/offset;
            if (no pages available)
                block and goto RetryFault;
        }
[D]     if (object has nondefault pager) {
            scan for pages to cluster;
            call pager to fill page(s);
            if (IO error)
                return an error;
            if (pager has page)
                break;
            if (object != first_object)
                free page;
        }
        /* no pager, or pager does not have page */
[E]     if (object == first_object)
            first_page = page;
        next_object = next object;
```

图 6-16　缺页处理

```
[F]     if (no next object) {
            if (object != first_object) {
                object = first_object;
                page = first_page;
            }
            first_page = NULL;
            zero fill page;
            break;
        }
        object = next_object;
    }
[G] /* appropriate page has been found or allocated */
    orig_page = page;
[H] if (object != first_object) {
        if (fault type == WRITE) {
            copy page to first_page;
            deactivate page;
            page = first_page;
            first_page = NULL;
            object = first_object;
        } else {
            prot &= ~WRITE;
            mark page copy-on-write;
        }
    }
[I] if (prot & WRITE)
        mark page not copy-on-write;
    enter mapping for page;
    enter read-only mapping for clustered pages;
[J] activate and unbusy page;
    if (first_page != NULL)
        unbusy and free first_page;
}
```

图 6-16 （续）

　　A. 该循环遍历影子 vm_object、匿名 vm_object 和文件 vm_object 的链表，直到找到含有想找的页面的 vm_object 或搜索到链表中的最后一个 vm_object 为止。如果没有找到要找的页面，则要求最后一个 vm_object 创建它。

　　B. 找到含有所找页面的 vm_object。如果该页面正忙，可能另一个进程正处在对该页的缺页处理过程中，那么当前进程就要等待直到该页面空闲。因为在等待过程中，所找到的 vm_object 可能会发生很多操作，因此它必须要重新开始执行缺页处理算法。如果所找页面空闲，则算法以找到的页面退出循环⊖。

　　C. 匿名 vm_object（比如用来代表影子 vm_object 的那些）在第一次需要把页面存到后

⊖ 将页面从调页队列中移除，并标为 busy 状态，而后退出循环。——译者注

备存储之前，不会从默认调页器升级到交换调页器。因此，如果一个 vm_object 有一个调页器，但它不是默认调页器，那么这个页面可能以前出现过，但又被换出。如果这个 vm_object 有一个非默认的调页器，那么内核需要分配一个页面，交给调页器进行填充（参考 D）。对于 vm_object 是链上第一个 vm_object 的特殊情况，则要避免两个进程在获取同一个页面时所造成的竞争状态。第一个进程在第一个 vm_object 内创建所要找的页面，但会把它标为 busy。当第二个进程对同一个页面发生缺页时，会发现由第一个进程所创建的页面，从而在该页面上阻塞（参考 B）。当第一个进程完成页面调入处理后，就会对第一个页面解锁，从而唤醒第二个进程，后者重新尝试处理缺页，找到由第一个进程创建的页面。

D. 在调用调页器之前，先进行检查，看所缺页面两侧每一边的 8 个页面能否同时调入。一个页面要能同时与其他页面调入，它必须是该 vm_object 的一部分，而且它尚未调入内存，其他 I/O 操作也没有用到它。接下来提供给调页器可以调入的页面范围，并且告诉它需要的是哪一个页面。如果调页器已经有所要找的页面的一个副本，那么它必须返回所找的页面。而其他页面只有当它们也在 vm_object 内，而且能一次读取时才提供。如果所要找的页面出现在文件或者交换区内，那么调页器将把它读回新分配的页面内。如果页面调入操作成功，那么表明已经找到了要找的页面。如果要找的页面从来就没有出现过，那么页面调入操作失败。除非这个 vm_object 是第一个对象，不然就释放该页面，继续进行搜索。如果这个 vm_object 是第一个对象，那么不释放该页面，而是让它阻塞其他要执行搜索的进程（见 C）。

E. 如果内核在第一个 vm_object 中创建了一个页面，但又没有使用该页面，内核就必须记住这个页面，以在影子对象中使用该页面，或在页面调入操作完成之后释放它（见 J）。

F. 如果查找到 vm_object 链的末尾还没有找到要找的页面，那么缺页是在一个匿名 vm_object 链中，链中的第一个 vm_object 使用 C 语言所分配的页面来处理缺页。first page 条目被设为 NULL，表明它不需要释放，将页面清零，然后退出循环。

G. 当页面找到，或者虽然没有找到但重新分配并初始化该页面以后，查找操作就以该页面以及拥有该页面的对象退出循环。此时这个页面已经填充了正确的数据。

H. 如果提供页面的 vm_object 不是第一个 vm_object，那么该映射必须是私有映射，第一个 vm_object 就是提供页面 vm_object 的影子 vm_object。如果页面调入操作正处理"写"缺页，则它所找到的页面的内容要复制到它分配给第一个 vm_object 的页面。复制完以后，它就可以释放被复制的 vm_object 及页面，因为此时可以使用第一个 vm_object 及页面去完成缺页服务。如果页面调入操作正处理"读"缺页，它可以使用它所找到的这个页面，但它必须把该页标记为写时复制，以避免该页以后被修改。

I. 如果页面调入操作正处理"写"缺页，那么它已经完成了所有必要的复制工作，于是它就可以让该页变成可写的页面。随同要找的页面一起调入内存的其他页面，因为没有被复制过，所以对它们做只读映射处理，如果在它们中的哪一个页面上执行写操作，就要做全面的缺页分析，之后如果必要，可以复制一份副本。

J. 随着该页面（可能一起还有 first_page）被释放，等待该 vm_object 这一页面的所有进程就有机会开始运行，获得它们自己的引用。

注意，图 6-16 已经省略了对页面、vm_map 和 vm_object 的加锁操作，以简化叙述。

6.11.1 硬件高速缓存的设计

由于 CPU 的速度比主存的速度增长快得多，因此目前大多数机器都需要使用内存高速缓存来使 CPU 尽可能发挥其全部潜力。

描述硬件高速缓存操作的代码如图 6-17 所示。实际的高速缓存完全用硬件实现，因此图 6-17 所示的循环实际上是通过并行比较而不是迭代完成的。在过去，大多数机器都有直接映射缓存。对于直接映射的高速缓存，对字节 B 的访问以及对字节 B+（CACHELINES×LINESIZE）的访问将导致字节 B 的高速缓存数据丢失。大多数现代高速缓存都是 N 路组相联，其中对高速缓存而言（例如 L1 高速缓存）N 通常为 8，对于较低速但较大的高速缓存（例如 L3 高速缓存）N 通常为 64。N 路组相联高速缓存允许访问与相同高速缓存存储器重叠的 N 个不同存储器区域，而不破坏先前高速缓存的数据。但是在该偏移量的第 $N+1$ 次访问时，会丢失较早的缓存值。

```
struct cache {
    vm_offset_t  key;                /* address of data */
    char         data[LINESIZE]; /* cache data */
} cache[CACHELINES][SETSIZE];

/*
 * If present, get data for addr from cache. Otherwise fetch
 * entire line of data containing addr from main memory,
 * place in cache, and return it.
 */
hardware_cache_fetch(vm_offset_t addr)
{
    vm_offset_t set, key, line;

    key = addr - (addr % LINESIZE);
    line = (addr / LINESIZE) % CACHELINES;
    for (set = 0; set < SETSIZE; set++)
        if (cache[line][set].key == key)
            break;
    if (set < SETSIZE)
        return (cache[line][set].data);
    set = select_replacement_set(line);
    cache[line][set].key = key;
    return (cache[line][set].data = fetch_from_RAM(key));
}
```

图 6-17 硬件高速缓存算法。LINESIZE 表示每个高速缓存行的字节数，一般为 64 字节或 128 字节；CACHELINES 表示高速缓存的总行数，典型大小为 8192；SETSIZE 表示直接映射缓存为 1，2 路组相连为 2，4 路组相连为 4，等等

目前有几种缓存设计选择需要与虚拟内存系统协作。影响最大的设计选项是缓存是使用虚拟还是物理寻址。物理寻址的高速缓存从 CPU 获取地址，通过内存管理单元（MMU）运行以获取物理页面的地址，然后使用此物理地址来确定所请求的内存位置是否在高速缓存中可用。尽管旁路转换缓冲（translation lookaside buffer）（在下一小节中描述）显著降低了转换的平均延迟，但是通过 MMU 仍然存在延迟。虚拟寻址的高速缓存使用虚拟地址（该地址来自 CPU）来确定所请求的内存位置是否在缓存中可用。虚拟地址缓存比物理地址缓存更快，因为它避免了通过 MMU 转换地址的时间。但是，必须在每次上下文切换后完全刷新虚拟地址高速缓存，因为来自一个进程的虚拟地址与另一个进程的虚拟地址无法区分。相反，在上下文切换之后不需要刷新物理地址高速缓存。在具有许多短时间运行进程的系统中，虚拟地址缓存会频繁刷新，因此很少有帮助。

对虚拟地址高速缓存的进一步改进是将进程标签添加到每个高速缓存行的键中。在每次上下文切换时，内核加载硬件上下文寄存器，它包含分配给进程的标识。每次在高速缓存中记录条目时，虚拟地址和出现故障的进程标记都记录在高速缓存行的键字段中。缓存像以前一样查找虚拟地址，但是当它找到条目时，它会将与该条目关联的标记与硬件上下文寄存器进行比较。如果匹配，则返回缓存的值。如果不匹配，则使用正确的值和当前进程标记替换掉旧的高速缓存值。使用此技术时，不需要在每个上下文切换时完全刷新缓存，因为多个进程可以在缓存中存储条目，缺点是内核必须管理进程标记。通常，标签（8～16个）数量比进程少。内核必须将标记分配给活动的进程集。当旧进程退出活动集以允许新进程进入时，内核必须刷新与要重用的标记关联的缓存条目。具有进程标签的虚拟高速缓存的另一个主要缺点是别名。别名是映射到不同进程中的不同虚拟地址的同一数据页。别名的一个例子是共享库，它被映射到不同进程的地址空间中的不同位置。首先，缓存受到重复的只读数据的污染，这会降低其效率。其次，使用共享内存进行 IPC 的两个进程，必须在每个上下文切换时刷新标记的缓存条目，以此来防止别名引起的过时数据。

最后一个考虑因素是直写和写回高速缓存。直写高速缓存在写入高速缓存的同时将数据写回主存储器，迫使 CPU 等待存储器访问结束。回写高速缓存将数据仅写入高速缓存，将存储器写入延迟到显式请求或直到高速缓存条目被重用。回写高速缓存允许 CPU 更快地恢复执行，并允许对同一高速缓存块的多次写入合并为单个存储器写入。但是，只要有必要使数据对设备的 DMA 请求或多处理器上的其他 CPU 可见，就必须强制写入。

6.11.2 硬件内存管理

当虚拟内存映射到物理内存时，MMU 实现地址转换和访问控制。一种常见的 MMU 设计使用驻留在内存中的前向映射页表。这些页表是由虚拟地址索引的大型连续数组。数组中有一个元素或页表条目（Page-Table Entry，PTE），用于地址空间中的每个虚拟页面。此元素包含虚拟页面映射到的物理页面，以及访问权限，用来告知页面是否已被引用或修改的状态位，以及显示条目是否包含有效信息的位。对于具有 4 KB 虚拟页面和 32 位页表条目的 4 GB 地址空间，将需要 100 万个条目（或 4 MB）来描述整个地址空间。由于大多数进程使用很少的地址空间，因此大多数条目都是无效的，并且每个进程分配 4 MB 的物理内存很浪费。因此，大多数页表结构是分层的，使用两级或更多级的映射。使用整个地址空间的 64 位体系结构需要五级或六级页表。2014 年的实现将地址空间限制为 48 位地址空间，可以使用四级页表进行处理。利用分层结构，虚拟地址空间的不同部分索引页表的各个级别。表的中间级别包含页表的下一个较低级别的地址。通过在页表的较高级别插入无效条目，内核将地址空间的未使用的大连续区域标记为未使用，从而不需要给每个未使用的虚拟页面分配无效的页面描述符。

在使用两级页表和 4 KB 页面的 32 位 CPU 访问期间，虚拟地址转换为物理地址的过程如图 6-18 所示：

1）虚拟地址的 10 个最高有效位用于索引到活动目录表（active-directory table）。

2）如果所选目录表条目有效，且访问权限允许本次访问，则使用虚拟地址的下 10 位索引到目录表条目引用的页表页面。

3）如果所选页表条目有效且访问权限匹配，则将虚拟地址的最后 12 位与页表条目引用的物理页面组合以形成访问的物理地址。

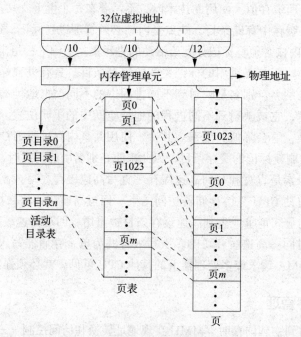

图 6-18　两级页表

这种分层页表结构要求硬件频繁地进行内存引用以转换虚拟地址。为了加快转换过程，大多数基于页表的 MMU 还具有最近地址转换的小型、快速的硬件缓存，这种结构通常称为旁路转换缓冲（TLB），其工作方式与前一小节介绍的硬件高速缓存类似。翻译内存引用时，首先查询 TLB，并且只有在那里找不到有效条目时，才会遍历当前进程的页表结构。由于大多数程序在其内存访问模式中都表现出空间局部性，因此典型的 1024 条目 TLB 足以容纳其工作集。

随着地址空间增长超过 32 到 48，最近更是到了 64 位，处理地址转换需要用到三到六级表，导致 CPU 架构师考虑这种简单索引数据结构的替代方案。对页表增长的应对方法是使用反向页表，也称为反向映射页表。在反向页表中，硬件仍然维护一个内存驻留表，但该表每个物理页包含一个条目，并由物理地址而不是虚拟地址进行索引。条目包含物理页面当前映射到的虚拟地址，以及保护属性和状态属性。硬件通过计算虚拟地址上的哈希函数来执行虚拟到物理地址的转换，以选择哈希锚表（Hash Anchor Table，HAT）中的条目。HAT 中的条目指向反向页表中的条目。系统通过以下方法来处理反向页表中的冲突：将表条目链接在一起，并对该链表进行线性搜索，直到找到匹配的虚拟地址。

反向页表的优点是表的大小与物理内存量成比例，并且只需要一个全局表，而不是每个进程一个表。这种方法的缺点是，任何时候都只能有一个虚拟地址映射到任何给定的物理页面。此限制使得虚拟地址别名（具有针对同一物理页面的多个虚拟地址）难以处理。与前向映射页表一样，硬件 TLB 加速了转换过程。

最终的常见 MMU 体系结构仅包含一个 TLB，这种体系结构是最简单的硬件设计。它通过让软件以任何所需的结构来管理转换信息，为软件提供了最大的灵活性。但是与其他基于硬件的 TLB 不同，基于软件的 TLB，如果未命中，会引发内核异常，这时内核会运行处理程序，填充缺少的 TLB 条目。

6.11.3 超级页

今天的典型硬件有一个包含 1024 个条目的 TLB。TLB 执行组相连查找，这意味着当提供虚拟地址时，它必须同时将该地址与它所拥有的每个条目进行比较。条目数越大，TLB 产生应答所需的时间越长。如果 TLB 花费的时间比读取内存要长，那么它就失去价值了。TLB 大小缓慢增长的原因是，设计 TLB 是为了实现在不到一个 CPU 的时钟周期内产生应答，速度的提升限制了它可以比较的条目数。

硬件 TLB 大小的增长速度比主存慢得多。因此，典型进程的工作集大小比 TLB 引用它的能力增长得更快。在具有 4 KB 的页面和 1024 个条目的 TLB 的计算机上，适合 TLB 的最大工作集为 4 MB。一旦程序的工作集大小超过 4 MB，TLB 就开始转换缺失，因此需要一次或多次额外的内存引用，来读取页表条目以解析虚拟页面的位置。虽然大多数这些内存引用将位于处理器的一个内存高速缓存中，但访问这些缓存通常比解析 TLB 中的地址慢 10 倍。在同样仅有 1024 个 TLB 条目的 64 位体系结构上，工作集过小的问题变得更加严重。

由于硬件供应商无法增加 TLB 的大小，因此他们解决小型工作集问题的方法是创建超级页。大多数硬件允许多种页面大小。可用的页面大小取决于体系结构。除标准 4 KB 页面外，常见的页面大小为 8 KB、64 KB、512 KB、2 MB 和 4 MB。

　　PC 体系结构有一个 4 KB 的常规页面。与许多其他体系结构不同，它仅提供单个备用超级页大小：在支持最大 4 GB 物理内存的芯片上，提供 4 MB 超级页，以及在支持大于 4 GB 物理内存的芯片上，提供 2 MB 超级页。更多物理内存的机器上使用较小的超级页，是因为寻址较大内存所需的附加地址位要求页表条目为 64 位而不是 32 位。因此，每个 4 KB 页表仅引用一半的地址空间。地址空间可以包含常规页面和超级页，但虚拟地址必须与页面大小边界对齐。标准大小的页面必须从 4 KB 的边界开始，2 MB 的超级页必须以 2 MB 的边界开始。请注意，最近的 64 位 Intel 和 AMD 处理器也支持 1 GB 的超级页。

　　使用完全是 2 MB 的超级页来支持其地址空间的进程，可以将 2 GB 的工作集放在同样拥有 1024 个条目的 TLB 中。虽然对于在 32 位体系结构上运行的应用程序而言，2 GB 的工作集够大，但对于在 64 位体系结构上运行的应用程序来说，这种情况很常见。

　　PC 体系结构中超级页的实现如图 6-19 所示。页表的第一级中的指针被设置为指向超级页而不是指向第二级页表。顶级页表条目中的标志位被置位，指示指针引用超级页而不是通常的第二级页表。如图 6-19 所示，超级页可以与地址空间中的常规页面共存。虽然硬件将超级页视为单个实体，但软件仍然为构成它的 4 KB 组件页面维护所有 1024 个 vm_page 结构。维护 vm_page 结构是必要的，这样如果超级页降级，内核可以跟踪构建它的各个 4 KB 页面。

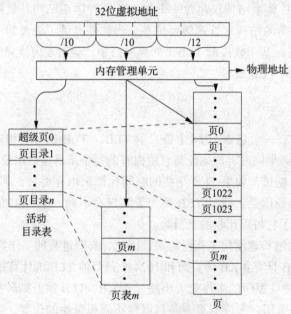

图 6-19　超级页硬件操作

　　为超级页提供硬件支持很简单，如果使用得当，在缓解 TLB 压力方面也非常有效。困难的部分是设计使用它们的软件解决方案。某些操作系统只是提供一个接口，允许应用程序为其部分或全部地址空间请求超级页。这种方法很少奏效，因为许多应用程序编写者不知道要求超级页的能力，也不知道这样做的必要性。许多请求超级页的应用程序编写者在不适当的环境中这样做，最终不仅浪费系统资源，而且让一切都变慢。

最好的解决方案（也是 FreeBSD 使用的解决方案）是让操作系统监控其运行的进程，并将超级页分配给那些能为它们带来明显好处的进程 [Navarro 等，2002]。应用程序编写者不必关心超级页，只需要知道它们将在适当的地方被使用。

选择在进程中使用超级页时，内核必须保守。使用超级页能减少开销是因为它减少了 TLB 的未命中。如下所述，使用超级页的潜在成本是额外的内存到内存复制或额外的磁盘 I/O。不需要很多内存到内存的复制或额外的磁盘 I/O，就能完全抵消所有节省的 TLB 未命中带来的好处，并且实际上它可以快速增加成本，而非带来收益，这使得应用程序和整个系统可能运行得更慢。因此，FreeBSD 将延迟升级到超级页，直到很确信它们将带来性能改善。虽然错过了一些改进机会，但切换时几乎总能带来性能的净改善。

考虑使用超级页从预留超级页开始。进程的超级页一般是逐个区域（region）考虑（区域由 vm_map_entry 结构描述的进程内存区域定义，请参阅 6.4 节）。在每个内存区域的第一次缺页故障中，虚拟内存系统必须决定该区域是否有资格使用超级页。包含映射文件的区域必须至少具有超级页大小才有资格进行超级页预留。由于这样的区域很少增长，如果它的大小还不够得上超级页的大小，那么它未来不可能达到超级页大小。相比之下，诸如堆栈或堆之类的匿名内存总是有资格进行超级页预留，因为它经常增长。此外，内核内存分配始终是预留的。

当区域被拒绝进行超级页预留时，第一次和所有后面缺页都提供正常的 4 KB 页面。如果某个区域被授予超级页预留，则将超级页分配给包括缺页页面的区域部分。但是，只有与故障对应的超级页中的单个 4 KB 页面被初始化并放入进程页表中。每个超级页都有一个统计图（population map）来跟踪其使用的页面。随着进程在超级页的其他部分出现缺页，相应的 4 KB 页面将被初始化并添加到其页表中，并更新其统计图中的相应条目。

首次映射 vm_object 时，虚拟内存系统会记录相对超级页的偏移量。因此，如果 vm_object 的映射以 7 MB 偏移量开始，并且系统具有 2 MB 的超级页，则 vm_object 将标记为以 1 MB 偏移量开始。如果另一个进程要求映射相同的 vm_object，则虚拟内存系统会将 vm_object 置于该新进程中，其偏移量与第一个 vm_object 中的偏移量相同。跟踪和使用对齐的目的是要避免为了获得必要的对齐而必须在内存中复制数据。如果应用程序需要与当前超级页对齐不匹配的特定对齐，则该进程必须使用常规的 4 KB 页表条目映射该 vm_object。

超级页预留在其预留中的每个页面出现缺页时都有资格获得升级。在 PC 体系结构中，升级意味着 4 KB 页表页面被替换为指向超级页本身的指针，被替换的页面保存了所有对单个 4 KB 页面的引用（参见图 6-19）。

超级页标记为只读，除非它已修改其预留中的每个页面。它被设置为只读的原因是超级页的活动目录条目只有一位来指示页面已被修改。如果超级页变得可写，并且超级页中只有一个字节被修改，则虚拟内存系统将无法知道超级页中修改发生的位置。当将页面写入后备存储时，它必须写入整个 2 MB 页面。因此，当修改只读超级页时，将其降级为小页面，以便可以按每 4 KB 跟踪修改。只有在修改了所有小页面后，才会将其升级为可写的超级页。

这种保守的方法确保内核不会被强制进行额外的 I/O 操作，I/O 会抵消所节省的 TLB-miss。实际上，这种方法效果很好。应用程序要么具有不断变化的大区域（例如矩阵乘法），要么具有它们主要进行读取的区域（例如数据库）。

提供超级页预留需要能供应稳定的超级页。为此，虚拟内存系统必须获取缓存和释放的 4 KB 页面流，并将其碎片整理成超级页。缓存页面和空闲页面保存在伙伴列表中，这些列表将小页面聚合回更大的组。对于支持多个超级页大小的体系结构，伙伴列表会跟踪所有有用的页面大小，因为较小的组会聚合到更大的组中，并最终达到最大的超级页。为地址空间的非保留区域提供缺页错误处理时，4 KB 内存页面取自几乎没有伙伴的页面列表，从而保留较大的块。结果可能是使用具有已知内容的缓存页面，而不是没有有用内容的空闲页面。但是，拥有更多超级页的好处，相比使用通常不再使用的页面带来的好处，利大于弊。

pageout 守护进程（在 6.12 节中描述）保持不变。它继续根据对最有效使用时间和方式的最佳估计，在列表之间移动页面。用于预留的超级页仅由缓存和空闲列表中的页面构建出来。保留的超级页中没有出现缺页的部分被视为空闲或缓存。因此，从缓存和空闲列表中消耗页面的速率不会改变，这意味着添加超级页之后，pageout 守护进程并不会被强制运行得更快。

我们已经考虑过更改 pageout 守护进程，以允许它抓取更多主动引用的页面来填充伙伴列表中的孔。然后出现的问题是，在文件系统缓存性能受到太大影响之前，pageout 守护程序可以用多少个主动引用的 4 KB 页面来完成超级页。不需要多次文件系统重新读取丢失的缓存数据，它就能抵消单个超级页所省的 TLB-miss。如果文件系统缓存页面脏了并且必须写回以回收页面，只能重新读取它，那么成本会更高。由于所有这些原因，我们到目前为止避免了对 pageout 守护进程的这些更改。

超级页的性能改进如表 6-3 所示。这些数字取自 Navarro 等人 [2002] 的广泛的研究结果。在该文研究的 20 多个工作负载中，唯一一个显示变慢了（-1.7%）的工作负载是 Spec Float 2000 中的一个程序。

表 6-3 超级页性能

基 准	可用的页面大小	
	8K/64K/ 512K/4M	4M only
Spec Int 2000	11%	5%
Spec Float 2000	11%	6%
Web	2%	0%
图像旋转	23%	16%
链接 FreeBSD 内核	33%	19%
快速傅里叶变换	55%	55%
矩阵转置	655%	586%

表中的第一个结果列显示了对具有 4 个超级页大小的体系结构的改进，而第二列显示了仅具有一个 4 MB 超级页大小的 PC 体系结构的改进。具有多个超级页大小通常会使从超级页获得的收益加倍，它性能更高的主要原因是可用的超级页数量更多，因此使用它们的机会更多。

6.12 页面替换

在一段时间里，通过从空闲页面链表中分配页面，可以满足缺页以及对内存的其他需求，但是，最终必须将内存再进行回收以便重新使用。有些内存页面是在进程退出时才回收的。在一个内存较多而内存需求比较低的系统中，退出进程就可以提供足够的空闲内存来满足要求。当有足够的内存满足内核以及当前任何一个进程的全部页面需求时，就会出现这样的情况。但很明显，许多计算机并没有足够的主存来把所有的页面都保存在内存里。因此，最终就有必要将一些页面放到二级存储器中——保存到文件系统或交换空间里。把页面调入内存是根据需要才发生的。然而，当页面不再被某个进程所需要时，不会立刻就有指示来表明这种情况，从而让页面被调出内存。所以，内核必须实现某种策略，根据策略来决定将哪些页面移出内存，这样内核就能用内存需要的页面来替换掉那些页面。在理想状况下，这个策略应该选择那些最近不需要的页面进行替换。这个策略的近似方法是，寻找那些最近没有使用或者使用不多的页面。

4.4BSD 系统采用一种页面替换算法实现了请求调页机制（demand paging），这种算法估计出整体上来看近期最少使用的页面予以替换这 [Easton & Franaszek，1979]。在 FreeBSD 里，对每个页面只有 1 位的使用字段进行了扩充，增加了一个活跃度计数器，用以估计整体上看使用最不活跃的页面。这两种算法都是全局替换算法的例子：这种算法根据整个系统范围内的标准，选择出要予以替换的一个页面。而局部替换算法则先选出一个执行页面替换的进程，然后，根据各个进程的标准，选择一个进程中要被替换掉的页面。虽然 FreeBSD 里的算法和 4.4BSD 里的算法在本质上类似，但是 FreeBSD 的实现却有很大的不同。

内核定期扫描物理内存，考察可以替换的页面。采用整个系统范围都能使用的页面链表，迫使所有的进程平等地竞争内存。注意这种方式与 FreeBSD 对待系统提供的其他资源所采用的方式是一致的。除了允许所有的进程平等地竞争内存之外，还有一种常见的做法，那就是将内存分成多个互相独立的区域，每一个区域专门供一组进程局部使用，这些进程则彼此平等地竞争该区域的内存。这种方法也被一些系统使用，比如，VMS 操作系统 [Kenah & Bate，1984]。采用这种方案，系统管理员可以保证一个进程，或者一组进程，总是能占有最小比例的内存百分比。遗憾的是，这种方案可能难以管理。一个分区如果分配的页面数量太少，将导致内存使用效率低，同时造成二级存储设备上的 I/O 操作过多，但是如果把这个数值设得太大，那么会造成过度交换 [Lazowska & Kelsey，1978]。

内核将主存分成了 5 个列表：

1）固定（wired）列表：固定页面被锁定在内存中，不能被换出。这些页面往往正在被内核或者物理内存调页器使用，或者是已经用 mlock 给锁住了。此外，已经载入内存（也就是说，没有被交换出去）的进程，它的线程堆栈所使用的全部页面也都是固定的。

2）活动（active）列表：活动页面是正在被一个或者多个虚拟内存区域使用的页面。尽管内核可以将它们调换出去，但是这么做，很可能会让一个活动进程产生缺页，从而将它们再次调换回内存。

3）非活动（inactive）列表：非活动页面可能是脏的，其内容仍然是已知的，但是它们通常不是任何活动区域的一部分。如果页面的内容变脏，那么在重新使用该页面之前，必须先将变脏的内容写入后备存储中去。一旦页面已经被清理过了，就会把它转移到缓存链表（cache list）去。如果系统内存紧缺，pageout 守护进程会在活动页面中尽量寻找那些并不是真正在使用的内存页面，将它们移动到非活动页面链表中。pageout 守护进程选择从活动链表移动到非活动链表的页面，它所使用的选择标准在本节的后续内容说明。当空闲内存和缓存链表变得太少时，pageout 守护进程就会遍历非活动内存页面链表，来创建更多的缓存和空闲页面。

4）缓存（cache）列表：缓存页面里的内容仍然是已知的内容，但是它们通常不是任何映射的一部分。如果它们被缺页处理程序挪到活动区域，它们将从缓存链表移动到活动链表。如果它们用于读取或写入，则首先将它们从缓存列表移动到缓冲区缓存，最终释放到非活动列表。mlock 系统调用可以从缓存列表中回收页面并固定它。缓存列表和非活动列表中的页面很相似，区别在于缓存页面不是脏页面，这要么是因为把它们调入内存后不会再修改它们，要么是因为已经将它们写入了它们的备份存储上。在需要页面的时候，它们会被回收用于新的用途。

5）空闲（free）列表：空闲页面里不含有用的内容，它们将用来满足新发生的缺页请求的需要。

主存中可以由用户进程使用的页面是活动、非活动、缓存以及空闲列表中的页面。如果空闲列表中有页面，新申请的页面首先从空闲链表中取得，否则就从缓存列表里获取。如果空闲列表页面是大型页面簇或超级页的一部分，则优先使用缓存页面，而不是空闲列表页面。

理想情况下，内核会为系统中的每一个进程维护一个工作集。于是它就会知道为每一个进程提供多少内存能让进程发生缺页的情况最少。因为工作集模型缺少关于进程引用模式的准确信息，所以 FreeBSD 的虚拟内存系统没有使用这种模型。FreeBSD 的虚拟内存系统确实会根据驻留集大小（resident-set size）来跟踪一个进程占用的页面数，但是它并不知道哪些驻留页面构成了进程的工作集。在 4.3BSD 中，当一个进程准备运行的时候，内核根据驻留内存的页面数来判断是否有足够的内存能把该进程调入进来执行。FreeBSD 的虚拟内存系统没有沿用这一功能。虽然它在高内存需求期间运行良好，但是当前机器的内存充足，以至于交换从未发生过，因此并不值得将其合并到 FreeBSD 系统中。

6.12.1 调页参数

进程始终都在为分配内存而展开竞争，但通过缺页处理程序，整个系统的目标是保证非活动、缓存和空闲列表中的页面数有一个最小阈值。随着系统的运行，它监控内存的使用情况，并且频繁运行 pageout 守护进程，将非活动、缓存和空闲内存的数量保持在表 6-4 所列出的最低限度以上。当页面分配例程 vm_page_alloc() 认为需要更多内存的时候，它就唤醒 pageout 守护进程。

表 6-4　可用内存的阈值

池　子	最小比例	目标比例
空闲 + 缓存	3.7%	9%
非活动的	0%	4.5%

pageout 守护进程回收的页面数量是系统内存需求量的一个函数。系统需要的内存越多，被扫描的页面也就越多。扫描的页面多，则被释放的页面数量也就增加了。pageout 守护进程把可用内存页面的数量同系统启动时计算好的几个参数进行比较，以判断内存的需要量。调页参数的目标值通过几个全局变量传递给 pageout 守护进程，这几个全局变量可以用 sysctl 来查看或者修改。类似地，pageout 守护进程会把它的进度记录在全局计数器内，用 sysctl 也可以查看或者修改这些计数器。进度用守护进程每段运行时间内扫描过的页面数量来进行衡量。

pageout 守护进程的目标是把非活动、缓存和空闲队列保持在表 6-4 给出最低水平和目标水平之间。pageout 守护进程要实现上述目标，需通过把页面从比较活跃的队列转移到不太活跃的队列来达到给出的水平范围。pageout 不会将页面挪到空闲列表中。不过，退出进程中匿名区域的页面会被放置在空闲列表中。它把页面从非活动列表转移到缓存列表，使得空闲列表加上缓存列表的总和接近其目标水平。它也把页面从活动列表转移到非活动列表，使得非活动列表接近其目标水平。

6.12.2 pageout 守护进程

页面替换由 pageout 守护进程完成。pageout 守护进程的调页策略由 vm_pageout() 和 vm_pageout_scan() 例程确定。当 pageout 守护进程回收已经被修改过的页面时，它要负责把它们写回交换区。于是，pageout 守护进程必须能够使用标准的内核同步机制，比如 sleep()。这样一来，它就要作为一个单独的进程来运行，并具有它自己的进程结构和内核栈。和 init 一样，pageout 守护进程是在系统启动过程中由内部 fork 操作创建的（参见 15.4 节）；但是和 init 不同的是，它在 fork 之后仍然保持在内核态下运行。pageout 守护进程只是简单地进入 vm_pageout()，却并不返回。和其他使用磁盘 I/O 例程的进程不同，pageout

守护进程需要以异步方式执行自己的磁盘操作，这样它就能在写入磁盘的同时继续扫描页面。

在具有多个 CPU 的系统上运行时，对页面的需求可能远远超过单个 pageout 守护程序可以提供的页面数。从 FreeBSD 10 开始，调页守护进程是多线程的，因此它可以满足大量的调页需求。

以前，处理页面采用的是最近最少使用算法。这种算法的缺点在于，突发的内存活动会使许多有用的页面从缓存被冲洗（flush）到磁盘上。为了缓解这种行为，FreeBSD 使用最不活跃算法（least actively used algorithm），把曾经有使用记录的页面保留下来，在内存需求量大的时候，优先保留它们，而将那些用过一次即丢的页面冲洗掉。

当一个页面第一次被调入内存的时候，赋予它的初始用量为 5。以后的使用信息则由 pageout 守护进程定期地扫描内存来收集。每一个内存页面每次被扫描到的时候，都要检查它的引用位（reference bit）。如果该位被设置了，那么先清空该位，然后将该页面的用量计数器累加该页面的引用数（最大到 64）。如果引用位被清空了，那么就将用量计数器的值降低。当用量计数器归 0 的时候，就把页面从活动列表转移到非活动列表中。对于重复使用的页面来说，其用量计数值也较高，这使得它们留在活动列表中的时间要比那些只用一次的页面时间长。

pageout 守护进程的目标就是保持非活动、缓存和空闲列表中的页面数量处于预期的范围内。无论什么时候只要有一项操作因为使用了页面而导致空闲内存量低于这个最小限度，那么 pageout 守护进程就会被唤醒。图 6-20 给出了 pageout 处理算法。下面的概述中，每个以字母开头的段落都对应于下面代码左侧的标签。

```
/*
 * Vm_pageout_scan does the dirty work for the pageout daemon.
 */
void vm_pageout_scan(void)
{
[A]     page_shortage = free_target -
            (free_count + cache_count);
        max_writes_in_progress = 32;
[B]     for (page = FIRST(inactive list); page; page = next) {
            next = NEXT(page);
            if (page_shortage < 0)
                break;
            if (page busy)
                continue;
[C]         if (page is referenced) {
                update page active count;
                move page to end of active list;
                continue;
            }
            if (page is invalid) {
```

图 6-20　pageout 处理算法

```
                    move page to front of free list;
                    page_shortage--;
                    continue;
                }
                if (page is clean) {
                    move page to end of cache list;
                    page_shortage--;
                    continue;
                }
[D]             if (first time page seen dirty) {
                    mark page as seen dirty;
                    move to end of inactive list;
                    continue;
                } else if (max_writes_in_progress > 0) {
                    check for cluster of dirty pages around page;
                    start asynchronous write of page cluster;
                    move to end of inactive list;
                    page_shortage--;
                    max_writes_in_progress--;
                }
            }
[E]     page_shortage = free_target + inactive_target
                - (free_count + cache_count + inactive_count);
[F]     for (page = FIRST(active list); page; page = next) {
            next = NEXT(page);
            if (page_shortage <= 0)
                break;
            if (page is referenced) {
                update page active count;
                move page to end of active list;
                continue;
            }
[G]         decrement page active count;
            if (page active count > 0) {
                move page to end of active list;
                continue;
            }
            page_shortage--;
            move page to end of inactive list;
        }
[H] if (targets not met)
        request swap-out daemon to run;
[I] if (nearly all memory and swap in use)
        kill biggest unprotected process;
}
```

图 6-20 （续）

A. pageout 守护进程计算需要从非活动列表转移到缓存列表中的页面数。为避免 I/O 系统饱和，pageout 守护进程限制了它可以同时启动的 I/O 操作数量。

B. 扫描非活动列表，直到已经移动了所需数量的页面为止。扫描时跳过状态为忙的页面，因为它们可能正在被调出内存，将来当它们被清理以后才能转移它们。

C. 如果我们发现一个页面被引用了，那表明它已经过早地被转移到了非活动列表，于是要更新它的用量计数值，并且把它移回活动列表。包含无效内容的页面（通常由 I/O 错误引起）会被转移到空闲列表。清理过的页面可以转移到缓存列表。

D. 脏页需要被调出内存，但是比起释放一个干净的页面，冲洗（flush）一个页面的开销要大得多。因此，脏页面在被冲洗之前可以在队列中轮转两次，让它们在非活动队列中多待一段时间。它在链表中多转一次的同时就被清理干净了。非活动队列上的这个额外时间将减少因过早将活动页面换出而导致的不必要的 I/O。页面成簇机制会检查所选页面前后每一侧的 8 个脏页面。虽然只要求调页器写入所选的页面，但是，它会同时写入尽可能多的聚在一起的脏页面，数量多少以它自己觉得方便为准。如果正被调出内存的页面数量达到了上限，那么 pageout 守护进程就会停止扫描非活动列表。在 4.4BSD 中，I/O 完成是由 pageout 守护进程处理的。FreeBSD 要求调页器跟踪它们自己的 I/O 操作，包括对写入的页面进行适当的更新。在 I/O 完成时对所写页面进行更新，不会把页面从非活动列表转移到缓存列表。相反，页面仍然会留在非活动列表中，将来 pageout 守护进程再扫描时，它才最终被转移到缓存列表中。

E. pageout 守护进程计算需要从活动列表转移到非活动列表中的页面数量。因为其中有些页面最终还会再被转移到缓存列表，在缓存列表被填充以后，必须将足够多的页面从活动列表转移到非活动列表，从而使它接近目标水平。

F. 扫描活动列表，直到已经移动了所需数量的页面为止。如果我们发现一个页面在上一次扫描后被引用了，那么就要更新它的用量计数值，并且把它移到活动列表的末尾。

G. 页面不是活动的，就把它的用量计数值降低。如果它的用量计数值仍然大于 0，那么就把它移到活动列表的末尾。否则，把它移到非活动列表。

H. 如果未满足页数计数目标，则启动 swap-out 守护进程（请参阅下一小节）以尝试清除其他内存。

I. 如果内核已经配置为不对它将授予的虚拟内存量施加任何限制，那么就会发现它几乎填满了内存和交换空间。内核可以通过杀死最大的无保护进程来避免陷入死锁。

请注意，图 6-20 中省略了页面和 vm_object 加锁操作以简化说明。

即使不需要其他页面，pageout 守护进程也会经常被唤醒，以确保每隔 vm_pageout_update_period 秒扫描一次活动列表中的所有页面。默认设置是每 10 分钟扫描一次活动页面。1 分钟的间隔会更好，但每分钟检查一次大型内存机器上的所有活动内存，会给系统带来太多的非工作负载。即使是 10 分钟一次的扫描，也能避免长时间不扫描而出现的最坏情况。

6.12.3 交换机制

虽然要尽量避免采用交换机制（swapping），但是 FreeBSD 在几种情形下仍要用它来

解决严重的内存短缺问题。在 FreeBSD 中，当下面的任何一种情况发生时就要采用交换
机制：

❑ 系统内存太少，以至于调页进程不能足够快地释放内存来满足需求。例如，多个大
进程在机器上运行，同时系统又缺少足够的内存来装下进程的最小工作集，此时就
会发生内存不足的情况。

❑ 进程处于完全非活动状态超过 10 秒钟。否则，这样的进程会保留一些与线程栈相
关的内存页面。默认情况下禁用交换空闲线程，因为用重新启动它们的额外延迟来
交换回收的少量内存不值得。

交换操作将进程完全移出主存，这包括进程的页表，不在交换区的数据和堆栈段的页
面，以及线程栈。

只有在使用调页机制满足不了对内存的需求，或者为满足对内存的短期需求值得交
换一个进程的时候，才会交换进程。一般而言，这种交换调度机制在负载很重的情况下表
现得并不好；用页面替换算法来进行内存调度时，和使用交换算法时相比，系统性能要好
得多。

换出操作是由 swap-out 守护进程（vmdaemon）驱动的。vmdaemon 的换出策略由
vmdaemon() 例程来确定。如果 pageout 守护进程能够找到已经休眠 10 秒钟（swap_idle_
threshold2，认为休眠时间"很长"的标准）以上的进程，它会换出所有这些进程。由于
这些进程对它们占用的内存充分利用的可能性最小，所以即使它们很小，也要把它们换
出。如果没有这样的进程，那么 pageout 守护进程会将已经短暂休眠 2 秒（swap_idle_
threshold1）的进程换出。这些规则都力图避免一股脑地采用交换机制，直到 pageout 守护
进程明显不能保证有足够的空闲内存。

在 4.4BSD 上，如果内存仍然严重不足，swap-out 守护进程会选择将内存当中驻留时
间最长的那个可运行进程换出内存。一旦开始交换在运行的进程，那么可以被交换的那些
进程就会轮番进入内存执行一会儿，这样一来，就没有哪个进程会"僵死"在内存之外了。
FreeBSD 的 swap-out 守护进程不会选择将一个可以运行的进程换出内存。所以，如果内存
不能满足所有可运行进程的需要，那么计算机就肯定会陷入死锁。目前的计算机有足够的
内存，所以这种情况不太可能发生。如果真发生了，FreeBSD 通过杀死最大的进程来避免
死锁。如果这种状况在正常操作中开始出现，则需要恢复 4.4BSD 的算法。

执行换出操作的机制很简单。进程的已换入（swapped-in）标志 P_INMEM 被清除，表
示这个进程没有驻留在内存中。进程正在被换出的时候，要设置 PS_SWAPPINGOUT 标志，
这样一来，此时就不会再有换入操作或者第二次换出操作出现。如果要交换一个可运行的
进程（目前尚不会发生这种情况），需要把这个进程从可运行进程队列中删除。该进程的用
户结构，还有其线程的内核栈都要标记为可调页，从而让栈的页面连同该进程其他遗留的
页面都通过标准的页面调出机制调出内存。被换出内存的进程在被再次换入内存之前不能
运行。

6.12.4　换入进程

换入（swap-in）操作由交换进程 swapper 完成（PID 为 0 的那个进程）。这个进程是在系统启动之后创建的第一个进程。其换入策略包含在 scheduler() 例程里面。这个例程在进程准备运行并且有内存可以使用的情况下将此进程换入内存。在任何时候，swapper 都处于下面 3 种状态之一：

1）空闲（idle）状态：没有换出的进程准备运行。空闲是正常状态。

2）换入（swapping in）状态：至少有一个可运行的进程被换出，scheduler() 要为它找内存。

3）换出（swapping out）状态：系统内存短缺或者没有足够的内存换入一个进程。在这些情况下，scheduler() 唤醒 pageout 守护进程来释放页面，并且换出别的进程，直到内存短缺情况得到缓解。

如果有一个以上已换出进程处于可运行状态，则 swapper 的第一项任务是决定把哪个进程换入。这个决定会影响到是否还需要换出另一个进程。每一个已换出的进程基于以下信息分配一个优先级：

❑ 此进程已被换出的时间；

❑ 此进程的 nice 值；

❑ 此进程自从上次运行以来休眠的时间。

一般而言，换出去的时间最长的进程，或者那些当初因为其处于休眠状态达到一定时间而被换出去的进程，要先被交换回来。一旦选中了一个进程，swapper 就要检查是否有足够的空闲内存来换入那个进程。以前的系统在换回进程之前，需要有和这个进程所占用的全部内存一样多的可用内存。在 FreeBSD 上，这个要求降低了，它只要求空闲列表和缓存列表的页面数至少要等于空闲内存的最低水平。如果有足够多的内存可用，进程就要被换回内存。此时，进程的线程们对应的内核栈会被立刻换回内存，而进程工作集的其余部分则按请求调页方式从后备存储载入。因此，不会马上用到进程所需的全部内存。早期的 BSD 系统会记录进程所期望的内存需求量，当有空闲内存可用的时候，只选择那些可用内存能够满足进程期望的内存需求量的可运行进程，把它们换入内存。而在 FreeBSD 系统中，一旦有足够的内存能载入所有被交换出去的进程的线程栈，那么它就会把那些进程都换回内存。

换入进程的步骤正好与换出进程的步骤相反：

1）为进程中每个线程的内核栈分配内存，并且从交换空间读入它们。

2）将进程标记为驻留（resident），并且将它的可运行线程（也就是那些尚未被停止或者没有在休眠的线程）插回到运行队列。

在完成进程的换入操作后，该进程就可以像任何其他进程一样运行了，不同之处在于它没有驻留页面。它会通过发生缺页来载入它所需的页面。

6.13 可移植性

到本节为止，这一章所讨论的全部内容都是虚拟内存系统中与机器无关的那部分数据结构和算法。在把 FreeBSD 移植到其他体系结构上的时候，虚拟内存系统中的这些部分几乎不需要做任何改动。这一节将介绍虚拟内存系统中与机器相关的部分：将 FreeBSD 移植到新的体系结构上时，必须重写虚拟内存系统中的这些部分。虚拟内存系统中与机器相关的部分负责管理页表，页表被硬件的内存管理单元用于控制对进程和内核内存的访问（见 6.11 节）。

一次新的移植工作的起点，往往是先移植到另一种带有类似内存管理组织形式的体系结构上。32 位 PC 的体系结构使用了典型的两层页表结构，如图 6-21 所示。一个地址空间被划分成 4 KB 大小的虚拟页面，每个页面用页表中的一个 32 位的条目来标识。每个页表条目包含分配给虚拟页面的物理页号、访问权限、修改和引用信息，以及显示该条目包含的信息是否有效的一个位。所有的页表条目共有 4 MB，它们同样也分成 4 KB 大小的页表页，每个页表页用目录表中的一个 32 位的条目来表示。目录表条目和页表条目几乎一样：它们也包含访问权限位、修改和引用位、一个有效位，以及它所表示的页表页的物理页号。一个 4 KB 的目录表页面——包含 1024 个目录表条目——最多可以覆盖 4 GB 的地址空间。硬件寄存器 CR3 包含当前活动进程的目录表的物理地址。64 位 PC 体系结构是类似的，只不过它需要更多级别的页表。

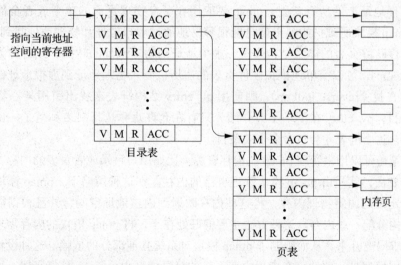

图 6-21　两级页表组织。V 表示页面有效位；M 表示页面修改位；R 表示页面引用位；ACC 表示页面访问权限

6.13.1　pmap 模块的作用

与机器相关的代码描述用户进程和内核的虚拟地址同主存的物理地址之间的物理映射（physical mapping）是如何建立的。这一映射功能除了完成地址转换之外，还包括对访问权

限的管理。物理映射模块也被称为 pmap 模块，它管理着机器相关的地址转换以及访问权限表，它们供内存管理硬件直接或间接使用。例如，在 PC 上，pmap 维护着每个进程驻留内存的目录表和页表，以及内核的目录表和页表。为描述单个页面的地址转换和访问权限所需要的与机器有关的状态，常常称为映射（mapping）或者映射结构（mapping structure）。

FreeBSD 的 pmap 接口继承了 Mach 3.0 的许多设计特征。FreeBSD 增加了许多功能来优化范围操作，例如预先让整个文件发生缺页（prefaulting）和破坏整个地址空间。pmap 模块有意保持和上层虚拟内存系统在逻辑上的独立性。pmap 接口只处理与机器无关、按页面对齐的虚拟地址和物理地址，以及与机器无关的内存保护。与机器无关的页面大小可能是机器体系结构所支持的页面大小的倍数。因此，pmap 对于每一个逻辑页面的操作一定能够影响到一个以上的物理页面。机器无关的保护是读、写和执行权限位的简单编码。pmap 必须将所有可能的组合映射到特定体系结构的有效值上。

一个进程的 pmap 被当作一个映射信息的缓存，这种信息以机器相关的格式存放。因此，pmap 并不需要包含所有有效映射的全部状态。映射状态由和机器无关的层面去负责。pmap 模块根据自己的判断丢弃映射状态来回收资源，除了一个例外，这个例外就是固定映射，对它的访问绝不会导致缺页而去调用与机器无关的 vm_fault() 例程。因此，固定映射的状态在被显式地清除之前，必须在 vm_pmap 中保留。

一般而言，pmap 例程既可以用于一个虚拟地址范围所限定的一组映射，也可以用于一个特定物理地址上的所有映射。pmap 要能用在一个物理页面的单个或者全部虚拟映射上，要求 pmap 模块所维护的映射信息能很容易地通过虚拟地址和物理地址找到。对于 PC 这类支持内存驻留页表的体系结构来说，虚拟地址到物理地址的转换，或者称为正向查找（forward lookup），可以简单地模拟硬件页表的遍历机制。物理地址到虚拟地址的转换，或者称为反向查找（reverse lookup），则使用 pv_entry 结构链表来找出引用某一物理页面的所有页表条目，pv_entry 在下一小节介绍。只有在允许虚拟地址别名机制（virtual-address aliasing）时，这个链表才会包含多个表条目。

有两种策略可以用来管理 pmap 的内存资源，比如用户目录或者页表的内存。传统的也是最简单的方法，就是由 pmap 模块管理自己的内存。在这种策略下，pmap 模块在系统启动时获取一定量的固定物理内存，将这些内存映射到内核地址空间，并且根据需要为它自己的数据结构分配一些内存。这种方法主要的好处在于，将 pmap 模块的内存需求同系统的其他内存需求隔离开来，从而限制了 pmap 模块对系统其他部分的依赖。这种设计与虚拟内存系统的分层模型是一致的，在虚拟内存系统的分层模型中，pmap 是最底层，因此也是一个自足层（self-sufficient layer）。

这种方法的缺点在于需要重复实现许多内存管理函数。pmap 模块有它自己用于其私有堆的内存分配程序和释放器——这个私有堆的大小是静态不变的，不能随系统范围的内存需求的变化来进行调节。对于一个有驻留内存页表的体系结构来说，由于进程可能零散地分布其地址空间，所以 pmap 必须跟踪进程页表的不连续块。处理这样的需求要重复实现许多标准的链表管理代码，比如 vm_map 所使用的代码。

另一种可以采用的方法是，递归使用上层的虚拟内存代码管理一些 pmap 资源，PC 就是使用这一方法。此时，在建立进程的过程中，每个用户进程的 4 KB 目录表被映射到内核的地址空间里，并且一直驻留在内存中，直到进程退出。在一个进程运行的同时，它的页表条目被映射到内核地址空间内一个虚拟连续的 4 MB 页表条目数组里。采用这种组织方式以后，就能在 PC 的 pmap 模块里发掘出一种潜在的节省内存的优化措施，即描述 4 MB 用户页表范围的内核页表页可以是用户的目录表的两倍。如果其他非正在运行的进程要访问它们的地址空间，内核也能交替维护别的映射来包含这些进程各自的页表页面。

如果使用和系统其他部分都一样的页面分配例程，可以确保只在需要的时候才从整个系统范围内的空闲内存池里分配物理内存。页表和别的 pmap 资源也可以从可调页内核存储空间中分配。这种方法能够轻松有效地支持大型稀疏地址空间，包括内核自己的地址空间。

vm_pmap 数据结构包含在 pmap.h 文件中，该文件位于与机器相关的 include 目录下。这些例程的大多数代码在 pmap.c 文件中，文件位于与机器有关的源代码目录下。pmap 模块的主要任务如下：

- ❑ 系统初始化和启动（pmap_bootstrap()、pmap_init()、pmap_growkernel()）。
- ❑ 物理页面到虚拟页面映射的分配和释放（pmap_enter()、pmap_remove()、pmap_qenter()、pmap_qremove()）。
- ❑ 改变映射的访问权限和 wiring 属性（pmap_change_wiring()、pmap_remove_all()、pmap_remove_write()、pmap_protect()）。 ⊖
- ❑ 维护物理页面使用信息（pmap_clear_modify()、pmap_is_modified()、pmap_ts_referenced()）。
- ❑ 初始化物理页面（pmap_copy_page()、pmap_zero page()）。
- ❑ 管理内部数据结构（pmap_pinit ()、pmap_release ()）。

接下来的各个小节分别介绍上面的每一项任务。

6.13.2 初始化和启动

系统启动的第一步是加载程序（loader）将内核镜像从磁盘或者网络上读入机器的物理内存。内核加载镜像（kernel load image）看上去和其他任何进程的镜像都很相似。它包含一个代码段、一个初始化数据段，以及一个未初始化数据段。加载程序将内核连续地放到物理内存的起始位置。内核的代码和数据都是完整地读到内存，不像用户进程那样根据需要把页面调入内存。加载程序把紧接着这两段之后的一块大小等于内核未初始化内存段的内存区域清零。加载程序载入内核之后，将控制权交给在内核可执行镜像中给出的起始地址。当内核开始执行的时候，要么 MMU 是关闭的，直接使用物理地址进行，要么使用一

⊖ wired 类型的页面不会被 pageout 换出，相当于被"接线"到系统页表。——译者注

个预先定义的最小页表集。

内核执行的第一项任务就是建立内核 vm_pmap，以及描述内核虚拟地址空间所必需的任何其他数据结构。在 PC 上的初创工作包括：分配和初始化用于映射静态加载的内核镜像以及映射到内存的 I/O 地址空间的目录和页表、为内核页表页面分配固定数量的内存、为初始化进程分配和初始化内核栈、保留内核地址空间的专用区域，以及初始化 vm_pmap 内部各种各样的关键数据结构。完成上述工作之后，才能启动 MMU 或者切换到完全配置的页表。一旦完成两者之一，内核就开始在进程 0 的上下文中运行。

内核已经在它自己的虚拟地址空间内运行之后，它接着初始化系统的其余部分。它要判断物理内存的大小，然后调用 pmap_bootstrap() 和 vm_page_startup() 建立初始 vm_pmap 数据结构、分配 vm_page 结构，并且创建一小块固定大小的内存池，让内核的内存分配程序可以使用它们来开始响应内存分配请求。接下来，内核发出一次调用，建立虚拟内存系统中与机器无关的部分。最后调用 pmap_init()，为管理多个用户地址空间，以及保持上层内核虚拟内存数据结构与内核 vm_pmap 之间的同步，分配全部必需的资源。

pmap_init() 分配最少数量的固定内存用来做内核页表的页面。在内核运行的同时，页表空间可以随需要由 pmap_growkernel() 例程动态地扩大。但是页表空间一旦分配就不能释放。所以启动时就要选好内核地址空间大小的上限。在 64 位体系结构上，内核一般分配足够大的地址空间用于直接映射所有的物理内存。在 32 位体系结构上，一般最多给内核 1 GB 的地址空间。

在 4.4BSD 中，由缓冲区缓存管理的内存同虚拟内存系统管理的内存是分开的。因为所有的虚拟内存页面都用于映射进程的区域，所以有理由创建一个倒排页表（inverted page table）。这个倒排页表是一个 pv_entry 结构的数组。每个 pv_entry 结构表示一个地址转换，它包括虚拟地址、一个指向该虚拟地址相关的 vm_pmap 结构的指针、一个将所有映射到这个物理地址上的多个页表条目链到一起的链，以及页表页面的所有映射条目的其他具体信息。构建一个专门表的做法是有道理的，因为所有的有效页面都会被一个 vm_pmap 引用，但却几乎没有页面有多重映射。

FreeBSD 把缓冲区缓存并入了虚拟内存系统，它使用许多内存页面来缓存没有被映射到任何进程地址空间内的文件数据。这样一来，预先分配一个 pv_entry 结构的表就很浪费，因为这些结构中有很多都不会用到，所以 FreeBSD 随着页面被映射到某个进程的地址空间才根据需要分配 pv_entry 结构。

图 6-22 显示了用于一组只有单一映射的页面的 pv_entry 结构。pv_entry 结构的目的是标识已经有页面映射的地址空间。每个 vm_page 结构中与机器相关的部分包含 pv_entry 结构的链表头以及链表内的条目数。在图 6-22 中，vm_object 正在使用页面 5、18、79。这些 vm_page 中与机器相关结构中的表头每一个都指向一个 pv_entry 结构，后者在图中用引用它们的 vm_page 结构号标出。图 6-22 中没有画出每个物理映射结构还包含一个引用它的所有 pv_entry 结构的链。

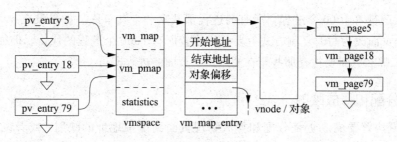

图 6-22　只有单一映射的物理页面

　　每个 pv_entry 只能引用一个物理映射。当一个 vm_object 在两个或者多个进程之间共享时，每一个物理页面会被映射到两个或者更多个的页表集合上。为了跟踪这些多重引用，pmap 模块必须按图 6-23 所描述的那样，创建 pv_entry 结构的链表。写时复制就是一个需要找出一个页面所有映射的例子，因为它要求在共享某个 vm_object 的所有进程中，都将页表设置成只读。通过遍历与这个要按写时复制处理的 vm_object 所关联的页表链，pmap 模块就能够实现上述要求。对于每一个页面，它遍历这个页面的 pv_entry 结构链。然后它就对每个 pv_entry 结构所关联的页表条目做适当的更改。

　　有多个共享 vm_object 的系统可以要求有许多个 pv_entry 结构，每个 pv_entry 结构都可以使用过量的内核存储空间。另一种可供选择的做法是，给每一个 vm_object 都关联一个链表，链表由引用该对象的所有 vm_map_entry 结构构成。当需要修改该页面所有引用的映射时，内核遍历这个链表，检查与每个 vm_map_entry 结构所关联的地址空间，看地址空间里是否有一个对这个页面的引用。对于找到的每个页面，内核会做适当的更新。

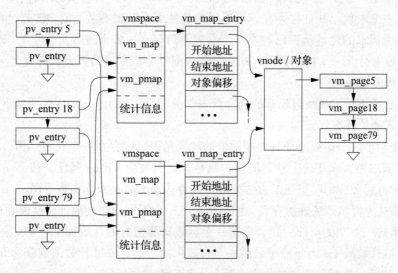

图 6-23　带有多个映射的物理页面

　　pv_entry 结构占用了更多的内存，但却减少了执行一次常见操作的时间。例如，假定一个系统上运行着 1000 个进程，所有的进程都共享一个共享库。如果没有 pv_entry 链表，那么把一个页面改为写时复制方式就要付出检查所有 1000 个进程的代价。但如果有了 pv_entry 链表，那么只需要检查那些正在使用这个页面的进程即可。

6.13.3　分配和释放映射

　　pmap 模块首要的职责是分配和释放物理页面到虚拟地址的映射（或者说让映射有效或者无效）。物理页面代表一个 vm_object 被缓存的部分，这个 vm_object 正在提供从一个文件或者一个匿名内存区域来的数据。因为这个对象不是通过 mmap 被显式地映射到一个进程的地址空间里，就是通过 fork 或者 exec 被隐式地映射过去的，所以一个物理页面一定会和一个虚拟地址对应。物理地址到虚拟地址的映射并不是在对象被映射的时候创建的，而是要延迟到第一次引用某个页面的时候才创建。此时会发生缺页，并调用 pmap_enter() 来进行处理。pmap_enter() 负责处理创建一个新映射所带来的所有影响。这些影响大多是对一个已经映射的物理页面进入第二个转换时造成的结果——例如，一次写时复制操作的结果。这个操作一般需要冲洗单处理器或多处理器的 TLB 或者高速缓存项，以保持一致性。

　　pmap_enter() 除了用来创建新映射外，还可以调用它来修改一个现有映射的 wiring 或保护属性，或者用来将一个虚拟地址的现有映射重新绑定到一个新的物理地址上。内核可以通过调用适当的接口例程来处理属性的变化，这将在下一节介绍。改变一个映射的目标物理地址就是先将原来的映射解除，然后再像其他任何新映射请求那样来处理。

　　pmap_enter() 是唯一不能丢失状态和延迟其动作的例程。当它被调用的时候，它必须按照要求创建一个映射，并且必须在调用返回之前使那个映射有效。在 PC 上，pmap_enter() 必须先检查所请求的地址是否已经有一个页表条目存在。如果进程页表里要求建立新映射的位置上还没有分配一个物理页面，那么就要分配一个清零过的页面，设置上 wiring 属性，然后插入进程的目录表。

　　在确保已经建立了该映射现有的全部页表资源之后，pmap_enter() 按照如下步骤修改所请求的映射或者使其有效：

　　1）检查对于这个虚拟地址到物理地址的转换是否已经存在一个映射结构。如果已经存在，那么该调用要么改变这个映射的保护属性，要么改变 wiring 属性；按下一小节中有关 pmap_protect() 函数介绍时描述的方法处理。接着从 pmap_enter() 函数返回。

　　2）如果这个虚拟地址映射存在，但引用到了一个不同的物理地址，就解除这个映射。

　　3）每增加一个新的页面引用，就给一个页表页面持有的计数加 1，每解除一个旧的页面引用，就给计数减 1。当解除了最后一个有效页面之后，hold 计数值就降为 0，取消该页面的 wiring 属性，然后释放这个页表页面，因为它不包含任何有用信息。

　　4）创建一个页表条目，并使之有效，持有的引用计数设置为 1，必要时还要冲洗高速缓存和 TLB 内的条目。

5）如果物理地址位于 pmap 模块管理的范围之外（例如，一个帧缓冲页面），则不需要 pv_entry 结构。否则，如果是要给一个被映射到一个地址空间的物理页面创建一个新映射的情况，那么就要创建一个 pv_entry 结构。

6）对于使用虚拟索引高速缓存的机器来说，要检查该物理页面是否已经有了别的映射。如果有，所有映射可能都需要标记为禁止缓存，以避免发生高速缓存不一致的情况。

当从一个地址空间解除一个 vm_object 的映射后（可以通过 munmap 来显式地释放，也可以在进程退出的时候隐式释放），调用 pmap 模块将缓存了该 vm_object 数据的所有物理页面的映射设为无效并删除。与 pmap_enter() 不同，可以用包含一个以上映射的虚拟地址范围来调用 pmap_remove() 。于是，内核循环访问这段范围之内的所有虚拟页面，忽略那些没有映射的，删除有一个映射的，最后完成解除映射的工作。

PC 上的 pmap_remove() 很简单。它循环访问所指定的地址范围，使得所有的页面映射无效。因为可以调用 pmap_remove() 来处理分配得很大的稀疏区域，如整个进程虚拟地址范围，所以它就需要高效地跳过在这个范围内无效的表条目。它首先检查某个给定地址的目录表条目，如果该条目无效，那么就跳到下一个 4 MB 的边界，这样就跳过无效的表条目。当所有的页面映射都被设为无效时，就清空必要的全局高速缓存。

为了使某个映射无效，内核找到相应的页表条目，并将其标记为无效。页面的引用位和修改位被保存在页面的 vm_page 结构中，以备将来使用。假如该映射是一个用户映射，就将页表页面的持有计数减 1。当计数归零的时候，它不再包含任何有效映射，该页表页面可以被回收。从内核的地址空间删除一个用户的页表条目时（也就是说，删除该页面上最后的有效用户映射），必须更新进程的目录表。内核通过让适当的目录表条目无效的方法来进行更新。如果映射的物理地址不在被管理的范围之内，则什么也不做。否则，就要找到 pv_entry 结构，并且释放它们。

pmap_qenter() 和 pmap_qremove() 是 pmap_enter() 和 pmap_remove() 函数速度更快的版本，内核可以用它们来快速地创建和解除临时的映射。它们只用于内核地址空间内不可调页的映射。例如，缓冲区缓存管理例程就使用这些例程，将文件页面映射到内核内存内，这样一来，它们就可以被文件系统读写。

6.13.4　改变映射的访问和 wiring 属性

pmap 模块的一个重要任务就是控制对页面的硬件访问保护。这些控制操作可以通过 pmap_protect() 例程应用到一个 vm_pmap 内一段虚拟内存空间中的所有映射上，或者是通过 pmap_remove_write() 和 pmap_remove_all() 例程应用到某一特定物理页面在不同 vm_pmap 内的所有映射上。这两个例程有两个共同点。首先，每个例程在被调用时都可以使用保护属性值 VM_PROT_NONE ，以删除一段虚拟地址，或是删除某一个特定物理页面上的所有映射（通过调用 pmap_remove() 来完成）。其次，这两个例程不会给所处理的映射加上写权限。因此，带有 VM_PROT_WRITE 属性值的调用都不应该做改动。这一限制对于写时复制机制的正常工作来说必不可少。只有在 vm_map_entry 结构里才能请求将页面改为可写。当进程以后对页面发出写操作时，将会发生缺页。缺页处理程序将检查 vm_map_entry 结构，判断是否允许写入。如果它是一个写时复制页，那么缺页处理程序在调用 pmap_enter() 使页面可写之前，先会做必要的复制备份。这样一来，只有通过调用 pmap_enter() 才能给一个页面加上写权限。

pmap_protect() 函数主要供 mprotect 系统调用使用，用来改变对进程地址空间某一区域的保护属性（虽然该功能和上一节步骤 1 描述的 pmap_enter() 是重复的）。该策略跟 pmap_remove() 的策略相似，都是遍历该范围内所有的虚拟页面，同时将变化应用到所有找到的有效映射，而不管那些无效的映射。

对于 PC 来说，pmap_protect() 首先检查特殊的情况。如果请求的权限是 VM_PROT_NONE，它调用 pmap_remove() 来收回所有的访问权限。假如请求的权限包括 VM_PROT_WRITE，它就立刻返回。对于一个通常的保护属性值来说，pmap_remove() 遍历给定的址范围，跳过那些无效的映射。而对于有效的映射来说，就要查找相应的页表条目，如果新的保护属性值和当前的属性值不一样，那么就要修改页表条目，并且清空所有的 TLB 和高速缓存。和调用 pmap_remove() 时的情况一样，所有的全局缓存操作都要被推迟，直到整个地址范围都修改完毕为止。

虚拟内存系统在内部使用 pmap_remove_write() 函数来设置写时复制操作（例如，在 fork 期间）的只读权限。在执行页面替换之前，pmap_remove_all() 函数删除所有访问权限，以在其操作完成之前，强制阻止对页面的所有引用。

增加写权限必须由缺页处理例程按 pmap_protect() 那样的方式一个页面一个页面地操作。否则，pmap_remove_write() 和 pmap_remove_all() 则遍历这个页面的 pv_entry 结构链，按上一节介绍的方式使各个映射无效。和 pmap_protect() 的情况类似，它也要检查页表条目，确保在执行开销很大的 TLB 和高速缓存清除操作之前，页表条目就已经更改了。注意，这里的 TLB 和高速缓存清除操作不同于 pmap_remove() 的，因为它们必须将多个进程上下文的页表条目标记为无效，而不是将单个进程上下文的多个页表条目标记为无效。

调用 pmap_change_wiring() 函数，可以让 vm_pmap 内一个与机器无关的虚拟页面固定住，或者解除固定。正如上一小节所介绍的那样，固定属性（wiring）通知 pmap 模块，这个映射不会导致硬件缺页而去调用与机器无关的 vm_fault() 代码。wiring 属性往往只是一个软件属性，它不会影响硬件 MMU 状态。它只是简单地告诉 pmap 不要扔掉这个映射的状态。因此，假如一个 pmap 模块一直不丢弃状态，那么对于 pmap 模块来说，都不一定要对页面固定状态进行跟踪。在 vm_pmap 中没有记录 wiring 信息的唯一负面影响是，在没有固定页面的数量统计的情况下，不能完整实现 mlock 系统调用。

PC 的 pmap 模块的实现包含了 wiring 信息。在页表条目结构中有一个没有使用的位，用它来记录页面的固定状态。当使用一个有效的虚拟地址去调 pmap_change_wiring() 函数的时候，它设置或清除该位。因为硬件忽略了这个 wiring 位，所以当这个位被改变之后不需要修改 TLB 或者高速缓存。

6.13.5 物理页面使用信息的维护

与机器无关的页面管理程序需要从底层的硬件中获取关于页面的使用和修改情况的基本信息。pmap 模块通过提供一套可以查询和清除引用位和修改位的接口，使得与机器无关代码不需要去理解映射表的细节，就能很容易地收集到这些信息。pageout（页面调出）守护进程能够调用 vm_page_test_dirty() 来确定一个页面是不是脏页。假如该页是脏页，pageout 守护进程能够将其写回备份存储，然后调用 pmap_clear_modify() 清除该页的修改位。pmap_clear_modify() 例程从属性数组中清除修改位，遍历和该物理页面相关的 pv_entry 结构，清除硬件维护的页表条目位。与此同时，或者随后，最后一步可能涉及 TLB 或缓存的清除。类似地，当 pageout 守护进程打算更新一个页面的活动计数时，它使用 pmap_ts_referenced() 来计算和清空该页自上次扫描以来使用过的次数。

查询例程的一个重要特性就是，即使当前请求查询的页面没有建立映射，它们也应当返回有效的信息。因此，引用和修改信息不能只从各种页表或者 TLB 条目的硬件维护位中获取；当删除一个映射时，必须有一个地方能保存这些信息。

对于 PC 来说，一个页面的修改信息保存在该页的 vm_page 结构的 dirty 字段里。修改信息一开始是被清除的，以后只要考虑将一个页面的一个映射删除，那么就要调用 vm_page_test_dirty() 来更新该信息。vm_page_test_dirty() 例程首先检查 dirty 字段，如果设置了这个位，函数立即返回。虽然这个属性数组包含的只是过去的信息，但是它仍然需要检查该页当前有效映射的页表条目里的状态位。调用机器相关的 pmap_is_modified() 例程来对该信息进行检测，它遍历这个物理页面所关联的 pv_entry 结构，检查 pv_entry 所关联的页表条目的修改位。只要它发现该位已经置位，则立马返回 TRUE；如果没有在任何页表条目里设置该位，那么返回 FALSE。如果返回 TRUE，则 vm_page_test_dirty() 在返回前设置 dirty 字段。

一个页面的引用信息保存在 act_count 字段里，并且作为该页 vm_page 结构的一个标志。引用信息一开始是被清空的，但以后定期由 pageout 守护进程进行更新。当 pageout 守护进程扫描内存的时候，它调用 pmap_ts_referenced() 例程收集针对该页的引用计数。如果没有给 pmap_ts_referenced() 例程传递一个被管理的物理页面，那么这个例程就返回 0。否则，它遍历这个物理页面所关联的 pv_entry 结构，检查并清除 pv_entry 所关联的页表条目的引用位，它返回找到的引用位的数目。

6.13.6 初始化物理页面

系统提供了两个接口，让高层的虚拟内存例程能初始化物理内存。pmap_zero_page() 接受一个物理地址作为参数，它将这个页面清零。pmap_copy_page() 接受两个物理地址作为参数，它把第一个页面的内容复制给第二个页面。由于两个例程都要用物理地址，所以最有可能的是，pmap 模块在它能访问这些页面之前，先把它们映射到内核的地址空间里。

在 PC 上的实现中，每个 CPU 为清零和复制页面保留了一对内核虚拟地址。pmap_zero_page() 将特定的物理地址映射到保留的虚拟地址，并调用 bzero() 清除页面，然后用 pmap_remove() 所使用的转换无效原语（translation-invalidation primitive）删除临时的映射。类似地，pmap_copy_page() 为两个物理地址创建映射，用 bcopy() 来执行复制，然后就删除两个映射。

6.13.7 管理内部数据结构

其余的 pmap 接口例程用来处理内部数据结构的管理和同步。pmap_pinit() 创建一个与机器相关的 vm_pmap 结构的实例。在一次 fork 或者 exec 操作期间创建新的地址空间时，vmspace_fork() 和 vmspace_exec() 例程就会用到它。pmap_release() 释放了 vm_pmap 的资源。当一个进程退出后，vmspace_free() 例程清理 vmspace 的时候会用到它。

习题

6.1 支持虚拟内存对一台机器来说意味着什么？机器要支持虚拟内存，一般需要哪 4 种硬件设施？

6.2 在一个按需调页的虚拟内存系统上，调页机制和交换机制的关系是怎样的？试述在一个系统中是否需要同时提供这两种机制。你能否提出一种同时提供两种机制的替代方法？

6.3 哪 3 个策略反映了调页系统的特征？

6.4 什么是写时复制？在大多数 UNIX 应用中，系统调用 fork 后，几乎总是会立即跟着执行一次 exec 系统调用。为什么在实现 fork 时使用写时复制技术显得特别有吸引力？

6.5 解释为何 vfork 系统调用总是比 fork 系统调用（哪怕实现很精巧）高效？

6.6 进程退出时，它的全部页面可能不会被立即放入内存的空闲链表。解释其中的原因。

6.7 为什么内核既有传统的 malloc() 和 free() 接口，又有区域内存分配器？说明每种接口适用的场景。

6.8 超级页的目的是什么？为什么需要超级页？

6.9 虚拟内存系统的 pageout 守护进程用于什么目的？

6.10 什么是页面成簇技术？在虚拟内存系统中，它用于何处？

6.11 历史上曾经使用黏附位（sticky bit）将一个进程的镜像锁定在内存不被调出，为什么 FreeBSD 不再使用它了？

6.12 给出要发起交换操作的两个原因。

*6.13 4.3BSD 虚拟内存系统有一个代码段高速缓存，在多次执行一个程序时，它保留着代码段相关页面的标识。在 FreeBSD 中，缓存 vnode vm_object，是如何提高 4.3BSD 代码缓存的性能的？

**6.14 FreeBSD 在每次写时复制缺页的时候都要检查缺页所在的 vm_object 是否完整地覆盖了链中在它之后的 vm_object。如果覆盖了，那么就可以执行一次压缩。另一种做法是，在每次写时复制缺页之后计算一个页面的引用数，如果只剩下一个引用了，就可以将那个页面移到引用它的 vm_object。在删除了最后一个页面之后，就可以对这个链进行压缩。实现这个算法，并与当前算法比较开销。

**6.15 通过保留一个链表，这个链表和引用 pv_entry 的所有 vm_map_entry 结构的每个 vm_object 有关，就可以替代这个 pv_entry 结构。如果每个 vm_map_entry 结构里都只有一个链表指针，那么只有最后那个 vm_object 才能引用它。影子 vm_object 必须找到它们最后的那个 vm_object，才能找到它们所引用的 vm_map_entry 结构。实现一种算法，找出使用这种机制的影子 vm_object 的页面的全部引用。把这个算法的开销同目前使用 pv_entry 结构的算法进行比较。

**6.16 4.3BSD 在调页操作频度太频繁时，要强行将正在运行的进程换出内存，移植 4.3BSD 实现这一功能的代码。运行 3 个以上的进程，每个进程的工作集占可用内存的 40%。使用 4.3BSD 算法和当前算法，比较这个基准测试的性能。

第三部分 *Part 3*

I/O 系统

Chapter 7 第7章

I/O 系统概述

图 7-1 描述了整个内核的体系结构。本章主要聚焦在图的上半部分，包括文件描述符的管理和操作、虚拟文件系统接口（VFS）、由内核向在 VFS 下运行的文件系统提供的服务，以及内核为支持多个文件系统所做的准备。

内核系统调用接口							

图 7-1　内核 I/O 结构

第 8 章将描述图 7-1 的下半部分，涵盖系统中各种类型的设备驱动，它们被调用者子系统所使用，需要有相应的支持和调用的结构。

7.1　描述符管理和服务

对于用户进程，所有的 I/O 通过描述符操作。2.7 节讲解了描述符的用户接口。本节讲解内核怎样管理描述符以及如何提供描述符服务，例如锁和轮询。

涉及打开文件的系统调用以文件描述符作为参数来指定文件。内核在描述符表中索引当前进程的文件描述符（存在于 filedesc 结构体中，它是进程结构体中的子结构体），用来定位文件条目或文件结构。图 7-2 显示了这些数据结构之间的关系。

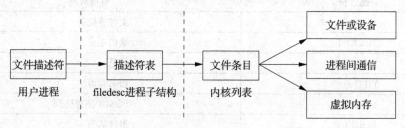

图 7-2　文件描述符指向一个文件条目

文件条目为描述符提供文件类型和指向底层对象的指针。表 7-1 展示了 FreeBSD 系统支持的对象类型：

❑ 对于数据文件，文件条目指向一个 vnode 数据结构，这个数据结构包含特定的文件系统信息，第 9～11 章会有相关描述。7.3 节描述了 vnode 层。特殊文件没有在磁盘上分配的数据块，它们由特殊设备文件系统处理，该文件系统调用相应的驱动程序来处理 I/O。

❑ 对于网络间的进程间通信，FreeBSD 的文件条目指向一个套接字（socket）。

❑ 对于匿名的高速本地通信，文件条目指向一个管道（pipe）。较早的 FreeBSD 系统使用套接字进行本地通信，但是增加了对管道的优化支持以提高性能。

❑ 对于命名的高速本地通信，文件条目指向一个命名管道（fifo）。同管道一样，增加了对 fifo 的优化支持来提升性能。

❑ 对于符合 POSIX.1-2004 的命名高速本地通信，文件条目指向一个消息队列。与管道一样，为消息队列提供了优化支持来提升性能。

❑ 为了通知内核事件，文件条目指向一个 kqueue。kqueue 接口在本节末尾进行描述。

❑ 对于有加密硬件支持的系统，文件条目将提供对该硬件的直接访问。

❑ POSIX.1-2004 规范了共享内存（使用 shm_open 系统调用），文件条目指向共享内存对象。在 FreeBSD 7.0 之前的版本中，POSIX 共享内存是用文件来实现的。

❑ 对于兼容 POSIX.1-2004 的信号量（使用 sem_open 系统调用），文件条目将引用一个信号量。

❑ 对于伪终端设备对，文件条目指向一个伪终端的主从设备。8.6 节描述了伪终端。

❑ 为了兼容 linux ，文件条目可以直接指向设备而非通过 vnode 接口。

❑ 功能模式下的进程无法使用 PID，因为 PID 是一个全局命名空间，所以一个文件条目引用一个进程。这个文件条目的描述符允许在功能模式下创建和管理子进程，而不依赖于 PID。5.7 节说明了由描述符引用的进程的用法。

虚拟内存系统支持将文件映射到进程地址空间。文件描述符必须指向一个 vnode 或 POSIX 共享内存区域，它被部分地或者完整地映射到用户地址空间。

表 7-1 文件描述符类型

描述符	引用对象
VNODE	文件或设备
SOCKET	通信端点
PIPE	管道
FIFO	命名管道
MQUEUE	POSIX 消息队列
KQUEUE	事件队列
CRYPTO	加密硬件
SHM	POSIX 共享内存
SEM	POSIX 信号量
PTS	伪终端主设备
DEV	非 vnode 引用的设备
PROCDESC	进程

7.1.1 打开文件条目

文件条目集合是文件描述符活动的焦点，它们包含访问底层对象和维护通用信息所必需的信息。

文件条目是一个面向对象的数据结构。每个条目包含一个类型和一个函数指针数组，这些函数指针将对文件描述符的一般操作转换为与它们的类型关联的特定操作。每种类型必须实现的操作如下：

❑ 从描述符读
❑ 写入描述符
❑ 截取描述符
❑ 改变描述符的模式或属主
❑ 轮询描述符
❑ 描述符的 ioctl 操作
❑ 收集描述符的状态信息
❑ 描述符的 kqueue 事件检查
❑ 关闭或释放描述符关联的对象

注意对象表里并无 open() 例程的常规定义。FreeBSD 用面向对象的流行方式创建描述符。采用这种方式是因为各种描述符有不同的特点。在打开时统一所有类型的描述符的接口调用可能会使原本简单的接口变得复杂。vnode 描述符通过 open 系统调用创建，socket 描述符通过 socket 系统调用创建，fifo 描述符通过 pipe 系统调用创建，消息队列通过 mq_open 系统调用创建。

每个文件条目的指针指向一个数据结构，它包含特定底层对象实例的信息。这个数据结构封装了文件条目的操作。在每次调用时，这个数据结构的引用会被传递给文件操作函数。与对象实例相关联的所有状态都必须存储在实例的数据结构中。底层对象本身不允许操作文件条目。

read 和 write 系统调用并不会把文件中的偏移量作为参数。相反，每次读取和写入操作会根据传输的字节数来更新当前文件中的文件偏移量。这个偏移量就是下次读取和写入的位置。lseek 系统调用可以直接设置这个偏移量。当多个进程打开同一个文件的时候，每一个进程都有对应这个文件的自己的偏移量，偏移量不能存储在每个对象的数据结构中。因此，每一个 open 系统调用都会分配一个新的文件条目，这个文件条目包含了偏移量。

在底层系统调用被调用之前，一些语义会被强制关联给所有的文件描述符。这些语义保存在与描述符相关联的一组标志中。例如，这个标志指明文件描述符的打开是为了读取、写入还是同时读写。如果一个文件打开时被标记为只读状态，尝试写入会被描述符代码捕获。这样，执行读写的函数不需要检查请求的有效性，因为它们永远不会收到无效请求。

下一节会描述应用程序可见的标志。在这些标志中，标志字段同时包含底层文件的共享或独占锁标志。与文件一样，套接字也有类似的锁机制。但是，套接字的描述符很少引用同样的文件条目。两个进程共享同一个套接字描述符的仅有方式是派生出子进程共享父进程的套接字描述符或者通过消息传递套接字描述符。

每个文件条目都有一个引用计数器。由于调用 dup 或 fcntl 系统调用，单个进程可能有对于这个文件条目的多个引用。此外，文件结构在 fork 之后由子进程继承，因此几个不同的进程可以引用相同的文件条目。这样任一个进程的读取和写入都将导致文件偏移量增加。此语义允许两个进程读取同一个文件或者交替输出到同一个文件。另一个独立打开文件的进程通过文件结构中的文件偏移量来引用此文件。此功能是文件结构体存在的原因，文件结构体为描述符和底层对象之间的文件偏移提供了一个位置。

每次新的引用被创建的时候，引用计数增加。当描述符被关闭的时候（以任意三种方式中的一种：调用 close 显式关闭；调用 exec 之后隐式关闭，描述符被标记为 close-on-exec；进程退出。），引用计数减少。当引用计数减少到 0 的时候，文件条目被释放。

close-on-exec 标记保存在描述符表中而非文件条目中。该标志不是在文件条目所有引用中共享，因为它是文件描述符自身的属性。close-on-exec 标志仅仅是保存在描述符表中的部分信息而非在文件条目共享。

7.1.2 描述符管理

fcntl 系统调用对文件结构进行操作。对描述符的操作有以下几种：

❑ 通过 dup 系统调用复制文件描述符。

❑ 获取或设置 close-on-exec 标志。每当派生出一个进程的时候，所有父进程的描述符被复制到子进程中。子进程是一个新的进程。当被关闭时，任何一个子进程描述符被标记成 close-on-exec 状态。其余的描述符可用于新执行的进程。

❑ 通过设置 no-delay（O_NOBLOCK）标志将描述符设置为非阻塞模式。在非阻塞模式下，如果任何数据可用于读取操作，或者任何空间可用于写入操作，则立即进行部分读取或写入。如果读操作时没有数据可用，或写操作时被阻塞，系统调用会返回一个错误（EAGAIN），显示这个操作将被阻塞，而不会让进程休眠。这个特性并未在 FreeBSD 的本地文件系统中实现，因为本地文件系统 I/O 总是在几毫秒内的数量级完成。

❑ 设置 synchronous（O_FSYNC）标志以强制将对文件的所有写入同步写入磁盘。

❑ 设置 direct(O_DIRECT) 标志以请求内核尝试将数据直接从用户应用程序写入磁盘，而不是通过内核缓冲区将其复制。

❑ 设置 append（O_APPEND）标志以强制所有写操作将数据附加到文件的末尾，而不是当前描述符中的文件读写位置。例如，当多个进程正在写入同一日志文件时，此功能很有用。

❑ 设置 asynchronous（O_ASYNC）标志请求内核监测描述符的状态变化，当可能发生读写的时候发送 SIGIO 信号。

❑ 当一个异常条件发生时，发送信号给进程，例如在一个进程间交互的通道上有紧急的数据到达。

❑ 设置或者获取上面步骤中两个 I/O 相关的信号应发送到的进程或进程组标识符。

❑ 测试或更改底层文件范围的锁状态。锁操作会在后面章节中介绍。

dup 系统调用的实现很容易。如果进程达到打开文件数的限制，内核会返回一个错误。否则，内核扫描当前进程的描述符表，从 0 开始，直到找到未使用的表条目。当描述符被复制的时候，内核分配一个表条目指向同一个文件条目。内核增加这个文件条目的引用计数，并且返回已分配描述符表表条目的索引。fcntl 系统调用提供类似功能，只是它指定了一个用于启动扫描的描述符。

有时，进程想要分配特定的描述符表表条目。这样的请求是通过系统调用 dup2 发出的。进程指定了描述符表索引，应将重复的引用放入该条目中。内核的实现与 dup 类似，除了将查找空闲表条目的扫描更改为直接分配指定条目之外。如果新旧描述符相同，则不采取任何动作。

系统对关联的描述符表条目的 flags 字段进行适当的更改，通过 fcntl 系统调用实现获取或设置 close-on-exec 标志。fcntl 操作也可以控制其他文件条目的标志。然而，各种标志的实现不能用通用的管理文件条目的代码操作。相反，文件标志必须通过对象接口传递给特定类型的例程，以便对底层对象执行适当的操作。例如，套接字的非阻塞标志的操作必须由套接字层完成，因为只有该层知道操作是否可以阻塞。

ioctl 系统调用的实现分为两个主要级别。上层处理系统调用本身。ioctl 调用包含描述符、命令和指向数据区域的指针。命令参数编码参数数据区域的大小，参数是输入还是输出，或同时输入和输出。上层负责解码命令参数、分配缓冲区和复制任何输入数据。如果需要生成返回值而没有输入，则缓冲区为零。最后，ioctl 通过文件条目 ioctl 函数和 I/O 缓冲区被调度到实现请求所操作的下层例程。

下层执行请求的操作。与命令参数一起，它接收指向 I/O 缓冲区的指针。上层已经检查了内存引用是否有效，下层执行更精确的参数验证，因为它更清楚参数的预期特性。但是，它不需要在用户进程中复制参数。如果命令成功并且产生输出，则底层将结果放置在顶层提供的缓冲区中。当下层返回时，上层将结果复制到进程。

7.1.3　异步 I/O

追溯历史，UNIX 系统除了对文件系统进行后台写入之外，并无能力执行异步 I/O。POSIX.1b-1993 实时组定义了异步 I/O。在获得批准之后，FreeBSD 中加入了异步 I/O 的实现。

aio_read 启动异步读，aio_write 启动异步写。内核构建一个异步 I/O 请求结构，其中包含执行请求操作的所有信息。如果无法从内核缓冲区立即满足请求，则将请求结构排队以供基于异步内核的 I/O 守护进程处理，然后系统调用返回。下一个可用的异步 I/O 守护进程使用通用的内核同步 I/O 路径处理请求。

当守护进程完成 I/O 时，异步 I/O 结构返回值或错误代码时被标记为已完成。应用程序使用 aio_error 系统调用轮询 I/O 是否完成。这个调用是通过检查内核创建的异步 I/O 请求结构的状态来实现的。如果应用程序在 I/O 完成之前无法继续执行，它可以使用 aio_suspend 系统调用等待 I/O 完成。这样，应用程序在其异步 I/O 请求结构上处于休眠状态，并在 I/O 完成时由异步 I/O 守护进程唤醒。或者，应用程序可以请求在完成 I/O 时发送指定的信号。

一旦 aio_error、aio_suspend 或完成信号的到达标识 I/O 完成，aio_return 系统调用从异步请求获取返回值。FreeBSD 还添加了非标准的 aio_waitcomplete 系统调用，该调用将 aio_suspend 和 aio_return 的功能合并到一个操作中。对于 aio_return 或 aio_waitcomplete，返回信息从异步 I/O 请求结构复制到应用程序，然后释放异步 I/O 请求结构。

7.1.4　文件描述符锁

早期的 UNIX 系统并无锁定文件的功能。需要同步访问文件的进程必须使用单独的"锁文件"。进程尝试创建一个锁文件。如果创建成功，进程可以继续更新；如果创建失败，进程等待然后再次尝试。这种机制有三个缺点：

1）进程通过循环尝试创建锁会浪费 CPU 时间。

2）由于系统崩溃遗留的锁必须被移除（通常在系统启动脚本命令中）。

3）特殊的系统管理员（超级用户）运行的进程总是被允许创建文件，因此必须使用不同的机制。

尽管能够解决所有这些问题，但是解决方案并不简单，所以 4.2BSD 加入了锁文件机制。

最常见的锁机制允许多个进程同时操作一个文件。其中一些技术在 Peterson[1983] 中讨论过。一种简单的技术是通过锁序列化访问一个文件。对于标准的系统应用程序，文件粒度的锁机制就足够了。因此，4.2BSD 和 4.3BSD 仅提供一种快速的全文件锁机制。这些锁的语义包括允许子进程继承锁和文件最后关闭的时候释放锁。

某些应用程序需要锁定部分文件的能力。支持字节级别粒度的锁机制非常容易理解。遗憾的是，对于需要嵌套锁的数据库系统，它们得不到很好的支持，与简单的全文件锁相比，它们实现起来太过复杂和麻烦。由于字节范围锁是 POSIX 标准规定的，因此开发人员很不情愿地将它们添加到 BSD 中。字节范围锁的语义最初来源于 System V 的锁实现，每次在引用该文件的描述符上执行关闭系统调用时，释放该进程对文件的所有锁。4.2BSD 全文件锁仅在最后一次关闭时才会被移除。POSIX 语义的一个问题是，应用程序可以锁定一个文件，然后调用库程序打开、读取和关闭这个被锁定的文件。调用库程序释放应用程序持有的锁会产生意想不到的效果。另外一个问题是，文件必须被打开并进行写操作才能获得一个独占锁。没有文件打开及写入权限的进程不能获得这个文件的独占锁。为了避免这些问题同时兼容 POSIX，FreeBSD 为字节范围锁和全文件锁提供了不同的接口。字节范围锁遵从 POSIX 语义，全文件锁遵从传统的 4.2BSD 语义。这两种类型的锁可以同时使用，并且可以正确地相互序列化。

全文件锁和字节范围锁都使用相同的实现，全文件锁的范围是整个文件。内核处理两种不同的语义，字节范围锁应用于进程，全文件锁应用于描述符。因为子进程共享描述符，所以全文件锁也被继承。子进程有自己的的进程结构，所以字节范围锁不会被继承。last-close 和 every-close 是 close 程序中的一小段特殊代码，用于检查底层对象是进程还是描述符。关联到进程的锁每次调用都会释放，而关联到描述符的锁只有引用计数降低到 0 时才会被释放。

锁方案可以根据它的实施程度来进行分类。对每一个进程毫无选择地强制执行的锁方案为强制锁，而仅对请求的进程强制执行的锁为咨询锁。显然，只有当所有的程序使用锁方案访问一个文件时，咨询锁才是有效的。对于强制锁，必须在内核中实现一些覆盖策略。有了咨询锁，策略就在用户程序中实现了。在 FreeBSD 系统中，拥有超级用户权限的程序可以覆盖任何保护方案。因为许多需要使用锁的程序必须作为超级用户运行，所以 4.2BSD 实现了咨询锁，而不是创建与 UNIX 原理不一致或特权程序无法使用的其他保护方案。在 FreeBSD 中保留了咨询锁的使用，这些咨询锁一直保留到 POSIX 字节范围锁的规范中。

FreeBSD 文件锁机制允许协作程序在一个文件的字节范围内使用共享咨询锁或者独占

锁。在一个字节范围内，只有一个进程可以拥有独占锁，而多个共享锁可能存在。共享锁和独占锁不能在一个字节范围内同时存在。如果在一个拥有独占锁的进程中请求另一个锁，或者在另一个进程持有独占锁时请求独占锁，则锁请求将阻塞，直到获得该锁为止。因为共享锁和独占锁只是咨询性的，即使一个进程获取了一个文件的锁，如果另一个进程忽略了锁定机制，则该进程也可能会访问该文件。

为了避免在创建文件和锁定文件之间发生争执，可以在打开文件时请求锁定。进程打开文件后便可以操纵锁，而无须关闭并重新打开文件。例如，当一个进程期望使用共享锁，读取信息，决定是否需要更新，然后应用独占锁并且更新文件时，这个特点很有用。

如果不能立即获得锁，请求锁会引起进程阻塞。在某种情况下，这种阻塞比较糟糕。例如，检查锁是否存在的进程需要一个单独的机制来查找此信息。因此，如果锁不能立即获得，进程立即对锁请求返回一个错误。能够有条件地请求锁定对于希望为假脱机区域提供服务的守护进程很有用。如果守护进程的第一个实例锁定了进行假脱机的目录，则以后的守护进程可以轻松地检查是否存在活动的守护进程。由于锁只存在于锁进程存在时，所以在进程退出或系统崩溃时，锁永远不会处于活动状态。

锁是在每个文件系统基础上实现的。9.5 节描述了本地文件系统的实现。基于网络的文件系统必须与中心锁管理器协调，它通常位于导出文件系统的服务器上。客户端锁请求必须发送到锁管理器上。锁管理器排定来自服务器上运行的进程和各种导出文件系统客户端的锁请求。锁管理器最复杂的操作是，在客户端和服务器重启时或者作为网络的其他部分时恢复锁状态。第 11 章描述了 FreeBSD 基于网络的锁管理器。

7.1.5　描述符的多路 I/O 复用

进程有时候需要处理多个描述符上的 I/O。例如，远程的登录程序需要从键盘上读取数据，并且通过一个套接字发送到远程机器上，这个程序同时要从连接到远程终端的套接字上读取数据并且显示到屏幕上。如果进程在没有可用数据时发出读取请求，则通常在内核中将其阻塞，直到数据可用为止。在我们的例子中，阻塞是不可接受的。如果进程从键盘读取并且阻塞，它将不能将远端读取的数据发往屏幕。在从远程端收到更多数据之前，用户不知道输入什么，因此会话陷入死锁。相反，当屏幕上没有数据时，进程从远端读取数据将被阻塞，并且将无法从终端读取。同样，如果远端在发送任何数据之前一直在等待输入，死锁将会发生。类似的问题也会阻塞屏幕或远端的写入。如果用户键入停止字符终止屏幕输出，写将会被阻塞直到用户键入开始字符。同时，进程不能从键盘读取以确定用户是否想要刷新输出。

FreeBSD 提供了 4 种描述符上的 I/O 复用机制：轮询 I/O、内核事件 I/O、非阻塞 I/O 和信号驱动 I/O。轮询通过 select 或 poll 系统调用实现，下一节会讨论到。内核事件轮询使用 kevent 系统调用，在接下来的部分会讨论。对非阻塞描述符的操作会立即完成，部分完成输入或输出操作，然后返回部分计数，或者返回错误，表明该操作根本无法完成。当描述符的 I/O 状态改变时，描述符的信号会通知到相关的进程或进程组。

有 4 种可选的方式可避免阻塞问题：

1）设置所有的描述符为非阻塞模式。进程依次在每个描述符上尝试操作来找出准备好执行 I/O 的描述符。忙等待方法的问题在于，进程必须持续运行来找出任何已完成的 I/O，浪费了 CPU 周期。

2）当 I/O 可以执行时，可以使所有的描述符发出信号。进程可以等待什么时候执行 I/O 信号。这种方案的缺点是捕捉信号的代价太大。因此，信号驱动的 I/O 在需要大量 I/O 操作的时候并不实用。

3）让系统来提供一种方法询问哪个描述符适合执行 I/O。如果被请求的描述符没有准备好，系统会让进程休眠直到描述符就绪。这种方法避免了死锁的问题，因为只要有可执行的 I/O，进程就会被唤醒，并被告知就绪的描述符。缺点是，每个操作进程必须执行两次系统调用：一次轮询用于准备执行 I/O 的描述符，另一次轮询用于准备执行操作本身。

4）让进程向系统注册它有兴趣跟踪的所有事件，包括描述符上的 I/O。让系统提供一个系统调用来询问发生了哪些事件。如果任何已注册的事件没有发生，则系统可以让进程处于休眠状态，直到已注册的事件发生。当系统调用返回时，会给进程一个已发生事件的列表 [Accetta 等，1986；Lemon，2001]。

第一种方法在 FreeBSD 中可用作非阻塞 I/O。它通常用于输出描述符，因为操作通常不会被阻塞。与执行几乎总是成功的 select、poll 或 kevent，然后立即执行写操作相比，在尝试执行写操作并仅在写操作返回阻塞错误时恢复使用 select、poll 或 kevent 更有效。

FreeBSD 中的第二种方法是信号驱动 I/O。它通常用于罕见的事件，例如套接字上带外数据的到达。对于这种罕见的事件，处理偶尔出现的信号的成本低于经常使用 select、poll 或 kevent 检查以发现是否有未决数据的成本。

在 FreeBSD 中，可以通过 select 或 poll 系统调用实现第三种方法。尽管不如第四种方法有效，但它是一种更广泛使用的接口。

FreeBSD 中的第四种方法是通过 kevent 系统调用实现的。除了跟踪多个描述符的状态外，它还处理其他通知，如监测文件修改、信号、异步 I/O 事件（AIO），子进程状态变化监控和支持纳秒级的计时器。与 select 和 poll 一样，kqueue 可以在没有 I/O 的时候超时。在 Linux 中，与 kevent 类似的接口是 epoll，在 Windows 和 Solaris 中类似的是完成端口。

select 和 poll 接口提供同样的信息。它们只在编程接口上有所不同。select 接口最初是在 4.2BSD 中开发的，引入了基于套接字的进程间通信。poll 接口是几年后在 System V 系统中引入的，它实现了基于流的进程间通信。尽管流已经不再使用，但事实证明，poll 使用得更加广泛。FreeBSD 内核支持这两种接口。

select 系统调用的方式如下：

```
int error = select(
    int numfds,
```

```
        fd_set *readfds,
        fd_set *writefds,
        fd_set *exceptfds,
        struct timeval *timeout);
```

需要监测三个描述符掩码集，分别是读、写和异常情况。此外，如果所请求的描述符在指定的时间没有准备好，select 将超时返回。select 调用在满足条件后返回三个同样的掩码集的描述符，显示可读、可写和发生异常情况的描述符。如果在超时间隔内没有任何描述符准备就绪，则 select 返回，以表明没有任何描述符可用于 I/O。如果设定超时时间，并且描述符在指定的超时时间之前准备就绪，则从给定的时间减去 select 等待 I/O 就绪所耗费的时间。

poll 接口复制一个 pollfd 结构数组，每个描述符对应一个数组条目。pollfd 结构包含三个元素：

- ❑ 要轮询的文件描述符。
- ❑ 一组探寻信息描述标志。
- ❑ 内核设置的一组标志，显示找到的信息。

这些标志指定用于读取的正常或带外数据的可用性以及用于正常或带外数据写入的缓冲区空间的可用性。返回标志能够指定描述符上发生的错误，描述符已经断开连接，或者描述符没有被打开。select 调用会引发这些错误条件，指示带有错误的描述符准备执行 I/O。当应用程序尝试执行 I/O 时，read 和 write 系统调用会返回错误。与 select 调用一样，poll 调用也可以指定最大超时时间。如果在指定的时间内，请求的描述符没有准备好，则 poll 调用返回。如果设定了超时时间，并且超时前有一个描述符就绪，则从给定的时间中减去 poll 等待 I/O 就绪所耗费的时间。

7.1.6　select 的实现

select 的实现分为通用的顶层和许多特定于设备或套接字的底层。在顶层，select 或 poll 解码用户的请求，然后调用底层的轮询函数。select 和 poll 有不同的顶层来确定要轮询的描述符集，但使用相同的特定于设备和套接字的底层。这里只描述 select 的顶层。poll 顶层以完全相同的方式实现。

用于支持 select 和 poll 系统调用的数据结构如图 7-3 所示。selfd 结构跟踪每个请求。图 7-3 的顶部是等待 I/O 在一组描述符上可用的线程列表。每一个线程都有一个 seltd 结构，该结构负责跟踪线程感兴趣的描述的 seltd 结构列表。这个列表受 seltd 结构中的互斥锁保护。图 7-3 左下是一组套接字和设备，它们具有等待 I/O 可用的线程。每个套接字和设备都有一个 selinfo 结构，该结构负责跟踪对套接字和设备感兴趣的线程的 selfd 结构列表。该列表受第一次从 selinfo 结构引用条目的池互斥锁保护。

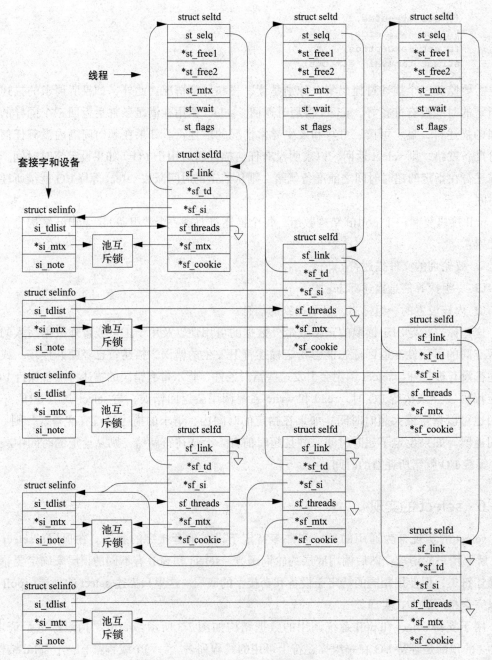

图 7-3 select 数据结构

select 顶层采取以下步骤：

1）复制和验证用于读、写和异常条件的描述符掩码。执行验证需要检查当前进程打开的每一个描述符。

2）对于每个至少在一个 select 掩码设置了位的描述符，为套接字或设备调用轮询例程。如果描述符不能执行任何 I/O 操作请求，则轮询例程将通过分配 selfd 结构并将其链接到请求线程的 seltd 结构，以及关联的套接字或设备中来记录线程想要执行的 I/O，图 7-3 显示了相关的套接字和设备 selinfo 结构。当描述符可以进行 I/O 操作时，通常是中断的结果，一个通知会被发送给所有的线程，通过遍历以 selinfo 结构打头 selfd 结构列表，每一个跟套接字和设备相关的线程都会被唤醒。

3）因为选择过程可能会花很长时间，内核不希望在轮询所有请求的描述符期间阻塞 I/O。相反，内核安排检测 I/O 的发生，它可能会影响正在被轮询的描述符的状态。当发生此类 I/O 时，关联的套接字或设备以其 selinfo 结构为首，遍历 selfd 结构的列表，在关联线程的 seltd 结构的 flags 字段中设置 PENDING 标志，并将关联的 selfd 结构标记为 I/O 就绪。如果顶层的 select 代码在执行轮询时发现线程的 PENDING 标志，并且没有发现任何准备执行操作的描述符就绪，顶层就会知道轮询结果是不完整的。它遍历以 seltd 结构为首的 selfd 结构列表，以查找和返回可用的描述符。

4）如果没有描述符准备好，并且 select 设置了超时，内核会在请求设定的时间后抛出超时。线程会阻塞在 seltd 结构中的 st_wait 条件变量上。通常，一个描述符将准备就绪，并且将通过 selwakeup() 通知线程。当线程被唤醒后，它遍历以 seltd 结构为首的 selfd 结构列表，并返回可用的描述符。如果没有描述符在计时器到期之前准备就绪，线程返回一个超时错误和一个空的可用描述符列表。如果在设置了过期时间并且在指定的过期时间之前描述符准备就绪，则从给定的时间减去 select 等待 I/O 准备就绪所耗费的时间。

7.1.7　kqueue 和 kevent

select 和 poll 接口不是万能的，因为它们无法处理应用程序感兴趣的其他活动，例如信号、文件系统更改、完成异步 I/O。此外，随着描述符数量的增加，select 和 poll 系统调用的扩展性会变差。因为无状态，所以低效。内核不会在系统调用之间保留应用程序的任何记录，并且每次 select 或 poll 调用时，必须重新计算和构建相关的数据结构。另外，应用程序必须扫描传递给内核的整个事件列表，以确定发生了哪些事件。

kevent 接口能缓解这些问题。kevent 是一个通用的通知接口，它允许应用程序从一个广泛的事件源中选择，并且以可扩展的和有效的方式通知这些源上的活动。这个接口能够扩展未来的事件源而无须修改应用程序接口。

应用程序注册它关心的事件。当一个或多个事件发生时，内核向应用程序返回一个包含已发生事件的列表。因此，内核只需要构建一次事件通知结构集，应用程序就会得到那些已发生事件的通知。接口的代价是发生的事件数量的函数，而非要检查的事件数量。对于要检查许多不经常发生的事件的应用程序来说，这种节省是非常明显的。

表 7-2 显示了可使用 kevent 系统监视的事件类型。除了可以通过 select 和 poll 接口检查的事件外，kevent 可以跟踪文件的更改，包括重命名、删除或更新其属性。它还包含

aio_error 和 aio_suspend 系统调用来监视和等待异步 I/O。该进程仍然需要使用 aio_return 系统调用来获得 I/O 完成状态，并在 kevent 系统调用通知 I/O 已经完成时释放与 I/O 关联的内核数据结构。它能够跟踪向进程发送的信号，以及进程派生子进程、执行或退出。它可以创建和监视计时器，并提供由用户级程序定义和触发的事件监视。

表 7-2　kevent 可以监视的事件

事件名	操作记录
EVFILT_READ	有数据读取的描述符
EVFILT_WRITE	有缓冲区可写的描述符
EVFILT_AIO	描述符关联的异步 I/O 已完成
EVFILT_VNODE	文件发生改变的相关信息
EVFILT_PROC	进程发生变化的状态
EVFILT_SIGNAL	信号已经传递给进程
EVFILT_TIMER	基于事件的计时器已过期
EVFILT_USER	应用程序定义和触发的事件

进程使用 kqueue 系统调用来获取描述符，将其用作一个句柄，并在句柄上注册它希望跟踪的事件。然后使用这个描述符获取注册事件发生时的通知。在进程运行时，可以添加其他事件，也可以删除先前请求的事件。

图 7-4 显示了创建 kqueue 时的数据结构。应用程序注册的每个事件都使用 knote 来记录。每个事件都有一个标识符，例如基于文件或套接字事件的描述符编号、基于进程事件的进程标识、基于信号事件的信号编号、基于计时器或基于用户事件的应用程序定义的标识符。事件注册还包含一个过滤器，用于关注感兴趣的操作，如读或写，以及进一步细化最小化的读/写尺寸，无论这是一次性请求还是在取消之前报告。注册将过滤器映射到过滤器函数，该函数在每次事件发生时调用，以确定该标识符是否值得报告。

kqueue 结构将它跟踪的 knote 链接到两个列表之一：一个用于描述符标识事件的描述符索引数组，另一个用于所有其他类型事件的标识符哈希表。knote 结构被链接到一个 knote 列表中，用于监视事件产生实体。

当事件发生时，事件产生实体遍历 knote 列表，并为列表中的每个 knote 调用过滤器函数，以让它知道事件的发生。过滤器函数决定事件是否值得报告。例如，与读取相关的过滤器函数不关心缓冲区空间是否可用，并且返回 0 表示不感兴趣。但是如果到达的数据足够多，超过了指定的读取阈值，它将返回非 0 值，并且应该将其添加到 kqueue 挂起列表中。

在应用程序下次调用之前，或者从 kevent 系统调用的休眠中唤醒之前，时间将继续，以收集所有挂起事件。在此期间，事件可能不再相关。例如，进程等待的缓冲空间可能在它收集事件之前用完。因此，当 kevent 系统调用遍历挂起事件列表时，它将调用相关的过滤器函数来验证事件是否仍然相关。如果仍然相关，它将和过滤器函数指定的信息（如可读取的字节数）一起复制到应用程序。如果不相关，则从挂起列表中删除。通过在数据返回之前立即验证，kevent 系统调用永不会返回过时的结果。为进一步确保有效的结果，无论在任何时候回收资源（例如最后一次关闭描述符或者进程退出时），与其相关的 knotes 都将从它们可能驻留和回收的三个列表中删除。

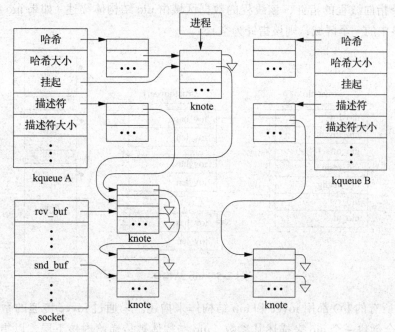

图 7-4　支持的事件队列的数据结构

图 7-4 中，kqueue A 跟踪三个事件：进程标识符标识的进程状态（引用自 kqueue 哈希表）、由描述符号标识的套接字的数据可用性（引用自 kqueue 描述符表）和同一个套接字的缓冲区空间可用性。kqueue B 跟踪与 kqueue A 相同套接字的缓冲区空间可用性。套接字上的数据已经可以读取，并且进程的状态发生了变化，因此与事件相关的两个 knote 位于 kqueue A 的挂起列表中。

7.1.8　数据在内核中的迁移

在内核中，I/O 数据由向量数组描述。每个 I/O 向量或 iovec 都有一个基地址和一个长度。I/O 向量与 readv 和 writev 系统调用使用的向量相同。

内核维护另外一个结构体，叫作 uio 结构体，其中包含关于 I/O 操作的附加信息。图 7-5 展示了一个 uio 结构体的例子，它包含以下内容：

❑ iovec 数组的指针。
❑ iovec 数组元素的数量。
❑ 操作开始时的文件偏移量。

- ❏ I/O 向量的长度总和。
- ❏ 一个标志，显示源和目标是否都在内核中，或者源和目标是否在用户和内核之间拆分。
- ❏ 一个标志，显示数据是从 uio 结构复制到内核（UIO_WRITE）还是从内核复制到 uio 结构（UIO_READ）。
- ❏ 一个指向线程的指针，该线程的数据区域由 uio 结构体描述（如果 uio 结构体描述内核中的一个区域，则该指针为空）。

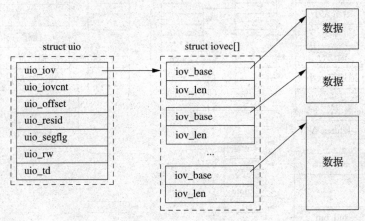

图 7-5 uio 结构体

内核中所有的 I/O 都用 iovec 和 uio 结构体来描述。未通过 iovec 传递的系统调用（例如读和写）会创建一个 uio 来描述其参数，uio 结构体被传递给内核下层，以指定 I/O 操作的参数。最终，uio 结构体到达内核中负责在进程地址空间中移动数据的部分：文件系统、网络或设备驱动程序。一般来讲，内核的这些部分并不直接解释 uio 结构体。相反，它们安排一个内核缓冲区来保存数据，然后使用 uiomove() 将数据复制到缓冲区，或从缓冲区复制到 uio 结构体描述的缓冲区中。使用指向内核数据区域、数据计数和 uio 结构体的指针来调用 uiomove() 例程。在移动数据时，它按照相应的数量更新 iovec 和 uio 结构体的指针计数。如果内核缓冲区没有 uio 结构体中描述的那么大，则 uio 结构体将指向进程地址空间中刚刚完成的位置之外的部分。因此，在处理请求时，内核可能会调用 uiomove() 多次，每次给出下一个数据块的新的内核缓冲区的指针。

字符设备驱动一般不会从不解释 uio 结构体的进程中复制数据。相反，有一个底层内核例程直接从进程地址空间交互数据。这里，对每个 iovec 元素执行单独的 I/O 操作，每次回调驱动的一部分。

7.2 本地进程间交互

套接字接口并不是提供进程间通信的唯一 API。在单主机上分配工作的应用程序可使用信号量、消息队列和共享内存实现进程间通信。每种类型的本地 IPC 有不同的执行特点，并且提供了不同的通信形式。FreeBSD 最初支持的本地 IPC 机制源于 System V，如 Bach[1986] 中所述。因此，它们通常被称为 System V 信号量、互斥锁和共享内存。虽然大多数应用程序使用基于套接字的 IPC 机制，但有一小部分应用程序使用 System V IPC 机制，尤其是信号量和共享内存。例如，X11 在 X 服务器和应用程序间使用 System V 共享内存段，以避免通过套接字发送大型图像（特别是不断更新的图像）。PosgreSQL 使用 System V 信号量进行同步。ipcs 命令列出了 open System V IPC 对象，并且能够被用来发现它们在 FreeBSD 系统上的使用范围。

System V IPC 最大的缺点是引入了一个新的、扁平的、面向数字的对象命名空间，但是具有类似文件系统的权限。扁平化的结果是，应用程序不能使用目录安全地保存命名空间的某些部分，而是会使用诡异的哈希函数将有用的字符串名字转换为可能冲突的数字。与其他 IPC 对象不同，没有与这些对象关联的文件描述符。一些实现（特别是 Linux）将这些对象存储在 /dev 下面特殊的文件系统中。这个实现比 System V 方法更好，因为它使全虚拟化成为可能。

当 POSIX 为 IPC 机制添加规范时，它们已在 FreeBSD 中实现：FreeBSD 4.3 的共享内存、FreeBSD 5.0 的信号量、FreeBSD 7.0 的消息队列。POSIX IPC 设法通过使用文件描述符进行构建来改进 System V，同时也重复了使用扁平命名空间的错误。POSIX 共享内存对象和信号量被越来越多地用作 System V IPC 对象的替代，因为它们可以很好地处理多线程和多进程的同步问题。如 5.8 节所示，Capsicum 使用 POSIX 共享内存接口的一个版本来创建匿名的 vm_object 相关联的文件描述符，然后可以使用传递的文件描述符来共享它。在此之前，共享内存的唯一机制是使用文件系统命名空间和 mmap 汇合，或者商定在 System V 共享内存命名空间中使用的名称。

每种类型的 IPC 必须集合独立执行的进程并能找到它们共享的资源。这条信息必须对所有的进程都是已知的，并且必须是唯一的，以确保其他任何进程都不会意外遇到相同的信息。过去，UNIX 使用文件系统命名空间进行集合。它的优点是具有权限的分层结构，可以提供细粒度的访问控制。想要共享内存的应用程序会选择一个公共文件，每个文件将映射到其地址空间。

System V 引入了一个新的基于键的命名空间。键是一个长整数，协作进程将其视为不透明的数据块，这意味着它们不会试图解读或赋予它任何意义。库例程 ftok() 用于从路径名生成键。只要每个进程使用相同的路径名，就可以保证得到相同的键。

所有本地 System V IPC 子系统的设计和实现都以类似的方式使用。表 7-3 给出了所有用户级 System V API 的摘要，Stevens[1999] 中有关于使用这些 API 的精要介绍。进程拥有键后，将通过子系统特定的 get 调用使用它来创建或检索相关对象，该调用类似于文件打开或创建。创建对象时，IPC_CREAT 标志作为参数传递给 get 调用。所有 get 调用返回一个整数，用于所有后续的本地 IPC 系统调用。与文件描述符一样，这个整数用于标识进程正在操作的对象。

表 7-3 System V 本地 IPC 和用户层 API（括号中是第一次出现在 Free BSD 中的版本）

子系统	创 建	控 制	通 信
System V 信号量	semget	semctl	semop
POSIX 信号量（5.0）	sem_open	sem_init,sem_destroy	sem_post,sem_wait
System V 消息队列	msgget	mesgctl	msgrcv,msgsnd
POSIX 消息队列（7.0）	mq_open	mq_unlink,mq_setattr	mq_receive,mq_send
System V 共享内存	shmget	shmctl,shmdt	n/a
POSIX 共享内存（4.3）	shm_open	shm_unlink	n/a

每个 System V IPC 子系统都有自己对底层对象的操作方式，下面几节将介绍这些功能。所有控制操作，例如检索统计数据或删除以前创建的对象，都由特定于子系统的 ctl 例程来处理。

7.2.1 信号量

信号量是一组可用于协作进程的 IPC 最小原子。每个信号量包含一个可以增加或减少的短整数。试图将信号量的值降低到 0 以下的进程将被阻塞，或者，如果以非阻塞模式调用，将立即返回一个 errno 值 EAGAIN。信号量的概念以及如何在多进程程序中使用信号量的概念最初是在 Dijkstra & Genuys[1968] 中提出的。

与大多数计算机科学教科书中描述的信号量不同，FreeBSD 中的信号量被分组到数组中，因此内核中的代码可以保护使用它们的进程不造成死锁。死锁在 4.3 节中探讨内核中的锁时提到过，但是在这里也要进行讨论。

对于 System V 信号量，死锁发生在两个用户级进程之间，而不是在内核线程之间。当两个进程（A 和 B）同时试图获取两个信号量（S_1 和 S_2）时，它们之间会发生死锁。如果进程 A 获取 S_1，进程 B 获取 S_2，那么当进程 A 试图获取 S_2，进程 B 试图获取 S_1 时，就会发生死锁，因为任何一个进程都无法放弃另一个进程取得进展所需要的信号量。在使用信号量时，为了避免这种情况，所有协作的进程以相同的方式获取和释放信号量总是很重要的。

在 System V 中，通过强制 API 的用户将其信号量分组到数组中并作为数组上的事件序列执行信号量操作来防止死锁。如果在调用中提交顺序可能导致死锁，则返回一个错误。Bach[1986] 中关于信号量的一节指出，这种复杂性不应该放在内核中，但是为了遵循前面定义的 API，在 FreeBSD 中也存在相同的复杂性。在将来的某个时候，内核应该提供一种更简单的信号量形式来替代当前的实现。

使用 System V semget 或 POSIX sem_open 系统调用可以完成信号量的创建和附加。虽然信号量被设计成看起来像文件描述符，但它们并不存储在文件描述符表中。系统中的所有信号量都包含在内核中的一个表中，表的大小和形式由几个可调参数描述。这个表由一个全局信号量锁保护，这样多个进程就不会在其中部分地创建条目。仅当创建或附加到信号量时才使用此锁定，而在实际使用现有信号量时不会遇到瓶颈。

一旦进程创建了一个信号量，或者附加到一个已经存在的信号量上，它就会调用 System V semop 系统调用或者 POSIX sem_post 和 sem_wait 系统调用来执行操作。信号量上的操作作为一个数组传递给系统调用。数组的每个元素都包含要操作的信号量号（前一个 System V semget 或 POSIX sem_open 调用返回的数组的索引）、要执行的操作和一组标记。该操作有些混淆，因为它不是一个命令，而是一个简单的数字。如果该数字为正，那么相应的信号量的值将增加该数量。如果操作为 0，而信号量的值不为 0，那么将进程置为休眠状态，直到该值为 0；或者，如果传递了 IPC_NOWAIT 标志，则将 EAGAIN 返回给调用方。当操作返回负值时，有几种可能的结果。如果信号量的值大于操作的绝对值，则操作的值从信号量中减去，调用返回。如果从信号量中减去操作的绝对值会使其值小于零，那么进程将进入休眠状态，除非传递了 IPC_NOWAIT 标志。在这里，EAGAIN 返回给调用者。

所有这些逻辑都是在 System V semop 系统调用或 POSIX sem_post 和 sem_wait 系统调用中实现的。调用首先进行一些基本检查，以确保有成功的机会，包括确保有足够的内存来一次执行所有操作，并且调用进程具有访问信号量的适当权限。内核返回给进程的每个信号量 ID 都有自己的互斥锁，以防止多个进程同时修改相同的信号量。例程锁定这个互斥锁，然后尝试执行数组中传递给它的所有操作。它遍历数组并尝试按顺序执行每个操作。在完成所有工作之前，这个调用有可能进入休眠状态。如果出现这种情况，则代码在休眠之前回滚所有工作。重新唤醒时，例程从数组的开头开始，并尝试再次执行操作。例程要么完成所有工作，返回一个适当的错误，要么返回休眠状态。回滚所有的工作对于保证例程的幂等性是必要的。要么所有的工作都做完了，要么什么也没做。

7.2.2 消息队列

消息队列有助于发送和接收键入的任意长度的消息。发送进程在队列的一端添加消息，接收进程从队列另一端删除消息。队列的大小和其他特征由一组可调的内核参数控制。消息队列本质上是半双工的，这意味着一个进程始终是发送方，另一个是接收方。但是有一些方法可以将它们用作全双工通信的一种形式，我们将在后面讨论。

在端点之间传递的消息包含一个类型和一个数据区域，如图 7-6 所示。这种数据结构不应该与网络代码所使用的 mbufs 相混淆（参见 12.3 节）。MSGMNB 是一个可调参数，它定义了消息队列的大小，因此是两个进程之间可以发送的最大消息，默认设置为 2048。

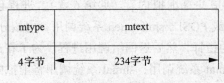

图 7-6　消息的数据结构

消息队列可以用于实现纯先进先出队列（所有消息都按发送的顺序传递），也可以用于实现优先级队列（具有特定类型的消息可以在其他消息之前检索）。此功能由消息结构的 type 字段提供。

当进程发送消息时，它调用 System V msgsnd 系统调用或 POSIX mq_send 系统调用，后者检查调用中的所有参数是否正确，然后尝试获得足够的资源来将消息放入队列。如果没有足够的资源，并且调用者没有传递 IPC_NOWAIT 标志，那么调用者将处于休眠状态，直到资源可用为止。这些资源来自内核在引导时分配的内存池。池被安排在固定的段中，其长度由 MSGSSZ 定义。内存池被作为一个大数组管理，因此可以有效地定位段。一旦内核拥有足够的资源，它就会将消息复制到数组中的段中，并更新与此队列相关的其他数据结构。

控制系统中消息队列的内核数据结构受到一个锁的保护，该锁由 System V msgsnd 和 msgrcv 系统调用或 POSIX mq_receive 和 mq_send 系统调用在执行期间获取和持有。为两个例程使用一个锁可以保护队列不被同时读写，因为这可能会导致数据损坏。这也是一个性能瓶颈，因为它意味着当任何其他消息队列被使用时，所有其他消息队列都会被阻塞。

为了从队列中检索消息，进程调用 System V msgrcv 系统调用或 POSIX mq_receive 系统调用。如果进程使用队列作为简单的 fifo，那么接收方将 msgtype 参数中的 0 传递给这个调用，以检索队列中第一个可用的消息。要检索特定类型队列中的第一个消息，需要传递一个正整数。进程通过使用类型作为消息的优先级来实现优先级队列。要实现全双工通道，每个进程应选择不同的类型，例如类型 1 和类型 2。类型 1 的消息来自进程 A，类型 2 的消息来自进程 B。进程 A 发送类型 1 的消息并接收类型 2 的消息，而进程 B 则相反。

在获取消息队列互斥锁之后，接收例程会找到要从中检索数据的正确队列，如果有合适的消息，它会将消息段中的数据返回给调用者。如果没有可用的数据，而调用者指定了 IPC_NOWAIT 标志，则调用立即返回；否则，调用进程将进入休眠状态，直到返回数据为止。当从消息队列检索消息时，在数据发送到接收进程后，数据会被清空。

7.2.3 共享内存

当两个或多个进程之间需要通信大量数据时，将使用共享内存。每个进程将数据存储在共享内存中，就像存储在每个进程自己的内存空间中一样。必须谨慎地序列化对共享内存的访问，这样进程之间才不会相互覆盖。因此，共享内存通常与信号量一起使用以实现同步读写的访问。

进程使用的共享内存是共享虚拟内存（见第 6 章）。进程创建共享内存段时，通过 System V shmget 系统调用或 POSIX shm_open 系统调用，内核分配一组虚拟内存页并在共享内存句柄设置指向它的指针，然后返回给调用进程。为了在进程中实际使用共享内存，System V 接口必须调用 shmat 系统调用，shmat 系统调用将虚拟内存页附加到调用进程中。attach 例程使用传递给它的共享内存句柄作为参数来查找相关页面，并向调用者返回适当的虚拟地址。一旦这个调用完成，进程就可以像访问任何其他类型的内存一样访问由返回地址指向的内存。POSIX 接口在它的 shm_open 系统调用中创建并附加内存。

当进程使用共享内存时，它使用 System V shmdt 系统调用或 POSIX shm_unlink 系统调用与之分离。这个例程不会释放相关的内存，因为其他进程可能正在使用它，但是它会从调用进程中删除虚拟内存映射。

共享内存子系统依赖于虚拟内存系统来完成大部分实际工作（映射页面、处理脏页面等），因此它的实现相对简单。

7.3 虚拟文件接口

在早期的 UNIX 系统中，文件条目直接引用本地文件系统 inode。inode 是描述文件内容的数据结构，9.2 节对此进行了更全面的描述。当只有一个文件系统实现时，这种方法工作得很好。然而，随着多种文件系统类型的出现，体系结构必须扩展。新的体系结构必须支持从其他机器（包括运行不同操作系统的机器）导入文件系统。

一种替代方法是将多个文件系统作为不同的文件类型连接到系统中。但是，这种方法需要对系统的内部工作进行大量的重构，因为当前目录、对可执行文件的引用和其他几个接口使用 inode 而不是文件条目作为它们的引用点。因此，在文件条目下方和 inode 上方的系统中添加一个新的面向对象层更容易也更符合逻辑。这个新层最初是由 Sun Microsystems 公司实现的，该公司将其称为虚拟节点层（vnode）。系统中先前引用 inode 的接口被更改为引用泛型 vnode。本地文件系统使用的 vnode 将引用 inode。远程文件系统使用的 vnode 指的是协议控制块，它描述了访问远程文件所需的位置和命名信息。

7.3.1 vnode 的内容

vnode 是一个可扩展的面向对象接口，包含与它所代表的底层文件系统对象无关的一般有用的信息。存储在 vnode 中的信息包括以下内容：

❏ 标志用于标识通用属性。泛型属性的一个示例是一个标志，用于显示 vnode 代表的对象是文件系统的根。

❏ 各种引用计数包括：用于读取和写入引用 vnode 的文件条目的数量，用于写入引用 vnode 的文件条目的数量，以及与 vnode 关联的页面和缓冲区的数量。

❏ 指向挂载结构的指针描述包含由 vnode 表示的对象的文件系统。

❏ 执行文件预读的各种信息。

❏ 对与 vnode 关联的 vm_object 的引用。

❏ 对关于特殊设备、套接字和 fifo 的状态的引用。

❏ vnode 中的保护标志和计数器的互斥锁。

❏ 锁管理器锁，用于保护 vnode 中正在进行 I/O 操作时可能发生变化的部分。

❑ 名称缓存使用的字段，用于跟踪与 vnode 关联的名称。

❑ 指向为对象定义的 vnode 操作集的指针。这些操作在下一小节中加以说明。

❑ 指向底层对象所需的私有信息的指针。对于本地文件系统，这个指针将引用 inode；对于 NFS，它将引用 nfsnode。

❑ 给出了底层对象的类型（例如，常规文件、目录、字符设备等）。类型信息并不是严格必需的，因为 vnode 客户端总是可以调用 vnode 操作来获得底层对象的类型。但是，由于类型通常是必需的，所以底层对象的类型不会改变，而且通过 vnode 接口调用需要时间，所以对象类型缓存在 vnode 中。

❑ 有与 vnode 相关的干净缓冲区和脏缓冲区。系统中的每个有效缓冲区由其关联的 vnode 和 vnode 表示的对象中其数据的起始偏移量标识。所有已修改但尚未写回的缓冲区都存储在它们的 vnode 脏缓冲区列表中。自最后一次修改以来，未修改或已写回的所有缓冲区都存储在它们的 vnode 干净缓冲区列表中。将一个 vnode 的所有脏缓冲区分组到一个列表中，使得执行 fsync 系统调用来清除与文件相关的所有脏块的成本与脏数据量成比例。在某些 UNIX 系统中，代价与文件大小或缓冲池大小成正比。删除文件后，将使用干净缓冲区列表来释放缓冲区。由于该文件将永远不会被再次读取，因此内核可以立即取消脏缓冲区上的任何挂起 I/O，然后收回所有干净缓冲区和脏缓冲区，并将它们放在缓冲区空闲列表的最前面，以便立即重用。

❑ 对正在进行的缓冲区写操作的数量进行计数。为了加速脏数据的刷新，内核通过一次对所有脏缓冲区执行异步写操作来执行这个操作。对于本地文件系统，这种同步推送会将所有缓冲区放入磁盘队列中，以便将它们按最佳顺序排序，以最小化查找。对于远程文件系统，这种同步推送会使所有数据同时呈现给网络，以便最大限度地提高它们的吞吐量。在数据稳定存储（如 fsync）之前无法返回的系统调用可以根据挂起的输出操作计数休眠，等待计数达到零。

vnode 在系统中的位置如图 7-1 所示。vnode 本身被连接到内核中的其他几个结构中，如图 7-7 所示。内核中每个挂载的文件系统都由一个通用的挂载结构表示，该结构包含一个指向特定于文件系统的控制块的指针。与特定挂载点关联的所有 vnode 都链接在这个以通用挂载结构为首的列表中。当卸载文件系统时，内核需要遍历这个列表以释放与挂载点关联的所有 vnode。

正在活动地使用的 vnode 的子集也链接在一个以通用挂载结构为首的列表中。因此，当内核对文件系统执行同步系统调用时，它会遍历这个活动的 vnode 列表，只访问可能需要将数据写到磁盘上的文件系统 vnode 的子集。

图 7-1 中还显示了与每个 vnode 关联的干净缓冲区和脏缓冲区的列表。最后，还有一个空闲列表，它将系统中所有不活动（当前未引用）的 vnode 链接在一起。当文件系统需要分配一个新 vnode 以便后者可以打开一个新文件时，使用空闲列表，参见 7.4 节。

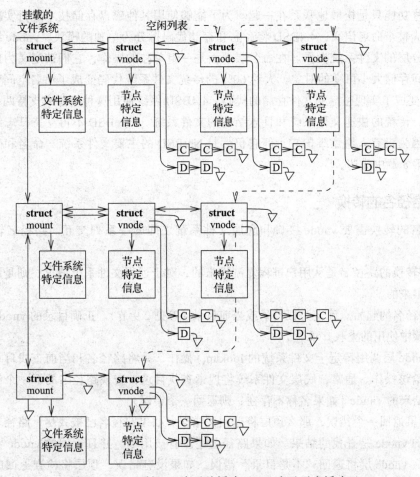

图 7-7 vnode 链。D 表示脏缓冲区，C 表示干净缓冲区

7.3.2 vnode 的操作

vnode 被设计成一个面向对象的接口。因此，内核通过一组定义的操作将请求传递给底层对象来操作它们。由于 FreeBSD 支持许多不同的文件系统，所以为 vnode 定义的操作集既大又可扩展。与原来的 Sun Microsystems vnode 实现不同，FreeBSD 中的 vnode 实现允许在系统引导时或在将新文件系统动态加载到内核时动态添加 vnode 操作。作为激活文件系统的一部分，它注册一组能够支持的 vnode 操作。然后内核构建一个表，列出任何文件系统支持的所有的操作。从该表中，它为每个文件系统构建一个操作向量。受支持的操作由文件系统注册的入口点添加。文件系统可以选择用一个默认例程（通常是一个绕过操作到下一低层的例程，参见 7.5 节）来满足不支持的操作，或返回特征错误"操作不支持"的例程 [Heidemann & Popek，1994]。

在 4.3BSD 中，本地文件系统代码提供了分层文件系统命名的语义和磁盘上存储管理的细节。这些功能只是松散地联系在一起。为了能够使用其他磁盘存储技术进行实验，而不必重新生成整个命名语义，4.4BSD 将命名和存储代码拆分为单独的模块。vnode 级操作定义了一组分层的文件系统操作。在命名层下面是一组单独的操作，它们被定义为使用扁平的命名空间存储大小可变的对象。大约 60% 的传统文件系统代码变成了命名空间管理，剩下的 40% 变成了实现磁盘上文件存储的代码。4.4BSD 系统使用这种划分来支持两种不同的磁盘布局：传统的快速文件系统和日志结构的文件系统。FreeBSD 不再支持日志结构的文件系统，因为没有人愿意维护它，但它仍然是 NetBSD 的主要文件系统。命名和磁盘存储方案将在第 8 章中描述。

7.3.3　路径名的转换

路径名的转换需要 vnode 接口和底层文件系统之间的一系列交互。路径名转换过程如下：

1）要转换的路径名是从用户进程复制进来的，对于远程文件系统请求，则是从网络缓冲区提取出来的。

2）路径名的起始点确定为根目录或当前目录（参见 2.9 节）。正确目录的 vnode 将成为下一个步骤中使用的查找目录。

3）vnode 层调用特定于文件系统的 lookup() 操作，并将路径名和当前查找目录的其余组件传递给该操作。通常，底层文件系统将搜索查找目录，查找路径名的下一个组件，并返回带有结果的 vnode（如果名称不存在，则返回一个错误）。

4）如果返回一个错误，那么顶层将返回该错误。如果路径名已被找尽，路径名查找完成，返回的 vnode 是查找的结果。如果路径名还没有被用尽，并且返回的 vnode 不是一个目录，那么 vnode 层将返回"不是目录"错误。如果没有错误，顶层将检查返回的目录是否是另一个文件系统的挂载点。如果是，那么查找目录就成为挂载的文件系统；否则，查找目录将是低层返回的 vnode。然后使用步骤 3 迭代查找。

尽管通过 vnode 接口调用每个 pathname 组件似乎效率不高，但这样做通常是必要的。原因是底层文件系统不知道哪些目录被用作挂载点。因为挂载点将把查找重定向到新的文件系统，所以当前文件系统不能通过挂载的目录。虽然本地文件系统可能知道哪些目录是挂载点，但是服务器几乎不可能知道导出的文件系统中的哪些目录被客户端用作挂载点。因此，我们使用保守方法，即每次 lookup() 调用只遍历一个路径名组件。在少数情况下，文件系统将知道剩余路径中没有其他挂载点，并将遍历路径名的其余部分。一个例子是进入门户网站，如 7.5 节所述。

7.3.4　导出文件系统服务

vnode 接口有一组服务，内核从接口支持的所有文件系统导出这些服务。首先是支持更新通用挂载选项的功能。这些选项包括：

❑ noexec：在文件系统上执行任何文件。此选项通常用于服务器导出无法在服务器本身上执行的不同体系结构的二进制文件。内核甚至会拒绝执行 shell 脚本；如果要运行 shell 脚本，必须显式地调用它的解释器。

❑ nosuid：要对文件系统上的任何可执行文件使用 set-user-id 或 set-group-id 标志。当挂载来历不明的文件系统时，此选项非常有用。

❑ nodev：允许打开文件系统上的任何特殊设备。FreeBSD 现在使用一个特殊设备文件系统来管理它的所有特殊设备，不再在常规文件系统中实现特殊设备节点（参见8.1 节）。但是，一些遗留系统仍然使用特殊的设备节点，因此可以使用此选项显式地忽略它们的解释。

❑ noatime：读取文件时，不更新其访问时间。这个选项在文件系统上很有用，因为在文件系统中有很多文件需要频繁读取，而性能比更新文件访问时间更重要（后者几乎不重要）。

❑ sync：要求对文件系统的所有 I/O 以同步方式完成。

不需要卸载和重新挂载文件系统来更改这些标志，它们可以在挂载文件系统时更改。此外，可以将只读安装的文件系统升级为允许写。相反，如果没有打开文件进行修改，允许写操作的文件系统可能会降级为只读。系统管理员可以强制将文件系统降级为只读，方法是请求撤销所有打开的文件的访问权限。

从 vnode 接口导出的另一个服务是获取有关已挂载文件系统的信息的能力。statfs 系统调用返回一个缓冲区，该缓冲区给出使用的和空闲的磁盘块和 inode 的数量，文件系统的安装点，以及安装文件系统的设备、位置或程序。getfsstat 系统调用返回关于所有挂载的文件系统的信息。该接口并不需要像其他 UNIX 变体那样跟踪内核外部已安装的文件系统集合。

7.4　独立于文件系统的服务

vnode 接口不仅为底层文件系统提供了面向对象的接口，而且还提供了一组客户端文件系统可以使用的管理例程。本节将介绍这些机制。

当文件的最后一个文件条目引用关闭时，vnode 上的使用计数下降到零，vnode 接口调用 inactive() vnode 操作。inactive() 调用通知底层文件系统该文件不再被使用。文件系统经常使用这个调用将脏数据写回文件，但通常不会回收保存文件数据的内存。文件系统被允许缓存文件，以便如果文件被重新打开，文件可以快速重新激活（即无须磁盘或网络 I/O）。

除了在引用计数降为 0 时调用 inactive() vnode 操作外，vnode 还被放在系统范围的空闲列表中。在许多供应商的 vnode 实现中，每种文件系统类型分配固定数量的 vnode，而FreeBSD 内核则不同，它仅保持单一系统范围的 vnode 集合。当应用程序打开一个当前在内存中没有 vnode 的文件时，客户端文件系统调用 getnewvnode() 例程来分配一个新的vnode。内核维护两个空闲 vnode 列表：在内存中缓存数据页的 vnode 列表和在内存中不缓存任何数据页的 vnode 列表。首选项是重用没有缓存页面的 vnode，因为重用具有缓存页面的 vnode 将导致与该 vnode 关联的所有缓存页面丢失标识。如果没有对 vnode 进行单独的分类，则遍历文件系统树的应用程序会对遇到的每个文件进行 stat 调用，最终将刷新所有引用数据页面的 vnode，从而丢失内核中所有缓存页面的标识。因此，在分配新 vnode 时，getnewvnode() 例程首先检查没有缓存页面的 vnode 空闲列表的前面，只有当该列表为空时，它才从有缓存页面的 vnode 列表的前面进行选择。

在选择了一个 vnode 之后，getnewvnode() 例程将调用 vnode 的 reclaim() 操作，以通知当前使用该 vnode 的文件系统即将被重用。reclaim() 操作将写回与底层对象关联的任何脏数据，从它所在的任何列表中删除底层对象（例如用于查找它的哈希表），并释放该对象正在使用的任何辅助存储。然后返回 vnode 以供新客户端文件系统使用。

使用单个全局 vnode 表的好处是，与使用多个特定于文件系统的 vnode 集合相比，专用于 vnode 的内核内存的使用效率更高。考虑一个将要为 1000 个 vnode 分配内存的系统。如果系统支持 10 种文件系统类型，那么每种文件系统类型将获得 100 个 vnode。如果大多数活动移动到单个文件系统（例如，在编译位于本地文件系统的内核中），那么所有活动文件都必须保存在 100 个专用于该文件系统的 vnode 中，而其他 900 个 vnode 则处于空闲状态。在 FreeBSD 系统中，所有 1000 个 vnode 都可以用于活动文件系统，从而允许在内存中缓存更多的文件。如果活动的中心移动到另一个文件系统（例如，在 NFS 挂载的文件系统上编译程序），那么 vnode 将从先前活动的本地文件系统迁移到 NFS 文件系统。在这里，缓存文件的数量也会比使用一组分区的 vnode 只提供 100 个 vnode 时多得多。

reclaim() 操作是底层文件系统对象与 vnode 本身的一种分离。该功能与将新对象和 vnode 关联的功能相结合，提供了实用的功能，远远超出了简单地允许 vnode 从一个文件系统移动到另一个文件系统。通过将现有对象替换为 dead 文件系统中的对象（即除关闭外所有操作都失败的文件系统），内核将撤销该对象。在内部，这个对象的撤销是由 vgone() 例程提供的。

此撤销服务用于会话管理，其中，当会话领导者退出时，对控制终端的所有引用都将被撤销。撤销过程如下：会话内所有打开的终端描述符都引用表示会话终端的特殊设备的 vnode。当在这个 vnode 上调用 vgone() 时，底层的特殊设备将与 vnode 分离，并被 dead 文件系统替换。对 vnode 的任何进一步操作都将导致错误，因为打开的描述符不再引用终端。最终，所有进程都将退出并关闭它们的描述符，从而导致引用计数降为零。dead 文件系统的 inactive() 例程将 vnode 返回到空闲列表的最前面以便立即重用，因为永远不可能再次获得对该 vnode 的引用。

撤销服务支持强制卸载文件系统。如果内核在卸载文件系统时发现一个活动的 vnode，那么它只需调用 vgone() 例程来将活动的 vnode 与文件系统对象分离。在文件系统中打开文件或当前目录的进程发现它们已经消失，就好像它们已经被删除了一样。还可以将挂载的文件系统从可读写降级为只读。不会撤销对文件系统中每个活动文件的访问，而是只撤销那些具有非零写引用文件的访问。

最后，通过 revoke 系统调用将撤销对象的能力传递给进程。此系统调用可用于确保对设备（如伪终端端口）的受控访问。首先，设备的所有权被更改为所需的用户，并且模式被设置为只有所有者能访问。然后撤销设备名称，以删除已经打开它的任何用户。此后，只有新用户才能打开设备。

7.4.1 名字缓存

名字缓存管理是 vnode 管理例程提供的另一个服务。该接口提供了以下功能：用于添加名字及其对应的 vnode，查找名字以获取对应的 vnode，以及从缓存中删除特定名字。除了提供删除特定名字的功能外，该接口还提供了一种使引用特定 vnode 的所有名字无效的方法。每个 vnode 都有一个列表，将名字缓存中的所有条目链接在一起。当要删除对 vnode 的引用时，将清除列表中的每个条目。每个目录 vnode 还具有包含在其中的名字的所有缓存条目的第二个列表。要清除目录 vnode 时，它必须删除第二个列表中的所有名字缓存条目。每当 getnewvnode() 重用一个 vnode 的名字缓存条目，或者当客户端特别请求它时（例如，当一个目录被重命名时），都必须清除 vnode 的名字缓存条目。

缓存管理例程也允许反向缓存。如果在目录中查找到某个名字，但是没有在缓存中找到该名字，则可以将该名字及其对应 vnode 的空指针输入缓存。如果稍后查找该名字，将在名字表中找到它，因此内核可以避免扫描整个目录以确定名字不在其中。如果将名字添加到目录中，则名字缓存必须查找该名字，如果发现反向缓存条目，则必须清除该名字缓存。由于在 shell 命令中进行了路径搜索，反向缓存提供了显著的性能改进。在执行命令时，许多 shell 将依次查看每个路径，以搜索可执行文件。通常，在不存在可执行文件的目录中，会反复搜索这些可执行文件。反向缓存加快了搜索速度。

名字缓存并不能解决目录的性能问题，因为目录中有许多条目在主动添加和删除名字。每次要添加名字时，都必须扫描整个目录，以确保相同的名字不存在。类似地，在删除名字时，必须扫描目录以查找要删除的名字。对于具有许多条目的目录，即使所有目录块都在缓冲区缓存中，这些线性扫描也是很慢的。

为了避免这些开销，将大于一定大小的目录读入内核内存中的哈希数据库。目录中的每个名字及其在目录中的位置都存储在数据库中。目录中的任何空闲空间也会在数据库中记录下来。当要删除一个文件时，会在数据库中找到它的名字，需要的写操作会排队等待更新目录块，并且会在数据库中记录新释放的空间，以供将来使用。当要创建一个新条目时，将查询数据库以确定它是否已经存在。如果不存在，则在目录中分配所需大小的一块空闲空间，并将所需的写操作排队以更新目录块。因此，数据库消除了对目录的所有线性扫描。

设置一个固定大小的区域来存放目录数据库。当一个新目录被激活时，它所需要的空间将从最近最少使用的目录数据库中回收。如果目录数据库的周转率过高，内核将考虑提高活动空间的大小。相反，如果出现对内核内存的其他需求，并且周转率很低，那么内核就会减少活动空间的大小。

7.4.2 缓冲区管理

过去，UNIX 系统将主内存分为两个主内存池：第一个是用于缓存进程页面的虚拟内存池；第二个是缓冲池，用于缓存文件系统数据。主内存在系统启动时被分配到两个池中，并且在创建池之后，池之间没有内存迁移。

通过添加 mmap 系统调用，内核支持将文件映射到进程的地址空间。如果使用 MAP_SHARED 属性将文件映射进来，则对映射文件所做的更改将被写回磁盘，并且应该在其他进程执行的读调用中显示出来。如果在缓冲区缓存和虚拟内存缓存中都有文件的副本，则很难提供这些语义。因此，FreeBSD 将缓冲区缓存和虚拟内存缓存合并到一个单页缓存中。

如第 6 章所述，虚拟内存分为保存文件内容的分页池和保存不受文件（如堆栈和堆）支持的进程部分的匿名分页池。由文件支持的分页由它们的 vnode 和逻辑块号标识。不是将所有文件系统重写为在虚拟内存池中查找分页，而是编写了缓冲区缓存模拟层。模拟层具有与旧的缓冲区缓存例程相同的接口，但是它是通过在虚拟内存缓存中查找请求的文件页来工作的。当文件系统请求文件的一个块时，模拟层调用虚拟内存系统来查看它是否在内存中。如果不在内存中，则虚拟内存系统会安排读取它。通常，虚拟内存缓存中的页面不会映射到内核地址空间。然而，文件系统常常需要检查它请求的块——例如，如果它是一个目录或文件系统元数据。因此，缓冲区缓存模拟层不仅必须找到请求的块，而且还必须分配一些内核地址空间并将请求的块映射到其中。然后，文件系统使用缓冲区来读取、写入或操作数据，完成后释放缓冲区。在释放时，可以暂时保留该缓冲区，但很快就会通过释放内核映射、删除虚拟内存页面上的引用计数和释放报头来释放。

虚拟内存系统没有任何方法来描述被标识为与磁盘关联的块。缓冲区缓存的一小部分仍保留着这些磁盘块，这些磁盘块用于保存文件系统元数据，如超级块、位图和 inode。

缓冲区缓存模拟层的内部内核接口很简单。文件系统通过调用 bread() 例程来分配和填充缓冲区。bread() 接受一个 vnode、一个逻辑块号和一个长度，并返回一个指向锁定缓冲区的指针。关于如何创建缓冲区的详细信息将在下一小节中给出。试图获取缓冲区的任何其他线程都将处于休眠状态，直到缓冲区释放为止。

缓冲区有 4 种释放方式。如果缓冲区没有被修改，那么可以通过使用 brelse() 来释放它，brelse() 会检查正在等待它的任何线程。如果有线程在等待，它们将被唤醒。否则，通过将缓冲区归还给虚拟内存系统、释放其内核地址空间映射和释放缓冲区，缓冲区得以销毁。

如果缓冲区已被修改，则称为脏（dirty）缓冲区。脏缓冲区最终必须被写回它们的文件系统。根据必须写入数据的紧急程度，可以使用三个例程。在典型的情况下，使用 bdwrite()。由于缓冲区可能很快会再次修改，所以应该将其标记为 dirty，但不应该立即写入。将缓冲区标记为 dirty 之后，它将返回到 dirty-buffer 列表，并且唤醒所有等待它的线程。启发式（heuristic）方法是，如果缓冲区不久将再次修改，则 I/O 将被浪费。因为缓冲区在写之前通常会保持 20～30 秒，所以执行许多小的写操作的线程不会重复地访问磁盘或网络。

如果缓冲区已被完全填满，则不太可能很快再次写入缓冲区，因此应该使用 bawrite() 释放它。bawrite() 例程在缓冲区上调度 I/O，但允许调用者在输出完成时继续运行。

最后一种情况是 bwrite()，它确保在继续之前完成写操作。因为 bwrite() 可以引入一个长延时的写操作，所以仅在某些特殊情况下才使用 bwrite()，如进程使用显式的请求行为（如 fsync 系统调用）、在系统崩溃后确保文件系统一致性以及正在提供无状态远程文件系统协议（例如 NFS）。使用 bawrite() 或 bwrite() 写入的缓冲区被放置在适当的输出队列上。当输出完成时，调用 brelse() 例程来唤醒正在等待它的任何线程，或者，如果没有立即需要它，则调用它来销毁缓冲区。

一些缓冲区尽管是干净的，但可能很快就会再次需要。为了避免重复创建和销毁缓冲区的开销，缓冲区缓存模拟层提供了 bqrelse() 例程，让文件系统通知它，希望很快再次使用缓冲区。bqrelse() 例程将缓冲区放在一个干净列表中，而不是将其销毁。

图 7-8 显示了缓冲池的快照。具有有效内容的缓冲区恰好包含在一个 bufhash 哈希链上。内核使用哈希链快速确定一个块是否在缓冲池中，如果是，则定位它。缓冲区只有在其内容无效或针对不同数据重用时才会被删除。因此，即使一个线程正在使用缓冲区，它仍然可以被另一个线程找到，此时它将是被锁定的，直到其内容一致时才可用。

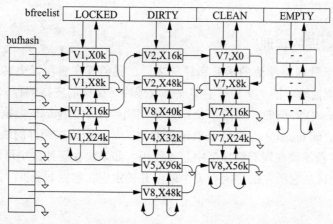

图 7-8　缓冲池快照。V 表示 vnode，X 表示文件偏移量

除了出现在哈希表之外，每个未锁定的缓冲区仅出现在一个空闲列表中。第一个空闲列表是 LOCKED 列表。无法从缓存中清除此列表中的缓冲区。这个列表最初是用来保存超级块数据的，在 FreeBSD 中，它只包含在后台写入的缓冲区。在后台写操作中，脏缓冲区的内容被复制到另一个匿名缓冲区，然后将匿名缓冲区写入磁盘。在写匿名缓冲区时，可

以继续使用原始缓冲区。后台写主要用于快速且持续更改的块，比如那些保存文件系统分配位图的块。如果存有位图的块被正常写入，它将被锁定，并且在等待写入磁盘队列时不可用。因此，试图在位图描述的区域中写入文件的应用程序将在等待位图写入完成前被阻止运行，以便可以更新位图。通过使用位图的后台写操作，应用程序很少被迫等待位图的更新。

第二个列表是 DIRTY 列表。已修改但尚未写入磁盘的缓冲区存储在此列表中。DIRTY 列表是使用最近最少使用的算法来管理的。当在 DIRTY 列表中找到缓冲区时，将删除并使用它，然后将缓冲区返回到 DIRTY 列表的末尾。如果有太多的缓冲区是脏的，内核就会启动缓冲区守护进程。缓冲区守护进程从 DIRTY 列表的前面开始写入缓冲区。因此，重复写入的缓冲区将继续迁移到 DIRTY 列表的末尾，并且不太可能被提前写入或重新用于新的块。

第三个空闲列表是 CLEAN 列表。这个列表包含文件系统当前没有使用但希望很快使用的块。CLEAN 列表也使用最近最少使用的算法来管理。如果在 CLEAN 列表中找到一个请求的块，它将返回到列表的末尾。

最后的列表是空缓冲区的列表——EMPTY 列表。空缓冲区只是头文件，没有与它们相关联的内存。它们被保存在这个列表中，等待另一个映射请求。

当需要一个新的缓冲区时，内核首先检查有多少内存分配给现有的缓冲区。如果使用的内存低于其允许的阈值，则从 EMPTY 列表创建一个新缓冲区。否则，最老的缓冲区将从 CLEAN 列表的前面删除。如果 CLEAN 列表为空，则唤醒缓冲区守护进程来清理并从 DIRTY 列表中释放缓冲区。

7.4.3 缓冲区管理的实现

在了解了用于管理缓冲池的函数和算法之后，我们现在将注意力转向确保缓冲池中数据一致性的实现需求。图 7-9 显示了实现获取缓冲区接口的支持例程。获取缓冲区的主要接口是通过 bread() 实现的，调用该接口需要指明要读取的 vnode 数据块的大小。还有一个相关的接口，即 breadn()，它既获取请求的块，又开始读取额外的块。bread() 首先调用 getblk() 来确定数据块在现有缓冲区中是否可用。如果块在缓冲区中可用，getblk() 调用 bremfree() 将缓冲区从它所在的空闲列表中取出并锁定它，然后 bread() 可以将缓冲区返回给调用者。

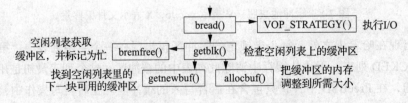

图 7-9　缓冲分配系统的程序接口

如果块还没有在一个现有的缓冲区中，getblk() 调用 getnewbuf()，以使用上一小节中描述的算法分配新缓冲区。然后将新缓冲区传递给 allocbuf()，它负责确定如何构成缓冲区的内容。

通常情况下，缓冲区包含一个文件的逻辑块。在这里，allocbuf() 必须从虚拟内存系统请求所需的块。如果虚拟内存系统还没有所需的块，它会安排将其放入页面缓存中。然后，allocbuf() 例程分配大小适当的内核地址空间，并请求虚拟内存系统将所需的文件块映射到该地址空间。然后将缓冲区标记为已填充，并通过 getblk() 和 bread() 返回。

另一种情况是，缓冲区要包含文件系统元数据块，如与磁盘设备而不是文件相关联的位图或 inode 块。因为虚拟内存（当前）没有任何方法来跟踪这些块，所以它们只能保存在缓冲区内的内存中。在这里，allocbuf() 必须调用内核 malloc() 例程来分配内存以获取块。然后，allocbuf() 例程将缓冲区返回给 getblk() 和 bread()，它们被标记为 busy 和 unfilled。注意这个缓冲区未被填充，bread() 将缓冲区传递给 strategy() 例程，从而允许底层文件系统读取数据。数据读取完成后，将返回缓冲区。

为了保持文件系统的一致性，内核必须确保一个磁盘块最多映射到一个缓冲区。如果在两个缓冲区中存在相同的磁盘块，并且两个缓冲区都被标记为脏，那么系统将无法确定哪个缓冲区具有最新的信息。图 7-10 显示了分配缓冲区的一个示例，图的中间是磁盘上的块。在磁盘上方显示一个旧的缓冲区，其中包含一个 4096 字节的片段，用于一个可能已被删除或缩短的文件。新的缓冲区将被用来保存一个 4096 字节的片段，这个片段可能是正在创建的文件的一部分，它将重用旧文件先前占用的部分空间。当文件被缩短或删除时，内核通过清除旧的缓冲区来保持一致性。无论何时删除一个文件，内核都会遍历该文件的脏缓冲区列表。对于每个缓冲区，内核取消它的写请求并销毁缓冲区，这样就不能在缓冲池中再次找到缓冲区。对于部分截断的文件，只有截断点之后的缓冲区无效。然后，系统可以分配新的缓冲区，确保缓冲区唯一地映射相应的磁盘块。

图 7-10　分配缓冲区时可能发生的重叠

7.5　可堆叠的文件系统

早期的 vnode 接口是一个简单的底层的面向对象接口。需求随着新的文件系统特点的不断增长，迫切需要找到一些方式来满足这些特性，而不必修改现有的、稳定的文件系统代码。一种方法是提供一个将多个文件系统堆叠在另一个之上的机制 [Rosenthal, 1990]。在 4.4BSD 中，堆叠思想得到了细化和实现 [Heidemann & Popek, 1994]。FreeBSD 中，堆叠的实现得到了改进，但自从 4.4BSD 开始语义一直没有很大的变化。vnode 堆栈的底层往往是基于磁盘上的文件系统，而在它之上的层通常会转换参数并且传递那些参数给较低层。

在所有的 UNIX 系统中，mount 命令将一个特殊的设备作为源，并将该设备映射到现有文件系统中的一个目录挂载点。当一个文件系统被挂载到一个目录上时，目录之前的内容被隐藏，只有新挂载文件系统的根目录内容是可见的。对大多数用户来说，在系统启动时一系列挂载命令的效果是创建一个无缝文件系统树。

可使用 mount 命令创建新的层。mount 命令将一个新层压入 vnode 堆栈中，unmount 命令移除一个层。与挂载文件系统一样，vnode 堆栈对所有系统上运行的进程可见。mount 命令标识这个堆栈的底层，创建新层，并将该层附加到文件系统命名空间中。新层可以附加到旧层同样的位置上（覆盖旧层）或者附加在树上的不同位置（允许两个层都可见）。下一小节将给出一个例子。

如果将层附加到命名空间中的不同位置，则同一个文件将在多个位置可见。对新层命名空间上的名字访问将进入新层，而对旧层命名空间的名字访问将进入旧层。

当对堆栈中的 vnode 进行文件访问（例如打开、读取、统计或关闭）时，该 vnode 有几个选项：

❑ 执行请求的操作并返回结果。

❑ 操作无须更改，将其传递到堆栈上的下个低层 vnode。当操作从低层 vnode 返回时，它可以修改结果或简单地返回它们。

❑ 修改请求提供的操作数，然后将其传递给下个低层的 vnode。当操作从低层 vnode 返回时，它可以修改结果，或者简单地返回它们。

如果一个操作被传递到堆栈的底部，而没有任何层对其进行操作，那么接口将返回 "操作不支持" 错误。

在 4.4BSD 之前发布的 vnode 接口将 vnode 操作当作间接函数来调用。中间堆栈层绕过下层操作，并且可以在引导或模块加载时将新操作添加到系统中，这些要求意味着这种方法不再适用。文件系统必须能够绕过在实现文件系统时可能没有定义的操作。除了传递函数之外，文件系统层还必须传递未知类型和数量的函数参数。

为了以简洁和可移植的方式解决这两个问题，内核将 vnode 操作名及其参数放入一个参数结构中。图 7-11 给出了 UFS 文件系统访问检查调用及其实现的一个示例。注意，vop_access_args 结构通常是在头文件中声明的，为简化示例，这里是在函数体中声明的。参数结构作为单个参数传递给 vnode 操作。因此，对 vnode 操作的所有调用都只有一个参数，即指向参数结构的指针。如果文件系统支持 vnode 操作，那么它将知道参数是什么以及如何解释它们。如果它是一个未知的 vnode 操作，那么通用的 bypass 例程可以调用下层的相同操作，将接收到的相同参数结构传递给操作。此外，每个操作的第一个参数是指向 vnode 操作描述的指针。此描述提供有关 bypass 例程的操作信息，包括操作名称和操作参数的位置。

```
{
    ...
    /*
     * Check for read permission on file ''vp''.
     */
    if (error = VOP_ACCESS(vp, VREAD, cred, td))
        return (error);
    ...
}

/*
 * Check access permission for a file.
 */
int ufs_access(
    struct vop_access_args {
        struct vnodeop_desc *a_desc; /* operation descrip. */
        struct vnode *a_vp;          /* file to be checked */
        int a_mode;                  /* access mode sought */
        struct ucred *a_cred;        /* user seeking access */
        struct thread *a_td;         /* associated thread */
    } *ap);
{

    if (permission granted)
        return (1);
    return (0);
}
```

图 7-11 访问 vnode 操作的调用和函数头

7.5.1 简单的文件系统层

最简单的文件系统层是 nullfs。它对参数不做任何转换，只是简单地传递接收到的所有请求并返回得到的所有结果。如果只是简单地将 nullfs 叠加在现有 vnode 之上，那么它就不提供任何有用的功能，但是 nullfs 可以通过将根源于其源 vnode 的文件系统挂载到文件系统树的其他位置，从而提供一个环回（loopback）文件系统。对于希望构建自己的文件系统层的设计人员来说，nullfs 的代码也是一个很好的起点。可以构建的示例包括压缩层或加密层。

示例 vnode 栈如图 7-12 所示，图中显示了栈底部的一个本地文件系统，该文件系统通过 NFS 层从 /local 导出。服务器管理域内的客户端可以直接导入 /local 文件系统，因为它们都假定使用 UID 到用户名的共同映射。

umapfs 文件系统的工作方式与 nullfs 文件系统非常相似，因为它提供了 /export 挂载点上以 /local 文件系统为根的文件树视图。除了在 /export 挂载点提供 /local 文件系统的副本之外，它还将每个系统调用的凭证转换为 /export 文件系统中的文件。内核使用作为创建 umapfs 层的 mount 系统调用的一部分提供的映射来进行转换。

图 7-12　堆栈式 vnode

/export 文件系统可以从使用不同 UID 和 GID 的外部管理域导出到客户端。当 NFS 请求进入 /export 文件系统时，umapfs 层通过将外部客户端上使用的 UID 映射到本地系统上使用的相应 UID 来修改来自外部客户端的凭证。带有修改凭证的请求操作被传递到与 /local 文件系统相对应的下层，在此与本地请求进行相同的处理。当结果返回到映射层时，任何返回的凭证都被反向映射，以便将它们从本地 UID 转换为外部 UID，并将此结果作为 NFS 响应发回。

这种方法有三个好处：

1）本地客户端不需要承担映射的开销。

2）不需要对本地文件系统代码或 NFS 代码进行任何更改来支持映射。

3）每个外部域可以有自己的映射。具有简单映射的域消耗少量内存，运行速度快；支持具有大型和复杂映射的域，而不会导致更简单环境的性能下降。

vnode 堆栈是一种添加扩展的有效方法，例如 umapfs 服务。

7.5.2　联合文件系统

联合文件系统是中间文件系统层的另一个例子。与 nullfs 一样，它不存储数据，只提供命名空间转换。它大致模仿了 3-D 文件系统 [korn & Krell，1989]、半透明文件系统 [Hendricks，1990] 和自动挂载器 [Pendry & Williams，1994]。联合文件系统采用现有的文件系统，并且透明地将后者覆盖在另一个文件系统上。与大多数其他系统不同，联合文件系统的挂载不会覆盖文件系统已挂载的目录。相反，它展示了两个目录的逻辑合并，并且允许同时访问两个目录 [Pendry & McKusick，1995]。

图 7-13 显示了一个联合挂载栈的例子。这里，栈的下层是 src 文件系统，其中包括 shell 程序的源代码。作为一个简单的程序，它只包含一个源文件和一个头文件。被联合挂载在 src 顶部的上层最初只包含 src 目录。当用户将目录更改为 shell 时，将在上层创建同名目录。上层目录与下层目录对应，只有在遍历上层目录时才会创建它们。如果用户要从联合挂载位置顶部的树根进行递归遍历，结果将是与下层文件系统匹配的完整目录树。在我们的示例中，用户在 shell 目录中键入 make 命令。sh 可执行文件是在联合栈的上层创建的。

对于用户来说，目录列表同时显示了源代码和可执行文件，如图 7-13 所示。

图 7-13 联合挂载文件系统。/usr/src 文件系统位于底部，/tmp/src 文件系统位于顶部

除了最上面的一层，所有的文件系统层都被当作只读的。如果打开位于下层的文件进行读取，将返回该文件的描述符。如果打开位于下层的文件进行写入，内核首先将整个文件复制到上层，然后返回引用该文件副本的描述符。结果文件有两个副本：下层是未修改的原始文件，上层是修改后的文件副本。当用户展示目录列表时，将禁止下层中任何重复的名称。当打开一个文件时，返回最上面一层文件的描述符，该文件的名称在该层中出现。因此，一旦一个文件被复制到上层，下层文件的实例将变得不可访问。

联合文件系统的棘手部分是处理驻留在下层的文件的删除。由于不能修改下层，所以删除文件的唯一方法是在上层创建一个白化（whiteout）目录条目来隐藏它。白化条目是目录中没有对应文件的条目，它与其他条目的区别在于其 inode 编号为 1。如果内核在搜索文件名时发现一个白化条目，则停止查找并返回"没有这个文件或目录"错误。因此，在下层中具有相同名称的文件似乎已被删除。如果从上层删除了一个文件，那么只有在下层有同名文件重新出现时，才需要为它创建一个白化条目。

当进程创建与白化条目同名的文件时，白化条目将替换为引用新文件的常规名称。因为新文件是在上层创建的，所以它将掩盖下层中具有相同名称的任何文件。当用户处理目录列表时，通常不会显示白化条目及其屏蔽的文件。但是，有一个选项可以让它们显示出来。

UNIX 系统长期以来缺少的一个特性是在文件被删除后恢复它们的能力。对于联合文件系统，内核可以通过简单地删除白化条目来暴露下层文件，从而实现文件恢复。对于提供文件恢复的文件系统，用户可以使用删除命令的特殊选项来恢复文件。进程可以通过使用 undelete 系统调用来恢复文件。

当下层中的目录被删除时，将创建与文件相同的白化条目。但是，如果用户稍后尝试创建与之前删除的目录名称相同的目录，则联合文件系统必须对新目录进行特殊处理，以避免底层目录中以前的内容再次出现。当创建一个替代白化条目的目录时，联合文件系统在目录元数据中设置一个标志，表明应该对这个目录进行特殊处理。当目录扫描完成后，内核只返回关于顶级目录的信息，在下层中隐藏来自同名目录的文件列表。

联合文件系统可用于多种用途：

❑ 它允许从一个公共的源码库构建几个不同的体系结构。源码库通过 NFS 挂载到每台计算机上。在每台主机上，一个本地文件系统被联合挂载在导入的源树的顶部。在构建进行的时候，对象和二进制文件出现在位于源码树之上的本地文件系统中。

这种方法不仅避免了二进制文件污染源码库，而且还加快了编译速度，因为大多数文件系统通信都在本地文件系统上进行。

❑ 它允许在只读介质（如 CD-ROM）上编译源代码。本地文件系统被联合挂载在 CD-ROM 源之上。然后可以将其更改为 CD-ROM 上的目录，并使其看起来能够在该目录中进行编辑和编译。

❑ 它允许创建一个私有的源目录。用户在自己的工作区中创建一个源目录，然后将系统源安装在该目录下。因为对 mount 命令的限制已经放宽了，所以可以使用此功能。如果 sysctl vfs.usermount 选项被启用，用户拥有已挂载的目录，并且对要挂载的设备或目录具有适当的访问权限（只读挂载需要读权限，读写挂载需要读写权限），则任何用户都可以执行挂载操作。只有执行了挂载的用户或超级用户才能卸载文件系统。

7.5.3 其他文件系统

FreeBSD 还包含几个其他文件系统。门户文件系统将进程挂载到文件树的一个目录上。当使用遍历门户位置的路径名时，路径的剩余部分传递给挂载点上的进程。进程用合适的方式解释路径，然后给调用进程返回描述符。这个描述符也许是连接到门户进程的套接字。如果是这样，将对描述符的下一步操作传递给门户进程，以便于后者进行解释。或者，描述符也可以是文件系统中其他地方的文件。

考虑一个挂载在 /dialout 上的门户进程，用来管理一组拨号调制解调器。当一个进程想要连接到外部号码时，它将打开 /dialout/15105551212/28800 来指定 28800 波特率拨打号码 1-510-555-1212。门户进程将获得最后两个路径名组件。使用最后一个组件，它将决定应该找到一个未使用的 28800 波特率的调制解调器。它将使用另外一个组件作为调用的号码。然后，它将写一个记账记录以供将来记账，并将调制解调器的描述符返回给进程。

门户文件系统的一个有趣的用途是提供 Internet 服务目录。例如，在 /net 上挂载一个 Internet 门户进程，打开 /net/tcp/McKusick.COM/smtp 返回一个 TCP 套接字描述符，调用连接到 McKusick.COM 上 SMTP 服务器的进程。因为访问是通过普通的文件系统提供的，所以调用进程无须知道创建 TCP 套接字和建立 TCP 连接所需要的特殊函数 [Stevens & Pendry，1995]。

有几种文件系统旨在提供方便的内核信息接口。procfs 文件系统通常挂载在 /proc，并且提供系统中正在运行的进程的视图。它的主要用途是调试，但是也提供了一个方便的接口来收集系统中进程的信息。/proc 下的目录列表生成一个系统中所有进程的数字列表。4.9 节更详细地描述了 /proc 接口。

fdesc 文件系统通常挂载在 /dev/fd 上，并且提供了当前运行进程的所有活动的文件描述符列表。一个有用的例子是指定应用程序从标准输入读取输入数据。这里，你可以使用路径名 /dev/fd/0，而不必使用特殊的约定，例如使用名称 " - " 来告诉应用程序从标准输入读取数据。

linprocfs 模拟 Linux 进程文件系统的一个子集，通常挂载在 /compat/linux/proc 上。它提供的信息与 /proc 文件系统类似，但是以 Linux 二进制的格式提供。

最终，还有 cd9660 文件系统。它允许挂载具有或不具有 Rock Ridge 扩展名的符合 ISO-9660 的文件系统。ISO-9660 文件系统格式常用在 CD-ROM 上。

习题

7.1 打开的文件描述符的读写属性存储在哪里？

7.2 为什么 close-on-exec 位位于每个进程的描述符表里而非位于系统文件表中？

7.3 为什么要记录文件表条目的引用计数？

7.4 FreeBSD 描述符锁机制解决了锁文件的哪三个缺点？

7.5 强制锁导致的两个问题是什么？

7.6 为什么 select 的实现在描述符管理代码和低层例程之间拆分？

7.7 描述 select 实现中的进程选择标志的用法。

7.8 同步守护进程是系统启动的一部分。每隔一秒，它会对所有脏了 30 秒的 vnode 执行 fsync 操作。如果不运行这个守护进程，会出现什么问题？

7.9 什么时候 vnode 会放入空闲列表中？

7.10 为什么查找例程必须对路径名的每个组件调用一次 vnode 接口？

7.11 什么原因会导致撤销对 vnode 的访问，给出三个理由。

7.12 为什么缓冲区头要与保存缓冲区内容的内存分开分配？

7.13 异步 I/O 通过 aio_read 和 aio_write 系统调用，而非通过传统 read 和 write 系统调用。在现有的 read-write 接口中提供异步 I/O 会有什么问题？

*7.14 为什么设置 CLEAN 列表和 DIRTY 列表，而不是在一个列表上管理所有缓冲区？

*7.15 如果一个进程读取一个大文件，该文件的块将完全填满虚拟内存缓存，并清除所有其他内容。然后系统中所有其他的进程必须到磁盘访问它们的文件系统。写一个算法来控制缓冲区缓存的清除。

*7.16 vnode 操作参数在结构层之间传递。对于这种方法有可选的替代方法吗？说明当堆栈的层数少于五层时，与当前方法相比，你的方法效率更高或更低的原因。当堆栈中的层数为五层以上时，还可以比较解决方案的效率。

Chapter 8 第 8 章

设　备

8.1　设备概述

本章描述了系统与硬件接口的部分，如图 7-1 底部所示。历史上，设备接口是静态和简单的。设备是在系统启动时被发现的，此后不会更改。文件系统被构建在单个磁盘的一个分区中。当磁盘驱动程序从文件系统接收到写块的请求时，它将添加分区的基本偏移量，并根据来自其磁盘标签的信息执行边界检查。然后执行请求的 I/O 并将结果或错误返回到文件系统。一个典型的磁盘驱动程序可以用几百行代码来编写。

随着系统的发展，I/O 系统的复杂性也跟着新功能的增加而增加。新功能可以分为三类：

1）磁盘管理；

2）I/O 路由和控制；

3）联网。

每一个领域在 FreeBSD 中都由相应的新的子系统来处理。

磁盘管理包括磁盘用来构建文件系统的各种方法。一个磁盘可以分成几个片，每个片可以用来支持不同的操作系统。这些片中的每一个都可以进一步细分为分区，这些分区可以像以前那样用于支持文件系统。但是，也可以组合几个片或分区来创建一个虚拟分区，在这个虚拟分区上构建跨多个磁盘的文件系统。虚拟分区可以连接多个分区，使文件系统跨越多个磁盘，从而提供高带宽的文件系统，或者将底层分区放在冗余的廉价磁盘阵列（RAID）中，以提供比单个磁盘更高的可靠性和可访问性。或者，分区可以组织成两个大小相等的组，并进行镜像，从而提供比 RAID 更高的可靠性和可访问性。以这些方式将物理磁盘分区聚合到一个虚拟分区称为卷管理。

与其将所有这些功能构建到所有的文件系统或磁盘驱动程序中，不如将其抽象到

GEOM（geometry）层中。GEOM 层将系统上可用的磁盘集作为输入。它负责进行卷管理。在较低的级别上，卷管理创建、维护和解释切片表和定义每个片内分区的磁盘标签。在更高的层次上，GEOM 通过条带、RAID 或镜像组合物理磁盘分区，以创建导出到上述文件系统层的虚拟分区。虚拟分区在文件系统中显示为单个大磁盘。当文件系统在虚拟分区中执行 I/O 操作时，GEOM 层将确定涉及哪些磁盘，并将 I/O 请求分解并分派到相应的物理驱动器。GEOM 层的操作将在 8.7 节中描述。

8.1.1　PC I/O 体系结构

历史上，体系结构只有一个或两个 I/O 总线和磁盘控制器的类型。正如在下一小节中所述，现代 PC 可以通过 5 种或更多不同类型的接口将几种类型的磁盘连接到机器上。这些磁盘控制器的复杂性可与整个早期 UNIX 操作系统相媲美。早期的控制器一次只能处理一个磁盘 I/O。现在的控制器通常可以通过一个名为标记队列的方案处理多达 64 个并发请求。请求在接收、计划完成、完成并报告给请求者时，始终要通过正在发送的控制器。I/O 也可以缓存在控制器中，以使将来的请求能够更快地处理。控制器处理的另一项任务是为一个永久错误的磁盘扇区提供一个备用的好扇区。

PC I/O 体系结构如图 8-1 所示。更多的细节可以在 Arch[2014] 上找到。图的左边是一个或多个 CPU，它们可以与系统的主内存和驱动系统显示的图形内存进行高速互连。注意，L1 和 L2 缓存在这幅图中没有显示，因为它们被认为是 CPU 的一部分。历史上，内存和图形是通过北桥总线连接到 CPU 的。现代英特尔和 AMD 的 CPU 已经包含了内存控制器和图形控制器的角色。在这里，它们与小型嵌入式体系结构的片上系统设计相融合。

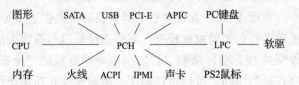

图 8-1　PC I/O 体系结构。PCH 表示外围控制器集线器，SATA 表示串行高级技术附件，USB 表示通用串行总线，PCI-E 表示外围组件高速互连，APIC 表示高级可编程中断控制器，ACPI 表示高级配置和电源接口，IPMI 表示智能平台管理接口，LPC 表示低引脚计数接口

在 CPU 下面是外围控制器集线器（PCH），它将所有的 I/O 总线连接到系统。这些总线包括：

❑ SATA（串行高级技术附件）总线。SATA 已经取代了在早期 PC 设计中常见的并行 ATA 总线。SATA 支持热插拔驱动器和以高达每秒 600 MB 的速度传输数据。通过 SATA 连接的设备在设备和端口之间有一对一的关系：没有像在早期总线（如 SCSI）中那样的设备菊花链。商业可用的系统至少具有两个，通常有更多个 SATA 端口。

从并行总线到串行总线的切换允许连接器和电缆的大小缩小到每个设备只有一条电缆，即使在笔记本电脑系统中也不会出现任何电缆布线或空间问题。

❏ USB（通用串行总线）。USB 提供高速输入，通常用于外部硬盘、可移动闪存、摄像机、扫描仪和打印机，以及键盘、鼠标和操纵杆等人工输入设备。USB 2.0 提供每秒 48 MB 的速度，而 USB 3.0 提供每秒 500 MB 的速度。

❏ PCI（外围组件互连）和 PCI-E（外围组件高速互连）总线。这些总线为高速吞吐量和现代 I/O 卡的自动配置提供了设计良好的体系结构。旧的 PCI 总线使用并行接口和简单的总线拓扑，而新的 PCI-E 总线使用星形拓扑和串行接口，允许多个通道连接在一起，以增加到外围设备的带宽。这些总线还有一个优点，那就是除了 PC 之外，它们还可以用于许多其他计算机体系结构。

❏ APIC（高级可编程中断控制器）。APIC 将设备中断映射到 CPU 的 IRQ（中断请求）值。大多数现代机器使用 IOAPIC（I/O 高级可编程中断控制器），它提供了对设备中断的更精细的控制。自从 Pentium Pro（1997）以来，所有的处理器都有一个 LAPIC（本地高级可编程中断控制器），它与 IOAPIC 一起工作，以支持中断在 CPU 之间的分配。

❏ 火线（IEEE 1394）总线。Firewire 以每秒 80 MB 的速度传输数据，一般由内存卡读卡器、外接磁盘和一些专业数码相机使用。火线基本上已被 USB 代替了。

❏ ACPI（高级配置和电源接口）。ACPI 存在于所有移动系统、桌面和服务器上。它为内核提供了系统资源（如 PCI/PCI-E 总线和 APIC）的拓扑结构和发现信息。它控制各种组件，包括电源和休眠按钮、屏幕背光强度、冷却风扇和状态灯。它还控制着 CPU、机箱和系统外围设备的节能模式 [ACPI，2013]。

❏ IPMI（智能平台管理接口）。在许多服务器级机器上提供了 IPMI 子系统，允许通过网络连接对系统进行远程监视和控制。网络连接可以与系统上的网络端口共享，也可以存在一个完全独立的网络端口，以实现对计算机的完全带外控制。IPMI 提供对各种环境寄存器的访问，包括组件温度、风扇速度和功率级别。它还可能提供一个串行局域网功能，其中虚拟串行控制台可以在网络上使用。

❏ 支持 AC97（音频编解码器）声音标准。该标准允许使用单个 DSP（数字信号处理器）来支持调制解调器和声音。

❏ 低引脚数（LPC）接口。通用 I/O 引脚的特殊组合，可用于模拟旧版接口。这些接口包括对软盘、串行端口以及 PS2 键盘和鼠标端口的访问。大多数机器通过 USB 端口连接键盘和鼠标，但一些系统仍然为遗留设备提供 PS2 端口。通过系统管理中断，在基本输入输出系统（BIOS）代码中透明地进行仿真。结果是，内核看到的是看似经典的控制器。例如，内核可能会检测到旧版的串口，但它实际上是 LPC 上分配给串口的 BIOS 控制针中的软模拟。随着第一代 PC 设备的最后一部分被淘汰，LPC 作为一种过渡技术而存在。

8.1.2　FreeBSD 大容量存储 I/O 子系统的结构

在 FreeBSD 的早期版本中有几个磁盘子系统。对 ATA 和 SCSI 磁盘的第一次支持来自 Mach 2.5，并出现在 FreeBSD 1.0 中。这两者都是高度特定于设备的。替换两者的努力导致了在 FreeBSD 3.0 中 CAM（通用访问方法）的引入，以及在 FreeBSD 4.0 中新的 ATA 驱动程序的引入。随着 ATA 工作的进行，CAM 的维护人员试图将它变成一个 CAM 附件。但是，ATA 注册表文件模型的奇怪的保留和锁定规则与 CAM 实现不太匹配，所以除了 CD-ROM 驱动程序之外，ATA 实现在 FreeBSD 9.0 一直是独立的，直到 CAM 实现替换了它。

CAM 是 ANSI（美国国家标准协会）标准（X3.232-1996）。X3T10 小组提出了 CAM 的一个修订和改进的版本，但从未获得批准 [ANSI, 2002]。虽然最初用于 SCSI，但 CAM 是一种连接主机 – 总线适配器（HBA）驱动程序（CAM 术语中的软件 – 接口 – 模块驱动程序）、中间层传输胶和外围驱动程序的方法。这种分层提供了一个强大的抽象，它将物理总线协议与逻辑设备协议分离开来，使其适合于许多现代 I/O 系统。虽然 CAM 似乎不太可能被批准为标准，但它仍然为实现存储子系统提供了一个有用的框架。

FreeBSD CAM 实现支持 SPI（SCSI 并行接口）、Fibre Channel[ANSI, 2003]、UMASS（USB 大容量存储）、IEEE 1394（火线）、SAS（串行附加 SCSI）、SATA 和 iSCSI（Internet SCSI）。它有磁盘（da）、光盘（cd）、磁带（sa）、磁带交换器（ch）、处理器设备（pt）和封装服务（ses）等外围驱动程序。此外，还有一个目标仿真器，允许计算机模拟任何受支持的设备，以及一个允许用户应用程序向任何 CAM 控制的外设发送 I/O 请求的直通接口。8.8 节描述了 CAM 层的操作。

FreeBSD 磁盘 I/O 子系统的结构如图 8-2 所示。如图所示，可以通过许多总线将磁盘驱动器连接到系统。

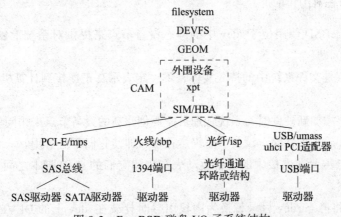

图 8-2　FreeBSD 磁盘 I/O 子系统结构

采用光纤或高速铜串行连接的光纤通道曾经是最快、最昂贵的磁盘连接技术。当用于大型服务器，或者当数据必须传输到比计算机内部或相邻机架更远的地方时，通常会使用这种磁盘系统。对它的使用也在下降，取而代之的是更便宜的 iSCSI 和 SAS。

更常见的快速选择是插入 PCI-E 总线的控制器，例如 SAS 控制器，它通常支持 8～16 个直接连接的设备，以及通过交换的总线扩展器网络连接的数百个设备。SAS 磁盘通常比面向消费者的桌面 SATA 磁盘在高负载下更快、更可靠。SAS 允许每秒 1.2 GB 的传输速度，是最便宜、最普遍的 SATA 磁盘速度的两倍。

串行接口 SATA 磁盘也可以通过 PC 体系结构上可用的其他总线连接。这些包括火线和 USB。通常，磁盘通过接口连接，接口充当磁盘到 PCI 总线的桥梁。USB 和火线总线也可能支持其他类型的设备，这些设备将直接连接到它们的设备驱动程序，而不是由 CAM 层管理。iSCSI 接口是一种将磁盘驱动器和磁盘附件直接连接到 TCP/IP 网络的方法。它提供了光纤通道的许多好处，但成本却很低。

网络设备驱动程序在内核中提供了另一项重要的功能，8.5 节将对此进行介绍。

自动配置是系统识别和启用系统中存在的硬件设备的过程。从历史上看，自动配置只在系统启动时执行一次。在现今的机器中，特别是在像笔记本电脑这样的便携式机器中，设备通常在机器运行时进进出出。因此，内核必须准备在到达时配置、初始化和提供可用的硬件，并放弃已经离开的硬件的操作。FreeBSD 使用名为 newbus 的设备驱动程序基础结构来管理系统上的设备。Newbus 构建一个以抽象的 root0 节点为根的树，并以树状结构向下延伸到各种 I/O 路径，并终止于连接到该计算机的各种设备。在单处理器系统上，root0 节点是 CPU 的同义词。在多处理器系统上，root0 节点逻辑上连接到每个 CPU。设备自动配置将在 8.9 节中描述，该节会给出设备出现时的配置细节，以及设备消失时对其进行清理的细节。

8.1.3 设备命名和访问

历史上，FreeBSD 使用位于 /dev 中的静态设备节点来提供对系统上硬件设备的访问。这种方法有几个问题：

- ❑ 设备节点是文件系统中的持久实体，不一定表示真正连接到计算机并在计算机上可用的硬件。
- ❑ 当向内核添加新硬件时，系统管理员需要创建新的设备节点来访问硬件
- ❑ 如果硬件后来被移除，设备节点仍然存在，即使它们不再可用。
- ❑ 设备节点需要在内核中的设备驱动表和创建它们的 shell 脚本之间协调主编号和次编号方案。

FreeBSD 5 将静态 /dev 目录替换为内核引导时挂载在 /dev 上的 DEVFS 文件系统。当设备被发现时，无论是在引导时还是在系统运行时，它们的名称都会出现在 /dev 文件系统中。

当设备消失或变得不可用时，/dev 中的条目将消失。与旧的静态 /dev 目录相比，

DEVFS 有以下几个优点：

- ❑ 只有当前可用的设备才会出现在 /dev 中。
- ❑ 将设备添加到系统后，其设备节点出现在 /dev 中，无须系统管理员创建新的设备节点。
- ❑ 不再需要在内核和设备创建脚本或文件系统设备节点之间协调主设备号和次设备号。

旧的静态 /dev 的一个优点是可以为设备节点提供非标准名称、访问权限、所有者或组。为了提供同样的灵活性，DEVFS 有一个规则集机制，该机制允许在新的 /dev 实现中自动进行这些更改。这些规则集可以在系统启动时放置，也可以在系统运行的任何时候创建或修改。每条规则都提供一个模式来标识要受影响的设备节点。对于每个匹配的设备节点，它指定一个或多个应该采取的操作。操作包括创建符号链接以提供非标准名称，以及设置非标准权限、所有者或组。每当创建或销毁一个新设备节点时，都会检查和应用规则集。当系统管理员明确请求时，也可以手动或通过系统启动的脚本检查和应用它们。

每次在自动配置过程中创建 device_t 时，设备驱动程序可能会在 /dev 中创建零个或多个 dev_t 条目（主要和次要编号）。大多数设备驱动程序创建一个 /dev 条目，但是网络设备驱动程序不创建任何条目，而磁盘设备可能创建许多条目。由于存在克隆设备，其他条目可能出现在 /dev 中。例如，一个克隆设备（如伪终端）每次打开时都会创建一个新设备。

8.2　从用户到设备的 I/O 映射

计算机通过支持外围 I/O 设备来存储和检索数据。这些设备通常包括大容量存储设备，如磁盘驱动器、存档存储设备和网络接口。像磁盘这样的存储设备是通过 I/O 控制器来访问的，这些控制器根据来自 CPU 的 I/O 请求来管理它们所连接的设备的操作。

高级内核功能（例如文件系统和套接字接口）对用户隐藏了许多硬件设备特性。I/O 系统从内核本身的大部分中隐藏了其他此类特性。I/O 系统由缓冲缓存系统、通用设备驱动程序代码和特定硬件设备的驱动程序组成，这些驱动程序最终必须处理特定设备的特性。整个内核的概述如图 7-1 所示。图的底部三分之一包括各种 I/O 系统。

FreeBSD 中有三种主要的 I/O：字符 – 设备接口、文件系统和与其相关的网络设备的套接字接口。字符接口出现在文件系统命名空间中，并提供对底层硬件的非结构化访问。网络设备不出现在文件系统中，可以通过套接字接口访问它们。字符设备在 8.3 节中描述。文件系统使用的磁盘设备在 8.4 节中描述。第 9 章描述快速文件系统，Zettabyte 文件系统（ZFS）在第 10 章中描述。套接字接口使用的网络设备在 8.5 节中进行描述。套接字将在第 12 章中描述。

字符 – 设备接口有两种类型，它们取决于底层硬件设备的特征。对于一些面向字符的硬件设备（如终端多路复用器），其接口是真正面向字符的，尽管高级软件（如终端驱动程序）可以为应用程序提供一个面向行的接口。然而，对于像磁盘这样的面向块的设备，字符设备接口是一个非结构化的或原始的接口。对于这个接口，I/O 操作不经过文件系统或页面缓存，相反，它们是直接在设备和应用程序的虚拟地址空间中的缓冲区之间生成的。因此，操作的大小必须是设备所需的底层块大小的倍数，并且在某些机器上，应用程序的 I/O 缓冲区必须对齐在适当的边界上。

在系统内部，I/O 设备通过每个设备的设备驱动程序提供的一组入口点进行访问。字符 – 设备接口使用 cdevsw 结构。在引导系统或在设备连接到系统配置设备时，会为每个设备创建一个 cdevsw 结构。

系统中的所有设备都由 DEVFS 文件系统管理。在配置设备时，将在 /dev 文件系统中为设备创建条目。/dev 文件系统中的每个条目都有对应的 cdevsw 条目的直接引用。程序通过 DEVFS 文件系统中的路径，例如 /dev/cu，调用 open() 系统调用直接访问一个设备，DEVFS 文件系统在其内部设备列表搜索匹配的条目，如果找到一个匹配，调用设备的 cdevsw 中存在的 open() 例程。打开后，大多数设备分配新的状态来处理它们的新消费者。当第二个用户试图调用 open() 时，只能由一个用户打开的设备将返回错误。

8.2.1 设备驱动程序

一个设备驱动程序分为以下三个主要部分：

1）自动配置和初始化例程。

2）服务 I/O 请求的例程（上半部分分）。

3）中断服务例程（下半部分）。

驱动程序的自动配置部分负责探测硬件设备，以查看后者是否存在，并初始化设备和设备驱动程序所需的任何相关软件状态。这部分驱动程序通常只被调用一次，要么是在系统初始化时，要么是在瞬态设备连接到系统时。自动配置将在 8.9 节中描述。

服务 I/O 请求的驱动程序部分由系统调用或通过虚拟内存系统调用。设备驱动程序的这一部分在内核的上半部分同步执行，并且可以通过调用 sleep() 例程进行阻塞。我们通常将这段代码称为设备驱动程序的上半部分。

当系统从设备中发出一个中断时，中断服务例程被调用。因此，这些例程不能依赖于每个进程状态。在 FreeBSD 中，一个中断有它自己的线程上下文，所以它可以在需要的时候阻塞。但是，额外的线程切换的成本非常高，对于性能良好的设备驱动程序应该尽量避免阻塞。我们通常将设备驱动程序的中断服务例程称为设备驱动程序的下半部分。

除了设备驱动程序的这三个部分之外，还可以提供一个可选的崩溃转储例程。如果存在此例程，则在系统识别出不可恢复的错误并希望记录物理内存的内容以供事后分析时调用。大多数磁盘控制器的设备驱动程序都会提供一个崩溃转储例程。15.5 节将描述崩溃转储例程的使用。

8.2.2　I/O 队列

设备驱动程序通常在其正常操作中管理一个或多个 I/O 请求队列。当一个输入或输出请求被驱动程序的上半部分接收时，它被记录在一个数据结构中，这个数据结构被放置在每个设备的队列上进行处理。当一个输入或输出操作完成时，设备驱动程序从控制器接收一个中断。中断服务例程从设备的队列中删除适当的请求，通知请求者命令已经完成，然后从队列中启动下一个请求。I/O 队列是设备驱动程序上半部分和下半部分之间通信的主要方式。

因为 I/O 队列在异步例程之间共享，所以必须同步对队列的访问。设备驱动程序的上半部分和下半部分的例程必须在操作队列之前获取与队列相关的互斥锁，以避免同时修改造成的损坏（互斥锁在 4.3 节中描述过）。例如，一个下半部分的中断可能试图删除一个上半部分还没有完全链接的条目。启动 I/O 请求的多个进程之间的同步也通过与队列关联的互斥锁序列化。

8.2.3　中断处理

中断是由设备生成的，用来表示操作已经完成或状态发生了变化。在接收到设备中断时，系统使用一个或多个参数调度适当的设备驱动中断服务例程，这些参数唯一地标识需要服务的设备。这些参数是必需的，因为设备驱动程序通常支持同一类型的多个设备。如果每个中断都没有提供中断设备的标识，则驱动程序将被迫轮询所有可能的设备，以识别中断的设备。

通过在中断向量表中安装一个辅助黏合例程的地址，系统安排将单位编号参数传递给每个设备的中断服务例程。这个黏合例程，而不是实际的中断服务例程，被调用来服务中断。它采取以下操作：

1）收集相关硬件参数，并将其放入设备预留的空间中。

2）设备中断时更新统计数据。

3）调度设备的中断服务线程。

4）清除硬件中的中断挂起标志。

5）从中断返回。

因为在中断向量表和中断服务例程之间插入了一个黏合例程，所以不能从 C 生成，硬件需要支持中断的特殊用途指令可以保留在设备驱动程序之外。黏合例程的这种插入允许不使用汇编语言编写设备驱动程序。

8.3　字符设备

除了网络接口之外，系统中几乎所有的外围设备都有一个字符设备接口。字符设备通常将硬件接口映射到一个类似文件系统的字节流。这种类型的字符设备包括终端（例如，

/dev/ttyu0）、行打印机（例如，/dev/lp0）、物理主存接口（/dev/mem）、数据的黑洞和无穷源的文件结束标记（/dev/null）。这些字符设备中的一些，例如终端设备，可能在行边界上显示特殊的行为，但通常仍被视为字节流。

诸如高速图形接口之类的设备可能有自己的缓冲区，或者可能总是将 I/O 直接发送到用户的地址空间。它们也被归类为字符设备。其中一些驱动程序可能识别特殊类型的记录，因此与普通的字节流模型相去甚远。

磁盘的字符接口也称为原始设备接口，它为设备提供了一个非结构化的接口。它的主要任务是安排设备之间的直接 I/O。磁盘驱动程序通过维护和排序挂起传输的活动队列来处理 I/O 的异步特性。队列中的每个条目指定是用于读还是写、传输的主内存地址、传输的设备地址（通常是磁盘扇区号）和传输大小（以字节为单位）。

底层硬件的所有其他限制都通过字符接口传递给其客户端，这使得字符设备接口与字节流模型的距离最远。因此，用户进程必须遵守底层硬件施加的分区限制。对磁盘来说，文件偏移量和传输大小必须是扇区大小的倍数。在将用户数据放到 I/O 队列之前，字符接口不会将用户数据复制到内核缓冲区。相反，它安排直接向进程的地址空间或从进程的地址空间执行 I/O。传输的大小和对齐方式受物理设备的限制。但是，传输大小不受系统内部缓冲区最大大小的限制，因为未使用这些缓冲区。

字符接口通常只由那些对磁盘上的数据结构有深入了解的系统实用程序使用。字符界面也允许用户级原型制作，例如，4.2BSD 文件系统实现是作为一个使用原始磁盘接口的用户进程编写和测试的，然后才将代码转移到内核中。

字符设备由 cdevsw 结构中的条目描述。这个结构中的入口点（见表 8-1）用于支持对磁盘等面向块的设备的原始访问，以及通过终端驱动程序对面向字符的设备的正常访问。原始设备支持与在面向块的设备中找到的入口点对应的入口点的子集。本节描述所有设备驱动程序的基本入口点集，面向块的设备的附加入口点集在 8.4 节中给出。

表 8-1 字符和原始设备驱动程序入口点

入口点	功 能
open()	打开设备
close()	关闭设备
read()	执行输入操作
write()	执行输出操作
ioctl()	执行 I/O 控制操作
poll()	轮询设备是否 I/O 可读
stop()	停止设备输出
mmap()	映射设备内存偏移位置
reset()	总线重置后重新初始化设备

8.3.1　原始设备和物理 I/O

大多数原始设备与文件系统的区别仅仅在于它们执行 I/O 的方式不同。文件系统在内核缓冲区之间读写数据，而原始设备在用户缓冲区之间来回传输数据。绕过内核缓冲区消除了必须由文件系统完成的内存到内存的复制，但也剥夺了应用程序享受数据缓存的好处。此外，对于同时支持原始数据和文件系统访问的设备，应用程序必须注意保持内核缓冲区中的数据与直接写入设备的数据之间的一致性。原始设备应该只在文件系统被卸载或以只读方式挂载时使用。许多文件系统的实用程序（如文件系统检查程序 fsck）以及读取和写入备份介质（如 dump）都使用原始设备访问。

因为原始设备绕过内核缓冲区，所以它们负责管理自己的缓冲区结构。大多数设备借用交换缓冲区来描述它们的 I/O。读写例程使用 physio() 例程来启动原始 I/O 操作（参见图 8-3）。策略参数标识启动设备上的 I/O 操作的块设备策略例程。该缓冲区由 physio() 用于构造对策略例程的请求。设备、读写标志和 uio 参数完全指定了应该执行的 I/O 操作。在将 I/O 传输到策略例程之前，physio() 会检查设备的最大传输大小，以调整每个 I/O 传输的大小。这种检查允许根据设备支持的最大传输大小分段进行传输。

```
void physio(
    device dev,
    struct uio *uio,
    int ioflag);
{
    allocate a swap buffer;
    while (uio is not exhausted) {
        mark the buffer busy for physical I/O;
        set up the buffer for a maximum-size transfer;
        use device maximum I/O size to bound
            the transfer size;
        check user read/write access at uio location;
        lock the part of the user address space
            involved in the transfer into RAM;
        map the user pages into the buffer;
        call dev->strategy() to start the transfer;
        wait for the transfer to complete;
        unmap the user pages from the buffer;
        unlock the part of the address space previously
            locked;
        deduct the transfer size from the total number
            of data to transfer;
    }
    free swap buffer;
}
```

图 8-3　物理 I/O 算法

原始设备 I/O 操作请求硬件设备直接向 uio 参数描述的用户程序地址空间中的数据缓冲区传输数据。因此，与从内核地址空间的缓冲区执行直接内存访问（DMA）的 I/O 操作不同，原始 I/O 操作必须检查设备是否可以访问用户的缓冲区，并且必须在传输期间将其锁定在内存中。

8.3.2 面向字符的设备

面向字符的 I/O 设备以终端端口为代表，尽管它们也包括打印机和其他面向字符或面向行的设备。这些设备通常通过 8.6 节中描述的终端驱动程序访问。与终端驱动程序的紧密联系严重影响了字符设备驱动程序的结构。例如，cdevsw 结构中存在几个入口点，用于通用终端处理程序和终端多路复用器硬件驱动程序之间的通信。

8.3.3 字符设备驱动程序入口点

字符设备的设备驱动程序是由其在 cdevsw 结构中的条目定义的：

❑ open：打开设备以准备进行 I/O 操作。对于特殊设备文件，或在内部准备使用 mount 系统调用挂载文件系统的设备时，每次 open 系统调用都会调用该设备的打开入口点。open() 例程通常会验证相关介质的完整性。例如，它将验证在自动配置阶段是否已经识别该设备，对于磁盘驱动器，它将验证介质是否存在并准备好接受命令。

❑ close：关闭设备。在对使用设备感兴趣的最终客户端终止后调用 close() 例程。这些语义是由高级 I/O 功能定义的。当设备关闭时，磁盘设备不做任何事情，因此使用 null close() 例程。只支持单个客户端访问的设备必须再次将该设备标记为可用。

❑ read：从设备读取数据。对于原始设备，这个入口点通常只调用带有特定于设备参数的 physio() 例程。对于面向终端的设备，读请求会被立即传递给终端驱动程序。对于其他设备，读请求要求将指定的数据复制到内核的地址空间，通常使用 uiomove() 例程（参见 7.1 节的结尾），然后传递给设备。

❑ write：将数据写入设备。这个入口点与读入口点是直接并行的，原始设备使用 physio()，面向终端的设备调用终端驱动程序来执行此操作，其他设备在内部处理请求。

❑ ioctl：执行读或写以外的操作。该入口点最初提供了获取和设置终端设备的设备参数的机制，它的使用也扩展到其他类型的设备。从历史上看，ioctl 操作在不同的设备之间差异很大。

❑ poll：检查设备以查看数据是否可用于读取或空间是否可用于写入数据。轮询入口点由 select 和 poll 系统调用在检查与设备特殊文件关联的文件描述符时使用。对于原始设备，轮询操作是没有意义的，因为没有缓冲数据。这里，入口点被设置为 seltrue()，这是一个对于任何轮询请求都返回 true 的例程。

❑ mmap：将设备偏移量映射到内存地址。虚拟内存系统调用这个入口点，将逻辑映射转换为物理地址。例如，它将 /dev/mem 中的偏移量转换为内核地址。

❑ kqfilter：将设备添加到调用线程的内核事件列表中。内核事件在 7.1 节中描述过。

8.4　磁盘设备

磁盘设备在 UNIX 内核中扮演核心角色，因此具有除典型字符设备驱动程序之外的其他特性和功能。过去，UNIX 为磁盘提供了两个接口。第一个是字符设备接口，它提供对原始磁盘的直接访问。这个接口在 FreeBSD 中仍然可用，并在 8.3 节中进行了描述。第二个是块设备接口，它将磁盘的用户抽象（作为字节数组）转换为底层物理介质实现的结构。块设备可以通过适当的设备专用文件直接访问。块设备在 FreeBSD 5 中被取消了，因为任何公共应用程序都不需要它们，并且块设备给内核增加了相当大的复杂性。

8.4.1　磁盘设备驱动程序入口点

磁盘设备的驱动程序包含 8.3 节中描述的所有常用字符设备入口点。除了这些入口点之外，还有两个入口点仅用于磁盘设备。

❑ strategy：启动读或写操作，并立即返回。系统将对位于设备上的文件系统的 I/O 请求转换为对块 I/O 例程 bread() 和 bwrite() 的调用。这些块 I/O 例程反过来调用设备的策略例程来读写不在内存缓存中的数据。对策略例程的每次调用都指定一个指向 buf 结构的指针，该结构包含用于 I/O 请求的参数。如果请求是同步的，则调用者必须休眠（在 buf 结构的地址上），直到 I/O 完成。

❑ dump：如果在系统启动期间配置了执行转储，则将所有物理内存写入配置的设备。通常，转储入口点将辅助存储器上的物理内存的内容保存到用于交换的区域。为了加快转储的速度并节省空间，可以将系统配置为执行一个迷你转储，仅写入内核使用的物理内存。当系统检测到一个不可恢复的错误并即将崩溃时，它会自动执行转储。转储被用于事后分析，以帮助发现导致系统崩溃的问题。通过上下文切换和禁用中断来调用 dump 例程，因此，设备驱动程序必须轮询设备状态，而不是等待中断。至少应有一个磁盘设备支持此入口点。

8.4.2　磁盘 I/O 请求排序

内核提供了通用的 disksort() 例程，所有磁盘设备驱动程序都可以使用该例程通过电梯排序算法将 I/O 请求排序到驱动器的请求队列中。该算法按循环、升序、块顺序对请求进行排序，以便通过对驱动器进行最小的单向扫描来满足请求。这种顺序最初是为了支持文件系统请求的正常预读，并抵消文件系统在驱动器上随机放置数据的影响。对于当前文件系统中改进的放置算法，disksort() 例程的影响不太明显。当一个驱动器有多个并发用户时，disksort() 产生的效果最明显。

disksort() 算法如图 8-4 所示。一个驱动器的请求队列由两个按块号排序的请求列表组成。第一个是活动列表，第二个是下一个传递（next-pass）列表。活动列表前面的请求显示驱动器的当前位置。如果下一个传递列表不是空的，那么它就是由当前位置之前的请求组成的。根据请求的位置，将每个新请求排序到活动列表或下一个传递列表中。当磁头到达活动列表的末尾时，下一个传递列表将成为活动列表，创建一个空的下一个传递列表，驱动器开始为新的活动列表提供服务。

```
void disksort(
    drive queue *dq,
    buffer *bp);
{
    if (活动列表为空) {
        放置缓冲区在活动列表前面;
        return;
    }
    if (请求位于第一个活动请求之前) {
        定位下一个传递列表的起始位置;
        将bp排序到下一个传递列表中;
    } else
        将bp在活动列表中排序;
}
```

图 8-4　disksort() 算法

磁盘排序在具有快速处理器且不在设备驱动程序中对请求进行排序的机器上也很重要。在这里，如果按照排队的顺序执行几兆字节的写操作，它可以阻止其他进程在它完成时访问磁盘。排序请求提供了一些调度，可以更公平地将访问分配给磁盘控制器。

大多数现代磁盘控制器接受多个并发 I/O 请求。然后，控制器对这些请求进行排序，以最大限度地减少服务它们所需的时间。如果控制器总是能够管理所有未完成的 I/O 请求，那么就不需要内核进行任何事务排序。然而，大多数控制器只能处理约 15 个未完成的请求。由于繁忙的系统很容易产生超出磁盘控制器同时管理的数量的活动，所以仍然需要根据内核进行磁盘事务排序。

8.4.3　磁盘标签

一个磁盘可以分成几个分区，每个分区可以用于一个单独的文件系统或交换区。磁盘标签包含有关分区布局和使用的信息，包括文件系统类型、交换分区或未使用的分区。对于快速文件系统，分区使用包含足够的附加信息，使文件系统检查程序（fsck）能够定位文件系统的备用超级块。磁盘标签还包含其他一些特定于驱动程序的信息。

在每个磁盘上都有标签意味着每个磁盘的分区信息可能不同，并且当磁盘从一个系统移动到另一个系统时，分区信息会继续存在。这也意味着，当将以前不知道的磁盘类型连接到系统时，系统管理员可以使用它们，而不需要更改磁盘驱动程序、重新编译和重新启动系统。

标签位于每个驱动器的开始附近，通常在块 0 中。它必须位于磁盘的开头附近，以便能够在第一级引导程序中使用。大多数体系结构都将硬件（或第一级）引导代码存储在只读存储器（ROM）中。当机器开机或复位按钮被按下时，CPU 将从 ROM 执行硬件启动引导代码。硬件启动代码通常读取磁盘上的前几个扇区到主内存，然后跳转到其读取的第一个位置的地址。存储在前几个扇区中的程序是第二级引导程序。通过将存储在磁盘部分中的磁盘标签作为硬件引导程序的一部分读取，允许第二级引导程序获得磁盘标签信息。这些信息使它能够找到根文件系统，从而找到打开 FreeBSD 所需的文件，例如内核。第二级引导程序的大小和位置取决于硬件引导程序代码的要求。由于磁盘标签格式没有标准，而且硬件引导代码通常只能理解供应商标签，因此通常需要同时支持供应商和 FreeBSD 磁盘标签。在这里，供应商标签必须放在硬件引导 ROM 代码期望的位置；FreeBSD 标签必须放在供应商标签之外的位置，但是要放在硬件引导代码读入的区域内，这样它才能用于第二级引导。

例如，在 PC 体系结构中，BIOS 要求磁盘的扇区 0 包含引导代码、一个分区表（通常称为主引导记录（MBR））和一个魔法数字（magic number）。MBR 分区用于将磁盘分成若干块。BIOS 读入扇区 0 并验证魔法数字。扇区 0 引导代码然后搜索 MBR 表，以确定哪个分区被标记为活动的。然后，这个引导代码从活动分区引入特定于操作系统的引导，如果标记为 bootable，则运行它。这个特定于操作系统的引导程序包括上面描述的磁盘标签和解释它的代码。

MBR 被限制为 32 位块号，仅提供对磁盘的前 2 TB 的访问，因此其余部分对 MBR 是隐藏的，难以使用。MBR 在磁盘上最多只能有 4 个分区。PC 体系结构的 MBR 的替代品是全局唯一标识符分区表（GPT）标签，它具有 64 位块号，提供对 8 ZB 的访问。它还允许最多 128 个分区在磁盘上。

使用 GPT 标签引导磁盘需要扩展固件接口（EFI）BIOS。为了允许在没有 EFI BIOS 的旧系统上使用 GPT 标签，FreeBSD 支持一种混合模式，该模式在磁盘扇区 0 上包含一个兼容性 MBR，在扇区 1 上包含一个 GPT 标签。此配置允许旧 BIOS 通过 MBR 标签引导磁盘。MBR 标签引用一个理解 GPT 标签并可以使用 GPT 信息继续引导过程的引导加载程序。即使磁盘大于 2 TB，引导链也包含在磁盘的前面，并且不受 MBR 的限制。GPT 标签的另一个优点是，它对分区的扩展支持使 BSD 磁盘标签变得多余。因此，使用 GPT 分区的 FreeBSD 系统通常没有 BSD 磁盘标签。

8.5 网络设备

FreeBSD 的所有网络协议和功能最终都位于某种形式的网络设备驱动程序之上。网络设备驱动程序负责将网络数据作为数据包，并在某些底层物理介质上传输或接收它们。

FreeBSD 内核中最常见的网络驱动程序类型与以太网硬件一起工作 [Xerox，1980]。与内核中的大多数其他设备不同，网络设备是完全异步的。无论数据何时到达，它们都会接收数据并发送数据，而不需要等待任何类型的确认。在第 12 章中描述的套接字 API 和在第 13、14 章中描述的网络协议的责任是提供一个更容易理解的模型。套接字 API 为应用程序提供一个有序的字节流，看起来更像是读取或写入本地文件。

8.5.1 网络设备驱动程序入口点

所有网络设备都由称为 ifnet 的数据结构描述，ifnet 封装设备的运行状态，并开放了内核用于与底层硬件交互的大多数功能。为网络设备驱动程序定义的函数如表 8-2 所示。ifnet 结构中不包括的两个对网络设备的正常运行至关重要的功能是驱动程序的 attach 和 detach 例程。无论网络设备是在系统启动时还是在运行时动态发现的，必须调用的第一个函数是驱动程序的 attach 例程。attach 例程负责直接与硬件通信，以设置硬件寄存器并分配资源供驱动程序使用。attach 例程还用处理设备的正确功能填充了 ifnet 结构的方法，从而将设备连接到其余的网络子系统，以便网络协议和功能能够使用硬件。驱动程序的 detach 例程在设备关闭或从系统中移除时调用，它负责释放资源并销毁由 attach 例程创建的关联。

表 8-2　网络设备驱动程序定义的功函数

函　数	描　述
if_init	初始化底层设备
if_ioctl	配置和控制设备
if_output	发送一个数据包
if_start	启动设备传输硬件
if_transmit	启动输出
if_qflush	刷新底层队列
if_input	异步调用数据包接收
if_reassign	重新分配一个虚拟网络实例
if_resolvemulti	解决多播地址

8.5.2 配置与控制

所有网络设备驱动程序都向内核公开一个例程，用于配置和控制底层设备。当设备驱动程序第一次加载到内核时，一个通用的 I/O 控制例程或 ioctl 存储在驱动程序的 ifnet 结构中。驱动程序的 ioctl 例程负责启用、禁用和重置设备。它还在运行时打开和关闭特定于设备的专用功能。可以发送到设备驱动程序的每个消息都被编码为宏，并通过驱动程序的 ioctl 例程中的 switch 语句进行检查。表 8-3 列出了最常实现的控制消息。每个消息都被编码为一个套接字 ioctl，并且大多数都有一个 set 形式和一个 get 形式。这里显示的 set 形式在消息名称中有一个 S，就像 SIOCSIFFLAGS 一样。get 形式将 S 替换为 G，以便 SIOCGIFFLAGS 从设备中检索当前标志集。用户程序和网络子系统使用为此目的提供的通用函数调用驱动程序的 ioctl 例程。只有内核能直接调用特定于驱动程序的 ioctl 例程。处理多播地址的消息（在特定于设备的数据结构中维护）使用 ADD 和 DEL 而不是 get 和 set。

表 8-3　网络设备驱动程序控制消息

消　息	描　述
SIOCSIFADDR	设置接口上的网络地址
SIOCSIFFLAGS	设置接口标志
SIOCADDMULTI	添加多播地址到设备列表中
SIOCDELMULTI	从设备列表中删除多播地址
SIOCSIFMTU	设置接口的最大传输单元
SIOCSIFMEDIA	设置设备介质专用特性
SIOCSIFCAP	设置设备功能

　　驱动程序的 ioctl 例程控制的许多特性的细节是特定于设备的，但是它们对内核的意义是通用的，我们可以笼统地描述它们。系统中的每个网络设备可以处于向上（UP）或向下（DOWN）两种状态之一。设备的状态不反映它是否打开或初始化，而是反映它是否将接收或传输数据包。设备可能已完全初始化，但尚未启动。设备的 up 和 down 状态是一个管理控件，可以在内核的生命周期内的任何时间进行设置，只要设备的硬件已经正确初始化。SIOCIFFLAGS 消息负责设置设备的管理状态以及其他一些特性。这些特性包括混杂模式，在这种模式下，一个设备可以接收通过它在网络上传递的所有数据包，而不仅仅是接收到为它绑定的数据包。因为设备的网络层地址是通过 SIOCSIFADDR 消息设置的，因此每个设备都知道哪个包是给它的。许多网络设备可以支持称为最大传输单元（MTU）的不同大小的数据包。对于以太网，标准仍然是 1500 字节，但通常可以增加到 9000 字节、16 384 字节或 64 KB。设备的本机数据包大小是通过 SIOCSIFMTU 消息控制的。表中的最后两条消息控制不同的设备专有特性。早期的网络设备只能以单一的速度和通过单一的低电平介质（如同轴电缆）进行通信。现代设备通常可以以不同的速度运行，从每秒 10 MB 到 1 GB 或 10 GB。大多数设备会自动设置自己的最高通信速度，但可以通过使用 SIOCSIFMEDIA ioctl 来改变。与构建网络的介质无关的特性，如对虚拟局域网（VLAN）的支持和各种类型的硬件卸载（设备接管部分通常由内核的网络软件完成的工作）被称为功能（capability），并通过 SIOCSIFCAP ioctl 进行控制。

8.5.3　数据包接收

　　网络数据可以随时出现在网络设备上，应用程序不需要发出任何类型的请求。到达设备的数据可能是系统提供的服务请求，例如 Web 或域名服务器。当数据到达网络设备时，它们被保存在网络设备的内存缓冲区中，直到内核将它们传输到自己的缓冲区中。设备的内存缓冲区通常保持为环形，如图 8-5 所示。底层硬件通过 DMA 将数据放入环中，内核清空环以响应某种形式的中断。使用一个环作为内核和设备之间的共享数据结构，在底层硬件和在 CPU 上执行的内核之间提供了一个缓冲区。这个环使成批工作变得更容易，从而减少了内核从设备检索数据时产生的开销。每当网络设备接收到数据时，都会中断内核，要求它检索已经接收到的数据。将数据存储在一个环中允许设备继续接收数据，而内核同时从环中检索数据。如果内核为设备中断提供服务时接收环中存在多个包，那么它可以批量检索数据，从而减少需要处理的昂贵中断的数量。

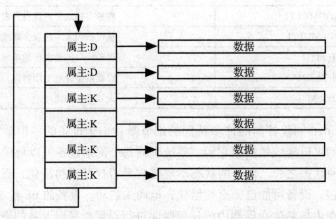

图 8-5 数据包环。D 表示被设备拥有的，K 表示被内核拥有的

接收环由接收描述符组成，每个接收描述符都包含一个指向接收数据所在内存的指针，以及一个描述其有效性的所有权位。在图 8-5 中，"D" 标记设备拥有的缓冲区，"K" 标记内核拥有的缓冲区。具体来说，一个 "K" 所有权位告诉内核它可以从与接收描述符关联的内存中读取数据。当设备接收到数据时，它将数据放入它拥有的下一个描述符的内存中。当所有数据都被移动后，设备将所有权位的设置更改为 "K"，以显示数据现在属于内核。设备可以在没有内核帮助的情况下继续在环中放置数据，直到环被填满，也就是说，所有描述符都由内核拥有。当数据被发送到接收环时，设备将触发某种形式的中断，向内核发送信号以检索数据。然后内核将读取环中可用的尽可能多的包，直到达到某个预先设置的最大值。它将通过驱动程序的附加例程放置在驱动程序 ifnet 结构的 if_input 条目中的某个函数指针将它们传递到网络子系统。通常，if_input 例程与设备支持的硬件类型（如以太网或无线）相关。内核在将数据复制到自己的缓冲区后，通过将所有权位设回 "D"，将描述符返回给设备。

环形结构用于缓冲设备和内核之间的数据包。运行在比底层网络硬件快的处理器上的内核将能够保持环几乎为空，因为它应该能够与底层硬件同步。在具有高速网络硬件的系统上，例如 10 GB 以太网（10 Gb E），适配器环使底层设备能够处理周期性的数据包突发，然后让内核在单个批处理中读取每个数据包突发。

8.5.4　数据包传输

每个 ifnet 结构都包含一个要传输的数据队列，称为接口队列。每当内核的某些部分希望在网络设备上传输数据时，它就将数据放入设备的接口队列中，然后调用存储在设备的 ifnet 结构中的 if_start() 例程。当设备首次初始化时，指向 if_start() 例程的指针由 attach() 例程放置在驱动程序的 ifnet 结构中。

数据包传输与数据包接收相似，因为内核和设备再次共享一个称为传输环的环形数据结构。传输环充当内核和设备之间的缓冲区，内核向设备写入数据，设备从中读取数据并在底层硬件上传输。传输环是由几乎与接收描述符相同的传输描述符组成的。它们包含一个指向内存的指针和一个所有权位。接收和传输描述符之间的唯一区别在于统计信息和特殊的设备特性，例如数据包时间戳和校验和卸载。在传输过程中，内核和设备的角色是相反的，内核将数据写入传输环中，改变所有权位的状态，然后告诉设备在环中有数据要发送。驱动程序的 if_start() 例程从接口队列中删除数据并将其放入传输环中。

8.6　终端处理

在位图显示和 Web 浏览器出现之前，UNIX 系统的大多数用户通过某种终端与计算机进行交互。终端要么是面向行的电传打字机，这意味着用户在提交给系统之前只能修改一行文本，要么是基于屏幕的，最常见的终端提供的屏幕宽 80 个字符，高 24 行。可以连接到 UNIX 系统的不同终端过多，这意味着内核中处理与终端交互的部分最终会变得复杂。现代 UNIX 系统的用户与终端的交互比前辈少，但是程序员和系统管理员继续使用某种形式的基于终端的命令行界面来对系统进行有效和直接的控制。终端还提供了最有效和低开销的控制系统的方法。与简单的终端相比，位图显示和 Web 服务器需要系统提供更多的资源。在常见的 FreeBSD 嵌入式系统和专门构建的系统（例如，路由器、交换机和存储系统）中，通过终端与系统交互的能力是必需的，而与 Web 服务器通信的 Web 界面则被认为是一种奢侈。

FreeBSD 中的终端处理工具包含三个独立的子系统：tty 驱动程序、串行设备驱动程序和伪终端驱动程序。FreeBSD 中最常见的用户会话类型是使用 pts 驱动程序提供的伪终端。伪终端驱动程序为设备对（称为主设备和从设备）提供支持。从设备为进程提供的接口与本节中为终端描述的接口相同。写在主设备上的任何内容都提供给从设备作为输入，写在从设备上的任何内容都提供给主设备作为输入。主设备的驱动程序模拟本节其余部分中描述的所有硬件支持细节。

xterm 使用伪终端，远程登录程序 ssh 也使用伪终端。在一个典型的使用中，xterm 打开一个伪终端的主端，将来自窗口管理器的击键定向到它的输入，同时获取它的输出并在窗口中绘制字符。它派生一个进程，该进程打开伪终端的从端，然后运行用户的首选 shell，将从端设置为标准输入、输出和错误。当用户键入每个击键时，它被写入伪终端的主端，由行规程处理，并最终作为输入出现在用户的 shell 中。shell 的输出被写入伪终端的从端，由行规程处理它，并最终从主端出现，并显示在 xterm 窗口中。系统打开的每个伪终端都出现在 DEVFS 文件系统的 /dev/pts 目录中。

伪终端驱动程序通常使用在本节后面的用户接口小节中描述的字符 - 设备接口，一次处理一个字符。由于每个字符都是在键盘上输入的，或者来自网络上的用户，所以它作为输入显示给伪终端的主端。字符的输入与从伪终端的从端读取用户输入的进程请求无关。字符在接收时被处理，并被存储，直到进程请求它们，从而允许提前输入。当一个伪终端支持用户与系统交互时，终端输入代表用户的击键，终端输出显示在用户的屏幕上。当使用终端这一术语时，我们是在描述一个同时适用于伪终端和硬连接终端设备的概念。

8.6.1 终端处理模式

FreeBSD 支持多种终端处理模式。大多数情况下，键盘输入处于规范模式（通常也称为熟模式或行模式），在这种模式下，当用户键入输入字符时，操作系统将回显这些字符，但是在接收到换行字符之前，这些字符将在内部进行缓冲。只有在接收到换行字符之后，shell 或其他进程才能从键盘读取整行内容。如果进程在准备好完整的行之前尝试从键盘读取数据，那么进程将休眠，直到接收到换行字符，而不管是否已经接收到部分行。通常情况下，回车的行为类似于换行符，并导致该行对等待的进程可用，这种情况是由操作系统实现的，用户或进程可以对其进行配置。在规范模式下，用户可以纠正输入错误，使用删除字符删除最近输入的字符，使用单词删除字符删除最近输入的单词，或使用终止字符删除当前的整行。其他特殊字符产生发送给与键盘相关的进程的信号，这些信号可以中止处理，也可以暂停处理。附加字符启动和停止输出、刷新输出或阻止对后续字符的特殊解释。用户可以键入多行输入，最多可达到实现定义的限制，而不需要等待输入被读取并从输入队列中删除。用户可以指定特殊的处理字符，也可以有选择地禁用它们。

与其他计算机通信的编辑器和程序通常以非规范模式（也通常称为原始模式或一次字符模式）运行。在这种模式下，一旦接收到输入的字符，系统就会将其作为输入读取。禁用所有特殊字符输入处理，不执行删除或其他行编辑处理，将所有字符都传递给从键盘读取的程序。

除了处理输入字符外，终端接口还必须对输出进行某些处理。大多数情况下，这种处理很简单：换行符转换为回车和换行。除了执行字符处理之外，终端输出例程还必须管理流控制，包括用户控制（使用停止和开始字符）和进程控制。由于与计算机外围设备相比，用户接收输出的速度较慢，因此向终端写入的程序产生输出的速度可能比用户处理输出的速度快得多。当一个进程填满了终端输出队列时，它将被置为休眠状态，并在耗尽足够的输出时重新启动。

为终端接口完成的大多数字符处理相对于它是关联伪终端还是关联实际硬件设备是独立的。因此，大部分处理是由 tty 驱动程序或终端处理程序中的公共例程完成的。硬件接口由特定的设备驱动程序支持，该驱动程序负责接收和传输字符，并处理与执行输出的进程的某些同步。tty 驱动程序调用硬件驱动程序进行输出，而它在接收到输入字符时调用 tty 驱动程序。伪终端接口充当了异步串行接口的软件仿真，使得它与真正的硬件和内核的其余部分难以区分。

FreeBSD 的早期版本实现了一个灵活的抽象来处理终端行，称为行规程。行规程是通过函数指针结构调用的一组例程实现的，允许针对不同类型的设备有专门的行规程。在基于硬件的终端变得过时之后，不再需要一个灵活的行规程系统，因为仅存的终端是虚拟的（即 xterm）。它们都共享一个共同的控制语言。FreeBSD 8 中新终端层的集成去掉了除原来处理交互字符处理的终端行规程之外的所有内容。为了保持内部接口的兼容性，保留并从 tty 驱动程序和作为 FreeBSD 一部分的各种串行设备驱动程序中调用行规程例程。

终端行规程例程在底层硬件设备和终端的抽象实现之间进行转换。行规程提供的主要功能列在表 8-4 中。与所有设备驱动程序一样，终端驱动程序分为上半部分和下半部分，上半部分在处理系统调用时同步运行，下半部分在伪终端或硬件设备向其提供字符时异步运行。行规程提供了为终端驱动程序的上半部分和下半部分执行通用终端处理的例程。

表 8-4　TTY 行规程入口点

例　程	用　途
ttydisc_open	初始化规程的入口
ttydisc_close	从规程退出
ttydisc_read	从行读取
ttydisc_write	写入行
ttydisc_ioctl	控制操作
ttydisc_rint	接收字符
ttydisc_getc	获取字符到输出
ttydisc_modem	调制解调器运载传输

所有可以放置在 tty 设备下的设备都支持由字符 – 设备开关指定的常规字符设备 – 驱动程序入口点集。当一个新的串行设备连接到系统时，它调用 tty_alloc() 例程来将一个新的 ttydevsw 结构连接到系统中。几个系统调用（读、写和 ioctl）在被调用时立即将控制转移到行规程。标准的终端轮询例程 ttypoll() 通常用作字符 – 设备开关中的设备驱动程序轮询条目。打开例程和关闭例程相似。当一行首次进入某个规程时，将调用行规程开放条目。类似地，调用 close() 例程来退出规程。所有这些例程都是从上面调用的，以响应相应的系统调用。

设备驱动程序的下半部分调用其余的行规程条目，以报告在中断时检测到的输入或状态更改。调用 ttydisc_rint（接收器中断）条目，每行接收一个字符。输出字符对应的条目是 ttydisc_getc 例程，输出例程调用该例程将行规程中的字符提取到输出。调制解调器控制线路中的转换可以由硬件驱动程序检测到。在这里，调用 ttydisc_modem 例程来传递新状态。

8.6.2 用户接口

终端行规程是由 System V 中出现的规程衍生而来，并经过 POSIX 标准的修改，然后进一步修改，以便与以前的 4.2BSD 行规程提供合理的兼容性。描述系统 V 的终端状态的基本结构是 termio 结构。POSIX 和 FreeBSD 使用的基础结构是 termios 结构。

控制终端行规程的标准编程接口是 ioctl 系统调用。此调用设置和获取特殊处理字符和模式的值，设置和获取硬件串行线参数，并执行其他控制操作。大多数 ioctl 操作除了需要一个文件描述符和命令外，还需要一个参数，该参数是一个整数或结构的地址，系统从中获取参数或将信息放入其中。因为 POSIX 工作组认为 ioctl 系统调用是困难和不希望指定的，因为其使用不同大小的参数、类型以及它们是否被读或写——小组成员选择引入新的 ioctl 调用的接口，他们认为对应用程序的可移植性很有必要。每个调用都用 tc 前缀命名。在 FreeBSD 系统中，每个调用都被转换成 ioctl 调用（可能是在预处理之后）。

下面的 ioctl 命令集专门适用于标准的终端行规程。这个清单并不是详尽的，尽管它提供了所有常用的命令。

- ❑ TIOCGETA/TIOCSETA：获取（设置）这一行的 termios 参数，包括行速度、行为参数和特殊字符（如删除和终止字符）。
- ❑ TIOCSETAW：等待输出缓冲区耗尽之后设置这一行的 termios 参数（但不丢弃输入缓冲区中的任何字符）。
- ❑ TIOCSETAF：等待输出缓冲区耗尽并从输入缓冲区中丢弃任何字符之后，为这一行设置 termios 参数。
- ❑ TIOCFLUSH：从输入和输出缓冲区中丢弃所有字符。
- ❑ TIOCDRAIN：等待输出缓冲区耗尽。
- ❑ TIOCEXCL/TIOCNXCL：获取（释放）行的独占使用。
- ❑ TIOCCBRK/TIOCSBRK：清除（设置）行的终端硬件中断条件。
- ❑ TIOCGPGRP/TIOCSPGRP：获取（设置）与此终端关联的进程组（参见下一小节）。
- ❑ TIOCOUTQ：返回终端输出缓冲区中的字符数。
- ❑ TIOCSTI：向终端的输入缓冲区中输入字符，就像它们是被用户输入的一样。
- ❑ TIOCNOTTY：当前控制终端与进程解除关联（参见下一小节）。
- ❑ TIOCSCTTY：终端成为该进程的控制终端（参见下一小节）。
- ❑ TIOCSTART/TIOCSTOP：启动（停止）终端的输出。
- ❑ TIOCGWINSZ/TIOCSWINSZ：获取（设置）终端行的终端或窗口大小。窗口大小以字符为单位，包括宽度和高度，或者以像素为单位（在图形显示中，这是可选的）。

8.6.3　进程组、会话和终端控制

进程控制（作业控制）功能，如 4.8 节所述，依赖于终端 I/O 系统来控制对终端的访问。每个作业（作为单个实体操作的进程组）都由进程组 ID 标识。

每个终端结构都包含一个指向相关会话的指针。当进程创建新会话时，该会话没有关联的终端。要获取一个相关的终端，会话发起者必须使用一个与终端相关的文件描述符并指定 TIOCSCTTY 标志来进行 ioctl 系统调用。当 ioctl 成功时，会话发起者被称为控制进程。此外，每个终端结构都包含前台进程组的进程组 ID。当一个会话发起者获得一个相关联的终端时，终端进程组被设置为该会话发起者的进程组。通过使用与终端相关联的文件描述符进行 ioctl 系统调用并指定 TIOCSPGRP 标志，可以更改终端进程组。会话中的任何进程组都可以成为终端的前台进程组。

由终端输入的字符生成的信号被发送到终端前台进程组中的所有进程。默认情况下，其中一些信号会导致进程组停止。shell 将作业创建为进程组，将进程组 ID 设置为进程组中第一个进程的 PID。每次在前台放置一个新作业时，shell 都会将终端进程组设置为新进程组。因此，终端进程组是当前控制终端的进程组的标识符，也就是说，是运行在前台的进程组的标识符。其他进程组可以在后台运行。如果一个后台进程试图从终端读取数据，它的进程组就会收到另一个信号，这个信号会停止进程组。还可以选择停止尝试终端输出的后台进程。这些用于控制输入和输出操作的规则仅适用于控制终端上的那些操作。

当用户从终端断开连接时（例如，当网络连接丢失时），与终端相关的会话的会话发起者将发送一个 SIGHUP 信号。如果会话发起者退出，则控制终端将被撤销，这将使系统中该终端的任何打开的文件描述符无效。这种撤销确保持有终端文件描述符的进程在终端被另一个用户获取后不能访问该终端。撤销在 vnode 层操作。由于某些原因，进程有可能处于读或写休眠状态——例如，它位于一个后台进程组中。因为这样的进程已经通过 vnode 层解析了文件描述符，所以在 revoke 系统调用之后，休眠进程的一次读或写操作就可以完成。为了避免这个安全问题，当一个进程从一个终端上的休眠状态中醒来时，系统会检查终端生成编号，如果这个编号发生了变化，则会重新启动读或写系统调用。

8.6.4　终端操作

我们现在检查伪终端设备驱动程序的操作。每次使用 sys_posix_openpt() 例程打开以前未使用的伪终端设备的主端时，都会调用伪终端驱动程序的 alloc 例程。alloc 例程初始化 tty 结构，将作为 pts 驱动程序 ttydevsw 结构一部分的函数指针集与底层终端设备关联起来。一旦分配了伪终端，所有其他操作都将通过设备文件系统进行，在这个文件系统中调用终端设备驱动程序的例程。调用 ttydev_open() 例程以打开支持伪终端的设备，打开例程通过

调用 ttydisc_open() 例程来设置行规程。tty 驱动程序足够抽象，它可以处理在硬件中实现的设备，也可以处理纯在软件中实现的伪终端。

8.6.5 终端输出（上半部分）

在打开终端之后，对结果文件描述符的写操作将产生要发送的输出。使用文件指针、描述要写入的数据的 uio 结构和指定 I/O 是否非阻塞的标志来调用 ptsdev_write() 例程，将结果写入伪终端。tty 结构包含在传递到写例程的文件结构中。从 ptsdev_write() 例程中直接调用行规程例程来发送数据。

处理字符输出的主要例程是 ttydev_write() 例程。它负责将数据从用户进程复制到内核中，并将转换后的数据放到伪终端的输出队列中。ttydev_write() 例程首先检查当前进程是否允许在这个时候写入终端。用户可以设置 tty 选项，只允许前台进程进行输出。如果设置了这个选项，并且终端行是进程的控制终端，只有在前台进程组（即如果进程和终端的进程组相同）的这个进程应立即输出。如果进程不在前台进程组中，并且一个 SIGTTOU 信号会导致进程挂起，则将一个 SIGTTOU 信号发送给该进程的进程组。在此，当用户将进程组移动到前台时，将再次尝试写操作。如果进程在前台进程组中，或者某个 SIGTTOU 信号不会挂起该进程，写操作将照常进行。

当 ttydev_write() 确认允许写入时，它将进入一个循环，该循环将要写入的数据复制到内核中，检查需要的任何输出转换，并将数据放到终端的输出队列中。如果队列在处理所有字符之前就已填满，则通过阻塞可以防止队列变得过满。对队列大小的限制（上限），取决于输出行速度；对于伪终端，行速被设置为最大的波特率，这样它们将获得几千字符的最高上限。下限被设置为上限的一半左右。在继续进行之前被迫等待输出耗尽时，ttydisc_write() 将在 tty 结构状态下设置一个标记 TF_HIWAT_OUT，以请求在队列低于下限时唤醒它。

检查了错误、权限和流控制之后，ttydisc_getc() 使用 uiomove() 将用户数据复制到本地缓冲区中，最多 256 个字符。（使用 256 的值是因为缓冲区存储在堆栈上，所以不能太大。）在非规范模式下配置终端驱动程序时，不会执行每个字符的转换，而是一次性处理整个缓冲区。在规范模式下，终端驱动程序通过扫描输出字符串，在标记有可能需要翻译的字符（例如，换行符）或需要扩展的字符（例如，tab 字符）的表中依次查找每个字符来查找不需要翻译的字符组。使用 memcpy() 将不需要特殊处理的每组字符放入输出队列。尾特殊字符通过 ttydisc_reprint() 输出。

ttydisc_write() 例程通过首先搜索输出中可能需要后期处理的字符来处理特殊字符的转换。然后输出常规字符，并通过后处理例程处理特殊字符。根据终端模式的不同，可以进行以下翻译：

❑ tab 可以扩展为空格。
❑ 换行可以用回车加换行替换。

一旦数据被放在终端的输出队列上，它的设备驱动程序就会被唤醒，让它知道它可以开始输出。除非输出已经在进行中，或者接收到停止字符而暂停，否则向设备相关的线程发送唤醒信息。对于伪终端，唤醒被发送到主端上的一个正在休眠的线程，如果还没有运行，唤醒它，以便它可以使用数据。对于硬件终端，唤醒被发送到与设备关联的线程，该设备开始从串行线发送字符。在处理完所有数据并将其放入输出队列之后，ttydisc_write()返回一个写操作成功完成的指示。

8.6.6 终端输出（下半部分）

通过伪终端主端上运行的线程或硬件设备驱动程序从输出队列中删除字符。当输出队列上的字符数低于下限时，输出例程将检查 TF_HIWAT_OUT 标志是否设置为显示一个线程正在等待输出队列中的空间，并且是否应该被唤醒。此外，调用 selwakeup()，如果在t_outpoll 中记录一个线程作为选择输出，则会通知该线程。输出将继续，直到输出队列为空。

8.6.7 终端输入

与输出不同，终端输入不是由系统调用启动的，而是在终端行从远程登录会话或本地键盘接收字符时异步到达。因此，终端系统中的输入处理主要在中断时发生。

当一个字符从远程登录会话通过网络到达时，本地运行的远程登录守护进程将其写入伪终端的主端。伪终端的主端将通过接收终端的 ttydisc_rint 将字符作为输入传递到接收终端的终端行规程。对于本地附加的硬件，如键盘，输入字符将由设备驱动程序直接传递到接收 tty 设备驱动程序输入项。在这两种情况下，输入字符都作为整数传递。整数的最后 8位是实际的字符。从本地连接的硬件接收的字符可能有硬件检测到的奇偶校验错误、中断字符或帧错误。这些错误通过在整数的高位设置标记来显示。

终端输入的解释是在 ttydisc_rint 例程中完成的。当检测到中断条件（比正常更长的只有 0 位的字符）时，将忽略它，或者根据终端模式将中断字符或 null 传递给进程。如果需要，将回显输入字符。在非规范模式下，字符被放在原始输入队列中而不需要解释。否则，ttydisc_rint() 例程所做的大部分工作就是检查具有特殊含义的字符并执行所请求的操作。其他字符被放入原始队列。在规范模式下，如果接收到的字符是回车符或导致当前行可供读取终端的程序使用的另一个字符，则将原始队列的内容添加到规范化队列中，并等待输入或设备上用于输入的选择被唤醒。在非规范模式下，选择在设备上输入的任何进程或在等待读取输入的原始队列上休眠的任何进程都将被唤醒。如果使用 fcntl 和 FASYNC 标志将终端设置为信号驱动 I/O，则将 SIGIO 信号发送到控制终端的进程组。

最后，对终端设备的文件描述符进行读调用。与从字符专用设备中读取的所有调用一样，这个调用会导致对设备驱动程序的 read 例程的调用，其中包含一个设备指针、一个描述要读取的数据的 uio 结构，以及一个指定 I/O 是否非阻塞的标志。终端设备驱动程序使用设备指针来定位设备的 tty 结构，然后调用行规程 ttydisc_read 来处理系统调用。

ttydisc_read 例程首先检查进程是否是会话的一部分，以及当前与终端关联的进程组。如果进程是当前与终端关联的会话的成员（如果有），并且是当前进程组的成员，则进行读取。否则，如果 SIGTTIN 将挂起进程，则将 SIGTTIN 发送到该进程组。在这里，当用户将进程组移动到前台时，将再次尝试读取。否则，将返回一个错误。最后，ttydisc_read() 检查适当队列中的数据（规范化模式下的规范化队列，非规范化模式下的原始队列）。如果没有数据存在，ttydisc_read() 在终端使用非阻塞 I/O 时再次返回错误 EAGAIN；否则，它将在原始队列的地址上休眠。当 ttydisc_read() 被唤醒时，它会从头开始重新启动处理，因为在它处于休眠状态时，终端状态或进程组可能发生了更改。

当队列中有字符等待 ttydisc_read() 时，使用 ttydisc_getc() 一次从队列中删除一个字符，并将其复制到用户的缓冲区中。在规范模式下，某些字符从队列中删除后会受到特殊处理：延迟的暂停字符会导致当前进程组被信号 SIGTSTP 停止，文件结束字符会终止读取而不会传递回用户程序。如果没有先前的字符，文件结束字符将导致读取返回零字符，这将被用户程序解释为表示文件结束。然而，大多数输入字符的特殊处理都是在字符进入队列时完成的。例如，根据 ICRNL 标志将回车转换为换行符必须在字符首次接收时完成，因为换行字符将以规范模式唤醒等待的进程。在非规范模式下，在处理字符时不检查字符。

处理字符并将其返回给用户，直到 uio 结构中的字符数为零，队列已耗尽，或者在规范模式下到达行结束符。当 read 调用返回时，返回的字符数将是处理字符时请求的计数减少的数量。

读取完成后，如果由于队列已满而发送的停止字符阻塞了终端输出，并且现在队列小于已满的 20%，则发送一个开始字符（通常为 XON、control-Q）。

8.6.8 关闭终端设备

当关闭终端设备的最后引用时，或者在设备上执行 revoke 系统调用时，将调用设备 close() 例程。在调用行规程的 close() 例程并清除与终端相关的所有状态之前，内核将进行检查，以确保没有对终端打开的引用。行规程关闭 ttydisc_close() 刷新所有挂起的输出。最后，设备关闭例程释放与设备关联的队列，清除与终端关联的任何符号，并唤醒所有在终端上等待的进程。

8.7 GEOM 层

GEOM 层为磁盘 I/O 请求提供了一个模块化的转换框架。这个框架支持一个基础结构，在这个基础结构中，类可以对磁盘 I/O 请求进行几乎任意的转换，转换的路径是从上层内核到设备驱动程序，然后再返回。GEOM 既支持自动数据直接的配置，也支持手动或脚本直接的配置。

GEOM 的转换包括以下内容：

❑ 磁盘分区需要的简单基数和边界计算。

❑ 用于提供 RAID、镜像、条带逻辑卷的磁盘聚合。

❑ 受密码保护的逻辑卷。

❑ I/O 统计数据集合。

❑ I/O 优化，例如磁盘事务排序。

❑ 日志 I/O 事务。

与许多以前版本不同，GEOM 是可扩展的和拓扑不可知性。

8.7.1 术语和拓扑规则

GEOM 是面向对象的，因此从面向对象的术语中借用了很多上下文和语义。转换是修改 I/O 请求的特定方法的概念。例如，对一个磁盘分区、镜像两个或多个磁盘，以及在 RAID 中同时操作多个磁盘。

一个类实现一个特定的转换。类的例子有主引导记录（MBR）磁盘分区、BSD 磁盘标签、RAID 阵列、事务日志或加密。

类的实例称为 geom。在一个典型的 FreeBSD 系统中，每个磁盘都有一个 geom 类 MBR。MBR 将磁盘细分为多达 4 个部分。对于每个带有 BSD 磁盘标签的片，还将有一个 BSD 类的 geom。

生产者是 geom 提供服务的大门。典型的提供程序是逻辑磁盘，例如 /dev/da0s1。所有提供程序都有三个主要属性：名称、介质大小和扇区大小。

消费者是 geom 连接到另一个 geom 生产者并通过其发送 I/O 请求的后端。例如，MBR 标签通常是磁盘的消费者和磁盘片的生产者。

这些实体之间的拓扑关系如下：

❑ 一个类有零个或多个 geom 实例。

❑ geom 派生自一个类。

❑ 一个 geom 有零个或更多的消费者。

❑ geom 有零个或更多的生产者。

❑ 一个消费者只能附属于一个生产者。

❑ 一个生产者可以具有多个消费者。

❑ GEOM 结构可能没有循环；它必须是一个非循环有向图。从面向对象的角度来看，GEOM 实现了一个单继承系统，因为消费者只能附属于一个生产者。

所有 geom 都有一个指定的秩号，用于检测和防止非循环有向图中的循环。这个秩号分配如下：

❑ 没有附属消费者的 geom 的秩号为 1。

❑ 具有附属消费者的 geom 的秩号比其附属消费者的生产者的 geom 的最高秩号高。

图 8-6 显示了一个示例 GEOM 配置。在底部是一个 geom，它与 CAM 层通信并生成 da0 磁盘。它有两个消费者。右边是将整个磁盘镜像导出为 /dev/da0 的 DEVFS 文件系统。左边是一个 MBR geom，它解释在磁盘的第一个扇区中找到的 MBR 标签，以生成两个片 da0s1 和 da0s2。这两个片都有将它们导出为 /dev/ da0s1 和 /dev/da0s2 的 DEVFS 消费者。这两个片中的第一个有第二个消费者，一个 BSD 标签 geom，它解释在片开始附近找到的 BSD 标签。BSD 标签将切片细分为多达 8 个（可能重叠的）分区，da0s1a 到 da0s1h。所有定义的分区都有 DEVFS 消费者，这些消费者通过 /dev/da0s1a 将它们导出为 /dev/ da0s1h。当其中一个分区被挂载时，挂载它的文件系统也成为该分区的消费者。

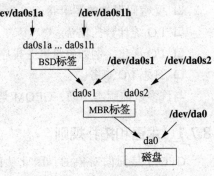

图 8-6　示例 GEOM 配置

8.7.2　改变拓扑

基本操作是 attach（将消费者连接到生产者）和 detach（断开连接）。可以使用几个更复杂的操作来简化自动配置。

尝试是每当创建新类或新生产者时都会发生的过程。它为类提供了一个机会来自动配置它认为属于自己的提供程序上的实例。一个典型的例子是 MBR 磁盘分区类，它将在第一个扇区中查找 MBR 标签，如果找到并有效，它将根据 MBR 的内容实例化一个 geom 以进行多路复用。

GEOM 并未定义类究竟做什么来识别它是否应该接受所提供的生产者，但是一组合理的选项是：

❑ 检查磁盘上的特定数据结构。

❑ 检查生产者的属性，如扇区大小或介质大小。

❑ 检查生产者的 geom 的秩号。

❑ 检查生产者的 geom 的方法名。

将向所有现有生产者提供一个新类，并向所有类提供一个新生产者。

配置是管理员发出指令以实例化特定类自身的过程。例如，可以指定 BSD 标签模块，并使用一定的覆盖级别强制 BSD 磁盘标签 geom 附加到在尝试（taste）操作期间发现不符合要求的提供程序。在第一次标记磁盘时，通常需要进行配置操作。

孤立化是指在生产者可能仍在被使用时删除它的过程。当 geom 将某个生产者变成孤儿时，所有将来的 I/O 请求都将使用 geom 设置的错误代码在生产者上反弹。附加到生产者的所有消费者都将收到关于孤立的通知，并期望采取适当的行动。一个因正常尝试操作而产生的 geom 应该自毁，除非它有办法在没有孤立的生产者的情况下继续运作。单点操作 geom，就像那些解释磁盘标签的 geoms 一样，应该自毁。拥有冗余操作点的 geom，例如那些支持 RAID 或镜像的 geom，只要不失去法定数量就可以继续。

孤立的生产者可能不会立即改变拓扑结构。任何附属的消费者仍然是附属的。任何打开的路径仍然是打开的。任何未完成的 I/O 请求仍然是未完成的。一个典型的场景是：

- ❏ 设备驱动程序检测到一个磁盘已经分离，并孤立生产者。
- ❏ 磁盘顶部的 geom 接收孤立事件并孤立所有生产者。不使用的生产者通常会立即自毁。这个过程以递归的方式继续，直到树的所有相关部分都响应了这个事件。
- ❏ 最终，当到达树顶的设备 geom 时，遍历将停止。geom 将通过返回一个错误来拒绝任何新请求。它将休眠，直到所有未完成的 I/O 请求都已返回（通常为错误）。然后，它将显式地关闭、分离和销毁它的 geom。
- ❏ 当生产者上面的所有 geom 都消失时，生产者将分离并销毁它的 geom。这个过程一直向下渗透到整树中，直到清理完成。

虽然这种方法看起来很复杂，但它确实在处理消失的设备时提供了最大的灵活性和健壮性。确保在所有未完成的 I/O 请求都返回之前，树不会被拆散，这就保证了不会有任何应用程序因为一块硬件消失而挂起。

破坏是一种特殊的孤立情况，用于防止过时的元数据。通过一个例子来理解破坏可能是最容易的。考虑图 8-6 中所示的配置，其中上面有磁盘 da0，它是一个提供 da0s1 和 da0s2 的 MBR geom。在 da0s1 之上，BSD geom 通过 da0s1h 提供 da0s1a。MBR 和 BSD geom 都基于磁盘介质上的数据结构进行了自动配置。现在考虑这样一种情况：da0 被打开用于写入，而 MBR 被修改或覆盖。MBR geom 现在将在陈旧的元数据上运行，除非某些通知系统可以通知它。为了避免陈旧的元数据，da0 的写入会通知所有相关的消费者，从而导致 MBR 和 BSD geom 的最终自毁。当 da0 关闭时，它将再次被提供去尝试，如果 MBR 和 BSD 的数据结构仍然存在，新的 geom 将实例化它们自己。

为了避免更改活动文件系统的磁盘标签所带来的混乱，更改开放 geom 的大小只能通过它们的合作来完成。如果通过 MBR 或 BSD geom 的任何路径都是打开的（例如，作为一个挂载的文件系统），它们就会向下传播一个排他打开标志，从而导致无法打开 da0 进行写入。相反，在打开 da0 以重写 MBR 时请求的独占打开标志将导致在关闭 da0 之前不可能打开通过 MBR geom 的路径。只有当写计数从 0 变为非 0 时才会发生破坏，只有当写计数从非 0 变为 0 时才会发生尝试。

插入操作允许在现有消费者和生产者之间实例化新 geom。Delete 是允许从现有消费者和生产者之间删除 geom 的操作。这些功能可用于移动活动的文件系统。例如，如图 8-7 所示，我们可以将一个镜像模块插入图 8-6 所示的 GEOM 堆栈中。镜像在 BSD 标签消费者和其 MBR 标签生产者 da0s1 之间的 da0s1 和 da1s1 上运行。该镜像最初配置为 da0s1 作为其唯一副本，因此对于路径上的 I/O 请求是透明的。接下来，我们要求它将 da0s1 镜像为 da1s1。当镜像副本完成时，我们将镜像副本放到 da0s1 上。最后，我们从指示 BSD 标签消费者在 da1s1 消费的路径中删除镜像 geom。结果是，我们在使用挂载的文件系统时将它从一个使用磁盘移动到另一个磁盘。

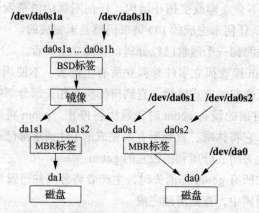

图 8-7　使用镜像模块复制活动的文件系统操作

8.7.3　操作

GEOM 系统需要能够在多处理器内核中运行。确保正确操作的通常方法是在所有数据结构上使用互斥锁。由于实现 GEOM 类的代码和数据结构的巨大规模和复杂性，在 FreeBSD 10 之前，GEOM 使用了单线程方法而不是传统的互斥锁来确保数据结构的一致性。使用两个线程来操作其堆栈，该操作模式仍然可用：g_down 线程来处理从顶部的消费者到底部的生产者的请求，以及 g_up 线程来处理从底部的生产者到顶部的消费者请求。在顶部进入 GEOM 层的请求将排队等待 g_down 线程。g_down 线程从队列中弹出每个请求，将其向下移动到堆栈中，然后通过提供程序取出。类似地，生产者返回的结果将排队等待 g_up 线程。g_up 线程从队列中弹出每个请求，将其向上移动到堆栈中，并将其发送回消费者。因为只有一个线程在堆栈中上下运行，所以唯一需要的锁定是在向上和向下路径之间协调的少数数据结构上。要使这个单线程方法有效工作，需要两个规则：

1）geom 永远不休眠。如果 geom 将 g_up 或 g_down 线程置为休眠状态，那么整个 I/O 系统将陷入停顿，直到 geom 重新唤醒。GEOM 框架检查它的工作线程是否从不休眠，如果它们试图这样做，就会感到恐慌。

2）没有 geom 可以过度计算。如果 geom 计算过多，挂起的请求或结果将不可接受地延迟。有些 geom（例如为文件系统提供加密保护的 geom）是计算密集型的。这些计算密集型 geom 必须提供它们自己的线程。当 g_up 或 g_down 线程进入计算密集型的 geom 时，它将简单地对请求进行排队，调度 geom 自己的工作线程，然后继续处理其队列中的下一个请求。在调度时，计算密集型 geom 的线程将执行所需的工作，然后将 g_up 或 g_down 线程的结果排队，以完成将请求推入堆栈的工作。

虽然队列处理模型是灵活的，但它确实放弃了性能来提供这种灵活性。每个入队和出队操作都需要处理器资源，队列本身需要锁来保护，这样两个线程就不能同时更新队列数据结构。为了缓解 I/O 路径中单个线程的瓶颈，并减少在 g_up 和 g_down 线程之间进行切换时的上下文切换开销，FreeBSD 10 为 GEOM 添加了一个直接分派模式。每个 GEOM 类都可以设置两个标志，G_DIRECT_UP 和 G_DIRECT_DOWN，以指示 I/O 可以通过指定方向的直接分派来通过该类。为了接受直接分派，模块必须添加锁来保护其数据结构，以便模块能够运行并发线程。当使用直接分派时，发出请求的线程直接调用模块，而不是将其请求排队，由 g_down 或 g_up 线程运行。GEOM 层中的所有 I/O 请求都将被检查，以确定是否可以将它们直接传递到底层类。对标记为接受 I/O 方向的直接分派的任何模块进行直接调用。也可对有效长度为 0 的任何 I/O 直接调用，这意味着它没有数据，但是有一些底层类的命令。不满足这些要求的 I/O 请求将排队等待类稍后处理，使用 g_down 和 g_up 线程。

可以通过 GEOM 堆栈传递的一组命令是读、写和删除。读和写命令具有预期的语义。删除指定不再使用特定范围的数据，并且可以擦除或释放这些数据。闪存适配层等技术可以安排擦除相关块，以便重新分配它们，而加密设备可以将随机位填充到范围内，以减少可供攻击的数据量。删除请求不能保证数据确实将被删除或不可用，除非图中的特定 geom 保证了这一点。如果需要安全删除语义，则应该推送将删除请求转换为写请求序列的 geom。

8.7.4　拓扑灵活性

GEOM 是可扩展的，并且与拓扑无关。GEOM 的可扩展性使得编写新的转换类变得很容易。在过去几年中，编写了几个新的类，包括：

- ❏ gcache，提供备份存储（如磁盘）的内核内存缓存。
- ❏ geli 对发送到备份存储的数据进行加密，对从备份存储检索到的数据进行解密。例如，提供一个加密的文件系统就是简单地将一个 geli 类堆积在一个 disk 类的上面。
- ❏ gjournal 对发送到备份存储的数据进行块级日志记录。所有写操作都会被记录下来，如果系统崩溃，在将它们写入备份存储之前会重播。因此，它可以为任何文件系统提供日志记录，而不需要知道文件系统的任何结构。
- ❏ gsched，为后备存储提供备用调度策略。
- ❏ gvirstor 设置一个任意大小的虚拟存储设备。gvirstor 类允许用户对存储（空闲文件系统空间）进行过度提交。这个概念在虚拟化环境中也称为"精简供应"。gvirstor 类是在物理存储设备级别上实现的。

与许多以前的卷管理器不同，GEOM 是拓扑无关的。大多数卷管理实现都对类如何组合在一起有严格的概念，但通常只提供一个固定的层次结构。图 8-8 显示了一个典型的层次结构。它要求首先将磁盘划分为分区，然后将分区分组为镜像，然后将镜像导出为卷。

在固定的层次结构下，不可能有效地表达意图。在图 8-8 的固定层次结构中，不可能像图 8-9 那样镜像两个物理磁盘，然后将镜像划分成片。相反，必须在物理卷上创建片，然后为每个对应的片创建镜像，从而导致更复杂的配置。拓扑不可知意味着类的不同排序与现有的排序没有区别。GEOM 并不关心按什么顺序完成事情。唯一的限制是不允许图中的循环。

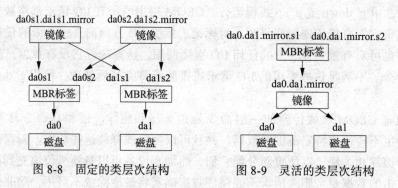

图 8-8　固定的类层次结构　　　图 8-9　灵活的类层次结构

8.8　CAM 层

为了降低单个磁盘驱动程序的复杂性，处理现代控制器的大部分复杂性被抽象为一组例程，这些例程提供位于 GEOM 和设备驱动程序层之间的通用访问方法（CAM）层。CAM 层处理与设备无关的资源分配和命令路由任务。这些任务包括跟踪控制器和客户端之间的请求与通知。它们还包括跨多个 I/O 总线路由请求，以将请求发送到正确的控制器。

CAM 层将特定于设备的操作留给设备驱动程序，例如设置和拆卸 DMA 映射，以执行 I/O。CAM 还允许设备驱动程序管理 I/O 超时和初始总线错误恢复措施。一些设备驱动程序可能变得复杂。例如，光纤通道设备驱动程序有很多代码来处理操作，例如在删除和附加驱动器时进行异步拓扑更改。驱动程序通过将虚拟地址转换为适当的物理地址来响应 CAM 请求。然后，它封送与设备无关的参数，例如 I/O 请求、存储数据的物理地址，并将长度转换为特定于固件的格式，然后执行该命令。当 I/O 完成后，驱动程序将结果返回到 CAM 层。

除了磁盘外，CAM 层还管理可能连接到系统的任何其他存储设备，如磁带和可移动闪存驱动器。对于其他字符设备，如键盘和鼠标，CAM 将不参与。

CAM 子系统为驱动程序的实现提供了一个统一的和模块化的系统，以控制各种设备，并通过主机适配器驱动程序使用不同的主机适配器。CAM 系统由三层组成：

1）为所支持的设备提供打开、关闭、策略、附加和分离操作的 CAM 外围层。CAM 支持的设备包括：直接访问（da）SCSI 磁盘驱动器、ATA 和 SATA（sa）磁盘驱动器、cdrom（cd）CD-ROM 驱动器、顺序访问（sa）磁带驱动器和转换器（ch）光盘机。每个外围设备驱动程序为其设备构建一个特定于协议的 I/O 命令，然后将该命令传递给传输层执行。驱动程序还解释 I/O 命令的结果，并对错误采取纠正措施。CAM 首先使用为 SCSI 或 ATA 设备定制的 CAM 控制块（CCB）来构建特定于协议的 I/O 命令。

CCB 包含一个命令描述符块，其中包含要发送到设备的命令。例如，SCSI 命令"READ_10, block_offset, count"返回成功或各种错误代码的状态。如果出现错误，驱动器还可以包含检测数据，以提供有关错误原因的更多信息。

2）CAM 传输（XPT）层调度和分派 I/O 命令，充当大量外围设备实例和它们所属的主机总线适配器之间的切换。它还通过允许在设备或子系统级别冻结和解除冻结 I/O 来帮助设备驱动程序进行错误恢复。例如，一个磁盘设备可能能够处理 64 个命令，它所连接的控制器可能能够处理 256 个命令，但是当连接到控制器的磁盘超过 4 个时，需要在传输层进行调度和仲裁。

3）CAM 软件接口模块或主机总线适配器接口层提供到设备的总线路由。它的工作是为请求的设备分配一个路径，向设备发送一个 CCB 操作请求，然后从设备收集 I/O 完成的通知。它还负责识别在协议层和总线层发生的错误，并通知传输层和外围层使用错误恢复操作。

通过跟踪 CAM 层的 I/O 请求，可以很容易地理解 CAM 层的操作。

8.8.1 通过 CAM 子系统的 SCSI I/O 请求的路径

通过 CAM I/O 子系统的 SCSI 请求的路径如图 8-10 所示。在 FreeBSD 框架中，文件系统只看到一个连续的磁盘。I/O 请求基于这个理想磁盘中的块号。在图 8-10 中，文件系统确定一组希望在其上执行 I/O 的块，并通过调用 strategy() 例程将此请求传递到 GEOM 层。

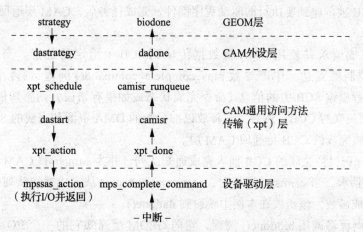

图 8-10　通过 CAM 子系统的 SCSI I / O 请求的路径

GEOM 层接收请求并确定将请求发送到的磁盘。在本例中，请求位于一个 da SCSI 磁盘上。当一个请求跨越多个磁盘时，GEOM 层将原始请求分解为一组独立的 I/O 请求，每个磁盘上都有原始请求。通过调用关联磁盘的适当的 strategy() 例程（图 8-10 中的 dastrategy() 例程），将每个新请求向下传递到 CAM 层。

CAM dastrategy() 例程获取请求并调用 bioq_disksort()，后者将请求放到指定 SCSI 磁盘的磁盘队列中。dastrategy() 例程通过调用 xpt_schedule() 函数来结束。

xpt_schedule() 函数分配并构造一个 CCB 来描述需要执行的操作。如果磁盘支持标记排队，则分配未使用的标记（如果可用）。如果标记队列不受支持或标记不可用，请求将留在请求队列中等待磁盘处理。如果磁盘准备接受新命令，xpt_schedule() 例程将调用为其设置的驱动器启动例程（本例中为 dastart()）。

dastart() 例程从磁盘队列中取出第一个请求，并开始使用 dastrategy() 构造的 CCB 对其进行服务。因为该命令是针对 SCSI 磁盘的，所以 dastart() 需要根据 CCB 中的信息构建 SCSI READ_10 命令。生成的 SCSI 命令包括一个 READ_10 头、一个指向引用要传输的数据的虚拟地址的指针和一个传输长度，它被放置在 CCB 中，并给出类型 XPT_SCSI_IO。然后，dastart() 例程调用 xpt_action() 例程来确定应该将命令发送到的总线和控制器（适配器）。

xpt_action() 例程返回一个指向 cam_path 结构的指针，该结构描述要使用的控制器，并有一个指向控制器动作例程的指针。在本例中，我们使用的是 Adaptec SCSI 控制器，其动作例程为 mpssas_action()。xpt_action() 例程使用 cam_path 对 CCB 进行排队并调度它以进行处理。

通过调用特定于控制器的操作例程 mpssas_action() 来处理请求。mpssas_action() 例程获取 CCB 并将其通用的 SCSI 命令转换为特定于硬件的 SCSI 控制块（SCB）来处理该命令。SCB 是根据 CCB 中的信息填写的。它还用任何特定于硬件的信息和 DMA 请求描述符来填充。然后，SCB 被传递到要执行的驱动程序固件。完成任务后，CAM 层返回给 dastrategy() 的调用者。

控制器完成请求并使用 DMA 将数据传输到 SCB 中给定的位置。当完成时，一个完成中断从控制器到达。中断导致 mps_complete_command() 例程运行。mps_complete_command() 例程根据 SCB 中的信息（命令完成状态或如果有错误，则感知信息）更新与已完成的 SCB 相关联的 CCB。然后，它释放以前分配的 DMA 资源和完成的 SCB，并通过调用 xpt_done() 将完成的 CCB 传递回 CAM 层。

xpt_done() 例程将关联的 CCB 插入完成通知队列，并为 camisr()（CAM 中断服务例程）发出软件中断请求。当 camisr() 运行时，camisr_runqueue() 从完成通知队列中删除 CCB 并调用指定的完成函数，该函数在本例中映射到 dadone()。

dadone() 例程将调用 biodone() 例程，它向 GEOM 层通知它的一个 I/O 请求已经完成。GEOM 层将所有单独的磁盘 I/O 请求聚合在一起。当最后一个 I/O 操作完成时，它将更新文件系统传递给它的原始 I/O 请求，以反映结果（成功完成或发生任何错误的详细信息）。然后通过调用 biowait() 例程通知文件系统最后的结果。

8.8.2 ATA 磁盘

与 SCSI 磁盘一样，对 SATA 和 ATA 驱动器的支持也被抽象到一个模块中，该模块是称为 ATA 模块的 CAM 层的一部分。ATA 模块处理与设备无关的任务，即跟踪控制器和客户端之间的请求和通知。

CAM 层对 ATA I/O 请求的处理类似于对 SCSI 磁盘的处理。设备特定的操作留给设备驱动程序。设备驱动程序通过封送 CCB 中与设备无关的参数来响应 ATA 磁盘的请求。它将 I/O 请求的类型、存储数据的虚拟地址和传输长度转换为特定于固件的格式，然后执行该命令。当 I/O 完成时，驱动程序将结果放回 CCB 中，其方式与 SCSI 驱动程序类似。

ATA 驱动程序启动例程处理 TRIM 命令，以提高固态磁盘（SSD）的效率。虽然 SSD 使用与旋转磁盘相同的硬件互连，但它们内部操作的方式不同。一个不同之处在于 SSD 必须先擦除数据块，然后才能重写数据块。它还必须仔细管理它的闪存块的擦除和重写，使这些块被均匀地使用。TRIM 命令是 ATA 规范的一部分，它允许文件系统通知 SSD 某个块或一组块不再使用并可能被删除。ATA 驱动程序维护一个独立的请求队列来从设备中整理数据，这些请求在其 adastart() 例程开始时执行，以便在写入新数据的过程开始之前释放空间。TRIM 也可以通过 da 驱动程序提供给 SAS 固态磁盘。

8.9 设备配置

自动配置是系统识别和启用系统中存在的硬件设备的过程。自动配置通过系统地探测机器上可能的 I/O 总线来工作。对于找到的每个 I/O 总线，将解释连接到它上的每种类型的设备，并根据这种类型采取必要的操作来初始化和配置设备。

自动配置（autoconfiguration）的第一个 FreeBSD 实现源自原始的 4.2BSD 代码，并添加了许多特殊情况的修改。4.4BSD 版本引入了一个新的、更独立于机器的配置系统，该系统曾被考虑用于 FreeBSD，但最终被拒绝，取而代之的是 newbus 方案，它最初出现在 FreeBSD 3.0 中，以支持 Alpha 体系结构。它被带到 FreeBSD 4.0 的 PC 平台上。Newbus 包括独立于机器的例程和数据结构，供依赖于机器的层使用，并提供了一个为每个设备动态分配数据结构的框架。

newbus 系统的一个关键设计目标是向驱动程序编写者公开一个稳定的应用程序二进制接口（ABI）。稳定的 ABI 对于外部或供应商维护的可加载内核模块尤其重要，因为如果接口更改，它们的源代码通常无法重新编译。

为了帮助实现 ABI 的稳定性，设备和 devclass 结构通过一个简单的基于函数调用的 API 对内核的其余部分隐藏起来，以便访问它们的内容。如果结构被直接传递给设备驱动程序，对结构的任何更改都需要重新编译传递给它的所有驱动程序。对这些数据结构的更改不需要重新编译所有驱动程序。只需要重新编译对数据结构的访问函数。

系统操作需要一些硬件设备，例如控制台终端的接口。但是，可能不需要其他设备，将它们包含在系统中可能会不必要地浪费系统资源。很难预先配置可能以不同的数字、不同的地址或不同的组合出现的设备。然而，如果它们存在，系统必须支持它们；如果它们不存在，系统必须温和地失灵。为了解决这些问题，FreeBSD 支持两个配置过程。第一个是在创建可启动系统镜像时执行的静态配置过程。第二个是动态加载功能，允许根据需要将内核驱动程序和模块添加到正在运行的系统中。因此，静态配置的内核可能很小，但其功能刚好足以启动和运行系统。一旦运行，可以根据需要添加额外的功能。

允许将代码动态加载到内核中会导致许多安全问题。在内核之外运行的代码所造成的损害是有限的，因为它没有以特权模式运行，也不能直接访问硬件。内核以完全的特权运行并可以访问硬件。如果内核加载了一个包含恶意代码的模块，它会在系统中造成广泛的破坏。内核可以通过网络从中央服务器加载。如果内核允许模块的动态加载，那么模块也可以通过网络进行加载，这样就增加了许多弊端。

在决定是否启用内核模块的动态加载时，需要考虑的一个重要问题是，在允许加载和使用任何代码之前，开发一种方案来验证代码的来源和缺陷。一组供应商组成了可信计算组（TCG），以指定一个称为可信平台模块（TPM）的硬件模块，该模块对安装在系统上的软件保持一个运行的 SHA-1 哈希，以检测坏程序或模块的加载。它被实现为一个基于微控制器的设备，类似于一个附加在主板上的智能卡 [TCG，2003]。其他组正在做一些工作来限制内核模块的潜在危害，方法是使用页面保护来运行它们，从而限制它们对内核其余部分的访问 [Chiueh 等，2004]。禁用动态加载的缺点是，没有包含在内核配置文件中的任何硬件都无法使用。

初始的内核配置是由 /usr/sbin/config 程序完成的。系统管理员创建一个配置文件，其中包含一个驱动程序和内核选项列表。从历史上看，配置文件定义了可能出现在一台机器上的硬件设备集和可能找到每个设备的位置。从 FreeBSD 10 开始，随着各种总线驱动程序的探测和连接，硬件设备可以动态地发现。非即插即用（非自识别）总线的旧设备的位置由 /boot/device.hints 文件给出。该文件是由内核加载的。该文件的另一个用途是将设备号硬连接到一个位置。目前只有 CAM 可以硬连接单元编号，虽然可以为任何总线实现硬连接。配置过程会生成许多文件，这些文件定义了初始内核配置。这些文件控制内核的编译。

自动配置阶段首先在系统初始化期间完成，以识别机器上的设备集。通常，自动配置通过设备互连树递归进行，例如其他设备连接到的总线和控制器。例如，一个系统可能配置了两个 SCSI 主机适配器（控制器）和四个磁盘驱动器，它们以图 8-11 中所示的任何配置进行连接。自动配置工作在树的每一层以两种方式之一运行：

1）识别设备可能存在的每个可能位置，并检查设备类型（如果有）。

2）在设备可能被连接的每个可能位置探测设备。

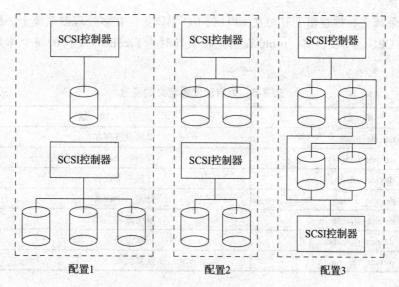

图 8-11　可选的驱动配置

　　第一种方法是为设备确定预定义的位置，这对于较老的总线（如 ISA）是必需的，ISA 的设计不支持自动配置，并且仍然出现在一些嵌入式系统板中，例如那些围绕 ARM、MIPS 和 PPC 体系结构构建的板。第二种探测设备的机制只能在一组固定的位置是可能的，并且这些位置上的设备是自识别的，例如连接到 SATA、SCSI 或 PCI 总线的设备时使用。可以动态探测的设备实现探测例程，该例程在自动配置过程的第一阶段被调用。

　　在自动配置过程的探测阶段被识别的设备被连接并提供使用。设备的 attach 函数初始化并为设备分配资源。总线或控制器的 attach 函数必须探测可能连接在该位置的设备。如果 attach 函数失败，找到了硬件，但它是不工作的，这将导致打印控制台消息。在系统运行并加载了其他内核模块之后，可以对存在但无法识别的设备进行配置。总线的 attach 函数允许为总线上检测到的设备保留资源，但是系统中目前没有为其加载设备驱动程序。

　　该方案允许设备驱动程序仅为运行系统中的设备分配系统资源。它允许更改物理设备拓扑结构，而不需要重新生成系统加载镜像。它还可以防止由于试图访问不存在的设备而导致的崩溃。在本节的其余部分中，我们将从设备驱动程序编写器的角度来考虑自动配置功能。我们检查了确定机器上存在的硬件设备所需的设备驱动程序支持，以及一旦注意到设备的存在后，连接设备所需的步骤。

8.9.1　设备标识

　　要参与自动配置，设备驱动程序必须注册表 8-5 中所示的一组函数。设备在 FreeBSD 中是一个抽象概念。除了传统的磁盘、磁带、网络接口、键盘、终端行，等等，FreeBSD 还将拥有可操作构成 I/O 基础体系结构的所有组件的设备，例如 SCSI 总线控制器，到 PCI 总线的桥接控制器，以及到 ISA 总线的桥接控制器。顶级设备是 I/O 系统的根，称为根。

在单处理器系统上，根逻辑上驻留在 CPU 的 I/O 引脚上。在多处理器系统上，根从逻辑上连接到每个 CPU 的 I/O 引脚。root0 设备是在引导时为 FreeBSD 支持的每个体系结构手动指定的。

表 8-5　为自动配置定义的函数

函　数	描　述
device_probe	探测设备存在
device_identify	找到一个不能被探测的设备
device_attach	连接一个设备
device_detach	分离一个设备
device_shutdown	系统即将关闭
device_suspend	挂起设备
device_resume	恢复设备

自动配置首先向 root0 总线发出一个请求，以配置它所有的子节点。当请求总线配置其子节点时，它调用每个可能的设备驱动程序的 device_identify() 例程。结果是一组由总线本身或总线的一个驱动程序的 device_identify() 例程添加到总线的子节点。接下来，调用每个子进程的 device_probe() 例程。对设备出价最高的 device_probe() 例程将调用它的 device_attach() 例程。结果是一组与每个总线对应的设备，可以直接访问 root0。然后，每个新设备都有机会探测或识别它们下面的设备。识别过程一直持续到 I/O 系统的拓扑结构确定为止。

现代总线能直接识别与之相连的东西。较旧的总线，例如 ISA，使用 device_identify() 例程来引入仅通过 hints 文件才能找到的设备。

作为设备层次结构的一个例子，控制 PCI 总线的设备可以探测磁盘控制器，而磁盘控制器又将探测可能添加的目标，如磁盘驱动器。自动配置机制提供了很大的灵活性，允许控制器决定探测附加到控制器上的其他设备的适当方式。

在进行自动配置时，将为找到的每个设备调用设备驱动程序 device_probe() 例程。系统向 device_probe() 例程传递设备位置的描述和其他细节，例如 I/O 寄存器位置、内存位置和中断向量。device_probe() 例程通常只是检查它是否识别硬件。

有可能有一个以上的驱动程序可以操作一个设备。每个匹配的驱动程序返回一个优先级，显示它与硬件的匹配程度。如表 8-6 所示，成功码是小于或等于零的值，最高（最小负）的值表示最佳匹配。故障码用通常的内核错误代码的正值表示。

表 8-6　device_probe 例程的返回代码

探测返回码	值	描　述
BUS_PROBE_SPECIFIC	0	只有这个驱动才能使用此设备
BUS_PROBE_VENDOR	−10	供应商提供的驱动
BUS_PROBE_DEFAULT	−20	基本 OS 默认驱动

（续）

探测返回码	值	描 述
BUS_PROBE_LOW_PRIORITY	−40	旧的，不可取的驱动
BUS_PROBE_GENERIC	−100	这种类型设备的通用驱动
BUS_PROBE_HOOVER	−500	这个总线所有设备的通用驱动
BUS_PROBE_NOWILDCARD	−200 000	无通配符设备匹配

如果一个驱动程序返回一个小于零的成功代码，则不能假定它将与将调用 device_attach() 例程的驱动程序相同。特别是，它不能假定设备本地存储区域中存储的任何值对它的 device_attach() 例程都是可用的。如果调用它的 device_attach() 例程，则必须释放和重新分配在探测期间分配的任何资源。通过返回一个 0 的成功代码，驱动程序可以假定它就是所附加的代码。但是，编写良好的驱动程序不会让它们的 device_attach() 例程使用设备本地存储区域，因为有一天它们的返回值可能会被降级为小于 0 的值。通常，设备使用的资源由总线（父设备）标识，当设备探测时，总线将打印出这些资源。

一旦 device_probe() 例程有机会识别设备并选择最合适的驱动程序来操作它，就会调用所选驱动程序的 device_attach() 例程。连接设备与探测是分开的，以便驱动程序可以投标设备。探测和连接也是分开的，这样驱动程序可以将配置的标识部分与连接部分分开。大多数设备驱动程序使用 device_attach() 例程来初始化硬件设备和任何软件状态。device_attach() 例程还负责创建 dev_t 条目（用于磁盘和字符设备）或用于网络设备，将设备注册到网络系统。

代表硬件部分（如 SATA 控制器）的设备将响应以验证设备是否存在，并设置或至少标识设备的中断向量。对于磁盘设备，device_attach() 例程可以使驱动器可用于更高级别的内核，如 GEOM。GEOM 将让它的类尝试磁盘驱动器，以标识其几何形状，并可能初始化定义了磁盘上文件系统位置的分区表。

8.9.2 自动配置数据结构

FreeBSD 中的自动配置系统包括与机器无关的数据结构和支持例程。数据结构允许以常规方式存储与机器和总线相关的信息，并允许由配置数据驱动自动配置过程，而不是由编译的规则驱动。/usr/sbin/config 程序根据内核配置文件中的信息和机器描述文件构造许多表。因此，/usr/sbin/config 程序也是数据驱动的，不包含与机器相关的代码。

图 8-12 显示了自动配置使用的数据结构。基本构件块是设备结构。I/O 层次结构的每个部分都有自己的设备结构。名称和描述字段标识由设备结构表示的硬件。在图 8-12 中，设备的名称是 pci1。设备名是全局唯一的。系统中只能有一个 pci1 设备。知道它的名称就足以找到它，不像文件系统，在不同的路径中可能有许多同名的文件。根据约定，此命名空间与 /dev 条目拥有的命名空间相关，但这种关系不是必需的。

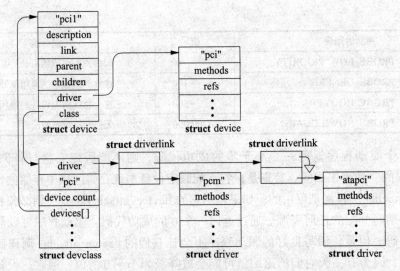

图 8-12 pci1 自动配置数据结构

每个设备都是一个设备类的成员，这个设备类由一个具有两个重要角色的 devclass 结构表示。devclass 结构的第一个角色是跟踪该类中设备的驱动程序列表。从 dev 类引用的设备不必使用相同的驱动程序。每个设备结构从 devclass 可用的列表中引用其最佳匹配的驱动程序。遍历候选驱动程序列表，允许每个驱动程序探测标识为类成员的每个设备。最佳匹配的驱动程序将连接到设备上。例如，pci devclass 包含一个适合探测可能插入 PCI 总线的设备的驱动程序列表。在图 8-12 中，有一些驱动程序可以匹配 pcm（声卡）和 atapci（基于 PCI 的 ATA 磁盘控制器）。

devclass 结构的第二个作用是管理从用户友好的设备名（例如 pci1）到其设备结构的映射。devclass 结构中的 name 字段包含一个名称家族的根——在本例中是 pci。名称根后面的数字（在此示例中为 1）将索引到指向 devclass 中包含的设备结构的指针数组中。引用的设备结构中的名称是全名 pci1。

当一个设备结构第一次出现时，它将遵循以下步骤：

1）父设备通常通过执行总线扫描来确定新子设备的存在。新设备是作为父设备的一个子设备创建的。在图 8-12 中，自动配置代码将开始扫描 pci1 并发现一个 ATA 磁盘控制器。

2）父设备为新的子设备启动一个探测 - 连接序列。探测遍历父设备的 devclass 中的驱动程序，直到找到一个驱动程序来声明该设备（即探测成功）。设备结构将其驱动程序字段设置为指向所选驱动程序结构，并增加所选驱动程序中的引用计数。在图 8-12 中，atapci 驱动程序匹配 ATA 磁盘控制器 atadisk。

3）一旦找到可用的驱动程序，新设备就用与驱动程序同名的 devclass 注册。注册是通过分配下一个可用的单元号并从 devclass 的设备结构指针数组中对应的条目设置一个指针来完成的。在图 8-12 中，匹配了 atapci 驱动程序，因此设备将被绑定到 atapci devclass。得到的设备配置如图 8-13 所示。关键的观察结果是，此三步过程中涉及两个不同的 devclass。

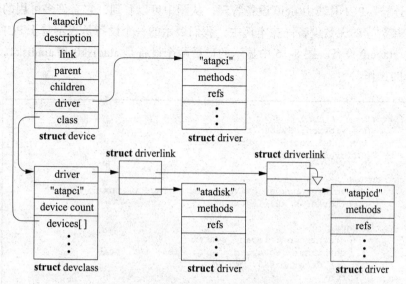

图 8-13 atapci0 自动配置数据结构

设备结构的层次结构如图 8-14 所示。每个设备结构都有一个父指针和一组子指针。在图 8-14 中，管理 PCI 总线的 pci 设备显示在顶部，其唯一的子设备是在 PCI 总线上操作 ATA 磁盘的 atapci 设备。atapci 设备将 pci 设备作为其父设备，并有两个子设备，每个子设备对应一个 ATA 磁盘。代表这两个驱动器的设备将 atapci 设备作为它们的父设备。因为它们是叶节点，所以没有子节点。

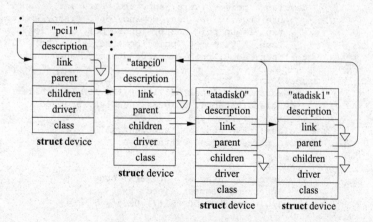

图 8-14 设备结构的层次结构

为了更好地了解 I/O 层次结构，图 8-15 显示了来自第一作者的测试机的 /usr/sbin/ devinfo 程序输出的注释副本。输出已经从原来的 250 行中缩减为，只显示从树的根到系统的两个 ATA 磁盘的分支。树从 root0 开始，表示 CPU 上的 I/O 引脚。这将导致高速总线连接到内存，而 root0（例如，北桥）连接到 I/O 总线。其中一个总线是到 PCI 总线的 pcib0（例如，南桥）连接。PCI 总线由 pci0 设备管理，从图中可以看到，它有许多可用的驱动程序，用于可能连接到它的无数设备。在本例中，我们展示的一个设备是表示基于 PCI 的 ATA 磁盘控制器的 atapci0 设备。图 8-15 中显示的最后两个设备是 atadisk0 和 atadisk1，它们管理驱动器本身的操作。

```
root0
    description: System root bus
    devclass: root, drivers: nexus
    children: nexus0

  nexus0
    devclass: nexus, drivers: acpi, legacy, npx
    children: npx0, legacy0

  legacy0
    description: legacy system
    devclass: legacy, drivers: eisa, isa, pcib
    children: eisa0, pcib0

    pcib0 /* southbridge */
        description: Intel 82443BX (440 BX) host to PCI bridge
        devclass: pcib, drivers: pci
        children: pci0
    pcib1
        description: PCI-PCI bridge
        devclass: pcib, drivers: pci
        children: pci1

    pci0
        description: PCI bus
        devclass: pci, drivers: agp, ahc, amr, asr, atapci,
            bfe, bge, ciss, csa, domino, dpt, eisab, emujoy,
            fxp, fixup_pci, hostb, ignore_pci, iir, ips,
            isab, mly, mode0, pcib, pcm, re, sio, uhci, xl
        children: agp0, pcib1, isab0, atapci0, ahc0, xl0

    atapci0
        description: Intel 82371AB PIIX4 IDE controller
        devclass: atapci, drivers: atadisk, atapicd
        children: atadisk0, atadisk1
        class: mass storage, subclass: ATA
        I/O ports: 0xffa0-0xffaf

        atadisk0
            devclass: atadisk, drivers: none
            interrupt request lines: 0xe
            I/O ports: 0x1f0-0x1f7, 0x3f6

        atadisk1
            devclass: atadisk, drivers: none
            interrupt request lines: 0xf
            I/O ports: 0x170-0x177, 0x376
```

图 8-15 配置输出例子

8.9.3 资源管理

作为配置和操作设备的一部分，自动配置代码需要管理硬件资源，如中断请求行、I/O 端口和设备内存。为了帮助设备驱动程序编写者完成这项任务，FreeBSD 提供了一个管理这些资源的框架。要参与总线资源管理，总线设备驱动程序必须注册表 8-7 中所示的一组函数。操作单个磁盘驱动器的低级设备不具备分配系统范围内稀缺资源（如中断请求行）所需的资源利用全局知识。它们可以注册一个通用的旁路例程来分配它们没有所需信息的资源。当被调用时，旁路程序简单地调用它们的父进程注册的相应的例程。其结果是，请求将沿着设备树向上移动，直到达到可以解析它的足够高的级别。

表 8-7 为设备资源分配定义的函数

函 数	描 述
bus_alloc_resource	分配一个总线资源
bus_set_resource	设置资源范围
bus_activate_resource	激活分配的资源
bus_deactivate_resource	停用分配的资源
bus_release_resource	释放资源所有权
bus_delete_resource	释放资源
bus_get_resource	获取资源范围
bus_get_resource_list	获取资源列表
bus_probe_nomatch	在探测失败后调用
bus_driver_added	添加新驱动到 devclass
bus_add_child	连接一个已标识的设备
bus_child_detached	通知分离子节点的父节点
bus_setup_intr	初始化一个中断
bus_config_intr	设置中断触发模式和极性
bus_teardown_intr	关闭一个中断
bus_read_ivar	读取一个实例变量
bus_write_ivar	写入一个实例变量
bus_child_present	检查设备是否仍然存在
bus_print_child	打印设备描述

树中的高级节点通常没有足够的信息来知道要分配多少资源。因此，它将保留一系列资源，让低级节点从高级节点的保留中分配和激活它们需要的特定资源。

已分配资源的实际管理由 6.3 节中描述的内核资源管理器处理。通常的分配和自由例程已经扩展为允许树中的不同级别来管理这两个函数的不同部分。因此，分配分为三个步骤：

1）设置资源的范围。

2）资源的初始分配。

3）激活资源。

同样，资源释放分三个步骤完成：

1）停用资源。

2）将资源的所有权释放给父总线。

3）释放它。

树的高级部分通常会分配一个资源，然后让一个低级驱动程序激活并使用它分配的资源。一些总线为没有与之相关的驱动的子节点保留空间。将分配和释放分成三个步骤可以在分配和释放过程中提供最大的灵活性。

bus_driver_added()、bus_add_child() 和 bus_child_detached() 函数允许设备知道 I/O 硬件中的变化，以便它能够做出适当的响应。bus_driver_added() 函数在加载新驱动程序时由系统调用。驱动程序被添加到某个 devclass 中，然后该 devclass 中的所有当前设备均已调用 bus_driver_added()，以允许它们可能匹配使用新驱动程序的任何未声明的设备。bus_add_child() 函数用于配置一些总线的标识阶段。它允许总线设备创建和初始化一个新的子设备（例如，为实例变量设置值）。当驱动程序确定不再存在其硬件（例如，拔出 cardbus 卡），它将调用 bus_child_detached() 函数。它在其父节点上调用 bus_child_detached() 来允许它对子节点进行分离。

在自动配置失败后 ,bus_probe_nomatch() 例程为设备提供了采取某些操作的最后一种可能性。它可能试图找到一个通用驱动程序可以运行设备在降级模式，或者它可能只是关掉设备。如果找不到可以运行该设备的驱动程序，则会通知 devd 守护进程，该守护进程是在引导系统时启动的用户级进程。devd 守护进程使用一个表来定位和加载适当的驱动程序。内核模块的加载将在 15.4 节中进行描述。

bus_read_ivar() 和 bus_write_ivar() 例程管理一组特定于总线的子设备实例变量集。其目的是，每个不同类型的总线定义一组适当的实例变量，例如 ISA 总线的端口和中断请求行。

8.10 设备虚拟化

大多数虚拟化系统都支持完全虚拟化，其中客户操作系统直接使用传统的裸机接口，包括 CPU、虚拟内存和计时器，以及现有网络接口卡（NIC）和存储设备的驱动程序。完全虚拟化允许客户端完全不需要了解虚拟化环境进行操作：这是一种实质性的简化。

由于不允许在 CPU 的管理环之外进行拦截和模拟处理器和 I/O 操作，因此完全虚拟化会带来性能开销。裸机设备驱动程序必须对内存使用做出假设，尽管这适用于 PCI 总线上启用了 DMA 的设备，但却使虚拟化系统难以使用类似 OS 的虚拟内存优化，例如在虚拟机之间移动内存页以避免数据复制（翻页）。最后，缺乏虚拟化意识限制了在同一物理硬件上运行的多台虚拟机利用本地获得性能的机会——例如，通过强制在模拟的网络接口上使用 TCP/IP 进行通信，而不是使用共享内存。

相反，半虚拟化使客户操作系统明确地意识到虚拟化，以需要软件适应为代价来提高性能和集成。例如，与 FreeBSD 内核集成的 bhyve 虚拟机监控程序通过 Virtio 接口支持半虚拟化网络和存储设备。Virtio 与全机仿真器（例如 Qemu）一起使用。FreeBSD 不仅支持独立 Xen hypervisor 上的半虚拟化设备，而且还支持半虚拟化 CPU 特性，例如处理器间中断和虚拟机间通信。

通过半虚拟化，主机和客户端环境（对于 Xen，成对的客户端域）实现了设备 – 驱动程序模型拆分，其中设备 – 驱动程序后端为主机 OS 物理设备实现设备模拟，这些设备为客户端操作系统中支持半虚拟化的设备 – 驱动程序前端服务。后端和前端通过定义良好的协议进行通信，这让人联想到传统设备驱动程序和实际物理设备之间的通信，但是设计选择更适合于虚拟环境。

8.10.1 与虚拟机监控程序的交互

明确了解虚拟化可以提供性能和功能方面的好处。正如用户进程通过系统调用来调用操作系统内核服务一样，内核本身也调用超级调用来从管理程序或虚拟化框架请求服务。直接使用虚拟机监控程序功能为客户端操作系统提供了直接的好处：支持没有本地虚拟化特性的硬件（例如，早期的 X86 CPU）；通过批量操作（例如页表更新）提高性能；通过调度特性（例如 yield 超级调用）提高总体系统性能；避免昂贵的外围设备（例如 NIC 和存储设备）仿真，因为在这些设备上可以对虚拟环境进行更适当的性能优化。

一些管理程序，例如 FreeBSD 的 bhyve，被嵌入现有的操作系统内核中。在这里，半虚拟化支持主要关注于改进设备驱动程序性能。独立的虚拟机监控程序（例如 Xen）提供更丰富的虚拟机间通信接口，让人联想起操作系统 IPC 原语。这种方法明确地允许虚拟机向其他虚拟机提供服务，并使用其他虚拟机提供的服务；半虚拟化设备驱动程序就是这样一种服务。

超级调用提供了虚拟机和管理程序之间的基本同步通信。但是，大部分半虚拟化的设备驱动程序通信都是通过共享的内存环进行的，要么是在客户端和主机之间（例如 bhyve 中），要么是在多个客户端之间（例如 Xen 下）。与传统操作系统内核上的共享内存进程间通信一样，避免通过系统管理程序进行复制会大大提高批量数据传输的性能。共享内存是使用超级调用配置的，超级调用也用于环上的事件通知。原则上，如果一对通信的虚拟机（主机和客户端）同时运行在不同的 CPU 上，则在稳定状态下完全可以避免进入虚拟机监控程序；它们同样可以避免（或控制）信令，并依赖于独立发生的上下文切换。实际上，Xen 中的设备驱动程序前端和后端之间的通信协议利用了需要超级调用的动态页面映射，而前端和后端之间的 Virtio 通信通常在内核调度的线程中是同步的，即使请求的操作可以异步处理。

半虚拟化模型所提供的语义各不相同。例如，Virtio 的设计假设从主机直接访问客户内存，这更让人联想到对用户进程的内核访问。因此，通信环可以引用没有强页面对齐的缓冲区。相比之下，Xen 的半虚拟化接口被设计成支持在另一个域中操作的后端驱动程序。因此，通信环引用的共享内存页必须由使用超级调用的客户端对显式配置。

8.10.2　Virtio

Virtio 为半虚拟化设备驱动程序提供了一个简单的、与管理程序无关的、高性能的接口 [Russell，2008]。Virtio 最初是在 Linux 中引入的，用于客户和基于内核的虚拟机（KVM），现在在一系列虚拟化系统中使用，包括 FreeBSD 的 bhyve 虚拟机管理程序。Virtio 定义了几个接口和机制：用于批量通信的虚拟环原语和用于设备枚举和功能协商的基于 PCI 的模型。它还为半虚拟化终端访问、内存膨胀、熵提供、网络接口、块存储和 SCSI HBA 驱动程序定义了约定。

Virtio 是为虚拟化系统设计的，在后端设备实现可以直接读写客户操作系统内存。当系统管理程序实现虚拟设备本身时，或者当主机与虚拟机客户端共享地址空间（通常是 UNIX 进程）时，可以直接访问内存。例如，bhyve 将内核管理程序与实现配置、内存管理和设备模拟的用户空间进程组合在一起。bhyve 用户进程向客户端提供内存页面，同时保留对它们的直接内存访问。这种地址空间共享的假设有助于避免复制：前端和后端之间的共享通信环可以指在客户端内核中"正常"分配和管理的内存。因此，在模拟设备时，bhyve 的用户进程可以直接从客户端缓冲区缓存和套接字缓冲区内存执行分散收集 I/O。与 Xen 一样，较不紧密的地址空间集成会增加开销，因为它需要更多的数据复制或动态映射包含缓冲区的页面。

主机通过客户端中的虚拟 PCI 总线公开对设备的访问。客户端服务器中最低级的前端驱动程序 vtpci 实现一个总线，其他半虚拟化的前端驱动程序连接到这个总线上。Virtio 设备是通过 PCI 枚举发现的，每个设备都被提供给潜在的驱动程序进行探测和连接。表 8-8 列出了在 virtio_bus_if.m 中描述的 vtpci 总线实现的接口。前端设备驱动程序可以使用这些接口来探测是否匹配后端实例，与后端协商支持的特性集，将通信队列配置到后端，并订阅通过模拟中断传递的事件通知。表 8-9 列出了 virtio_if.m 中描述的可选接口。设备驱动程序可以有选择地实现这些接口，以便在成功连接设备驱动程序时接收回调，并在后端配置更改时得到通知（例如，来自后端的虚拟块设备大小的更改）。

表 8-8　导出到 Virtio 总线服务的 Virtio 设备驱动

总线方法	描　述
negotiate_features	协商驱动、虚拟队列和主机功能的交互
with_features	测试功能是否被协商了
alloc_virtqueues	分配和配置一个新的驱动虚拟队列
setup_intr	配置驱动中断

（续）

总线方法	描 述
stop	将重制交付后端实现
reinit	使用确认将重制交付后端实现
reinit_complete	通知后端完全重置实现
notify_vq	通知后端虚拟队列上的事件实现
read_device_config	允许驱动读取每个设备配置注册表
write_device_config	允许驱动写入每个设备配置注册表

表 8-9　Virtio 设备驱动程序向 Virtio 总线公开的接口

总线方法	描 述
attach_completed	当设备驱动连接成功后调用
config_change	通知设备驱动监控管理程序配置改动

　　Virtio 的核心通信原语是虚拟队列（virtqueue），它允许前端和后端实现通过共享内存通信环交换链接缓冲区。每个环由一个 vring 结构描述，该结构指向一个描述符条目数组和两个索引控制环，用于在端点之间转移缓冲区的所有权。virtqueue 的关键数据结构如图 8-16 所示。

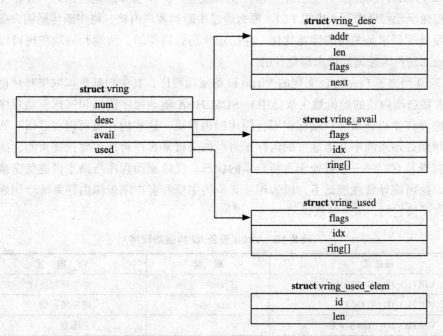

图 8-16　Virtio virtqueue 数据结构。vring_avail 中的 ring[] 元素是描述符链索引，而 vring_used 中的 ring[] 元素是 vring_used_elem 结构的数组

描述符条目描述客户端内存中的分散 – 收集缓冲区，该缓冲区通常将承载请求和前端要写入 / 传输的数据，或者后端应在其中存储读取 / 接收的数据的空间。描述符数组由一组 vring_desc 条目组成，每个 vring_desc 条目包含一个客户端物理地址、长度、表示读 / 写状态的标志，以及指向分散 – 收集列表中可选的下一个条目的下一个字段；链由未设置 VRING_DESC_F_NEXT 标志的描述符终止。典型的链的第一个入口指向一个命令头，后面的入口指向缓冲数据或缓冲空间。

由 vring_avail 描述的可用的环，它允许前端将缓冲区链传递到后端（例如，请求将已填满的缓冲区写入磁盘，或者请求用从磁盘读取的数据填充缓冲区）。由 vring_used 描述的使用过的环，它允许后端在使用后将链的所有权返回给前端（例如，确认磁盘写操作已经完成，或者磁盘读取数据已经填满）。vring_used_elem 结构包含一个长度，该长度报告从后端复制的数据的大小，描述符数组中的长度描述可用的空间。请注意，如果设备类型支持，后端驱动程序能够以不同的顺序返回使用过的缓冲链，而不是它们可用的顺序。重新排序适用于块存储后端，例如，在使用电梯分类的 I / O 操作重新排序可以提高性能而又不损害语义的情况。

每当成功地使一个新的链式缓冲区可用或使用时，两个环中的 idx 字段都会递增。客户端和主机可能在不同的 CPU 上执行。在描述符环和用过的元素条目更新之后，需要小心地使用内存屏障，以确保在 idx 字段的更改可见之前，所有 CPU 都可以看到这些条目的更改 [Harris & Fraser，2007]。一旦发生更新，主机或客户可以选择性地通知另一方，要么通过在半虚拟化驱动程序中写入虚拟 PCI，要么通过中断到客户内核，将中断传播到设备驱动程序。批量处理请求是关键的性能优化。在稳定状态处理期间，前端和后端实现可以通过将每个包通知切换为轮询操作来避免开销。

表 8-10 列出了 FreeBSD 实现的 Virtio 设备驱动程序，其中包括虚拟网络和块设备、熵源（注入客户端内核的随机数生成器中）、SCSI HBA 驱动程序前端和气球驱动程序。气球驱动程序允许主机请求客户端标识不再使用的内存页，这些内存页可以"返回"到监管程序，以帮助处理系统中其他地方的内存压力。如果将来客户再次需要这些页面，则接触这些页面将恢复它们——尽管处于重新归零的状态。气球驱动程序帮助主机避免交换来客户端页面，这可能导致性能低下，因为相互竞争的主机和客户端虚拟内存系统会识别未使用的页面并交换它们，从而导致抖动。

表 8-10　Virtio 设备 ID 和驱动程序

设备 ID	驱　动	描　述
VIRTIO_ID_NETWORK	if_vnet	虚拟网络接口
VIRTIO_ID_BLOCK	virto_blk	虚拟块存储
VIRTIO_ID_CONSOLE	-	未实现
VIRTIO_ID_ENTROPY	virtio_random	熵源

（续）

设备 ID	驱　动	描　述
VIRTIO_ID_BALLOON	virtio_balloon	内存气球驱动程序
VIRTIO_ID_IOMEMORY	-	未实现
VIRTIO_ID_SCSI	virtio_scsi	SCSI pass-through
VIRTIO_ID_9P	-	未实现

单独的半虚拟化设备驱动程序与传统设备驱动程序非常相似，它们实现内核接口，如磁盘（参见 8.4 节）和 ifnet（参见 8.5 节）。设备通信通过 virtqueue 进行，而不是通过编程的 I/O 或 DMA 描述符环进行。Virtio 块存储前端利用单个环将存储请求推到后端；相反，网络前端为每个虚拟网卡队列使用成对的环，一个用于接收，另一个用于发送。Virtio 的功能协商支持已被证明对网络设备驱动程序尤其重要。功能协商允许 Virtio 确定功能的可用性，如校验和卸载、TCP- 分段卸载（TSO）、大型接收卸载（LRO）和多队列。

在虚拟队列的另一端，后端实现负责将虚拟设备映射到底层 OS 服务。虚拟块设备通常被映射到嵌入在普通文件中的文件系统镜像中；然而，有时它们会被传递到底层 OS 公开的块设备，例如 SCSI 磁盘上的分区。读和写请求是通过普通的 I/O 系统调用提交给主机内核的——通常使用 preadv 和 pwritev 变体，它们可以接受从链式缓冲区的主机内存映射中抽取的分散 – 收集参数，从而避免在后台进行额外的复制。

网络设备需要更多的复杂性。通常是通过将主机中的虚拟接口（例如，if_tun 或 if_tap 接口）与后端驱动程序实例相关联来处理的。通过主机网络栈提供对链路层桥接、IP 层路由和可选的网络地址转换的访问，允许共享主机的网络接口。虚拟网络接口通常允许在同一主机上运行的客户端之间进行通信。如果底层网络访问对后端实现（例如，出于安全原因）不可用，则可能希望通过主机网络堆栈中的套接字代理来自客户端的网络层流量，这需要更大的实现复杂性。

8.10.3　Xen

Xen 虚拟机监控程序对虚拟化的看法与以操作系统为中心的方法（如 bhyve）截然不同。虚拟机监控程序是一个独立的软件，类似于微内核，而不是与传统内核集成的模块，这对客户端操作系统设备驱动程序有一定的影响 [Barham 等，2003；Chisnall，2007]。Virtio 侧重于提供高效的半虚拟化设备支持，这些支持针对主机和客户端之间的共享内存访问进行了优化，而 Xen 则在一组虚拟机（称为域）之间实现了一个公开的服务模型，这些虚拟机运行在一个公共监控程序上。

运行在 Xen 上的第一个域，即域 0，将引导系统，创建和管理用户域，并向这些域提供服务。hypervisor 只直接支持少数面向 CPU 的硬件设备（如本地 APIC）。用于存储控制器、网络接口卡和其他更复杂设备的设备驱动程序在域 0 中运行，域 0 被授予直接的硬件访问权限。然后，域 0 可以将从前端设备驱动程序接收到的请求转发给它们的物理副本。它还可以将虚拟磁盘映射到存储在物理设备上的文件系统中的镜像中，或者将虚拟网络接口连接到其他用户域和物理设备的虚拟交换机中，从而在后端驱动程序中支持更大的资源共享。

虽然将后端驱动程序放在域 0 中很常见，但该模型很灵活：任何客户端都可以向另一个客户端提供后端服务。这种灵活性允许所谓的域 0 分解，将单个特权域 0 分解为几个驱动域，以减少对不太可靠的客户可用的特权和攻击面——这与第 5 章中使用 Capsicum 进行划分的原因类似。I/O 内存管理单元（IOMMU，本节后面将介绍）的日益流行促进了这种分解，它允许将物理设备（如 PCI 连接的存储控制器或网络接口）安全委托或传递给客户端。虽然 FreeBSD 10 不能作为启动 - 时间域 0 进行操作，但它可以实现设备驱动程序后端，包括导出 ZFS 支持的存储，允许它作为驱动程序域和简单的消费者客户端。未来的版本将包括对域 0 操作的支持，这得益于硬件辅助虚拟化的出现以及日益成熟的半虚拟化支持。

域 0 向用户域提供的服务包括 XenStore、用于客户间通信的集合服务以及一组用于网络接口和块存储的后端驱动程序。在引导期间，客户端使用 XenStore 枚举后端和前端设备配置，并提供和查找授予表引用（实例化域间共享内存）和事件通道（传递域间信号）。这些工具一起发现虚拟设备并配置和实现前端和后端驱动程序之间的通信环，类似于 Virtio 的 virtqueue。

不同的处理器和操作系统组合需要不同级别的客户端操作系统来适应 Xen。在一个极端，早期的 Intel 和 AMD 处理器没有完全虚拟化的指令集，要求客户操作系统以完全半虚拟化（PV）模式使用 Xen。实际上，FreeBSD PV 内核是它自己的类似于 x86 的平台目标，带有一个定制的虚拟内存子系统和其他实质性的内核更改。客户端内核在第 1 环而不是 0 环中运行（由 Xen 本身占用），超级调用被替换为不可虚拟化的特权指令。PV 内核必须使用显式超级调用来执行以下操作：

❑ 访问一个低级控制台；
❑ 实现惰性浮点单元（FPU）上下文切换；
❑ 实现不可虚拟化描述符更新指令；
❑ 请求页表变化和触发 TLB 刷新；
❑ 从计时器和 I/O 设备接收类似中断的事件通知；
❑ 发送多处理器操作所需的处理器间中断（IPI）。

在另一个极端情况下，纯硬件虚拟机（HVM）模式依赖于最近引入的 Intel 虚拟化技术（VT）和 AMD 虚拟化（AMD-V）CPU 特性，例如嵌套页表，它允许内核在监控程序下运行的情况下执行一系列特权操作。结合从 Qemu 借鉴的传统硬件设备的仿真，HVM 模式允许完全未经修改的客户操作系统在 Xen 上运行。

然而，在实际上，FreeBSD 优于 Xen 的首选配置结合了这两种方法的各个方面：内核使用硬件支持的扩展页表来避免修改的虚拟内存子系统，同时还使用半虚拟化设备驱动程序和其他虚拟机监控程序功能来提高性能。表 8-11 显示了 Xen 超级调用的一个子集，有些只在 PV 模式下使用，有些同时在 PV 和 HVM 模式下使用。即使在 HVM 模式下，超级调用仍然用于以下类型的操作：

- ❑ 调度器和计时器操作，例如 set_singleshot_timer 虚拟 CPU（VCPU）超级调用，它在适当的时间间隔后调度一个向上调用；
- ❑ 映射页面允许从其他域分配内存；
- ❑ 将二进制文件加载到新的虚拟机中。

表 8-11　在 PV 和 HVM 模式下使用的 Xen 超级调用

超级调用	模　式	描　述
console_io	PV	Xen 虚拟控制台的 I/O 进出
flu _taskswitch	PV	为 FPU 上下文切换修改 cr0 注册表特权
iret	PV	实现不可虚拟化的中断返回指令
mmuext_op	PV	通知监控程序页表更新；TLB 刷新
set_gdt	PV	实现不可虚拟化的全局描述符表更新
update_descriptor	PV	实现不可虚拟化的描述符注册表更新
update_va_mapping	PV	映射或解除映射虚拟内存中的一个页
event_channel_op	PV/HVM	分配、绑定、使用和关闭事件通道
grant_table_op	PV/HVM	操作共享内存分配表
memory_op	PV/HVM	调整物理页面预留；将页面映射到客户端
sched_op	PV/HVM	调用监控程序计划操作，例如 yield
vcpu_op	PV/HVM	控制每个虚拟 CPU 属性，例如周期时间
xen_version	PV/HVM	查询 Xen 版本
multicall	PV/HVM	用一个超级调用批处理一系列监控程序请求

在本节的其余部分，我们将主要关注 FreeBSD 在运行 Xen HVM 时如何使用半虚拟化特性。Xen 的发现和初始化在 xen_hvm_init() 的 X86 启动早期就开始了：

1）cpuid 指令检测 Xen 是否存在。如果是这样，内核将被配置为使用半虚拟化特性。

2）超级调用区域（包含调用超级调用的代码的内存页）是从内核内存中分配的，并在监控程序的帮助下使用模拟的 write-model-specific-register（wrmsr）指令进行初始化。Xen 将选择最适合当前 CPU 架构的超级调用实现；Intel VT 将使用 vmcall，AMD-V 将使用 vmmcall。

3）xen_version 超级调用查询可用的 Xen 特性；用于 PV 模式，以及可能在 PV 或 HVM 系统上运行的准虚拟化驱动程序，以确定客户物理页码和机器页码之间的区别对客户是否可见。在 HVM 上，嵌套的页表掩盖了这种区别。

4）更新了 cpu_ops 操作向量，以便使用 Xen 版本的 CPU 初始化、CPU 恢复和 IPI 支持，而不是默认的 X86 版本。

5）调用 memory_op 超级调用来设置 Xen shared_info 页面，这是一个与监控本身共享的读写页面。该页面包含事件通道掩码、每个 CPU 的信息以及诸如时滞和速率调整信息等计时信息，以便将时间戳计数器（TSC）值转换为壁钟时间。

6）调用 hvm_op 超级调用来设置一个显式的事件通道回调，该回调用于以类似于正常中断传递的方式将通信环上的事件通知给客户端。

7）模拟的 I/O 指令触发 Xen 来禁用与全机虚拟化一起使用的传统设备的模拟。只有半虚拟化的驱动程序才能连接，从而提高性能并防止由于同一块或网络设备的重复连接而引起的混乱。

8）最后，每个虚拟 CPU 调用 vcpu_op 超级调用来注册每个 CPU 的 vcpu_info 结构，该结构包含 CPU 的事件通道、体系结构和时间状态。

这些初始化步骤可能会在虚拟机挂起 / 恢复或迁移之后重新运行，因为客户可能会发现 CPU 和 Xen 特性和配置的变化。例如，必须重新建立到设备驱动程序后端的通信环，因为它们现在将由不同的域托管，需要重新发现共享内存和事件通道。

Virtio 提供了常规总线驱动程序可以枚举的仿真 PCI 总线，而 Xen 则通过 XenStore 显式地提供客户配置数据，XenStore 是一种类似文件系统的分层键值数据库，包含域 0 发布的系统配置信息。XenStore 包含每个活动域的命名子树，包括配置信息（如它的 UUID）、气球所使用的物理内存使用情况、要配置的前端和后端设备的枚举（以及与其他域中的相应驱动程序进行通信所需的授权表和事件通道状态）和每个设备配置信息（例如，netfront 驱动程序的实例是否支持 TCP 分段卸载（TSO））。XenStore 是由 xenStore 前端设备驱动程序实现的，它的后端是通过共享内存环和事件通道来访问的，当然，这些是不能用 XenStore 来引导的。相反，XenStore 资源是使用系统监控程序在早期启动时初始化的 shared_info 页面来配置的。

关于设备拓扑和配置的 XenStore 信息（有时也称为 XenBus）在客户中填充两个合成 newbus 总线：xenbus_back 和 xenbus_front，这两个总线分别连接客户中的后端和前端设备驱动程序。XenBus 为半虚拟化的驱动程序提供了一些抽象，例如方便的包装程序，前端驱动程序可以使用这些包装程序将对共享内存环的访问委托给其他域中的后端驱动程序。这些总线根植于 FreeBSD 10 中的 xenpci 驱动程序。这个驱动程序被命名为 xenpci，因为它在客户中的 PCI-bus 枚举中是可见的，并且能够拥有和处理类似于 PCI 的中断并拥有内存资源。与使用模拟中断相比，Xen 的事件通道机制是首选的，因此在 FreeBSD 11 中，这个驱动程序被 Xen 提供的半虚拟化设备的新根 xenpv 所取代。这种变化消除了 HVM 配置中最后残留的 PCI 仿真依赖。

在表 8-12 中可以找到半虚拟化设备驱动程序的完整列表。在使用 XenBus 配置设备驱动程序的地方，它们的后端声明一个显式的"类型"，允许驱动程序前端发现它。在没有 XenBus 帮助的情况下，配置了三个底层的半虚拟化驱动程序，这些驱动程序无条件地连接到 nexus 或 xenpci：

1）**控制台**设备驱动程序通过虚拟控制台（仅用于 PV 客户端）支持底层 I/O。

2）**控制**驱动程序服务管理来自域 0 的消息，例如关闭或重新启动的请求。

3）**计时器**驱动程序使用 Xen 的计时器和事件通道原语实现 FreeBSD 的内部事件计时器机制，而不是使用模拟的本地 APIC。

表 8-12　Xen 半虚拟化设备驱动

驱　动	Xen 总线类型	描　述
balloon	-	与客户传输物理内存
console	-	Xen 底层控制设备
control	-	处理来自域 0 的管理请求
timer	-	内核里的半虚拟化计时器实现
xenbus_back	_	XenBus：后端设备总线
xenbus_front	-	XenBus：前端设备总线
xenpci	-	用于 HVM 中断处理的合成 PCI 设备
xenstore	-	XenStore 前端
blkback	vbd	虚拟块设备：后端
blkfront	vbd	虚拟块设备：前端
netback	vif	虚拟网络接口：后端
netfront	vif	虚拟网络接口：前端

与 Virtio 一样，设备驱动程序前端和后端之间的通信是使用一个通用的环形缓冲区实现来完成的。然而，在 Xen 中，这些环形缓冲区表示客户端之间的通信，而不是在 OS 内部监控程序中（如 bhyve）发现的分层的主机 - 客户端关系。环形缓冲区位于两个虚拟机监控程序原语之上：使用授权表配置的共享内存，这些授权表授权一个域对另一个域中选定的内存页的访问，以及提供类似中断的唤醒机制的事件通道。环传递请求和响应，这些请求和响应本身可能包含要映射到远程域的引用页面。或者，数据将被复制到环中，或者被监控程序复制，以避免页面表操作和 TLB 刷新的开销。

Xen 授予表是一种机制，通过它，内存页可以与另一个域共享、传输或接收。每个域都有自己的授权表，作为授权表条目的数组存储在与监控程序共享的内存中，如图 8-17 所示。每个条目描述一个"授权"：共享或传输域拥有的页面的授权，或者接收来自另一个域的页面的请求。这个表由客户端内核分配、初始化，然后在引导期间通过 memory_op 超级调用与管理程序共享。

每个授权表条目描述一个授权操作。共享或将页面传输到另一个域中的条目指定源域中的物理页号，以及将页面发送到的远程域标识符。授权接收页面的条目将标识远程域，本地页面将被替换为已传输的页面和授权表引用。授权表引用

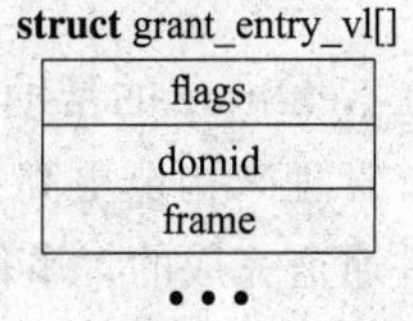

struct grant_entry_vl[]

flags
domid
frame

・・・

图 8-17　Xen 授权表条目控制和
跟踪域之间的内存共享

只是源域的授权表中的整数索引，可以通过通信环中的请求和响应作为数据发送到其他域。授权表条目还包含一个 flags 字段，域使用该字段来选择要执行的操作，以及授权或映射是否应该是只读的。授权表入口标志也允许监控程序出口状态位指示页面是否目前在远程域映射（授予状态不能改变，Xen 使用该页面时不支持撤销操作），并确认页面已被远程域接受以进行传输。表 8-13 列出了可能的标志值。

表 8-13　Xen 授权表条目操作、域标志和监控程序标志

类　　型	名　　称	描　　述
操作	GTF_permit_access	授权一个域访问本地页
操作	GTF_accept_transfer	接受页面的传输到本地域
域标志	GTF_readonly	导出或导入只读页
监控程序标志	GTF_reading	被远端域映射的用于读取的页
监控程序标志	GTF_writing	被远端域映射的用于写入的页
监控程序标志	GTF_transfer_committed	传输完成的页面

域必须使用显式的超级调用 grant_table_op 来通知超级监控程序一个或多个授权表条目，授权接收来自远程域的授权。相反，与远程域共享页面或将页面传输到远程域并不使用显式调用，因为在接收方发生映射请求时，监控程序可以使用授权引用在发送方的内存中查找授权表条目。当共享页面被远程域映射时，Xen 不支持撤销共享页面；相反，发送方必须等待系统监控程序清除 GTF_reading 和 GTF_writing 标志，此时可以清除 GTF_permit_access。原子操作和内存屏障可安全地将写操作公开给客户端和系统监控程序之间的授权表。

设备驱动程序前端与后端分配和共享内存，而不是相反。这种方法最大限度地减少了对前端内存分配的修改，这有助于减少对虚拟化敏感的客户端操作系统，也有助于避免数据复制。前端驱动程序将依赖 XenBus 的 xenbus_grant_ring() 函数来与后端驱动程序共享本地分配的环，后端驱动程序将通过 XenStore 将引用传递到后端。授予嵌入在通过这些环发送的请求和响应中的引用，共享和传输包含缓冲区的页面（例如，网络包和磁盘块）。这些授权和引用将直接使用 gnttab.c 中定义的接口进行管理，例如 gnttab_grant_foreign_access_ref()，它将授予一个远程域共享访问一个页面；gnttab_end_foreign_access_ref()，它取消与远程域共享的页面授予权限；gnttab_grant_foreign_transfer_ref()，它接受来自远程域的页面传输。

在 XenStore 的帮助下，授权表允许在设备驱动程序前端和后端之间配置共享内存。需要事件管理来构造更高级的通信原语，如请求和响应的阻塞环。在 Xen 中，事件管理是通过事件通道完成的，事件通道允许系统监控程序（用于物理和虚拟设备中断）和其他域（用于分离设备驱动程序和其他域间通信）在域内触发类似中断的回调。这个机制实现了单个域中的 VCPU 之间的处理器间中断（IPI），FreeBSD 使用它来实现处理器间的同步。

域使用事件端口枚举事件通道，事件端口是与存储在域的 shared_info 结构中的每个客户端全局位掩码中的位相关联的整数。位掩码的大小限制了域可以从其接收通知的唯一事件源的数量；对于 32 位域，掩码为 1024 位；对于 64 位客户端，为 4096 位。过在较新的 Xen 版本中使用新的 FIFO 事件通道功能可以避免这些限制，但是 FreeBSD 尚不支持此限制。当事件通道触发时，位掩码中对应其事件端口的位设置为 1；如果位从 0 过渡到 1，那么将传递一个向上调用，这取决于 vcpu_info 结构中的每个 VCPU 标志，该标志允许为该虚拟 CPU 禁用中断。

向上调用以传统软件中断的方式传递；FreeBSD 在 xen_intr.c 中处理这段代码，它通过 intr_execute_handlers() 来路由中断。在设置事件通道位之后，将禁止进一步的向上调用，直到该位被客户端操作系统清除为止。使用 event_channel_op 超级调用操作将事件端口分配并绑定到特定的事件源：

- ❏ bind_pirq 返回一个事件端口，允许域 0 接收来自底层物理设备的中断。
- ❏ bind_virq 为每个域的虚拟设备（如计时器）返回一个事件端口。
- ❏ bind_ipi 返回事件端口，该事件端口允许域将 IPI 传递到同一域中的另一个 VCPU。
- ❏ alloc_unbound 和 bind_interdomain 允许一对协作域分配和绑定一对事件端口，从而为包括环形缓冲区事件在内的各种目的建立双向域间事件通道。

域可以使用 send 操作在域间事件通道上传递事件，并使用 close 操作关闭不再需要的事件端口。域还可以使用 bind_vcpu 操作将事件端口绑定到特定的 VCPU。这些功能可配置为将它们暴露在 xen_intr 堆栈中，就像事件通道是可编程中断控制器（PIC）一样，因此允许设备驱动程序堆栈可以忽略实现细节。与授权表引用一样，事件端口号可以作为嵌入在消息中的整数在域之间共享，并可以使用 XenStore 进行分发以配置虚拟中断，从而将两个分离的设备驱动程序链接在一起。

通过使用授权表条目和事件通道，域能够实现适合于在设备驱动程序前端和后端之间传送请求和响应的环形缓冲区。与 Virtio 环一样，Xen 通信环由一个环形缓冲区组成，允许一方向另一方发送请求并从另一方接收响应。与 Virtio 环不同的是，请求和响应消息直接嵌入环中，可以通过授权表引用和事件端口号引用共享页面或事件通道。与每个环相关联的事件通道允许接收方在环从空变为非空时接收向上调用，而发送方在环从满变为非满时接收向上调用。在 ring.h 中定义的宏将请求和响应头尾索引的域专用版本与共享内存中的版本区分开来，允许在事件交付之前插入多个请求或响应，以摊销事件交付成本。

与 Virtio 的虚拟块设备一样，Xen 的 blkback 和 blkfront 使用一个环在设备驱动程序前端和后端之间传送请求和响应。前端将只读页面临时委派给后端，以提供要写入虚拟设备的数据，以及可从虚拟设备读取数据的可写页面。FreeBSD 中的块设备后端能够将 I/O 定向到驱动程序域中的任何底层块设备，包括原始磁盘设备和 ZFS 卷。

与 Virtio 的虚拟网络接口设备类似，Xen 的 netback 和 netfront 使用一对环来实现虚拟网络接口的发送和接收环。后端将虚拟接口的另一端作为驱动域中的 if_xnb 设备公开，然后可以使用 FreeBSD if_bridge 驱动程序将其桥接到传统以太网。最初为物理网络接口性能优化而开发的技术，如校验和卸载、TCP 分段卸载和大型接收卸载，同样适用于虚拟网络接口，通常用于降低域交换成本。

8.10.4　设备直通

另一种越来越常见的方法是将物理设备访问授权给虚拟机，而不是虚拟化设备。这种方法需要硬件支持，使用 IOMMU 对外设上 DMA 引擎看到的地址空间进行虚拟化，其方式与 CPU 的内存管理单元（MMU）对处理器的内存访问进行虚拟化的方式相同。这种方法安全地将对 I/O 端口和 DMA 描述符环的访问委托给客户端虚拟机。例如，对于适当的支持虚拟化的网络接口卡，这种方法将特定的描述符环委托给客户端，从而以很少的性能开销直接访问以太网。

设备委托提供了不同的配置和性能权衡：例如，如果主机操作系统实例希望对网络访问施加细粒度的策略，使用虚拟磁盘而不是物理磁盘，或者如果要在虚拟机之间通信而不是与远程系统通信，则不合适。当一个设备必须由多个虚拟机共享时，仅使用 IOMMU 是不够的：设备本身必须知道多个虚拟机，并能够对它们的交互施加源自 OS 的策略。例如，一个支持虚拟化的 NIC 将允许主机或域 0 操作系统实例有机会控制 NIC 端规则，将数据包分发给特定的接收环，并限制可以在特定的发送环上发送的数据包；单个客户虚拟机将能够使用这些环直接与 NIC 交互，而不需要捕获系统监控程序或主机操作系统。

习题

8.1　描述 PCI 总线和 USB 总线之间的区别。

8.2　为什么将 /dev 文件系统添加到 FreeBSD 5 中？

8.3　举一个网络接口的例子，该例子在没有底层硬件设备的情况下很有用。

8.4　给出网络接口地址不在网络接口数据结构中的两个原因。

8.5　描述由网络接口输出例程执行的两个任务。

8.6　为什么接收每个消息的网络接口的标识与消息一起向上传递？

8.7　说出组成伪终端的两个设备的名称。解释每一部分的作用。

8.8　终端输入有哪两种模式？当用户与交互式屏幕编辑器对话时，最常使用的是哪种模式？

8.9　解释为什么有两个字符队列用于处理终端输入。描述它们的用法。

8.10　如果一个网络连接在一个会话过程中中断，什么信号被发送到与终端相关的进程？

8.11　命名文件系统和磁盘之间的三层。简要描述每一层的用途。

8.12　举例说明 GEOM 生产者和 GEOM 消费者。

8.13　如果两个 GEOM 消费者试图同时操作，会发生什么？

8.14　绘制一系列图片，显示在图 8-6 中磁盘不可用时 GEOM 配置发生什么。

8.15　说出 CAM 中的三层。简要描述每个层提供的服务。

8.16 CAM 层能否为其设备驱动程序之一处理 DMA 映射的设置和拆除？为什么或者为什么不？

8.17 /usr/sbin/config 程序的用途是什么？

8.18 给出两个为什么允许内核动态加载代码是不安全的原因。

8.19 为什么设备探测和连接是作为两个独立的步骤来完成的？

8.20 描述设备结构的用途。

8.21 在 FreeBSD 机器上运行 /usr/sbin/devinfo 程序，并标识与每个叶节点相关联的硬件。

8.22 说出用于资源分配和释放的三个步骤。为什么这些函数被分成三个独立的步骤？

**8.23 所有设备目前都是在深度优先搜索中连接的。但有些设备可能会提供更高级别设备所需的服务。描述属于这类的设备，并给出一个在 newbus 中构建多通道连接方法来处理它们的计划。

Chapter 9 第9章

快速文件系统

9.1 分层文件系统管理

为本地文件系统定义的操作可以分为两部分。所有本地文件系统共有的操作是分层命名、锁定、配额、属性管理和保护。这些特性独立于数据的存储方式,由本章前7个小节中描述的 UFS 代码提供。本地文件系统的另一部分,即文件存储,与存储介质上数据的组织和管理有关。存储由数据存储文件系统操作管理,这些操作由本章最后两节描述的 FFS 代码提供。在本书中,当提到快速文件系统时,我们使用缩写 UFS。

为执行分层文件系统操作而定义的 vnode 操作如表 9-1 所示。这些操作中最复杂的是执行查找。与文件系统无关的查找部分在 7.4 节中进行了描述。用于在目录中查找路径名组件的算法将在 9.3 节中进行描述。

表 9-1 分层文件系统操作

操作完成	操作符名
路径搜索	lookup
名字创建	create, mknode, link, symlink, mkdir
名字修改和删除	rename, remove, rmdir
属性操作	access, getattr, setattr
对象解释	open, readdir, readlink, mmap, close
进程控制	advlock, ioctl, poll
对象管理	lock, unlock, inactive, reclaim

有 5 个操作符用于创建名称。使用的操作符取决于要创建的对象的类型。create 操作符

用来创建常规文件，网络代码也使用它来创建 AF_LOCAL 域套接字。link 操作符为现有对象创建额外的名称。symlink 操作符创建一个符号链接（有关符号链接的讨论，请参见 9.3 节）。mknod 操作符创建特殊字符设备（为了与仍然使用它们的其他 UNIX 系统兼容）；它也被用来创建 fifo。mkdir 操作符创建目录。

有 3 种操作符用于修改或删除现有的名称。rename 操作符删除一个位置中对象的名称，并为另一个位置中的对象创建新名称。当内核处理目录从文件系统树的一部分移动到另一部分时，这个操作符的实现是复杂的。remove 操作符用来删除一个名称。如果删除的名称是对对象的最后一个引用，则会回收与基础对象关联的空间。remove 操作符对除目录外的所有对象类型进行操作；rmdir 操作符用来删除目录。

系统提供了 3 个用于对象属性的操作符。内核使用 getattr 操作符从对象检索属性，并使用 setattr 操作符存储属性。access 操作符为给定用户提供访问检查。

系统提供了 5 个操作符来解释对象。open 和 close 操作符仅用于常规文件的外围设备，但当它们用于特殊设备时，它们将通知适当的设备驱动程序激活或关闭设备。readdir 操作符将目录的文件系统特定格式转换为应用程序期望的目录条目的标准列表。注意，目录内容的解释是由分层的文件系统管理层提供的，filestore 代码将目录视为另一个持有数据的对象。readlink 操作符返回符号链接的内容。与目录一样，filestore 代码将符号链接视为另一个持有数据的对象。mmap 操作符准备将对象映射到进程的地址空间。

有 3 个操作符用来对对象进行过程控制。poll 操作符允许进程查明对象是否已准备好读写。ioctl 操作符将控制请求传递给一个特殊的设备。advlock 操作符允许一个进程获取或释放一个对象的通知锁。这些操作符都不会修改 filestore 中的对象。它们只是使用对象来命名或指导所需的操作。

对象的管理有 4 种操作。7.3 节描述了 inactive 和 reclaim 操作符。lock 和 unlock 操作符允许 vnode 接口的调用者向实现底层对象操作的代码提供提示。无状态文件系统（例如 NFS）会忽略这些提示。而有状态文件系统可以使用提示来避免做额外的工作。例如，要求创建新文件的 open 系统调用需要两个步骤。首先，执行一个 lookup 调用来查看文件是否已经存在。在开始查找之前，对正在搜索的目录发出锁定请求。在扫描目录检查名称时，查找代码还标识目录中包含足够空间容纳新名称的位置。如果查找成功返回（意味着名称不存在），则打开的代码将验证用户是否具有创建文件的权限。如果调用者没有资格创建新文件，那么它们将调用 unlock 来释放在查找过程中获得的锁。否则，将调用 create 操作。如果文件系统是有状态的，并且能够锁定目录，那么它就可以在前面标识的空间中简单地创建名称，因为它知道没有其他进程能够访问该目录。一旦创建了名称，就会对目录发出 unlock 请求。如果文件系统是无状态的，那么它就不能锁定目录，因此 create 操作符必须重新扫描目录以查找空间，并验证查找之后这个名称没有被创建。

9.2 inode 结构

为了允许同时分配文件并提供在文件内的随机访问，FreeBSD 使用了索引节点（或 inode）的概念。inode 包含关于文件内容的信息，如图 9-1 所示。这些信息包括：

❑ 文件的类型和访问模式。

❑ 文件的所有者和组访问标识符。

❑ 文件创建的时间、最近读取和写入的时间，以及系统最近更新 inode 的时间。

❑ 文件的大小（以字节为单位）。

❑ 文件使用的物理块的数量（包括用于保存间接指针和扩展属性的块）。

❑ 引用文件的目录条目的数量。

❑ 描述文件特征的内核和用户可设置的标志。

❑ 文件的生成编号（每次将 inode 分配给新文件时，将随机选择的编号分配给 inode；NFS 使用生成编号来检测对已删除文件的引用）。

❑ inode 引用的数据块的块大小（通常与文件系统块大小相同，但有时大于该大小）。

❑ 扩展属性信息的大小。

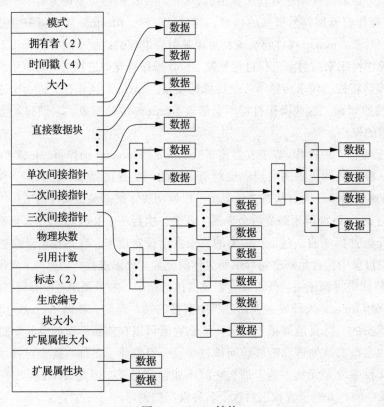

图 9-1　inode 结构

值得注意的是，inode 中缺少文件名。文件名是在目录中而不是在 inode 中维护的，因为一个文件可能有许多名称或链接，而且文件的名称可能很大（长度最多 255 字节）。目录将在 9.3 节中描述。

要为文件创建新名称，系统会增加引用该 inode 的名称计数。然后在目录中输入新名称和 inode 的编号。相反，在删除名称时，将从目录中删除条目，然后递减 inode 的名称计数。当名称计数为 0 时，系统通过将 inode 的所有块放回空闲块列表来释放 inode。

inode 还包含指向文件中的块的指针数组。通过使用逻辑块编号索引到数组中，系统可以将逻辑块编号转换为物理扇区编号。null 数组条目表明没有分配任何块，在读取时会返回一个由零组成的块。写入这样一个条目时，将分配一个新的块，并使用新块号更新数组条目，然后将数据写入磁盘。

inode 的大小是固定的，而且大多数文件都很小，因此指针数组必须很小才能有效地利用空间。前 12 个数组条目是在 inode 本身中分配的。对于典型的文件系统，这个实现允许通过简单的索引查找直接定位前 384 KB 的数据。

对于稍大一些的文件，图 9-1 展示了 inode 包含一个单次间接指针，该间接指针指向数据块的单次间接块。为了找到文件的第 100 个逻辑块，系统首先获取由间接指针标识的块，然后索引到第 88 个块（100 减去 12 个直接指针），然后获取该数据块。

对于大于几 MB 的文件，单次间接块会被耗尽；这些文件必须使用一个二次间接块，该间接块是指向数据块指针的指针块的指针。对于多个 TB 级的文件，系统使用三次间接块，它包含到达数据块之前的三级指针。

虽然间接块似乎增加了获取数据块所需的磁盘访问次数，但传输的开销通常要低得多。在 7.4 节中，我们讨论了保存最近使用的磁盘块的缓存的管理。当第一次需要一个间接指针块时，它就被带到缓存中。对间接指针的进一步访问发现块已经驻留在内存中，因此只需要一次磁盘访问就可以获得数据。

9.2.1　inode 格式的改变

传统上，FreeBSD 快速文件系统（在本书中我们将其称为 UFS1）[McKusick 等，1984] 及其衍生品使用 32 位指针来引用磁盘上文件使用的块。UFS1 文件系统是在 20 世纪 80 年代早期设计的，当时最大的磁盘为 330 MB。当时有一个争论，是否值得在每个块指针上浪费 32 位，而不是使用它所替换的文件系统的 24 位块指针。幸运的是，未来主义者的观点占了上风，设计使用了 32 位块指针。自部署以来的 20 年间，存储系统已经发展到可以容纳 1 PB 的数据。根据块大小配置，UFS1 的 32 位块指针会在 1～4 TB 范围内耗尽空间。虽然可以使用一些权宜之计来扩展 UFS1 支持的最大容量存储系统，但到 2002 年，唯一的长期解决方案显然是使用 64 位块指针。因此，我们决定构建一个新的文件系统 UFS2，它将使用 64 位块指针。

我们考虑了尝试对现有的 UFS1 文件系统进行增量更改与导入另一个现有文件系统（如

XFS[Sweeney 等，1996] 或 ReiserFS[Reiser，2001]）之间的选择。我们还考虑过从头编写一个新的文件系统，这样我们就可以利用最近的文件系统研究和经验。最终我们选择扩展 UFS1 文件系统，因为这种方法允许我们重用大部分现有的 UFS1 代码库。这个决定的好处是，UFS2 很快就开发和部署了，它很快变得稳定和可靠，并且可以使用相同的代码库来支持 UFS1 和 UFS2 文件系统格式。超过 90% 的代码库是共享的，因此 bug 修复和功能或性能增强通常适用于这两种文件系统格式。

UFS1 使用的磁盘上的 inode 大小为 128 字节，只有两个未使用的 32 位字段。如果不将直接块指针的数量从 12 减少到 5，就不可能转换为 64 位块指针。这样做将极大地增加浪费的空间量，因为只有直接块指针可以引用片段，所以唯一的替代方案是将磁盘 inode 的大小增加到 256 字节。

一旦致力于将 inode 更改为新的磁盘格式，就可以进行其他与 inode 相关的更改，这些更改在旧 inode 的约束范围内是不可能的。虽然在过去 20 年里提出的所有建议都很诱人，但我们认为最好将新功能的添加限制在那些可能带来明显好处的功能上。每增加一个新特性都会增加复杂性，从而增加可维护性和性能的成本。即使没有人使用，晦涩或很少使用的特性可能会在经常执行的代码路径（如读和写）中添加条件检查，从而降低文件系统的整体性能。

9.2.2　扩展属性

UFS2 中的一个主要新增功能是支持扩展属性。扩展属性是与 inode 关联的一段辅助数据存储，可用于存储与文件内容分离的辅助数据。这个想法类似于 Apple 文件系统中使用的数据分叉的概念 [Apple，2003]。通过将扩展属性集成到 inode 中，可以提供与文件内容相同的完整性保证。具体来说，成功完成 fsync 系统调用可确保文件数据、扩展属性以及所有导致文件名的名称和路径都在稳定存储中。

当前实现在 inode 中有足够的空间存储最多两个扩展属性块。新的 UFS2 inode 格式最多可以容纳 5 个额外的 64 位指针。因此，扩展属性块的数量可能在 1～5 个块之间。我们选择将两个块分配给扩展属性，而将其他三个作为备用块供将来使用。有了两个指针，所有的代码都必须为处理指针数组做好准备，所以如果将来把这个数字扩展到剩下的块，那么现有的实现就可以在不改变源代码的情况下工作。通过节省出三个空闲块，我们为未来的需求准备了合理的空间。如果只用两个块的决定被证明太少，那么将来可以使用一个或多个备用块来扩展扩展属性的大小。如果需要更多的扩展属性空间，可以使用一个空闲的空间作为指向扩展属性数据块的间接指针。

图 9-2 显示了用于扩展属性的格式。每个属性头的第一个字段是它的长度。不确定该属性命名空间或名称的应用程序可以通过将长度添加到当前位置以获得下一个属性，从而跳过未知属性。因此，许多不同的应用程序可以共享扩展属性空间的使用，即使它们不理解彼此的数据类型。

图 9-2　扩展属性格式。每个属性头有 4 字节长度、1 字节命名空间类、1 字节内容填充长度、
1 字节名称长度和名称。名称会被填充，以便内容从一个 8 字节的边界开始。内容
被填充到"内容填充长度"字段中显示的大小。内容的大小可以通过减去属性头的
长度（包括名称）和内容块的长度来计算

扩展属性最初的两个用途之一是支持访问控制列表，通常称为 ACL。ACL 将文件的组权限替换为更具体的允许访问文件的用户列表。ACL 还包括每个用户被授予的权限列表。这些权限包括传统的读、写和执行权限，以及其他属性，如重命名或删除文件的权限[Rhodes，2014]。

ACL 的早期实现是通过每个文件系统使用一个辅助文件来完成的，该文件系统使用 inode 编号进行索引，并且具有一个小的固定大小区域来存储 ACL 权限。较小的大小是为了使辅助文件的大小保持合理，因为它必须为文件系统中每个可能的 inode 留出空间。这个实现有两个问题。每个 inode 存储 ACL 信息的空间大小是固定的，这意味着不可能对长用户列表进行访问。第二个问题是很难自动地将更改提交到文件的 ACL 列表，因为更新要求同时写入文件 inode 和 ACL 文件才能使更新生效[Watson，2000]。

通过将 ACL 信息直接存储在 inode 的扩展属性数据区域，可以解决将 ACL 的实现为辅助文件所带来的这两个问题。由于扩展属性数据区域很大（最小为 8 KB，通常为 64 KB），所以很容易存储 ACL 信息的长列表。用于存储扩展属性信息的空间与具有扩展属性的 inode 的数量和它们使用的 ACL 列表的大小成正比。信息的原子更新要容易得多，因为写入 inode 将更新 inode 属性和 inode 引用的数据集（包括一个磁盘操作中的扩展属性）。虽然可以在文件系统上执行的每一次 fsync 系统调用更新旧的辅助文件，但是这样做的成本太高了。在这里，内核知道 inode 的扩展属性数据块是否脏了，并且可以在 inode 上的 fsync 调用期间只写入该数据块。

扩展属性的第二个用途是数据标签。数据标签为内核强制执行的强制访问控制（MAC）框架提供权限。如 5.10 节所述，内核的 MAC 框架允许动态引入系统安全模块来修改系统安全功能。该框架可用于支持各种新的安全服务，包括传统的强制访问控制模型。框架提供了一系列入口点，这些入口点被支持各种内核服务的代码调用，特别是在访问控制点和对象创建方面。然后该框架调用安全模块，为它们提供修改 MAC 入口点的安全行为的机会。因此，文件系统没有对标签的使用或强制方式进行编码。它只是存储与 inode 相关的标签，并在安全模块需要查询这些标签以进行权限检查时生成它们[Watson，2001；Watson 等，2003]。

我们考虑将符号链接存储在扩展属性区域，但由于以下 4 个原因而选择不这样做：

1）大多数符号链接通常用于存储直接和间接指针的 120 字节，因此不需要分配磁盘块来保存它们。

2）如果符号链接足够大，需要存储在磁盘块中，则访问扩展存储块的时间与访问常规数据块的时间相同。

3）由于符号链接很少有任何扩展的属性，所以不会有任何存储空间节省，因为无论文件系统是存储在常规数据块中还是存储在扩展存储块中，都需要文件系统片段。

4）如果符号链接存储在扩展存储块中，则需要花费更多时间遍历属性列表以找到它。

9.2.3　新的文件系统功能

在增大 inode 格式被创建的同时，还做了其他一些改进。当我们决定提前讨论 2038 年的问题（具体来说，1 月 19 日星期二 03:14:08 2038 GMT，这可能是迎接第一作者 84 岁生日的一种非常糟糕的方式），这个问题会导致 32 位的时间字段溢出。我们将访问、修改和 inode 修改时间的时间字段（从 1970 年开始的秒数）从 32 位扩展到 64 位。在正负 1360 亿年的时间里，这种扩展可以容纳从宇宙形成之前一直带到我们的太阳燃烧殆尽很久之后的时间。我们将纳秒字段保持在 32 位，因为我们不认为在可预见的将来增加的方案会有用。我们考虑过将时间扩展到 48 位。我们选择 64 位，因为 64 位是本机大小，可以很容易地使用现有的和可能的未来体系结构进行操作。每次读取或写入字段时，使用 48 位将需要额外的拆包或打包步骤。同时，64 位保证了所有可能测量的时间都有足够的位，因此不必进行扩展。

我们还添加了一个新的时间字段（也是 64 位）来保存文件的生成时间（通常也称为创建时间）。生成时间是在第一次分配 inode 时设置的，此后不会更改。它已被添加到 stat 系统调用返回的结构中，以便应用程序能够确定它的值，并使诸如 dump、tar 和 pax 之类的存档程序能够保存该值以及其他文件时间。生成时间被添加到 stat 系统调用结构中先前的空闲字段中，这样结构的大小就不会改变。因此，使用 stat 调用的旧版本的程序可以继续工作。

到目前为止，只修改了 dump 程序以保存生成时间值。这个新的 dump 版本可以转储 UFS1 和 UFS2 文件系统，它创建了一种新的转储格式，restore 的旧版本无法读取这种格式。restore 的更新版本可以识别旧的和新的转储格式并从中还原。生成时间只能从新的转储格式中获得和设置。

utimes 系统调用将文件的访问和修改时间设置为指定的一组值。存档检索程序主要使用它将新提取的文件的时间设置回与存档中文件的时间相关的时间。随着添加生成时间，我们添加了一个新的系统调用，它允许设置访问、修改和生成时间。但是，我们意识到许多现有的应用程序将不会更改为使用新的 utimes 系统调用。结果是，它们从归档中检索到的文件将比访问或修改时间具有更新的生成时间。

为了给不知道生成时间属性的应用程序提供合理的生成时间，我们更改了 utimes 系统调用的语义，以便如果生成时间比其设置的修改时间的值新，它将设置生成时间与修改时间相同。知道生成时间属性的应用程序可以通过两次调用 utimes 来设置生成时间和修改时间。首先，它调用 utimes，其中修改时间等于保存的生成时间，然后第二次调用 utimes，使修改时间等于（可能更新的）保存的修改时间。对于不存储生成时间的文件系统，第二个调用将覆盖第一个调用，从而获得与之前接收到的访问和修改时间相同的值。对于支持生成时间的文件系统，也将正确地设置它。最令人高兴的是，对于应用程序编写人员，他们将不必有条件地为 BSD 和非 BSD 系统编译 utimes 的名称。他们只需编写应用程序来两次调用标准接口，就可以知道所有系统和文件系统上支持的所有时间都将被正确设置。重视执行速度而不是可移植性的应用程序可以使用新版本的 utimes 系统调用，该调用允许通过一次调用设置所有时间值。

9.2.4　文件标志

FreeBSD 有两个系统调用，chflags 和 fchflags，它们在 inode 中设置 32 位用户标志。这些标志包含在 stat 结构中，因此可以对它们进行检查。

文件的所有者或超级用户可以设置较低的 16 位。目前已经定义了一些标志，用来将文件标记为仅追加、不可变且不需要转储。不可变文件不能被更改、移动或删除。只追加文件是不可变的，除非数据可以追加到它后面。文件的所有者或超级用户可以更改只追加和不可变的用户标志。

只有超级用户才能设置最高的 16 位。目前，已经定义了一些标志来将文件标记为仅追加且不可变的。一旦设置，则当系统安全时，前 16 位中的仅追加和不可变标志不能被清除。

内核运行有 4 个不同的安全级别。任何超级用户进程都可以提高安全级别，但是只有 init 进程可以降低该级别（init 程序将在 15.4 节中进行描述）。安全级别定义如下：

- ❑ −1：永久不安全模式，始终以 0 级模式运行系统（必须编译到内核中）。
- ❑ 0：不安全模式，不可变的和只追加的标志可以被关闭。所有的设备可以被读或写，取决于它们的权限。
- ❑ 1：安全模式，不能清除超级用户设置的、不可变的和只追加的标志；用于挂载的文件系统和内核内存（/dev/mem 和 /dev/kmem）的磁盘是只读的。
- ❑ 2：高度安全模式，此模式与安全模式相同，只是磁盘始终是只读的，无论是否挂载。这个级别甚至可以防止超级用户进程通过卸载文件系统来篡改文件系统，但是它也会限制新文件系统的格式化。

通常，系统在单用户模式下以 0 级安全级别运行，在多用户模式下以 1 级安全级别运行。如果系统在多用户模式下运行时需要 2 级安全级别，那么应该在 /etc/rc 启动脚本中设置它（/etc/rc 脚本在 15.4 节中进行了描述）。

被超级用户标记为不可变的文件不能被更改，除非是对机器或系统控制台具有物理访问权限的人。标记为不可变的文件包括那些经常受到入侵者攻击的文件（例如，登录和

su）。仅追加标记通常用于关键的系统日志。如果入侵者闯入，他将无法掩盖自己的踪迹。虽然这两个特性在概念上很简单，但是它们极大地提高了系统的安全性。然而，这种安全模型有一些严格的限制：

❑ 不可变文件只能在系统为单用户时更新。

❑ 只有在系统为单用户时才能旋转只追加文件。

❑ 直接硬件访问受到限制。

最大的限制是必须保护所有启动活动。这个限制的原因是，内核总是存在一些 bug，可以利用这些 bug 导致系统崩溃和重新启动。在重新启动过程中，它以不安全模式运行；因此，如果在系统启动的时候可以在任何地方注入一个攻击脚本，系统就会受到威胁。启动活动的集合包括：

❑ 启动脚本和它们包含的目录。

❑ 启动过程中所有的可执行二进制。

❑ 启动过程中所有使用的库。

❑ 启动过程中所使用的很多配置文件。

找到并定位所有这些文件和目录是非常困难的，即使有一个丢失了，也有可能进入系统。

在 UFS2 inode 格式中的一个更改是将标志字段拆分为两个单独的 32 位字段：一个是可以由应用程序设置的标志（如在 UFS1 中），另一个是由内核严格维护的标志。内核标志的一个示例是用于将文件标记为快照的 SNAPSHOT 标志。另一个仅用于内核的标志是 OPAQUE，联合文件系统使用它来标记一个不应该使其下层可见的目录。通过将这些内核标志从 user-flags 字段的高 16 位移动到单独的内核标志字段，它们将不会被不完善的或恶意的应用程序意外地设置或清除。

9.2.5 动态 inode

关于 UFS1 文件系统的一个常见抱怨是，它在创建文件系统时预先分配了它所有的索引节点。对于具有数百万个文件的文件系统，文件系统的初始化可能需要几个小时。此外，文件系统创建程序 newfs 必须假定每个文件系统都将被许多小文件所填满，并分配比可能实际使用的更多的索引节点。如果 UFS1 文件系统耗尽了它所有的索引节点，那么获取更多索引节点的唯一方法就是转储、重新构建和恢复文件系统。UFS2 文件系统通过动态分配索引节点来解决这些问题。动态分配的 inode 的通常实现需要一个单独的文件系统数据结构（通常称为 inode 文件），用于跟踪当前的 inode 集。对这个额外数据结构的管理和维护增加了开销和复杂性，并经常降低性能。

为了避免这些成本，UFS2 为每个柱面组预先分配了一组 inode 编号和一组块（柱面组将在 9.10 节中描述）。最初，每个柱面组分配了两个索引节点块（一个典型的块包含 128 个索引节点）。当块填满时，将分配并初始化集合中的下一个 inode 块。在分配文件系统中的所有其他空间之前，可以分配给索引节点的块集作为空闲空间保留的一部分。只有这样，它才能用于文件数据。

从理论上讲，使用完为 inode 预留的所有块后，文件系统可以填满。稍后，在删除了大文件并创建了许多小文件来替换它们之后，文件系统可能发现自己无法分配所需的 inode，因为为 inode 保留的所有空间仍然在使用。在这里，有必要重新分配现有文件，将它们移动到 inode 区域之外的新位置。我们没有编写这样的代码，因为我们不希望在实践中出现这种情况，因为大多数文件系统上使用的空闲空间储备（8%）超过了 inode 所需的空间量（通常少于 6%）。在这些系统上，只有具有 root 特权的进程才能分配 inode 块。如果代码在实际使用中被证明是必要的，那么可以在那个时候编写它。在写入之前，如果文件系统满足此条件，则在尝试创建新文件时将返回"out of inode"错误。

动态分配 inode 的一个好处是，在 UFS2 中创建新文件系统的时间大约是 UFS1 中时间的 1%。用 UFS1 格式构建一个需要一小时的文件系统，可以用 UFS2 格式在一分钟内构建。虽然文件系统创建并不是一种常见的操作，但是让它们快速构建对于系统管理员来说确实很重要，因为他们必须有一定的规律性地执行这些任务。

动态分配 inode 的成本是每创建 128 个新 inode 就增加一个磁盘写操作。尽管与创建 128 个新文件的其他成本相比，此成本较低，但一些系统管理员可能希望预先分配的节点数量多于最小数量。如果出现这种需求，则在创建文件系统时将标记添加到 newfs 程序以预分配其他 inode 将是微不足道的。

9.2.6 inode 管理

本地文件系统中的大多数活动都是围绕 inode 进行的。如 7.4 节所述，内核保持一个活动的和最近访问的 vnode 列表。vnode 层根据有关所有文件系统活动的信息，决定应缓存多少文件以及应缓存哪些文件。每个本地文件系统都有一个需要管理系统 vnode 的子集。每个 inode 都使用一个附加了一些附加信息的 inode 来标识和定位它负责的文件集。图 9-3 显示了系统中 inode 的位置。

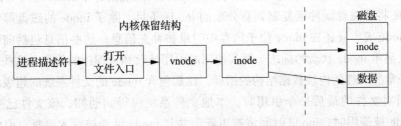

图 9-3　内核表布局

回顾 7.1 节中的材料，每个进程都有一个进程打开文件表，其中包含系统规定的文件描述符限制；此表作为进程状态的一部分进行维护。当用户进程打开一个文件（或套接字）时，该进程的打开文件表中定位未使用的槽；成功打开时返回的小整数文件描述符是此表的索引值。

每个进程的文件表条目指向系统打开的文件条目，该条目包含关于由描述符表示的底层文件或套接字的信息。对于文件，文件表指向表示打开文件的 vnode。对于本地文件系统，vnode 引用一个 inode。inode 标识文件本身。

打开文件的第一步是找到文件的相关 inode。查找请求被提供给与当前正在搜索的目录相关联的文件系统。当本地文件系统在目录中找到该名称时，它将获得相关文件的 inode 编号。首先，文件系统搜索它的 inode 集合，以查看请求的 inode 是否已经在内存中。为了避免对所有条目进行线性扫描，系统保留一组哈希链，每个条目由 inode 编号和文件系统标识符作为键，参见图 9-4。如果 inode 不在表中，比如第一次打开文件时，文件系统必须请求一个新的 vnode。当一个新的 vnode 分配给本地文件系统时，就会分配一个新的结构来保存 inode。

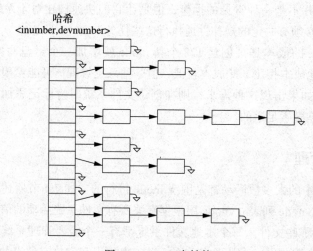

图 9-4　inode 表结构

下一步是定位包含 inode 的磁盘块，并将该块读入系统内存中的缓冲区。当磁盘 I/O 完成时，inode 将从磁盘缓冲区复制到新分配的 inode 条目。除了 inode 的磁盘部分中包含的信息外，inode 表本身还在 inode 位于内存中时维护补充信息。这些信息包括前面描述的哈希链，以及显示 inode 状态的标志、对其使用的引用计数和管理锁的信息。这些信息还包含指向其他经常感兴趣的内核数据结构的指针，比如包含 inode 的文件系统的超级块。

当关闭对文件的最后一个引用时，本地文件系统将得到通知，该文件已变为不活动的。当 inode 被停用时，inode 时间将被更新，并且 inode 可能被写入磁盘。但是，它仍然保留在哈希表中，以便在重新打开时可以找到它。根据所有文件系统中对 vnode 的需求，在 vnode 层确定的一段时间内处于非活动状态之后，vnode 将被回收。当一个本地文件的 vnode 被回收时，inode 将从先前文件系统的哈希链中删除，如果 inode 是脏的，那么它

的内容将被写回磁盘。然后释放 inode 的空间，这样 vnode 就可以供新的文件系统客户使
用了。

9.3 命名

文件系统包含文件，其中大部分包含普通数据。某些
文件被区分为目录，并包含指向可能本身就是目录的文件
的指针。这种目录和文件的层次结构被组织成树状结构。
图 9-5 显示了一个小型文件系统树。图中的每个圆圈表示
一个 inode，其中包含相应的 inode 编号。每个箭头表示
目录中的一个名称。例如，inode 4 是 / usr 目录，其中条
目 . 指向自身，而条目 .. 指向其父级 inode 2，即文件系统
的根。它还包含名称 bin（引用目录 inode 7）和名称 foo（引
用文件 inode 6）。

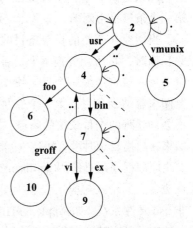

图 9-5　一个小的文件系统树

9.3.1 目录

目录以称为块的单位分配，图 9-6 显示了一个典型的
目录块。选择块的大小，以便可以在单个操作中将每个分配转移到磁盘。在单个操作中更
改目录的能力使目录更新成为原子性的。块被分解成可变长度的目录条目，以允许文件名
几乎是任意长度的。任何目录条目都不能跨多个块。目录条目的前 4 个字段长度固定，包
含以下内容：

1）索引节点号，它是磁盘上索引节点结构表的索引；所选条目描述了文件（inode 在
9.2 节中进行了描述）。

2）条目的大小（以字节为单位）。

3）条目的类型。

4）条目中包含的文件名的长度，以字节为单位。

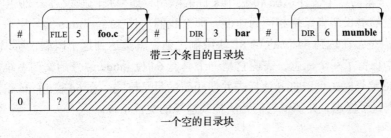

图 9-6　目录块的格式

条目的其余部分是可变长度的，并包含一个以空结尾的文件名，填充到一个 4 字节的

边界。目录中文件名的最大长度为 255 个字符。

文件系统通过让条目在其大小字段中累积空闲空间来记录目录中的可用空间。因此，有些目录条目比保存条目名称和固定长度字段所需的大。分配给目录的空间应该完全由目录条目的大小总和决定。当从目录中删除一个条目时，系统通过将前一个条目的大小增加所删除条目的大小，将该条目的空间合并到相同目录块中的前一个条目中。如果目录块的第一个条目是空闲的，那么指向该条目 inode 的指针将设置为 0，以表明该条目未分配。

当创建一个新的目录条目时，内核必须扫描整个目录，以确保该名称不存在。在执行此扫描时，它还会检查每个目录块，以确定是否有足够的空间放置新条目。空间不必是连续的。内核将压缩一个目录块中的有效条目，将几个小的未使用空间合并成一个足够大的空间来容纳新条目。第一个有足够空间的块被使用。内核既不会压缩跨目录块的空间，也不会创建跨两个目录块的条目，因为它总是希望能够通过编写单个目录块来进行目录更新。如果在扫描目录时没有找到空间，则在目录的末尾分配一个新块。

应用程序通过使用 getdirentries 系统调用从内核获取目录块。对于本地文件系统，目录在磁盘上的格式与应用程序所期望的格式相同，因此返回未被解释的块。当通过网络或从非 bsd 文件系统（如 Apple 的 HFS）读取目录时，getdirentries 系统调用必须将目录在磁盘上的表示形式转换为所描述的形式。

通常，程序希望一次读取一个目录条目。这个接口是由目录访问例程提供的。opendir() 函数的作用是：返回一个结构指针，readdir() 使用这个结构指针来获取使用 getdirentry 的目录块；readdir() 在每次调用时从块中返回下一个条目。closedir() 函数的作用是：释放 opendir() 分配的空间并关闭目录。此外，还有 rewinddir() 函数将读取位置重置为开头，telldir() 函数返回描述当前目录位置的结构，seekdir() 函数返回先前使用 telldir() 获得的位置。

UFS1 文件系统使用 32 位 inode 编号。虽然在 UFS2 中很容易将这些 inode 编号增加到 64 位，但是这样做需要更改目录格式。有许多直接作用于目录条目的代码。更改目录格式将需要创建更多文件系统特定的函数，这将增加代码的复杂性和可维护性问题。此外，当前用于引用目录条目的 API 使用 32 位 inode 编号。因此，即使底层文件系统支持 64 位 inode 编号，它们目前也不能对用户应用程序可见。在短期内，应用程序不会运行到 32 位 inode 编号所带来的每个文件系统 40 亿个文件的限制。如果我们假设过去 20 年每个文件系统的文件数量的增长率将保持相同的速度，那么我们估计 32 位 inode 编号应该足以再维持 10～20 年。但是，在达到 64 位的 UFS2 块限制之前，就会达到这个限制，所以 UFS2 文件系统在超块中保留了一个标志，表明它是一个具有 64 位 inode 编号的文件系统。当开始使用 64 位 inode 编号时，可以打开该标志并使用新的目录格式。在 64 位 inode 编号引入之前的内核会检查这个标志，并知道它们无法挂载这样的文件系统。

9.3.2 在目录中查找名称

对文件系统的一个常见请求是在目录中查找特定的名称。内核通常从目录的开头开始查找，然后遍历目录，依次比较每个条目。首先，将所查找名称的长度与被检查的名称的长度进行比较。如果长度相同，则对所查找的名称和目录条目进行字符串比较。如果它们匹配，搜索就完成了；如果它们在长度或字符串比较中失败，将继续搜索下一个条目。每当找到名称时，其名称和包含的目录就会被输入 7.4 节中描述的系统范围名称缓存中。每当搜索不成功时，缓存中就会出现一个条目，表明该名称在特定目录中不存在。在开始目录扫描之前，内核在缓存中查找名称。如果找到确定或否定条目，则可以避免目录扫描。

另一种常见的操作是查找目录中的所有条目。例如，许多程序对目录中的每个名称按名称在目录中出现的顺序执行 stat 系统调用。为了提高这些程序的性能，内核维护每个目录上次成功查找时的目录偏移量。每次在该目录中执行查找时，搜索将从发现前一个名称的偏移量开始（而不是从目录的开头开始）。对于按顺序遍历包含 n 个文件的目录的程序，搜索时间从 Order(n^2) 减少到 Order(n)。

在包含 600 个文件的目录上运行 ls –l 命令是演示缓存最大有效性的快速基准测试之一。在保留最新目录偏移量的系统上，此测试所需的系统时间减少了 85%。不幸的是，最大有效性远远大于平均有效性。尽管缓存在命中时的效率是 90%，但它只适用于正在查找的名称的 25%。尽管在查找例程本身上花费的时间大量减少，但是由于在该例程调用的例程上花费的时间更多，所以这种改进也会减少。每次缓存失败都会导致一个目录被访问两次——一次从中间到末尾进行搜索，一次从开始到中间进行搜索。

这些缓存提供了良好的目录查找性能，但对于条目创建和删除率很高的大型目录无效。每次创建一个新的目录条目时，内核必须扫描整个目录，以确保该条目不存在。当删除现有条目时，内核必须扫描目录以找到要删除的条目。对于有许多条目的目录，这些线性扫描非常耗时。

解决这个问题的方法是引入动态目录哈希，将目录索引系统改进为 UFS[Dowse & Malone，2002]。为了避免对大型目录的重复线性搜索，动态目录哈希在第一次访问目录时动态地构建一个目录条目的哈希表。该表避免了在以后查找、创建和删除时进行目录扫描。与最初设计时考虑到大型目录的文件系统不同，这些索引并不保存在磁盘上，因此系统是向后兼容的。缺点是需要在每次系统重新启动后第一次遇到大目录时构建索引。动态目录哈希的效果是最小化 UFS 中大型目录的性能问题。

在构建 UFS2 时，我们考虑通过将目录结构更改为更复杂的目录结构（如使用 B 树的目录结构）来解决大目录更新问题。这种技术在许多现代文件系统中都有使用，比如 XFS[Sweeney 等，1996]、JFS[Best，2000]、ReiserFS[Reiser，2001]，以及 Ext2 的后续版本[Phillips，2001]。在最初实现 UFS2 时，出于两个原因，我们决定不进行更改。首先，我们的时间和资源有限，我们想要一些能够在 FreeBSD 5 的时间框架内工作的稳定的东西。通过保持相同的目录格式，我们能够重用来自 UFS1 的所有目录代码，不需要更改大量的文件系统实用程序来理解和维护新的目录格式，并且能够在我们可用的时间范围内生成稳定可靠的文件系统。其次，我们认为可以保留现有的目录结构，因为 FreeBSD 中添加了动态目录哈希。

借用 Ext2 文件系统使用的技术，我们还添加了一个标志，表明目录支持磁盘上的索引结构这 [Phillips，2001]。UFS 的现有实现无条件关闭此标志。将来，如果添加了磁盘上的目录索引结构的实现，则支持该结构的实现将不会关闭该标志。支持索引的内核将维护索引并保留该标志。如果不支持索引的旧内核运行时，它将关闭该标志，当文件系统再次运行下一个新内核，新内核将发现索引标志被关闭，就知道索引可能已过时，在使用前必须重建。索引实现的唯一限制是它们必须是引用旧的线性目录格式的辅助数据结构。

9.3.3 路径名转换

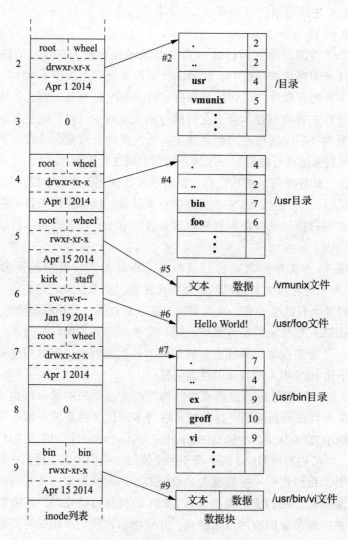

图 9-7 小型文件系统的内部结构

现在，我们已经准备好描述文件系统如何查找路径名。图 9-5 中引入的小型文件系统在图 9-7 中进行了扩展，以显示其内部结构。图 9-5 中的每个文件都扩展为其组成的 inode 和数据块。作为这些数据结构如何工作的示例，请考虑系统如何查找文件 /usr/bin/vi。它必须首先搜索文件系统的根目录才能找到 usr 目录。它首先找到描述根目录的 inode。按照惯例，inode 2 总是保留为文件系统的根目录；因此，系统找到 inode 2 并将其放入内存。这个 inode 显示了根目录的数据块所在的位置。还必须将这些数据块放到内存中，以便能够搜索 usr 的条目。找到 usr 条目后，系统知道 usr 的内容是由 inode 4 描述的。再次返回到磁盘，系统获取 inode 4 以查找 usr 数据块的位置。在搜索这些块时，它会找到 bin 的条目。bin 入口指向 inode 7。接下来，系统从磁盘中获取 inode 7 及其相关的数据块，以搜索 vi 的条目。在发现 vi 是由 inode 9 描述的之后，系统可以获取这个 inode 和包含 vi 二进制文件的块。在首次执行此查找之后，将执行许多 I/O 操作。此后，各种文件系统缓存将确保不需要重复这些 I/O 操作。

9.3.4　链接

如图 9-8 所示，每个文件都有一个 inode，同一文件系统中的多个目录条目可以引用该 inode（即 inode 可能有多个名称）。每个目录条目都创建一个硬链接，将文件名链接到描述文件内容的 inode。链接的概念是基础；inode 不驻留在目录中，而是单独存在，并由链接引用。当删除了到 inode 的所有链接时，inode 将被释放。如果删除了指向文件的一个链接，并用新内容重新创建文件名，那么其他链接将继续指向旧的 inode。图 9-8 显示了两个不同的目录条目（foo 和 bar），它们引用了相同的文件，因此该文件的 inode 显示引用计数为 2。

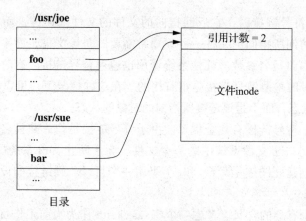

图 9-8　到一个文件的硬链接

系统还支持符号链接，或称为软链接。符号链接被实现为包含路径名的文件。当系统在查找路径名的一部分时遇到一个符号链接，符号链接的内容被预先写入路径名的其余部分；查找将继续以生成的路径名进行。如果符号链接包含一个绝对路径名，则使用该绝对路径名。否则，符号链接的内容将相对于链接在文件层次结构中的位置进行评估（而不是相对于调用进程的当前工作目录）。

一个符号链接如图 9-9 所示。这里有一个指向文件的硬链接 foo。另一个引用 bar 指向一个不同的 inode，其内容是所引用文件的路径名。当进程打开 bar 时，系统将符号链接的内容解释为路径名，以查找链接引用的文件。符号链接被系统视为数据文件，而不是文件系统结构的一部分；因此，它们可以指向其他文件系统上的目录或文件。如果一个文件名被删除和替换，指向它的任何符号链接都将访问新文件。最后，如果文件名没有被替换，符号链接将指向空，任何访问它的尝试都会返回一个错误。

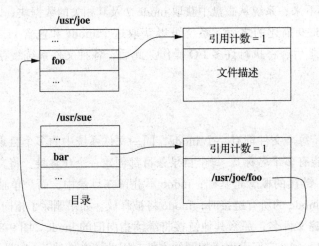

图 9-9 到一个文件的符号链接

当 open 应用于符号链接时，它返回指向的文件的文件描述符，而不是链接本身。否则，必须使用间接访问所指向的文件——而通常需要的是该文件，而不是链接。出于同样的原因，大多数采用路径名参数的其他系统调用也遵循符号链接。有时，能够在遍历文件系统或制作存档磁带时检测符号链接是很有用的。在这种情况下，可以使用 lstat 系统调用来获得符号链接的状态，而不是该链接所指向的对象的状态。

与硬链接相比，符号链接有几个优点。由于符号链接是作为路径名维护的，所以它可以引用一个目录或另一个文件系统中的一个文件。为了防止文件系统层次结构中的循环，非特权用户不允许创建硬链接（除了 . 和 ..）引用一个目录。硬链接的设计防止它们引用不同文件系统上的文件。

符号链接有几个有趣的含义。考虑一个将 /usr/keith 作为当前工作目录并执行 cd src 的进程，其中 src 是指向目录 /usr/src 的符号链接。如果进程执行 cd ..，进程的当前工作目录将在 /usr 中，而不是在 /usr/keith 中，如果 src 是一个普通目录而不是符号链接，就会是这样。如果已通过符号链接到达目录，则可以更改内核以跟踪进程已遍历的符号链接并以不同的方式进行解释。这个实现有两个问题。首先，内核必须维护大量的信息。其次，没有一个程序可以依赖于能够使用 .., 因为它不能确定名字的解释方式。

许多 shell 跟踪符号链接遍历。当用户从通过符号链接输入的目录中通过 .. 更改目录时, shell 将其返回到其来自的目录。虽然 shell 可能必须维护无限数量的信息, 但最坏的情况是 shell 将耗尽内存。shell 的失败只会影响愚蠢到可以无休止地遍历符号链接的用户。跟踪符号链接只影响 shell 中的更改目录命令; 程序可以继续依赖 .. 以引用其真正的父目录。因此, 在 shell 中跟踪内核之外的符号链接是合理的。

由于符号链接可能会在文件系统中引起循环, 内核通过允许在单个路径名转换中最多进行 32 次符号链接遍历来防止循环。如果达到了这个限制, 内核将产生一个错误 (ELOOP)。

9.4　配额

资源共享一直是 BSD 系统的一个设计目标。默认情况下, 任何单个用户都可以分配文件系统中的所有可用空间。在某些环境中, 不受控制地使用磁盘空间是不可接受的。因此, FreeBSD 包含一个配额机制来限制用户或组成员可以获得的文件系统资源的数量。配额机制对用户或组成员可能分配的文件数量和磁盘块数量进行限制。可以为每个文件系统上的每个用户和组分别设置配额。

配额支持硬限制和软限制。当进程超过其软限制时, 用户的终端上会显示警告; 除非进程超出了它的硬限制, 否则无法阻止它分配空间。其中的思想是, 用户应该在登录会话之间保持低于其软限制, 但在活动期间可能会使用更多的资源。如果用户未能在超过一个宽限期的时间内纠正问题, 则软限制开始作为硬限制强制执行。宽限期由系统管理员设置, 默认为 7 天。这些配额来自澳大利亚墨尔本大学 Robert Elz [Elz, 1984] 开发的一个更大的资源限制包。

配额主要作为分配例程的附件连接到系统中。当从分配例程中请求一个新块时, 配额系统首先通过以下步骤验证请求:

1) 如果存在与文件关联的用户配额, 则配额系统将查询与文件所有者关联的配额。如果所有者达到或超过了它们的限制, 请求将被拒绝。

2) 如果有与文件关联的组配额, 则配额系统将查询与文件组关联的配额。如果该组达到或超过了其限制, 则请求将被拒绝。

3) 如果配额测试通过, 则允许该请求, 并将其添加到文件的使用统计信息中。

当超过用户或组配额时, 分配程序将返回失败, 就像文件系统已经满了那样。内核将此错误传递到执行 write 系统调用的进程。

配额是在文件系统挂载之后分配的。系统调用将包含配额的文件与挂载的文件系统相关联。按照惯例, 具有用户配额的文件被命名为 quota.user。具有组配额的文件名为 quota.group。这些文件通常驻留在挂载的文件系统的根目录或 /var/quotas 目录中。对于要施加的每个配额, 系统将打开适当的配额文件, 并在与挂载的文件系统相关联的挂载表条目中保存对它的引用。图 9-10 显示了挂载表引用。这里，根文件系统对用户有一个配额，但对组没有。/usr 文件系统对用户和组都施加了配额。由于需要不同用户或组的配额，因此从适当的配额文件中获取配额。

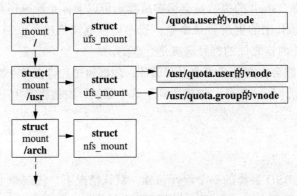

图 9-10　引用配额文件

　　配额文件被维护为一组配额记录，这些配额记录由用户或组标识符索引；图 9-11 展示了用户配额文件中的一个典型记录。为了找到用户标识符 i 的配额，系统在配额文件中查找偏移量 $i \times$ sizeof（配额结构），并在偏移量处读取配额结构。每个配额结构都包含对相关文件系统的用户施加的限制。这些限制包括对用户可能拥有的块和 inode 的数量的硬限制和软限制，用户当前分配的块和 inode 的数量，以及软限制应该作为硬限制开始实施的时间。组配额文件的工作方式与此相同，不同之处是它是根据组标识符建立索引的。

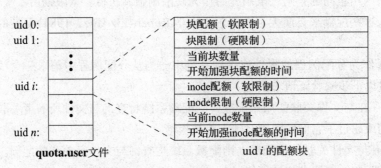

图 9-11　配额记录的内容

　　活动配额保存在系统内存中，数据结构称为 dquot 条目；图 9-12 显示了两个典型的条目。除了从配额文件中提取的配额限制和使用之外，dquot 条目还在使用配额时维护关于配额的信息。这些信息包括允许快速访问和标识的字段。配额由 chkdq() 例程检查。由于每次写入文件时可能都要更新配额，所以 chkdq() 必须能够快速查找和操作配额。因此，查找与文件相关的 dquot 结构的任务是在第一次打开文件进行写入时完成的。当执行访问检查以检查写入时，系统将检查是否有与文件关联的用户或组配额。如果存在一个或多个配额，只要 inode 是常驻的，就将 inode 设置为持有对适当 dquot 结构的引用。chkdq() 例程可以通过检查 dquot 指针是否非空来确定文件是否有配额；如果是，所有必要的信息都可以直接访问。如果一个用户或一个组在同一个文件系统上打开了多个文件，那么所有描述这些文件的 inode 都指向同一个 dquot 条目。因此，总是可以容易且一致地知道分配给特定用户或组的块的数量。

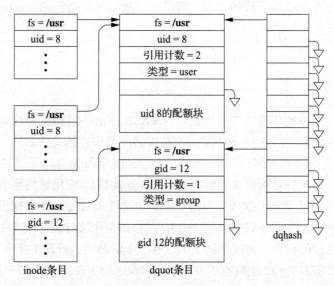

图 9-12　dquot 条目

　　系统中的 dquot 条目的数量可能会变得很大。为了避免对所有 dquot 条目进行线性扫描，系统会在文件系统以及用户或组标识符上保留一组哈希键。即使有数百个 dquot 条目，内核也只需检查大约 5 个条目即可确定所请求的 dquot 条目是否驻留在内存中。如果 dquot 条目不存在，例如第一次打开文件进行写入，则系统必须重新分配 dquot 条目并从磁盘读取配额。从最近最少使用的 dquot 条目中重新分配 dquot 条目。为了使它可以快速找到最早的 dquot 条目，系统将未使用的 dquot 条目链接在一起，并保持在 LRU 链中。当 dquot 结构上的引用计数降至零时，系统会将 dquot 放在 LRU 链的末尾。dquot 结构不会从其哈希链中删除，因此，如果很快再次需要该结构，则仍可以找到该结构。仅当使用新配额记录回收 dquot 结构时，才将其删除并重新链接到哈希链中。LRU 链前面的 dquot 条目产生最近最少使用的 dquot 条目。从 LRU 链的中间回收常用的 dquot 条目，并在使用后在末端重新链接。
　　哈希结构允许快速找到 dquot 结构。但是，它并没有解决如何发现用户在特定文件系统上没有配额的问题。如果用户没有配额，则对配额的查找将失败。进入磁盘并读取配额文件以发现用户未施加配额的开销将是过高的。为了避免每次写入一个新文件时都要做这项工作，系统维护了非配额 dquot 条目。首次访问尚未具有 dquot 条目的用户或组拥有的 inode 时，将创建一个虚拟 dquot 条目，该条目具有为配额限制填充的无限值。当 chkdq()

例程遇到这样的条目时，它将更新使用字段，但不会施加任何限制。当用户稍后写入其他文件时，将发现相同的 dquot 条目，从而避免了对磁盘配额文件的额外访问。因为 chkdq() 可以假设 dquot 指针总是有效的，而不是每次使用之前都必须检查指针，所以确保一个文件总是有一个 dquot 条目可以提高数据写入的性能。

当配额从缓存中丢失，文件系统进行同步或文件系统卸载时，配额会被写回磁盘。如果系统崩溃，使配额处于不一致的状态，则系统管理员必须运行 quotacheck 程序来重建配额文件中的使用信息。

9.5　文件锁定

锁可以放在文件中的任意字节范围内。FreeBSD 中由一组锁支持这些语义，每个锁描述了指定字节范围的锁。图 9-13 显示了一个包含多个范围锁的文件示例。当前持有的锁或活动锁的列表出现在图的顶部，以 unode 中的 u_lockf 字段为首，并通过锁结构的 lf_next 字段链接在一起。每个锁结构标识锁的类型（独占或共享）、应用锁的字节范围以及锁持有者的身份。锁可以通过指向进程条目的指针或指向文件条目的指针来标识。进程指针用于 POSIX 类型的范围锁；文件条目指针用于 BSD 风格的整个文件锁。本节中的示例显示作为指向进程条目的指针的标识。在这个例子中，有三个活动锁：进程 1 在字节 1～3 上持有的独占锁，进程 2 在字节 7～12 上持有的共享锁，以及进程 3 在字节 7～14 上持有的共享锁。

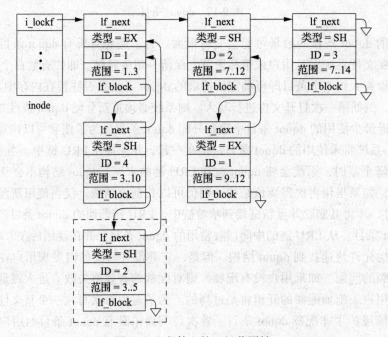

图 9-13　文件上的一组范围锁

除了活动锁之外，还有其他处于休眠状态的进程等待应用（获取）锁。挂起的锁由活动锁的 le_inlink 字段负责，防止它们被应用。如果有多个挂起的锁，则通过它们的 le_inlink 字段链接它们。新的锁请求放在列表的末尾；因此，进程一般按照请求锁的顺序被授予锁。每个挂起的锁使用它的 le_outlink 字段来标识当前阻塞它的活动锁。在图 9-13 的示例中，第一个活动锁有两个其他锁挂起。还有一个范围为 9～12 的挂起请求链接到第二个活动条目。它也可以被链接到第三个活动条目上，因为第三个条目也会阻止它。当释放活动锁时，该锁的所有挂起条目都将被唤醒，因此它们可以重试请求。如果释放了第二个活动锁，其结果将是其当前挂起的请求将移动到最后一个活动条目的阻塞列表。

锁定的实现必须处理的一个问题是潜在死锁的检测。要查看如何检测死锁，请考虑添加图 9-13 中虚线框中列出的进程 2 的锁请求。由于请求被活动锁阻塞，进程 2 必须休眠，等待范围 1～3 上的活动锁清除。我们跟踪请求锁（虚线框中的那个）中的 le_outlink 指针，以识别进程 1 所持有的 1～3 范围内的活动锁。进程 1 的等待通道显示进程 1 正在休眠，等待一个锁被清除，并将挂起的锁结构标识为挂起的锁（范围 9～12），挂起第二个活动锁（范围 7～12）的 le_inlink 字段。我们跟踪这个挂起锁结构（范围 9～12）的 le_outlink 字段，直到锁请求者（进程 2）持有的第二个活动锁（范围 7～12）。此时，锁请求被拒绝，因为它将导致进程 1 和进程 2 之间的死锁。该算法适用于任意大小的锁和进程的循环。如果在一个文件的相同范围内少于 50 个进程争用锁，那么性能是可以接受的。

正如我们所注意到的，对于范围 9～12 的挂起请求同样可以挂起范围 7～14 的第三个活动锁。如果是这样，在虚线框中添加锁的请求就会成功，因为第三个活动锁由进程 3 持有，而不是由进程 2 持有。如果该文件上的下一个锁请求释放第三个活动锁，那么当进程 1 的挂起锁转移到第二个活动锁（范围为 7～12）时，就会发生死锁检测。不同之处在于，进程 1 将获得死锁错误，而不是进程 2。

当发出新的锁请求时，必须首先检查它是否被其他进程当前持有的锁阻塞。如果它没有被其他进程阻塞，那么必须检查它是否与发出请求的进程已经持有的任何现有锁重叠。必须考虑 5 种可能的重叠情况。这些可能性如图 9-14 所示。图中的假设是，新请求的类型与现有锁的类型不同（即针对共享锁的独占请求，反之亦然）。如果现有的锁和请求是同一类型的，则分析要简单一些。这 5 种情况如下：

1）新请求正好与现有锁完全重叠。新请求将替换现有的锁。如果新请求从独占降级为共享，则所有挂起的旧锁上的请求都将被唤醒。

2）新请求是现有锁的子集。现有锁分为三部分（如果新锁从开始处开始，或者在现有锁结束处结束，则分成两部分）。如果新请求的类型与现有锁的类型不同，那么所有挂起于旧锁上的请求都将被唤醒，因此可以将它们重新分配到正确的新块中、在其他进程持有的锁上阻塞或授权。

3）新请求是现有锁的超集。新请求替换现有的锁。如果新请求从独占降级为共享，则所有挂起的旧锁上的请求都将被唤醒。

4）新请求扩展到现有锁的末尾。现有的锁被缩短，其重叠部分被新请求替换。所有挂起在现有锁上的请求都将被唤醒，因此它们可以被重新分配到正确的新块中，或者被其他进程持有的锁阻塞，或者被授予。

5）新请求扩展到现有锁的开头。现有的锁被缩短，其重叠部分被新请求替换。所有挂起在现有锁上的请求都将被唤醒，因此它们可以被重新分配到正确的新块中，或者被其他进程持有的锁阻塞，或者被授权。

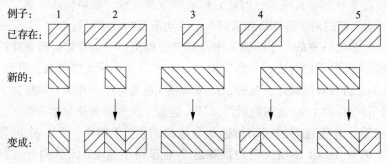

图 9-14　添加范围锁时内核考虑的 5 种类型的重叠

除了概述的 5 种基本类型的重叠之外，一个请求可能跨越多个现有锁。具体地说，新请求可以由类型 4 中的零个或一个组成，类型 3 中的零个或多个，以及类型 5 中的零个或一个。

为了理解如何处理重叠，我们可以考虑图 9-15 中所示的示例。该图显示了一个文件，该文件的所有活动范围锁都由进程 1 持有，另外还有一个进程 2 的挂起锁。

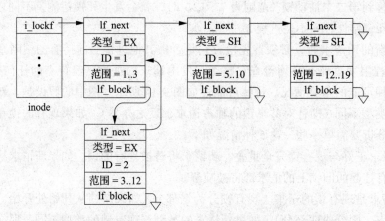

图 9-15　进程 1 在范围 3..13 上添加独占锁请求之前的锁

现在考虑进程 1 对范围 3～13 上的独占锁的请求。此请求与任何活动锁不冲突（因为所有活动锁都已由进程 1 持有）。该请求确实与所有三个活动锁重叠，因此这三个活动锁分别代表类型 4、类型 3 和类型 5 的重叠。处理锁请求的结果如图 9-16 所示。第一个和第三个活动锁被修剪回新请求的边缘，第二个锁被完全替换。在第一个锁上挂起的请求被唤醒。它不再被第一个锁阻塞，而是被新安装的锁阻塞，所以它现在挂起了第二个锁的阻塞列表。第一个锁和第二个锁可以合并，因为它们具有相同的类型，并且由相同的进程持有。但是，由于范围锁通常在与它们创建的范围相同的范围内释放，因此当前实现不进行任何合并。如果合并已经完成，那么在请求发布版本时可能需要再次进行分割。

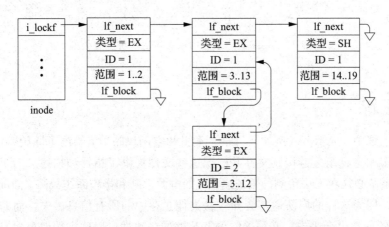

图 9-16　进程 1 在范围 3..13 上添加了独占锁请求后的锁

锁移除请求比添加请求简单，它们只需要考虑请求进程持有的现有锁。图 9-17 显示了删除请求与请求进程的锁重叠的 5 种可能的方式。它们包括：

1）解锁请求与现有锁完全重叠。现有锁将被删除，并且该锁上挂起的所有锁请求都将被唤醒。

2）解锁请求是现有锁的子集。现有的锁被分成两部分（如果解锁请求从开始处开始或在现有锁结束处结束，则为一部分）。挂起该锁上的任何锁都将被唤醒，以便可以将它们重新分配到正确的新块中，在其他进程持有的锁上阻塞或授权。

3）解锁请求是现有锁的超集。删除现有的锁，并唤醒挂起该锁的所有锁。

4）解锁请求超出现有锁的末尾。现有锁的末端被缩短。挂起该锁上的任何锁都将被唤醒，以便可以将它们重新分配到较短的锁上，在其他进程持有的锁上阻塞或授权。

5）解锁请求扩展到现有锁的开头。现有锁的开头被缩短了。挂起该锁上的任何锁都将被唤醒，以便可以将它们重新分配到较短的锁上，在其他进程持有的锁上阻塞或授权。

除了概述的 5 种基本重叠类型之外，解锁请求可能跨越几个现有的锁。具体而言，新请求可以由类型 4 中的零个或一个组成，类型 3 中的零个或多个，以及类型 5 中的零个或一个。

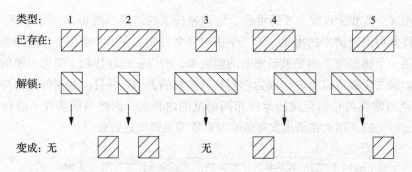

图 9-17　删除范围锁时内核考虑的 5 种重叠类型

9.6　软更新

在文件系统中，元数据（例如，目录、索引和空闲块映射）给出了原始存储容量结构。元数据为将多个磁盘扇区链接到文件并标识这些文件提供了指针和描述。为了对持久存储有用，文件系统必须在无法预测的系统崩溃（如电源中断和操作系统故障）面前保持其元数据的完整性。因为这样的崩溃通常会导致易失性主存中的所有信息丢失，而非易失性存储（即磁盘）中的信息也会丢失。必须始终保持足够的一致性，以确定性地重建一个一致的文件系统状态。具体来说，文件系统的磁盘镜像必须没有指向未初始化空间的空指针，没有由多个指针引起的模棱两可的资源所有权，也没有未引用的活动资源。维护这些不变性通常需要对小型磁盘上的元数据对象的更新进行排序（或原子分组）。

传统上，UFS 文件系统使用同步写来正确地排序稳定存储的变化。例如，创建一个文件需要首先分配和初始化一个新 inode，然后填写一个新的目录条目来指向它。使用同步写入方法，文件系统会强制创建文件的应用程序等待磁盘写入来初始化磁盘 inode。因此，像文件创建和删除这样的文件系统操作是以磁盘速度而不是处理器 / 内存速度进行的 [McVoy & Kleiman，1991；Ousterhout，1990；Seltzer 等，1993]。由于与其他计算机组件的速度相比，磁盘访问时间较长，同步写操作会降低系统性能。

元数据更新问题也可以通过其他机制解决。例如，可以通过使用 NVRAM 技术（如不间断电源或闪存）来消除保持磁盘状态一致的需要 [Moran 等，1990；Wu & Zwaenepoel，1994]。一旦要写入的块复制到稳定的存储中，文件系统操作就可以立即进行，并且更新可以按任何顺序在方便的时候传播到磁盘。如果系统失败，在重新启动系统时，可以从稳定存储区完成未完成的磁盘操作。

另一种方法是将每组依赖更新作为原子操作分组，并使用某种形式的预写日志记录 [Chutani 等，1992；Hagmann，1987] 或 shadow- 分页 [Chamberlin & Astrahan，1981；Rosenblum & Ousterhout，1992；Stonebraker，1987]。这些方法通过在单独的磁盘或稳定的存储中记录文件系统更新来增加磁盘上的状态。然后，一旦要完成的操作被写入日志，文件系统操作就可以继续进行。如果系统失败，未完成的文件系统操作可以在系统重新启动时从日志中完成。与同步写方法相比，许多现代文件系统成功地使用预写日志来提高性能。

Ganger & Patt[1994] 提出了一种称为软更新的替代方法，并在研究原型的上下文中进行了评估。在成功的评估之后，为 FreeBSD 编写了一个软更新的生产版本。通过软更新，文件系统使用延迟的写操作（即回写缓存）进行元数据更改，跟踪更新之间的依赖关系，并在回写时强制这些依赖关系。由于大多数元数据块包含许多指针，所以当仅在块级别记录依赖项时，循环依赖项就会频繁出现。因此，软更新在每个指针的基础上跟踪依赖项，这允许以任何顺序写入块。元数据块中任何仍然依赖的更新都在写块之前回滚，然后向前滚动。因此，依赖性周期被作为一个问题消除了。对于软更新，应用程序总是看到最新的元数据块副本，而磁盘总是看到与元数据其他内容一致的副本。

9.6.1　在文件系统中的更新依赖

几个重要的文件系统操作由一系列对独立元数据结构的相关修改组成。为了确保在出现不可预知的故障时的可恢复性，通常必须按照特定的顺序将修改传播到稳定的存储中。例如，当创建一个新文件时，文件系统分配一个 inode，初始化它，并构造一个指向它的目录条目。如果在将新的目录条目写入磁盘之后，但在写入已初始化的 inode 之前系统出现故障，那么一致性可能会受到影响，因为磁盘 inode 的内容是未知的。为了确保元数据的一致性，初始化的 inode 必须在新目录条目之前成为稳定的存储。我们将此需求称为更新依赖项，因为安全地编写目录条目取决于首先写入 inode。排序约束可以映射到三个简单的规则：

1）在初始化一个结构之前千万不要指向它（例如，一个 inode 必须在目录条目引用它之前进行初始化）。

2）在为之前的所有指针设置空值之前，不要重用资源（例如，在为新 inode 重新分配磁盘块之前，必须为指向数据块的 inode 指针设置空值）。

3）永远不要在设置新指针之前将旧指针重置为活动资源（例如，在重命名文件时，在写入新名称之前不要删除 inode 的旧名称）。

为了确保崩溃后的可恢复性，需要对 8 个文件系统活动进行更新排序：文件创建、文件删除、目录创建、目录删除、文件 / 目录重命名、块分配、间接块操作和空闲映射管理。

由文件系统管理的两个主要资源是 inode 和数据块。使用两个位图来维护关于这些资源的分配信息。对于文件系统中的每个 inode，inode 位图都有一个位，这个位图在 inode 正在使用时设置，在 inode 空闲时清除。对于文件系统中的每个块，数据块位图都有一个位，这个位图在块空闲时设置，在使用时清除。每个文件系统被分解成大小固定的部分，称为柱面组（在 9.10 节中有更详细的描述）。每个柱面组都有一个柱面组块，其中包含位于柱面组内的 inode 和数据块的位图。对于大型文件系统，这种组织只允许将文件系统位图中那些积极使用的子片段放入内核内存。每个活动的柱面组块都存储在一个单独的 I/O 缓冲区中，可以独立于其他柱面组块写入磁盘。

创建文件时，将修改位于不同块中的三个元数据结构。第一个是新的 inode，初始化时将其类型字段设置为新的文件类型，并将其链接计数设置为 1，以显示它是活动的（即由某个目录条目引用），它的权限字段设置为指定的值，所有其他字段设置为默认值。第二个是 inode 位图，它经过修改以显示已经分配了 inode。第三个是一个新的目录条目，其中填充了新名称和指向新 inode 的指针。为了确保位图总是反映所有分配的资源，位图必须在 inode 或目录条目之前写入磁盘。因为 inode 在磁盘上初始化之前处于未知状态，所以规则 #1 指定存在更新依赖项，要求在相关目录条目之前写入相关 inode。虽然不是严格必需的，但是大多数 BSD 快速文件系统实现也会在创建文件的系统调用返回之前立即写入目录块。如果应用程序稍后执行 fsync 系统调用，则第二个同步写操作将确保文件名位于稳定的存储区。如果没有执行第二次同步写操作，那么 fsync 调用必须能够找到所有包含文件名称的未写目录块，并将它们写到磁盘上。当新目录条目为 inode 添加第二个名称（又称为硬链接）时，inode 和新目录条目之间存在类似的更新依赖关系，因为第二个名称的添加要求文件系统增加 inode 中的链接数并在入口可能出现在目录中之前将 inode 写入磁盘。

删除文件时，将修改目录块、inode 块和一个或多个柱面组位图。在目录块中，通过回收其空间或使 inode 指针无效来"删除"相关的目录条目。在 inode 块中，相关 inode 的类型字段、链接计数和块指针被归零。然后将删除文件的块和 inode 添加到适当的空闲块 / inode 映射中。规则 #2 指定目录条目与 inode 之间以及 inode 与任何修改的可用映射位之间存在更新依赖关系。为了保持较高的链接数（并在实践中降低复杂性），在删除文件的多个名称（硬链接）之一时，目录条目和 inode 之间的更新依赖关系也存在。

创建和删除目录在很大程度上就像对常规文件所描述的那样。然而 .. 条目是从子目录到父目录的链接，它添加了额外的更新依赖项。具体来说，在创建过程中，必须在新目录的 .. 之前增加父目录的链接计数。然后再写入新目录 .. 的指针。同样，在删除期间，在删除的目录的 .. 指针取消之后，必须减少父级的链接数。（请注意，在删除子目录指向相应目录块的指针时，此取消是隐式的。）

分配一个新块时，它的位图位置将更新，以反映它正在使用，并且块的内容将用新写的数据或零进行初始化。此外，指向新块的指针被添加到 inode 或间接块中。为了确保磁盘上的位图总是反映分配的资源，位图必须在指针之前写入磁盘。另外，由于新分配的磁盘位置的内容未知，规则 #1 指定了新块和指向它的指针之间的更新依赖关系。由于使用同步写强制执行这种更新依赖关系可以将数据创建吞吐量降低为原来的一半 [Ganger & Patt，1994]，所以对常规数据块许多实现忽略了它。这个实现决策降低了完整性和安全性，因为新分配的块通常包含以前删除的文件数据。软更新允许以这种方式保护所有块分配，而性能降低几乎为零。

对间接块的操作不会带来根本上不同的更新依赖关系，但是它们确实值得单独讨论。

刚刚讨论过，间接块和间接块所指向的块的分配。文件删除，特别是释放位置，对于间接块来说更有趣。因为 inode 引用是标识间接块和连接到它们的块（直接或间接）的唯一方法，所以使 inode 指向间接块的指针取消就足以消除指向这些块的所有可恢复指针。一旦指针在磁盘上取消，就可以释放其所有块。该规则的例外是文件被部分截断。在这里，从 inode 到间接块的指针仍然存在。一些间接块指针将被归零并释放相应的块，而其余的指针则保持不变。

当一个文件被重命名时，将影响两个目录条目。创建一个新条目（使用新名称）并将其设置为指向相关的 inode，然后删除旧条目。规则 #3 规定，在删除旧条目之前，应该将新条目写入磁盘，以避免在重新启动时取消引用该文件。如果谨慎地保留链接数，那么重命名至少需要依次进行 4 次磁盘更新：一次用于增加 inode 的链接数，一次用于添加新目录条目，一次用于删除旧目录条目，还有一次用于减少链接数。如果新名称已经存在，那么添加新的目录条目也可以作为前面讨论的文件删除的第一步。有趣的是，重命名（rename）是一个 POSIX 文件操作，它应该对多个用户可见的元数据结构进行原子更新，以提供理想的语义。POSIX 不需要上述语义，大多数实现，包括 FreeBSD，都不能提供它。

在活动的文件系统中，位图不断变化。因此，内核内存中位图的副本通常与存储在磁盘上的副本不同。如果系统停机时没有写出位图的初始状态，那么最近分配的一些 inode 和数据块可能不会反映在磁盘上位图的过时副本中。因此，文件系统检查程序 fsck 必须遍历文件系统中的所有 inode，以确定使用了哪些 inode 和块，并使位图及时更新 [McKusick & Kowalski, 1994]。软更新的另一个好处是，它们跟踪位图写入磁盘和使用此信息来确保没有新分配的节点或指向新分配的数据块写入磁盘，直到引用它们的位图已经被写入磁盘。这个保证确保不会有未在磁盘位图中标记的已分配 inode 或数据块。该保证加上软更新代码提供的其他保证，意味着在系统崩溃后不再需要运行 fsck。

接下来的 12 小节将描述软更新数据结构及其在强制执行刚刚描述的更新依赖项中的使用。所描述的结构和算法消除了文件系统中除文件部分截断和 fsync 系统调用之外的所有同步写操作，fsync 系统调用显式地要求在系统调用返回之前将文件的所有状态提交到磁盘。

软更新的关键属性是在缓存块内的各个更改级别上的依赖性跟踪。因此，对于包含 128 个 inode 的块，系统最多可以维护 128 个依赖结构，每个 inode 对应一个缓冲区。类似地，对于包含具有 50 个名称的目录块的缓冲区，系统可以维护多达 50 个依赖结构，每个名称对应一个目录。有了这种详细的依赖信息，块之间的循环依赖就没有问题了。例如，当系统希望写一个包含 inode 的缓冲区时，那些可以安全写入的 inode 可以放到磁盘上。任何还不能安全写入的 inode 都将在磁盘写入期间暂时回滚到它们的安全值。磁盘写完成后，这些 inode 被前滚到它们的当前值。由于缓冲区在内容回滚、磁盘写操作正在执行、内容正在前滚的整个过程中一直处于锁定状态，因此任何希望使用缓冲区的进程都将被阻止访问它，直到它返回到正确的状态为止。

9.6.2 依赖的结构

软更新实现使用各种数据结构来跟踪文件系统结构之间的挂起更新依赖关系。表 9-2 列出了 BSD 软更新实现中使用的依赖结构、它们的主要功能以及可以与之关联的块的类型。当各种文件操作完成时，这些依赖结构被分配并与块相关联。它们通过相应缓冲区报头中的指针连接到 incore 块。所有列出的依赖项结构的两个共同方面是工作列表（work-list）结构和用于跟踪依赖项进度的状态。

表 9-2　软更新和依赖跟踪

名　字	功　能	关联结构
bmsafemap	跟踪位图依赖（指向最近分配块和 inode 依赖结构列表）	柱面组块
inodedep	跟踪 inode 依赖（所有 inode 相关依赖项的信息和列表头指针，包括对链接计数、块指针和文件大小的更改）	inode 块
allocdirect	跟踪 inode 引用块（链接到由 inodedep 和 bmsafemap 指向的列表中，以跟踪 inode 对写入磁盘的块和位图的依赖关系）	数据块或间接块或目录块
indirdep	跟踪间接块依赖关系（指向最近分配的依赖项结构列表）	间接块
allocindir	跟踪间接块引用的块（链接到由 indirdep 和 bmsafemap 指向的列表中，以跟踪间接块对写入磁盘的块和位图的依赖关系）	数据块或间接块或目录块
pagedep	跟踪目录块依赖（指向 diradd 和 dirrem 结构列表）	目录块
diradd	跟踪新目录条目和引用的 inode 之间的依赖	inodedep 和目录块
mkdir	跟踪新目录创建（在执行 mkdir 时，将其与标准 diradd 结构一起使用）	inodedep 和目录块
dirrem	跟踪已删除的目录条目和未链接 inode 之间的依赖	首先 pagedep，然后任务列表
freefrag	跟踪一个单独的块或片段，以便在释放相应的块时释放（包含 inode 和现在已替换的指向它的指针）	首先是 inodedep 然后任务列表
freeblks	跟踪所有要在相应块释放时释放的块指针（包含 inode 块和指向它们的已为零的指针）写入磁盘	首先是 inodedep，然后是任务列表
freefile	跟踪应在相应块释放后立即释放的 inode（包含 inode 块和现在已重置的 inode）写入磁盘	首先是 inodedep，然后是任务列表

工作列表结构实际上只是作为每个依赖项结构中的第一项包含的公共报头。它包含一组链接指针和一个类型字段，用于显示它所嵌入的结构的类型。工作列表结构允许将几种不同类型的依赖关系结构链接在一起，形成一个列表。软更新代码可以遍历这些异构列表中的一个，使用类型字段来确定遇到了哪种依赖结构，并对每种依赖结构采取适当的操作。

工作列表结构的典型用法是将一组与缓冲区关联的依赖项链接在一起。系统中的每个缓冲区都有一个指向添加到其中的工作列表的指针。与该缓冲区关联的任何依赖项都链接到其工作列表。在锁定缓冲区之后并且即将写入缓冲区之前，I/O 系统将缓冲区传递给软更新代码，让其知道即将启动磁盘写入。然后软更新代码遍历与缓冲区关联的依赖项列表，并执行任何所需的回滚操作。在磁盘写入完成之后但在缓冲区被解锁之前，I/O 系统调用软更新代码，让其知道写入已经完成。然后软更新代码遍历与缓冲区关联的依赖项列表，执行任何需要的前滚操作，并释放缓冲区中已写入磁盘的数据所满足的任何依赖项。

软更新代码维护的另一个重要列表是包含工作守护进程的后台任务的任务列表（tasklist）。通常在磁盘写入完成例程期间将依赖项结构添加到任务列表，以描述在磁盘更新后已变得安全但可能需要为锁或 I/O 阻塞而因此无法在中断处理程序中完成的任务。每秒一次地，同步器（syncer）守护进程（以双重角色进行软更新工作的守护程序）唤醒并调用软更新代码来处理任务列表中的任何项。此列表上的依赖项结构所做的工作与类型有关。例如，对于 freeblks 结构，列出的块在块位图中被标记为空闲。对于 dirrem 结构，关联 inode 的链接计数会减少，这可能会触发文件删除。

大多数依赖项结构都有一组标记来描述相应依赖项的完成状态。脏缓存块可以在任何时候写入磁盘。当 I/O 系统将缓冲区交给软更新代码（在磁盘写之前和之后）时，相关依赖结构的状态将决定采取什么操作。虽然具体含义因结构而异，但三种主要标志及其一般含义是：

❑ ATTACHED。ATTACHED 标志表明与依赖项结构相关联的缓冲区当前没有被写入。当开始对具有必须回滚的依赖项的缓冲区的磁盘写操作时，在依赖关系结构中会清除 ATTACHED 标志，以表明它已在缓冲区中回滚。当磁盘写入完成后，由清除了 ATTACHED 标志的依赖关系结构描述的更新将前滚，并设置 ATTACHED 标志。因此，依赖结构在清除其 ATTACHED 标志时将永远无法删除，因为做前滚操作所需的信息将丢失。

❑ DEPCOMPLETE。DEPCOMPLETE 标志显示所有相关的依赖项已经完成。当启动磁盘写操作时，如果 DEPCOMPLETE 标志已清除，则回滚由依赖结构描述的更新。例如，在与新分配的 inode 或数据块相关联的依赖结构中，当将相应的位图写入磁盘时，将设置 DEPCOMPLETE 标志。

❑ COMPLETE。COMPLETE 标志表明所跟踪的更新已提交到磁盘。对于某些依赖项，更新将在磁盘写入期间回滚，此时 COMPLETE 标志已清除。例如，对于新分配的数据块，当将块的内容写到磁盘时，将设置 COMPLETE 标志。

通常，标志被设置为磁盘写完成，依赖结构只能在其 ATTACHED、DEPCOMPLETE 和 COMPLETE 标志都设置好后才能释放。考虑将由 allocdirect 结构跟踪的新分配数据块的示例。ATTACHED 标志最初将在分配发生时设置。写入分配新块的位图之后，将设置 DEPCOMPLETE 标志。COMPLETE 标志将在写入新块的内容后设置。如果在设置 DEPCOMPLETE 和设置 COMPLETE 标志之前写入声明新分配块的 inode，ATTACHED 标志将被清除，同时块指针 inode 中回滚到零，写入 inode，inode 中的块指针向前滚到新的块号。在不同的地方，这些标志在不同依赖结构中的具体含义将在下面的小节中进行描述。

9.6.3 位图依赖跟踪

由图 9-18 所示的 bmsafemap 结构跟踪位图更新。每个包含柱面组块的缓冲区都有自己的 bmsafemap 结构。与每个依赖项结构一样，bmsafemap 结构中的第一个条目是工作列表结构。每当从柱面组分配一个 inode、直接块或间接块时，都会为该资源创建一个依赖结构，并链接到适当的 bmsafemap 列表。每个新分配的 inode 将由一个链接到 bmsafemap inodedep 头列表的 inodedep 结构表示。每个由 inode 直接引用的新分配的块都将由一个链接到 bmsafemap allocdirect 头列表的 allocdirect 结构表示。间接块引用的每个新分配的块将由一个链接到 bmsafemap allocindir 头列表的 allocindir 结构表示。由于代码的组织方式，在块首次分配的时间和块的使用已知的时间之间有一个很小的窗口期。在此期间，它由一个链接到 bmsafemap new blk 头列表的 newblk 结构描述。在内核选择写入柱面组块之后，软更新代码将在写入完成时得到通知。此时，代码将遍历 inode、直接块、间接块和新块列表，在每个依赖项结构中设置 DEPCOMPLETE 标志，并从其依赖项列表中删除该依赖项结构。清除了所有的依赖列表后，可以释放 bmsafemap 结构。有多个列表是因为拥有特定类型的列表稍微快一些，并且类型安全性更高。

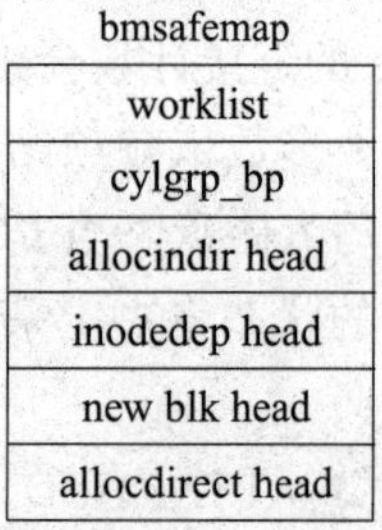

bmsafemap
worklist
cylgrp_bp
allocindir head
inodedep head
new blk head
allocdirect head

图 9-18 位图更新依赖关系

9.6.4 inode 依赖跟踪

图 9-19 所示的 inodedep 结构可跟踪 inode 更新。工作列表和状态字段的描述与一般的依赖关系结构相同。文件系统 ptr 和 inode 编号字段标识所讨论的 inode。重新分配一个 inode 时，其 inodedep 被附加到 bmsafemap 结构的 inodedep 头列表。在这里，deps 列表将其他新的 inodedep 结构链接起来，并将 dep bp 点链接到包含相应位图的柱体组块。其他 inodedep 字段将在后面的小节中进行说明。

在详细介绍与 inode 相关的其余依赖项之前，我们需要讨论在磁盘上更新 inode 所涉及的步骤，如图 9-20 所示。

1）内核调用 vnode 操作 VOP_UPDATE，该操作请求将 inode 的驻留磁盘的部分（称为 dinode）从其内存中的 vnode 结构复制到适当的磁盘缓冲区。这个磁盘缓冲区可以容纳整个磁盘块的内容，该磁盘块通常足够容纳 128 个 dinode。仅当 inode 被写入磁盘时，才会实现一些依赖项。这些依赖项需要依赖项

inodedep
worklist
state
deps list
dep bp
hash list
filesystem ptr
inode number
nlink delta
saved inode ptr
saved size
pending ops head
buffer wait head
inode wait head
buffer update head
incore update head

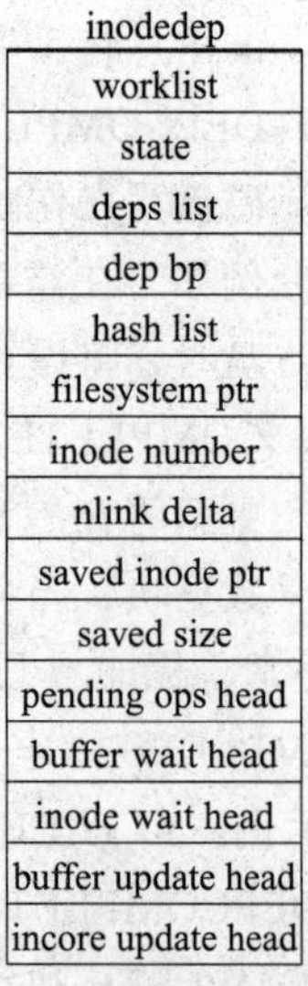

图 9-19 inode 更新依赖关系

结构来跟踪 inode 的写入进度。因此，在步骤 1，软更新程序，softdep_update_inodeblock()，将 allocdirect 结构从核心更新列表移至缓冲区更新列表，并将 freefile、freeblks、freefrag、 diradd 和 mkdir 结构（如下所述）从索引节点等待列表到缓冲区等待列表。

2）内核调用 vnode 操作 VOP_STRATEGY，它准备写入包含 dinode 的缓冲区，在图 9-20 中由 bp 指出了这个缓冲区。软更新例程 softdep_disk_io_initiation() 标识 inodedep 依赖项，并根据需要调用 initiate_write_inodeblock() 进行回滚。

3）在 bp 引用的缓冲区上完成输出，I/O 系统调用一个例程 biodone()，来通知任何等待的进程写操作已经完成。biodone() 例程之后调用软更新例程 softdep_disk_write_complete()，该例程标识 inodedep 依赖项，并调用 handle_written_inodeblock() 来还原回滚并清除缓冲区等待和缓冲区更新列表上的任何依赖项。

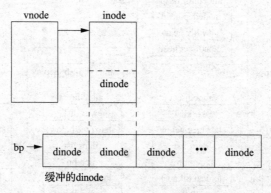

图 9-20　inode 更新步骤

9.6.5　直接块依赖跟踪

图 9-21 说明了分配直接块所涉及的依赖结构。回顾关键依赖项是，在磁盘上的 inode 指向新分配的块之前，必须将相应的位图块和新块本身写入磁盘。两个依赖项完成的顺序并不重要。该图介绍了跟踪 inode 直接引用的块的 allocdirect 结构。显示的三个最近分配的逻辑块（1、2 和 3）都处于不同的状态。对于逻辑块 1，位图块依赖关系已经完成（如设置的 DEPCOMPLETE 标志所示），但是块本身还没有被写入（如清除的 COMPLETE 标志所示）。对于逻辑块 2，两个依赖项都是完整的。对于逻辑块 3，两个依赖项都不完整，因此相应的 allocdirect 结构被附加到 bmsafemap allocdirect 头列表（回想一下，遍历这个列表之后在位图块写入后设置 DEPCOMPLETE 标志）。将逻辑块 1 和 3 的初始化数据块写入磁盘时，将设置它们的 COMPLETE 标志。该图还显示了在调用 VOP_UPDATE 时存在逻辑块 1，这就是为什么它的 allocdirect 结构驻留在 inodedep 缓冲区更新列表上的原因。逻辑块 2 和 3 是在最近一次调用 VOP_UPDATE 之后创建的，因此它们的结构位于 inodedep incore 更新列表中。

对于以小步增长的文件，直接块指针可以首先指向一个片段，然后将其提升为一个更大的片段，并最终提升为完整大小的块。当片段被一个更大的片段或一个完整的块替换时，它必须被释放回文件系统。但是，只有在新片段或块的位图条目和内容已写入并且要求新片段或块的 inode 已写入磁盘后，才能释放它。要释放的片段由 freefrag 结构描述（未显示）。freefrag 结构被保存在块的 allocdirect 的 freefrag 列表中，该块将替换它，直到新块的位图条目和内容被写入。然后将 freefrag 结构移动到 inodedep 的 inode 等待列表中，该列表与其 allocdirect 结构相关联，在调用 VOP_UPDATE 时，它将移动到缓冲区等待列表中。包含 inode 块的缓冲区被写入磁盘之后，freefrag 结构最终被添加到任务列表中。当任务列表完成后，freefrag 结构中列出的片段将返回到自由块位图。

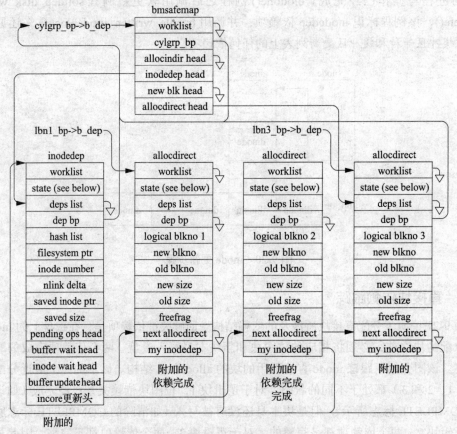

图 9-21　直接块分配依赖关系

9.6.6　间接块依赖跟踪

图 9-22 显示了间接块分配所涉及的依赖关系结构，其中包括与直接块相同的依赖关系。该图引入了两个新的依赖结构。一个单独的 allocindir 结构跟踪一个间接块中的每个块指针。indirdep 结构管理与间接块相关的所有 allocindir 依赖项。图中显示了一个最近分配了逻辑块 14 和 15 的文件（第一个间接块中的第三和第四个条目的偏移量分别为 16 和 24）。分配位图已经写入了逻辑块 14（如设置的 DEPCOMPLETE 标志所示），但没有为块 15 写入分配位图。因此，bmsafemap 结构跟踪逻辑块 15 的 allocindir 结构。逻辑块 15 的内容已

经写入磁盘（从设置它的 COMPLETE 标志可以看出），但是没有写到块 14 的内容。一旦写完块，COMPLETE 标志将在 14 的 allocindir 结构中设置。由 indirdep 结构跟踪的 allocindir 结构的列表可以很长（例如，32 字节的间接块最多可以有 4096 个条目）。为了避免遍历 I／O 例程中的冗长的依赖关系结构列表，indirdep 结构保留了间接块的第二个版本：保存的数据 ptr 始终指向缓冲区的最新副本，安全副本 ptr 指向仅包含可以安全地写入磁盘的指针的子集的版本（其他则为 NULL）。最新的副本用于所有文件系统操作，而带有可以安全写入磁盘的指针子集的副本用于磁盘写入。当 allocindir 头列表变为空时，保存的数据 ptr 和安全副本 ptr 指向相同的块，并且 indirdep 结构（和安全副本）可以被释放。

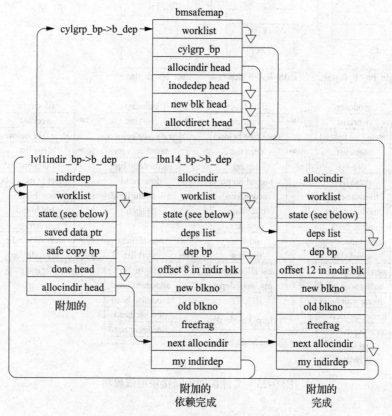

图 9-22　间接块分配依赖关系

9.6.7　新间接块的依赖跟踪

图 9-23 显示了与文件相关联的结构，该文件最近已扩展到其单级间接块中。具体来说，此扩展涉及 inodedep 和 indirdep 结构，用于管理 inode 和间接块依赖关系，allocdirect 结构用于跟踪与间接块的分配相关的依赖关系，以及 allocindir 结构通过间接块用于跟踪与指向新分配的块相关的依赖关系。这些结构如前 3 小节所述。它引用的间接块和数据

块都没有设置位图，因此它们没有设置 DEPCOMPLETE 标志，并由 bmsafemap 结构跟踪。inode 的位图条目已经写入，因此 inodedep 结构已经设置了 DEPCOMPLETE 标志。inodedep 结构使用缓冲区更新头列表表明，通过调用 VOP_UPDATE 将 incore inode 复制到其缓冲区中。由于未设置相应的 COMPLETE 和 DEPCOMPLETE 标志，因此两个相关指针（从 inode 到间接块以及从间接块到数据块）都不能安全地包含在磁盘写入中。只有在写入位图和内容之后，才会设置所有标志并完成依赖关系。

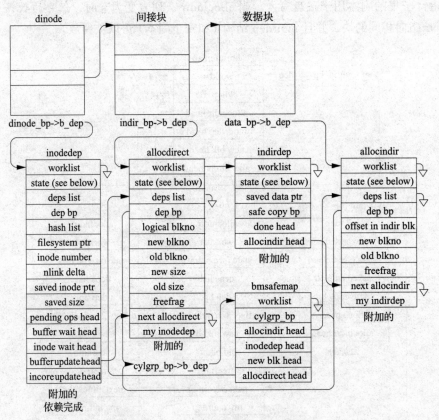

图 9-23   文件扩展为间接块的依赖项

9.6.8   新目录入口的依赖跟踪

图 9-24 显示了具有两个新条目 foo 和 bar 的目录的依赖关系结构。该图引入了两个新的依赖结构。单独的 diradd 结构跟踪目录块中的每个目录条目。pagedep 结构管理与目录块相关联的所有 diradd 依赖项。对于每个新文件，都有一个 inodedep 结构和一个 diradd 结构。这两个文件的 inode 都已将位图写入磁盘，如 inodedep 结构中设置的 DEPCOMPLETE 标志所示。foo 的 inode 已经使用 VOP_UPDATE 进行了更新，但是还没有写到磁盘上，如未设置其 inodedep 结构上的 COMPLETE 标志和通过其 diradd 结构仍链接到其缓冲区等待

列表所示。在将 inode 写入增加了链接数的磁盘之前，目录条目可能不会出现在磁盘上。如果目录页已被写入，软更新代码将通过将其 inode 编号设置为 0 来回滚创建 foo 的新目录条目。磁盘写完成后，通过为 foo 恢复正确的 inode 编号来反转回滚。

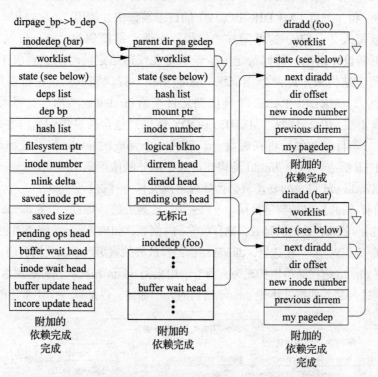

图 9-24　与添加新目录条目相关的依赖关系

　　bar 的 inode 已被写入磁盘，如在其 inodedep 和 diradd 结构中设置的 COMPLETE 标志所示。当 inode 写完成后，bar 的 diradd 结构从 inodedep 缓冲区等待列表移到了 inodedep pending ops 列表。diradd 也从 pagedep diradd 列表移动到 pagedep pending ops 列表。因为已经写入了 inode，所以允许将目录条目写入磁盘是安全的。diradd 条目保留在 inodedep 和 pagedep 的 pending ops 列表中，直到新的目录条目被写到磁盘。当条目被写入时，diradd 结构被释放。维护 pending ops 列表的一个原因是，当对文件执行 fsync 系统调用时，内核能够确保将文件的内容和目录引用都写到磁盘上。内核通过执行查找以查看是否有针对 fsync 目标的 inode 的 inodedep，从而确保写入引用。如果它找到一个 inodedep，就会检查它是否在其挂起的操作或缓冲区等待列表上有 diradd 依赖项。如果它找到任何 diradd 结构，它会跟随指向它们相关联的 pagedep 结构的指针，并清除与该 pagedep 相关联的目录 inode。这个回溯重复在 inodedep 目录下执行。

9.6.9 新目录依赖跟踪

图 9-25 显示了创建新目录所涉及的两个附加依赖结构。对于常规文件，只要将新引用的 inode 写入磁盘并增加链接数，就可以提交目录条目。创建新目录时，存在两个附加依赖项：写入包含 . 和 .. 条目（MKDIR_BODY）的目录数据块并使用 ..（MKDIR_PARENT）增加的链接计数写入父 inode。这些附加的依赖项由两个链接到相关 diradd 结构的 mkdir 结构跟踪。软更新设计指出，任何给定的依赖项将在任何给定的时间点对应于单个缓冲区。因此，使用两个结构来跟踪两个不同缓冲区的动作。每次完成后，它都会清除 diradd 结构中相关的标志。MKDIR_PARENT 链接到父目录的 inodedep 结构。当写入该目录 inode 时，将在磁盘上更新链接计数。MKDIR_BODY 链接到包含新目录初始内容的缓冲区。写入缓冲区时，. 条目和 .. 条目将在磁盘上。最后一个完成的 mkdir 将设置 diradd 结构中的 DEPCOMPLETE 标志，以便 diradd 结构知道这些额外的依赖项已经完成。一旦完成了这些额外的依赖项，diradd 目录的处理就会像处理常规文件一样进行。

系统中的所有 mkdir 结构都链接在一个列表中。此列表是必要的，以便 diradd 可以找到其关联的 mkdir 结构，如果它被提前释放，则释放它们（例如，如果 mkdir 系统调用之后紧接着是相同目录的 rmdir 系统调用）。在这里，diradd 结构的释放必须遍历列表以找到引用它的关联 mkdir 结构。如果将 diradd 结构简单地扩充为有两个引用相关 mkdir 结构的指针，那么删除速度将会更快。然而，这些额外的指针将使 diradd 结构的大小加倍，以加速一个不常用的操作的速度。

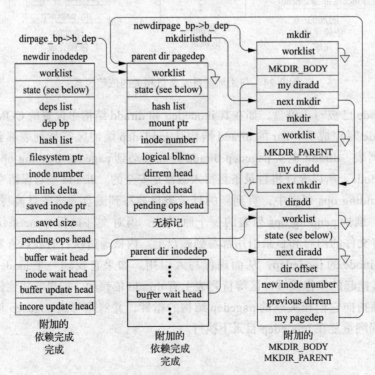

图 9-25　与添加新目录相关的依赖关系

9.6.10　目录入口移除依赖项跟踪

图 9-26 显示了删除目录条目所涉及的依赖关系结构。该图引入了一个新的依赖结构，dirrem 结构，以及 pagedep 结构的一个新用法。单独的 dirrem 结构跟踪目录块中要删除的每个目录条目。除了前面描述的用法之外，与目录块关联的 pagedep 结构还管理与该块关联的所有 dirrem 结构。将目录块写入磁盘后，dirrem 请求将添加到工作守护进程的任务列表中。对于文件删除，工作守护进程将把 inode 的链接计数减少 1。对于目录删除，工作守护进程将 inode 的链接数减少 2，将其大小截断为 0，并将父目录的链接数减少 1。如果 inode 的链接计数降为零，则启动 9.6.12 节中描述的资源回收活动。

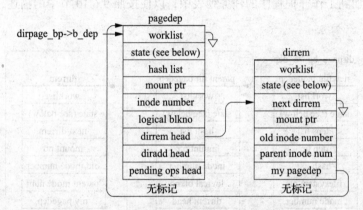

图 9-26　与删除目录条目相关的依赖关系

9.6.11　文件截断

当一个文件在没有启用软更新的情况下被截断为零长度时，其 inode 中的块指针将保存在一个临时列表中，inode 中的指针将被归零，inode 将被同步写入磁盘。当 inode 写完成时，它以前声明的块的列表将被添加到空闲块位图中。通过软更新，被截断的 inode 中的块指针被复制到 freeblks 结构中，inode 中的指针被归零，inode 被标记为脏。freeblks 结构被添加到 inode 等待列表，并在调用 VOP_UPDATE 时迁移到缓冲区等待列表。包含 inode 块的缓冲区被写入磁盘之后，freeblks 结构最终被添加到任务列表中。当任务列表完成后，freeblks 结构中列出的块被返回到空闲块位图。

9.6.12　文件和目录 inode 回收

当文件或目录上的链接计数下降到 0 时，其 inode 为 0，表示不再使用它。在没有软更新的情况下运行时，归零的 inode 被同步写入磁盘，并且在位图中将 inode 标记为空闲。通过软更新，有关要释放的 inode 的信息将保存在 freefile 结构中。freefile 结构被添加到 inode 等待列表，并在调用 VOP_UPDATE 时迁移到缓冲区等待列表。包含 inode 块的缓冲区被写入磁盘之后，freefile 结构最终被添加到任务列表中。当任务列表完成后，freefile 结构中列出的 inode 将返回到空闲 inode 映射。

9.6.13 目录入口重命名依赖关系跟踪

图 9-27 显示了重命名文件所涉及的结构。依赖项遵循与添加新文件条目相同的一系列步骤，只是有两个变体。首先，当需要回滚某个条目（因为它的 inode 还没有写到磁盘上）时，必须将该条目设置回先前的 inode 编号，而不是设置为 0。先前的 inode 编号存储在 dirrem 结构中。DIRCHG 标志是在 diradd 结构中设置的，以便回滚代码知道如何使用存储在 dirrem 结构中的旧 inode 编号。第二种变化是，在将修改后的目录条目写入磁盘后，将 dirrem 结构添加到工作守护程序的任务列表中，以便按照 9.6.10 节中的描述，减少旧 inode 的链接数。

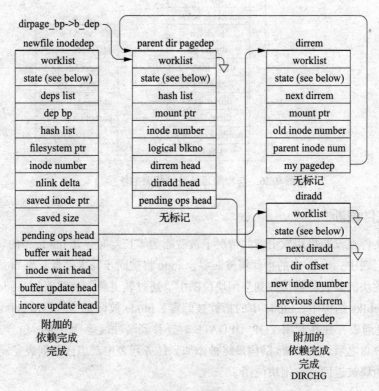

图 9-27　与重命名目录条目相关的依赖关系

9.6.14 软更新的 fsync 请求

fsync 系统调用请求将指定的文件写到稳定的存储中，并且在所有相关的写操作完成之前，系统调用不会返回。完成 fsync 的任务不仅仅是将所有文件的脏数据块写到磁盘上。它还需要写入任何引用文件的未写的目录条目，以及文件与文件系统根目录之间的未写目录。

简单地将数据块放到磁盘上可能是一项主要任务。首先，系统必须检查 inode 的位图是否已被写入，查找位图并在必要时写入它。然后，它必须检查、查找并写入文件中的任何新块的位图。接下来，任何未写的数据块都必须放到磁盘上。在数据块之后，将写入其中具有新分配的块的任何第一级间接块，然后是任何两个间接块，然后是三个间接块。最后，可以编写 inode 来确保文件的内容位于稳定的存储区。确保文件的所有名称也在稳定的存储区，需要数据结构来确定是否有未提交的名称，如果有，则确定它们出现在哪个目录中。对于每个包含未提交名称的目录，软更新代码必须执行与刚才对文件本身执行的相同的一组刷新操作。

向 inode 添加扩展属性数据需要扩展软更新代码，以确保这些新数据块的完整性。与文件数据块一样，软更新确保在 inode 声明扩展数据块和位图（显示它们正在使用）之前将它们写入磁盘。软更新还确保将任何更新的扩展属性数据作为文件的 fsync 的一部分提交到磁盘。

尽管 fsync 系统调用最终必须以同步方式完成，但这并不意味着每个刷新操作都必须以同步方式完成。相反，将整个位图或数据块集推入磁盘队列，然后软更新代码等待所有写操作完成。这种方法更有效，因为它允许磁盘子系统将所有写请求排序为最有效的写顺序。尽管如此，软更新代码的 fsync 部分仍然会在文件系统中生成大部分剩余的同步写操作。

与 fsync 相关的另一个问题是文件系统的卸载。执行卸载需要查找并刷新与文件系统关联的所有脏文件。刷新文件可能会导致生成后台活动，例如删除由于引用了空字段目录条目而导致引用计数降至零的文件。因此，系统必须能够找到所有后台活动请求并处理它们。即使在静态文件系统中，也可能需要多次刷新文件，然后进行后台活动。FreeBSD 允许强制卸载文件系统，这可能发生在文件系统处于活动状态时。9.7 节描述了在活动文件系统上干净地挂起操作的能力。

9.6.15　软更新的文件删除要求

为了正确操作，在目录永久取消链接之后，才应删除目录的 .. 条目。在软更新代码中更正此依赖项排序会导致在目录断开链接与实际解除释放之间最多延迟 2 分钟（当删除 .. 条目时）。直到目录的 .. 条目确实被删除前，其父项上的链接计数不会减少。因此，当用户删除一个或多个目录时，它们的前父目录的链接计数仍然反映它们存在了几分钟。这种延迟的链接计数递减不仅会引起用户的一些问题，而且还会导致一些应用程序中断。例如，rmdir 系统调用不会删除链接数超过两个的目录。这一限制意味着，最近从目录中删除了目录的目录在前一个目录被完全删除之前不能被删除。

为了修复这些链接计数问题，软更新实现使用一个名为 effnlink 的新字段来扩展 inode nlink 字段。nlink 字段仍然作为磁盘上的元数据的一部分存储，并反映 inode 的真实链接计数。effnlink 字段仅在内核内存中维护，它反映了 nlink 字段在完成所有未完成的操作后将达到的最终值。与用户应用程序的所有交互都报告 effnlink 字段的值，这会导致"一切都立即发生"的幻觉。

当一个文件在一个运行软更新的文件系统中被删除时，删除似乎发生得很快，但是删除文件并将其块返回到空闲列表的过程可能需要几分钟。在 UFS2 之前，文件的统计信息只有在删除完文件后才会在文件系统统计信息中显示。因此，清理磁盘空间的应用程序（如新闻过期程序）常常会大大超出它们的目标。它们的工作原理是先删除文件，然后检查是否有足够的空闲空间。由于记录空闲空间的时间延迟，它们会删除太多的文件。为了解决这类问题，软更新代码现在维护一个计数器，该计数器跟踪软更新代码正在删除的文件所占用的空间量。这个挂起空间计数器被添加到内核报告的实际可用空间量中（因此也被诸如 df 这样的实用程序所报告）。此更改的结果是，在 unlink 系统调用返回或 rm 实用程序完成后，立即显示可用空间。

软更新的第二个相关更改与避免假的空间不足错误有关。当在一个高周转率的几乎满的文件系统上运行软更新时（例如，在一个根分区上安装一组全新的二进制文件），即使文件系统报告它有足够的空闲空间，它也会返回一个已满的错误。发生文件系统已满的消息是因为软更新无法及时从旧的二进制文件中释放空间以使其可用于新的二进制文件。

解决这个问题的最初尝试是让希望分配空间的进程简单地等待空闲空间的出现。这种方法的问题是它通常必须等待一分钟。除了使应用程序看起来慢得让人无法忍受之外，它通常还持有一个锁定的 vnode，这可能导致其他应用程序在等待它可用时被阻塞（通常称为对文件系统根的锁竞争）。尽管这种情况在一两分钟内就会消失，但用户通常认为它们的系统已经挂起，需要重新启动。

为了解决这个问题，为 UFS2 设计的解决方案是联合进程，否则将被阻塞，并将其投入工作，帮助软更新处理要释放的文件。试图分配空间的进程越多，对软更新可用的帮助就越多，空闲块就出现得越快。通常，在不到 1 秒的时间内就会出现足够的空间，使进程能够返回到原来的任务并完成任务。此更改的结果是，现在可以在具有高周转率的小型、几乎完整的文件系统上使用软更新。

尽管 deallocation 的常见情况是删除文件中的所有数据，但 truncate 系统调用只允许应用程序删除文件的一部分。这种语义会创建稍微复杂一点的更新依赖项，包括需要对间接块使用 deallocation 依赖项，以及需要考虑部分删除的数据块。因为这种情况很少见，所以软更新实现不会优化这种情况，取而代之的是传统的同步写方法。

软更新的一个问题是依赖结构消耗的内存量。在日常操作中，我们发现附加在内核内存分配区域上的动态内存负载大约等于 vnode 和 inode 使用的内存量。对于系统中的每 1000 个 vnode，来自软更新的额外峰值内存负载大约是 300 KB。这条准则的一个例外是删除大型目录树。在这里，文件系统代码可以任意地远远领先于磁盘上的状态，从而导致专用于依赖项结构的内存量无限制地增长。对软更新代码进行修改，以监视这种情况下的内存负载，并且不允许其增长超过可调上限。当达到这个界限时，新的依赖结构只能以旧的依赖结构淘汰的速度创建。这个限制的作用是将删除速度降低到磁盘更新的速度。虽然这一限制降低了软更新通常可以删除文件的速度，但它仍然比传统的同步写入文件系统快得多。在稳定状态下，软更新删除算法每删除 10 个文件需要写一个磁盘，而传统的文件系统每删除一个文件至少需要写两个磁盘。

9.6.16　fsck 的软更新要求

与真实有效的链接计数的双重跟踪一样，通过操作经验可以明显看出 fsck 所需的更改。在非软更新的文件系统实现中，文件删除在几毫秒内完成。因此，从删除目录条目到释放 inode 之间只有很短的一段时间。如果系统在批量树删除操作期间崩溃，通常没有缺少目录条目引用的 inode，但在极少数情况下可能只有一两个。相比之下，在运行软更新的系统中，删除目录条目和释放 inode 之间的时间间隔可能间隔数秒。如果系统在批量树删除操作期间崩溃，通常会有数十到数百个索引节点缺少来自目录条目的引用。历史上，fsck 将任何未引用的 inode 放在 lost+found 目录中。如果由于磁盘故障导致一个或多个目录丢失而导致文件系统损坏，则此操作是合理的。但是，当运行软更新时，它会导致错误操作：将 lost+found 目录塞满部分删除的文件。因此，对 fsck 程序进行了修改，以检查文件系统是否正在进行软更新，并清除而不是保存未引用的 inode（除非 fsck 已经确定文件系统发生了意外损坏，在这种情况下，文件被保存在 lost+found 中）。

软更新的一个外在好处是 fsck 可以信任位图中的分配信息。因此，它只需要检查位图显示正在使用的文件系统中的 inode 子集。虽然一些标记为"正在使用"的 inode 可能是空闲的，但是那些标记为"空闲"的 inode 将永远不会被使用。

9.7　文件系统快照

文件系统快照是文件系统在某一特定时刻的冻结镜像。快照支持几个重要功能：在一天中几次提供文件系统备份的能力，对活动文件系统进行可靠转储的能力以及对活动系统运行文件系统检查程序以回收丢失的块和 inode 的能力（对于软更新最重要）。

9.7.1　创建一个文件系统快照

事实证明，实现快照非常简单。获取快照需要以下步骤：

1）创建快照文件以跟踪文件系统的后续更改。快照文件如图 9-28 所示。这个快照文件被初始化为文件系统分区的大小，它的文件块指针被标记为 0，这意味着"未复制"。还分配了几个策略区块，比如那些持有超级区块

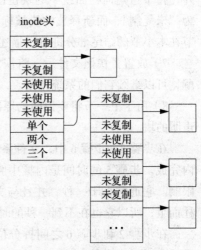

图 9-28　快照文件的结构

和柱面组映射副本的区块。

2）对每个柱面组进行初步的遍历，将其复制到预先分配的支撑块中。另外，扫描每个柱面组中的块位图以确定哪些块是空闲的。对于找到的每个空闲块，快照文件中的相应位置都用一个可分辨的块号（1）标记，以表明该块"未被使用"。如果这些未使用的块稍后被分配和写入，则无须复制这些未使用的块。

3）文件系统被标记为"想要挂起"。在这种状态下，将阻止运行希望调用将修改文件系统的系统调用的进程，而已经在进行此类系统调用的进程则被允许完成这些调用。这些操作是通过在每个可以写入文件系统的系统调用的顶部插入一个门来实现的。门控系统调用集包括 write、open（创建或截断时）、fhopen（创建或截断时）、mknod、mkfifo、link、symlink、unlink、chflags、fchflags、chmod、lchmod、fchmod、chown、lchown、fchown、utimes、lutimes、futimes、truncate、ftruncate、rename、mkdir、rmdir、fsync、sync、unmount、undelete、quotactl、revoke 和 extattrctl。此外，必须将门添加到 pageout、ktrace、本地域套接字创建和核心转储创建中。门跟踪每个挂载的文件系统调用中的活动。门有两个用途。第一种是在过程要修改的文件系统挂起期间，挂起要进入门控系统调用的进程。第二种是跟踪每个已挂载文件系统在门控系统调用内运行的进程数。当进程进入门控系统调用时，挂载结构中要修改的文件系统的计数器将增加。当进程退出门控系统调用时，计数器递减。

4）文件系统的状态从"想挂起"变为"完全挂起"。这个状态的改变是通过允许所有当前写进文件系统的系统调用被挂起来完成的。当门控系统调用中的进程计数降为零时，就完成了向"完全挂起"的过渡。

5）文件系统被同步到磁盘，就像要卸载时做的那样。

6）任何在步骤 2 中复制后被修改的柱面组都被重新分配到预先分配的支持块中。此外，每个重定向柱面组中的块位图被重新扫描，以确定哪些块已更改。新分配的块被标记为"未复制"，而新释放的块被标记为"未使用"。关于如何识别这些修改过的柱面组的细节在本小节的结尾部分进行了描述。快照最初占用的空间很小，通常不到 0.1%。

7）放置了快照文件后，将恢复文件系统上的活动。在门中被阻塞的所有进程都将被唤醒，可以继续它们的系统调用。

8）由于下一节将要说明的原因，从新快照中删除了获取当前快照时存在的任何快照所声明的块。

在步骤 3～步骤 6 中，文件系统上的所有写活动都挂起。步骤 3 和步骤 4 最多在几毫秒内完成。步骤 5 的时间是内核中脏页面数量的函数。它受到专用于存储文件页的内存量的限制。它通常小于一秒，并且与文件系统的大小无关。通常，步骤 6 只需要重新复制几个柱面组，所以它也在不到一秒的时间内完成。

在步骤 2 和步骤 6 之间拆分位图副本是我们避免挂起时间与文件系统大小有关的一种方法。通过在文件系统仍然处于活动状态时传递主副本，然后在挂起之后只需要重新启用几个柱面组，我们将挂起时间限制在一个小的、通常与文件系统大小无关的时间内。

两步算法的细节如下。在开始复制和扫描所有的柱面组之前，快照代码分配一个"进度"位图，其大小等于文件系统中柱面组的数量。"进度"位图的目的是跟踪哪些柱面组已被扫描。最初，"进度"图中的所有位映射都被清除。在挂起文件系统之前，第一次传递在步骤 2 中完成。在这第一遍扫描中，所有的柱面组都被扫描。读取柱面组时，在"进度"位图中设置柱面组对应的位。然后复制柱面组，并参考其块映射来更新快照文件，如步骤 2 中所述。由于文件系统仍然是活动的，所以可以在扫描柱面组时分配和释放文件系统块。每次由于分配或释放一个块而更新一个柱面组时，它在"进度"位图中的对应位将被清除。一旦完成了对柱面组的第一次传递，文件系统就"挂起"了。

步骤 6 现在变成了算法的第二步。第二遍只需要识别和更新在第一遍处理后被修改的任何柱面组的快照。通过扫描"进度"位图并重新扫描任何位为 0 的柱面组，就可以识别出更改后的柱面组。虽然在最坏的情况下，每个位图都需要重新处理，但实际上只需要重新复制和检查几个位图。

9.7.2　维护文件系统快照

每次修改文件系统中的现有块时，文件系统就会检查在捕获快照时该块是否正在使用（即并没有注明"未使用"）。如果是这样，并且它还没有被复制（即仍然标记为"未复制"），则会从"未使用"块中分配一个新块，并将其放入快照文件中，以替换"未复制"项。将块的先前内容复制到新分配的快照文件块，然后允许对原始文件块进行写操作。无论何时删除文件，快照代码都会检查每个被释放的块，并声明在快照时使用的所有块。那些标记为"未使用"的块将返回到空闲列表。

当读取快照文件时，对标记为"未复制"的块的读取将返回文件系统中相应块的内容。对已复制的块的读取将返回复制块中的内容（例如，在捕获快照时存储在文件系统中该位置的内容）。不允许写入快照文件。当不再需要快照文件时，可以像删除任何其他文件一样删除它；它的块被简单地返回到空闲列表，它的 inode 被归零并返回到空闲 inode 列表。

快照可能在重启的过程后生效。创建快照文件时，将在超级块中记录快照文件的 inode 编号。当挂载文件系统时，将遍历快照列表并激活所有列出的快照。文件系统中可能存在的快照数量的唯一限制是保存快照列表的超级块中的数组大小。目前，这个数组最多可以容纳 20 个快照。

可以同时存在多个快照文件。如前所述，较早的快照文件将出现在以后的快照中。如果删除了较早的快照，则较晚的快照将声明其块，不允许将其放回到空闲列表。这种语义意味着除了删除最新的快照之外，不可能释放文件系统上的任何空间。为了避免这个问题，快照代码遍历并删除所有早期快照，方法是将其视图更改为零长度的文件。使用此技术，释放早期快照将释放该快照持有的空间。

当一个块被覆盖时，所有的快照都有机会复制这个块。块所在的每个快照都有一个块的副本。覆盖通常只发生在 inode 和目录块上。文件数据通常不会被覆盖。相反，文件将被截断，然后在重写时重新分配。因此，缓慢且 I/O 密集的块复制很少发生。

删除块的处理方式不同。参考快照列表。当找到一个块处于活动状态（"未复制"）的快照时，该快照将声明已删除的块。然后结束快照列表的遍历。对于块活动的其他快照，将为该块保留一个"未复制"条目。结果是，当它们访问那个位置时，它们仍然会引用被删除的块。因为快照可能不会被修改，所以块也不会改变。因为块是由快照声明的，所以它不会被分配给其他用途。如果声明已删除块的快照已被删除，则其余快照将有机会声明该块。只有当剩余的快照都不想要声明块时（即在所有快照中都标记为"未使用"），它才会返回给空闲列表。

9.7.3 大文件系统快照

创建和使用快照需要随机访问快照文件。创建快照需要检查和复制所有的柱面组映射。一旦进入操作，对文件系统的每个写操作都必须检查正在写的块是否需要复制。关于是否需要复制某个块的信息包含在快照文件元数据（其间接块）中。理想情况下，此元数据将在快照的整个生命周期内驻留在内核内存中。在 FreeBSD 中，如果内存不需要用于其他目的，则可以使用机器上的整个物理内存来缓存文件数据页。不幸的是，与磁盘相关的数据页只能缓存在映射到内核物理内存的页中。在 32 位体系结构中，只有大约 10 MB 的内核内存用于这种用途。即使在 64 位体系结构上，也只有大约 100 MB 的内核内存用于这种用途。如果我们允许将最多一半的空间用于单个快照，那么我们可以在内存中保存的最大快照的元数据是 11 GB 或 110 GB。如果没有帮助，这么小的缓存将无法支持 TB 级的快照。

为了使用可用的微小元数据缓存支持 TB 级的快照，有必要观察典型文件系统上的访问模式。快照仅用于查找正在写入的文件。文件系统是按照映射磁盘上小的连续区域的柱面组来组织的（参见 9.9 节）。在目录中，文件系统尝试分配同一柱面组中的所有 inode 和文件。在目录之间移动时，通常要检查不同的柱面组。因此，广泛的随机行为发生在柱面组之间的移动。一旦文件写入活动确定一个柱面组，只需要查询少量快照元数据。即使是很小的内核元数据缓存，这些元数据也很容易放入，因此需要找到一种方法，以在柱面组之间移动时避免破坏缓存。

当在柱面组之间移动时，用来避免抖动的技术是，为快照生成时复制的所有块构建一个可查看的表。此表列出与所有快照元数据块、柱面组映射、超级块和包含活动 inode 的块关联的块。当一个块发生写时复制错误时，第一步是查阅这个表。如果在表中找到了块，则不需要在任何快照中进行进一步的搜索。如果没有找到这个块，那么必须查询文件系统上每个活动快照的元数据，以确定是否需要一个副本。此表查找节省了时间，因为它不仅避免了对广泛分布的块的元数据的错误，而且还避免了可能需要查询许多快照的情况。

在大型文件系统上使用快照的另一个问题是，它们加剧了现有的死锁问题。当有多个快照与一个文件系统相关联时，它们被保存在一个按从旧到新排序的列表中。当发生写时复制错误时，将遍历列表，让每个快照决定是否需要复制将要写入的块。最初，每个快照 inode 都有自己的锁。两个进程之间可能发生死锁，每个进程都试图执行写操作。考虑图 9-29 中的示例。它显示了一个带有两个快照的文件系统：快照 1 和快照 2。进程 A 持有锁定的快照 1，进程 B 持有锁定的快照 2。快照 1 和快照 2 都决定需要分配一个新块，在这个新块中保存持有它们的进程正在编写的块的副本。在快照 1 中写入新块将导致在进程 A 的上下文中运行的内核扫描将在快照 2 处被阻塞的快照列表，因为它被进程 B 锁定。同时，写入新块快照 2 中的快照将导致在进程 B 上下文中运行的内核扫描快照列表，这些快照将在快照 1 处被阻塞，因为快照被进程 A 锁定。

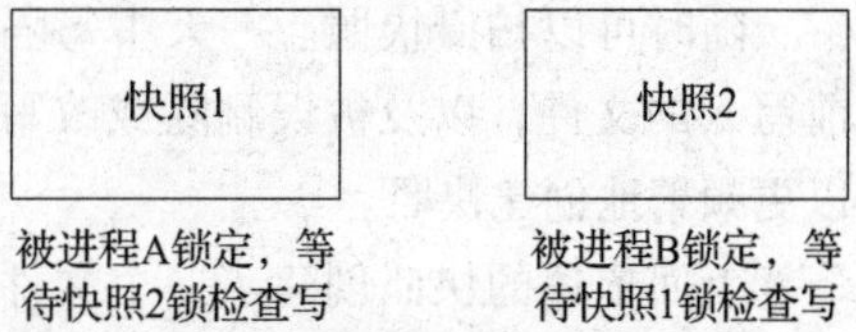

解决死锁问题的方法是分配一个锁，该锁用于文件系统上的所有快照。创建新快照时，内核检查文件系统上是否有其他快照。如果有，则释放与新快照 inode 关联的每个文件的锁，并将其替换为用于其他快照的锁。由于只有一个锁，所以对快照的整体访问是序列化的。因此，在图 9-29 中，进程 B 将持有所

快照1	快照2
被进程A锁定，等待快照2锁检查写	被进程B锁定，等待快照1锁检查写

图 9-29　快照死锁场景

有快照的锁，并且能够进行必要的检查和更新，而进程 A 将保持等待状态。进程 B 完成扫描后，进程 A 将能够访问所有快照，并能够成功运行直至完成。由于添加了快照查找的序列化，因此前面描述的查找表对于确保快照的合理性能非常重要。在收集有关正在运行的系统的统计信息时，我们发现查找表解决了将近一半的快照写时复制查找。因此，我们发现查找表将快照锁的争用保持在一个合理的水平。

9.7.4　后台 fsck

传统上，在一次不干净的系统关闭之后，文件系统检查程序 fsck 必须在文件系统中的所有 inode 上运行，以确定使用了哪些 inode 和块，并纠正位图。这个检查过程非常缓慢，可能会将大型服务器的重启延迟一个多小时。软更新的当前实现保证了所有文件系统资源的一致性，包括 inode 和块位图。对于软更新，文件系统中唯一可能出现的不一致性（排除软件 bug 和介质故障）是某些未引用的块可能不会出现在位图中，并且某些 inode 可能必须减少过高的链接数。因此，在崩溃之后开始使用文件系统而不首先运行 fsck 是完全安全的。但是，在每次崩溃之后，一些文件系统空间可能会丢失。因此，有一个 fsck 版本是有价值的，它可以在活动文件系统的后台运行，以查找和恢复丢失的块，并调整链接计数过高的 inode。链接计数过高的一个特殊情况是应该为零。这样的 inode 将被释放，作为将其链接计数减少到零的一部分。由于此版本的 fsck 仅需要标识未使用的资源以及运行中的系统无法分配或访问的资源，因此此垃圾收集任务的难度比最初看起来的要简单。

通过添加快照，任务变得很简单，只需要对标准 fsck 进行少量修改。在后台清理模式

下运行时，fsck 首先获取要检查的文件系统的快照。然后 fsck 运行快照文件系统镜像，执行与正常操作一样的计算。唯一的其他更改是在运行结束时要写出位图的更新版本。在这里，经过修改的 fsck 会获取它在快照时发现正在使用的块集，并从标记为快照时正在使用的集合中删除该集——区别在于丢失的块集。它还构造需要调整其计数的 inode 列表。然后，fsck 调用一个新的系统调用来通知文件系统所标识的丢失块，以便它可以在位图中替换它们。它还提供了需要调整链接数的 inode 集合。那些链接数减少到零的 inode 将被截短为零长度并释放。当 fsck 完成时，它将发布快照。关于如何实现后台 fsck 的完整细节，请参见 McKusick[2002；2003]。

9.7.5 用户可见的快照

随时可以拍摄快照。一天中每隔几个小时拍摄一次，它们允许用户检索他们几个小时前写入的文件，以及被误删除或改写的文件。快照使用起来比转储磁带方便得多，并且可以更频繁地创建快照。

上面描述的快照创建了一个文件系统分区的冻结镜像。为了用户可以通过传统的文件系统接口访问该快照，系统管理员使用 vnode 驱动程序 vnd。vnd 驱动程序将文件作为输入，并产生一个字符设备接口来访问它。然后，vnd 字符设备可以用作标准挂载命令的输入设备，从而使快照可以在系统管理员选择安装的命名空间中的任何位置显示为冻结文件系统的副本。

9.7.6 实时转储

一旦文件系统快照可用，就可以安全地转储活动的文件系统。当 dump 注意到它被要求转储一个挂载的文件系统时，它可以简单地获取文件系统的快照并转储快照，而不是转储活动的文件系统。转储完成后，它将发布快照。

9.8 日志软更新

本节描述了面向软更新添加"日志记录精简版"的工作，并将其整合到 FreeBSD 快速文件系统中。因为软更新可以防止大多数不一致，所以日志只需要跟踪那些软更新无法解决的不一致。具体地说，日志包含恢复已释放的块和 inode 资源所需的信息，但这些资源的释放状态在系统故障之前未能保存到磁盘。在崩溃之后，古老的 fsck 程序的一个变体将通过日志来识别和释放丢失的资源。只有在日志和文件系统之间检测到不一致时，才有必要运行整个文件系统 fsck。日志很小，16 MB 通常就足够了，与文件系统大小无关。虽然日志处理需要在重新启动之前完成，但是处理时间通常只有几秒钟，在最坏的情况下是一分钟。没有必要构建一个新的文件系统来使用软更新日志记录。对现有的 FreeBSD 快速文件系统添加或删除软更新日志记录是使用 tunefs 程序完成的。

9.8.1　背景和简介

FreeBSD 于 1998 年采用了软更新依赖项跟踪系统，以替代流行的日志文件系统技术，并在 9.6 节中进行了描述。虽然软更新的运行时性能和一致性保证与日志文件系统相媲美 [Seltzer 等，2000]，但是它依赖于一个昂贵且耗时的后台文件系统恢复操作，如 9.7 节所述。本节概述了一种方法，通过使用小型日志记录软更新中仅有的两个可能的不一致性，来消除昂贵的后台或前台整个文件系统检查操作。第一个是已分配但未被引用的块；第二个是错误的高链接计数。错误的高链接计数包括被删除的未引用的索引节点和未链接但打开的文件 [Ganger 等，2000]。这个日志允许日志分析程序在几秒钟内完成恢复，而不受文件系统大小的影响。

9.8.2　与其他实现的兼容性

日志记录是通过 tunefs 启用的，只需要几个空闲的超级块字段和 16 MB 的日志空闲块。这些最小需求使得它可以很容易地在现有的 FreeBSD 文件系统上启用。日志的文件系统块被放置在文件系统根目录中一个名为 .sujournal 的 inode 中，并且设置了文件系统标志，以便在挂载以前记录的卷时，较早的非日志记录内核将触发一次完整的文件系统检查。挂载日志文件系统时，较早的内核会清除一个标志，表明正在执行日志记录，以便在进行日志记录的内核下一次遇到该文件系统时，它将知道该日志记录是无效的，之后会确保文件系统是一致的，并在继续使用文件系统之前清除日志。

9.8.3　日志格式

日志以段的循环日志的形式保存，其中包含描述元数据操作的记录。如果日志已满，文件系统必须完成足够的操作使日志条目在允许新操作之前过期。实际上，日志几乎从未填满。

每个日志段包含一个唯一的序列号和一个时间戳，该时间戳标识文件系统挂载实例，以便在日志处理期间丢弃旧段。将日志条目聚合成段，以最小化对日志的写操作。每个片段包含写入时的最后一个有效序列号，以便 fsck 通过扫描整个日志来恢复头和尾。段的大小是磁盘块大小的若干倍，并以原子方式写入，以避免在运行的文件系统中发生读 / 修改 / 写周期。

日志分析已合并到 fsck 程序中。这种合并到现有的 fsck 程序中有几个好处。现有的启动脚本已经调用 fsck 来查看它是否需要在前台或后台运行。对于使用日志软更新运行的文件系统，fsck 可以请求在前台运行，并在文件系统上线之前执行所需的日志操作。如果日志由于某种原因失败，它可以改为报告运行完整的 fsck 来作为传统的回退方法。因此，可以在不改变系统管理员启动系统的方式的情况下引入这个新功能。最后，fsck 的调用意味着在日志被处理之后，出于调试目的，可以跳过并运行对文件系统的完整检查，以确保日志正常工作。

日志条目大小为 32 字节，提供了一个密集的表示形式，允许每 4 KB 扇区有 128 个条目。日志是在可用的连续分配文件系统的单区域中创建的。我们曾考虑将其分散到各个柱面组中，以优化写入的位置，但它最终如此之小，以至于这种方法不实用，而且会使在清理过程中对整个日志的扫描过于缓慢。

日志块由一个命名的不可变 inode 声明。这种方法允许用户级访问日志以便进行调试和收集统计数据，并提供与不支持日志记录的旧内核的向后兼容性。我们发现，即使在最复杂和最糟糕的基准测试中，16 MB 的日志大小也足够了。一个 16MB 的日志可以覆盖超过500 000 个命名空间操作或 16 GB 未完成操作（假设标准的 32 KB 块大小）。

9.8.4 需要日志记录的修改

本小节描述日志必需的操作，以便 fsck 能够获得清理文件系统所需的信息。

增加链接数

链接计数可以通过硬链接或文件创建来增加。在重命名时，链接计数暂时增加。这里的操作是一样的。inode 编号、父 inode 编号、目录偏移量和初始链接计数都记录在日志中。软更新保证 inode 链接数在任何目录写入之前都将在磁盘上增加并保持稳定。如果 inode 是新分配的，则日志写入必须在更新链接计数的 inode 写入之前进行，并在分配 inode 的位图写入之前进行。

减少链接数

通过取消链接或重命名来减少 inode 链接计数。inode 编号、父 inode、目录偏移量和初始链接计数都记录在日志中。被删除的目录条目保证在链接向下调整之前被写入。与增加链接计数一样，日志写入必须发生在所有其他写入之前。

引用时解除链接

未链接但引用的文件会对日志文件系统造成问题。在 UNIX 中，直到删除最后一个名称并关闭最后一个引用之后，才会回收 inode 的存储。在等待应用程序关闭其空引用时仅使日志条目有效是不可行的，因为这很容易耗尽日志空间。需要一种可扩展到文件系统中inode 总数的解决方案。至少有两种方法是可能的：复制 inode 分配位图或释放 inode 的链接列表。我们选择使用链表方法。

在多个文件系统（xfs、ext4 等）使用的链表中，超级块包含 inode 编号，该编号作为要释放的 inode 单链表的头，每个 inode 存储一个指向列表中下一个 inode 的指针。这种方法的优点是，在恢复时，fsck 只需要检查已经在内存中的超级块中的一个指针。缺点是内核必须在内存中保留一个双向链表，以便在未引用 inode 时能够快速删除它。这种方法在设计中嵌入一个文件系统范围的锁，并在维护列表时引起非本地写操作。在实践中，我们发现未引用的 inode 很少出现，因此这种方法不是瓶颈。

从列表中删除可以延迟执行，但必须在重用 inode 之前完成。添加到列表中的内容必须是稳定的，然后才能回收日志空间进行最后的取消链接，但是如果文件很快关闭，则可能会延迟很长时间，从而完全避免写操作。添加和删除只涉及一次写入，即可将指向前面的指针更新为指向后面的 inode。

目录偏移量的更改

每当目录压缩移动一个条目时，必须创建一个描述该条目的新旧位置的日志条目。内核在移动时并不知道是否会随之删除，因此当前所有的偏移量更改都记录在日志中。如果没有这些信息，fsck 将无法消除同一目录块的多个修订的歧义。

块分配和释放

执行块分配或释放时，无论是片段、间接块、目录块、直接块还是扩展属性，记录都是相同的。文件的 inode 编号和文件内块的偏移量是使用间接块和扩展区的负偏移量记录的。另外，磁盘块地址和碎片的数量包含在日志记录中。在进行任何分配或释放之前，必须将日志条目写入磁盘。

当释放一个间接块时，只记录该间接块树的根。因此，对于截断，我们需要最多 15 个日志条目、12 个直接块和 3 个间接块。这 15 个日志条目允许我们用最少的日志开销来释放大量的空间。在恢复期间，fsck 将跟踪间接块并释放任何后代，包括其他间接块。要使此算法有效，在日志记录空闲之前，间接块的内容必须保持有效，以便用户数据不会与间接块指针混淆。

9.8.5 日志的额外需求

在引入日志记录时，需要跟踪以前在软更新下不需要跟踪的一些操作。本小节介绍这些新需求。

柱面组回滚

以前的软更新不需要任何柱面组的回滚，因为它们总是一组更改中的第一个或最后一个写操作。当一个块或 inode 已经被分配，但是它的日志记录还没有写到磁盘上时，写入更新的位图和相关的分配信息是不安全的。现在，编写具有 bmsafemap 依赖项的块的例程会回滚具有未写入日志操作的所有分配。

inode 回滚

inode 链接计数必须回滚到任何未写的日志条目之前的链接计数。允许它的增长超过这个计数不会导致文件系统损坏，但是会阻止日志恢复正确地调整链接计数。软更新已经防止在删除目录条目之前减少链接数，因为过早的减少可能会导致文件系统损坏。

关闭未链接的文件后，除非将其清零的块指针写入磁盘，以便可以释放其块并将其从未链接文件的磁盘列表中删除，否则无法将其 inode 返回到 inode 空闲列表。直到磁盘上位于索引文件之前的 inode 的下一个指针在磁盘上被更新为指向索引文件之后的 inode，才会将未链接文件的 inode 从未链接文件列表中完全删除。如果未链接文件的 inode 是未链接文件列表中的第一个 inode，则直到超级块中的未链接文件头指针已在磁盘上更新，以指向列表中紧随其后的 inode，它才会从未链接文件列表中完全删除。

回收日志空间

要从以前写的记录中回收日志空间，内核必须知道日志记录描述的操作在磁盘上是稳定的。这一要求意味着，当创建一个新文件时，在完成对一个柱面组位图、一个 inode、一个目录块、一个目录 inode（可能还有一些间接块）的写操作之前，不能释放日志记录。在分配新块时，在 inode 或间接块、柱面组位图和块本身的新块指针的写操作完成之前，不能释放日志记录。在通过 inode 间接块指针完全访问磁盘上的所有父间接块之前，间接块中的块指针是不稳定的。为了简化这些需求的实现，描述这些操作的依赖项携带指向日志中最早的段结构的指针，其中包含描述未完成操作的日志条目。

有些操作可以由多个条目描述。例如，在创建新目录时，添加的内容将创建三个新名称。这些名称都与该名称所引用的 inode 上的引用计数相关联。当其中一个依赖项得到满足时，如果日志条目所依赖的另一个操作尚未完成，则它可以将其日志条目引用传递给另一个依赖项。如果操作完成，则将释放日志记录上的最终引用。当一个日志段中所有对日志记录的引用被释放时，它的空间被回收，最早的有效的段序列号被调整。由于日志被视为循环队列，因此我们只能释放最早的空闲日志段。

处理满日志

如果日志已经满了，我们必须防止创建任何新的日志条目，直到最早的有效条目淘汰后有更多的空间可用。停止创建新日志记录的一种有效方法是使用现有的快照机制挂起文件系统。一旦挂起，文件系统上的现有操作将被允许完成，但是希望修改文件系统的新操作将处于休眠状态，直到取消挂起为止。

在更改链接计数或分配块的每个操作之前，我们对日志空间进行检查。如果我们发现日志正在接近满状态，我们将挂起文件系统并加快软更新工作列表处理的进度，以加快日志条目退出的速度。由于执行检查的操作已经开始，所以允许它完成，但是未来的操作将被阻塞。因此，当仍然有足够的日志空间来完成已经在进行中的操作时，必须暂停操作。当释放了足够多的日志条目后，文件系统挂起将被解除，正常操作将恢复。

在实践中，我们必须创建最小大小的日志（4 MB）并运行脚本，这些脚本用于创建大量的链接计数更改、块分配和块释放，以触发日志满的条件。即使在这些测试中，文件系统挂起的次数也很少，而且时间很短，持续时间不到一秒。

9.8.6 恢复进程

本小节描述 fsck 在崩溃后使用日志来清理文件系统。

扫描日志

要执行恢复，fsck 程序必须首先从头到尾扫描日志，以发现最早的有效序列号。但是，我们考虑保留日志头和尾指针，这将需要对超级块区域进行额外的写操作。因为日志很小，所以为了减少维护日志头和尾指针的运行时成本，扫描它以识别有效日志的头和尾所花费的额外时间似乎是一个合理的折中。因此，fsck 程序必须发现第一个包含仍然有效的序列号的段，然后从那里开始工作。然后按顺序解析日志记录。日志记录由一个时间戳标记，该时间戳必须与文件系统的挂载时间以及保护内容的有效性 CRC 相匹配。

调整链接计数

对于记录链接增加的每个日志记录，fsck 需要检查提供的偏移量处的目录，并查看记录的 inode 编号的目录条目是否存在于磁盘上。如果它不存在，但是 inode 链接计数增加了，那么需要减少已记录的链接计数。

对于记录链接减少的每个日志记录，fsck 需要检查提供的偏移量处的目录，并查看记录的 inode 编号的目录条目是否存在于磁盘上。如果在磁盘上删除了它，但是 inode 链接计数没有递减，那么需要递减已记录的链接计数。

对于要跟踪的条目，目录偏移的压缩使上面介绍的链接调整方案变得复杂。由于目录块不是同步写入的，所以 fsck 必须在所有可能的位置中查找每个目录条目。

当一个 inode 多次从目录中添加和删除时，fsck 无法根据上面给出的算法正确评估链接计数。所选择的解决方案是对日志进行预处理，并将与同一 inode 相关的所有条目链接在一起。通过这种方式，可以同时检查所有未知的提交到磁盘的操作，以确定相对于第一个日志条目之前存在的已知稳定计数，应该存在多少个链接。删除在相同偏移量处多次添加和删除 inode 时出现的重复记录，从而产生一致的计数。

更新已分配的 inode 映射

一旦链接计数被调整，fsck 必须释放任何链接计数为零的 inode。此外，fsck 必须释放任何未链接但在系统崩溃时仍在使用的 inode。未引用 inode 列表的头部位于超级块中，如本节前面所述。fsck 程序必须遍历这个未链接的 inode 列表并释放它们。

释放 inode 的第一步是将其所有块添加到需要释放的块列表中。接下来，inode 需要被归零，以显示它没有被使用。最后，必须更新其柱面组中的 inode 位图，以反映 inode 是可用的，并更新所有适当的文件系统统计信息，以反映 inode 的可用性。

更新已分配的块映射

扫描日志后，它将提供一个打算释放的块的列表。日志条目列出了要从其中释放块的 inode。为了恢复，fsck 通过检查块是否仍然由其关联的 inode 声明来处理每个空闲记录。如果它发现不再声明该块，则释放它。

对于每个被释放的块，无论是通过 inode 的释放还是通过上面描述的标识过程，都必须更新其柱面组中的块位图，以反映它是可用的，并更新所有适当的文件系统统计信息，以反映它的可用性。当一个片段被释放时，还必须更新片段可用性统计信息。

9.8.7　性能

日志记录为传统的软更新需求增加了额外的运行时间和内存分配，并增加了写日志的 I/O 操作。在我们运行的基准测试中，额外运行时间和内存分配的开销是不可估量的。额外的 I/O 主要表现在单个操作的延迟增加。操作完成时间通常只在应用程序执行 fsync 系统调用时才明显，该调用导致应用程序等待文件到达磁盘。否则，只有在启用日志功能之前受文件系统 I/O 带宽限制的基准测试中，日志的额外 I/O 才会变得明显。总之，运行带有日志软更新的系统永远不会比没有日志的软更新运行得更快。因此，具有小型文件系统（如嵌入式系统）的系统通常希望运行软更新而不需要日志记录，并在系统崩溃后花时间运行 fsck。

日志条目的主要目的是消除长时间的文件系统检查。一个 40 TB 的卷可能需要一整天的时间和大量的内存来检查。我们已经运行了几个方案来理解和验证恢复时间。

对于开发人员来说，一个典型的操作是运行一个并行的构建世界。从这种情况下进行崩溃恢复表明可以从中等的写入工作量中恢复。一个 250 GB 的磁盘被 FreeBSD 源代码树的副本填满了 80%。随机选择一个副本，进行 10 分钟的 8 路构建，然后重置盒子。从日志中恢复花费了 0.9 秒。使用传统的 fsck 进行额外的运行，以验证文件系统的安全恢复。fsck 耗时约 27 分钟，是它的 1800 倍。

一名测试志愿者使用 3ware RAID 控制器，在 14 个驱动器上使用了 92 % 的 11 TB 容量，通过在重新设置机器之前并行写入随机长度的文件，生成了数百兆字节的脏数据。由此产生的恢复操作完成时间不到一分钟。在这个文件系统上，正常的 fsck 运行大约需要 10 小时。

9.8.8　未来工作

本小节描述了一些我们尚未探索的领域，这些领域可能会进一步提高我们的实现的性能。

目录删除回滚

回滚目录添加很容易。新的目录条目将其 inode 编号设置为 0，以表明没有真正分配它。但是，回滚目录删除要困难得多，因为新分配可能会占用空间。有时，能够回滚目录删除会很方便。例如，在重命名文件时，可以使用目录回滚来防止在新名称到达磁盘之前删除旧名称。在这里，我们考虑使用一个不同的 inode 编号，文件系统可以在内部识别这个编号，但是这个编号不会返回给用户应用程序。然而，目前我们无法回滚删除，这要求在写入受影响的目录块之前将任何删除日志记录写入磁盘。

truncate 和弱担保

作为一种潜在的优化，truncate 系统调用可能会选择记录预期的文件大小并进行更惰性的操作，依赖日志来正确地恢复任何部分完成的操作。这种方法还允许我们异步地执行部分截断。此外，该日志还允许削弱其他软依赖担保，尽管我们还没有完全探索这些减少的担保，也不知道它们是否提供了任何真正的好处。

9.8.9　跟踪文件移除依赖

本小节给出一个简短的示例，描述在使用日志软更新时跟踪文件删除的依赖项。必须保持这 5 项依序约束：

1）日志必须记录目录中的位置，其中包含要删除的名称和与该名称关联的 inode 编号。

2）必须删除磁盘上的目录副本中的文件名。

3）日志必须记录要删除的块。描述文件的 inode 必须通过清除其磁盘上的 dinode 来释放。日志条目的写入必须在磁盘上已清零的 inode 的写入之前。

4）之前 inode 为文件引用的块必须释放到空闲空间位图中，而 inode 必须释放到空闲 inode 位图中。

5）日志必须记录成功完成的删除。

这 5 个约束由以下软更新来维护：

1）包含要删除的名称和 inode 编号的日志条目的缓冲区添加了一个依赖结构来启动文件删除。

2）在第 1 步之后的 30 秒内，内核将决定写入日志缓冲区。当日志条目已被写入时，包含要删除的名称的目录块将被读入内核缓冲区。通过更改前面的条目以指向后面的条目来删除条目（参见 9.3 节）。在释放缓冲区之前，必须构造一组依赖项，如图 9-26 所示。如果此删除是目录块的第一个依赖项，则需要分配一个 pagedep 结构，该结构链接到缓冲区的依赖项列表。接下来，分配一个 dirrem 结构，记录要删除的条目的 inode 编号。dirrem 结构链接到目录块的 pagedep 结构的 dirrem 列表。然后将缓冲区标记为 dirty，解锁并释放它。

3）在第 2 步之后的 30 秒内，内核将决定写入脏目录缓冲区。写入完成后，与缓冲区关联的 pagedep 被传递到软更新进行处理。一个处理步骤是处理每个 dirrem 条目。每个 dirrem 条目都会导致该目录之前引用的 inode 的引用计数减少 1。如果引用计数降为零（意味着删除了文件的最后一个名称），那么必须释放 inode。在将磁盘上的 dinode 的内容归零之前，它的已分配块列表必须保存在 freeblks 结构中，释放 inode 所需的信息必须保存在 freefile 结构中。必须将包含 freeblks 和 freefile 信息的日志条目添加到日志缓冲区中。包含要释放的 dinode 的文件系统块被读入内核缓冲区，如图 9-20 所示。缓冲区中包含 dinode 的部分被归零。如果释放的是 dinode 的第一个依赖项，那么它必须分配一个 inodedep 结构，该结构链接到缓冲区的依赖项列表。freeblks 和 freefile 结构被链接到 inodedep 结构的缓冲等待列表。对日志条目的引用也被添加到 inodedep 中。然后将缓冲区标记为 dirty，解锁并释放它。如果 dirrem 结构不再跟踪任何依赖项，则释放 dirrem 结构和 pagedep 结构。

4）在第 3 步之后的 30 秒内，内核将决定写入包含清零的 dinode 的缓冲区。如果包含日志依赖项的缓冲区还没有被写入，则用原始内容替换已清零的 dinode，允许继续写入。写操作完成后，清零的 dinode 被放回缓冲区，缓冲区被标记为仍然是脏的（需要写入）。当缓冲区上的写操作发现日志条目已被写入时，就允许对已清零的 dinode 进行写入。写操作完成后，将与缓冲区关联的 inodedep 传递给软更新进行处理。处理步骤之一是处理每个缓冲区等待条目。freeblks 入口的处理使它列出的所有块在适当的柱面组位图中被标记为空闲。freefile 条目的处理导致删除的 inode 在相应的柱面组位图中被标记为空闲。如果不再跟踪任何依赖项，freeblks 和 freefile 结构就像 inodedep 结构一样被释放。日志依赖项被添加到包含位图的缓冲区中。

5）在接下来的 30 秒内，内核将决定写入包含位图的缓冲区。当写入完成后，将处理日志依赖项，该依赖项将向日志写入一个条目，以显示块和 inode 发布已经完成。

该文件现在已完全删除，并不再通过软更新进行跟踪。

9.9　本地文件存储

本章接下来的两个部分将描述存储介质上数据的组织和管理。在历史上，FreeBSD 提供了三种不同的文件存储管理器：传统的 Berkeley Fast Filesystem（FFS）、日志结构的文件系统和基于内存的文件系统。这些存储管理器共享所有文件系统命名语义的相同代码，只是在存储介质上的数据管理方面有所不同。日志结构的文件存储管理器已经被第 10 章中描述的 ZFS 所取代。基于内存的文件系统 filestore 管理器已经被为在虚拟内存中操作而优化的实现所取代。

9.9.1　文件存储概述

FFS 文件存储是在文件缓存很小的时候设计的，因此需要经常从磁盘读取文件。它愿意在写入时进行额外的磁盘搜索，以将可能一起访问的文件放置在磁盘上的相同常规位置。这种方法最大限度地减少了读取这些文件所需的磁盘搜索。相比之下，ZFS 是在文件缓存很大的时候设计的，因此大多数文件读取不需要访问磁盘。因此，ZFS 通过按写入块的顺序分组块来优化其写入速度。ZFS 愿意接受更多磁盘搜索以在文件不在高速缓存中的极少数情况下读取文件。

表 9-3 中显示了为执行数据存储文件系统操作而定义的操作。与用于管理命名空间的操作符相比，这些操作符更少且语义上更简单。

表 9-3　数据存储文件系统操作

操作完成	操作符名称
对象创建和删除	valloc, vfree
属性更新	update
对象读写	vget, blkatoff, read, write, fsync
修改空间分配	truncate

有两个操作符用于分配和释放对象。valloc 操作符创建一个新对象。对象的标识是操作符返回的数字。将这个数字映射到名称是命名空间代码的职责。对象由 vfree 操作符释放。

要释放的对象仅由其编号标识。

对象的属性由 update 操作符更改。该层不执行这些属性的解释，它们只是存储在对象的主数据区域之外的固定大小的辅助数据。它们通常是文件属性，如所有者、组、权限等。注意，扩展的属性空间是使用读写接口进行更新的，因为该接口已经准备好在用户级进程之间读写任意长度的数据。

有 5 个操作符用于操作现有对象。vget 操作符从文件存储中检索现有对象。对象由它的编号来标识，并且必须是先前由 valloc 创建的。read 操作符将数据从对象复制到由 uio 结构描述的位置。blkatoff 操作符类似于 read 操作符，只是 blkatoff 操作符只返回一个指向内核内存缓冲区的指针，该指针带有所请求的数据，而不是复制数据。这个操作符被设计用来提高命名空间代码解释对象（即目录）内容的操作效率。而不是仅仅将内容返回给用户进程。write 操作符将数据从 uio 结构描述的位置复制到对象。fsync 操作符请求将与对象关联的所有数据移动到稳定的存储中（通常是将所有数据写入磁盘）。不需要使用与 blkatoff 类似的写操作，因为内核可以简单地修改从 blkatoff 接收到的缓冲区，将缓冲区标记为 dirty，然后执行 fsync 操作将缓冲区写回。

最后一个数据存储操作符是 truncate。此操作更改与对象关联的空间量。从历史上看，它只能用于缩小对象的大小。在 FreeBSD 中，它可以用来增加和减少对象的大小。当文件的大小增加时，会在文件中创建一个孔。通常不分配额外的磁盘空间，唯一的更改是更新 inode 以反映更大的文件大小。当读取时，系统将孔视为零值字节。

每个磁盘驱动器有一个或多个分区。每个这样的分区只能包含一个文件存储，而一个文件存储永远不会跨越多个分区。虽然文件系统可以使用多个磁盘分区执行分段或 RAID，但是组成文件系统的各个部分的聚合和管理是由内核中的底层驱动程序管理的。文件系统代码始终具有在单个连续分区上操作的视图。

文件存储负责管理其磁盘分区内的空间。在这个空间中，它的职责是创建、存储、检索和删除文件。它在一个平面命名空间中运行。当要求创建一个新文件时，它为该文件分配一个 inode 并返回分配的编号。文件的命名、访问控制、锁定和属性操作都由 filestore 之上的分层文件系统管理层处理。

当文件增长时，文件存储还处理文件分配新块。简单的文件系统实现，例如早期微机系统使用的文件系统，连续地分配文件，一个接一个地分配，直到文件到达磁盘的末端。当文件被删除时，就会出现孔。为了重用释放的空间，系统必须压缩磁盘，将所有空闲空间移动到最后。一次只能创建一个文件。要增加磁盘上最后一个文件之外的文件的大小，必须将该文件复制到最后，然后扩展。

正如我们在 9.2 节中看到的，文件存储中的每个文件都由一个 inode 描述，其数据块的位置由其 inode 中的块指针提供。尽管文件存储可以将文件的块聚集在一起以提高 I/O 性能，但是 inode 可以引用分散在整个分区中的块。因此，可以同时写入多个文件，并且可以使用所有的磁盘空间，而不需要进行压缩。

文件存储实现将文件作为字节数组的用户抽象转换为底层物理介质施加的结构。考虑具有固定大小扇区的磁盘的典型介质。尽管用户可能希望将单个字节写入文件，但磁盘只支持多个扇区的读写。在这里，系统必须读取包含要修改的字节的扇区，替换受影响的字节，并将扇区写回磁盘。这种操作——将对字节数组的随机访问转换为对磁盘扇区的读写——称为块 I/O。

首先，系统将用户的请求分解为一组操作，这些操作将在文件的逻辑块上执行。逻辑块描述文件的块大小块。系统通过将字节数组分割成文件大小的块来计算逻辑块。因此，如果文件存储的块大小是 32 768 字节，那么逻辑块 0 将包含字节 0～32 767，逻辑块 1 将包含字节 32 768～65 535，依此类推。

每个逻辑块中的数据存储在磁盘上的一个物理块中。物理块是系统将逻辑块映射到的磁盘上的位置。一个物理磁盘块是由一个或多个连续扇区构成的。对于具有 4096 字节扇区的磁盘，将从 8 个连续扇区构建一个 32 768 字节的文件存储块。虽然逻辑块的内容在磁盘上是连续的，但文件的逻辑块不需要连续布局。本系统用于将逻辑块转换为物理块的数据结构在 9.2 节中进行了描述。

9.9.2　用户 I/O 到一个文件的过程

尽管用户可能希望将单个字节写入文件，但磁盘硬件只能在多个扇区中读写。因此，系统必须在包含要修改的字节的扇区中进行读操作，以替换受影响的字节，并将扇区写回磁盘。

进程可以读取小于磁盘块大小的数据。当第一次需要从特定的磁盘块进行少量读取时，该块将从磁盘传输到内核缓冲。以后读取同一块的各个部分时，只需要从内核缓冲区复制到用户进程的内存中。多个小量写入的处理方式类似。当对磁盘块进行第一次写操作时，从缓存中分配一个缓冲区，然后对同一块的一部分进行后续的写操作，很可能只需要复制到内核缓冲区中，而不需要磁盘 I/O。

除了提供读和写的任意对齐抽象之外，块缓冲区缓存还减少了文件系统访问所需的磁盘 I/O 传输数量。因为系统参数文件、命令和目录被重复读取，所以当需要它们时，它们的数据块通常在缓冲区缓存中。因此，内核不需要在每次请求它们时从磁盘读取它们。

图 9-30 显示了访问磁盘上的文件所需的信息流和工作。向用户显示的抽象是一个字节数组。这些字节由引用数组中某个位置的文件描述符共同描述。用户可以请求对文件执行写操作，方法是向系统提供一个指向缓冲区的指针，并请求写入一定数量的字节。如图 9-30 所示，请求的数据不需要与逻辑块的开头或结尾对齐。此外，请求的大小不受单个逻辑块的限制。在所示的示例中，用户请求将数据写入逻辑块 1 和 2 的各个部分。由于磁盘只能在多个扇区中传输数据，因此文件存储必须首先为将保持不变的块的任何部分读入数据。系统必须为传输安排一个中间暂存区。此暂存是通过一个或多个系统缓冲区完成的，如 7.4 节所述。

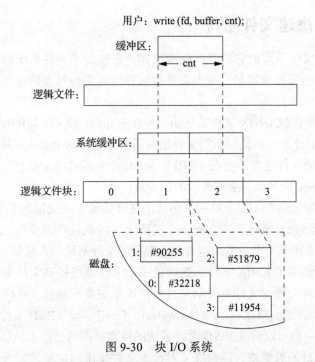

用户: write (fd, buffer, cnt);

缓冲区:

←─── cnt ───→

逻辑文件:

系统缓冲区:

逻辑文件块: 0　1　2　3

磁盘: 1: #90255　2: #51879

0: #32218

3: #11954

图 9-30　块 I/O 系统

在我们的示例中，用户希望修改逻辑块 1 和 2 中的数据。操作迭代 5 个步骤：

1）分配一个缓冲区。

2）确定磁盘上相应物理块的位置。

3）请求磁盘控制器将物理块的内容读入系统缓冲区，并等待传输完成。

4）从用户的 I/O 缓冲区开始到系统缓冲区的适当部分执行内存到内存的复制。

5）将数据块写到磁盘上，然后继续，不用等待传输完成。

如果用户的请求不完整，则使用文件的下一个逻辑块重复该过程。在我们的示例中，系统获取文件的逻辑块 2，并能够完成用户的请求。如果已经写入了整个块，那么系统就可以跳过步骤 3，直接将数据写入磁盘，而不必首先读取旧内容。写入请求的这种增量填充对用户的进程是透明的，因为该过程在整个过程中都无法运行。该填充对其他进程是透明的。因为 inode 在该过程中被锁定，所以任何其他进程试图进行的任何访问都将被阻塞，直到写操作完成。

如果某个特定块的数据在缓存中但还没有写到磁盘时系统崩溃，那么磁盘上的文件系统将是不正确的，这些数据将丢失。关键文件系统数据的一致性是使用 9.6 节中描述的技术来维护的，但是仍然有可能丢失最近编写的应用程序数据。为了最大限度地减少丢失的数据，在写入脏缓冲区后最多 30 秒钟才强制进行写操作。还有一个系统调用 fsync，一个进程可以使用它强制将单个文件的所有脏块立即写到磁盘上，这种同步对于确保数据库一致性或在删除编辑器备份文件之前非常有用。

9.10 伯克利快速文件系统

传统的 UNIX 文件系统由它的超级块来描述，它包含了文件系统的基本参数。这些参数包括文件系统中的数据块数量、最大文件数量和指向空闲列表的指针，空闲列表是文件系统中所有空闲块的列表。

一个 150 MB 的传统 UNIX 文件系统由 4 MB 的 inode 和 146 MB 的数据组成。该组织将 inode 信息与数据分开，因此，访问文件通常需要从文件的 inode 到其数据进行长时间的查找。单个目录中的文件通常不会在 4 MB 的 inode 中分配连续的插槽，这会导致在访问单个目录中的许多 inode 时读取许多非连续的磁盘块。

将数据块分配给文件也不是最优的。传统的文件系统实现使用 512 字节的物理块大小。但是，下一个连续的数据块通常不在同一个柱面上，因此经常需要在 512 字节之间进行数据传输。这种小块大小和分散放置的组合严重限制了文件系统的吞吐量。

在伯克利进行的关于 UNIX 文件系统的第一个工作试图提高文件系统的可靠性和吞吐量。开发人员通过对关键的文件系统信息进行修改来提高可靠性，这样修改可以在崩溃后由程序完成或干净地修复 [McKusick & Kowalski，1994]。与 3 BSD 文件系统相比，将文件系统的块大小增加一倍可以将 4.0BSD 文件系统的性能提高两倍以上。这种翻倍导致每个磁盘传输访问两倍数量的数据块，并消除了对许多文件使用间接块的需求。在本节的其余部分中，我们将把具有这些更改的文件系统称为 3BSD 文件系统。

3BSD 文件系统中的性能改进强烈表明，增加块大小是提高吞吐量的好方法。虽然吞吐量增加了一倍，但是 3BSD 文件系统仍然只使用了最大磁盘吞吐量的 4%。主要的问题是，在创建和删除文件时，空闲列表中的块的顺序很快就被打乱了。最终，空闲列表的顺序变得完全随机，导致文件的块在磁盘上随机分配。这种随机性迫使每个块访问之前都要进行一次查找。尽管在第一次创建 3BSD 文件系统时，它提供了高达每秒 175 KB 的传输速率，但是空闲列表的混乱导致在经过几周的适度使用后，这个速率降低到了平均每秒 30 KB。除了重新创建系统之外，没有其他方法可以恢复 3BSD 文件系统的性能。

9.10.1 伯克利快速文件系统的组织

当前 BSD 文件系统的第一个版本出现在 4.2BSD 中 [McKusick 等，1984]。这个版本仍然作为 UFS1 使用。在 FreeBSD 文件系统组织中（就像在 3BSD 文件系统组织中一样），每个磁盘驱动器包含一个或多个文件系统。FreeBSD 文件系统是由它的超级块来描述的，位于文件系统的磁盘分区的开头。因为超级块包含关键数据，所以复制它是为了防止灾难性的损失。这种复制是在创建文件系统时完成的。由于大多数超级块数据不会更改，所以不需要引用副本，除非磁盘故障导致默认的超级块损坏。超级块中发生变化的数据包括一些标记和一些摘要信息，如果必须使用另一个超级块，可以轻松地重新创建这些信息。

为了支持小到一个 512 字节磁盘扇区的文件系统片段，文件系统块的最小大小是 4096

字节。块大小可以是任何大于或等于 4096 的 2 的任意幂。块大小记录在文件系统的超级块中，因此可以在同一系统上同时访问具有不同块大小的文件系统。必须在创建文件系统时选择块大小；如果不重新构建文件系统，随后就无法更改它。

BSD 文件系统组织将一个磁盘分区划分为一个或多个区域，每个区域称为一个柱面组。在历史上，一个磁盘组由一个或多个连续的磁盘组成。尽管 FreeBSD 仍然使用相同的数据结构来描述柱面组，但它们的实际定义已经发生了变化。当文件系统首次设计时，它可以得到包括柱面和轨道边界在内的磁盘几何形状的精确视图，并可以精确地计算每个扇区的旋转位置。现代磁盘隐藏了这些信息，为每个磁道、每个柱面的磁道和每个磁盘的柱面提供虚拟的块数。实际上，在现代 RAID 阵列中，呈现给文件系统的“磁盘”实际上可能是由 RAID 阵列中的磁盘集合组成的。虽然一些研究已经完成，以找出真正的几何磁盘 [Griffin 等，2002；Lumb 等，2002；Schindler 等人，2002]，有效利用这类信息的复杂性很高。现代磁盘在磁盘外部的每个磁道具有比内部更多的扇区数，这使得计算任何给定扇区的旋转位置变得复杂。因此，在设计 UFS2 时，我们决定去掉在 UFS1 中找到的所有旋转布局代码，并简单地假设使用数字接近的块号（连续块号被认为是最优的）布局文件将获得最佳性能。因此，在 UFS2 中保留了柱面组结构，但它只是作为一种方便的方法来管理逻辑上接近的块组。自 20 世纪 80 年代末以来，在 UFS1 中已经禁用了旋转布局代码，因此作为代码库清理的一部分，它已被完全删除。

每个柱面组必须适合一个文件系统块。当创建一个新的文件系统时，newfs 实用程序根据文件系统块大小计算可以打包到一个柱面组映射中的最大块数。然后分配描述文件系统所需的最小柱面组数。具有 32 KB 块的文件系统通常每 GB 有 1.4 个柱面组。

每个柱面组包含统计信息，其中包括超级块的冗余副本、inode 空间、描述柱面组中可用块的位图和描述柱面组中数据块使用情况的摘要信息。柱面组中可用块的位图替换了传统文件系统的空闲列表。对于 UFS1 中的每个柱面组，在文件系统创建时分配静态数量的 inode 数。默认的策略是为每 4 个文件系统片段分配一个 inode，预期这个数量将远远大于需要的数量。对于 UFS2 中的每个柱面组，默认情况下是保留位图空间来描述每个文件系统片段的一个 inode。在任何一种文件系统中，仅在创建文件系统时才可以更改默认值。

使用柱面组的基本原理是创建节点簇，这些节点分散在磁盘上，靠近它们引用的块，而不是全部位于磁盘的开头。文件系统试图在描述索引节点的索引节点附近分配文件块，以避免在获取 inode 和获取其关联数据之间进行长时间的查找。另外，当 inode 被分散时，在一次磁盘故障中丢失所有 inode 的可能性更小。

尽管我们决定为 UFS2 提供一种新的磁盘 inode 格式，但我们选择不更改超级块、柱面组映射或目录的格式。UFS2 超级块和柱面组所需的其他信息存储在 UFS1 超块和柱面组的备用字段中。为这些数据结构维护相同的格式允许一个单独的代码基同时用于 UFS1 和 UFS2。由于这两个文件系统之间的唯一区别在于它们的 inode 格式，所以代码可以取消对超级块、柱面组和目录条目的引用，而不需要检查访问的文件系统的类型。为了最小化对引用 inode 的代码的条件检查，在从磁盘首次读入 inode 时，将其转换为一种常见的 incore 格式，在写回 inode 时将其转换回磁盘格式。这个决定的结果是，几百个例程中只有 9 个是特定于 UFS1，不能用于 UFS2。为两个文件系统提供一个单一的代码库的好处是可以显著降低维护成本。在 9 个文件系统特定于格式的函数之外，修复代码中的一个 bug 可以修复这两种文件系统类型。公共代码库还意味着，由于添加多处理的支持，对于 UFS 文件系统家族只需执行一次。

9.10.2 启动块

UFS1 文件系统在文件系统的开头保留了一个 8 KB 空间，用于放置引导块。虽然与它所替换的 1 KB 引导块相比，这个空间似乎很大，但随着时间的推移，将所需的引导代码塞入这个空间变得越来越困难。因此，我们决定重新讨论 UFS2 中的启动块大小。

引导代码有一个位置列表，用于检查引导块。可以将引导块定义为从任何 8 KB 边界开始。我们设置了一个初始列表，它有 4 种可能的启动块大小：none、8 KB、64 KB 和 256 KB。这些位置中的每一个都是出于特定目的而选择的。除了根文件系统之外的文件系统不需要是可引导的，因此它们可以使用大小为 0 的引导块。此外，在微小介质上需要它们可以获取的每个块的文件系统（例如，基于闪存的磁盘）可以使用大小为零的引导块。对于具有简单启动块的体系结构，可以使用传统的 UFS1 8 KB 启动块。更典型的情况是，使用 64 KB 引导块（例如，在 PC 体系结构上，它需要支持从大量的总线和磁盘驱动器引导）。

我们添加了 256 KB 的引导块，以防将来的体系结构或应用程序需要留出特别大的启动区域。这种空间保留并不是严格必需的，因为可以随时将新的大小添加到列表中，但是更新后的列表可能需要很长时间才能传播到现有系统上的所有引导程序和加载程序。通过现在为一个较大的引导区域添加选项，我们可以确保将来在短时间内需要它时，它将是可用的。

为 UFS2 使用 64 KB 启动块的一个意外的副作用是，如果该分区以前有一个 UFS1 文件系统，那么前 UFS1 文件系统的超级块可能不会被覆盖。如果 fsck 的旧版本没有首先查找 UFS2 文件系统，并且发现了 UFS1 超级块，那么它可能会错误地尝试重新构建 UFS1 文件系统，从而在此过程中破坏 UFS2 文件系统。因此，当构建 UFS2 文件系统时，newfs 实用程序会查找旧的 UFS1 超级块并将它们归零。

9.10.3 优化存储利用率

数据布局允许大数据块可以在一个单独的磁盘操作中传输，这大大增加了文件系统的吞吐量。新文件系统中的文件可能由 32 768 字节的数据块组成，而 3BSD 文件系统中的数据块是 1024 字节，因此，每个磁盘事务最多可以传输 32 倍的信息。在大型文件中，可以连续分配几个块，因此在进行查找之前，可以进行更大的数据传输。

较大块的主要问题是大多数 BSD 文件系统主要包含小文件。一样的大块大小会浪费空间。为了使用大的块而不产生大量的浪费，必须更有效地存储小的文件。为了提高空间效率，文件系统允许将单个文件系统块划分为一个或多个片段。片段大小是在创建文件系统时指定的；每个文件系统块可以有选择地分成 2 个、4 个或 8 个片段，每个片段都是可寻址的。片段大小的下界受到磁盘扇区大小（通常为 4096 字节）的限制。与每个柱面组关联的块映射以片段的形式记录柱面组中可用的空间。为了确定一个块是否可用，系统检查对齐的片段。图 9-31 显示了来自文件系统的块映射，其中包含 16 384 字节的块和 4096 字节的片段，以下称为 16 384/4096 文件系统。

映射中的位	----	--11	11--	1111
片段号	0-3	4-7	8-11	12-15
块号	0	1	2	3

图 9-31　块和片段在 16 384/4096 文件系统中的布局示例。映射记录中的每个位都记录一
　　　　　个片段的状态；"-"表示片段正在使用中，而"1"表示片段可以分配。在本例
　　　　　中，片段 0～5、10 和 11 是使用的，而片段 6～9 和 12～15 是空闲的。相邻块的
　　　　　片段不能作为完整块使用，即使它们足够大。在这个例子中，片段 6～9 不能作为
　　　　　一个完整的块分配，只有片段 12～15 可以合并成一个完整的块

在一个 16 384/4096 文件系统上，一个文件由零个或多个 16 384 字节的数据块表示，其中可能包括单个片段块。如果系统必须对一个块进行分段以获得少量数据的空间，则可以将该块的其余片段分配给其他文件。例如，考虑存储在 16 384/4096 文件系统上的 44 000 字节的文件。该文件将使用两个完整大小的块和另一个块的一个三段部分。如果在创建文件时没有包含三个对齐的片段的块可用，那么将分割一个完整大小的块，生成必需的片段和一个未使用的片段。剩余的片段可以根据需要分配给另一个文件。

9.10.4　对文件进行读写

打开文件后，进程可以对其进行读写操作。通过内核的过程路径如图 9-32 所示。如果请求读，则通过 ffs_read() 例程进行引导。ffs_read() 例程负责将读操作转换为逻辑文件块的一个或多个读。然后将逻辑块请求传递给 ufs_bmap()。ufs_bmap() 例程负责通过解释 inode 中的直接和间接块指针将逻辑块号转换为物理块号。ffs_read() 例程请求块 I/O 系统返回一个填充有磁盘块内容的缓冲区。如果从一个文件中读取两个或多个逻辑上连续的块，则假定该进程按顺序读取该文件。这里，ufs_bmap() 返回两个值：首先是请求块的磁盘地址，然后是磁盘上该块后面的连续块的数量。请求的块和它后面的连续块的数量被传递给 cluster() 例程。如果文件是按顺序访问的，则 cluster() 例程将在整个顺序块范围内执行单个大型 I/O 操作。如果文件不是按顺序访问的（由读取之前对文件不同部分的查找决定），那么只会读取请求的块或簇的一个子集。如果文件已经进行了长时间的连续读取，或者连续块的数量很少，那么系统将发出一个或多个请求来提前读取块，以便进程很快就会需要这些块。块簇的详细信息将在本节的最后进行描述。

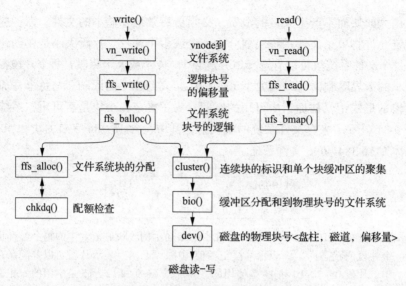

图 9-32　读取和写入的过程接口

　　每当进程执行写系统调用时，系统都会检查文件的大小是否增加了。进程可能会在现有文件的中间覆盖数据，在这种情况下，通常已经分配了空间（除非文件在该位置包含一个孔）。如果必须扩展文件，则将请求四舍五入到下一个片段大小，并且只分配该大小的空间（有关空间分配的详细信息，请参阅 9.10.6 节）。写系统调用是通过 ffs_write() 例程进行的。ffs_write() 例程负责将写转换为逻辑文件块的一个或多个写。然后将逻辑块请求传递给 ffs_balloc()。ffs_balloc() 例程负责解释 inode 中的直接和间接块指针，以找到相关物理块指针的位置。如果一个磁盘块还不存在，就调用 ffs_alloc() 例程来请求一个大小适当的新块。在调用 chkdq() 以确保用户没有超出其配额之后，将分配该块，并将新块的地址存储在 inode 或间接块中。返回新块或已经存在的块的地址，并且 ffs_write() 分配一个缓冲区来保存块的内容。用户的数据被复制到返回的缓冲区中，缓冲区被标记为脏（dirty）。如果缓冲区已被完全填满，则将其传递给 cluster() 例程。当积累了最大大小的簇时，会分配一个不相邻的块，或者对文件的另一部分执行一次查找，然后将积累的块分组到一个单独的 I/O 操作中，该操作排队等待写入磁盘。如果缓冲区没有被完全填满，则不会立即考虑写入。相反，保留缓冲区的目的是期望进程很快就要向它添加更多的数据。保留缓冲区直到在其他块需要它时，也就是说，只有当它到达空闲列表的头或者用户进程执行 fsync 系统调用时才会被释放。当一个文件获得它的第一个脏块时，它被放置在一个 30 秒的计时器队列上。如果计时器过期时它仍然有脏块，则写入它的所有脏缓冲区。如果随后再次写入它，它将被返回到 30 秒的计时器队列。

　　重复的小的写入请求可能一次将文件扩展一个片段。每次将文件扩展一个片段的问题是，当一个片段块扩展为一个完整块时，数据可能会被复制很多次。如果用户进程每次写一个完整的块，除了文件末尾的部分块之外，片段重新分配可以最小化。由于具有不同块大小的文件系统可能驻留在同一系统中，因此文件系统接口为应用程序提供了最佳的读、写大小。许多应用程序使用的标准 I/O 库和某些系统实用程序（如归档程序和装载程序）都使用这个工具，它们自己执行 I/O 管理。为了避免对增长缓慢的文件进行过多的复制，文件系统只允许文件块直接引用片段。

如果要使布局策略（在本节末尾进行了描述）有效，文件系统就不能完全填满。一个被称为空闲空间保留的参数给出了应该保持空闲的文件系统块的最小百分比。如果空闲块的数量低于此级别，则只允许超级用户分配块。在卸载文件系统时，可以随时更改此参数。当空闲块的数量接近 0 时，文件系统的吞吐量往往会减半，因为文件系统无法在文件中定位块。如果文件系统的吞吐量由于过度填充而下降，那么可以通过删除文件来恢复它，直到空闲空间再次达到最小可接受的水平。用户可以通过将文件复制到一个新文件中，并在有足够空间时删除原来的文件，从而恢复局部性，以获得在空闲空间很少时创建的文件的更快的访问速度。

9.10.5　布局策略

每个文件系统都是参数化的，这样就可以根据所使用的应用程序环境的特征进行调整。这些参数见表 9-4。在大多数情况下，默认参数可以正常工作，但是在只有几个大文件的环境或只有几个大目录的环境中，可以通过相应地调整布局参数来提高性能。

表 9-4　文件系统维护的重要参数

名　字	默认值	含　义
minfree	8%	最小空闲空间百分比
avgfilesize	16K	期望的平均文件大小
filesperdir	64	期望每个目录下的文件数量
maxbpg	2048	一个柱面组上每个文件的最大块数
maxcontig	8	可以在一个 I/O 请求中传输的最大连续块

文件系统布局策略分为两个不同的部分。在顶层是全局策略，这些策略使用摘要信息来决定新索引节点和数据块的位置。这些例程负责决定新目录和文件的位置。它们还构建连续的块布局，并决定何时强制长时间地寻找新柱面组，因为在当前柱面组中没有足够的空间来进行合理布局。

全局策略例程下面是本地分配例程。这些例程使用局部最优方案来布局数据块。本地分配例程负责管理分配位图并确保资源不会被重复分配。因此，策略层不必担心请求已经分配的块。如果实现层发现已经分配了请求的块，它只需扫描映射就可以找到最近的可用空闲块。这种分离的结果是，一旦实现层正常工作，文件系统设计人员就可以自由地尝试他们想要的任何烦琐的策略思想，而不必担心破坏文件系统。FFS 的实现层是在 1982 年编写和调试的，从那以后就没有进行过更改。在策略层对文件系统做了进一步的改进。在设计软件系统时，将策略与实现分离是一个重要的设计原则，特别是当它们是任务关键型系统时。策略层允许快速实现和测试新想法。一旦得到验证，就可以部署这些思想，而不会危及系统的完整性。

提高文件系统性能的两种方法是增加引用的位置，以最小化查找延迟 [Trivedi，1980] 和改进数据的布局以使更大的传输成为可能 [Nevalainen & Vesterinen，1977]。全局布局策略试图通过聚集相关信息来提高性能。它们不能尝试本地化所有数据引用，而是必须尝试在不同的柱面组之间传播不相关的数据。如果尝试太多的本地化，本地柱面组可能会耗尽空间，迫使进一步的相关数据分散到非本地柱面组。更极端的情况是，完全本地化可能导致一个类似于 3BSD 文件系统的巨大数据簇。全局策略试图平衡在分散无关数据的同时本地访问的两个相互冲突的目标。

一个可分配的资源是 inode。同一目录下的文件的索引节点经常一起访问。例如，list-directory 命令 ls 可以访问目录中每个文件的 inode。inode 布局策略尝试将文件的所有 inode 放在同一个柱面组中的目录中。为了确保文件分布在整个文件系统中，系统使用不同的策略来分配目录索引节点。当在文件系统的根目录中创建一个目录时，它被放置在一个柱面组中，其中空闲块和 inode 的数量大于平均值，目录的数量最少。该策略的目的是让 inode 簇在大多数情况下能够成功。当在树的下面创建一个目录时，它被放置在一个柱面组中，在其父目录附近的空闲块和 inode 的数量大于平均值。该策略的目的是减少应用程序在深度优先的搜索中从一个目录移动到另一个目录时必须寻找的距离，同时仍然允许 inode 簇在大多数情况下能够成功。

文件系统使用先释放策略在一个柱面组中分配 inode。尽管此方法在一个柱面组中随机分配 inode，但它将分配保持在尽可能少的 inode 块上。即使分配了柱面组中所有可能的 inode，也可以通过 10～20 次磁盘传输访问它们。这种分配策略为访问目录中所有文件的 inode 所需的磁盘传输数量设置了一个小而恒定的上限。相反，3BSD 文件系统通常需要一个磁盘传输来为目录中的每个文件获取 inode。

另一个主要的资源是数据块。文件的数据块通常一起访问。策略例程试图将文件的数据块放置在相同的柱面组中，最好是连续放置。在同一个柱面组中分配所有数据块的问题是，大文件很快就会耗尽可用空间，迫使其他区域也受到影响。此外，使用所有空间还会导致将来分配给柱面组中的任何文件的空间溢出到其他区域。理想情况下，任何一个柱面组都不应该完全充满。所选择的启发式方法是在每分配几兆字节之后将块分配重定向到一个不同的柱面组。这个溢出点的作用是，当一个柱面组中的任何文件使用了大约 25% 的数据块时，强制重定向块分配。在日常使用中，启发式方法在最小化完全填满的柱面组的数量方面似乎很有效。虽然这种启发式似乎有利于小文件的代价是大文件，但它确实有助于两种文件的大小。小文件是有帮助的，因为在柱面组中几乎总是有可用的块供它们使用。大文件的好处在于，它们可以使用柱面组中可用的连续空间，然后继续前进，将分散在柱面组周围的块留在后面。尽管这些分散的块适用于只需要一两个块的小文件，但它们会降低大文件的速度，而最好将大文件存储在一个大的块组中，这些块可以在几次磁盘旋转中读取。

分配块时新选择的柱面组是剩下的空闲块数量大于平均值的下一个柱面组。尽管大文件往往分散在磁盘上，但在需要查找新的柱面组之前，通常可以访问几兆字节的数据。因此，执行一次长时间的寻道的时间与新柱面组执行 I/O 的时间相比很小。

为了加快对文件的随机访问和 fsck 对元数据的检查，文件系统保存每个柱面组中的前 4% 的数据块，以便使用元数据。策略例程优先将元数据放置在元数据区域中，并将其他所有内容放置在元数据区域之后的块中。元数据区域的大小不需要精确计算，因为它只是策略例程将元数据放置在何处的提示。如果元数据区域填满，则可以将元数据放置在常规块区域，如果正则块区域填满，则可以将正则块放置在元数据区域。这个决定是在每个柱面组的基础上进行的，因此一些柱面组可以溢出它们的元数据区域，而其他柱面组则不会溢出元数据区域。策略是将所有元数据放在与其 inode 相同的柱面组中。将元数据跨柱面组传播通常会降低文件系统的性能。

元数据放置策略的一个例外是文件的第一个间接块。策略是将第一个（单个）间接块内联到文件数据中（例如，它尝试排列前 12 个连续的直接块，紧接着是间接块，然后是从间接块引用的数据块）。将第一个间接块内联到数据而不是元数据区域是为了在读取时避免两个额外的查找。这两个额外的请求将显著降低对仅使用从其间接块引用的前几个块的文件的访问速度。

元数据区域中仅分配了第二级和第三级间接信息以及它们引用的间接信息。这个元数据在接近索引节点的地方近乎连续地分配，可以显著地提高对文件的随机访问时间，并加快 fsck 的运行时间。此外，在读取第二级间接块时，磁盘磁道缓存通常会填满文件的大部分元数据，因此通常会加快文件的顺序读取时间。

除了将间接块放在元数据区域之外，将包含目录内容的块放在那里也很有帮助。将目录的内容放在元数据区域可以加快目录树遍历的速度，因为数据与目录 inode 的读取位置相距很近，而且可能已经在磁盘的磁道缓存中，而其他目录读取是在其柱面组中完成的。

9.10.6 分配机制

全局策略例程使用特定块的请求调用本地分配例程。如果请求的块是空闲的，本地分配例程将总是分配它；否则，它们将分配最接近请求块的请求大小的空闲块。如果全局布局策略有完整的信息，它们总是可以请求未使用的块，而分配例程将简化为简单的簿记。然而，维护完整的信息是昂贵的；因此，全局布局策略使用基于可用部分信息的启发法。

如果请求的块不可用，本地分配器使用三级分配策略：

1）使用同一柱面组中最接近请求块的下一个可用块。

2）如果柱面组已满，则对柱面组编号进行二次哈希，以选择另一个柱面组，在其中查找空闲块。之所以使用二次哈希，是因为它可以快速地在几乎满的哈希表中找到未使用的

槽 [Knuth，1975]。参数化以维护至少 8% 的空闲空间的文件系统很少需要使用这种策略。没有空闲空间使用的文件系统通常只有很少的空闲块可用，因此几乎任何分配都是随机的。在这种情况下使用的策略最重要的特点是速度快。

3）对所有柱面组应用穷举搜索。这种搜索是必要的，因为二次重哈希可能不会检查所有的柱面组。

管理块和片段分配的任务由 ffs_balloc() 完成。如果正在写入文件，而块指针为零，或者指向一个小到无法容纳额外数据的片段，那么 ffs_balloc() 将调用分配例程来获得一个新块。如果文件需要扩展，存在以下两种情况之一：

1）该文件不包含片段块（并且文件中的最后一个块包含容纳新数据的空间不足）。如果已经分配的块中存在空间，则该空间将被新数据填充。如果新数据的其余部分包含一个以上的完整块，则分配一个完整块，并在那里写入第一个完整块的新数据。这个过程重复进行，直到剩下的新数据不足一个完整的块为止。如果要写入的其余新数据小于一个完整块，则定位一个包含必要数量片段的块；否则，将定位整个块。其余的新数据被写入指定的空间中。但是，为了避免对增长缓慢的文件进行过多的复制，文件系统只允许文件块直接引用片段。

2）文件包含一个或多个片段（片段的空间不足以容纳新数据）。如果新数据的大小加上片段中已经存在的数据的大小超过了整个块的大小，则分配一个新块。片段的内容被复制到块的开头，块的其余部分用新数据填充。然后按照步骤 1 继续这个过程。否则，就会找到一组足够大的片段来存放数据；如果当前块的其余部分足够空闲，文件系统可以通过使用该块来避免副本。现有片段的内容以及新数据将被写入分配的空间中。

ffs_balloc() 例程还负责分配用于保存间接指针的块。它还必须处理这样一种特殊情况，即进程寻找文件结束后的内容并开始写入。由于文件的最后一个块可能是一个片段，所以 ffs_balloc() 必须首先确保之前的任何片段都已升级为一个完整大小的块。

成功分配后，分配例程返回要使用的块号或片段号；然后，ffs_balloc() 更新 inode 中适当的块指针。在分配了一个块之后，系统准备分配一个缓冲区来保存块的内容，以便可以将块写到磁盘上。

分配过程的过程描述如图 9-33 所示。ffs_balloc() 是负责确定何时必须分配新块的例程。它首先调用布局策略例程 ffs_blkpref()，根据本节前面描述的全局策略例程中的首选项选择最需要的块。如果已经分配了一个片段并需要扩展，那么 ffs_balloc() 将调用 ffs_reallocg()。如果还没有分配任何内容，则 ffs_balloc() 调用 ffs_alloc()。

ffs_reallocg() 首先尝试在当前位置扩展当前片段。考虑一个分配映射的示例块，其中分配了两个片段，如图 9-34 所示。第一个片段可以从大小为 2 的片段扩展到大小为 3 或 4 的片段，因为两个相邻的片段是未使用的。第二个片段不能扩展，因为它占据了块的末端，并且片段不允许跨越块。如果 ffs_reallocg() 能够适当地展开当前片段，则会适当地更新映射并返回。如果片段不能被扩展，那么 ffs_reallocg() 调用 ffs_alloc() 例程来获得一个新的片段。旧片段被复制到新片段的开头，旧片段被释放。

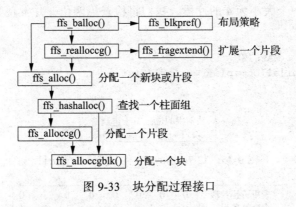

图 9-33　块分配过程接口

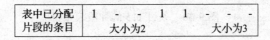

图 9-34　带有两个已分配片段的示例块

　　分配的记账任务由 ffs_alloc() 处理。它首先通过检查文件系统摘要信息来验证一个块在所需的柱面组中是否可用。如果摘要信息显示柱面组已满，那么 ffs_alloc() 将对摘要信息进行二次哈希，以查找具有空闲空间的柱面组。找到带有空间的柱面组之后，ffs_alloc() 调用片段分配例程或块分配例程来获取片段或块。

　　为块分配例程提供了一个首选块。如果该块可用，则返回它。如果该块不可用，分配例程将尝试在与所请求块接近的同一柱面组中查找另一个块。它通过向前扫描自由块映射来查找可用块，从请求的位置开始，直到找到可用块。

　　为片段分配例程提供了一个首选的片段。如果该片段可用，则返回它。如果请求的片段不可用，并且将文件系统配置为优化空间利用，则文件系统将使用最适合的片段分配策略。片段分配例程检查柱面组摘要信息，从所需大小的条目开始，然后扫描较大的大小，直到找到可用的片段。如果没有适当大小或更大的片段，则分配一个全大小的块并将其分解。

　　如果片段摘要中列出了适当大小的片段，那么分配例程期望在分配映射中找到它。为了加快扫描可能很大的分配映射的过程，文件系统使用表驱动的算法。映射中的每个字节都被视为片段描述符表的索引。片段描述符表中的每个条目都描述了对应映射条目的空闲片段。因此，通过执行逻辑 AND 操作并使用与期望的片段大小相对应的位，分配器可以快速确定期望的片段是否包含在给定的分配映射条目中。例如，考虑图 9-35 所示的 32 768/4096 文件系统的分配映射中的条目。显示的映射条目已经被分割，在开始分配一个片段，在中间分配一个大小为 2 的片段。剩余未使用的是另一个大小为 2 的片段和一个大小为 3 的片段。因此，如果我们在片段表中查找条目 115，我们会找到如图 9-36 所示的条目。如果我们正在寻找一个大小为 3 的片段，我们将检查第三位，并发现我们已经成功了；如果我们正在寻找一个大小为 4 的片段，我们将检查第四位，并发现我们需要继续。实现该算法的 C 代码如下：

```
for (i = 0; i < MAPSIZE; i++)
    if (fragtbl[allocmap[i]] & (1 << (size - 1)))
        break;
```

映射中的位	十进制值
-111--11	115

图 9-35   32 768/4096 文件系统的映射条目

表中可用片段	0	0	0	0	0	0	1	1	0
大小的条目	8	7	6	5	4	3	2	1	

图 9-36   条目 115 的片段表条目

使用最合适的策略可以最大限度地减少磁盘碎片，然而，它有一个不受欢迎的特性，那就是当一个进程以许多小块的形式写入一个文件时，必须使碎片到碎片的副本数量最大化。为了避免这种行为，系统可以配置文件系统来优化时间而不是空间。当一个进程第一次在为时间优化而配置的文件系统上执行小的写操作时，它会被分配一个最合适的片段。然而，在第二个小的写操作中，会分配一个完整大小的块，释放未使用的部分。稍后的小写入操作能够在适当的地方扩展片段，而不需要额外的复制操作。在某些情况下，此策略可能导致磁盘严重片段化。如果片段百分比达到最小可用空间限制的一半，则系统会跟踪这种情况并自动恢复为空间优化。

9.10.7 块聚类

大多数运行 FreeBSD 的机器没有单独的 I/O 处理器。主 CPU 在每次磁盘 I/O 操作后必须中断一次；如果需要执行更多的磁盘 I/O，则必须选择要传输的下一个缓冲区，并必须在该缓冲区上启动操作。在跟踪高速缓存（track-caching）控制器出现之前，文件系统通过在每个块之后留出一个间隙来为下一次 I/O 操作安排时间，从而获得最高的吞吐量。如果块的布局没有间隙，那么吞吐量就会受到影响，因为磁盘几乎要旋转一整圈才能找到下一个块的开始位置。

跟踪高速缓存控制器中有一个很大的缓冲区，即使在接收到请求的数据之后，它还会继续累积来自磁盘的数据。如果下一个请求是针对紧随其后的块，则控制器的缓冲区中已经包含了块的大部分，因此它不必等待循环来获取块。因此，出于读取的目的，通过将文件连续放置而不是在每个块后留空白，可以使文件系统的吞吐量增加近一倍。

遗憾的是，跟踪高速缓存在写入时用处不大。因为内核在前一个数据块完成之前不会提供下一个数据块，所以控制器仍然会有一个延迟，在此期间控制器没有要写入的数据，并且它最终会等待循环来返回下一个数据块的开始。这个问题的一个解决方案是让控制器在将数据复制到高速缓存中之后，但在它完成写入之前，给它一个完成中断。这个早期中断使 CPU 有时间在前一个 I/O 完成之前请求下一个 I/O，从而提供了要写入磁盘的连续数据流。

这种方法有一个严重的负面影响。当 I/O 完成中断被交付时，内核期望数据在稳定的存储器上。使用 fsync 系统调用的文件系统完整性和用户应用程序取决于这些语义。如果在 I/O 完成中断之后，但在将数据写到磁盘之前，电源发生故障，则会违反这些语义。一些供应商通过将非易失性内存用于控制器缓存并在电源故障后提供微代码重新启动来确定需要完成哪些操作，从而消除了这个问题。因为这个选项开销很大，所以很少有控制器提供这个功能。

较新的磁盘使用一种称为标记排队的技术来解决这个问题。通过标记排队，传递给磁盘驱动器的每个请求都被分配一个唯一的数字标记。大多数支持标记排队的磁盘控制器将接受至少 16 个挂起的 I/O 请求。在每个请求完成后，作为完成中断的一部分返回已完成请求的标记。如果将几个连续的块呈现给磁盘控制器，它可以开始处理下一个块，同时返回前一个块的标记。因此，标记排队允许在数据到达稳定存储时准确地通知应用程序，而不会在写入连续块时招致丢失磁盘旋转的损失。

对于在数据稳定存储之前报告完成的磁盘，一种处理方法是强制缓存清除项目，在该项目中，在每个排序点强制清除磁盘缓存，以保持其日志文件系统的一致性 [Rajimwale 等，2011]。另一种方法是无顺序文件系统，在这种系统中，文件系统被重新设计以提供崩溃一致性，而不需要对写操作进行排序，这种方法使用了一种称为基于反向指针一致性的技术 [Chidambaram 等，2012]。

为了在没有标记排队或非易失控制器内存的情况下最大化系统上的吞吐量，FreeBSD 系统实现了 I/O 簇。通过将许多小请求聚合为更少的大请求，簇可以减少 I/O 请求的数量，从而帮助提高所有系统上的性能。簇首先由 Santa Cruz Operations[Peacock，1988] 和 Sun Microsystems[McVoy & Kleiman，1991] 完成；这个想法后来被改编为 4.4BSD，因此也被改编为 FreeBSD[Seltzer 等，1993]。在写入文件时，分配例程尝试将数据分配到 maxcontig（通常为 256 KB）的连续磁盘块中。不是在这些块被填满时写入它们的缓冲区，而是延迟它们的输出。当达到 maxcontig 数据的限制、文件关闭或簇无法增长时，簇就完成了，因为磁盘上的下一个连续块已经被另一个文件使用了。如果簇大小受到先前分配到另一个文件的限制，则通知文件系统，并让它有机会找到一组更大的连续块，以便将簇放置到这些块中。如果重新分配成功，簇将继续增长。当簇完成时，组成块簇的缓冲区将被聚合，并作为单个 I/O 请求传递给磁盘控制器。然后，数据可以以不间断的单次传输流写入磁盘。

类似的方案用于阅读。如果 ffs_read() 发现正在按顺序读取文件，它将检查 ufs_bmap() 返回的连续块的数量，以查找连续分配的块的簇。然后，它分配一组足够大的缓冲区来容纳连续的块，并将它们作为单个 I/O 请求传递给磁盘控制器。I/O 可以在一个操作中完成。

虽然在有跟踪高速缓存控制器时不需要 read 簇，但它减少了有这些控制器的系统的中断负载，并加快了没有这些控制器的低成本系统的速度。

为了使簇有效，文件系统必须能够将大量连续块的簇分配到文件中。如果文件系统总是试图在一组大的连续块的开头为一个文件分配空间，那么它很快就会用完它的连续空间。相反，它使用一种类似于用于片段管理的算法。最初，文件块是通过前面两个小节中描述的标准算法分配的。当标准算法不导致连续分配时，将调用重新分配。重新分配代码搜索一个簇映射，该映射总结了柱面组中可用的块簇。它分配第一个空闲簇，该簇足够大，可以容纳文件，然后将文件移动到这个连续空间。这个过程将一直持续下去，直到当前分配的大小增长到等于最大允许 I/O 操作（maxcontig）。这时，I/O 就完成了，分配空间的过程又开始了。

与片段重新分配不同，块重新分配到不同的块簇不需要额外的 I/O 或内存到内存的复制。要写入的数据保存在延迟写入缓冲区中。在缓冲区中是要写入数据的磁盘位置。当块簇被重新定位时，遍历簇中的缓冲区列表并更改将写入缓冲区的磁盘地址只需要很少的时间。当 I/O 发生时，最终目的地已经被选择，并且不会改变。

为了加快查找块簇的操作，文件系统维护一个每块 1 位的簇映射（还有每个片段 1 位的映射）。它还提供摘要信息，显示每个可能的簇大小有多少组块。摘要信息允许它避免查找不存在的簇大小。使用簇映射是因为它比更大的片段位图扫描更快。映射的大小很重要，因为映射必须逐位扫描。与片段不同，块的簇不必在映射中进行对齐。因此，为片段执行的表查找优化不能用于簇查找。

文件系统依靠分配连续的块来实现高水平的性能。可用空间的片段可能随着时间或文件系统利用率的增加而增加。随着文件系统的老化，这种片段会降低性能。哈佛大学对 50 多个文件系统进行了利用率和老化效果的测试。测量的文件系统的年龄范围从最初创建时的 1~3 年不等。与新创建的空文件系统相比，大多数测量的文件系统上的可用空间片段导致性能下降不超过 10%。所测量到的最严重的性能下降是在高度活跃的文件系统上的 30%，该文件系统有许多小文件，并被用于对 USENET 新闻进行脱机处理 [Seltzer 等，1995]。

9.10.8 基于分区的分配

在 20 世纪 90 年代早期添加了动态块重新分配这 [Seltzer & Smith，1996]，UFS1 文件系统已经能够分配磁盘上大多数连续的文件。描述大文件的元数据由具有长期连续块号的间接块组成，如图 9-37a 所示。为了在文件处于活动状态时进行快速访问，内核尝试将文件的所有元数据保存在内存中。使用 UFS2，当每个块指针从 32 位增长到 64 位时，保存文件元数据所需的空间增加了一倍。为了提供更紧凑的表示，许多文件系统使用基于范围的表示形式。典型的基于范围的表示使用成对的块编号和长度。图 9-37b 以基于范围的格式表示与图 9-37a 相同的一组块号集。如果可以几乎连续地放置文件，则这种表示提供了一种紧凑的描述。然而，随机或缓慢写入的文件可能会导致许多不相邻的块分配，这将产生一个比 UFS1 所使用的空间更大。这种表示法还有一个缺点，它需要大量的计算来执行对文件的随机访问，因为需要通过从文件的开头开始直到达到所需的寻道偏移量的大小相加来计算块数。

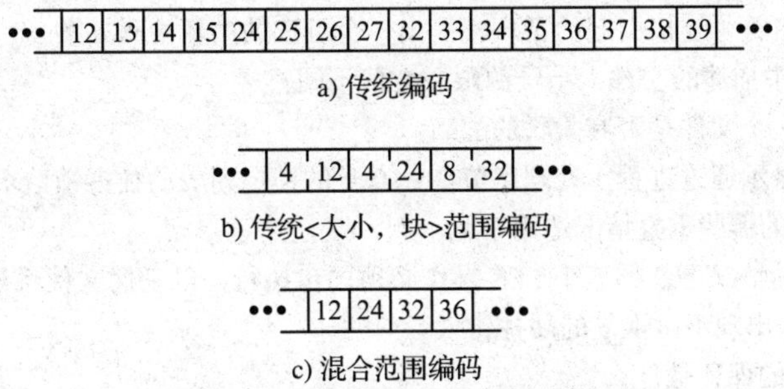

a) 传统编码

b) 传统<大小，块>范围编码

c) 混合范围编码

图 9-37 可选的文件元数据表示

为了在不影响随机访问效率的情况下获得尽可能多的范围效率，UFS2 在 inode 中添加了一个字段，该字段允许 inode 使用更大的块大小。小的、缓慢增长的或稀疏的文件将这个值设置为常规文件系统块大小，并以图 9-37a 所示的传统方式表示它们的数据。但是，当文件系统检测到一个大的、密集的文件时，它可以将这个 inode-block-size 字段设置为文件系统块大小的 2～16 倍。图 9-37c 表示与图 9-37a 相同的一组块号，其中 inode-block-size 字段设置为文件系统块大小的 4 倍。每个块指针引用的磁盘存储块是原来的 4 倍，这将减少 75% 的元数据存储需求。由于除了最后一个之外的每个块指针都引用大小相等的块，因此随机访问偏移的计算与传统元数据表示中的速度一样快。与传统的基于范围数据块的表示不同，这种表示可以将某些数据集的元数据空间要求提高一倍，但这种表示将始终导致用于元数据的空间更少。

这种方法的缺点是，一旦一个文件承诺使用更大的块大小，它就只能使用该大小的块。如果文件系统用光了大块，那么文件就不能再增长，那么应用程序就会出现"空间不足"的错误，或者文件系统必须用标准的文件系统块大小重新创建元数据。当前的计划是编写代码来重新创建元数据。虽然重新创建元数据通常会导致长时间的停顿，但我们预期这种情况很少见，在实际使用中不会成为明显的问题。

习题

9.1 分级文件系统处理的 7 类操作是什么？

9.2 inode 数据结构的用途是什么？

9.3 当必须从磁盘引入新的 inode 时，系统如何选择要替换的 inode ？

9.4 为什么不允许目录条目跨块？

9.5 描述查找路径名组件所涉及的步骤。

9.6 为什么不允许硬链接跨文件系统？

9.7 描述包含绝对路径名的符号链接的解释与包含相对路径名的符号链接的解释有何不同。

9.8 解释为什么非特权用户不允许建立到目录的硬链接，而允许建立到目录的符号链接。

9.9 如何使用硬链接来访问无法使用符号链接访问的文件？

9.10 系统如何识别由符号链接引起的循环？提出一个可选的循环检测方案。

9.11 配额与 5.12 节中描述的文件大小资源限制有何不同？

9.12 内核如何确定一个文件是否有关联的配额？

9.13 绘制一幅图，显示通过进程 1 处理字节 7～10 上的锁定列表的独占锁请求的效果，如图 9-15 所示。图 9-14 中的哪些重叠情况适用于此示例？

9.14 在没有软更新的情况下，哪三个 FFS 操作必须同步执行，以确保文件系统总是可以在崩溃后确定地恢复（除非出现不可恢复的硬件错误）？

9.15 fsync 系统调用的保证是什么？

9.16 列出删除文件时必须维护的 5 个排序约束。描述软更新如何维护这种顺序。

9.17 给出文件系统快照的三种用法。

9.18 描述获取文件系统快照所需的 8 个步骤。

9.19 一个块在一个快照中可能具有的三种状态是什么？描述在发生写操作时，每个状态的快照所采取的操作。描述一个快照在释放一个块时为每个状态所采取的操作。

9.20 数据存储文件系统处理的 4 类操作是什么？

9.21 在什么情况下写请求可以避免从磁盘读取数据块？

9.22 逻辑块和物理块之间的区别是什么？为什么这种区别很重要？

9.23 给出两个原因，说明为什么将旧文件系统中的基本块大小从 512 字节增加到 1024 字节，使系统的吞吐量增加了一倍多。

9.24 在一个包含 4096 字节块和 1024 字节片段的 FFS 上，为一个 31 200 字节的文件分配了多少块和片段？在一个包含 4096 字节块和 512 字节片段的 FFS 上，为这个文件分配了多少块和片段？另外，假设一个 inode 只有 6 个直接块指针，而不是 12 个，请回答这两个问题。

9.25 解释为什么 FFS 保留 5%～10% 的可用空间。如果将空闲空间设为零，会出现什么问题？

9.26 什么是二次哈希？描述它在 FFS 中使用了什么，以及为什么要使用它。

9.27 为什么 inode 的分配策略与数据块的分配策略不同？

9.28 在什么情况下，块簇能够提供磁盘轨道缓存无法提供的好处？

*9.29 给出一个示例，其中文件锁定实现无法检测到潜在的死锁。

*9.30 如果必须在磁盘的单个连续块中分配文件，将会出现什么问题？考虑由多个进程、随机访问和带孔文件引起的问题。

**9.31 设计一个系统，当系统仍在多用户模式下运行时，允许降低系统的安全级别。

**9.32 索引节点可以作为目录条目的一部分动态分配。相反，在创建文件系统时保留 inode 分配区域。为什么使用后一种方法？

Zettabyte 文件系统

10.1 引言

Zettabyte 文件系统通常简称为 ZFS[Bonwick 等，2003]。它属于一类从不覆盖现有数据的文件系统。从不覆盖的一个好处是快照（只读）和克隆（可写）既简单又低开销。它们中的许多文件都可以在不影响性能的情况下创建。

ZFS 的特性是磁盘上的文件系统状态永远不会不一致。文件系统的更改是在内存中累积的。所有更改将定期收集并写入磁盘。当所有更改都发生在稳定存储上时，ZFS 会为新的文件系统状态创建检查点。ZFS 通过执行一次写操作来更新 uberblock 以引用新的文件系统状态，从而实现检查点在不经过一个不一致的状态下，移动到下一个一致的状态。

本章其余内容，请访问华章网站 www.hzbook.com 下载。

Chapter 11 第 11 章

网络文件系统

在任意 UNIX 系统集合中通常提供的用户层服务是网络文件系统（NFS），它允许连接到网络的一组计算机共享文件。NFS 为客户端计算机提供了与本地文件系统功能类似的命名空间和一组文件访问语义。在分布式系统中提供本地文件系统语义是一个具有挑战性的问题。11.1 节和 11.2 节涵盖了 NFSv2 和 NFSv3 的开发。11.3 节描述了 NFSv4，它试图解决在部署 NFS 的前 25 年中发现的问题。NFSv3 是 2014 年使用最广泛的版本，但是 NFSv4 的受欢迎程度正在迅速超过它。FreeBSD 支持 NFS 的全部三种版本。

11.1 概述

在 UNIX 系统上，NFS 是最具有商业成功和广泛可用的远程文件系统协议，它最初是由 Sun Microsystems 设计和实现的 [Sandberg 等，1985；Walsh 等，1985]。NFS 的成功有两个重要的因素。首先，Sun 将 NFS 的协议规范置于公共领域。其次，Sun 以低于成本的价格，将这个实现卖给了任何需要它的人。因此，大多数供应商选择购买 Sun 实现。他们之所以愿意从 Sun 购买，是因为他们知道他们可以始终合法地编写自己的实现。4.4BSD 实现是根据协议规范编写的，而不是从 Sun 合并而来的，因为开发人员希望能够以源代码的形式自由地重新分发它。

NFS 的第一个广泛发布的实现是 Sun 在 1984 年发布的版本 2。尽管版本 3 预计将在版本 2 的一两年内发布，但在 1992 年最终发布版本 2 的增量改进之前，它经历了几次非常复杂的方案迭代。4.4BSD 的最终版本包含同时支持版本 2 和版本 3 的 NFS 实现。FreeBSD 的 NFS 实现是 4.4BSD 中发布的代码直接发展出的。

尽管 NFS 的版本 2 和版本 3 完全是在 Sun 内部设计的，但是提供基于 NFS 的产品的公司越来越多，这给 Sun 带来了越来越大的压力，迫使它将其他产品引入 NFS 版本 4 的设计中。经过多次政治斡旋，Sun 同意将定义 NFS 版本 4 规范的责任移交给互联网工程任务组（IETF）。版本 4 极大地扩展了 NFS 的早期版本的功能。

Sun 的 NFS 不是目前使用的唯一一种远程文件系统协议。卡内基梅隆大学的研究导致了安德鲁文件系统（AFS）的出现 [Howard, 1988]。AFS 由 Transarc 商业化，最终成为开放软件基金会发布的分布式计算环境的一部分，并得到许多供应商的支持。它被设计用来处理广泛分布的服务器和客户端，也可以很好地与长时间脱离网络运行的移动计算机协同工作。AFS 并没有被广泛商用。

在 Microsoft 操作系统家族中，远程文件系统访问是由通用 Internet 文件系统（CIFS）提供的，它运行在服务器消息块（SMB）协议之上 [SNIA, 2002]。在 FreeBSD 中，Samba 提供了对 SMB 和 CIFS 客户端和服务器的支持，Samba 位于 /usr/ports/net/ samba。由于本书讨论的是内核，而 Samba 主要运行在内核外部，因此我们将不再进一步讨论它。

NFS 被设计为一个客户端 - 服务器应用程序。它的实现分为从其他计算机导入文件系统的客户端部分和将本地文件系统导出到其他计算机的服务器部分。一般模型如图 11-1 所示。在 FreeBSD 中，可以将内核配置为只支持客户端、服务器，或者同时支持客户端和服务器。NFS 的设计有很多目标：

❑ 协议被设计成无状态。因为没有要维护或恢复的状态，所以即使在客户端或服务器故障期间，NFS 也可以继续运行。因此，它被认为比使用状态的系统鲁棒性更强。

❑ NFS 被设计成支持 UNIX 文件系统语义。但是，它的设计还允许它支持其他文件系统类型（如 MS-DOS 文件系统）可能不太丰富的语义。

❑ 保护和访问控制遵循 UNIX 语义，即让进程呈现一个 UID 和一个组集合，这些组集合根据文件的所有者、组和其他访问模式进行检查。安全检查由依赖于文件系统的代码执行，这些代码可以根据其支持的文件系统的功能进行更多或更少的检查。例如，MS-DOS 文件系统不能实现完整的 UNIX 安全验证，它仅根据 UID 做出访问决策。

❑ 协议设计与传输无关。尽管它最初是使用版本 2 中的 UDP 数据报协议构建的，但它很容易迁移到版本 3 中的 TCP 流协议。它还被移植到许多其他基于非 IP 的协议上。

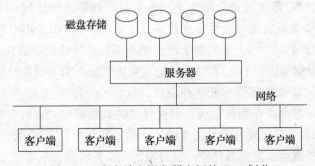

图 11-1　客户端和服务器之间的 NFS 划分

一些设计决策限制了适用 NFS 应用程序集：

❑ 该设计设想客户端和服务器连接在一个本地快速网络上。NFS 协议在慢速链接上不能很好地工作。当使用不可靠的协议（如 UDP）作为传输时，它在客户端和服务器之间使用中间网关时不能很好地工作。它在移动计算环境中也运行得很差，因为移动计算环境中有很长时间的断开连接操作。

❑ 缓存模型假设大多数文件不会被共享。当大量共享文件时，性能会受到影响。

❑ 无状态协议需要一些传统 UNIX 语义的损失。文件系统锁定（flock）必须由一个单独的有状态守护进程来实现。延迟释放未链接文件中的空间，直到最后一个进程关闭该文件，这是一种有时失败的启发式方法。

尽管有这些限制，NFS 还是得到了扩展，因为它在语义和性能之间进行了合理的权衡。它的低成本现在已经使其无处不在。

11.2 结构和操作

NFS 作为典型的客户端–服务器应用程序运行。服务器从它的各种客户端接收远程过程调用（RPC）请求。RPC 的操作非常类似于本地过程调用：客户端进行过程调用，然后在过程执行期间等待结果。对于远程过程调用，必须将参数编组到一个消息中。编组包括用指针指向的数据替换指针，并将数据转换为网络字节顺序。然后将消息发送到服务器，在服务器上对其进行数据解组（将其分解为原始片段），并将其作为本地文件系统操作进行处理。结果必须以类似的方式编组并发送回客户端。客户端解组结果并将该值返回给调用过程，就好像结果是从本地过程调用 [Birrell & Nelson, 1984] 返回的一样。NFS 使用 Sun 的 RPC 和外部数据表示法（XDR）协议 [Reid, 1987]。虽然内核实现是手动完成的，以获得最大的性能，但是本节后面介绍的用户级守护进程使用 RPC 和 XDR 库。

NFS 协议可以在任何可用的面向流或数据报的协议上运行，但是最常见的选择是 TCP，因为它可以在从本地到广域的各种网络类型上提供更好的服务。每个 NFS RPC 消息可能需要分解为多个数据包，以便通过网络发送。在数据报协议（如 UDP）上运行 NFS 的一个动因是，任何单个 RPC 都可能被分解为多达 6 个包；如果其中任何一个包丢失，则整个 RPC 都将丢失，需要重新发送。当运行在流协议（如 TCP）上时，RPC 仍然会被分成几个包；但只需通过 TCP 重新传输丢失的单个包，而不必重新传输整个消息。在高带宽局域网络中，在不可靠的数据报协议上运行 NFS 的问题更加严重。NFS 消息总是适合于单个 UDP 数据报，但是底层网络通常需要拆分这些消息，这个过程称为 IP 分片。每个 IP 包都包含一个标识符，该标识符允许在服务器接收到被分片的大数据包时重组它们。IP 标识符字段只有 16 位，这意味着一旦出现并发且高度碎片化的工作负载，不同的流很可能选择重叠的 IP 标识符序列，这样就会发生日悖论。服务器的网络栈将错误地重组 UDP 数据报，导致需要重新传输校验和失败的数据报。随之而来的糟糕性能是不鼓励在 UDP 上使用 NFS 的主要原因，即使在局域网中也不鼓励。在 FreeBSD 中，NFS 通过 UDP 主要用于网络引导。13.1 节将更完整讨论有关 IP 分片。

　　表 11-1 所示在协议的版本 3 下，客户端可以发送给服务器的 RPC 请求集。在服务器处理每个请求之后，它将使用适当的数据或错误代码进行响应，说明为什么不能完成请求的原因。如表中所示，许多操作是幂等的。幂等运算是一种可以多次重复而不会改变最终结果或导致错误的运算。例如，将相同的数据写入文件中的相同偏移量是幂等的，因为无论执行一次还是多次都将产生相同的结果。但是，尝试多次删除同一个文件是非幂等的，因为在第一次尝试之后该文件将不再存在。当服务器运行变慢或 RPC 确认丢失且客户端重新传输 RPC 请求时，幂等性是一个问题。重新传输的 RPC 将导致服务器再次尝试相同的操作。对于非幂等请求，例如请求删除文件，如果服务器请求缓存未检测到重新传输的 RPC[Juszczak, 1989]，将导致返回"no such file"错误，因为该文件已被第一个 RPC 删除。用户可能会对该错误感到困惑，因为他们认为他们正在试图删除一个现有的文件。

表 11-1　NFS、版本 3、RPC 请求

RPC 请求	动　作	幂等性
NULL	查询服务器是否存在	是
GETATTR	获取文件属性	是
SETATTR	设置文件属性	是
LOOKUP	查找文件名	是
ACCESS	检查访问权限	是
READLINK	从符号链接读取	是
READ	从文件读取	是
WRITE	写入文件	是
COMMIT	提交服务器上的缓存数据到固定存储	是
CREATE	创建文件	否
REMOVE	移除文件	否
RENAME	文件重命名	否
LINK	创建文件链接	否
SYMLINK	创建符号链接	否
MKNOD	创建一个特殊设备	否
MKDIR	创建一个目录	否
RMDIR	删除一个目录	否
READDIR	从目录读取	是
READDIRPLUS	从目录扩展读	是
FSSTAT	获取动态文件系统属性	是
FSINFO	获取静态文件系统属性	是
PATHCONF	检索 POSIX 信息	是

　　服务器上的每个文件都由一个唯一的文件句柄标识。文件句柄是客户端引用服务器上文件的令牌。句柄在引用文件的操作（如读和写）中传递。当从客户端向服务器发送一个路径名转换请求（查找）时，服务器将创建一个文件句柄。服务器必须找到请求的文件或目录，并确保发出请求的用户具有访问权限。如果授予了权限，则服务器将请求文件的文件句柄返回给客户端。文件句柄在客户端将来访问请求中标识文件。文件句柄对客户端来说是不透明的。客户端不允许从文件句柄窥视或推断任何信息，只允许将其作为常规文件操作的一部分提供给服务器。服务器可以根据它们认为方便的信息自由地构建文件句柄。

　　在 FreeBSD NFS 实现中，每个文件系统可以决定哪些数据进入文件句柄。在 ZFS 中，文件句柄是由底层文件 ID 创建的。第 10 章介绍了 ZFS 相关内容。

　　在第 9 章介绍的 UFS 中，文件句柄是由文件系统标识符、inode 号和生成号构建的。服务器为每个本地挂载的文件系统创建唯一的文件系统标识符。每当为表示新文件而分配 inode 时，都会将生成号分配给后者。生成号是通过使用内核的随机数生成器来选择的。内核确保同一生成值永远不会用于同一底层 inode 或文件 ID 的两次连续分配。

　　文件句柄的目的是为服务器提供足够的信息，以便在将来的请求中查找该文件。生成号验证文件句柄所引用的文件与首次访问它时所引用的文件是否相同。使用生成号允许服务器检测到何时删除了文件，并使用相同的 inode 或文件 ID 创建新文件。虽然新文件具有相同的文件系统标识符和 inode 号，但它与先前文件句柄引用的文件完全不同。因为生成号包含在文件句柄中，所以以前为 inode 使用的生成号将与同一 inode 中的新生成号不匹配。当客户端将表示文件先前版本的文件句柄提交至服务器时，服务器将拒绝接受该文件句柄，并且返回"过时的文件句柄"（stale file handle）错误消息。

　　使用生成号可以确保文件句柄的时间稳定性。分布式系统将时间稳定标识符定义为在某个实体存在时以及该实体被删除后很长一段时间内对该实体的唯一引用。时间稳定标识符允许系统记住瞬态故障期间的标识，并允许系统检测和报告试图访问已删除实体的错误。

　　NFS 协议的版本 2 和版本 3 是无状态的。无状态意味着服务器不需要维护关于它所服务的客户端或它们当前打开的文件的任何信息。服务器接收到的每个 RPC 请求都是完全完备的。除了 RPC 中包含的信息外，服务器不需要任何其他信息即可满足请求。例如，读请求将包括执行请求的用户的凭证、要执行读操作的文件句柄、开始读操作的文件中的偏移量和要读取的字节数。该信息允许服务器打开文件，验证用户是否具有读取权限，查找适当的位置，读取所需的内容，然后关闭文件。实际上，服务器缓存最近访问的文件数据。但是，如果有足够的活动将文件从缓存推出，则文件句柄为服务器提供足够的信息以重新打开文件。

　　无状态协议的好处在于，在客户端或服务器崩溃并重新引导之后，或者在网络分区和重新连接之后，不需要进行状态恢复。因为每个 RPC 都是完备的，所以服务器只要开始运行就可以开始处理请求；它不需要知道它的客户端打开了哪些文件。实际上，它甚至不需要知道当前哪些客户端将其用作服务器。

无状态协议也有缺点。首先，本地文件系统的语义意味着状态。当文件取消链接时，它们仍然可以被访问，直到关闭对它们的最后一个引用。因为 NFS 既不知道哪些文件在客户端上打开，也不知道何时关闭这些文件，所以它无法正确得知什么时候释放文件空间。因此，它总是在文件取消最后一个链接时释放空间。希望保留"freeing-on-last-close"语义的客户端将打开文件取消链接后转换为重命名，使服务器上的名字模糊了。这些名称的形式是 .nfs.tttttttt.xxxx4.4，其中 tttttttt 是系统启动以来的 CPU 计时次数，xxxx 则替换为进程标识符的十六进制值。滴答数依次递增，直到找到一个未使用的名称。当客户端上最后一次关闭完成时，客户端会将模糊文件名的取消链接发送到服务器。这种启发式方法只适用于单个客户端上的文件访问；如果一个客户端打开了该文件，而另一个客户端删除了该文件，那么在删除时该文件仍然会从第一个客户端消失。其他有状态语义包括 9.5 节中描述的通告锁定。NFS 协议无法处理锁定语义。在 NFS 协议的版本 2 和版本 3 中，它们由一个单独的锁管理器处理；NFS 的 FreeBSD 版本使用用户级 rpc.lockd 守护进程实现它们。在协议的版本 4 中，锁定的处理方式有所不同（参见 11.3 节）。

无状态协议的第二个缺点与性能有关。在 NFS 协议的版本 2 中，必须先将所有修改文件系统的操作都提交到稳定的存储中，然后才能确认 RPC。大多数服务器没有电池供电的内存。稳定存储要求意味着所有写的数据必须在磁盘上才能回复 RPC。对于不断增长的文件，一次更新可能需要三次同步磁盘写操作：一次用于 inode 更新其大小，一次用于间接块添加新数据指针，一次用于新数据。至少需要对文件系统日志进行一次写操作。每次同步写需要几毫秒，这种延迟严重限制了任何给定客户端文件的写吞吐量。

NFS 协议的版本 3 通过添加一个新的异步写 RPC 请求消除了一些同步写操作。当服务器接收到这样的请求时，允许不需要将新数据写入稳定的存储的情况下确认 RPC。通常，当客户端到达文件末尾或耗尽缓冲区空间来存储文件时，客户端将执行一系列异步写请求，然后执行提交 RPC 请求。提交 RPC 请求导致服务器在确认提交 RPC 之前将文件的任何未写部分写入稳定存储。服务器的好处在于，它只需在每批异步写操作中为文件写一次 inode 和间接块，而不必在每次写 RPC 请求中都这样做。客户端受益于更高的文件写吞吐量。在提交 RPC 完成之前，客户端必须保存所有异步写入缓冲区的副本，这增加了额外的开销，因为在将一个或多个异步缓冲区写入稳定存储之前，服务器可能会崩溃。每次客户端执行异步写 RPC 时，服务器返回一个 cookie 作为验证令牌。当客户端发送提交 RPC 时，对该 RPC 的确认也包括一个 cookie。客户端使用 cookie 来确定服务器是否在一次写入数据的调用和一次提交数据的调用之间重新启动。保证 cookie 在服务器的单个启动会话中是相同的，每次服务器重新启动 cookie 是不同的，可能会丢失未提交的数据。如果 cookie 发生了变化，客户端知道它必须重新传输自上次提交 RPC 以来使用旧 cookie 值验证的所有异步写 RPC。

NFS 协议没有指定在编写文件时应该使用的缓冲的粒度。在处理系统内存中的文件块时，大多数 NFS 实现使用 8 KB 缓冲区。如果应用程序在一个块的中间写入 10 字节，客户端从服务器读取整个块，修改请求的 10 字节，然后将整个块写回服务器。FreeBSD 实现也使用 8 KB 缓冲区，但是它保留了描述缓冲区中哪些字节被修改的附加信息。如果应用程序在一个块的中间写入 10 字节，客户端从服务器读取整个块，修改请求的 10 字节，然后仅将修改后的 10 字节写回服务器。读取块是必要的，以确保如果应用程序稍后读取块的其他未修改部分，它将获得有效的数据。只写回修改后的数据有两个好处：

1）通过网络发送的字节更少，减少了对稀缺资源的争用。

2）对文件的非重叠修改不会丢失。如果两个不同的客户端同时修改同一个文件块的不同部分，这两个修改都将显示在文件中，因为只有修改后的部分被发送到服务器。当客户端将整个块发送回服务器时，第一个客户端所做的更改将被在第一次修改之前读取的数据覆盖，然后由第二个客户端回写。

NFS 协议的无状态特性带来的另一个性能问题是，服务器必须检查客户端请求的每个 I/O 操作的权限。服务器不支持也不理解打开文件的概念，它只处理基于客户端发送的路径的 I/O 操作。检查每个请求的权限需要对服务器进行额外的文件系统访问，从而导致每次操作的开销更高。

11.2.1　FreeBSD NFS 的实现

FreeBSD 中出现的 NFS 实现是由 Guelph 大学的 Rick Macklem 编写的，使用的是 Sun Microsystems 发布的版本 2 协议规范 [Macklem，1994a；Sun Microsystems，1989]。他后来扩展它以支持版本 3 中的协议扩展 [Callaghan 等，1995；Pawlowski 等，1994]，最近增加了对协议版本 4 的支持 [Haynes & Noveck，2014]。表 11-1 列出了版本 3 协议中的功能。协议的版本 3 提供了以下内容：

- ❑ 64 位文件偏移量和大小。
- ❑ 访问 RPC 可在文件打开时提供服务器权限检查，而不是让客户端猜测服务器是否允许访问。
- ❑ 写入 RPC 上的附加选项。
- ❑ 定义了一种制作特殊的设备节点和 fifo 的方法。
- ❑ 批量目录访问的优化。
- ❑ 批处理写入多个异步 RPC 的功能，然后提交 RPC，以确保数据在稳定的存储中。
- ❑ 有关底层文件系统功能的附加信息。

除了版本 2 和版本 3 支持之外，Rick Macklem 还对 BSD NFS 实现进行了其他几个扩展；扩展版本被称为不完全 NFS（NQNFS）协议 [Macklem，1994b]。NQNFS 扩展增加了对扩展文件属性的支持，以更全面地支持 FreeBSD 文件系统功能，并提供了延迟写客户端缓存的短期租约变体，从而提供了分布式缓存一致性并提升了性能 [Gray & Cheriton，1989]。尽管 NQNFS 扩展从未在版本 3 实现中被广泛采用，但它们在证明 NFS 中使用租约的价值方面起到了重要作用。NFS 版本 4 协议采用了租约技术，不仅是为了缓存一致性和性能提升，而且还作为一种机制来限制锁的恢复时间。

　　FreeBSD 中分发的 NFS 实现支持运行 NFS 协议的任何版本（2、3 或 4）的客户端和服务器。在 FreeBSD 5 的开发过程中，删除了实现实验 NQNFS 协议的代码。

　　NFS 的 FreeBSD 客户端和服务器实现是常驻内核中。NFS 通过内核 RPC 层使用套接字连接网络。内核 RPC 层包含对套接字例程 sosend() 和 soreceive() 的内核版本的调用（关于套接字接口的讨论，请参阅第 12 章），并使 NFS 守护进程不必自己处理套接字通信。

　　对时间要求不那么严格的操作，例如挂载和卸载远程文件系统，确定哪些文件系统可以导出，以及将它们导出到哪些客户端集合，这些操作由用户级的系统守护进程管理。要使服务器端正常工作，必须运行 rpcbind、mountd 和 nfsd 守护进程。为了获取完整的 NFS 功能，rpc.lockd 和 rpc.statd 守护进程也必须正在运行。

　　rpcbind 充当它所运行的计算机所提供的服务的交换中心。每当启动任何 RPC 守护进程，它都会告诉 rpcbind 守护进程它正在监听哪个端口号，以及它准备提供哪些 RPC 服务。当客户端希望对给定的服务进行 RPC 调用时，它将首先与服务器计算机上的 rpcbind 守护进程联系，以确定服务是否可用，如果可用，则确定应该向其发送 RPC 消息的端口号。

　　在挂载远程文件系统时，客户端和服务器守护进程之间的交互如图 11-2 所示。mountd 守护进程处理两个重要的功能：

　　1）在启动和挂起信号之后，mountd 读取 /etc/exports 文件，并创建一个可以导出每个本地文件系统的主机和网络列表。它使用 mount 系统调用将此列表传递到内核；内核将该列表链接到相关的本地文件系统挂载结构，以便在接收到 NFS 请求时可以随时查询该列表。

　　2）客户端挂载请求被定向到 mountd 守护进程。在验证客户端具有挂载请求的文件系统的权限之后，mountd 将返回所请求的挂载点的文件句柄。客户端使用这个文件句柄，以便稍后遍历文件系统。

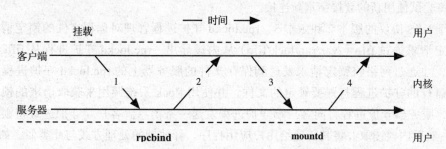

图 11-2　挂载远程文件系统时的守护进程交互。步骤 1：客户端的挂载进程向服务器的 rpcbind 守护进程的已知端口发送一条消息，请求服务器的 mountd 守护进程的端口地址。步骤 2：服务器的 rpcbind 守护进程返回其服务器的 mountd 守护进程的端口地址。步骤 3：客户端的向服务器的 mountd 守护进程发送一个请求，并带有要挂载文件系统的路径名。步骤 4：服务器的 mountd 守护进程向其内核请求所需挂载点的文件句柄。如果请求成功，则将文件句柄返回到客户端的挂载进程。否则，将返回文件句柄请求的错误。如果请求成功，客户端挂载进程执行 mount 系统调用，并传递从服务器的 mountd 守护进程接收到的文件句柄

NFS 服务器是作为一组内核库实现的，这些内核库由始终驻留在内核中的服务线程池调用。用户级的 nfsd 守护进程创建并填充一个结构，它将该结构传递给 nfssvc 系统调用，该调用告诉内核要运行多少个 NFS 守护进程线程。典型的服务器运行 4～6 个 nfsd 内核线程，但是如果底层硬件有足够的资源，可以使用更多的线程来增加吞吐量。除了启动内核 nfsd 主线程外，用户级的 NFS 守护进程几乎不工作。nfsd 内核线程依赖于内核 RPC 和服务库。

任何希望提供 RPC 的内核线程都会创建一个传输对象，然后将其注册到服务层。为了创建基于数据报的传输服务，线程使用 svc_dg_create() 例程，而创建面向连接的服务则使用 svc_vc_create() 例程完成。创建传输之后，必须通过 svc_reg() 例程向服务注册它，以便开始接收 RPC。适用于数据报和面向连接的协议的所有 NFS 版本都注册了 nfssvc_program() 入口点，该入口点将传入的请求解复用到协议库的正确部分。一旦解复用完成后，nfsd 内核线程将验证发送方，然后将请求传递到适当的本地文件系统进行处理。当结果从文件系统返回时，它被返回给请求客户端。每个单独的请求都会导致内核线程调用 nfssvc_program()，该程序在其工作完成后返回。服务器上的最大并发度由正在运行的 nfsd 内核线程的数量决定。

对于面向连接的传输协议（如 TCP），每个客户端到服务器挂载点都有一个连接。对于面向数据报的协议，如 UDP，服务器在启动其 nfsd 守护进程时创建固定数量的传入 RPC 套接字；客户端为每个导入的挂载点创建一个套接字。挂载点的套接字是在内核中创建的，它响应在客户端上调用 nmount() 系统调用的 mount 命令。客户端使用它与服务器上的 mountd 守护进程进行通信。一旦建立了客户端到服务器的连接，面向连接的协议上的守护进程就可以执行额外的验证，例如身份认证。如果在挂载点仍处于活动状态时连接中断，客户端将尝试使用新的套接字重新连接。

对于 NFS 协议的版本 2 和版本 3，rpc.lockd 守护进程管理对远程文件的锁定请求。客户端锁定请求通过 fifo（/var/run/lock/fifo）从内核导出。rpc.lockd 守护进程从 fifo 读取锁定请求，并通过网络将锁定请求发送到保存文件的服务器上的 rpc.lockd 守护进程。在服务器上运行的守护进程打开要锁定的文件，并使用 flock 系统调用来获取请求的锁。获得锁之后，服务器守护进程将向客户端守护进程发送一条消息。客户端守护进程将锁状态写入 fifo，然后内核读取并将其传递给用户应用程序。释放锁的处理方式与此类似。如果 rpc.lockd 守护进程未运行，那么 NFS 文件上的锁请求将失败，出现"不支持操作"（operation not supported）的错误。

rpc.statd 守护进程与其他主机上的 rpc.statd 守护进程协作，以提供状态监视服务。守护进程接受本地主机上运行的程序（通常是 rpc.lockd）的请求，以监视指定主机的状态。如果被监视的主机崩溃并重新启动，则崩溃主机上的守护进程将在重新启动时通知其他守护进程它已崩溃。当收到崩溃通知时，或者当守护进程确定远程主机由于缺少响应而崩溃时，它将通知请求监视服务的本地程序。如果 rpc.statd 守护进程未运行，则崩溃的主机上客户端持有的锁可能会无限期持有。通过使用 rpc.statd 服务，将发现崩溃，并释放崩溃主机所持有的锁。

　　客户端可以在不运行任何守护进程的情况下进行操作，但是系统管理员可以通过运行几个 nfsiod 守护进程来提高性能。与服务器一样，要获得全部功能，客户端必须运行 rpc.lockd 和 rpc.statd 守护进程。

　　nfsiod 守护进程的目的是执行异步的预读和延迟写。守护进程通常在内核开始运行多用户时启动，并通过 nfsiod_setup() 例程启动。它们完全驻留在内核中，为 NFS RPC 客户端提供进程上下文。在没有它们的情况下，无法从本地客户端缓存提供服务的 NFS 文件，必须在请求进程的上下文中完成读写操作。当 RPC 被发送到服务器时，进程休眠，RPC 由服务器处理，并发送回复。没有执行预读操作，会以服务器的磁盘写入速度进行写操作。当 nfsiod 守护进程出现时，它提供了一个单独的上下文，可以在其中向服务器发出 RPC 请求。当写入文件时，数据被复制到客户端的缓冲区缓存中。然后将缓冲区传递给正在等待的 nfsiod，nfsiod 将 RPC 发送到服务器并等待回复。当回复到达时，nfsiod 更新本地缓冲区，将该缓冲区标记为已写。同时，执行写操作的进程可以继续运行。当文件关闭时，NFS 协议将文件的所有块刷新到服务器。如果在一个进程关闭正在写的文件时，所有的脏块都被写到服务器上，那么它就不必等待这些脏块被刷新。

　　在读取文件时，客户端首先将预读请求传递给向服务器执行 RPC 的 nfsiod。然后，它查找被请求读取的缓冲区。如果预读请求的缓冲区已经在缓存中，那么它可以继续进行而无须等待。否则，它必须对服务器执行 RPC 并等待回复。当 I/O 完成时，客户端和服务器守护进程之间的交互如图 11-3 所示。

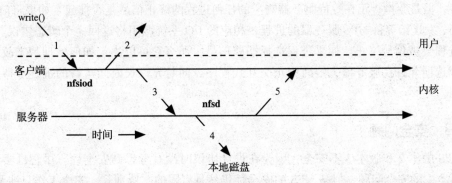

图 11-3　I/O 完成时的守护进程交互。步骤 1：客户端进程执行写系统调用。步骤 2：将写入的数据复制到客户端内核缓冲区中，write 系统调用返回。步骤 3：nfsiod 守护进程在客户端内核中唤醒，提取脏缓冲区，并将缓冲区发送到服务器。步骤 4：传入的写请求被传递到服务器内核中运行的下一个可用的 nfsd 守护进程。服务器的 nfsd 守护进程将数据写入适当的本地磁盘，并等待磁盘 I/O 完成。步骤 5：在 I/O 完成之后，服务器的 nfsd 守护进程将 I/O 的确认发送回客户端等待的 nfsiod 守护进程。在收到确认后，客户端的 nfsiod 守护进程将其本地缓冲区标记为 clean

11.2.2 客户端 – 服务器端交互

本地文件系统不受网络服务中断的影响。除非出现灾难性事件（如磁盘或电源故障），否则它始终对计算机上的用户可用。由于整个机器挂起或崩溃，内核不需要关心如何处理访问文件系统的进程。相比之下，网络文件系统的客户端必须具有处理在客户端仍在运行但服务器无法访问或崩溃时正在访问远程文件的进程的方法。每个 NFS 挂载点都提供了三种解决服务器不可用的方法：

1）默认情况下是一个硬挂载，它将继续尝试无限期地与服务器联系以完成文件系统访问。当客户端上访问文件系统中的文件的进程不允许返回瞬时错误的 I/O 系统调用时，这种类型的挂载是合适的。硬挂载用于对文件系统的访问对正常系统操作至关重要的进程。如果客户端有一个长时间运行的程序，它只是想等待服务器恢复运行（例如，在服务器停机进行维护之后），那么这样也是有用的。

2）另一种极端是软挂载，它在指定的次数内重试 RPC，然后相应的系统调用返回并带有一个瞬态错误。对于面向连接的协议，不重新传输实际的 RPC 请求；相反，NFS 依赖于协议重新传输来进行重试。如果在指定的时间内没有返回响应，则相应的系统调用将返回并带有一个瞬态错误。这种类型的挂载的问题在于，大多数应用程序都不期望从 I/O 系统调用返回瞬态错误（因为它们从来不会在本地文件系统中出现）。通常，它们会错误地将瞬态错误解释为永久错误，并会提前退出。另外一个问题是确定设置超时时间的长度。如果设置得太短，那么当 NFS 服务器由于负载过重而运行缓慢或网络负载过重时，就会开始返回错误。或者，较大的重试限制可能导致由于服务器崩溃或网络分区导致进程长时间挂起。

3）大多数系统管理员采取折中立场，使用可中断的挂载，这种挂载将像硬挂载一样永远等待，但是会检查正在等待服务器响应的任何进程的终止信号是否挂起。如果将信号（例如中断）发送给等待 NFS 服务器的进程，相应的 I/O 系统调用将返回一个瞬态错误。通常，这个进程会被信号终止。如果进程选择捕获信号，那么它可以决定如何处理瞬态故障。这个挂载选项允许在服务器失败时中止交互式程序，同时允许长时间运行的进程等待服务器的返回。

11.2.3 安全问题

NFS 版本 2 和版本 3 不安全，因为在设计协议时没有考虑到安全性。尽管已尝试解决这些版本中的安全问题，但是 NFS 的安全性仍然是有限的。特别是，安全工作只涉及认证；文件数据通过网络以明文发送。即使有人无法让你的服务器给他或她发送一个敏感文件，他或她可以等到一个合法用户访问该文件，然后就可以通过网络获取它。版本 4 中的很多工作都涉及身份认证和数据安全性。随着版本 4 广泛应用，NFS 文件系统将能够比以前更安全地运行。

NFS 导出控制在本地文件系统的粒度上。与每个本地文件系统挂载点相关联的是可以将文件系统导出到其中的主机列表。本地文件系统可以导出到特定的主机、匹配子网掩码

的所有主机或所有其他主机（世界）。对于每个主机或主机组，文件系统可以只读或读写导
出。此外，服务器可以在文件系统中指定一组可以挂载的子目录。但是，这个挂载点列表
只由 mountd 守护进程执行。如果恶意客户端希望这样做，它可以访问导出到它的文件系统
的任何部分。

可导出性的最终确定是由内核中维护的列表来决定的。因此，即使一个流氓客户端设
法窥探网络并窃取一个有效客户端的挂载点的文件句柄，内核也将拒绝接受这个文件句柄，
除非该句柄出现在内核的导出列表中。当 NFS 使用 TCP 运行时，在建立连接时进行一次检
查。当 NFS 使用 UDP 运行时，必须对每个 RPC 请求进行检查。

NFS 服务器还允许有限地重新映射用户凭证。通常，超级用户的凭证不受信任，并被
重新映射到低权限用户 "nobody"。所有其他用户的凭证可以被接受为给定的凭证，也可
以映射到默认用户（通常是 "nobody"）。在服务器上不加更改地使用客户端 UID 和 GID 列
表意味着客户端和服务器之间的 UID 和 GID 空间是通用的（即客户端上的 UID N 必须引用
服务器上的同一个用户）。在大型异构环境中部署 NFS 的主要问题之一是需要统一的 UID
和 GID 空间。系统管理员可以通过使用 7.5 节中描述的 umapfs 文件系统，支持更复杂的
UID 和 GID 映射。

NFSv3 可以使用 Kerberos 对系统用户进行身份认证。11.3 节详细讨论了 NFS 中 Kerberos
的使用。

11.2.4　性能提升技巧

远程文件系统面临一个具有挑战性的性能问题：提供一致的网络范围的数据视图和快
速交付数据常常是相互冲突的目标。服务器可以通过为数据保留一个存储库，并在客户端
需要时将数据发送给每个客户端，从而很容易地保持一致性；这种方法往往很慢，因为每
次数据访问都需要客户端等待 RPC 往返时间。由于服务器必须为来自其客户端的每个 I/O
请求提供服务，因此服务器上的巨大负载进一步加剧了延迟。为了提高性能和减少服务器
负载，远程文件系统协议尝试在客户端本地缓存经常使用的数据。如果缓存设计正确，客
户端将能够直接从缓存中满足自己的许多 I/O 请求。执行这些访问比与服务器通信更快，
减少了客户端上的延迟以及服务器和网络上的负载。客户端缓存的难点在于保持缓存的一
致性，也就是说，确保每个客户端快速替换任何被其他客户端上的写操作修改的缓存数据。
如果一个客户端写了一个文件，随后被第二个客户端读取，第二个客户端希望看到由第一
个客户端写入的数据，而不是先前文件中的陈旧数据。陈旧的数据可能会被意外读取，有
两种主要的方式：

1）如果第二个客户端的缓存中有过时的数据，那么客户端可能会使用这些数据，因为
它不知道有更新的数据可用。

2）第一个客户端的缓存中可能有新数据，但可能还没有将这些数据写回服务器。此
时，即使第二个客户端向服务器请求最新的数据，服务器也可能返回陈旧的数据，因为它

不知道其中一个客户端的缓存中有更新版本的文件。

第二个问题与客户端编写的方式有关。同步写要求在 write 系统调用期间将所有写操作推入服务器。这种方法是最一致的，因为服务器总是有最近写的数据。它还允许通过 write 系统调用返回将任何写错误（例如"文件系统空间不足"）传回客户端的进程。对于使用同步写入的 NFS 文件系统，返回的错误与本地文件系统返回的更接近。不幸的是，这种方法将客户端限制为每个 RPC 往返时间只写一次。

同步写的另一种替代方法是延迟写，在这种情况下，一旦数据缓存在客户端上，write 系统调用就会返回；稍后将数据写入服务器。这种方法允许客户端以本地存储访问的速率写入数据，直到本地缓存的大小。另外，对于在写入后不久发生文件截断或删除的情况，可以完全避免写入服务器，因为数据已经被删除了。避免数据推送可以节省客户端时间并减少服务器上的负载。

延迟写也有一些缺点。为了提供完全的一致性，服务器必须在另一个客户端想要读写文件时通知客户端，以便延迟的写操作可以被写回服务器。还存在将错误传回发出 write 系统调用的客户端进程的问题。例如，当文件服务器已满时，延迟写缓存会引入语义更改。此时，延迟写入的 RPC 请求可能会失败，出现"空间不足"错误。如果在关闭文件时将数据发送回服务器，则只有在应用程序检查关闭系统调用的返回值时才能检测到错误。对于延迟的写操作，写的数据可能要等到写操作的进程退出之后才会被发送回服务器——在它可能到任何错误通知之后很长时间。唯一的解决方案是修改正在编写重要文件的程序来执行 fsync 系统调用，并检查该调用返回的错误，而不是依赖于从 write 或 close 获取错误。最后，如果客户端在将数据写回服务器之前崩溃，则有丢失最近写的数据的风险。

同步写和延迟写之间的折中是异步写。对服务器的写操作是在 write 系统调用期间启动的，但是 write 系统调用在写操作完成之前返回。这种方法减少了由于客户端崩溃而导致的数据丢失风险，但是在文件被截断或删除时，通过丢弃写操作来降低服务器写负载的可能性。

由于 NFS 无法知道何时可能发生写共享，所以它试图在关闭文件时将数据写回，从而限制不一致的周期。长时间打开的文件在其最旧的脏数据过期 30 秒后被写回。因此，NFS 实现混合了异步和延迟写操作，但是它总是将所有写操作推送到服务器上。将延迟写推到关闭的（服务器）上，会抵消延迟写的大部分性能优势，因为在 wirte 系统调用中避免的延迟会在 close 系统调用中观察到。使用这种方法，服务器总是知道客户端所做的所有更改，最大延迟为 30 秒，通常更快，因为大多数文件只在写入时打开很短的时间。

服务器通过始终让客户端在使用缓存之前验证其缓存的内容来保持读一致性。当客户端读取数据时，它首先检查缓存中的数据。每个缓存项都带有一个属性，该属性显示服务器通告数据被修改的最近时间。如果在缓存中找到了数据，客户端会向其服务器发送一个时间戳 RPC 请求，以确定数据最后一次修改的时间。如果服务器返回的修改时间与缓存相关，则客户端使用其缓存中的数据；否则，它会安排用新数据替换缓存中的数据。

每次缓存访问时在服务器进行检查的问题是，对于每次文件访问，客户端仍然会经历 RPC 往返延迟，服务器仍然会被 RPC 请求淹没，尽管它们处理起来要比完全的 I/O 操作快得多。为了减少客户端延迟和服务器负载，大多数 NFS 实现都跟踪服务器最近被询问到的关于每个缓存块的信息。然后，客户端使用一个可调参数（通常设置为几秒钟）来延迟向服务器询问缓存块的时间。如果 I/O 请求找到了一个缓存块，并且在延迟期间询问了服务器该块的有效性，那么客户端不会再次询问服务器，而是使用该块。因为某些块会连续使用多次，所以服务器只会被询问一次，而不是每次访问都被询问。例如，对于正在编译的源文件中的每个 #include，/usr/include 目录的目录块将被访问一次。这种方法的缺点是，在延迟数秒内，可能不会注意到其他客户端所做的更改。

一些网络文件系统使用得更一致的方法是使用回调机制，其中服务器跟踪每个客户端缓存的所有文件。当缓存的文件被修改时，服务器通知持有该文件的客户端，以便它们可以从缓存中清除该文件。该算法极大地减少了从客户端到服务器的查询数量，降低了客户端 I/O 延迟和服务器负载 [Howard 等，1988]。缺点是，这种方法将状态引入服务器，因为服务器必须记住它所服务的客户端及其缓存的文件集。如果服务器崩溃，它必须重新构建此状态，然后才能重新开始运行。当一切正常运行时，重建服务器状态是一个重大问题；当网络分区阻止服务器与它的一些客户端通信时，它会变得更加复杂和耗时 [Mogul，1993]。

FreeBSD NFS 实现在文件打开时使用异步写操作，但在文件关闭时同步等待所有要写的数据。这种方法获得了异步写的速度优势，但是确保了任何延迟错误的报告都不会晚于关闭文件的时间点。实现最多每 3 秒向服务器查询一次文件的属性。这个 3 秒的周期减少了频繁访问的文件的网络流量，同时确保在不超过 3 秒的延迟下检测到对文件的任何更改。尽管这些启发式方法提供了可容忍的语义，但它们显然并不完美。

11.3　NFS 演进

在其 25 年的历史中，NFS 协议必须不断发展，以满足不断变化的技术和用户需求。许多被认为是 NFS 版本 3 的实验性扩展的特性，以及在 NQNFS 中完成的工作，都已经被编码并作为完整的特性包含在最新版本的协议（NFS 版本 4.0 和 4.1）中。尤其是 NFS 版本 3，对于某些操作（例如锁定）依赖于外部守护进程，这些操作现在已经包含在版本 4 的基本协议中，从而避免了对补充守护进程的需求。更新 NFS 版本 4 的工作量非常大，最初更新到版本 4.0 的工作覆盖了 250 多页的描述 [Shepler 等，2003]。版本 4.1 是对版本 4.0 的更新，它在一个更大的 600 多页的文档中进行了描述，尽管更新的大部分长度可以归因于对每个可能的 NFS 操作的更广泛的描述 [Shepler 等，2010]。FreeBSD 包含一个客户端和服务器的实现，支持 NFS 协议直到版本 4.1。本节将描述这两个协议的设计和实现，就好像它们是一个协议一样。只有在绝对必要时，才会注意到主要版本与修订版之间的差异。NFSv4.0

RFC 为最新版本的协议列出了 4 个目标：

❑ 改善互联网接入和良好性能。该协议不仅应该在高带宽 / 低延迟网络（如局域网）中表现良好，而且还应该在低带宽 / 高延迟网络（如广域网）中表现良好。早期版本的协议在广域网上运行得很差。

❑ 协议内置强大的协商安全性。最初设计 NFS 时，功能强大到可以运行类 UNIX 操作系统的计算机通常用于中大型安装，而不是由个人携带，这些个人可能将计算机连接到不安全的网络，然后期望能够完全访问服务器上的文件。移动计算和普及、高速、无线网络的出现使得所有网络协议都必须解决安全问题，NFS 也不例外。该协议的版本 4 从一开始就设计了安全机制。

❑ 良好的跨平台互操作性。NFS 的设计目的是使运行类 UNIX 操作系统的计算机（具有类似的目录结构和文件操作）能够共享文件集中的存储。要使 NFS 适应非 UNIX 环境，需要重新考虑协议，以便更多类型的客户端能够与 NFS 服务器进行互操作。

❑ 为协议扩展而设计。NFS 协议的版本 2 和版本 3 的一个缺点是，一旦部署，就几乎不可能进行扩展。协议无法演进意味着需要花费很长时间才能进入该领域进行必要的修改。

NFS 协议的修订版 4.1 增加了一些新的目标：

❑ 纠正协议 4.0 版本中发现的重大结构缺陷和疏忽。

❑ 为协议 4.0 版本中未解决或未足够详细解决的区域添加清晰性和特异性。

❑ 根据现有协议和最近行业发展的经验，添加特定的功能。

❑ 为集群服务器部署提供协议支持，包括提供对跨多台服务器分布的文件的可扩展并行访问。

NFSv4 是一个与其前身有显著不同的协议。NFSv4 中的一个根本变化是转向有状态协议。版本 4 中的许多新特性（如缓存、委托和锁定）要求服务器维护状态。另一个重要的变化发生在协议的最底层，协议版本 3 中出现的 20 个标准 RPC 被替换为两个常规过程（NULL 和 COMPOUND）和两个回调过程（CB_NULL 和 CB_COMPOUND）。以前在 NFS 版本 2 和版本 3 中被编码为各自的 RPC 的操作（参见 11.2 节）现在被编码 COMPOUND 或 CB_COMPOUND RPC 中的操作。复合（COMPOUND）过程将由服务器执行的几个 NFS 操作封装在单个 RPC 调用中。当服务器接收到一个 COMPOUND RPC 时，它会尝试按照编码在消息中的顺序执行封装在其中的操作。如果在处理 COMPOUND RPC 中接收到的任何操作时发生错误，将立即停止处理并返回错误。将多个操作封装到一个消息中，这样减少每个操作所需的往返次数，有助于提高 NFS 的性能。在实践中，在复合 RPC 中分组操作是不可能的，因为一个操作常常依赖于前一个操作的成功完成。尽管 NFSv4 在 FreeBSD 中的当前实现在 3～5 个操作之间分组，但是在 NFSv4 中执行操作所需的消息数量与 NFSv3 相同。

将表 11-2 所示的 NFSv4 中可用的操作集与表 11-1 所示的 RPC 进行比较，可以发现 NFSv4 中可用的操作集是前者的两倍多。新操作是为了支持 NFSv4 中新功能而存在的，包括锁定，这是由 NFS 早期版本的一个单独协议处理的，该协议允许在客户端执行本地打开和锁定操作；以及更积极的缓存文件数据和属性。

表 11-2 NFS 版本 4 操作集

操　作	动　作
ACCESS	检查访问权限
BACKCHANNELCTL	修改后台通道
BINDCONNNTOSESS	绑定会话连接
CLOSE	关闭文件
COMMIT	提交缓存数据
CREATE	创建一个非标准文件对象
CREATESESSION	创建会话
DELEGPURGE	清理代理等待恢复
DELEGRETURN	返回代理
DESTROYCLIENTID	销毁客户端 ID
DESTROYSESSION	销毁会话
EXCHANGEID	交换客户端 ID
FREESTATEID	释放状态 ID
GETATTR	获得属性
GETDEVINFO	获取设备信息
GETDEVLIST	获取设备列表
GETDIRDELEG	获取目录代理
GETFH	获取当前文件句柄
LAYOUTCOMMIT	提交布局
LAYOUTGET	获取布局
LAYOUTRETURN	返回布局
LINK	创建文件链接
LOCK	创建锁
LOCKT	测试锁
LOCKU	解锁文件
LOOKUP	查找文件名
LOOKUPP	查找父目录
NVERIFY	验证属性区别
OPEN	打开一个标准文件
OPENATTR	打开命名属性目录
OPEN_CONFIRM	打开确认
OPEN_DOWNGRADE	减少打开文件访问

（续）

操　作	动　作
PUTFH	设置当前文件句柄
PUTPUBFH	设置公共文件句柄
PUTROOTFH	设置根文件句柄
READ	读取文件
READDIR	读取目录
READLINK	读取符号链接
RECLAIMCOMPL	锁回收完成
RELEASE_LOCKOWNER	释放锁属主
REMOVE	移除文件系统对象
RENAME	重命名目录入口
RENEW	更新租约
RESTOREFH	恢复已保存的文件句柄
SAVEFH	保存当前文件句柄
SECINFO	获取可用安全性
SECINFONONAME	获取文件句柄的安全信息
SEQUENCE	包含会话 ID
SETATTR	设置属性
SETCLIENTID	协商客户端 ID
SETCLIENTID_CONFIRM	确认客户端 ID
SETSSV	设置秘密状态校验器
TESTSTATEID	验证状态 ID
VERIFY	校验相同属性
WANTDELEG	请求非开放的代理
WRITE	写入文件

　　NFS 和 NFSv4 的之前几个版本之间的一个重要变化是增加了显式 OPEN 和 CLOSE 操作。对需要状态的特性（如锁定和缓存）的集成支持导致了 OPEN 和 CLOSE 的添加，这使得 NFSv4 中文件系统的语义更接近于有状态本地文件系统（如 UFS）的语义。在以前的 NFS 版本中，在服务器上操作文件所需的所有客户端都是文件句柄。NFSv4 要求客户端打开一个文件并获取特定于该文件的文件句柄，然后才能执行诸如读取和写入数据之类的操作。

　　NFS 最初版本的目标是 UNIX 和类 UNIX 操作系统，其中总是有一个唯一的文件系统根。像 Windows 这样的系统，每个文件系统都有一个根目录，它以驱动器号 C：、D：等形式出现。该协议的第 4 版试图通过让服务器维护一个伪文件系统层次结构来解决多根问题，该层次结构将单个根的概念带回到文件系统树。提供单一命名空间的动机来自许多用户访问其文件的方式。它们通过图形选择器或通过命令行上的 tab 补全完成逐步浏览目录和文件层次结构。

　　减少服务器上的负载并改善用户在客户端上的体验的一种方法是允许客户端缓存尽可能多的文件和元数据。通过在客户端保留数据副本来消除客户端和服务器之间的往返，这是提高分布式系统性能的一种众所周知的技术。在客户端缓存数据引入了 11.2 节中讨论的问题，在许多系统上维护数据的一致性，必须小心处理，以避免因不同客户端提交的更改冲突而导致数据损坏或丢失的情况。如果两个客户端打开并修改了相同的文件，并且这些修改发生在客户端本地缓存的数据副本上，那么服务器无法知道哪个修改是正确的，哪个应该被丢弃。为了避免缓存一致性问题，NFSv4 只允许在只有一个客户端向文件写入数据或者所有客户端都只从文件中读取数据的情况下才允许客户端缓存信息。当服务器允许客户端缓存数据时，就将数据的责任委托给客户端。为了正确地支持委托，协议还必须有一种方法来重新控制它委托的数据，例如，如果第二个客户端请求打开一个文件进行写入。为了重新获得对已委托的数据块的控制，服务器使用回调机制与已委托数据的客户端联系，并告诉客户端不能再缓存数据。在没有委托的情况下，NFSv4 恢复到缓存数据的方式，类似于 NFSv3 中缓存数据的方式，方法是让客户端定期与服务器检查文件更改。

11.3.1　命名空间

　　用户在浏览 NFS 版本 2 或版本 3 下的服务器文件系统时遇到的一个问题是，由于必须跨越挂载点，目录层次结构进入了死胡同。在一个简单的服务器上，所有底层文件系统都可能被导出到所有客户端，但是导出到所有客户端将是一种不同寻常的情况。更常见的情况是，导出文件系统的一个子集，如表 11-3 所示，其中有两个导出的文件系统，/ 和 /usr/ports 包含一个未导出的文件系统。在以前的 NFS 版本中，将目录更改为根目录的用户将无法从根目录看到 /usr/ports，因为 /usr 卷没有导出，这在目录层次结构中留下了一个漏洞。NFSv4 服务器维护它们导出的文件系统的完整层次结构，用在客户端看来是只读导出的伪文件系统填补任何漏洞。

表 11-3　统一命名空间

挂载点	卷	是否导出？
/	disk1	是
/usr	disk2	否
/usr/ports	disk3	是

　　向客户端表示统一的命名空间要求服务器以不同于所有其他操作的方式处理 4 个操作。LOOKUP、GETATTR、GETFH 和 SECINFO 操作是唯一允许跨越服务器上挂载点的客户端请求。函数 nfsrvd_compound() 为服务器处理所有的 COMPOUND RPC，它检查该操作

是否是上面列出的 4 个操作之一，如果其他操作试图跨越挂载点，则向客户端返回一个错误。通过允许这 4 个操作跨越挂载点，客户端和服务器才能向用户提供统一的文件系统层次结构。

11.3.2 属性

NFS 协议的版本 3 包含对文件属性的有限支持。属性是与文件相关联的元数据（例如文件的大小）以及文件创建、修改和访问的时间。在 NFSv3 中可用的最初 13 个文件属性被证明对于存储更多元数据的更现代的文件系统是不够的。诸如文件最近是否存档或支持的最大文件大小（文件系统可能只支持其中的一部分）之类的信息在 NFSv4 中作为属性处理。

客户端能够逐步操作请求属性，这意味着客户端可以非常具体地了解关于服务器或存储在服务器上的任何对象的信息。服务器支持的属性本身作为服务器和客户端之间的属性进行通信。OPEN 操作只要求两个属性，即文件的最新修改时间和服务器生成的更改值，客户端使用该值来确定文件或其关联的元数据是否已更改。该属性由服务器生成，由客户端存储，并在成功的 OPEN 调用后定期使用，以确保服务器上的文件没有更改。当多个写入者打开文件或服务器本地用户直接修改文件时，文件可能会更改。ACCESS 操作确定用户是否可以访问对象，它要求 16 个不同的属性，包括文件的所有者和组、文件的模式以及服务器将支持的最大读请求。与以前的 NFS 版本不同，文件系统对象的所有者和组不是一个数字用户 ID 和组 ID，而是对系统的用户名和域名进行编码的字符串，例如，gnn@FreeBSD.org。

RFC 为 NFS 的版本 4 定义了三组属性。必需的属性是每个服务器必须提供并且每个客户端必须能够处理的元数据片段。所需属性的示例包括文件大小、文件类型以及服务器是否支持链接。推荐的属性是 RFC 的作者认为最适合服务器支持的属性，但并不是严格必需的。推荐属性的一个示例是访问控制列表。下一小节讨论推荐的属性，例如文件是否应该被 Windows 操作系统视为隐藏、文件的最大大小、服务器支持的链接和名称以及许多其他属性。NFSv4 RFC 包含 43 个推荐属性。

NFSv4 协议的目标是可扩展性，包括能够扩展可以与文件系统对象相关联的属性集。命名属性使属性系统在字段中的可扩展性成为可能。命名属性可以看作键 / 值对，其中键和值都是未解释的字符串，可以与任何文件系统对象相关联。命名属性的实现依赖于服务器，但是最常见的实现创建了一个命名属性目录。这个属性目录有时被称为 fork 文件。每个属性以文件的形式出现在这个属性目录中。可以打开、读取和写入每个属性文件来修改命名属性。FreeBSD 10 NFSv4 服务器不支持命名属性。

客户端通过使用 GETATTR 操作请求属性，该操作被编码到一个 COMPOUND RPC 中，并与其他操作（如 ACCESS 和 OPEN）一起使用。与以前的 NFS 版本不同，属性不是以固定大小的结构发送的。客户端在位数组中设置特定的位请求它们。FreeBSD 中 NFSv4 的实现使用一组宏来简化对属性数组中位的处理。服务器使用相同的 64 位范围的数组从客户端响应每个 GETATTR 查询，以向客户端表明所请求的属性中有哪些。单个 nfsv4_fillattr() 例程在服务器上完成所有的属性编码工作。集中处理属性使代码更容易管理和更新。客户端还可以通过使用 SETATTR 操作来设置服务器上文件系统对象的属性。设置属性的一个示例是更改对象的访问控制列表，下一小节将对此进行讨论。

11.3.3　访问控制列表

尽管可以使用 UNIX 风格的用户、组和模式位来控制对一组文件的访问，但这样的系统在几个方面受到限制。第一个限制是，有些客户端（如 Windows）不理解 UNIX 用户和组 ID 或 UNIX 模式位。第二个（也是更重要的一个）限制是，用户和组在异构环境中不能很好地扩展。如果两个不同的部门都分别分配用户号和组号，那么当这些用户和组试图共享一个文件系统时，就很可能发生冲突。如果有许多文件需要更改用户和组 ID，那么强制一组用户更改他们的用户和组 ID 可能是一项艰巨的任务。最后，对于具有多层安全性的大型组织来说，传统的 UNIX 模型常常过于粗粒度。由于这些原因，NFSv4 在协议中增加了对访问控制列表（ACL）的支持。

ACL 可以表示文件系统中任何对象（包括文件、目录和链接）的一组特定权限。FreeBSD 中存在的几个文件系统，包括 UFS 和 ZFS，都内置了对 ACL 的支持。有关在文件系统中如何表示 ACL 的信息，请参见 5.7 节。NFSv4 中的 ACL 是通过网络与文件系统中存在的 ACL 通信的一种方式。ACL 的结构在 NFSv4 和磁盘上的文件系统 ZFS 和 UFS 之间共享。ACL 包含在属性中，这就是为什么要使用 SETATTR 和 GETATTR 操作来设置或检索 ACL，而不是使用专门针对 ACL 的一组操作。有几种操作可以处理 ACL，包括 OPEN、CREATE、SETATTR 和 GETATTR。

11.3.4　缓存、代理和回调

提高分布式系统性能的一种方法是在客户端缓存尽可能多的数据并执行尽可能多的操作。在分布式文件系统中有三种缓存场景：

1）一个或多个客户端正在读取一个文件。只要文件的数据没有更新，只有对其元数据的细微更改，例如对其最后访问时间的更改，就可以在所有客户端上同时缓存该文件。

2）文件由单个客户端编写。正在编写文件的客户端可以在本地缓存写操作，以便在将文件更新发送到服务器之前对其进行批处理，从而提高写性能。

3）一个文件在多个客户端同时读写，因此不能在任何客户端缓存，只能在服务器上更新和访问。

为了正确处理这三个场景以及它们之间不可避免的转换，NFSv4 通过一种称为代理的机制为客户端提供了在本地处理文件的能力。NFSv4 通过从服务器到客户端的一系列回调来维护对代理文件的控制。缓存和代理与常规文件操作密切相关。本节通过描述客户端和服务器如何建立通信，以及在客户端打开、关闭、读取和写入文件的典型操作期间如何协同工作，来演示这些机制。

在客户端可以打开文件之前，它必须先挂载服务器导出的文件系统，然后创建几个关键结构。NFSv4 客户端通过使用 CB_NULL 消息测试服务器是否存在来开始挂载过程。如果客户端收到正确的回复，那么它将与服务器建立一个会话。挂载 NFSv4 文件系统需要创建由客户端和服务器共享的两个持久的信息片段。创建一个客户端 ID 来标识客户端，而会话 ID 标识客户端和服务器之间的所有操作。客户端 ID 是一个唯一的 64 位值，它从服务器的角度标识每个客户端。客户端通过使用 EXCHANGE_ID 操作与服务器建立自己的标识。EXCHANGE_ID 操作是在服务器上建立客户端身份的两部分操作中的第一个操作。在服务器内核中执行的 exchange_id() 服务分配一个 nfsclient 结构，用于跟踪客户端与服务器之间的所有交互。nfsclient 结构被保留，直到客户端卸载它从服务器上挂载的所有文件系统，或者服务器或客户端崩溃。挂载文件系统的过程如图 11-4 所示。

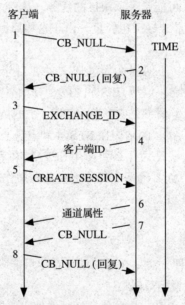

图 11-4　挂载 NFSv4 文件系统。步骤 1：客户端使用 CB_NULL RPC 查找服务器。步骤 2：服务器回复 CB_NULL。步骤 3：客户端通过 EXCHANGE_ID 调用从服务器请求一个客户端 ID。步骤 4：服务器回复一个有效的客户 ID，该 ID 根据其服务器的引导时间构造和递增地引导计数构成。步骤 5：客户端使用 CREATE_SESSION RPC 建立一个会话。步骤 6：服务器向建立会话的客户端返回一组通信参数。步骤 7：服务器检查客户端是否使用自己的 CB_NULL 调用运行 nfscbd 守护进程。步骤 8：客户端的 nfscbd 守护进程回复 CB_NULL RPC

FreeBSD NFS 实现中的结构被命名为可以很容易地将它们标识为属于客户端或服务器代码。客户端软件中的所有结构都在"nfs"和结构的描述性名称之间嵌入了字母"cl"。因此，在客户端代码中封装客户端状态的结构称为 nfsclclient，而封装客户端状态的服务器结构称为 nfsclient。表 11-4 列出了几个客户端和服务器结构。

表 11-4　客户端和服务器数据结构

结　构	用　途	属　主
nfsstate	打开，锁，代理	服务器
nfslock	字节范围锁	服务器
nfsclient	客户端状态	服务器
nfsdsession	会话状态	服务器
nfsclowner	对象属主	客户端
nfsclopen	打开状态	客户端
nfsclclient	客户端状态	客户端
nfsclsession	会话	客户端
nfscllockowner	锁的属主	客户端
nfscllock	字节范围锁	客户端
nfscldeleg	代理追溯	客户端
nfscllayout	布局	客户端
nfscldevinfo	设备信息	客户端

当客户端使用 EXCHANGE_ID 调用与服务器联系时，它将搜索其客户端哈希表以查找客户端的已存在实例，如果未找到已存在的客户端，则初始化一个新的 nfsclient 结构。根据服务器的引导时间和递增计数器，为每个客户端分配一个唯一的客户端 ID。启动时间和计数器的组合使得客户端 ID 在服务器重新引导时是唯一的。客户端使用此信息来检测何时必须从崩溃的服务器恢复状态。无论何时重新引导服务器，引导时间都会增加；使用过期的客户端 ID 发送请求的客户端将从服务器接收一个错误。

在客户端和服务器之间建立初始通信的第二部分是创建会话。EXCHANGE_ID 之后的下一个操作必须是 CREATE_SESSION，因为在创建会话之前不能进行其他操作。除了建立客户端 ID 之外，NFSv4 中的所有操作都是作为会话的一部分进行的。

会话概念是在更新 NFSv4.1 期间添加的，在版本 4.0 中不存在。添加会话的一个原因是只提供一次语义。在服务器端，每个会话都与一组可用的插槽相关联。发布到槽中的操作总是序列化的；它们永远不会并行运行。如果客户端想要序列化一组调用，例如，一系列的锁定操作，它将在服务器上为所有锁定调用使用相同的槽，以便 RPC 调用序列化在单个槽上。不需要序列化的操作（如读取）可以跨插槽分布，以提高并行性，并从服务器接收最快级别的服务。

会话描述客户端和服务器通信所需的所有状态，包括影响资源分配和性能的几个参数。作为设置会话的一部分协商的参数包括会话在任何时间可以承载的最大并发请求数、每个请求的最大操作数和服务器可以缓存的最大回复数。可以使用会话参数实现细粒度的性能调优，因为它们允许服务器表达其可以并行处理的内容以及愿意代表每个客户端维护的状态量。要创建会话，客户端将其客户端 ID 及其请求的通信参数集发送到服务器。服务器使用会话 ID 和一组可能修改的通信参数进行响应。如果客户端或服务器都不能接受这些参数，则返回一个错误，并且不创建会话。一旦客户端和服务器创建了一个会话，图 11-5 所示的结构就就位了。客户端和服务器上的会话结构都包含协商好的通信参数，供内核在执行文件系统操作时使用。为了完成挂载过程，服务器向客户端发送一个 CB_NULL RPC 并等待回复。如果服务器收到对其 CB_NULL 调用的回复，则可以允许客户端通过代理进程缓存数据。如果没有对 CB_NULL RPC 的回复，那么服务器将永远不会向客户端授予委托，而是允许客户端接收文件服务。回调机制不用于测试客户端和服务器之间的网络路径，因为客户端和服务器已经展示了它们在网络上正确通信的能力。服务器将调用发送回客户端，以确保客户端正在运行回调服务，该服务允许服务器回调代理。

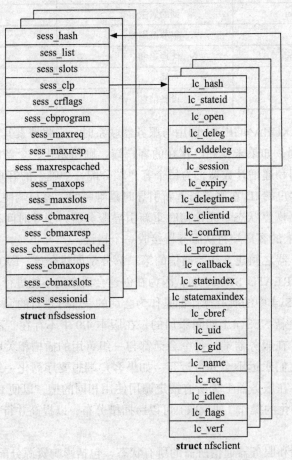

图 11-5　会话和客户端结构（服务器端）

由于需要在 NFSv4 协议中处理回调，因此创建了一个必须在客户端上运行的新守护进程，它的工作是接收回调并响应回调。nfscbd 程序是一个可选的守护进程，如果客户端要接收代理，则必须运行它。nfscbd 响应服务器发送的 CB_NULL RPC，并将所有的 CB_COMPOUND RPC 发送到它。回调操作的完整补充见表 11-5。守护进程本身很简单，与 11.2 节中描述的 NFS 守护进程类似，它是由一组内核库实现的，这些内核库向内核 RPC 服务注册了一个回调 nfscb_program()。nfscb_program() 解释它接收到的 CB_COMPOUND 或 CB_NULL RPC，并采取适当的操作。虽然可以将回调功能直接添加到 nfsd 程序中，但是将其放在自己的守护进程中更加简捷方便。

表 11-5　NFS 版本 4.1 从服务器到客户端的回调操作

操　作	动　作
CB_GETATTR	获取属性
CB_SEQUENCE	反向通道排队和控制
CB_RECALL	回调代理
CB_LAYOUTRECALL	回调布局
CB_RECALL_ANY	通知客户端老化的代理
CB_RECALL_SLOT	减少可用插槽数
CB_NOTIFY	目录变化通知
CB_PUSH_DELEG	提供之前请求的代理
CB_WANTS_CANCELED	取消挂起代理请求
CB_RECALLABLE_OBJ_AVAIL	通知客户端之前被拒绝的请求可以被满足
CB_NOTIFY_LOCK	通知客户端的锁可用
CB_NOTIFY_DEVICEID	告知客户端设备 ID 改变了

　　一旦建立了客户端和状态 ID 以及客户端和会话结构，客户端就可以从服务器请求服务。

　　NFSv4 使用代理与回调系统相结合，使客户端提供缓存数据和元数据的能力。图 11-6 显示了一个典型的代理和回调场景。代理是服务器授予客户端的一种可回调的权利，它允许客户端在一段固定但可延长的时间内在不与服务器协商的情况下在本地执行操作。代理始终处于服务器的控制之下，可以在任何时候撤销。NFSv4 必须处理关于代理的两个重要问题。首先，服务器必须能够撤销代理。撤销代理需要服务器与客户端联系，这将逆转 NFS 以前版本中常见的客户端 – 服务器关系。第二个问题是，客户端或服务器可能会崩溃，或者由于网络分区而在一段时间内无法通信。如果服务器无法从客户端检索代理，那么它就不能允许其他客户端继续对同一文件进行操作。为了防止在这种死锁情况下捕获文件，服务器只允许客户端在一段固定的时间内使用代理，这称为租约。

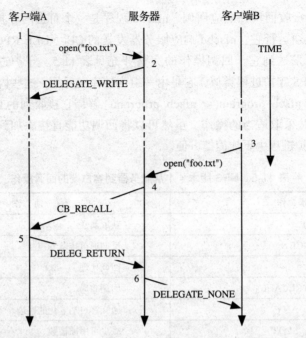

图 11-6　代理和回调代理。步骤 1：客户端 A 打开文件 foo.txt 并希望在本地缓存它。步骤 2：服务器响应 OPEN 并包含 OPEN_DELEGATE_WRITE 代理类型。步骤 3：客户端 B 向服务器请求 foo.txt，与客户端 A 在步骤 1 中请求的文件相同。步骤 4：服务器通过一个 CB_COMPOUND 回调通知客户端 A，它必须返回 foo.txt 的委托。步骤 5：客户端 A 将它的任何挂起更改刷新到 foo.txt，并通过向服务器发送一个 DELEG_RETURN 消息来返回代理。步骤 6：服务器完成打开，并将 foo.txt 的文件句柄授予客户端 B，其代理类型为 DELEGATE_NONE

　　租约是一段数据，它充当客户端和服务器之间的契约，允许在某个到期时间之前有效的活动。只要客户端持有有效的租约，它就知道服务器不会违反契约的条款，例如，向另一个客户端发出一个冲突锁。服务器为每个客户端维护一个租约，租约覆盖所有状态，包括授予客户端的代理和锁。当客户端第一次与服务器联系并建立一个会话时，它将通过 GETATTR 请求租约时间，服务器将返回租约时间，默认情况下是 120 秒。客户端必须在租期结束前续租。只有当租约的有效期超过租约期限的五倍时，服务器才会认为它已经失效。如果客户端不能续签租约，它必须返回服务器之前授予的所有代理和锁。一些常见的操作，包括打开或锁定文件，将导致租约时间延长。服务器将以 NFS4ERR_EXPIRED 错误响应客户端 ID 过期的任何操作。如果客户端想继续持有锁，则必须在租约到期之前与服务器联系。

　　租约是使用时间间隔而不是绝对时间发布，以避免时间时钟同步的要求。如果 NFSv4 对其租约使用绝对时间，那么服务器和它的所有客户端将需要通过一个外部时间协议（如 NTP 或 PTP）来同步它们的时钟，以便它们都能共享当前时间的相同概念 [Mills，1992；

IEEE，2008]。通过使用间隔时间，服务器和客户端都可以拥有完全不同步的时钟，并且仍然正确地执行租约协议，因为每个系统都能够知道何时经过了一定的时间。允许在租约计算中使用少量 slop，以考虑客户端和服务器之间的不同时钟速度。

服务器试图尽可能长地维护客户端状态，并且只要它有足够的资源来维护状态，就不会强制删除具有代理或活动打开的客户端。每个服务器有服务的活动客户端的最大数量（默认为 1000 个），只要不超过这个数量，客户端的状态 ID 和它的隐含租约就可以在服务器上保持活动长达一周。

每个会话只有一个与之相关的租约过期时间，所有必须在租约下操作的操作（包括锁定和代理）都受到相同超时的限制。尽管有一个特定的操作来续签租约，但很少使用它，因为客户端发起的任何包含有效客户端 ID 的操作都会延长租约时间。扩展租约的操作包括打开（OPEN）、关闭（CLOSE）、读取（READ）、写入（WRITE）、锁定（LOCK）和其他一些操作。当租约快到期时，没有发生其他可能延长租约的操作，客户端将尝试使用 RENEW 操作来延长租约。如果批准续签租约的请求，那么操作就可以像以前一样继续进行，新的租约是在未来的 120 秒之后到期。当服务器拒绝请求时，客户端就会丢失所有的锁，并共享在服务器拒绝之前的所有保留。

在没有客户端试图写入的情况下，以独占方式打开文件进行读取的客户端，可以从打开的文件中缓存数据，也可以在不与服务器联系的情况下重复打开同一文件。如果服务器已将文件的控制权代理给客户端，然后另一个客户端尝试打开文件进行写入，则服务器必须使原始代理无效，并且第一个客户端必须将代理返回给服务器，然后第二个客户端才能访问该文件。

11.3.5　锁

早期版本的 NFS 不支持将文件或记录锁定作为协议的一部分。在 NFSv3 中，带外协议和外部守护进程（网络锁管理器）为锁定提供了有限的支持。NFSv4 在处理锁时区分了两种情况：字节范围锁和对整个文件的锁，后者在协议中称为共享保留。整个文件锁定是通过打开的 RPC 处理的。当客户端打开一个文件时，它指定了它希望具有的访问类型：读、写或两者兼有。它还以一组共享拒绝位的形式指定它希望对整个文件维护的控制级别，如表 11-6 所示。在打开文件操作期间，客户端可以指示需要对读、写或这两种操作进行独占控制。不需要以任何方式锁定文件的客户端指定的一个非拒绝共享。

表 11-6　打开共享类型

共享类型	目　的
OPENSHARE_ACCESS_READ	读访问
OPENSHARE_ACCESS_WRITE	写访问
OPENSHARE_ACCESS_BOTH	读写访问
OPENSHARE_DENY_NONE	无文件锁

（续）

共享类型	目　的
OPENSHARE_DENY_READ	读文件锁
OPENSHERE_DENY_WRIT	写文件锁
OPENSHARE_DENY_BOTH	读写文件锁

服务器维护一个全局结构，该结构是与文件相关的所有锁的哈希表。无论何时打开一个文件，都会分配一个新的 nfslockfile 结构并将其添加到 nfslockhash 表中，不管客户端是要求服务器锁定文件还是其中的一个字节范围。所有打开的文件都有一个 nfslockfile 结构，以便将来服务器可以在一个公共位置检查或分配锁定状态。

字节范围锁是通过一组单独的 RPC 调用来获取和释放的：LOCK、LOCKU 和 LOCKT，它们分别对字节范围锁进行锁定、解锁和测试。单个大型例程 nfsrv_lockctrl() 位于所有字节范围锁定操作的中心，由服务器的 nfsrvd_lock()、nfsrvd_locku() 和 nfsrvd_lockt() 例程调用，这些例程映射到上面列出的 RPC 操作。如本节前面所述，通过 nfsrv_open() 例程来处理文件锁定。在锁定字节范围之前，nfsrv_lockctrl() 例程必须首先进行检查，以确保没有冲突的代理或冲突的锁。只有在以前向另一个客户端授予写代理时，才会存在冲突代理。在授予锁之前，回调机制必须回调写代理。读代理不会与锁发生冲突，因为锁不会拒绝客户端读取数据的能力。服务器通过将 nfslock 结构添加到与底层文件关联的 nfslockfile 结构中来锁定文件中的字节范围。当客户端请求一个字节范围的锁时，服务器将在 nfslockfile 结构中查找基础文件，并在 lf_lock 列表中搜索任何冲突的锁。如果没有发现锁冲突，则分配一个新的 nfslock 结构并将其添加到文件的锁列表中。锁列表按字节范围递增的顺序保存，因此只需对列表进行一次遍历，就可以发现潜在的冲突，以及添加或合并条目的适当位置。文件锁状态的所有实际更改都由 nfsrv_updatelock() 例程处理，该例程负责从文件的 lf_lock 列表中添加和删除锁结构。图 11-7 显示了一个包含两个文件的示例，其中一个文件有两个字节范围的锁。获取锁被认为是一种重量级操作，其中许多状态可以在客户端和服务器之间传递。读取和写入数据应该是协议的主要工作，不应该被维护锁控制所需的状态所拖累。

共享保留和字节范围锁都是在用于代理的同一租约下获得的。租约限制了客户端在不续签的情况下对文件或文件片段保持锁定的时间。

11.3.6　安全

NFS 的版本 2 和版本 3 几乎不支持安全特性。由于 NFS 协议的最初目标是在单个工作组（当然是单个组织域）内共享文件，因此似乎没有必要使用重量级的数据认证、加密或验证机制。网络文件系统现在被广泛地部署在公司内部和更恶劣的环境（如 Internet）中，因此 NFSv4 将对各种安全级别的支持直接集成到协议中。在 NFSv4 中提供安全性的三个相互作用的组件是：身份认证系统、在 RPC 层中保护数据的库和 NFSv4 本身。

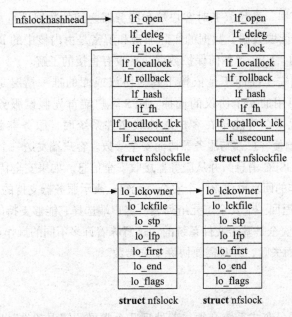

图 11-7　NFSv4 锁数据结构

希望提供安全通信环境的系统必须能够对用户和主机等参与者进行身份认证。身份认证是参与者（如用户）向其他参与者（如远程文件服务器）证明其身份的过程。NFSv4 依赖于 Kerberos 网络身份认证服务的版本 5 来提供系统参与者之间的身份验证 [Neuman 等，2005]。Kerberos 系统充当受信任的第三方，客户端和服务器都使用它来验证系统中参与者所做的各种声明的真实性。希望使用 Kerberos 与服务器通信的客户端必须首先与 Kerberos 身份认证服务器联系，以获得在 Kerberos 中正确的凭证。凭证具有有限的生存期，以防止恶意实体获得对系统的永久访问权。使用凭证，客户端可以向服务器验证自己的身份，并执行各种加密操作，从而允许客户端和服务器加密其数据并私下通信。Kerberos 是一种比较复杂的网络安全协议，这里不再详细介绍。有兴趣的读者可以参考上面提到的 RFC，以获得有关 Kerberos 协议的更多信息。出于我们在 NFSv4 Kerberos 中讨论的目的，应该将 NFSv4 Kerberos 看作向客户端和服务器分发用于锁定和解锁通过网络传输的数据的密钥的系统。

身份认证系统是实现基于网络的安全文件系统的必要条件，但是实际上它没有任何保护或验证系统中交换的数据的能力。NFSv4 中的数据保护是使用 RPCSEC_GSS 协议完成的，该协议依赖于通用安全服务应用程序接口（GSSAPI）[Eisler 等，1997；Linn，2000]。三个参数描述了保护客户端和服务器之间保护数据的机制、服务和质量。将这三个参数合在一起称为安全三元组，每个唯一的安全三元组称为一种特征。GSSAPI 可以提供三种可能的服务。身份认证服务确保希望访问数据片段的用户或其他实体就是他们所声称的用户或实体。NFSv4 使用 Kerberos 对用户和系统进行身份认证，因此不使用 GSS 中的身份认证服务。完整性服务保证数据在传输过程中没有被篡改，但不阻止攻击者在客户端和服务器之间传输数据时从网络读取数据。隐私服务对客户端和服务器之间的数据进行加密,因此攻击者无法在数据传输过程中读取数据。数据的实际加密和解密是由内核中的 RPC 库完成的,而不是由 NFS 直接完成的,NFS 对如何保护数据几乎没有直接的了解。

NFSv4 直接处理安全性而不是依赖于其他协议或库的唯一情况是,客户端需要知道可以与服务器一起使用的安全协议的选择。NFS 客户端首先假设服务器上实现的安全性非常低。在某些情况下,可能早在客户端挂载文件系统时,服务器就会响应 NFS4ERR_WRONGSEC 错误,迫使客户端与服务器协商安全参数。客户端发送一个 SECINFO 操作来响应 NFS4ERR_WRONGSEC 消息,并从服务器接收安全信息。如果安全特征是 RPCSEC_GSS,那么对 SECINFO 操作的回复也包含一个安全三元组,表示服务器支持的安全类型和安全服务质量。服务器可能会返回一个安全三元组列表,客户端选择它能够支持的第一个三元组。

NFSv4 中的数据安全是基于文件系统的,这意味着许多不同的操作可能会因 NFS4ERR_WRONGSEC 的回复而失败,并且需要协商安全参数。

11.3.7　崩溃恢复

诸如 NFS 这样的分布式系统必须妥善处理几个常见的错误条件,以便使用该服务的应用程序可以像对待本地文件系统一样对待它。要维护这种一致性,要求协议具有防止可恢复或瞬时错误永久中断服务的机制。虽然这种情况不经常发生,但是客户端或服务器可能会崩溃,从而导致通信系统之间出现不一致的状态。一个更常见的问题是网络分区,曾经能够通信的客户端和服务器在一段时间内无法相互连接。网络分区可能很简单,但是如果客户端和服务器上的状态在客户端和服务器无法通信期间不同步,那么在修复分区之后,它们必须有一种方法来就一致的状态达成一致。从客户端和服务器的角度来看,如果没有协议的帮助,就无法确定系统是否崩溃或是否发生了临时网络分区。NFSv4 协议具有处理在网络分区或者客户端或服务器系统故障后恢复一致状态的机制。

已经崩溃并重新启动的客户端希望尽快回到正确的运行状态。即使客户端崩溃并重新启动,服务器仍然为客户端保留状态。每个客户端都有一个相关联的客户端 ID。客户端的所有状态都在服务器上维护,直到服务器重新启动或客户端使用 DESTROY_SESSION 和 DESTROY_CLIENTID RPC 调用卸载所有挂载的文件系统并销毁其会话和客户端 ID。即使客户端在租约期内重新启动,它仍然需要通过本节前面描述的 EXCHANGE_ID 机制与服务器创建一个新的客户端 ID。建立新的客户端 ID 让服务器知道客户端已经重新启动,此时服务器可以使与前一个客户端化身相关联的所有状态无效并释放。在建立新的客户端 ID 之后,客户端可以再次使用 NFS 服务。

从服务器崩溃中恢复比客户端重新启动所需的过程更复杂。当服务器重新启动时,它必须注意恢复在系统重新启动之前存在的任何锁定状态。如果客户端尝试使用重新启动的服务器进行操作,则会发现它的会话 ID 和客户端 ID 都是无效的,并且必须为它们建立新的值,才能再次使用该服务。存储在服务器上的锁定状态的客户端必须通过回收过程来重新获取它以前持有的锁。

当服务器重新启动时，需要几个步骤来确保其处于一致的状态，才能继续向客户端提供文件。所有 NFSv4 服务器都会记录它们自纪元以来的启动时间（以秒为单位），并将该时间放入所有客户端和状态 ID 中。当服务器重新启动时，它的启动时间将发生变化，任何包含客户端或来自服务器以前版本的状态 ID 的请求将收到 NFS4ERR_BAD_SESSION 错误，通知客户端必须使用服务器重新建立自己。在正常操作期间，NFSv4 服务器将某些操作记录在一个本地文件中，该文件在服务器崩溃后恢复状态。本地状态文件包含服务器以前所有引导时间的列表，以防止在引导时发生冲突。服务器的启动时间用于构造客户端和状态 ID，而冲突可能会使过时的客户端或状态 ID 被忽略，从而导致文件损坏。在以前的启动时间列表之后是一组包含客户端 ID 和标志的可变大小的条目。这些标志指示客户端是否具有与之关联的活动状态，或者该状态是否已被撤销。

当服务器启动时，它在授予新锁之前设置一个 15 秒的宽限期。在宽限期内，客户端需要通过回收过程重新建立服务器上的任何声明，例如锁。OPEN RPC 包含一个声明参数，该参数显示客户端是否尝试在服务器上回收状态。在正常操作中，声明参数设置为 NULL，但是当客户端被迫与服务器重新建立状态时，它的 OPEN RPC 将包含表 11-7 中列出的声明。

表 11-7　打开声明

声　明	目　的
NULL	通过名字正常 open()
FH	通过文件句柄正常 open()
DELEGATE_CUR	通过基于代理名字打开文件
DELEG_CUR_FH	基于代理打开文件句柄
PREVIOUS	通过文件句柄打开文件
DELEG_PREV	通过文件名字回收代理
DELEG_PREV_FH	通过文件句柄回收代理

客户端还必须回收服务器重新启动时拥有的所有锁。可以通过发送设置了回收位的 LOCK RPC 来回收锁。一旦客户端完成回收所有状态的过程后，它向服务器发送一个 RECLAIM_COMPLETE 消息，此时服务器可以从状态文件中丢弃以前客户的状态记录。

通过调用 nfsrv_setupstable() 例程启动服务器时，将创建本地状态文件。当服务器写入状态文件时，都会通过调用 nfsrv_backupstable() 进行备份，这是防止系统崩溃期间状态文件损坏的一种额外的、极端的措施。

习题

11.1　描述由 NFS 客户端完成的功能。

11.2 描述由 NFS 服务器完成的功能。

11.3 描述 NFSv3 无状态的三个好处。

11.4 列出 NFS 协议版本 4 中增加的两个新特性。

11.5 给出两个原因，说明为什么使用 TCP 处理 NFS RPC 协议比使用 UDP 更好。

11.6 描述 FreeBSD 文件句柄的内容。如何使用文件句柄？

11.7 何时为文件分配新的生成号？生成号有什么用？

11.8 描述在服务器崩溃或无法访问时，NFS 客户端处理文件系统访问尝试的三种方法。

11.9 给出两个原因，为什么租约的期限被设定为有限。

11.10 什么是回调？什么时候使用？哪个守护进程发送回调？哪个守护进程接收它们？

11.11 NFSv4 支持哪两种类型的锁？

11.12 描述 NFSv4 服务器在崩溃后如何恢复。

*11.13 给出一个网络时间图，显示客户端获取文件中的记录锁、将数据写入记录并释放锁的过程。

**11.14 假设租约的期限是无限的。设计一个在客户端或服务器崩溃后恢复租约状态的系统。

第四部分 *Part 4*

进程间通信

进程间通信

FreeBSD 提供了一整套丰富的进程间通信机制，用来支持构建在通信原语之上的分布式程序。本章将介绍这些机制。

没有一种机制可以满足所有类型的进程间通信。FreeBSD 10 中提供的 IPC 子系统可以分为两种。第一种在单个系统上提供 IPC，包括对信号量、消息队列和共享内存的支持。7.2 节介绍了这个子系统。第二种是套接字接口，它为网络通信提供了统一的 API。

套接字 API 与网络子系统紧密相关。本章介绍了网络系统的总体体系结构，然后给出了网络层和传输层协议的实现原理，最后在第 13 和 14 章中对其进行了总结和提炼。读完本章之后会对理解第 13 章和第 14 章提供很大帮助。

12.1　进程间交互模型

增强 UNIX 进程间通信有几个目标。最迫切的需求是提供对网络通信（如 Internet 等）的访问 [Cerf，1978]。以前提供网络接入的工作主要集中在网络协议的实现上，通过特殊应用（通常是不便的）的接口为应用程序提供传输机制 [Cohen，1977；Gurwitz，1981]。因此，每个新的网络实现会导致不同的应用接口，进而导致现有的应用程序要进行很大修改或者完全重写。对于 4.2BSD，进程间通信机制旨在提供一个通用的接口，允许独立于底层的通信机制构建网络应用程序。

第二个目标是允许实现多进程程序，如分布式数据库。UNIX 管道要求所有的交互进程从公共父进程派生。管道的使用导致系统结构不够理想，需要新的通信机制来支持单台主机上本地进程和多台主机之间进程的远程进程间通信。

最后，提供新的通信机制来构建局域网服务（如文件服务器）是非常重要的。其目的是提供一种机制，可以方便访问分布式环境中的共享资源，而非构建分布式 UNIX 系统。

下面是进程间通信机制设计所支持的特性：

❑ 透明性：进程间通信不取决于进程是否在同一台机器上。

❑ 效率：任何进程间通信机制的可用性都会受限于其机制的性能。一个进程间通信的简单实现常会导致模块化但是低效的实现，因为大多数进程间通信机制（特别是那些与网络相关的机制）会被分解成多个层次。在每一层的边界，软件必须做一些工作，向消息中添加或者删除信息。FreeBSD 仅引入维持系统正常运行所必要的层，而不引入其他层。

❑ 兼容性：现有的简单进程应该可以在分布式环境中使用而无须更改。一个简单进程的工作流程是读取标准的输入文件并写入标准输出文件。一个复杂的进程使用内核提供的丰富的接口来工作。UNIX 成功的一个主要原因是操作系统通过字节流过滤器对模块化的支持。尽管存在像 Web 服务器和屏幕编辑器这样复杂的应用程序，但它们的数量远远超过了简单应用程序的集合。

设计进程间通信机制时，开发者确定了以下需求来支持这些目标，并为每个目标制定了统一的概念：

❑ 系统必须支持使用不同的协议集、不同的命名约定、不同的硬件等的通信网络。由于这些原因，定义了通信域的概念。通信域定义了通信和命名的标准语义。不同的网络有不同的命名通信端点的标准，这些标准的属性有可能不同。在一个网络中，名称可能是通信端点的固定地址，而在另一个网络中，名称可能用于定位进程的位置。通信的语义包括与数据可靠传输相关的耗费、对多播传输的支持、传递访问权限或功能的能力，等等。

❑ 在需要时，对于通信端点的统一抽象能够通过文件描述符来操作。套接字是从其发送和接收消息的抽象对象。套接字在通信域中创建，就像文件是在文件系统中创建一样。跟文件不同的是，套接字只有在被引用时才存在。一旦表示套接字的文件描述符被关闭，其引用计数下降到零，套接字就被释放。

❑ 通信语义必须以可控和统一的方式提供给应用程序。应用程序应该支持多种类型的通信，例如可靠的字节流或不可靠的数据报，并且这些类型必须在所有通信域中保持一致。所有套接字都是根据它们的通信语义来定义的。类型由套接字支持的语义属性来定义，这些属性包括：

1）有序数据传输。

2）非重复数据传输。

3）可靠的数据传输。

4）面向连接的通信。

5）保存消息边界。

6）支持带外消息。

管道具有前四个属性，没有第五个和第六个属性。带外消息是指在接收到的带内消息的数据之外发送给接收方的消息，通常与紧急或者异常情况相关联。连接是用来避免必须将发送套接字的标识与每一个数据包一起发送的一种机制。相反，每个通信端点的标识在传输数据之前进行交换，并在每个端点进行维护，以便在任何时候都可以标识。另一方面，无连接通信在每次传输时需要知道源地址和目的地址。数据报套接字提供不可靠的无连接数据包通信；流式套接字提供可靠的、面向连接的字节流，并且支持带外数据传输。按顺序分组的套接字提供了一种按照顺序的、可靠的、不重复的基于连接的通信，这种通信具有消息边界。套接字 API 是可扩展的，并且可以将其他类型的套接字添加到系统中。

进程必须能够定位通信端点，这样它们就可以无缝融合，因此能够命名套接字。套接字的名字仅在创建套接字通信域的上下文中有意义。大多数应用程序使用的名字要有良好的可读性。但是，在通信域中使用的套接字名字通常是底层地址。FreeBSD 内核中没有名称到地址的转换函数，而是为应用程序提供了一个用户空间库，用于将名字转换为地址。

使用套接字

自从套接字 API 创建以来，已经有好几本从用户角度编写的关于 socket 编程的优秀书籍出版 [Stevens 等，2003]。本节将简要介绍在 IPv4 通信域通过可靠的字节流进行通信的客户端和服务器程序，先描述客户端程序再描述服务器程序。有关网络应用程序的详细信息，请参阅引用的参考文献。

应用程序能够通过 socket 系统调用创建套接字：

```
int sock = socket(AF_INET, SOCK_STREAM, 0);
```

套接字类型根据应用程序使用场景来定。在这个例子中，需要使用可靠的连接，因此选择使用流式套接字（type = SOCK_STREAM）。domain 参数指定了创建套接字的通信域（或地址族，参见 12.4 节），这里使用的是 IPv4 网络（domain = AF_INET）。最后一个参数是 protocol，它提供一个特定的通信协议以支持套接字的操作。协议由特定的常量来指定。参数为 0 时，系统自行选择合适的协议。socket 系统调用返回一个文件描述符（短整型，参见 7.1 节），后面所有的套接字操作都可以使用它。

在套接字被创建后，下一步依赖于所使用套接字的类型。由于这个例子是面向连接的，因此在使用套接字之前需要建立连接。在两个套接字之间建立连接通常需要每个套接字绑定一个地址，这是一种标识每个通信端点的简单方式。

应用程序可以显式指定套接字地址，也可以由系统分配一个套接字地址。套接字地址结构中必须给出套接字的地址信息。地址的格式和通信域有关，为了兼容各种不同的格式，系统使用可变长度的字节数组存储地址，数组头部存储长度和格式对应的标签信息。这样可以使用一个较为通用的地址格式，以解决通信域不同带来的格式不一致问题。

连接是由 connect 系统调用发起的：

```
int error, sock;
struct sockaddr_in rmtaddr;
int rmtaddrlen = sizeof(struct sockaddr_in);

error =
    connect(sock, (struct sockaddr *)&rmtaddr, rmtaddrlen);
```

当 connect 调用完成时，客户端就成为一个能够发送和接收数据的通信端点。

服务器创建套接字时则使用不同的方式。它必须将自己绑定到一个地址，然后接受来自客户端的连接请求。下面是将地址绑定到套接字的调用：

```
int error, sock, localaddrlen = sizeof(struct sockaddr_in);
struct sockaddr_in localaddr;

error =
    bind(sock, (struct sockaddr*)&localaddr, localaddrlen);
```

sock 是 socket 调用创建的描述符。

出于几个原因，套接字名字绑定和创建是分开处理的。首先，未命名的套接字有潜在用途。如果所有的套接字必须被命名，开发者会被迫设计毫无意义的名字。其次，在某些通信域中，需要在将名字绑定到套接字之前添加额外信息，例如使用套接字需要的"服务类型"。如果在创建套接字时必须指定套接字的名字，支持这些信息可能让接口变得更加复杂。

在服务端进程中，套接字通过使用 listen 系统调用来监听处于连接状态的通信端点：

```
int error, sock, backlog = 5;

error = listen(sock, backlog);
```

listen 调用中的 backlog 参数指定了可接受连接队列的上限。在监听队列上设置上限是防止内核资源被耗光的一种方法。

通过 accept 调用，每次接受一个连接：

```
int newsock, sock;
struct sockaddr_in clientaddr;
int clientaddrlen = sizeof(struct sockaddr_in);

newsock = accept(sock, (struct sockaddr *)&clientaddr,
                 clientaddrlen);
```

accept 调用通过传入 clientaddr 和 clientaddrlen 参数返回一个新套接字和客户端地址。newsock 是可以进行通信的套接字。原来的套接字 sock 仅用来管理服务器中的连接请求队列。

用于发送和接收数据的各种调用接口如表 12-1 所示。这些接口中功能最强大的调用是 sendmsg 和 recvmsg，它们能够处理数据分散–收集操作、指定传输和接收地址、提供可选标志位、处理特殊含义的辅助数据或控制信息。sendmsg 和 recvmsg 使用的消息头结构如图 12-1 所示。辅助数据可以包含特定于协议的数据，如地址或选项、特定解释数据（称为访问权限）。12.6 节中给出了更详细的消息头用法。

表 12-1　在套接字上发送和接收数据

例　程	已连接的	标　志	地址信息	辅助数据	分散－收集
read/write	Y	N	N	N	N
readv/writev	Y	N	N	N	Y
recv/send	Y	Y	N	N	N
recvfrom/sendto	Y	Y	Y	N	N
recvmsg/sendmsg	Y	Y	Y	Y	Y

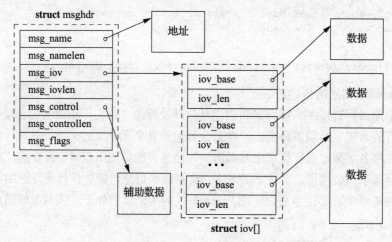

图 12-1　sendmsg 和 recvmsg 系统调用的数据结构

除了这些系统调用，还有一些其他调用可访问杂项服务。getsockname 调用获取套接字本地绑定地址，getpeername 调用获取连接远程端的套接字地址。shutdown 调用终止套接字上的数据传输或接收，setsockopt 和 getsockopt 是两个 ioctl 风格的函数，它们用来设置或接收各种套接字控制参数、底层网络协议控制参数等。标准的 close 系统调用关闭套接字。

进程间通信机制的接口被设计成正交于已经存在的标准系统接口（即 open、read、write 系统调用）。这样可以避免一些诸如接口重载的复杂性。此外，开发者认为使用完全独立于文件系统的接口可以提高软件的可移植性，例如，接口中不需要提供路径名。为了简化整个调用过程，向后兼容非常重要。因此，不论新的通信机制怎样，都应该提供基本的读写接口（例如，使用面向连接的流式套接字）。

12.2　实现结构和概述

进程间通信机制位于网络机制的顶层，如图 12-2 所示。数据从应用程序通过套接字层流向网络层，反之亦然。套接字层所需状态信息完全封装在套接字层中，任何与协议相关的状态信息都是在其协议的数据结构中维护的。与数据传输相关的存储负责将数据从套接字层传输到网络层。遵从这个规则有助于简化存储管理的细节。在套接字层中，套接字数据结构是整个通信过程的核心内容。系统调用接口例程管理与系统调用相关的操作，收集系统调用参数（参见 3.2 节）并且将用户数据转换成套接字层能识别的格式。大多数套接字抽象是在套接字层例程中实现的，所有套接字例程的名称都带有 so 前缀，能够直接操作套接字数据结构并且在异步活动中进行同步处理。这些例程如表 12-2 所示。

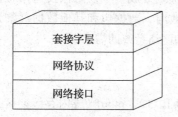
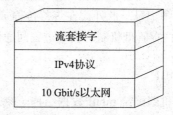

图 12-2 进程间通信实现的分层。左边展示了标准分层，右边展示了特定的套接字在不同层上的例子

表 12-2 套接字层支持的例程

例　程	功　能
socreate()	创建一个新的套接字
sobind()	套接字绑定
solisten()	让套接字监听连接请求
soclose()	关闭套接字
soabort()	取消套接字上的连接
soaccept()	接受一个套接字上的挂起连接
soconnect()	发起到另一个套接字的连接
soconnect2()	在两个套接字上创建连接
sodisconnect()	断开已连接的套接字
sosend()	发送数据
soreceive()	接收数据
soshutdown()	关闭数据传输或接收
sosetopt()	设置套接字选项的值
sogetopt()	获取套接字选项的值

　　本章后面的部分重点讨论套接字层上的实现。12.3 节探讨套接字层上和下层网络子系统的内存管理，12.4 节主要是套接字和相关的数据结构，12.5 节描述了建立连接过程使用的算法，12.6 节讨论数据传输，12.7 节描述连接的关闭。这些章节不会过多涉及网络通信协议机制。12.8 节描述网络通信协议的内部结构，12.9 节描述套接字到协议的接口，12.10 节描述协议到协议的接口，12.11 节描述协议到网络的接口，12.12 节描述网络缓冲和流量控制，12.13 节讨论网络虚拟化。

12.3 内存管理

进程间通信和网络协议中的内存管理体系结构需求与操作系统其他部分有本质的不同。虽然都要求有效的分配和回收内存，但通信协议对特定内存的需求跨度很大。诸如通信协议包需要可变大小结构的内存。协议实现过程中通常需要频繁地对数据包的头文件添加或者移除。当包被发送和接收时，缓冲数据需要被划分成多个信息包发送，而收到的信息包会被合并成一条记录。此外，在等待传输或接收时，数据包和其他数据对象必须排队。存在一种专门的内存管理机制，满足进程间通信和网络系统的需求。

12.3.1 mbuf

内存管理机制围绕 mbuf 数据结构（参见图 12-3）。mbuf（或内存缓冲区）的大小取决于它们所包含的内容。所有的 mbuf 都包含一个固定的 m_hdr 结构，用于跟踪关于 mbuf 的各种记录。一个 mbuf 仅仅包含 224 字节的空间（总计 256 字节减去 mbuf 头部的 32 字节）。所有的结构大小都是在 64 位处理器上计算的。

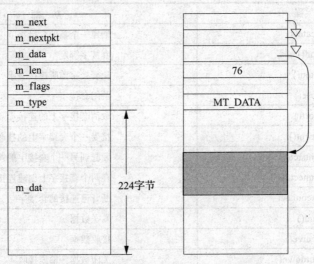

图 12-3　内存缓冲区（mbuf）数据结构

对于大的消息，系统可以从内部虚拟内存区域引用大的外部 mbuf 簇，将大的数据段与 mbuf 关联起来。mbuf 簇的大小依赖于体系结构，由宏 MCLBYTES 指定，X86 上是 2 KB。

数据要么存储在内部数据区域，要么存储在外部簇中，但不会同时存储在这两者中。使用 mbuf 中的指针来访问特定位置的数据。除数据指针字段，还保留一个长度字段。长度字段显示数据指针位置的有效字节数。通过数据和长度字段信息，程序可以在 mbuf 的开始和结束位置有效地截取数据。在 mbuf 开始的位置删除数据时，指针递增，长度递减；在 mbuf 结束位置删除数据时，指针不变，长度递减；当 mbuf 有可用空间时，可以在两端添加数据。因为在数据添加和数据删除过程中不需要进行数据复制，所以对通信协议的实现非常有用。协议通常会将消息往更高层或更低层传递，在传递给更高层的模块之前，将协议信息从消息的头部或尾部移除；在传递给更低层时会将协议信息添加进去。

可以将多个 mbuf 连接在一起保存任意数量的数据。可以通过 m_next 字段把多个 mbuf 链接起来。习惯上，把多个 mbuf 链接的结构当成一个对象。例如，通信协议根据 mbuf 链构建数据包。第二个字段（m_nextpkt）链接 mbuf 链到对象列表中。在我们的讨论中，通过 m_next 字段链接在一起的 mbuf 集合被称为链；通过 m_nextpkt 字段链接在一起的 mbuf 链被称为一个队列。

每个 mbuf 根据用途分类。这种分类服务于两个用途：一个用途是区分 mbuf 链中消息的组件，这些组件在套接字数据队列中等待接收；另外一个用于维护存储使用的统计信息，如果有问题，还将用于跟踪 mbuf。

mbuf 标志在逻辑上分为两组：描述单个 mbuf 用法的标志和描述存储在 mbuf 链中的对象的标志。描述 mbuf 的标志指定 mbuf 是否引用外部存储（M_EXT）、mbuf 是否包含一组包头字段（M_PKTHDR）以及 mbuf 是否完成一条记录（M_EOR）。包通常存储在 mbuf 链中（一个或多个 mbuf），M_PKTHDR 标志设置在链的第一个 mbuf 上。描述包的 mbuf 标志在第一个 mbuf 中设置，包括广播标志（M_BCAST）或多播标志（M_MCAST）。后一个标志指定包的发送方式是作为广播还是多播发送，或者接收以同样方式发送的包。

如果在一个 mbuf 上设置了 M_PKTHDR 标志，mbuf 在紧跟标准头之后有第二组头字段，这样会使 mbuf 数据区域从 224 字节缩减到 168 字节。表 12-3 所示的包头仅用于链的第一个 mbuf。它包括几个字段：指向接收数据包接口的指针、数据包的长度、数据包的校验和、指向任意标志列表的指针。

表 12-3　mbuf 中 M_PKTHDR 数据结构中的重要字段

字　段	描　述
rcvif	mbuf 接收接口
tags	各种网络子系统使用的标签列表
len	包的总长度
flowid	包 ID：源和目标的网络地址和端口的四元组
csum_flags	校验和卸载特点
fibnum	用来转发信息基础
rsstype	接收端引导哈希到队列的引导包
ether_vtag	以太网 VLAN 标记
tso_segsz	TCP 分段卸载区大小
csum_data	包校验和数据

使用 M_EXT 来标记使用外部存储的 mbuf。这里使用一个不同的头部结构覆盖 mbuf 内部数据区域。这个头文件中的字段（如图 12-4 所示）描述了外部存储中缓冲区的起始位

置及其大小。一个字段指向释放缓冲区，理论上 mbuf 可以映射各种类型的缓冲区。在当前的实现中，free 函数未被使用，外部存储被假定为一个标准的 mbuf 簇。mbuf 可以是同时包含包头和外部存储。这里，标准的 mbuf 头结构后面是包头，然后是外部存储头结构。

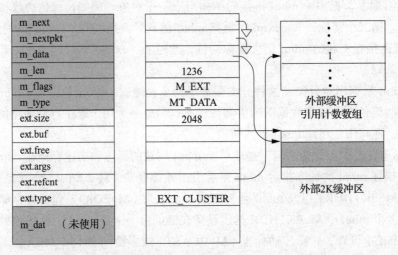

m_next		
m_nextpkt		
m_data		
m_len	1236	
m_flags	M_EXT	
m_type	MT_DATA	
ext.size	2048	
ext.buf		
ext.free		
ext.args		
ext.refcnt		
ext.type		
m_dat　（未使用）	EXT_CLUSTER	

外部缓冲区
引用计数数组

外部2K缓冲区

图 12-4　带有外部存储的内存缓冲区（mbuf）数据结构

由于 mbuf 可以引用 mbuf 簇的能力使得数据在网络代码中能够被不同实体引用，而无须内存到内存的复制。当需要一个数据块的多个副本时，多个 mbuf 可以引用同一个 mbuf 簇。由于 mbuf 头是临时的，所以 mbuf 簇的引用计数不能存储在 m_ext 结构中。相反，mbuf 簇的引用计数作为单独的数组引用共享的 mbuf 簇。对于每个 mbuf 簇，系统可以分配足够大的数组。mbuf 和簇的内存基于内核参数 maxusers，maxusers 本身是根据系统的物理内存数量设置的。基于物理内存，网络子系统的内存会设定一个合理的默认值，它会根据网络任务（例如 Web 服务器、防火墙或路由器等）增加。

由于以下几个原因，mbuf 具有固定大小而非可变大小的数据区域。首先，固定大小使内存碎片最小化。其次，通信协议需要在现有数据域前后附加头，分割数据域从开始和结束处剪裁数据。mbuf 的设计目的是在不重新分配或尽可能复制的情况下处理此类修改。

mbuf 是所有网络子系统的核心对象，它随着代码中每一个大的变化而变化。它包含一个标志字段和两个可选的头字段集。数据指针替换了 mbuf 初始版本中的偏移字段。当数据引用 mbuf 簇的时候，偏移量的使用是不可移植的。通过添加标志字段可以使用外部存储。早期版本测试了偏移量，以查看数据是否在内部 mbuf 数据区域中。标志一致性要求广播数据标志允许网络层协议知道数据包是否作为链路层广播接收。添加的几个其他标志字段供特定的协议进行分片处理。

自从 BSD4.4 版本以来，可选的头字段修改了很多次。这两个头文件的设计初衷是为了避免对象大小的冗余计算，以便更容易识别网络接口接收到的包，泛化 mbuf 使用的外部存储。

FreeBSD 5 以后，数据报包头扩展了信息校验和计算（一种传统上昂贵的操作，现在可以用硬件来计算）以及数据包流的管理、服务参数质量、引导包到特殊硬件队列的哈希、任意的标记设置。

固定大小的标记结构可以指向任意内存，并且可以存储网络子系统不同模块的信息。每一个标记都有指向链表中的下一个标记的链接，一个 16 位 ID、一个 16 位长度和一个 32 位 cookie 以及一个模块类型。cookie 标识了拥有标记的模块。类型是模块的一段私有数据，描述了处理标记的模块类型。标记携带不在包中的额外信息，并且它们通常作为网络子系统的扩展机制。新的网络模块能够自定义标记，在不同的网络栈组件之间作为一种带外信息的通信方式，而不用修改 mbuf 结构，从而失去 FreeBSD 各版本之间的二进制兼容性。这些标记的例子参见 13.7 节。

12.3.2　存储管理算法

多处理器的网络堆栈系统需要完全重新处理 mbuf 代码的内存分配算法。以前版本的 BSD 使用系统分配器分配内存，并且分配给 mbuf 和簇，这种简单的技术在多 CPU 的时候就不起作用了。

6.3 节中有过详细描述，FreeBSD 通过一系列网络内存分配代码分配虚拟内存。每个 CPU 都有私有的 mbuf 和簇的容器。还有个单独的 mbuf 和簇的通用池，在每个 CPU 列表为空时尝试分配内存，为满时释放内存。单处理器系统运作起来像是有一个 CPU 的多处理器系统，这意味着它把 CPU 列表当成一个通用的列表来使用。

mbuf 分配请求要么被立刻满足，要么等待可用资源。如果请求被标记为"可等待"，并且请求的资源不可用，那么进程进入休眠状态，等待可用的资源。如果没有资源可用，非阻塞的请求会失败。对中断级别执行的代码来说，非阻塞的分配请求不再是必须的，但是网络代码仍需假定在非阻塞的情况下运行。如果 mbuf 的分配到达极限或者内存不可用时，mbuf 分配程序请求网络协议模块返回它们使用的任何可用资源。

mbuf 分配通过调用 m_get()、m_gethdr() 或等效的宏实现。mbuf 由 mb_alloc() 函数从当前运行的 CPU 列表中检索和初始化。对于 m_gethdr() 函数，mbuf 使用可选的包头初始化。宏 MCLGET 将一个 mbuf 簇添加到一个 mbuf 中去。

mbuf 资源的释放很简单：m_free() 函数释放单个 mbuf，m_freem() 释放 mbuf 链。当一个 mbuf 指向的 mbuf 簇被释放时，该簇的引用计数会递减。当 mbuf 簇的引用计数到 0 时，它们将被放置到当前正在运行的 CPU 的列表中。

12.3.3　mbuf 实用例程

很多有用的实用例程在内核网络子系统中操作 mbuf。m_copym() 例程从数据开始的逻辑偏移位置（以字节为单位）复制 mbuf 链。这个例程可用于复制部分或整个 mbuf 链。如果一个 mbuf 关联到 mbuf 簇，则副本会增加这个簇的引用计数。m_copydata() 函数与此类似，但它是将数据从 mbuf 链复制到调用者的缓冲区中。这个缓冲区不是 mbuf 或链，而是一个类似内核 I/O 缓冲区的内存区域。

m_adj() 例程通过指定字节数据调整 mbuf 链中的数据，从前面或后面删除数据。不需要进行数据的复制；m_adj() 通过操作 mbuf 结构中的偏移量和长度字段来操作。宏 mtod() 获取指向 mbuf 头和数据类型的指针，并且返回指向缓冲区数据的指针，转换为指定类型。

m_pullup() 例程重排 mbuf 链，使指定数量的字节驻留在 mbuf 内的连续数据区域（而不是在外部存储中）。使用此操作可以使诸如协议头之类的对象是连续的，并且可以将其视为正常的数据结构。如果有空间，m_pullup() 将把连续区域的大小增加到协议头的最大值，以避免将来被再次调用。

M_PREPEND() 宏调整 mbuf 链，使其预先准备特定数量的数据字节。如果可能，会在适当的位置创建空间，但是可能需要在链头分配额外的 mbuf。目前不可能在 mbuf 簇中预先添加数据，因为不同的 mbuf 可能引用簇中不同部分的数据。

12.4 IPC 数据结构

套接字是网络上通信的进程使用的对象。套接字的类型定义了基本的通信语义集，而通信域定义了对套接字使用的很重要的辅助属性，并可以完善可用的通信语义的集。表 12-4 显示了系统当前支持的 4 种套接字类型。要创建新的套接字，应用程序必须指定其类型和通信域。该请求还可以指示套接字要使用的特定网络协议。如果没有指定协议，则系统从通信域支持的协议集中选择适当的协议。如果通信域无法支持请求的套接字类型（即没有合适的协议可用），请求将失败。

表 12-4　系统支持的套接字类型

名　字	类　型	属　性
SOCK_STREAM	流	可靠的，有序数据传输，可能支持带外数据
SOCK_DGRAM	数据报	不可靠的，无序数据传输，有消息边界
SOCK_SEQPACKET	有序的数据包	可靠的，有序数据传输，有消息边界
SOCK_RAW	原始	直接访问底层的通信协议

套接字由套接字数据结构描述，套接字数据结构是在 socket 系统调用时动态创建的。通信域由域数据结构描述，域数据结构是基于系统的配置在系统中静态定义的（参见 15.3 节）。域内的通信协议由 protosw 结构描述，该结构也在系统中为配置的每个协议实现静态定义。静态定义这些结构可以减少通信启动时间，并降低实现的复杂性，因为不需要在运行时支持协议或域的动态添加和删除。

当发出创建套接字的请求时，系统使用通信域的值来线性搜索已配置域的列表。如果找到域，就会查询支持该域的协议表，以找到适合正在创建的套接字类型或请求的特定的协议。对于原始套接字可能存在通配符条目。如果多个协议条目满足请求，则选择第一个。

本节介绍了域结构。12.8 节讨论了列出域支持协议的 protosw 结构。

域结构如图 12-5 所示。dom_name 字段是命名通信域的字符串。dom_family 字段标识域使用的地址族（address family）。表 12-5 显示了一些可能的地址族值。地址族指的是域的寻址结构。一个地址族通常有一个相关的协议族。协议族是指一套用于支持套接字通信语义的域通信协议。dom_protosw 字段指向实现通信域支持的协议函数表，dom_protoswNPROTOSW 指针指向表的末尾。其余项包含指向特定域的例程的指针，这些例程用于管理和传输访问权限，以及与域的路由和网络接口初始化相关的字段。

dom_family	AF_INET
dom_name	"internet"
dom_init	...
dom_destroy	...
dom_externalize	...
dom_dispose	...
dom_protosw	inetsw
dom_protosw NPROTOSW	&inetsw[19]
dom_next	0
dom_rtattach	in_inithead
dom_rtdetach	in_detachhead
dom_rtoffset	32
dom_maxrtkey	sizeof(struct sockaddr_in)
dom_ifattach	...
dom_ifdetach	...

图 12-5　通信域数据结构

表 12-5　地址族

名　字	描　述
AF_LOCAL	本地通信
AF_UNIX	AF_LOCAL 已废弃名字
AF_INET	IPv4
AF_INET6	IPv6
AF_IEEE80211	IEEE802.11 WiFi
AF_IPX	Novell 网际包交换
AF_ATM	异步传输模式
AF_KEY	IPSec 密钥管理
AF_ISO	OSI 网络协议
AF_CCITT	CCITT 协议，例如 X.25
AF_SNA	IBM 系统网络体系结构（SNA）
AF_DLI	直接链路接口

（续）

名　字	描　述
AF_APPLETALK	AppleTalk 网络
AF_ROUTE	与内核路由层通信
AF_LINK	原始链路层访问

套接字数据结构如图 12-6 所示。套接字结构的存储是由区域分配器分配的（在 6.3 节中描述）。套接字包含关于它们的类型、使用中的支持协议和它们的状态的信息。状态列于表 12-6 中。正在传输或接收的数据作为 mbuf 链的一个列表在套接字处排队。存在的各种字段用于管理在连接建立时创建的套接字队列。每个套接字结构还包含一个进程组标识符。进程组标识符用于传递 SIGURG 和 SIGIO 信号。当套接字存在紧急情况时发送 SIGURG，异步 I/O 工具使用 SIGIO（参见 7.1 节）。套接字包含一个错误字段，该字段用于存储要报告给套接字所有者的异步错误。

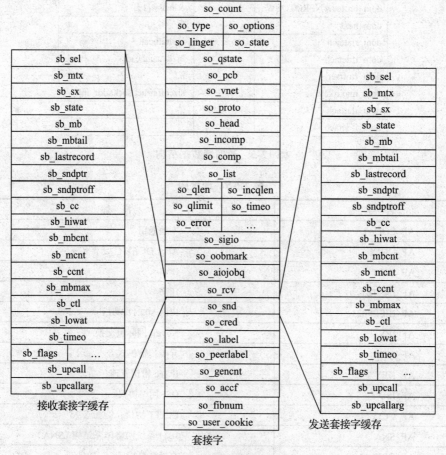

图 12-6　套接字数据结构

表 12-6　套接字状态

状　态	描　述
SS_NOFDREF	无文件表引用
SS_ISCONNECTED	已连接到对端
SS_ISCONNECTING	正处于连接到对端的进程中
SS_ISDISCONNECTING	正处于从对端断开连接的进程中
SS_NBIO	非阻塞 I/O
SS_ASYNC	异步 I/O 通知
SS_ISCONFIRMING	对端正在等待连接确认
SS_ISDISCONNECTED	套接字从对端断开
SBS_CANTSENDMORE	不能向对端发送更多的数据
SBS_CANTRCVMORE	不能从对端接收更多的数据
SBS_RCVATMARK	输入带外数据标记

套接字是通过文件条目使用进程的文件描述符来定位的。在创建套接字时，将文件结构的 f_data 字段设置为指向套接字结构，将 f_ops 字段设置为指向定义套接字特定文件操作的一组例程。在这里，套接字结构与文件系统使用的 vnode 结构是直接并行的。

套接字结构充当正在传输和接收的数据的队列点。当数据作为系统调用（如写或发送）的结果进入系统时，套接字层将数据作为 mbuf 链传递给网络子系统进行传输。如果支持协议模块决定延迟数据的传输，或者在接收到确认之前要维护数据的副本，则数据将在套接字的发送队列中排队。当网络消耗了数据后，它将数据从传出队列中丢弃。在接收端，网络将数据向上传递到套接字层（也是在 mbuf 链中），然后它们在队列中既进行等待，直到应用程序发出系统调用来请求它们。套接字层还可以在数据到达时对网络的内部内核客户端进行回调，从而允许在不进行上下文切换的情况下处理数据。NFS 服务器使用回调（参见第 11 章）。

为了避免资源耗尽，套接字对套接字数据缓冲区排队字节数以及可用于数据的存储空间量设置了上限。此上限最初由协议设置，不过应用程序可以将该值更改为系统最大值。网络协议可以检测上限，并将其应用于流量控制策略中。下限也存在于每个套接字数据缓冲区。下限允许应用程序通过指定满足接收请求所需的最小字节数来控制数据流，默认为 1 字节，上限为最大值。对于输出，下限设置传输前可用的最小空间量；默认值是 mbuf 簇的大小。当用于测试套接字读或写的能力时，这些值还控制 select 系统调用。

在通信协议层接收到连接指示时，连接可能需要进一步处理才能完成。根据协议，可以在连接返回到监听进程之前进行处理，或者允许监听进程确认或拒绝连接请求。用于接收传入连接请求的套接字维护两个相关的套接字队列。以 so_incomp 字段为首的套接字列表表示一个连接队列，在返回之前必须在协议级完成。so_comp 字段负责准备返回给监听进程的套接字列表。与数据队列一样，连接队列也有应用程序可控制的限制。这个限制适用于两个队列。因为这个限制可能包括尚未被接受的套接字，所以系统强制调整为一个比默认限制大 50% 的限制。

虽然可以通过网络协议建立连接，但应用程序可以选择不接受已建立的连接，或者在发现客户端的身份后立即关闭连接。网络协议可能会延迟连接的完成，直到应用程序通过 accept 系统调用获得控制之后。应用程序可以使用特定于协议的机制显式地接受或拒绝连接。否则，如果应用程序进行数据传输，则连接被确认；如果应用程序立即关闭套接字，则连接将被拒绝。

12.4.1 套接字地址

套接字可以被标记，以便对端可以连接到它们。套接字层将地址视为不透明的对象。应用程序提供和接收作为标记的、可变长度的字节数组的地址。地址位于套接字层的 mbuf 中。如图 12-7 所示，一个 sockaddr 结构的模板，它可以引用每个地址的标识标签和长度。大多数协议层支持由标签标识的一个地址类型，称为地址族。

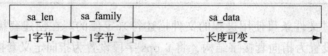

图 12-7 套接字地址模板结构

通常情况下，应用程序传入的地址驻留在 mbuf 中的时间仅够套接字层将其传递给支持协议，以将其传输到固定大小的地址结构中——例如，当协议在协议控制块中记录地址时。sockaddr 结构是套接字层和网络支持设施交换地址的常用方式。尽管泛型代码不能依赖于 sockaddr 结构中足够的地址空间来任意选择地址，但泛型数据数组的大小选择为足以直接容纳许多类型的地址。例如，本地通信域（以前称为 UNIX 域）将文件系统路径名存储在 mbuf 中，并允许 socket 名称最大至 104 字节，如图 12-8 所示。IPv4 和 IPv6 都使用固定大小的结构，它包含网络地址和端口号。不同之处在于地址的大小（IPv4 为 4 字节，IPv6 为 16 字节），并且 IPv6 地址结构携带其他信息，包括范围和流信息。这两个网络协议都为特定于协议的控制块数据结构中的地址预留空间，并在复制地址后释放包含地址的 mbuf。

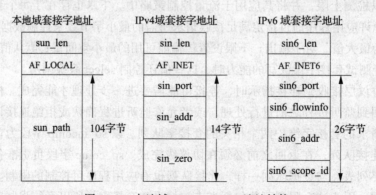

图 12-8 本地域、IPv4、IPv6 地址结构

12.4.2 锁

4.3 节讨论了多处理内核中锁的必要性。网络子系统在内部使用这些锁来保护数据结构。

当首次引入多处理特性时，整个网络子系统与内核的其他部分都使用全局锁。在开发 FreeBSD 5 的过程中，有几段网络代码被修改为在不使用全局锁的情况下运行。从 FreeBSD 10 开始，网络系统的所有部分都使用更加细粒度的锁进行锁定，并且从不使用全局锁。网络子系统锁的具体实例将在相关章节中讨论。

12.5 建立连接

要使两个进程之间传递信息，必须建立一个关联。创建关联（套接字、连接、侦听、接受等）的步骤在 12.1 节中进行了描述。本节描述套接字层在建立关联时的操作。由于与无连接数据传输相关联的状态完全封装在发送的每个消息中，因此我们的讨论将集中于使用 connect、listen 和 accept 系统调用建立的面向连接的关联。

客户端 – 服务器模型中的连接建立是非对称的。客户端主动发起连接来获取服务，而服务器被动地接受连接来提供服务。图 12-9 显示了套接字用于发起或接受连接的状态转换关系图。状态转换是由用户操作（即系统调用）或是通过接收网络消息产生的协议操作，或服务计时器过期的结果。

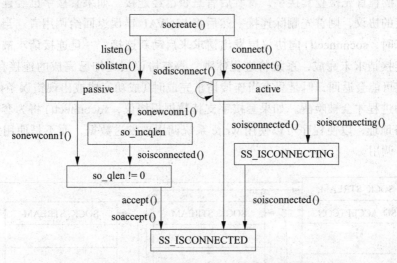

图 12-9 进程通信时套接字的状态转换图

套接字通常用于发送和接收数据。当它们被用来建立连接时，应区别对待。如果要使用套接字来接受连接，则必须使用 listen 系统调用。listen 调用 solisten()，它通知支持协议套接字将接收连接，在套接字上（通过 so_comp 字段）建立一个挂起连接的空列表，然后将套接字标记为接受连接的状态 SO_ACCEPTCONN。在完成监听时，应用程序将指定一个待办事项（backlog）参数。此参数设置系统将排队等待应用程序接受的传入连接数量的限制。系统对这个限制施加一个最大值，以防止资源耗尽。一旦套接字被设置为接收连接，创建连接的其余工作将由协议层管理。对于在服务器端建立的每个连接，使用 sonewconn() 例程创建一个新的套接字。当连接完成时，这些新的套接字可能被放置在部分建立连接的套接字队列上（参见图 12-10），或者它们可能被直接放置到连接队列中，准备通过 accept 调用传递给应用程序。新的套接字可能已经准备好传递给应用程序，因为建立连接不需要进一步的协议操作，或者因为协议允许监听进程确认或拒绝连接请求。在后一种情况下，套接字被标记为正在确认（状态位为 SS_CONFIRMING），以便根据需要确认或拒绝挂起的连接请求。一旦连接队列上的套接字准备就绪，它们将被移动到已完成的连接队列中，等待应用程序的接收。当发出 accept 系统调用以获得连接时，系统将验证连接是否存在于套接字的就绪连接队列中。如果没有准备好返回连接，则系统将进入休眠，直到连接到来（除非与套接字一起使用非阻塞 I/O，在这种情况下会返回 EAGAIN 错误）。当连接可用时，将从队列中删除关联的套接字，分配一个新的文件描述符来引用该套接字，并将结果返回给调用者。如果 accept 调用指示返回对端的标识，则从协议层获取对端的地址，并将其复制到提供的缓冲区中。

在客户端，应用程序使用 connect 系统调用请求连接，需提供要连接的对端套接字的地址。系统检测到该套接字尚未进行连接尝试，然后调用 soconnect() 来启动连接。soconnect() 例程首先检查套接字，看看后者是否已经连接。如果套接字已经连接，并且支持面向连接的协议，则首先删除连接，然后将 EINVAL 错误返回给调用者。当套接字处于未连接状态时，soconnect() 向协议层发出请求来启动新连接。一旦连接请求被传递到协议层，如果连接请求未完成，系统将进程休眠，等待协议层通知已完成的连接存在。此时，非阻塞连接可能会返回，但是只有当连接请求完成时（成功完成或出现错误条件时），等待完成连接的进程才会被唤醒。如果套接字支持数据报协议，soconnect() 将为套接字设置一个目标网络地址，以便程序可以使用 write 系统调用来发送数据，而不是使用常用的 send 或 sendmsg 调用。

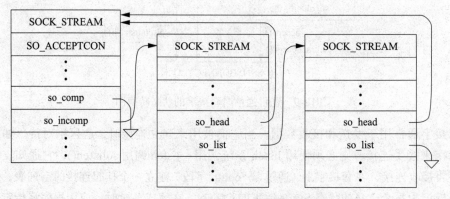

图 12-10　套接字上等待 accept 调用的连接队列

套接字在建立连接期间的状态由套接字层和支持协议层共同管理。套接字的状态值不会被协议直接改变；为了推广模块化，所有的修改都是通过代理套接字层例程来执行的，比如 soisconnected()。这些例程根据指示修改套接字状态并通知任何等待的进程。支持的协议层从不使用同步或信号机制来直接修改套接字结构。异步检测到的错误将与 so_error 字段中的套接字通信。套接字层在调用 sleep() 返回时检查 so_error 的值，此字段将异步检测到的错误报告给协议层。例如，当协议层检测到请求的服务不可用导致连接请求失败，则在唤醒请求进程之前，将 so_error 字段设置为 ECONNREFUSED。

12.6　数据传输

socket 层主要工作是发送和接收数据。请注意，套接字层本身明确地避免对通过套接字传输或接收的数据添加任何结构（除可选的记录边界）。在整个进程间通信模型的通信域实现中，任何数据描述或结构在逻辑上都是独立的。这种逻辑分离的一个例子是使用本地域套接字在进程之间传递文件描述符的能力。

发送和接收数据可以通过几个系统调用中的任意一个来完成。系统调用根据要传输和接收的信息量以及执行操作的套接字的状态而变化。例如，write 系统调用可以与处于连接状态的套接字一起使用，因为该套接字知道数据的目的地址。但是，sendto 或 sendmsg 系统调用允许进程显式地指定消息的目的地址。当接收到数据时，read 系统调用允许进程在连接的套接字上接收数据，而不需要接收发送方的地址；recvfrom 和 recvmsg 系统调用允许进程检索传入消息和发送方地址。这些调用之间的区别总结在 12.1 节中。recvmsg 和 sendmsg 系统调用允许使用多个用户提供的缓冲区进行分散 – 收集 I/O。此外，recvmsg 还报告关于接收到的消息的其他信息，例如它是否紧急（带外），它是否完成了一条记录，或者它是否因为缓冲区太小而被截断。提供许多不同的系统调用而不是只提供一个通用接口的决定是有争议的。可以实现单个系统调用接口，并通过用户级库例程为应用程序提供简化的接口。但单个系统调用必须是最通用的调用，这在某种程度上增加了开销。在内部，所有的传输和接收请求都被转换成统一的格式，并分别传递给套接字层 sendit() 和 recvit() 例程。

12.6.1　传输数据

sendit() 例程负责将应用程序中的所有系统调用参数收集到内核的地址空间中（实际数据除外），并调用 sosend() 例程进行传输。这些参数可能包括以下组件，如图 12-1 所示：

- ❏ 如果没有连接到套接字，数据将发送到的地址。
- ❏ 可选的与消息相关的辅助数据（控制数据）；辅助数据可以包括消息、协议选项信息或访问权限相关联的数据。
- ❏ 普通数据，指定为缓冲区数组（参见 7.1 节）。

❑ 可选标记，包括带外标记和记录结束标记。

sosend() 例程处理大多数套接字级别的数据传输选项，包括请求传输带外数据和非网络路由的传输。这个例程还负责检查套接字状态——例如，查看是否已经建立了所需的连接，套接字上是否仍然可以进行传输，以及是否应该报告挂起的错误而不是尝试重传。此外，当进程的数据传输超过套接字的发送缓冲区中可用的空间时，sosend() 负责使进程进入休眠状态。数据的实际传输由支持的通信协议完成；sosend() 将用户地址空间中的数据复制到内核地址空间中的 mbuf 中，然后通过协议来传输数据。

sosend() 完成的大部分工作是检查套接字状态、处理流控制、检查终止条件以及将应用程序的传输请求分解为一个或多个协议传输请求。只有当用户请求的数据量加上套接字的发送数据缓冲区中排队的数据数量超过套接字的上限时，请求才必须被分解。如果协议是原子的，则不允许分解请求，因为套接字层向协议模块发出的每个请求都隐式地指示了数据流中的边界。大多数数据报协议都是这种类型的。合理设置每个套接字的上限确保没有进程或进程组可以独占系统资源。

对于保证可靠数据传输的套接字，协议通常会在套接字的发送队列中维护所有传输数据的副本，直到接收方确认接收为止。不保证数据可靠传输的协议通常接受来自 sosend() 的数据，并直接将数据传输到目的地，而不保留副本，但是 sosend() 本身并不区分可靠和不可靠的传输。

如果套接字的发送缓冲区中没有足够的空间来容纳所有要传输的数据，那么 sosend() 使用以下策略：如果协议是原子的，那么 sosend() 验证消息的大小不大于发送缓冲区的大小；如果消息较大，则返回 EMSGSIZE 错误。如果发送队列中的可用空间小于发送下限，则将延迟传输。如果进程没有使用非阻塞 I/O，则进程将进入休眠状态，直到发送缓冲区中有更多空间可用为止；否则，将返回 EAGAIN 错误。当空间可用时，协议传输请求根据发送缓冲区中的可用空间来制定。当数据大于最小簇大小（由 MINCLSIZE 指定）时，sosend() 例程将数据从用户的地址空间复制到 mbuf 簇中。如果一个非原子协议的传输请求很大，那么每个协议传输请求通常都包含一个完整的 mbuf 簇。虽然在将数据传递到协议之前，可以将其他的数据附加到 mbuf 链中，但是最好立即将数据传递到较低的层，这样可以实现更好的管道传输，因为数据更早到达协议栈的底部，可以更早地开始物理传输。重复这个过程，直到没有空间剩余。它将在每次有额外空间可用时恢复。此策略倾向于保存应用程序指定的消息大小，并有助于避免网络级的碎片化。后一个优点很重要，因为当数据传输单元很大时（例如，mbuf 簇的大小），系统性能会显著提高。

当接收方或网络比发送方慢时，基于连接的底层传输协议通常应用某种形式的流控机制来延迟发送方的传输。在这里，接收方允许发送方传输的数据量可以减少到发送方的自然传输大小低于其最佳值。为了延缓这种效果，sosend() 延迟传输，而不是分解要传输的数据，希望接收方重新打开其流控制窗口，并允许发送方以最佳方式执行。这种方案的效果很微妙，并且还与网络子系统对输入数据包的优化处理有关，这些数据包是机器分页大小的数倍。

12.6.2　接收数据

soreceive() 例程接收在套接字中排队的数据。对比 sosend()，soreceive() 在内部软件结构中出现在同一层，并且功能相似。可以在套接字处排队接收三种类型的数据：带内数据、带外数据和辅助数据（如访问权限）。带内数据可以标记发送者的地址。对带外数据的处理因协议而异。它们可以被放置在接收缓冲区的开始处或缓冲区的末尾，以便与其他数据按顺序显示，也可以在协议层中独立于套接字的接收缓冲区进行管理。在前两种情况下，它们由正常的接收操作返回。在最后一种情况下，当用户请求时，通过一个特殊的接口检索它们。这些选项允许不同的紧急数据传输。

soreceive() 例程检查套接字的状态，包括接收数据缓冲区、检查传入数据、错误或状态转换，并根据它们的类型和调用者指定的操作处理排队的数据。系统调用请求可以指定只检索带外数据（MSG_OOB），或者只返回但不从数据缓冲区中删除数据（通过指定 MSG_PEEK 标志）。接收调用通常在到达下限后立即返回。因为默认值是一字节，所以当出现任何数据时，调用都会返回。MSG_WAITALL 标志指定调用应该阻塞，直到它能够返回所有请求的数据（如果可能）。此外，MSG_DONTWAIT 标志使得套接字处于非阻塞模式，返回 EAGAIN 而不是阻塞。

接收数据缓冲区中的数据以几种方式之一进行组织，具体取决于是否保留消息边界。流、数据报和顺序包套接字有三种常见的情况。在一般情况下，接收数据缓冲区组织为消息列表（参见图 12-11）。每个消息可以包括发送者的地址（用于数据报协议）、辅助数据和常规数据。根据协议，也可以将紧急的或带外的数据放入正常的接收缓冲区。列表中的每个 mbuf 链表示一条消息，链的最后一条数据可能记录不完整。为每个消息提供发送方地址的协议在消息的前面放置一个包含地址的 mbuf。紧跟在任何地址之后的是一个可选的 mbuf（其中包含任何辅助数据）。常规数据 mbuf 在辅助数据之后。名字和辅助数据通过 mbuf 中的类型字段进行区分；地址被标记为 MT_SONAME，而辅助数据被标记为 MT_CONTROL。除最后一条消息外的其他消息将被视为已终止。当使用原子协议（如大多数数据报协议）时，最后的消息将隐式终止。序列包协议可以将每个消息视为一个原子记录，或者它们可以支持任意长度的记录，和 SCTP 中做法类似（参见 14.7 节）。在后一种情况下，缓冲区中的最终记录可能是完整的，也可能是不完整的，最后的 mbuf M_EOR 上的标记标志着一条记录的终止。记录边界（如果有）通常被流协议忽略。但是，从带外数据到缓冲区中的正常数据或辅助数据的过渡会产生逻辑边界。单个接收操作永远不会返回跨越逻辑边界的数据。需要注意的是，socket 使用的存储方案允许它们将相同类型的数据压缩到容纳这些数据所需的最小 mbuf 数量。

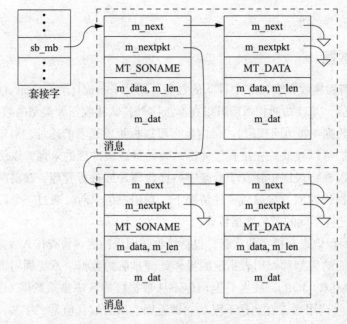

图 12-11　数据报套接字的数据队列

　　在进入 soreceive() 时，检查是否请求带外数据。只要协议层有带外数据可用，就会根据请求立即将它们返回给调用者。否则，将请求来自正常队列的数据。soreceive() 函数首先检查套接字是否处于正在确认状态，对端等待连接请求的确认。如果是，在确认连接并通知协议层应该完成连接之前，没有数据可以到达。然后，soreceive() 例程检查接收数据缓冲区字符计数，以查看数据是否可用。如果是，则调用返回至少当前可用的数据。如果没有数据，soreceive() 将查询套接字的状态，以确定数据是否即将到来。数据可能不再被接收，因为套接字断开了（需要连接才能接收数据），或者由于套接字的对端关闭而终止了数据的接收。此外，如果之前操作的错误是异步检测到的，则需要将错误返回给用户；soreceive() 在检查数据之后检查 so_error 字段。如果没有数据或错误存在，数据仍然可能到达，并且如果套接字没有标记为非阻塞 I/O，soreceive() 将进程置为休眠状态，等待新数据的到来。

　　当数据到达某个套接字时，支持协议通过调用 sorwakeup() 来通知套接字层。然后soreceive() 可以根据前面描述的数据结构规则处理接收缓冲区的内容。soreceive() 首先移除必须出现的任何地址，然后删除可选的辅助数据，最后删除常规数据。如果应用程序提供了用于接收辅助数据的缓冲区，则将这些数据传递到该缓冲区中的应用程序；否则将被丢弃。由于协议管理的带内和带外数据之间的交互，数据的删除较为复杂。下一个带外基准的位置可以在带内数据流中标记，并在带内数据处理时用作记录边界。也就是说，当带外数据由协议接收时，该协议将带外数据与正常缓冲区分开保存，从而标记带内数据流中的对应点。然后，当请求接收带内数据时，只返回不超过该标记的数据。这个标记允许应用程序同步带内和带外数据流，例如将接收到的数据刷新到接收到带外数据的位置。每个套接字都有一个字段 so_oobmark，该字段包含从接收数据缓冲区开始到接收最后一条带外消息的数据流的字符偏移量。当带内数据从接收缓冲区中移除时，将更新偏移量，以便标记之后的数据不会与之前标记的数据混合。当 so_oobmark 为 0 时，设置套接字状态字段中的 SS_RCVATMARK 位，以显示带外数据标记位于套接字接收缓冲区的开头。应用程序可以使用 SIOCATMARK ioctl 调用来测试这个位的状态，以确定是否读取了所有到标记点的带内数据。

从套接字的接收缓冲区中删除数据之后，soreceive() 更新套接字的状态，并通知协议层用户已经接收了数据。协议层可以使用这些信息来释放内部资源、触发端到端的数据接收确认、更新流控制信息或启动新的数据传输。最后，如果将任何访问权限作为辅助数据接收，则 soreceive() 将它们传递给特定通信域的例程，将它们从内部表示转换为外部表示。

soreceive() 函数返回一组标记，这些标记通过 msghdr 结构的 msg_flags 字段提供给 recvmsg 系统调用的调用方（参见图 12-1）。可能的标志包括 MSG_EOR，用来指定接收的数据记录非原子序列包协议；MSG_OOB 指定从正常数据套接字接收缓冲区接收到的加急（带外）数据；MSG_TRUNC 表示因为提供的缓冲区太小导致原子记录被截断；MSG_CTRUNC 指定因控制缓冲区太小导致辅助数据被截断。

12.7　关闭套接字

尽管乍一看关闭套接字并回收其资源是一个简单的操作，但它可能很复杂。复杂性是由于关闭系统调用的隐式语义造成的。在某些情况下（例如，当一个进程退出时），永远不希望 close 调用失败。然而，当一个提供可靠数据传输的套接字被关闭，而数据仍在排队等待传输或等待接收确认时，套接字必须尝试传输数据（可能是无限期地），以便进行 close 调用时来保证套接字所声明的语义。如果套接字丢弃排队的数据以允许成功地关闭，那么它就违背了其可靠地交付数据的原则。丢弃数据可能会导致依赖于 close 隐式语义的进程在网络环境中不可靠地工作。然而，如果 socket 阻塞直到所有数据都成功传输，那么在某些通信域中，可能永远不会关闭！

为了解决这个问题，套接字层做出了妥协，但仍保持 close 系统调用的语义。图 12-12 显示了套接字从已连接状态到已关闭状态的可能的状态转换。在正常操作中，关闭套接字会导致任何排队但未接受的连接被丢弃。如果套接字处于连接状态，则启动断开连接。套接字被标记为文件描述符不再引用它，关闭操作将成功返回。当断开连接请求完成时，网络层通知套接字层，并回收套接字资源。网络层可以尝试传输在套接字的发送缓冲区队列中的任何数据，尽管不能保证它会这样做。然而，通常使用的面向连接的协议通常在 close 调用返回后尝试异步传输任何队列数据，从而保持文件上 close 的正常语义。

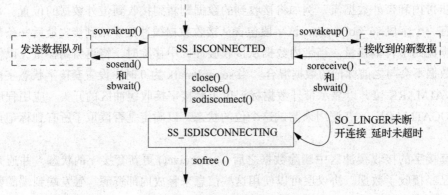

图 12-12 关闭时套接字状态变迁

或者，可以显式标记一个套接字，以在关闭时强制应用程序等待，直到挂起的数据耗尽且连接关闭为止。此选项在套接字数据结构中使用带有 SO_LINGER 选项的 setsockopt 系统调用进行标记。当应用程序指示某个套接字要进行延迟时，它还指定了延迟时间。然后，应用程序可以阻塞指定的时间，同时等待挂起的数据用尽。如果在断开连接完成之前，该延迟期已经过期，那么套接字层将通知网络它正在关闭，可能会丢弃任何仍然挂起的数据。一些协议以不同的方式处理 linger 选项。尤其是将 linger 选项设置为 0，则协议可能会丢弃挂起的数据，而不是尝试异步地交付它们。

12.8 网络通信协议的内部结构

网络子系统在逻辑上分为三层，如图 12-13 所示。这三层管理的任务如下：
1）进程间数据传输。
2）网络寻址和消息路由。
3）数据链路层。

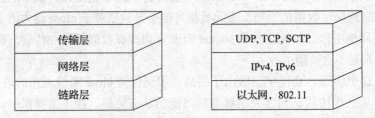

图 12-13 网络子系统分层。左边的图形定义标准分层；右边的图形是在每一层上的具体实例

前两层由实现通信协议的模块组成。第三层的软件处理协议（如以太网和 WiFi）负责在物理或无线链路上封装和解封数据包。

网络子系统的最顶层称为传输层。传输层必须提供允许套接字与套接字语义所需的任何协议机制（如可靠的数据传输）之间通信的寻址结构。第二层，即网络层，负责给远程传输或网络层协议发送的数据。当数据在网络间传输时，网络层必须管理专用路由数据库或使用系统范围的设施将消息路由到它们的目标主机。网络层之下是数据链路层，它处理各种网络硬件标准（如以太网和 WiFi）之间的差异。链路层负责在公共传输介质的主机之间传输消息。链路层主要负责驱动所涉及的网络设备，并执行任何必要的链路级协议封装和解封。网络子系统的传输层、网络层和链路层分别对应于 ISO 开放系统互连参考模型的传输层、网络层和链路层 [ISO，1984]。

网络软件的内部结构对用户来说不是直接可见的。相反，所有的网络设施都是通过套接字层访问的。每个允许访问其设备的通信协议都将用户请求传输到套接字层。套接字层使用这些例程来提供对网络服务的访问。

这里描述的分层是一种逻辑分层，这意味着实现网络服务的软件可以根据所支持的网络体系结构的设计使用更多或更少的通信协议。例如，原始套接字经常在一个或多个层上使用 null 实现。举个较为极端的例子，一个协议到另一个协议的隧道使用一个网络协议来封装和传递另一个协议的包，并涉及了一些层的多个实例。

12.8.1　数据流

BSD 的早期版本被用作网络中的终端系统。它们要么是通信的来源，要么是通信的目的地。尽管许多安装使用工作站作为办公室路由器，但是专用硬件完成了更复杂的桥接和路由任务。在最初设计和实现网络子系统时，通过加密数据包保护数据的能力在计算上仍然太慢。从最初的设计开始，已经对代码进行了许多不同的使用。网桥和路由器可以用备用部件构建，而专用密码加速器的出现使得包加密在几乎任何环境中都很实用。这也使得对网络子系统中的数据流的论述比以前更加复杂。

通过一个网络节点有 4 条路径：

❑ Inbound：目的节点，也可能是用户级应用程序。

❑ Outbound：源节点，通过网络发往另一个节点。

❑ Forward：无论是桥接的还是路由的，这些包不是针对这个节点的，而是要发送到另一个网络或主机上。

❑ Error：一个包已经到达，它要求网络子系统在没有用户级应用程序参与的情况下发送响应。

在网络接口处接收的入站数据通过通信协议向上流动，直到将其放入目标套接字的接收队列。出站数据流通过调用支持套接字抽象的传输层模块，从套接字层向下传递到网络子系统。数据的向下流动通常是由系统调用发起的。向出站方流动的数据由数据传输协议（见第 14 章）处理，然后把数据交给网络层协议（参见第 13 章），然后再交给数据链路协议，最后由网络设备驱动程序传输（见第 8 章）。向上层传输的数据被异步接收，并通过 netisr 子系统直接调度从链路层传递到适当的通信协议，如图 12-14 所示。系统通过链路、网络和传输层直接从设备驱动程序（参见 12.8 节）发送入站网络流量，直到最终将其存入套接字缓冲区。在可能的情况下，FreeBSD 处理所有数据包以完成操作。

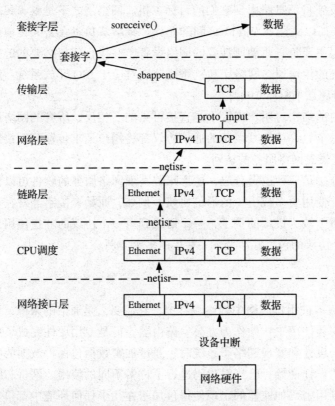

图 12-14　网络子系统数据包入站流程示例。Ethernet 表示以太网头，IPv4 表示因特网版本 4 协议头，TCP 表示传输控制协议头

12.8.2　通信协议

　　网络协议由一组约定定义，包括包格式、状态和状态转换。通信协议模块实现协议，由一组过程和私有数据结构的集合组成。协议模块由协议开关结构描述，该结构包含一组外部可见的接口和某些属性，如图 12-15 所示。套接字层仅通过后者的协议开关结构与通信协议进行交互，在套接字的 so_proto 字段中记录该结构的地址。套接字层与网络子系统的分离对于确保套接字层为用户提供与系统支持的所有协议一致的接口非常重要。在创建套接字时，套接字层查找协议族的域，以查找该族的协议开关结构数组（参见 12.4 节）。协议是根据所支持的套接字类型（type 字段）和特定的协议编号（protocol 字段）从数组中选择的。协议开关有一个指向域（domain 字段）的反向指针。在协议族中，每个能够直接支持套接字的协议（例如，大多数传输协议）必须提供描述这个协议的协议开关结构。尽管诸如网络层协议之类的较低级协议也可能具有协议开关条目，但是它们是否确实具有则取决

于协议族内的约定。

在第一次使用协议之前,将调用协议的初始化例程。此后,如果存在快速超时条目,则基于计时器每 200 毫秒调用一次操作,如果存在缓慢超时条目,则每 500 毫秒调用一次协议。协议通常使用较慢的定时器进行大多数定时器处理;快速超时的主要用途是在可靠的传输协议中进行延迟确认。如果系统内存不足,并希望丢弃任何非关键数据,则提供了排空条目,以便系统可以通知协议。

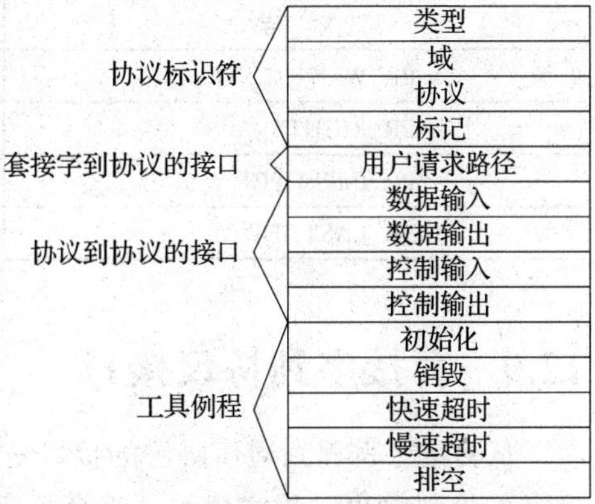

协议可以使用数据输入和数据输出例程在它们的 mbuf 层之间传递数据(参见 12.3 节)。数据

图 12-15 协议开关结构

输入例程向上层用户传递数据,而数据输出例程向下层网络传递数据。类似地,控制信息通过控制输入和控制输出例程向上层和向下层传递。用户请求例程表是协议与套接字层之间的接口,它们将在 12.9 节中详细说明。

通常,向下层传递数据占用的存储空间由协议负责,并且必须继续传递该空间或继续处理它。在输出时,如果传输到最下层必须释放空间;在输入时,最高层负责释放传递给它的空间。协议所需的辅助存储是从 mbuf 池中分配的。此空间临时用于制定消息或保存可变的套接字地址。由协议分配的 mbuf 不再使用时,私有空间将被释放。

协议开关结构中的 flags 字段描述了协议的功能以及与套接字层操作有关的某些操作方面,这些标志列在表 12-7 中。基于连接的协议指定 PR_CONNREQUIRED 标志,这样套接字例程就不会在建立连接之前尝试发送数据。如果设置了 PR_WANTRCVD 标志,当用户从套接字的接收队列中删除数据时,套接字例程将通知协议。此通知允许协议实现对用户接收的确认,并根据接收队列中可用的空间量更新流控信息。PR_ADDR 字段表示,协议放置在套接字的接收队列中的任何数据之前都将加上发送者的地址。PR_ATOMIC 标志指定每个发送数据的用户请求必须在单个协议中完成,协议的责任是维护要发送数据的记录边界。该标志还意味着必须以原子方式接收和传递消息。PR_RIGHTS 标志表示协议支持访问权限的转移;该标志目前仅用于本地通信域中的协议。面向连接的协议允许用户在单个 sendto 调用中设置 PR_IMPLOPCL 标志、发送数据和断开连接。PR_LASTHDR 标志由安全协议(如 IPSec)使用,在 IPSec 中,必须处理多个报头才能获取实际数据。

表 12-7 协议标志

标 志	描 述
PR_ATOMIC	以数据包为单位分别发送报文
PR_ADDR	协议给每个消息添加地址
PR_CONNREQUIRED	数据传输需要建立连接

(续)

标　志	描　述
PR_WANTRCVD	在用户收到数据时通知协议
PR_RIGHTS	协议支持传递访问权限
PR_IMPLOPCL	隐式 open/close
PR_LASTHDR	用于确定最后一个包头的安全协议

12.9　套接字到协议接口

从套接字例程到通信协议的接口是通过用户请求例程表和每个协议的协议开关结构中定义的控制输出例程实现的。当套接字层需要支持协议的服务时，它调用表 12-8 中的函数。控制输出例程实现 getsockopt 和 setsockopt 系统调用，用户请求例程用于其他操作。对控制输出例程的调用指定 SOPT_GET 以获取选项的当前值，或指定 SOPT_SET 来设置选项的值。

表 12-8　用户请求例程

入口点	描　述
pru_attach()	把协议附加到套接字上
pru_detach()	从套接字上分离协议
pru_bind()	把名字绑定到套接字上
pru_listen()	监听连接
pru_connect()	建立到对端的连接
pru_accept()	接受对端的连接
pru_disconnect()	断开对端的连接
pru_shutdown()	将不发送任何数据
pru_rcvd()	已经拿走数据，有更多空间
pru_send()	协议特定的发送例程
pru_abort()	取消连接并且分离
pru_control()	控制协议操作（ioctl）
pru_sense()	sense 套接字状态（fstat）
pru_rcvoob()	检索带外数据
pru_sosend()	一般发送例程
pru_soreceive()	接收系统调用
pru_sopoll()	检查套接字是否有数据
pru_sockaddr()	获取套接字地址
pru_peeraddr()	获取对端地址

（续）

入口点	描　述
pru_connect2()	连接两个套接字
pru_sosetlabel()	在套接字上设置 MAC 标签
pru_bindat()	能力系统的本地套接字特定绑定
pru_connnectat()	能力系统的本地套接字特定连接
pru_flush()	刷新在连接上的数据
pru_close()	关闭操作

12.9.1　用户请求协议例程

调用用户请求例程需具有特定于例程的签名，但是第一个参数始终是一个指向套接字结构的指针，该套接字结构指定了要执行操作的套接字。mbuf 数据链用于输出和返回结果。指向 sockaddr 结构的指针是为面向地址的请求提供的，比如 pru_bind()、pru_connect() 和 pru_send()（在指定地址时——例如 sendto 调用）。在使用它的地方，控制参数是一个指针，指向一个可选的 mbuf 链，其中包含通过 sendmsg 调用传递的特定于协议的控制信息。协议负责处理输出过程中 mbuf 链上的数据。来自用户请求例程的非零返回值表示应该传递给更高层软件的错误号，每一项可能的要求的说明如下：

❏ pru_attach()：将协议附加到套接字。当协议第一次绑定到套接字（使用 socket 系统调用）时，将调用协议模块的 pru_attach() 例程。协议模块负责分配任何必要的资源。attach 例程优先执行，并且每个套接字只发生一次。

❏ pru_detach()：从套接字中分离协议。此操作与 attach 例程相反，在删除套接字时使用。协议模块可以在之前的 pru_attach() 调用中释放为套接字分配的任何资源。

❏ pru_bind()：将地址绑定到套接字。最初创建套接字时，它没有绑定地址。这个例程将一个地址绑定到一个现有的套接字。协议模块必须验证请求的地址是否有效，是否可用。

❏ pru_listen()：监听传入连接。监听请求指示用户希望监听关联套接字上的传入连接请求。协议模块应该满足此请求所需的任何状态更改（如果可能）。对 listen 例程的调用总是在接受连接请求之前。

❏ pru_connect()：将套接字连接到对端。connect 请求例程表明用户希望建立关联。addr 参数描述需要连接的对端。连接请求的效果可能因协议的不同而不同。流协议使用此请求启动网络连接的建立。数据报协议只是在私有数据结构中记录对端的地址，在私有数据结构中，它们将其用作所有发出包的目的地址，并用作传入包的源筛选器。虽然大多数流协议只允许一个连接调用，但是对于连接例程在连接之后可以使用多少次没有限制。

❑ pru_accept()：接受挂起的连接。在成功的监听请求和一个或多个连接到达之后，将调用这个例程，以指示用户准备从返回的套接字队列中接受一个套接字。作为参数提供的套接字是被接受的套接字；协议模块将使用连接到套接字的对端地址填充提供的缓冲区。

❑ pru_disconnect()：断开连接的套接字。这个例程消除了与 connect 例程创建的关联。在创建新的关联之前，它与数据报套接字一起使用；它仅在套接字关闭时才与流协议一起使用。

❑ pru_shutdown()：关闭套接字数据传输。这个调用表示不再发送数据。协议可以根据自己的判断释放和关闭相关的任何数据结构，或者协议可以将所有工作交给 pru_detach() 例程。该模块还可以在此时通知已连接的对端关闭。

❑ pru_rcvd()：用户接收数据。只有当协议开关表中的协议条目包含 PR_WANTRCVD 标志时，才会调用这个例程。当套接字层从接收队列中删除数据并将其传递给用户时，将在协议模块中调用此例程。协议可以使用这个例程来触发确认、刷新窗口信息、启动数据传输等。当应用程序试图在处于确认状态的套接字上接收数据时，也会调用这个例程，这表明在接收数据之前协议必须接受连接请求（参见 12.5 节）。

❑ pru_send()：发送用户数据。每个发送数据的用户请求都被转换为对协议模块的 pru_send() 例程的一个或多个调用。协议可以通过在其协议描述中指定 PR_ATOMIC 标志来指示必须将单个用户发送请求转换为对 pru_send() 例程的单个调用。要发送的数据以 mbuf 链的形式呈现给协议，addr 参数中提供了一个可选的地址。协议负责在套接字的发送队列中保存数据，如果它不能立即发送数据，或者以后可能需要这些数据（例如，用于重新传输）。该协议最终必须将数据传递到网络下层或释放 mbuf。

❑ pru_abort()：异常终止服务。这个程序会导致服务的非正常终止。协议应该删除任何现有的关联。

❑ pru_control()：执行控制操作。当用户对套接字执行 ioctl 系统调用时，控制请求例程将被调用，而 ioctl 不会被套接字例程拦截。这个例程允许在公共套接字接口范围之外提供特定于协议的操作。cmd 参数包含实际的 ioctl 请求代码。data 参数包含与发出的命令相关的任何数据，ifp 参数包含指向网络接口结构的指针（如果 ioctl 操作属于特定的网络接口）。

❑ pru_sense()：检测套接字状态。当用户对套接字进行 fstat 系统调用时，将调用 sense 请求例程，它请求相关套接字的状态。这个调用返回一个标准的 stat 结构，该结构通常只包含连接的最佳传输大小（基于缓冲区大小、窗口信息和最大数据包大小）。

❑ pru_rcvoob()：接收带外数据。这个例程返回任何可用的带外数据。将一个 mbuf 传递给协议模块，如果单个 mbuf 中没有足够的空间，协议应该在 mbuf 中放置数据，或者将新的 mbuf 添加原始 mbuf。如果带外数据不可用或已经使用，则可能返回错误。flags 参数提供了一些选项（如 MSG_PEEK），这些选项在请求执行时可以选择。

❑ pru_sosend()：一个通用例程，系统调用和内核都可以通过它发送数据。

❑ pru_soreceive()：实现内核部分 recv 和 recvmsg 系统调用的例程。

❑ pru_sopoll()：检查套接字是否有任何可用的数据。用于 select 和 poll 系统调用。

❑ pru_sockaddr()：检索本地套接字地址。如果套接字已经绑定，此例程将返回套接字的本地地址。地址在 nam 参数中返回，该参数是指向 sockaddr 结构的指针。

❑ pru_peeraddr()：检索对端套接字地址。这个例程返回连接到套接字的对端的地址。套接字必须处于连接状态，此请求才能成功。该地址通过 nam 参数返回，该参数是指向 sockaddr 结构的指针。

❑ pru_connect2()：连接两个没有绑定地址的套接字。在这个例程中，协议模块提供了两个套接字，并被要求在这两个套接字之间建立连接，如果可能，不绑定任何地址。系统使用这个调用来实现 socketpair 系统调用。

❑ pru_sosetlabel()：在套接字上设置 MAC 标签。

❑ pru_bindat()：为本地协议 PF_LOCAL 提供地址绑定功能。

❑ pru_connectat()：为本地协议 PF_LOCAL 提供建立连接功能。

❑ pru_flush()：仅用于 SCTP 刷新输入或输出数据。

❑ pru_close()：关闭与套接字关联的连接。

12.9.2　控制输出协议例程

控制输出例程的调用形式为

```
int (*pr->pr_ctloutput)(
    struct socket *so,
    struct sockopt *sopt);
```

so 是要修改的套接字，sopt 是一个套接字选项结构体。

```
enum sopt_dir { SOPT_GET, SOPT_SET };

struct sockopt {
    enum    sopt_dir sopt_dir;
    int     sopt_level;
    int     sopt_name;
    void    *sopt_val;
    size_t  sopt_valsize;
    struct  thread *sopt_td;
};
```

可以用 SOPT_SET 设置选项，也可以是 SOPT_GET 查询选项。sopt_level 成员变量表示请求处于第几层。指定 SOL_SOCKET 的 sopt_level 来控制套接字层上的一个选项。当该选项由套接字层以下的协议模块处理时，将 level 设置为适当的协议编号（与套接字系统调用中使用的编号相同）。每个级别都有自己的一组选项名，此名称仅由目标软件层解释。结构的其他部分包含指向传入或传出模块的值的指针、指向数据的大小的指针以及指向线程结构的指针。如果操作完全发生在内核内部，那么指向线程结构的指针为 null。

在支持 getsockopt 和 setsockopt 系统调用时，套接字层总是调用添加到套接字的协议的控制输出例程。要访问下层协议，每个控制输出例程必须将已执行完的控制输出请求传递给协议层次结构中的下一个协议。第 14 章描述了互联网通信领域协议提供的一些选项。

12.10　协议到协议的接口

协议模块之间的接口使用 pr_usrreqs() 例程和 pr_ctloutput() 例程。套接字层使用 pr_usrreqs() 例程和 pr_ctloutput() 例程与协议通信。

虽然对协议的所有入口点制定一个标准的调用约定，这在理论上可能允许协议模块的任意互连，但在实践中很难做到。要跨越协议族边界（例如，IPv4 和 IPX 之间的边界），就需要将网络地址从调用方的格式转换为接收方域的格式。因此，通常不支持不同通信域中的协议连接，而上一段所列例程的调用约定通常是基于每个域进行标准化的。（不过，该系统确实支持将一个协议中的数据包封装到另一个协议族中的数据包中，从而使一个协议通过另一个协议隧道。）

在本节中，我们将简要地研究协议的一般框架和调用规则。在第 14 章中，我们将研究特定的协议，看看它们是如何适应这个框架的。

12.10.1　pr_output

每个协议的输出例程都有不同的调用规则。缺乏标准化使得协议模块不能在任意栈中自由交换，就像在 STREAMS 系统中所做的那样 [Ritchie, 1984]。到目前为止，接口标准化还没有被认为是必要的，因为每个协议栈都倾向于独立存在，而从不兼容其他栈。协议模块的任意叠加也会使每个模块中网络地址解析复杂化，因为每个模块都必须进行检查，以确保地址在它们的域中有意义。

下面是一个协议输出例程的最简单示例，通常使用一个用于在连接上发送单个消息的调用规则，例如

```
int (*pr_output)(
    register struct inpcb *inp,
    struct mbuf *msg,
    struct sockaddr *addr,
    struct mbuf *control,
    struct thread *td);
```

msg 中包含的消息将在协议控制块 inp 描述的套接字上发送。特殊地址和控制信息分别在

addr 和 control 中传递。

12.10.2　pr_input

一旦网络层协议找到协议标识符，网络软中断任务通常会调用上层协议输入例程。它们具有比输出例程更严格的约定，因为它们调用中需要通过协议切换。根据协议族的不同，它们可能会接收一个指向控制块的指针来标识连接，或是根据接收包中的信息来定位控制块。一个典型的调用方法如下：

```
void (*pr_input)(
    struct mbuf *msg,
    int hlen);
```

在本例中，传入的包被传递给 msg（mbuf 结构体类型）中的传输协议，而网络协议头和头的长度 hlen 都在传输协议使用的位置，因此头可以被删除。该协议根据网络和传输头中的信息进行终端级的多路解复用。

12.10.3　pr_ctlinput

这个例程传递控制信息（可能传递给用户但不包含数据的信息）从一个协议模块向上传递到另一个协议模块。这个例程的通用调用方法是

```
void (*pr_ctlinput)(
    int cmd,
    struct sockaddr *addr,
    void* opaque);
```

cmd 参数可选值如表 12-9 所示。addr 参数是应用该请求的远程地址。许多请求来自 Internet 控制消息协议（ICMP）[Postel，1981] 和 1822 主机（Internet 消息处理器）公约中定义的错误消息 [BBN，1978]。一些协议可能在内部传递额外的参数，例如本地地址或更具体的信息。

表 12-9　控制输入例程请求

请　求	描　述
PRC_IFDOWN	网络接口转为宕机
PRC_ROUTEDEAD	如果可能，选择一个新的路由
PRC_IFUP	网络接口恢复
PRC_QUENCH	接收方表示要降速
PRC_QUENCH2	DEC 拥塞位表明要降速
PRC_MSGSIZE	被迫丢包的报文长度
PRC_HOSTDEAD	远程主机宕机
PRC_HOSTUNREACH	远程主机不可达

（续）

请　求	描　述
PRC_UNREACH_NET	没有到网络的路由
PRC_UNREACH_HOST	没有到主机的路由
PRC_UNREACH_PROTOCOL	目的地址不支持该协议
PRC_UNREACH_PORT	目的地址所指示的机器没有使用该端口
PRC_UNREACH_SRCFAIL	源路由失败
PRC_REDIRECT_NET	网络的路由重定向
PRC_REDIRECT_HOST	主机的路由重定向
PRC_REDIRECT_TOSNET	服务和网络的路由重定向
PRC_REDIRECT_TOSHOST	服务和主机的路由重定向
PRC_TIMXCEED_INTRANS	在传输中包的生存期已到
PRC_TIMXCEED_REASS	在重组队列中生存期已到
PRC_PARAMPROB	检测到报头参数问题
PRC_UNREACH_ADMIN_PROHIB	禁止数据包

12.11　协议到网络的接口

构成协议族的协议集的最底层必须与一个或多个网络接口交互，以发送和接收数据包。数据包被发送到网络接口之前需要进行路由决策，路由决策对于定位任何接口都是必要的。尽管在任何网络堆栈中都有 4 条路径，但是关于协议和网络接口，我们只需要考虑两种情况：数据包的传输和数据包的接收。我们将分别加以考虑。内核设备驱动程序软件和网络接口硬件之间的交互在 8.5 节中进行了描述。

12.11.1　网络接口和链路层协议

系统中配置的每个网络接口都定义了一个链路层路径，通过它可以发送和接收消息。链路层路径允许消息通过单个传输发送到其目的地，而不需要网络层转发的路径。尽管存在基于软件的接口（如环回接口），硬件设备与此接口相关联。除了操作硬件设备外，网络接口模块还负责封装和封装将消息发送到目的地所需的任何链路层协议头。对于常见的接口类型，链路层协议是在不同的硬件驱动程序共享的独立子层中实现的。发送数据包时使用的接口根据网络协议层的路由决策进行选择。一个接口可能在一个或多个地址族中有地址。每个地址是在设备进入运行状态时设置的，使用的是对相应域中套接字的 ioctl 系统调用。此操作由协议族在网络接口验证操作之后实现。网络接口抽象为协议提供了与机器上可能存在的所有硬件设备的一致接口协议。

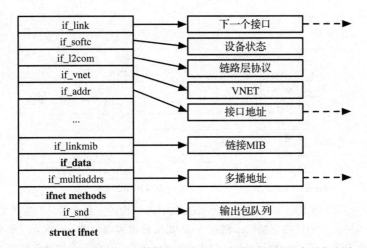

图 12-16 网络接口数据结构。黑体标记的字段在本节后面的图中进行更全面的描述

接口及其地址由图 12-16 所示的结构定义。当在启动时找到接口时，ifnet 结构将被初始化并放在一个链表中。网络接口模块中 ifnet 数据结构包含了用于操作底层硬件设备的信息，ifaddr 结构中包含了有关接口或地址附加协议信息。由于网络套接字地址的大小是可变的，所以每个协议负责分配 ifaddr 结构中的地址、掩码和广播或目的地址指针引用的空间。

每个网络接口有两种标识方式：标识驱动程序的字符串加上驱动程序的单元号（例如 cxgbe0），另一种是二进制系统范围的索引号。索引被用作一种简写标识符——例如建立引用接口的路由。初始化每个接口时，系统为接口创建一个指向 ifnet 结构的指针数组。因此，它可以在给定索引号的情况下快速定位接口，而使用字符串名进行查找的效率较低。对于性能并不重要的有些操作，比如接口地址分配，为了方便用户，用字符串来命名接口。其他操作如路由建立，传递一个可以使用字符串或索引的较新类型的标识符。新标识符在新地址族 AF_LINK 中使用 sockaddr 结构，表示链路层地址。该结构的特定于族的版本是一个 sockaddr_dl 结构，如图 12-17 所示，它可能包含最多三个标识符。它包含一个字符串形式的接口名和一个长度，长度为 0 表示没有名称。它还包括一个作为整数的接口索引，值为 0 表示没有设置索引。最后，它可以包括一个二进制链路级地址（例如一个以太网地址）和长度。此表单的地址是为每个网络接口创建的，因为该接口是由系统配置的，并在系统的本地地址列表中与网络协议地址一起返回（请参阅本小节后面的内容）。图 12-17 所示描述了一个以太网接口的结构，该接口是系统上的第一个接口；该结构包含接口名、索引和链路层（以太网）地址。

接口数据结构包括表 12-10 中列出的 if_data 结构，其中包含接口的外部可见描述。它包括接口的链路层类型、支持的最大网络协议包大小，以及链路层报头和地址的大小。它还包含许多统计信息，例如发送和接收的数据包和字节、输入和输出错误，以及 netstat 程序和网络管理协议所需的其他数据。统计数据是由网卡维护的统计数据的子集。它们定期从网络接口上的寄存器复制到 if_data 结构中。大多数网络接口都通过 sysctl 子系统公开更多的统计信息。

sdl_len	20
sdl_family	AF_LINK
sdl_index	1
sdl_type	IFT_ETHER
sdl_nlen	6
sdl_alen	6
sdl_slen	0
sdl_data	'c' 'x' 'g' 'b' 'e' '0' 00:07:43:c2:59:0b

struct sockaddr_dl   sockaddr_dl 结构示例

图 12-17 链路层地址结构。左边的框为 sockaddr_dl 结构的变量命名。右边的框显示了以太网接口的这些变量的示例值。sdl_data 数组可以包含一个名称（如果 sdl_nlen 不为零）、一个链路层地址（如果 sdl_alen 不为零）和一个地址选择器（如果 sdl_slen 不为零）。对于以太网，sdl_data 结构由名称、单元号 cxgbe0 和一个 6 字节的以太网地址

表 12-10 每个 ifnet 元数据和统计。运行时用黑体标记的字段记录统计信息，供 netstat 等其他工具使用

字　段	描　述
ifi_type	链路层类型，例如，以太网，802.11
ifi_physical	物理层类型，例如 100baseT、10GBaseT
ifi_addrlen	介质地址长度
ifi_hdrlen	介质头长度
ifi_link_state	当前连接状态
ifi_vhid	CARP vhid
ifi_baudrate_pf	波特率功率因数
ifi_datalen	本数据长度
ifi_mtu	接口最大传输单元
ifi_metric	路由度量
ifi_baudrate	网络速度
ifi_ipackets	接口接收到的包
ifi_ierrors	接口上输入的错误
ifi_opackets	接口发送的包
ifi_oerrors	接口上输出的错误
ifi_collisions	传输时的冲突
ifi_ibytes	收到的总字节数
ifi_obytes	发送的总字节数
ifi_imcasts	经多播收到的包
ifi_omcasts	经多播发送的包

（续）

字　段	描　述
ifi_iqdrops	本接口在输入时丢弃的包
ifi_noproto	发送给不受支持的协议的包

接口的状态和某些外部可见的特征存储在表 12-11 中描述的 if_flags 字段中。第一组标志表示接口的特征。如果接口连接到支持广播消息传输的网络，则将设置 IFF_BROADCAST 标志，接口的地址列表将包含用于发送和接收此类消息的广播地址。如果一个接口与点对点硬件链接（例如，一条专线电路）相关联，则会设置 IFF_POINTOPOINT 标志，接口的地址列表将包含连接另一端主机的地址。需要注意的是，广播和点到点属性是互斥的。这些地址和接口的本地地址被网络层协议用于过滤传入的数据包。除了 IFF_BROADCAST 之外，支持多播包的接口还设置了 IFF_MULTICAST 标志。多播地址用于向一组主机而不是网络上的一台主机发送数据包。一个网络有许多可用的多播地址。希望接收信息包的组选择一个可用的地址，然后该组内成员注册接收发送到该多播地址的数据包。最后组内成员都能够收到发送至指定多播地址的数据包。

表 12-11　网络接口标志

标　志	描　述
IFF_UP	接口可用
IFF_BROADCAST	支持广播
IFF_DEBUG	开启接口软件调试
IFF_LOOPBACK	软件回环接口
IFF_POINTOPOINT	点对点链路接口
IFF_SMART	接口路由管理
IFF_DRV_RUNNING	接口资源已被分配
IFF_NOARP	接口不支持 ARP
IFF_PROMISC	接口为所有目的地接收包
IFF_ALLMULTI	接口接收所有广播包
IFF_DRV_OACTIVE	接口忙于输出
IFF_SIMPLEX	接口不能接收自己的传输
IFF_LINK0	链路层指定
IFF_LINK1	链路层指定
IFF_LINK2	链路层指定
IFF_ALTPHYS	使用可选的物理连接
IFF_MULTICAST	支持多播
IFF_CANTCONFIG	非 ioctl 配置接口
IFF_PPROMISC	用户请求的混杂模式

（续）

标　志	描　述
IFF_MONITOR	用户请求的监控模式
IFF_STATICARP	接口只能使用静态 ARP
IFF_DYING	正在关闭接口
IFF_RENAMING	正重命名接口

　　其他的接口标志描述了接口的操作状态。接口在分配了系统资源并在其管理设备上发布了初始读操作之后，设置 IFF_RUNNING 标志。当接口地址改变时，这个状态位可以避免多次分配请求。IFF_UP 标志是在配置接口并准备好传输消息时设置的。IFF_PROMISC标志是由网络监控程序设置的，当它们希望接收所有对端的数据包而不是仅针对本地系统数据包时，启用混杂接收。发送到其他系统的包被传递到监视包过滤器，但是不被传递到网络协议。IFF_ALLMULTI 标志与之类似，但它只适用于多播包，并由多播转发代理使用。IFF_SIMPLEX 标志由以太网驱动程序设置，这些驱动程序的硬件无法接收它们发送的数据包，而是通过输出函数模拟广播的方式（取决于协议）去接收已发送的多播包。最后，可以设置 IFF_DEBUG 标志来启用可选的驱动程序诊断测试或消息。定义了三个标志供各个链路层驱动程序使用（IFF_LINK0、IFF_LINK1 和 IFF_LINK2）。它们可用于选择链路层选项，如以太网介质类型。

　　接口地址和标志是用 ioctl 请求设置的。特定于网络接口的请求在输入数据结构中将接口的名称作为字符串传递，该字符串包含接口类型的名称和单元号。SIOCSIFADDR 或SIOCAIFADDR 请求最初用于定义每个接口的地址。前者在此接口上为协议设置单个地址。后者用于添加一个包含地址掩码和广播地址的地址。它允许一个接口支持同一协议的多个地址。无论哪种情况，协议都会为地址和任何私有数据分配一个 ifaddr 结构和足够的空间，并将该结构附加到网络接口的地址列表中。此外，大多数协议都保留了协议的地址列表。结果看起来像一个二维的链表，如图 12-18 所示。可以使用 SIOCDIFADDR 请求删除地址。

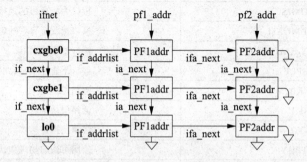

图 12-18　网络接口和协议数据结构。ifnet 结构的链表显示在图的左侧。存储每个接口地　　　　　址的 ifaddr 是一个位于 ifnet 头部链表上的水平列表结构。大多数协议的 ifaddr　　　　　结构也链接在一起，在以 pf1_addr 和 pf2_addr 为首的垂直列表中显示

　　SIOCSIFFLAGS 请求可用于更改接口的状态并执行特定于站点的配置。点对点链路的目的地址是使用 SIOCSIFDSTADDR 请求设置的。存在相应的操作来读取每个值。协议族还可以支持设置和读取广播地址的操作。最后，SIOCGIFCONF 请求可用于检索在运行系统中配置的所有接口和协议的接口名称与协议地址列表。基于 sysctl 系统调用和路由协议族中新的请求机制也会返回类似的信息（参见 12.4 节和 13.5 节）。这些请求允许开发人员在无须详细了解系统内部数据结构的情况下构建网络进程，例如路由守护进程。

　　ifnet 包含一个函数指针表，在设备初始化时由设备驱动程序填写。如表 12-12 所示，这些例程定义了用于处理网络设备的内核编程接口（KPI）。if_input() 和 if_output() 例程将在下面的小节中描述。

表 12-12　ifnet 例程表

入口点	描　述
if_output()	输出一个包
if_input()	传递包到上层
if_start()	开始输出队列化的包
if_ioctl()	修改设备状态
if_init()	（重新）初始化硬件
if_resolvemulti()	修改多播地址列表
if_qflush()	刷新设备层队列
if_transmit()	无须排队等待直接传输包
if_reassign()	接口移植到另一个 VNET 上

　　if_ioctl() 例程负责控制底层设备。设备的状态、启用的硬件特性、设置的标志以及它是否能够接收或发送数据包，都是由通过 if_ioctl() 例程发送的一组命令控制的。

　　if_ioctl() 例程执行的比较复杂的操作之一是维护接口的多播过滤器。通过广播介质（如以太网和 WiFi）操作的网络接口设备都能够接收到发送给多播地址的数据包，这些多播地址的目的是到达本地网络上的侦听器。为了接收以多播地址为目的地的数据包，网卡实现了一个硬件过滤器。过滤器只接受过滤后多播组中的数据包，因此网卡不需要查看网络上的每个数据包，就可以知道其中一个数据包是否设置了所选的多播地址。每个网卡制造商都有自定义的过滤多播数据包的方案，内核从来没有通用的方法将网卡的这一特性映射到一个数据结构中。内核在 ifnet 结构的 if_multiaddrs 字段所指向的列表中保留用户程序请求监听的多播地址列表。每当一个程序加入或离开一个多播组时，都会向驱动程序的 if_ioctl() 例程发出一个命令，告诉驱动程序多播地址列表现在已经更改。驱动程序的职责是对网络设备硬件重新编码，使设备的硬件过滤符合内核的期望。在面对大型多播列表时，当前的实现在性能方面有些不足。对列表的每次更新通常需要对网络设备硬件重新编码，因为大多数网络设备硬件不提供对底层硬件表的细粒度访问。每当向 if_multiaddrs 列表中添加或删除一个条目时，驱动程序将清除硬件表，然后逐条目添加更新后的列表，直到硬件具有多播地址列表的更新视图。如果硬件设计人员提供了适当的 API，允许驱动程序开发人员直接从硬件列表中添加或删除单个地址，那么这样做就会很容易。

if_resolvemulti() 例程用于将网络层地址映射到硬件层的多播地址。每种类型的网络设备都具有将网络层多播地址映射到链路层多播地址的不同方式，因此必须有特定于设备的功能才能执行映射。映射通常由链路层协议模块（如以太网）处理。

12.11.2 数据包传输

一旦网络层协议选择了一个接口，该协议通过以下调用（其中 ifp 是指向所选网络接口结构的指针）来传输完全格式化的网络级数据包：

```
int (*if_output)(
    struct ifnet *ifp,
    struct mbuf *msg,
    struct sockaddr *dst,
    struct rtentry *rt);
```

在网络层协议和硬件设备之间是一层软件，负责解析下一跳的硬件地址并将链路层信息（如以太网硬件地址）添加到数据包。链路层协议的输出例程根据目的地址（dst）和路由入口（rtentry）信息修改包报头（msg）。当格式化的包到达硬件，它可以选择直接传输或暂存在设备中以备以后传输。在实际过程中，传输可能不是立即成功的。通常，设备的传输例程会将数据包复制到设备的传输缓冲区或对数据包进行排队。对于不可靠的介质，如以太网或无线局域网，成功的传输意味着数据包已经被放置在电线上或通过无线电传输而没有冲突。相比之下，可靠的点对点网络（如 X.25）可以保证包的可靠传输，或为每个未成功传输的包提供错误信息。网络系统中使用的模型不承诺向网络接口提供数据包，因此与以太网最接近。输出例程返回的错误往往是一些简单的错误（网络故障、没有缓冲区空间、没有处理地址格式等）。如果在调用返回后检测到错误，则不会通知协议。

当消息在广播网络（如以太网）中传输时，每个网络接口必须为每个输出数据包指定一个链路层地址。每个协议族的网络层为每个消息选择一个目的地址，然后使用该地址选择要使用的合理的网络接口。这个目的地址作为 sockaddr 结构传递给链路层的输出例程。链路层负责将目标网络层地址映射到接口支持的传输介质相关联的链路层协议地址。这种映射可能是一种简单的算法，可能需要查找表，也可能需要更复杂的技术，比如使用 13.1 节中描述的地址解析协议。

12.11.3 数据包接收

网络接口根据链路层协议头中编码的信息接收数据包。每个协议族必须有一个或多个协议组成（如 12.8 节中描述的网络层）。在 FreeBSD 5 之前，网络数据包是由运行网络中断服务例程（netisr）的内核线程处理的。尽管仍被称为 netisr 子系统，但 FreeBSD 内核现在使用运行到完成（run-to-completion）的数据处理模型（也称为直接分发）来处理接收到的网络数据包。每个数据包通过尽可能多的网络代码层进行传输。那些不直达用户进程的数据包（例如那些被转发到网络中的其他节点的包），在它们被传输到目标路径下一跳之前会被处理。早期版本的 FreeBSD 在网络代码中有许多点，包括设备和协议之间的点，在这些点中，信息包可能被放置在队列中，以便稍后提取和处理。通过队列使得网络栈中的各个模块之间能够独立工作，但它也会带来性能损失，主要因为在内核线程之间上下文切换和 CPU 缓存抖动会带来成本。直接分发模型允许系统使用一个线程执行尽可能多的工作，线程的数据与 CPU 缓存中进行的操作相关。处理包接收的内核线程可以固定在特定的 CPU 上，以便在整个包接收过程中最大限度保证缓存一致性。只有当内核不能再继续处理接收到的数据包时，它才会将该数据包放到一个队列中，以便另一个线程稍后执行。

协议通过调用 netisr_register() 向 netisr 子系统注册协议处理函数。在接收到包时，设备驱动程序将接收到的数据放入 mbuf 中，在 mbuf 的包头结构中记录接收到的包所在的接口，并通过调用 netisr_dispatch() 将包传递给链路层协议的底层。netisr_dispatch() 例程决定是否使用直接调度，以及应该在何处处理入站数据包。在使用直接分发时，netisr_dispatch() 可以选择将处理入站包的线程固定到特定的 CPU。一个处理传入数据包的传统方法是系统管理员请求数据包进行分组排队，然后使用单独的内核线程处理所有分组。当许多均匀间隔的数据包周期性地到达时，排队的效果最好。通过队列可以处理数据包突发的场景，因为可以在空闲期间处理那些在队列中等待的数据包。在直接分发中，如果信息包到达的速度比处理它们的速度快，那么所有的 CPU 都将忙于处理较早的数据包。当新的数据包到达时，网络硬件将丢弃时间较早且未处理的数据包。

netisr 模块在以太网包的情况下使用两次。从 ether_input() 例程中，首先通过 netisr 系统发送一个包，以便内核可以决定该数据包是在当前 CPU 上处理还是在另一个可以调度的 CPU 上处理，或者排队等待另一个内核线程进行后续处理。通常来说能够处理大量数据包的系统，在数据包从运行到完成期间都通过直接分发的方法进行处理。

一旦决定在何处处理数据包，它就会通过 ether_demux() 例程再次传递到 netisr 系统，该例程负责将数据包传递到网络层协议的过程。ether_demux() 例程使用数据包的 ether 类型（表示网络层协议的 16 位值），通过 netisr 子系统将数据包分发到适当的网络层协议中。每个网络层协议只接受一个 mbuf 链作为参数。当包到达网络层协议时，mbuf 链已经拥有了从网络层到传输层的传输过程中所需要的所有信息。

12.12 缓冲和流控

影响协议性能的一个主要因素是缓冲策略。缺乏适当的缓冲策略可能会迫使数据包被丢弃，导致协议发出错误的信息、使内存产生碎片并降低系统性能。对于这些问题，大多数系统为网络系统分配一个固定的内存池，并设计缓存策略对其进行优化。

在启动时，网络系统为 mbuf 和 mbuf 簇分配固定数量的内存。根据需要，mbuf 簇可能需要更多的系统内存，最大达到预先配置的峰值。尽管内核内存分配器可以从区域中回收未使用的内存，但它不能从用于 mbuf 和 mbuf 簇的区域中回收内存。由于网络缓冲区需求变化较大，网络开发人员发现 mbuf 内存池的使用率较高时效果更好。

12.12.1 缓冲协议策略

在创建套接字时，协议为发送和接收队列保留协议选择的缓冲区空间量。空间大小决定了套接字例程在决定何时阻塞和取消阻塞进程时的使用上限。

面向连接级流控的协议（如 TCP 和 SCTP）根据连接的预期带宽和往返时间选择空间预留。在操作中，发送给对端的窗口是根据套接字接收队列中的可用空间量计算的，而从对端接收的发送窗口的利用率取决于发送队列中的可用空间。

12.12.2 队列限制

来自网络的传入包总是被接收，除非内存分配失败或内核在另一个包到达之前未能从网络接口收集它们。FreeBSD 网络系统的默认操作是使用直接分发，它将接收到的每个包发送到目的地，无论该目的地址是主机上应用程序的套接字，还是通过另一个网络接口传输。当 netisr 子系统被设置为一旦接收到数据包就进入队列等待，而不是直接处理它们，每个接收到的数据包都会排队等待后续处理。每个队列的长度都有一个上限，超过这个上限的新加入的包将被丢弃。正如 12.11 节中所解释的，当系统太忙而无法从网络接口收集数据包时，直接调度成为隐式的输入限制。

如果主机将数据包从高带宽网络转发到低带宽网络，则主机可能会被过多的网络流量压垮。作为一种防御机制，可以通过调整输出队列上限来控制系统上的网络流量负载。当应用程序和协议重新传输被丢弃的包时，可能会增加网络上的负载。但是，过多的缓冲会导致较大的网络延迟，并减慢对 TCP 的反馈，使得 TCP 速度减慢。队列限制应该足够高，可以通过缓冲来处理瞬时过载，但又不应该高到在路由器中引起缓冲区膨胀 [Gettys & Nichols, 2011]。

netisr 系统中的队列使整个系统得到较为粗粒度的控制。路由器等网络应用程序需要一组更加复杂的排队机制。ALTQ 和 Dummynet 子系统提供了更细粒度的控制，可以选择何时删除数据包。Dummynet 子系统将在 13.8 节中讨论。

12.13　网络虚拟化

随着计算机系统计算能力的增强，现在可以同时运行以前需要多台独立机器才能运行的服务。增强计算能力的方法有两种。一种是对底层硬件进行虚拟化，引入一层软件，在这层软件上可以同时执行多个完整的系统且互不影响。硬件虚拟化并不是一个新概念，但是系统现在已经足够便宜和强大，因此在这个行业中使用虚拟化软件是很普遍的 [Creasy，1981]。另一种利用现代计算系统的能力来实现多种不同目的的方法是虚拟化服务本身。虚拟化是操作系统对底层硬件所做的操作，它使多个程序都能看到它们各自对机器的占用情况。5.9 节中讨论的一种软件虚拟化是 Jail，它是运行在 FreeBSD 上的整个程序集的容器。

FreeBSD 中的网络和进程间通信子系统已经虚拟化，因此网络子系统许多副本可以并行运行。将网络子系统虚拟化的框架称为 VIMAGE。每个虚拟网络堆栈都是独立环境，具有自己的一组套接字和网络接口。FreeBSD 网络栈的实现依赖于一组内核全局变量，这些全局变量维护网络服务的所有数据结构。随着 VIMAGE 的引入，每个数据结构都必须被虚拟化，这意味着如果网络堆栈有 N 个实例，那么每个全局变量也有 N 个实例。由堆栈定义的全局变量被收集到一个特殊的链接器集合中，这个集合是一个全局变量集合，当一个程序（如内核）被构建时，链接器将封装这些全局变量。每当创建一个新的 vnet 实例时，内核使用链接器集 set_vnet 来创建网络堆栈全局状态的新实例。为了减少在特定实例中查找全局变量的开销，在包含虚拟全局变量的内存基础上加入了内存偏移量。内存偏移量是实现查找变量的最快方法，但它要求包含全局变量的内存块大小完全相同，并且在内存中以相同的方式布局。如果内核开发人员必须自己完成所有这些工作，那么这将是枯燥而且容易出错的。通过一组宏用于声明网络堆栈的全局变量。在整个内核中使用 VNET_DEFINE 宏来设置 VIMAGE 要使用的全局变量。当模块需要引用外部定义的变量时，它们使用 VNET_DECLARE 宏。每个虚拟的全局变量名前面都有字符 V_，这是内核中用来表示虚拟全局变量的约定。每个虚拟堆栈的全局状态完整集保存在 vnet 结构中，如图 12-19 所示。所有 vnet 都保存在一个单链表中，并包含当前由虚拟网络实例使用的接口和套接字数量。全局变量是通过 vnet_data_mem 指针访问的。程序员不直接访问全局数据成员，而是使用上面讨论的宏来指示它们试图访问的全局变量。当未将 VIMAGE 编译进内核时，所有处理间接和变量查找的宏都是 null 和空的，这意味着在仅使用单个网络堆栈时，变量访问不会造成性能损失。

```
struct vnet {
    LIST_ENTRY(vnet) vnet_le;      /* all vnets list */
    u_int            vnet_magic_n;
    u_int            vnet_ifcnt;
    u_int            vnet_sockcnt;
    void             *vnet_data_mem;
    uintptr_t        vnet_data_base;
};
```

图 12-19　vnet 数据结构

　　FreeBSD 10 中的虚拟网络栈都和 Jail 相关。vnet 是通过从 jail_set 系统调用中调用 vnet_alloc() 来创建的。每个 Jail 可能只包含一个 vnet。在虚拟化和非虚拟化的情况下，使用相同的内核例程初始化所有网络堆栈的全局状态，并使用 VNET_ 宏在运行时处理索引和偏移量。

　　将与 IPC 相关的系统调用映射到 vnet 实例是在内核中使用与线程关联的可信任结构来处理的。如果 Jail 是用 vnet 实例创建的，那么 Jail 中的每个进程在其 prison 结构中都有一个指向 vnet 实例的有效指针。然后使用全局变量执行系统调用，这些全局变量最终从 prison 结构指向 Jail 结构。用户应用程序和系统管理程序（如 netstat）不向系统用户公开 vnet ID，但它们也是 Jail 的一部分，对于未封装在 Jail 中的数据结构是透明的。当用户在 Jail 外（如系统管理员），想要查看在 Jail 中的 vnet 实例，可以使用 jexec 命令，从 Jail 里执行所请求的程序，而不需要知道 vnet 实例的 VNET ID。

习题

12.1　管道的哪些使用限制促使了开发人员设计替代的进程间通信机制？

12.2　为什么 FreeBSD 进程间通信机制被设计成独立于命名套接字的文件系统？

12.3　为什么在 FreeBSD 中进程间通信是在网络层之上而不是其他方式呢？

12.4　根据本章给出的定义，屏幕编辑器会被认为是简单的还是复杂的程序？阐述你的答案。

12.5　什么是带外数据？什么类型的套接字支持带外数据的通信？描述带外数据的一种用法。

12.6　给出内存管理机制中进程间通信的两个要求。

12.7　需要多少 mbuf 和 mbuf 簇才能容纳 3024 字节的消息？绘制必要的 mbuf 链和任何相关的 mbuf 簇的图。

12.8　为什么一个 mbuf 有两个链接指针？每个指针用于什么？

12.9　每个套接字的发送和接收数据缓冲区有上限和下限。这些限制的作用是什么？

12.10　考虑一个网络连接的套接字，它在套接字处排队等待 accept 系统调用。这个套接字是在 so_comp 为首的队列上，还是在套接字结构中的 so_incomp 字段上？不包含套接字的队列有什么用？

12.11　描述两种协议，它们将传入的连接请求放入套接字结构中 so_comp 字段为首的队列中。

12.12　协议层如何将通信过程中的异步错误返回给套接字层？

12.13　套接字显式地避免进行解释它们发送和接收的数据。你认为这种方法正确吗？阐述你的答案。

12.14　为什么在调用协议层传输数据之前，sosend() 例程要确保在套接字的发送缓冲区中有足够的空间？

12.15　在一个数据报套接字的数据队列中，每个 mbuf 中的类型信息是如何使用的？如何在流套接字的数据队列中使用此信息？

12.16　为什么当数据从套接字的接收缓冲区中移除时，soreceive() 例程会选择性地通知协议层？

12.17　关闭连接时，什么可能导致连接一直延迟？

12.18　描述两个信号量（S_1 和 S_2）共享在两个进程 A 和 B 之间的死锁。

12.19　消息队列如何实现优先级队列？如何使用它来实现全双工通信？

12.20　为什么 shmdt 系统调用不释放底层共享内存？

*12.21　存储压缩对网络通信协议的性能有什么影响？

**12.22　为什么向系统释放 mbuf-cluster 存储很复杂？阐述为什么它可能是可取的。

**12.23　在最初的进程间通信机制的设计中，通过 domain 系统调用获得了对通信域的引用。

```
int d; d = domain("inet");
```

（其中 d 是一个描述符，类似文件描述符），然后用它创建套接字

```
s = socket(type, d, protocol);
int s, type, protocol;
```

　　　　与 FreeBSD 中使用的方案相比，该方案有哪些优点和缺点？域描述符类型的引入对内核中描述符的管理和使用有什么影响？

**12.24　设计并实现一个简单的本地 IPC 信号量替换方案，它只对一个信号量而不是一个数组进行操作。新系统应该遵循原来的 API，以实现 semget、semctl 和 semop 例程。

Chapter 13 第 13 章

网络层协议

第 12 章介绍了 FreeBSD 的网络通信体系结构。本章介绍在此框架内实现的网络协议。FreeBSD 系统支持几个主要的通信域：IPv4、IPv6、Xerox 网络系统（NS）、ISO/OSI 和本地域（以前称为 UNIX 域）。本地域不包括网络协议，因为它完全在单一系统内运行。本章研究实现网络层软件的 TCP/IP 协议部分。构成 TCP/IP 软件网络层的协议负责在互联网中继主机之间传送数据包。TCP/IP 协议为实现分组交换网络，对其组件进行了逻辑分层。一层是网络层，负责逐跳处理数据包；另一层是传输层，负责将数据包抽象成流或数据报，提供给用户程序。第 14 章将讨论传输层协议，包括 UDP、TCP 和 SCTP。

目前，有两组用于因特网网络层的已定义协议。IPv4 是大多数程序员熟悉的网络层协议，已经过 30 年的开发和定义。IPv6 是下一代 IP 协议，现在正被部署为 IPv4 的最终替代品。本章介绍了 IPv4 和 IPv6 及它们伴随的控制和错误协议，描述了 IPv4 协议的整体体系结构，并根据第 12 章中定义的结构来研究它们的运行。然后讨论了开发人员在 IPv6 协议及其实现方面的推动下，对系统所做的改进。在介绍完 IPv4 和 IPv6 网络协议之后，本章讨论了路由系统（它是网络层协议不可或缺的部分）和安全协议（它也是在网络层实现的）。本章最后讨论了 FreeBSD 中存在的各种数据包处理框架，这些框架也和网络层密不可分。

13.1　IPv4

TCP/IP 协议栈是在 DARPA 的赞助下开发的，目的是在 ARPANET 使用 [DARPA，1983；McQuillan & Walden，1977]。这些协议通常被称为 TCP/IP，尽管 TCP 和 IP 只是协议族中众多协议中的两个。这些协议并不需要有一个能确保数据传递到的可靠子网。相反，IPv4 是按以下模型设计的：在这个模型里，主机连接到具有不同特性的网络上，网络通过路由器互连。IP 协议负责主机到主机的寻址和路由、数据包转发以及数据包分片和重组。与传输协议不同，它们并不总是用于本地主机上的套接字，但可以转发数据包，接收没有本地套接字的数据包，或者针对这些情况生成错误数据包。IP 协议是为使用数据报的分组交换网络设计的，数据报通过像以太网这样不指示数据是否送到的链路来传送。

网络互联模型要求至少用到两个协议层。一层在对话中涉及的两个主机之间进行端到端操作。它基于逐跳操作的低级协议，通过中间路由器将每个报文转发到目标主机。通常，在这两个协议层之上还存在至少一个协议层：应用层，其使用传输协议来实现某个服务或系统。这三层大致对应于 ISO 开放系统互连参考模型 [ISO，1984] 中的第 3 层（网络层）、第 4 层（传输层）和第 7 层（应用层）。

支持这种模型的协议分层如图 13-1 所示。IP 协议（Internet Protocol，Internet 协议）实现了 ISO 模型中的网络层协议。在分组交换网络中，数据报经由中间路由器，从始发主机逐跳发送到目的地。IP 协议提供网络层的服务，包括主机寻址和路由等，必要时——如果中间网络无法一次传送一个完整的数据包——它还对数据包进行分片和重组。传输协议使用 IP 的服务。用户数据报协议（UDP）、传输控制协议（TCP）和流控制传输协议（SCTP）是传输层协议，为使用 IP 的应用程序提供了更多的功能。在网络层，IP 使用主机地址来识别网络中的端点，而每个协议都指定一个端口标识符，以便可以识别本地和远程套接字。TCP 提供面向连接的、可靠的、无重复和有流量控制的数据传送，它支持 Internet 域中的流套接字（stream socket）类型。除了端口标识符之外，UDP 还提供用于检查完整性的数据校验和，除此之外，它几乎没有在 IP 提供的服务之上增加多少功能。UDP 是 Internet 域中数据报套接字使用的协议。ICMP（Internet Control Message Protocol，Internet 控制报文协议）用于错误报告和其他简单的网络管理任务，它在逻辑上是 IP 协议的一部分，但与传输协议一样，它是在 IP 协议的上层。用户通常不能访问它。可以通过原始套接字对 IP 和 ICMP 协议进行底层访问（有关这一功能的介绍，请参见 13.6 节）。

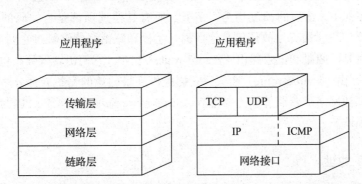

图 13-1　TCP/IP 协议分层。TCP 表示传输控制协议，UDP 表示用户数据报协议，IP 表示
　　　　　Internet 协议，ICMP 表示 Internet 控制报

Internet 协议中大于 1 字节的所有字段都以网络字节序表示，最高的字节在最前面。当

IP 协议最初被设计出来时，硬件制造商对字节在内存中的存储顺序产生了分歧。一些制造商以大端格式存储数据，这与网络字节序相同，而其他制造商（包括英特尔）以小端格式存储数据。FreeBSD 网络实现使用一组例程或宏来转换 16 位和 32 位整数字段，以在具有不同本机序的主机（例如 X86 系统）上，转换主机字节序和网络字节序。虽然 X86 系统继续使用小端格式，但许多嵌入式处理器，特别是用于构建网络路由器和交换机的处理器，都使用大端格式。在大端和小端字节格式之间进行转换会引入额外的开销，而这是路由器和交换机供应商不希望产生的，因此他们的系统使用的处理器上，其主机内存格式与网络字节序相同。在大端系统上，转换宏是空的，并由编译器优化掉。

IP 数据包头部的内容说明了协议的功能，如图 13-2 所示。报头标识源主机、目标主机以及目标协议，它还包含报头和数据包的长度。为了方便数据包或分片传输到下一跳，必须将它们分成较小的部分，这会用到 ID 和 fragment 字段，并在它们到达目的地时重组分片。分片标志是 Don't Fragment 和 More Fragments，后一个标志加上偏移量这两个信息就可以在目的地组装原始数据包的相关片段。

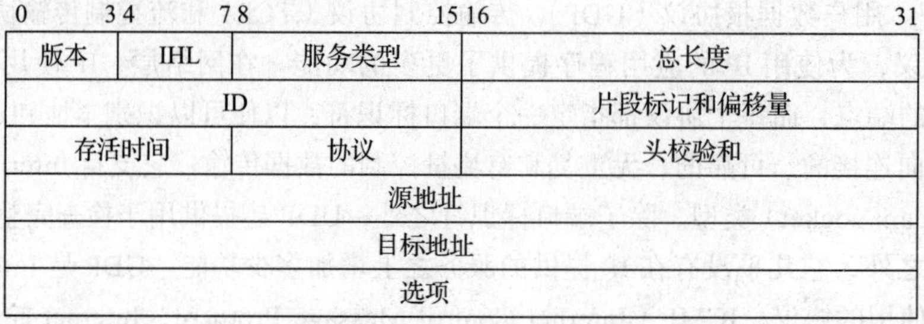

0	3 4	7 8	15 16	31
版本	IHL	服务类型	总长度	
ID			片段标记和偏移量	
存活时间		协议	头校验和	
源地址				
目标地址				
选项				

图 13-2　IPv4 协议头，IHL 是以 4 字节为单位的 Internet 头部长度，Options 由 IHL 限定大小，所有的字段长度都以位为单位

如果报头长度字段的值大于最小的 20 字节，则 IP 报文中存在 IP 选项。no-operation 选项和 end-of-option-list 选项的长度均为 1 字节。所有其他选项都是自编码的，其开头放了类型和长度两个字段，接着才放任何其他数据。主机和路由器能够跳过它们未实现的选项。现有选项的示例是时间戳和记录路由（record-route）选项（它们由转发数据包的每个路由器更新），以及源路由（source-route）选项，它们提供到目的地的完整或部分路由。这些选项很少使用，大多数网络运营商静默丢弃带有 source-route 选项的数据包，因为它使得管理网络上的流量很困难。

13.1.1　IPv4 地址

IPv4 地址是一个 32 位数字，它可以用于标识一个主机所在的网络，也可以唯一标识该主机上的网络接口。因此，具有多个网络接口（用于连接到多个网络）的主机具有多个地址。网络地址由地区性互联网注册机构（RIR）按块分配给 ISP（网络服务提供商），然后 ISP 再把地址分配给公司或个人用户。如果不是以这种集中方式来进行地址分配，可能在网络中引发地址冲突，也就无法正确地路由数据包了。

在过去，IPv4 地址被严格划分为三类（A 类、B 类和 C 类），以满足大、中、小型网络的需求 [Postel，1981a]。事实证明，分为三个类别过于苛刻，而且也大大浪费了地址空间。当前的 IPv4 寻址方案称为 CIDR（Classless Inter-Domain Routing，无类域间路由选择）[Fuller 等，1993]。在 CIDR 方案中，每个组织都有一组连续的地址，它由单个网络号和一个网络掩码描述。使用 CIDR，站点管理员可以创建多个子网，每个子网都有自己的网络掩码，而无须从 ISP 请求新的地址分配。网络掩码确定地址所属的子网。例如，网络可能具有由 16 位网络掩码定义的一组地址，这意味着网络由前 16 位定义。其余 16 位可能用于识别网络中的主机，或用于创建一系列子网，每个子网都有自己的更窄范围的网络掩码。图 13-3 显示了一个带有 16 位网络掩码和两个子网的网络，每个子网都有一个 24 位网络掩码。使用此方案，分配的网络分为 256 个子网，每个子网最多可包含 253 个主机。每个子网地址的主机部分是 8 位。每个子网最多只能有 253 个主机，因为两个地址被保留用于广播数据包，一个被保留用于路由器。不需要在字节边界上分配网络，但它们必须是地址高位的连续位集合。由于这种约束，位掩码由单个数字描述，该数字指定表示地址的网络部分的位数。例如：
分配的网络表示网络掩码为 256 个子网的地址。

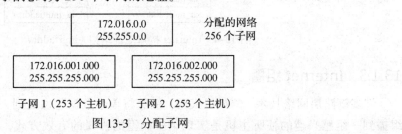

图 13-3　分配子网

分配给网络接口的每个 Internet 地址都以一个 in_ifaddr 结构进行维护，该结构包含与协议无关的接口地址结构，也包含 Internet 域中使用的其他信息（参见图 13-4）。指定接口的网络掩码时，会将其记录在地址结构的 ia_subnetmask 字段中。只有在未指定网络掩码的情况下设置接口的地址，才会使用基于类的地址。系统使用 ia_subnetmask 值解释本地 Internet 地址。如果子网掩码下的字段与接口地址的子网字段匹配，则认为该地址是子网的本地地址。

13.1.2　广播地址

在一个能够支持广播数据报的网络上，4.2BSD 使用主机部分为零的地址进行广播。在 4.2BSD 发布后，Internet 广播地址被定义为主机部分全为 1 的地址 [Mogul，1984]。这个变化和子网概念的引入使得广播地址的识别变得复杂。主机可以使用主机部分全为 0 或 1 的地址表示广播，有些主机可能知道子网的存在，而其他主机可能不知道。由于这些原因，4.3BSD 和更高版本的 BSD 系统将每个接口的广播地址设置为主机部分全为 1，但允许设置备用地址（全为 0）以兼容历史。如果网络是子网，则广播地址的子网字段包含正常的子网号。设置地址时，也会计算网络的逻辑广播地址；如果未使用子网，则使用标准广播地址。IP 输入例程需要此地址来过滤输入数据包。在输入时，FreeBSD 识别并接受子网以及网络广播地址（主机部分全为 0 或 1），以及 32 位全为 1 的地址（在此物理链路上广播）。路由器始终丢弃目的地址设置为广播地址的数据包，这可防止广播数据包离开本地子网，从而导致广播风暴。

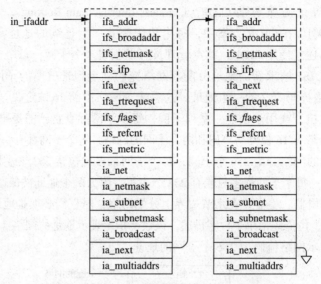

in_ifaddr →

| ifa_addr |
| ifs_broadaddr |
| ifs_netmask |
| ifs_ifp |
| ifa_next |
| ifa_rtrequest |
| ifs_*flags* |
| ifs_refcnt |
| ifs_metric |
| ia_net |
| ia_netmask |
| ia_subnet |
| ia_subnetmask |
| ia_broadcast |
| ia_next |
| ia_multiaddrs |

图 13-4　Internet 接口地址结构（in_ifaddr）

13.1.3　Internet 组播

许多链路层网络技术（例如以太网）能够将单个数据包发送到一组主机。能够将数据组播到一组感兴趣的侦听主机是实现某些类型的协议的有效方式，例如本地网络参数的自动配置。在能够进行链路层组播的地方，IP 在网络协议层也提供类似的功能 [Deering, 1989]。发送 IP 组播时，应将目的地址高位设置为 1110。与主机地址不同，组播地址不包含网络和主机部分。相反，整个地址命名一个组，例如使用某个特定服务的一组主机。这些组是动态创建的，组内成员随时间而变化。通过将 IP 地址的低 24 位加上固定的 24 位前缀形成 48 位链路层地址，能将 IP 组播地址直接映射到网络（如以太网）的物理组播地址。

要使用组播的套接字，它必须使用 setsockopt 系统调用来加入组播组。该调用通知链路层，它应该接收相应链路层地址的组播，并且它还使用 IGMP（Internet Group Management Protocol，因特网组管理协议）发送组播成员信息的报告 [Cain 等，2002]。路由器和交换机从直连的网络接收所有组播数据包，并根据需要将组播数据报转发给其他网络上的组成员。此功能类似于转发普通（单播）数据包的路由器的角色，但数据包转发的标准不同，数据包可以转发到多个相邻网络。IGMP 的目的是允许交换机和路由器跟踪哪些主机有兴趣接收一组或多组的数据。如果没有 IGMP 之类的协议，在其中一个端口上接收到组播数据包的网络交换机，将不知道该转发此数据包到哪个端口。因此，数据包将被泛洪（flooded）到所有端口或被丢弃。向所有端口发送数据包是对网络资源的低效使用。如果连接的主机或网络没有请求 IGMP，对那些到达该组的数据包，路由器和交换机的配置策略是丢弃它们。

13.1.4　链路层地址解析

在主机与更广泛的互联网通信之前，它必须首先能够与其相邻主机通信。与 IPv4 网络协议通信的主机使用地址解析协议（Address-Resolution Protocol，ARP）来定位网络上的邻居并与之通信。ARP 是一种链路层协议，它为支持广播或组播通信的网络提供动态地址转换机制 [Plummer，1982]。ARP 将 32 位 IPv4 地址映射到 48 位介质存取控制（Media-Access-Control，MAC）地址，例如以太网和无线 802.11 链路层协议使用的地址。虽然 ARP 不是特定于 IPv4 协议地址或以太网地址，但 FreeBSD 网络子系统仅支持该组合，尽管它为添加其他组合做了准备。尽管逻辑上位于网络层和链路层之间，但 ARP 还是被并入网络接口层。

ARP 维护从网络层地址到链路层地址的一组转换。当通过网络层协议对 ARP 服务发出一个地址转换请求时，如果请求的地址不在 ARP 的已知转换集中，此时会创建一条 ARP 报文，为未知的数据链路层地址指出请求的网络地址。然后，接口广播该报文，期望连接到网络的某个主机知道如何转换地址——通常是因为该主机就是原始消息的目标主机。如果及时收到某个响应，则 ARP 服务使用该响应更新其转换表，并处理待处理的请求，然后通知发送 ARP 请求的网络接口发送原始报文。

由于需要避免过时的转换数据，也需要在目标主机关闭时最小化广播，并需要处理失败的转换请求，因此该算法变得复杂。另外，有必要处理在完成转换之前尝试传输的数据包。ARP 转换表使用由链路层条目结构（llentry）组成的链路层表（lltable）来实现。lltable 和 llentry 数据结构都足够通用，可以处理不同类型的网络到链路层的转换协议，例如 13.3 节中描述的 IPv6 邻居发现协议（IPv6 neighbor-discovery protocol）。每个 lltable 结构包含指向三个函数的指针，第一个函数用于查找转换对，第二个用于释放某个条目，第三个用于以一些方便的格式转储表格，以显示给用户。每个链路层转换协议都创建专用的表，并填充函数指针元素，以便内核可以在需要时调用相关的函数。

ARP 表中的每个条目都包含在一个 llentry 结构中，如表 13-1 所示。实现 ARP 有两个挑战：一个是需要让条目有超时机制，以使它们不会过时；另一个是在收到对 ARP 请求的正确响应之前，禁止数据包传输。llentry 结构具有专门解决这两个挑战的元素。每个条目都有一个 lle_timer 元素，用于为表中的每个条目设置和重置调出计时器（call-out timer）。当超时触发时，会调用 arptimer() 例程，它会清空并移除过时的条目。条目的生命周期是有限的，以防止从 IPv4 地址到链路层地址的映射一直保留在系统中，可能在主机更改了 IPv4 地址之后条目的生命周期就结束了——或者通过管理员的操作，或者通过诸如 DHCP（Dynamic Host-Configuration Protocol，动态主机配置协议）之类的协议为主机分配了一个新的 IPv4 地址。ARP 表中的陈旧条目将阻止一个主机到达另一个主机，直到管理员清除掉该过时条目。ARP 条目的默认超时时间为 20 分钟。超时时间尝试在表中存在过时条目和在网络上生成过多 ARP 请求之间取得平衡。如果主机不经常更改其 IPv4 地址，则应设置更长的超时值，因为在网络用户的角度看，ARP 请求是不必要的开销：ARP 数据包本身并不携带用户数据。

表 13-1 链路层条目

字　　段	描　　述
lle_next	表格中的下一个条目
lle_lock	用于该条目的锁
lle_tbl	回指到链路层表的指针
lle_head	回指到表格的地址链表的指针
lle_refcnt	该条目的引用计数
lle_timer	该条目的调出计时器
lle_free	条目特有的 free 例程
la_hold	等待地址解析的包组成的链表
la_numheld	等待地址解析的包个数
la_expire	该条目超时的时间点
la_flags	flags：有效的，创建新条目，删除条目
la_asked	我们请求该地址多少次了
la_preempt	在超时之前请求地址解析
ln_byhint	用于邻居发现的可到达性提示
ln_state	用于邻居发现的状态：未完成，可到达，过时的
ln_router	通过路由器邻居
ln_ntick	用于邻居发现计时器
ll_addr	已解析的用于下一跳的硬件地址

与许多其他网络层协议不同，ARP 不是传输协议，但它却必须保存数据包以供以后传输。当 IPv4 数据包准备好由系统传输时，arpresolve() 例程会检查 ARP 表，查看内核是否具有目标硬件地址的映射。如果不存在这样的映射，则 arpresolve() 例程必须首先准备并发送请求以获取正确映射。arpresolve() 例程在等待回复时不能阻塞整个系统，同时它也不能删除已经提供转换地址的 IPv4 数据包。在解析完 ARP 条目之前，已到达的准备传输出去的 IPv4 数据包被放置在 la_hold 队列上，直到收到正确的 ARP 回复，或发生超时。la_hold 队列的大小有限，因此恶意进程无法通过向不回复 ARP 请求的目的地址高速传输数据来耗尽内核的 mbuf 存储。

13.2　ICMP

ICMP（Internet Control Message Protocols，Internet 控制报文协议）是 IPv4[Postel，1981b]

和 IPv6[Conta 等，2006] 的控制报文和错误报文协议。尽管它们在 IP 层之上用于输入和输出操作，但它们实际上是 IP 协议的组成部分。大多数 ICMP 报文由内核接收和实现。ICMP 报文也可以通过原始 IP 套接字发送和接收（参见 13.6 节）。

ICMP 报文分为三大类。第一类包括可能在网络某处发生的各种错误，并且错误还可能报告给引起该错误的数据包来源。此类错误包括：路由选择的失败（无法到达网络或主机），数据包中 time-to-live 字段到期，或目标主机报告的目标协议或端口号不可用。错误数据包除了包括 IP 报头外，还要额外加上发生错误的数据包的至少 8 字节。第二类报文可以被视为路由器到主机的控制报文。此类报文的实例包括路由重定向报文（它可以告知主机，可获得更好的路由通往某个主机或网络）以及路由器通告（它为主机提供发现其下一跳路由器的简单方式）。最后一类报文包括网络管理、测试和测量的数据包。这些数据包包括网络地址请求及回复，网络掩码请求及回复，回声请求及回复，时间戳请求及回复，以及通用信息请求及回复。

接收到的 ICMP 报文所需的所有操作和回复都由相关的 ICMP 模块完成。在网络代码中，ICMPv4 和 ICMPv6 数据包遵循类似的轨迹，唯一的区别在于，与 IPv6 相关的例程中使用数字 6。下面的讨论只描述了 ICMPv4 数据包通过网络堆栈的路径，不过鼓励读者自行查找并查看与 ICMPv6 相关的函数，以了解它们与 IPv4 对应代码的相似程度。由于 ICMP 有它自己的 IPv4 协议号（1），ICMP 数据包可以通过正常的协议输入入口点从 IP 接收。ICMP 输入例程处理三种主要情况。如果数据包是错误信息（例如端口不可达），则处理该报文并将其传递给可能需要知道这一错误的任何更高级别的协议，例如启动通信的协议。需要响应的报文——例如，一次 echo——将被处理，然后使用 icmp_reflect() 例程发送回它们的来源。最后，如果有任何套接字监听 ICMP 报文，则在 icmp_input() 例程结束时通过调用 rip_input() 为它们提供报文的副本。

当接收到错误指示时，在 sockaddr 结构中构造一个通用地址。地址和错误代码由 icmp_input() 例程报告给每个网络协议的控制输入条目（通过 pr_ctlinput() 得到）。例如，ICMP 端口不可达报文仅导致使用特定远程端口和协议的连接出错。

由重定向报文所引起的路由变化是由 rtredirect() 例程处理的，它首先核实该报文是从一个可以达到目的地址的下一跳网关路由器上收到的，并检查这个新网关是否在一个直连网络上。如果这些测试都通过了，则相应地修改内核中的路由表。

一旦内核处理了传入的 ICMP 报文，它就会传递给 rip_input() 以供任何 ICMP 原始套接字接收到它。原始套接字也可用于发送 ICMP 报文。网络测试程序 ping 的工作原理就是通过在原始套接字上发送 ICMP echo 请求，并监听等待相应的回复信息。

其他 Internet 网络协议也使用 ICMP 来生成出错信息。IP 可以检测到许多不同的错误，尤其是在用作 IP 路由器的系统上。icmp_error() 函数构造指定类型的出错报文，以响应 IP 数据包。大多数出错报文都会包括导致错误的原始数据包的一部分，以及出错的类型和代码。出错数据包的源地址是根据上下文选择的。如果原始数据包是发送给一个本地系统的地址，则该地址将用作源地址。否则，随着这个数据包的转发，都将源地址设置为与接收数据包的接口相关联的地址。然后，可以将出错报文的源地址设置为最靠近（或共享）始发主机的网络上的路由器的地址。此外，当 IP 通过接收该数据包的同一网络接口转发数据包时，如果该数据包的来源主机位于同一网络上，它可能会向源主机发送一个重定向报文。icmp_error() 例程为了进行报文重定向，还要再多接受一个参数：主机将要使用的新路由器的地址。

ICMPv6 比 ICMPv4 多一项职责，那就是处理各种邻居发现（neighbor-discovery）报文。邻居发现是允许 IPv6 主机自动配置其网络参数的协议。与 ARP 不同，邻居发现协议不直接位于链路层协议（例如以太网和 802.11）之上，而是位于 ICMPv6 协议之上。所有邻居发现报文（包括路由器请求报文、邻居请求报文、邻居通告报文和路由器重定向报文）首先通过 ICMPv6 模块，接着再到达邻居发现软件。

13.3 IPv6

在成功部署和使用 IPv4 多年后，出现了一些问题，导致 Internet 社区开始研究新版本的 Internet 协议。研究新版本的动机是原来的互联网地址快用完了 [Gross & Almquist, 1992]。在 IPv4 协议框架内，已经提出并实现了几种解决方案来解决这个问题，包括子网划分和无类域间路由（CIDR）[Fuller 等，1993；Mogul & Postel, 1985]，但事实证明它们都是不够的。几个旨在完全取代 IPv4 协议的不同提案被提出，并用了几年时间才最终敲定。自 20 世纪 90 年代初以来，新一代互联网协议的研究工作一直在进行，但直到 2003 年，协议才由大厂商推出。到目前为止，由于必须对基数庞大的 IPv4 主机进行更换，新协议的采用规模比较有限。

FreeBSD 包含了一个 IPv6 网络域，其包含 IPv6 协议的实现。该域支持从网络层到传输层的整套协议。这些协议在 Deering & Hinden[1998] 开始撰写的大量 RFC 中进行了描述。在 IPv6 的发展过程中，编写了几个开源实现。根据项目作者的需要，每个实现都只支持了 IPv6 全部功能的不同子集。对 IPv6 功能支持最完整的是 KAME 项目 [KAME, 2003]，它也是 FreeBSD 采用的实现。对 IPv6 的完整讨论不在本书范围内。本节讨论那些使 IPv6 与 IPv4 不同的 IPv6 领域，以及为适应这些差异而必须对 FreeBSD 进行的更改。

IPv4 和 IPv6 之间存在几个主要差异，包括：

❑ 网络层采用 128 位地址。

❑ 不建议进行数据包分片。

❑ 强调自动配置。

❑ 内置对安全协议的支持。

推动转向新协议的最重要的因素是需要更多地址。IPv4 和 IPv6 之间的第一个变化是扩大地址的范围。IPv4 地址是 32 位，理论上足够处理超过 40 亿个接口。未能达到理论最大值的原因主要有两个。首先是需要控制骨干 Internet 路由器中路由表的大小。当许多地址可以通过单个地址（链接到该网络的路由器地址）进行通信时，因特网路由是最有效的。如果每个地址都需要自己的路由，则互联网中的每个路由表中将有超过 40 亿个地址，这在当前网络硬件和软件的条件下是不可能的。因此，地址被聚合成块，而这些块被分配给 ISP，然后 ISP 将它们切分成较小的块分配给他们的客户。然后，客户通过子网划分，将这些块进一步分解，最后将单个地址分配给特定计算机。在此层次结构的每个级别，保留了一些地址以备将来使用，这是导致 IP 地址浪费和过度分配的第二个原因。由于给大量已分配好的计算机重新分配地址，不仅代价很大而且难以实现，因此为避免未来给它们的网络重新分配地址，他们会请求多于所需数量的地址。这种过度分配导致公司和 ISP 多次被要求返回未使用的地址 [Nesser, 1996]。由于这些原因，IP 地址空间的大小扩展到了 128 位。IPv6 中可用的地址数量与宇宙中所有原子的数量在一个级别，足够给地球上的每个人提供超过 10 亿个 IP 地址。

随着互联网被计算机科学家和工程师外的人所接受，难以设置和维护联网主机成为一个主要障碍。公司往往拥有从事这项工作的专业团队，但对于一家小公司而言，任务可能令人生畏。这些困难导致 IPv6 的设计者在协议中包含几种类型的自动配置。理想情况下，使用 IPv6 的任何人都可以打开计算机，连接上网络电缆，并在几分钟内就能上网。这个目标尚未完全实现，但它确实展示了 IPv6 协议中的许多设计决策。

早在互联网取得商业成功之前，网络研究人员和运营商都认识到原始协议并未为网络用户提供任何安全性。安全性的缺失有两个原因：第一个原因是互联网发展最初重在共享信息；第二个是 20 世纪 90 年代末之前，美国政府禁止出口任何与安全相关的软件。IPv6 还包括一组为 IPv4 定义的安全协议（IPSec）。IPSec 是 IPv6 的标准部分，将在 13.7 节中介绍。

13.3.1 IPv6 地址

IPv6 定义了几种类型的地址：

❑ **单播**：与 IPv4 中的单播地址一样，IPv6 单播地址是 128 位大小，唯一标识主机上的接口。

❑ **组播**：地址的一种，它用于标识参与某种形式的组通信的一组接口。发送到组播地址的数据包将传递到网络中绑定到该地址的所有接口。

❑ **任播**：任播地址用于标识公共服务。发送到任播地址的数据包，网络将其路由到绑定到该地址的最近的接口。通过数据包在源地址和目的地址之间必须经过的跳数衡量最近与否。

请注意，与 IPv4 不同，IPv6 中没有广播地址（由特定链路上的所有接口接收的地址）的概念。IPv4 中广播地址的作用是为主机提供一种发现服务的方法，即使它们还没有自己的 IP 地址。广播数据包很浪费，因为它们被传送到链路上的每个主机，即使该主机并不提供相关服务。IPv6 没有使用广播地址作为主机查找服务的方式，而是为每个提供的服务使用众所周知的组播地址。准备提供服务的主机，注册并监听分配给该服务的众所周知的组播地址。

IPv6 中的 128 位地址需要创建新结构来保存它们，也需要新的接口处理它们。虽然使用 IPv4 传统的点分四组表示法（如 192.168.1.1）相当容易，但使用文本写出 IPv6 地址稍微烦琐些，这就是为什么 IPv6 的寻址体系结构有自己的 RFC 标准 [Deering & Hinden，2006]。写 IPv6 地址时，它表示为一组以冒号分隔的十六进制字节。每组冒号之间的值表示 16 位的值。例如，字符串

```
fd69:0:0:8:0:0:200C:417A
```

表示 IPv6 网络中的本地单播地址，类似于 RFC 1918 中定义的 IPv4 地址。当以文本形式写出时，地址中包含零的一部分可以缩写为双冒号：

```
fd69::8:0:0:200C:417A
```

在这个地址中，删除了第一组的两个零。缩写地址时，只能删除一组零。对于要消除的零，要么删除所有零，要么都不删除。以下是对前一地址的不正确缩写的示例：

```
fd69::0:8:0:0:200C:417A
fd69::8::200C:417A
```

第一个示例没有删除第一组的所有零。第二个例子是有歧义的，因为你无法判断在用双冒号标记的两个区域中如何分配 4 个零。

单播和组播地址使用在地址开头设置的位来区分。所有可全局路由的单播地址都以 001 开头，而组播地址则以 1111 1111 开头。最常见的地址示例如表 13-2 所示。正在启动其网络接口的过程中，主机尚未分配地址，这时它使用未指定的地址。在邻居发现期间，则使用请求节点（solicited-node）地址，本节稍后将对其进行介绍。

表 13-2 众所周知的 IPv6 地址

地　　　　址	描　　　　述
FF02::1	所有节点的组播地址（链路本地）
FF02::2	所有路由的组播地址（链路本地）
FF05::2	所有路由的组播地址（站点本地）
FF02:0:0:0:0:1:FF00::/104	请求节点地址
::1	回环地址
::	未指定的地址

IPv6 没有引入 IPv4 中网络分类的概念。IPv6 始终使用 CIDR 样式来标记网络前缀（以下简称前缀）和接口标识符之间的边界，接口标识符用于标识特定主机上的接口。以下示例都定义了相同的具有 60 位前缀的虚构网络：

```
fd69:0000:0000:1230:0000:0000:0000:0000/60
fd69::1230:0:0:0:0/60
fd69:0:0:1230::/60
```

13.3.2 IPv6 数据包格式

在设计 IPv6 时，一个目标是减少路由器转发数据包所需的工作量。这一简化被解决的方法如下：

❑ 简化数据包报头。将图 13-5 中的 IPv6 数据包报头与图 13-2 所示的 IPv4 报头进行比较，我们发现 IPv6 报头中少了 4 个字段，并且在数据包传输过程中只需要修改其中一个字段：hop limit（跳数限制）字段。每次路由器转发数据包时，跳数限制都会递减，直到跳数限制达到 0，此时数据包将被丢弃。

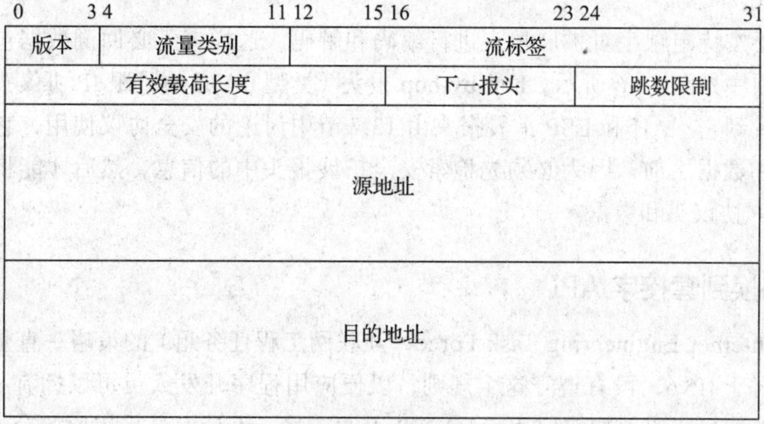

版本	流量类别	流标签		
有效载荷长度		下一报头		跳数限制
源地址				
目的地址				

图 13-5　IPv6 数据包报头

❑ 数据包报头是固定大小的。IPv6 报头从不携带任何可选项或填充数据。IPv4 中的可选项处理是一项开销很大的操作，它必须在发送、转发或接收 IPv4 数据包时执行。

❑ IPv6 网络层不再进行分片操作。由于分片需要在主机中重组，不再分片使得主机更易转发和处理数据包。

❑ IPv6 报头不带校验和。校验和的计算成本很高，并且 IPv4 校验和仅保护 IPv4 报头。由于所有现代传输协议都包含对其数据的校验和，因此在 IPv6 层无须加入校验和。

所有上述简化使得处理 IPv6 数据包的计算量低于处理 IPv4 数据包。完全删除不方便的功能（例如可选项或分片）会降低对 IPv6 的接受度。但是，设计人员想出了一种方法，在不污染基础数据包报头的情况下，添加这些功能以及其他几个功能。IPv6 中的额外功能和上层协议由扩展报头处理。示例数据包如图 13-6 所示。所有扩展报头都以下一报头字段开头，以及一个 8 位的长度字段，它表示扩展的长度，以 8 字节为单位。所有数据包都是 8 字节（64 位）对齐的。IPv6 报头和扩展报头形成一个链，由下一报头字段链接在一起，存在于每个头部中。下一报头字段标识紧跟在当前正在处理的报头之后的数据类型，它是

IPv4 分组中协议字段的直接后继。TCP 数据包在两个协议中用相同的数字表示（数字 6）。转发数据包时，路由器不会检查除了专供路由器使用的逐跳（hop-by-hop）选项头之外的任何扩展头。每个扩展报头也以某种方式编码其长度。TCP 数据包不知道是通过 IPv6 传输的，它们使用原来的数据包报头格式，这意味着它们既不携带 next header 字段也不携带长度字段。TCP 数据包的长度按 IPv4 的方式来计算。

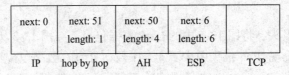

图 13-6　扩展报头。AH 表示认证头（Authentication Header）（类别为 51），ESP 表示封装安全有效负载（Encapsulating-Security Payload）（类别为 50）

　　主机需要按特定顺序对扩展报头进行编码和解码，这样就不必回溯数据包了。扩展报头应出现的顺序如图 13-6 所示。hop-by-hop 报头（类型 0）必须紧跟 IP 协议头，以便路由器可以轻松找到它。AH 和 ESP 扩展报头由 13.7 节中讨论的安全协议使用，它们必须位于 TCP 协议头和数据之前，因为必须先检索安全扩展报头中的信息，然后才能将它们用于验证和解密 TCP 协议头和数据。

13.3.3　切换到套接字 API

　　IETF（Internet Engineering Task Force，互联网工程任务组）的策略一直是规定协议而不是实现。对于 IPv6，没有遵守这个规则，以便应用程序开发人员可以拥有一个 API，这样他们就可以编写代码并加快应用程序向 IPv6 的迁移。设计人员采用原始套接字接口（正如之后在 BSD 中实现的那样），并指定了扩展 [Gilligan 等，1999]（它们也包含在 FreeBSD 中）。扩展套接字 API 有几个目标：

❑ 更改不应破坏现有应用程序。内核应该在代码和二进制层面提供向后兼容性。
❑ 最大限度地减少开发和运行 IPv6 应用程序所需的更改次数。
❑ 确保 IPv6 和 IPv4 主机之间的互操作性。
❑ 数据结构中携带的地址应为 64 位对齐，以便在 64 位体系结构上获得最佳性能。

　　添加新的地址类型很容易，因为处理地址的所有例程（例如 bind、accept、connect、sendto 和 recvfrom）都将地址作为不透明实体来使用。定义了一个新的数据结构 sockaddr_in6，用它来保存有关 IPv6 端点的信息，如图 13-7 所示。sockaddr_in6 结构类似于 12.4 节所示的 sockaddr_in。它包含结构体的长度、协议族（始终为 AF_INET6）、标识传输层端点的 16 位端口、流标识符、网络层地址和作用域标识符。人们已经提出了许多关于流信息和

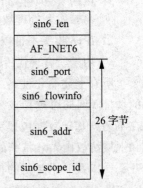

图 13-7　IPv6 域内的套接字地址结构

作用域标识符的使用的提议，但是这些字段当前未被使用。流信息指在网络内对分组进行特殊处理的途径。例如，实时音频流可能具有特定的流标签，因此它将比不注重实时性的流量获得更高的优先级。虽然这个想法很容易解释，但是在一个没有控制所有设备的实体的网络中，实现它却是困难的。目前，当流标签离开一个网络并进入另一个网络时，无法协调流标签的含义。在解决这个难题之前，流标签将仅用于专用网络部署和研究实验室。

IPv6 定义了几个地址的作用域。在 IPv4 中，所有地址都是全局的，这意味着它们在 Internet 上的任何位置都是有效的。IPv6 中定义的作用域是链路本地、站点本地、组织本地和全局。较小作用域的地址可能不会被传递到更广泛的作用域。例如，路由器不会将链路本地地址转发到另一个链路。

手动处理 128 位地址是笨拙且容易出错的。应用程序几乎都通过使用域名系统（DNS）[Thomson & Huitema，1995] 处理 IPv6 的命名实体。用于从主机名查找地址的原始 API（也就是 gethostbyname()）是 IPv4 协议特有的，因此添加了一个新 API 以查找给定名称的任意类型的地址。当客户端希望找到服务器时，它使用 getaddrinfo() 例程：

```
int getaddrinfo(
        char *name,
        const char *servname,
        const struct addrinfo *hints,
        struct addrinfo **res);
```

getaddrinfo() 例程可以和任何地址族一起使用，因为第三个参数是一个指定地址族的结构，最后一个参数是一个类似结构，包含地址类型和正确格式化的地址。使用表 13-3 中所示的结构去查找服务，它包括地址族、套接字类型、正在寻找的协议类型，以及主机的字符串名称。

表 13-3 addrinfo 结构体的各个字段

字　段	描　述
ai_flags	指定返回的地址类型
ai_family	套接字地址族（AF_INET,AF_INET6,...）
ai_socktype	套接字类型（SOCK_DGRAM,SOCK_STREAM,SOCK_SEQPACKET,...）
ai_protocol	套接字协议（PROTO_UDP,PROTO_TCP,PROTO_SCTP,...）
ai_addrlen	适当的套接字地址的长度
ai_addr	套接字对应的套接字地址
ai_canonname	查找的主机和服务对应的字符串名称
ai_next	指向链表中下一个元素的指针

13.3.4 自动配置

IPv6 的目标之一是使得向网络中添加一台计算机的过程更简单，过程中需要较少的人为干预。用于实现此目标的机制和协议称为自动配置。对于要进行自动配置的主机，它必须能够在没有任何先验知识的情况下从网络中发现多个信息。主机必须能够自动找出自己的地址、下一跳路由器的地址以及它所连接的链路的网络前缀。要与其链路上的其他主机及其下一跳路由器进行通信，主机还需要其他系统的链路层地址。这些问题由邻居发现协议解决，该协议是 IPv6 的一部分，并在 Narten 等人的文章中定义 [2007]。邻居发现协议可以增强 IPv4 或者替换 IPv4 中一部分与之不同的协议，并将它们统一在一组 ICMPv6 报文中 [Conta 等，2006]。邻居发现使用 ICMPv6，它可在任何运行 IPv6 的系统上使用。邻居发现协议的第一步是路由器发现，用于查找下一跳路由器。第二步是邻居发现，用于获取邻居的地址。

主机以两种不同的方式查找下一跳路由器。IPv6 路由器周期性地向所有节点的组播地址发送路由器通告报文。路由器通告报文的格式如图 13-8 所示。code 字段当前始终为零，flags 字段未被使用。它们意在允许将来扩展协议。配置为接收这些组播数据包的所有主机，都将看到路由器通告，并对其进行处理。虽然路由器通告的发送频率足以确保链路上的所有主机都知道其路由器的位置，并知道它何时出现故障，但此机制不足以在链路上添加新主机。当主机首次连接到网络时，它会向所有路由器的组播地址发送路由器请求消息。作为响应，接收到有效请求的路由器必须立即发送路由器通告。通告将被发送到所有节点的组播地址，除非路由器知道它可以成功地向发送请求的主机发送单播响应。路由器通告包括重传定时器值，该值告知接收主机在发送其邻居请求之间等待多少毫秒。重传定时器控制任何一个主机可以发送的邻居请求报文的数量，并保证此类流量的开销不会压垮网络。路由器可以在通告中发送一个选项，选项里包含路由器的链路层地址。如果包含链路层地址选项，则在向路由器发送数据包之前，接收主机不需要执行邻居发现。

0 7	8 15	16 31
类型	代码	校验和
跳数限制	M O 保留字段	路由器生命周期
可达时间		
重传		

图 13-8 路由器通告。M 表示管理标志，O 表示其他标志

每个主机都维护一个其路由器条目组成的链表。单个路由器条目如图 13-9 所示。每当收到一个路由器通告时，都会将它传递给 defrtrlist_update() 例程，该例程检查报文以查看它是否代表新路由器，如果是，则在默认路由器列表的头部放置一个新条目。每个路由器通告报文都包含一个生命周期。此生命周期控制某条目在默认的路由器列表中的保留时间。每当 defrtrlist_update() 收到已存在于默认路由器列表中的路由器发过来的路由器通告时，该路由器的到期时间就会延长。

struct nd_defrouter
rtaddr
flags
rtlifetime
expire
ifp

图 13-9 路由器条目

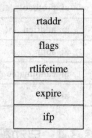

　　主机想要确定其应该将数据包发送到的下一跳是否与其自身在同一链路上，它必须知道该链路的前缀。在过去，前缀是在系统中的每个接口上手动配置完成的，但现在它作为路由器发现的一部分进行处理。

　　前缀信息作为路由器通告中的一个选项进行发送。prefix 选项的格式如图 13-10 所示。每个前缀选项都带有一个 128 位的地址。此地址中的有效位数由选项的 prefix-length 字段给出。例如，前面示例中给出的前缀，将在前缀选项中将

```
fd69:0000:0000:1230:0000:0000:0000:0000
```

编码到前缀（prefix）字段中，并将 60 存储在前缀长度（prefix length）字段中。每个前缀仅在有效生命周期内的时间段有效。后来的路由器通告所带的前缀选项，其有效生命周期都要向未来顺延。首选生命周期（preferred lifetime）控制主机应使用前缀的时间段，它可能短于有效生命周期。不能使用已超过有效生命周期的前缀。可以使用已经超过首选生命周期的前缀，但它会触发新的请求。对请求的响应要么是相同的前缀，要么是具有新的有效生命周期的新前缀。当主机发现过期的前缀时，将从与其关联的接口中删除该前缀，并且过期的前缀不再能确定目的地址是否在本地链路上。支持备份路由器的一种方法是：发送一个带有过期首选生命周期的通告，但带有一个很长的有效生命周期。如果具有有效的首选生命周期的主路由器可用，则将使用该路由器，但如果它关闭或超时，则可以找到备份路由器并使用它。

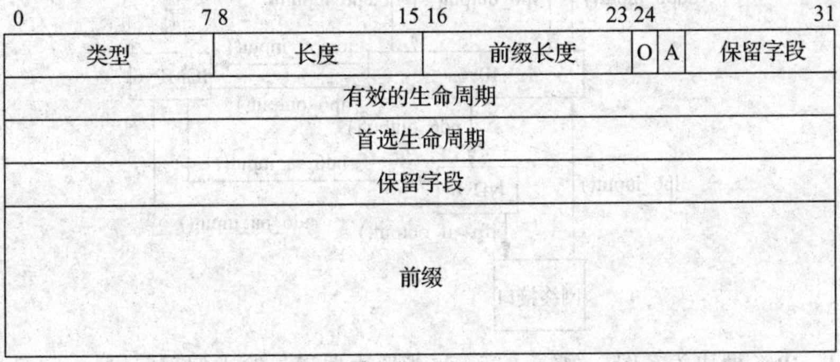

图 13-10　前缀选项。O 表示链路上的标志，A 表示自动标志

　　编码到邻居发现消息和路由器发现消息的所有选项，它们都会在发送完消息后就立即追加发送。例如，前缀选项紧跟在与之相关的路由器通告报文后发送。所有选项都以非零类型开始，随后是一个长度值，它指定选项中存在的字节数。路由器发现和邻居发现数据包包含在 ICMPv6 数据包中，而 ICMPv6 数据包本身包含在 IPv6 数据包中。IPv6 数据包长度包括 IPv6 报头的大小、ICMPv6 报头、ICMPv6 选项以及任何消息。解包路由器通告或邻居通告时，IPv6 数据包长度用于确保数据包有效。如果内核发现数据包中给出的长度太短，以至于无法包含任何选项，则丢弃该数据包。

　　当主机想给在其链路（包括其下一跳路由器）上的另一台主机发送数据包时，它必须找到那台主机的链路层地址。在 IPv4 中，该过程由 ARP（Address-Resolution Protocol，地址

解析协议）处理，见 13.1 节。ARP 的一个问题是：它是特定于以太网的，并且在其中包含了关于链路层地址的假设，这使得它难以适应其他链路类型。

主机使用一对报文来获取其邻居的链路层地址：邻居请求和邻居通告。当内核想要将 IPv6 数据包发送到另一个主机时，数据包最终会通过 ip6_output() 例程，该例程会对数据包进行各种检查，以确保它适合传输。然后，通过 nd6_output() 例程将所有正确构造的数据包传递给邻居发现模块。在早期版本的 FreeBSD 中，nd6_output() 例程通过查找路由表将 IPv6 地址映射到链路层地址。从路由表中删除链路层地址表后，引入了一个新例程 nd6_output_lle() 来处理映射过程。现在，所有其他 IPv6 例程都会调用 nd6_output_lle() 例程，以将数据包向下传递到接口层。为了向后兼容，nd6_output() 例程仍在维护，现在它只是对 nd6_output_lle() 的简单包装。一旦数据包具有正确的链路层目的地址，它就会通过驱动程序的 if_output() 例程传递给网络接口驱动程序。各种协议模块之间的关系如图 13-11 所示。邻居发现模块没有 nd_input() 例程，因为它是通过 ICMPv6 模块接收消息的。这种协议分层的倒置允许邻居发现协议独立于链路层。在 IPv4 中，ARP 模块 hook 到网络接口中，使它可以发送和接收消息。ARP 与底层链路层接口连接意味着 ARP 代码必须了解系统支持的每种链路类型。

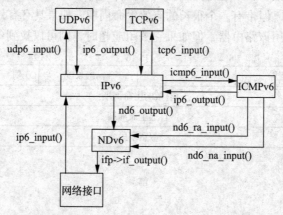

图 13-11 IPv6 模块关系图，nd6_ra_input() 为路由器通告输入例程，nd6_na_input() 为邻居通告输入例程

链路层地址存储在它们自己的链路层表中，nd6_output_lle() 尝试从这里查找传给它的数据包的链路层地址。当主机还不知道目的地址的链路层地址时，必须持有输出分组，直到邻居发现完成。输出数据包被添加到 llentry 结构的 ln_hold 字段指向的数据包列表的尾部。nd6_output_lle() 例程不等待邻居通告而是直接返回。当接收到邻居通告响应时，它由 IPv6 和 ICMPv6 模块处理，最后通过调用 nd6_na_input() 例程传递给邻居发现模块，如图 13-11 所示。nd6_na_input() 例程记录链路层地址，并检查是否有任何数据包要传输到该目的地。如果有等待传输的数据包，则调用 nd6_output_lle() 例程来发送它们。现在系统中有已保存数据包的链路层目的地址，因此 nd6_output_lle() 会将链路层地址复制到 mbuf 链中，并调用网络接口的 if_output() 例程来传输数据包。

nd6_timer() 例程每秒会遍历一次邻居发现链路层地址列表，以及遍历默认路由器和接口列表，并删除到期条目。删除过时条目会阻止系统尝试将数据发送到已失败或无法访问的主机。

13.4　Internet 协议代码结构

在 FreeBSD 中，传输层和网络层协议之间的接口由一小组例程定义，这些例程有的从传输层获取数据包并封装它们以进行传输，有的获取已到达一个接口的网络层数据包并通过另一个接口将它们转发出去。实现 IPv4 和 IPv6 协议的例程在结构上类似，我们将在本节进行介绍。

13.4.1　输出

IPv4 输出例程的调用约定是：

```
int ip_output(
    struct mbuf *msg,
    struct mbuf *opt,
    struct route *ro,
    int flags,
    struct ip_moptions *imo,
    struct inpcb *inp);
```

参数 msg 是一个包含待发送的数据包的 mbuf 链，包括一个包含基本信息的 IP 头；opt 是一个可选的 mbuf，包含要插入报头的 IP 选项。如果提供了路由 ro，则它包含对路由条目（rtentry 结构）的引用，该路由条目指定从先前调用到目的地址的路由，并且其中将留下任何新路由以供将来使用。在 FreeBSD 5.2 中，缓存路由从网络层移到传输层协议（请参阅 14.4 节中描述的 TCP 主机缓存指标）。缓存路由应作为 TCP 主机缓存的指标，但在 FreeBSD 10 中，它尚未被添加进来，因此不会指定 ro 条目。除非通过 ro 参数向下传递高速缓存路由，否则必须对每个数据包执行路由查找。flags 可以允许使用广播或者可以用来指示应该绕过路由表。如果存在 imo 参数，则它包含组播传输的选项。IPSec 子系统（见13.7 节）使用协议控制块 inp 来保存有关数据包安全关联的数据。

```
int ip6_output(
    struct mbuf *m0,
    struct ip6_pktopts *opt,
    struct route_in6 *ro,
    int flags,
    struct ip6_moptions *im6o,
    struct ifnet **ifpp,
    struct inpcb *inp)
```

IPv6 输出例程接受与 IPv4 输出例程几乎相同的参数。唯一的新增参数是指针 ifpp，通过它 IPv6 模块可以让传输层知道有关输出数据包的物理接口的信息。返回的接口指针当前仅用于记录在接口上传输了多少数据包的统计信息。

ip_output() 执行的大概工作如下：

❏ 插入一些 IP 选项。

❏ 如果数据包包含 IP 伪报头，则填写剩余的报头字段（IP 版本、零偏移、报头长度和一个新的数据包标识）。

❏ 确定路由（即传出接口和下一跳地址）。

❏ 检查目的地址是否是组播地址。如果是，则确定传出接口和跳数。

❏ 检查目的地址是否是广播地址。如果是，检查是否允许广播。

❏ 对数据包执行一些 IPSec 操作（如加密）。

❏ 查看是否有任何过滤规则会修改数据包或阻止系统发送数据包。

❏ 如果数据包大小不大于传出接口的最大数据包大小，则计算校验和并调用接口输出例程。

❏ 如果数据包大小大于传出接口的最大数据包大小，则将数据包分包，并依次发送。

如果没有某个路由的引用作为参数传递，则临时使用内部的路由引用结构。检查从调用者传递的路由结构，查看它是否是到达同一目的地的路由，并且是否仍然有效。如果任一测试失败，则释放旧路由。在这些检查之后，如果没有路由，则调用 in_rtalloc_ign() 来分配一个路由。返回的路由包括一个指向发送接口的指针。接口信息包括最大分组大小、带有广播和组播能力的标志以及输出例程。如果路由标记有 RTF_GATEWAY 标志，则下一跳路由器的网络层地址由路由给出；否则，数据包的目的地是下一跳目的地。如果由于 MSG_DONTROUTE 选项或 SO_DONTROUTE 选项而绕过路由，则寻找与目标共享的直连网络。如果没有直连网络，则返回错误。一旦找到发送接口和下一跳目的地，就有足够的信息发送数据包了。

如 12.11 节所述，接口的输出例程通常会验证目的地址，并将数据包放在其输出队列中，仅在接口关闭、输出队列已满或目的地址无法理解时才返回错误。

ip6_output() 例程遵循与 ip_output() 相同的模式，但添加了一些特定于 IPv6 的步骤。与 IPv4 协议不同（IPv4 的报头为单个实体），IPv6 数据包由一串较小的报头组成，必须先处理完所有这些报头，才能进行数据包传输。IPv6 和 IPv4 输出例程之间的许多差异在于处理扩展报头的相关操作。不包含扩展报头的数据包（例如逐跳选项）比类似的 IPv4 数据包更容易构建。IPv4 和 IPv6 输出例程之间的另一个区别是，IPv6 需要处理数据包的范围规则。13.2 节描述了 IPv6 数据包具有的范围：链路本地、站点本地、组织本地和全局。确定数据包所属的范围在 ip6_output() 例程中处理，它基于附加到的接口（数据包将在其上传输）的源地址进行判断。由于范围是基于传输数据包的接口，因此必须在选择数据包路由和通过所有数据包过滤器（包括 IPSec）后计算范围。IPv6 中的一个核心概念是要防止数据包像在 IPv4 中那样被分段。分段使处理数据包的代码变得复杂，不仅在主机中，而且在中间路由器中，甚至在防火墙和网络内部的其他系统中。遗憾的是，实际问题需要能够将数据包分段，以便整合到 IPv6 代码中。将分段逻辑重新整合到输出例程中，会导致它比 IPv4 中的类似代码更复杂，这可以通过阅读 ip6_output() 的最后一节来看出来。

13.4.2 输入

在 12.11 节中，我们描述了网络接口接收数据包的过程。然后，netisr 子系统将数据包直接分配给各种上层协议处理。当网络接口接收其中一个协议的消息时，将调用 IPv4 和 IPv6 输入例程。调用的输入例程为 ip_input() 或 ip6_input()，传入参数 mbuf，它包含要处理的数据包。以下列四种方式之一对数据包进行处理：它作为输入参数传递给更高级别的协议，遇到错误并报告回源头，由于错误而被丢弃，或者转发到下一跳（在通往目的地址的路径上）。输入处理数据包的步骤，以大纲形式总结如下：

1）验证数据包是否至少和 IPv4 或 IPv6 报头一样长，并确保报头是连续的。

2）对于 IPv4，校验数据包的报头，如有错误则丢弃数据包。

3）验证数据包是否至少与报头指示的长度一样长，如果不是，则丢弃数据包。修剪数据包尾部的任何填充字节。

4）执行 ipfw 或 IPSec 所需的任何过滤或安全功能。

5）处理与标头相关联的任何选项。

6）检查数据包是否发往该主机。如果是，继续处理数据包。如果不是，但系统在充当路由器的角色，则尝试转发数据包；否则，丢弃该数据包。

7）如果数据包已经分片，请将其保留，直到收到所有分片并重新组装它们，或者直到它过期了而无须保留。

8）将数据包传递给下一个更上层协议的输入例程。

当传入的数据包传递给输入例程时，mbuf 的一个字段是指向接收数据包的接口的指针。该信息被传给下一个协议、传给转发函数或错误报告函数。如果检测到任何错误，并将错误报告给数据包的发起者，则将根据传入数据包的目的地址和传入接口设置错误消息的源地址。

对更高层协议来说，是否接受数据包并在本地进行处理，做这个决定并不简单。若主机具有多个地址，则如果数据包的目的地址与这些地址中的任何一个匹配，就接受它。如果连接的网络有一个支持广播功能，并且数据包的目的地是广播地址，则也接受它。

IPv4 输入例程使用简单有效的方案找到输入数据包接收协议的输入例程。数据包中的协议字段长度为 8 位；因此，有 256 种可能的协议。已定义或实现的协议少于 256 个，并且 Internet 协议开关的条目远不及 256 个。因此，ip_input() 使用 256 个元素的映射数组，从协议号映射到接收协议的协议开关（protocol-switch）条目。数组中的每个条目最初都被设置为协议开关中原始 IP 条目的索引。然后，对于在系统中具有单独实现的每个协议，相应的映射条目被设置为 IP 协议开关中的协议的索引。当收到数据包时，IP 只是使用协议字段索引到映射数组并调用适当协议的输入例程。定位 IPv6 的下一层协议与 IPv4 情况不同，因为 IPv6 数据包通过其下一报头字段链接在一起。ip6_input() 例程可能会调用许多输入例程，包括 udp6_input()、tcp6_input()、sctp6_input() 或任何其他高层协议的输入例程，直到其中一个返回值为 IPPROTO_DONE，而不是简单地通过 inet6sw 数组直接通过单个调用，就将数据包传递到下一层。在 ip6_input() 例程的末尾可以看到遍历 IPv6 报头链的循环结构。

13.4.3 转发

传统上，IP 的实现在设计上是供主机或路由器之一使用，而不是由两者同时使用。系统要么是数据包的端点，要么是一个路由器。路由器在不同网络上的主机之间转发数据包，但仅使用上层协议进行维护。传统的主机系统不包含数据包转发功能；相反，如果收到不是发送给它们的数据包，就丢弃。4.2BSD 是第一个尝试在正常操作中同时提供主机和路由器服务的主流实现。这种方法意味着连接到多个网络的 4.2BSD 主机可以充当路由器和主机，从而减少了对专用路由器硬件的需求。早期的路由器价格高昂，却又不是特别强大。不过，普通主机中存在路由器功能，它会增加因配置错误导致网络连接出现问题的可能性。由于数据包的发送者或目的地址的接收者的误解，最严重的问题与转发广播包有关。FreeBSD 默认禁用包转发路由器功能。可以在运行时启用它们，每个协议分开设置，通过设置 net.inet.ip.forwarding 或 net.inet6.ip6.forwarding sysctl 变量中的一个或两个来实现。未配置为路由器的主机永远不会尝试转发数据包，也不会返回错误报文以响应错误的数据包。因此，很少发生错误配置事故。

转发在路由器上收到但发往另一台主机的 IP 数据包的过程如下：

1）检查转发是否已启用。如果未启用，请丢弃数据包。

2）检查目的地址是否可转发。

3）保存收到报文的一些重要组件，以防必须生成错误报文作为响应。

4）确定转发数据包时使用的路由。

5）如果传出路由使用与接收数据包相同的接口，并且原始主机在该网络上，则向原始主机发送重定向报文。

6）处理必须对数据包报头进行的任何 IPSec 更新。

7）调用适当的输出例程，IPv4 的 ip_output() 或 IPv6 的 nd6_output()，将数据包发送到目的地址或下一跳网关。

8）如果检测到某个错误，请向源主机发送 ICMP 错误报文。

组播传输与其他数据包是分开处理的。系统可以配置为组播路由器，独立于其他路由功能。组播路由器接收所有传入的组播数据包，并根据组成员资格和传入数据包的剩余跳数，将这些数据包转发到本地接收者和其他网络上的组成员。

13.5　路由

网络系统是为异构网络环境设计的，其中一组局域网通过路由器在一个或多个点上连接在一起，如图 13-12 所示。路由器是具有多个网络接口的节点，它在每个局域网或广域网上都有一个接口。在这样的环境中，与数据包的路由选择相关的问题尤为重要。对于其他问题来说，网络系统提供了简单的机制，可以在其上实现更多相关的策略。随着人们对这些问题的理解更加深入，这些机制仍能保证将这些问题的解决方案整合到系统中。注意，在该部分系统的原始设计时，转发网络层数据包的网络节点通常被称为网关。目前则称为路由器。我们将不加区分地使用这两个术语，部分原因是内核数据结构继续使用网关这个名称。

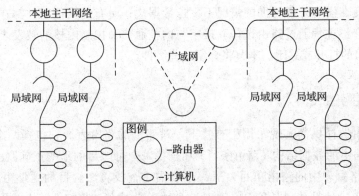

图 13-12　设计路由选择功能的目标拓扑结构示例

设计路由选择功能既能用于单连接主机和多连接主机，也能用于路由器。路由涉及多个组件，如图 13-13 所示。路由选择系统的设计将一些组件放在内核中，而其他组件则放在用户级实现。路由选择是一个过于宽泛的术语。在复杂的现代网络中，路由选择系统至少有三个主要组件。路由信息的收集和维护（即哪些接口已启动，使用某条可用链路的代价是什么，等等）以及路由策略的实现（哪些接口可用于转发流量），它们都是路由选择守护进程在用户级处理的。实际的数据包转发（即将在其上发送数据包的接口的选择）是在存储在内核中的两个表之间完成的。早期版本的 FreeBSD 在单个每协议路由表中维护路由和转发信息。作为 FreeBSD 8 的一部分，采用了更现代的设计，路由信息和转发信息被分割开来。13.1 节介绍了转发信息库（Forwarding Information Base，FIB）的示例，它描述了 ARP 和邻居发现。从路由表中删除转发信息可以提高系统性能，因为它可以去除路由表上的锁争用。在早期的设计中，路由更新和转发查找工作竞争同一组锁，导致某些网络工作负载的性能下降。分离设计的第二个重要优势是，用于访问每种类型数据的 API 现在更加简洁了，并且现在可以轻松地用硬件来替换 FIB，就像在现代路由和交换设备中所做的那样。

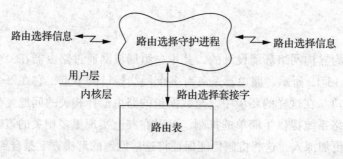

图 13-13 路由选择设计

路由选择机制是一种简单的查找，为每个发出数据包提供下一跳路由（某个特定的网络接口），而转发机制则提供在传输数据包时使用的下一跳地址。当前的设计在内核中放了足够的信息，以便在没有外部帮助的情况下发送数据包；所有的其他组件都在内核外。用户级的路由选择守护进程通过路由选择套接字与内核通信，控制内核的转发表，并监听内部变化，例如接口的打开或关闭。本节将介绍这些组件。

13.5.1 内核路由表

内核的路由选择机制实现了用于查找下一跳路由的路由表。它包括两个不同的部分：描述每个特定路由的数据结构（路由条目）和查找每个可能目的地的正确路由的查找算法。本小节描述了路由表中的路由条目，下一小节描述查找算法。目的地址由 sockaddr 结构进行描述，它包括地址族、长度和一个值。路由分为主机（直接）路由或网络（间接）路由。主机－网络区别是根据地址的前缀确定路由是适用于特定主机，还是适用于一个主机组（具有一部分共同地址，通常是一个地址前缀）。对于主机路由，路由的目的地址必须与所需的目的地址完全匹配；目的地址的地址族、长度和位模式必须与路由中的地址族、长度和位模式一一匹配。对于网络路由，路由中的目的地址要和掩码配对。该路由匹配的所有地址，在掩码中为 1 的位所指出的位置上，都和目的地址一样。主机路由是网络路由的特殊情况，其中所有掩码位都被置 1，因此在比较过程中不会忽略任何位。另一种特殊情况是通配路由——掩码为空的网络路由。这样的路线匹配每个目的地址，并作为未知目的地的默认路由来用。这条后备网络路由通常指向一台路由器，由路由器做出更合理的路由决策。

各类路由之间的另一个主要区别是直接路由还是间接路由。直接路由是直接指向目的地的路由：这条路径的第一跳就是整个路径，目的地与源在同一个网络上。大多数路由是间接路由：路由指定本地网络上的路由器作为数据包的第一个目的地。许多文献（特别是针对互联网协议的文献）都提出了一种"本地－远程"决策，在实现中首先检查目的地对于源所接的网络是本地的还是远程的。在第一种情况下，在本地（通过数据链路层）把数据包发送到目的地；在后一种情况下，它被发送给一台路由器，路由器将其转发到目的地。在

FreeBSD 实现中，"本地 – 远程"决策是作为路由查找的一部分。如果最佳路由是直接路由，那么目的地就在本地。否则，路由是间接路由，目的地就在远程，路由条目指定了到达目的地的路由器。在任何一种情况下，路由仅指定第一跳网关——在发送数据包时使用的链路层接口——以及此跳中的数据包的目的地（如果与最终目的地不同）。有了这些信息，就能通过一个本地接口，把数据包发送给通过那个接口直接可以达到的目的地——要么是最终目的地，要么是通往目的地途径的路由器。在进行链路层封装时，这种区别是必要的。如果数据包的目的地是未直接连接到源的主机，则数据包报头将包含最终目标的地址，而链路层协议报头将寻址中间路由器。

网络系统维护协议使用的一组路由表，以选择在将数据包传送到其目的地时使用的网络接口。这些表由 rtentry 结构组成，如表 13-4 所示。

表 13-4　路由选择表条目（rtentry）结构的元素

元　　素	描　　述
rt_nodes[2]	内部和叶子基数节点（带有指向目的地址和掩码的引用）
rt_gateway	路由器 / 下一跳的地址
rt_flags	标志，参见表 13-5
rt_refcnt	引用计数
rt_ifp	指向接口 ifnet
rt_ifa	指向接口地址 ifaddr
rt_rmx	路由度量（例如 MTU）
rt_fibnum	虚拟网络实例
rt_mtx	锁住这一路由表条目的互斥锁（仅用于内核）

rtentry 结构，包含对目的地址和掩码的引用（除非是到一台主机的路由，在这种情况下，掩码是隐式的）。目的地址、地址掩码和网关地址大小不同，因此放在单独分配的内存中。路由条目还包含对网络接口的引用、一组表示路由特征的标志以及可选的网关地址。标志表示路由的类型（主机路由或网络路由，直接路由或间接路由）以及表 13-5 中所示的其他属性。如果路由是虚拟网络实例的成员，则路由条目将包含对虚拟网络的引用。路由条目还包含一组度量标准和用于锁定路由条目的互斥锁。路由表条目中的 RTF_HOST 标志指示路由应用于单个主机，这时使用一个隐式掩码，掩码覆盖了所有地址位。路由表条目中的 RTF_GATEWAY 标志指示路由通向一台路由器，并且应该在链路层协议头里填入 rt_gateway 字段中的地址，而不是最终的目的地址。路由条目包含一个字段，链路层可以使用该字段来缓存对路由器的直接路由的引用。当建立一条路由时，设置 RTF_UP 标志。删除路由后，将清除 RTF_UP 标志，但在路由的所有用户都注意到故障并释放对它的引用之前，不会释放该路由条目。路由条目包含一个引用计数，因为它是动态分配的，并且在释放所有引用之前，不会将它释放。其他标志（RTF_REJECT 和 RTF_BLACKHOLE）将路由

的目的地址标记为无法访问，从而在尝试发送到该目的地址时，就会导致出错或悄然失败。当一台路由器收到要发送一大堆地址的数据包，但它不一定始终有到这一堆地址里的主机或者网络的路由时，就会用到拒绝路由（reject route）。我们并不愿意把带有不可达地址的数据包从一条默认路由发送到外界的一大堆地址中，因为默认的路由器为了能把这种数据包发送到那一大堆地址，又会把它们发送回来。当新路由很快可用时，称为路由瞬变期间，这时使用黑洞（black-hole）路由。

表 13-5　路由表条目的标志

标　志	描　述	标　志	描　述
RTF_UP	路由有效	RTF_STATIC	系统管理员手动添加
RTF_GATEWAY	目的地址是一个网关	RTF_BLACKHOLE	丢弃包（在路由更新过程中）
RTF_HOST	主机条目（否则是网络条目）	RTF_PROTO1	协议特有的路由标志
RTF_REJECT	主机或者网络不可达	RTF_PROTO2	协议特有的路由标志
RTF_DYNAMIC	（由重定向）动态创建	RTF_PROTO3	协议特有的路由标志
RTF_MODIFIED	（由重定向）动态修改	RTF_PINNED	路由不可变更
RTF_DONE	报文确认	RTF_LOCAL	路由代表一个本地地址
RTF_XRESOLVE	外部守护进程解析名字	RTF_BROADCAST	路由代表一个广播地址
RTF_LLINFO	由链路层产生	RTF_MULTICAST	路由代表一个组播地址
RTF_LLDATA	添加或者删除 L2 信息	RTF_STICKY	通过原路径返回原始地址

许多面向连接的协议希望保留关于某条特定网络路径的特性信息。这些信息中的一些可以逐条连接进行动态估计，例如往返时间或路径 MTU。缓存此类信息非常有用，这样就无须为每个连接重新进行估计了 [Mogul & Deering，1990]。路由条目包含存储在 rt_metrics_lite 结构中的一组路由度量，可以在外部设置它们，也可以由协议动态地确定它们。这些度量包括路径的最大包长（称为 MTU（Maximum Transmission Unit，最大传输单元））、路由的生存期以及使用此路由已发送的数据包数。

13.5.2　路由选择查询

给定一组描述各种目的地址的路由条目，从特定主机到通配路由，需要路由查找算法（来查找路由条目）。FreeBSD 中的查找算法使用了基数搜索 trie 树的变体 [Sedgewick，1990]（最初的设计是使用 PATRICIA 搜索，也在 Sedgewick[1990] 中有描述，它仅在存储管理的细节上有所区别）。基数搜索算法提供了一个在一组已知的字符串中查找一个位字符串（例如网络地址）的方法。虽然修改后的搜索算法是为路由查询实现的，但基数代码的实现方式更加通用，可以复用于其他场景。例如，文件系统使用基数树来管理可以被文件系统导出的客户端信息。每个内核路由条目都以基数树的数据结构开头，包括内部基数节点以及一个引用目的地址和掩码的叶节点。

　　基数搜索算法使用一棵二叉树，二叉树以根结点开始，每个地址族一棵二叉树。图 13-14 显示了基数树的一个示例。搜索从根节点开始，然后向下遍历内部节点，直到找到叶子节点。每个内部节点都需要测试字符串中的特定位，并且搜索算法根据该位的值在两个方向之一向下遍历。内部节点包含要测试的位的索引，以及用于测试的预先计算的字节索引和掩码。叶节点的位索引标记为 −1，搜索到叶节点后结束搜索。例如，使用图 13-14 中的树搜索地址 127.0.0.1（环回地址），从头部开始，并在测试位 0 时命中左分支，在测试位 1 的节点处命中右分支，在测试位 31 命中右分支。该搜索最终找到包含特定于该主机的主机路由的叶节点；这样的路由不包含掩码，但使用所有位都置 1 的隐式掩码。

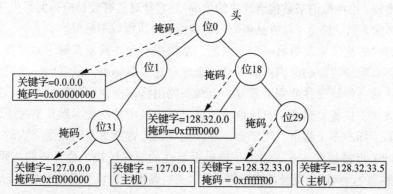

图 13-14　示例基数树。这个简化的基数树示例包含 IPv4 协议族的路由，IPv4 协议族使用 32 位地址。圆圈表示内部节点，树的头部节点在最顶部。要待测试位的位置显示在圆圈内。叶节点显示为包含一个关键字（目的地址，呈现由点分隔的四个十进制字节）和相应掩码（十六进制）的矩形。一些内部节点与在树中较低层的掩码相关联，如虚线箭头所示

　　该查找技术只对区分一组位串所需的最小位数进行测试。找到叶节点后，它要么找到所讨论的特定位字符串，要么树中不存在该位字符串。该算法能够通过在字符串中测试最小数量的位来查找未知数，例如主机路由；但是，它不能实现网络路由中路由查找所需的部分匹配。因此，路由查找算法使用修改过的基数搜索，其中每个网络路由包括掩码，并且将节点按照让更长的掩码更早被搜索到的规则插入树中 [Sklower, 1991]。具有公共前缀的子树的内部节点用该前缀的掩码进行标记。尽管掩码不需要指定地址的连续部分，不过掩码通常从地址中选择前缀。随着路由查找的进行，经过的内部节点关联的掩码特异性逐渐增加。查找结束后，如果在叶子节点上找到的路由是网络路由，则在与关键字进行比较之前先对目的地址进行掩码操作，从而匹配该网络上的任何目的地址。如果叶节点与目的地址不匹配，则在路由查找期间访问过的内部节点会指向最佳匹配。在未能在叶节点查找到匹配之后，查找过程使用每个节点中的父指针反向遍历树。在包含掩码的每

个内部节点处，从掩码后的有效点搜索该掩码下的目的地址部分。例如，在图 13-14 中的树中搜索地址 128.32.33.7，在到达右侧的主机路由（128.32.33.5）之前会依次测试位 0、18 和 29。由于此地址不匹配，因此搜索会向上移动一层，该节点含有一个掩码。该掩码是一个 24 位的前缀，它与 128.32.33.0 的路由相关联，而这是最佳匹配。如果掩码不是前缀（在代码中，带有指定前缀的掩码的路由称为正常路由），则从此点开始需要搜索值128.32.33.7。

找到的第一个匹配项是目的地址的最佳匹配项；也就是说，它具有匹配路由里的最长掩码。因此，通过基数搜索（在向下遍历树的每个节点上对某 1 位进行测试）与在叶节点处掩码后进行完全比较相结合来找到匹配项。如果叶节点（主机或网络）不匹配，则搜索会向后回溯树，结合掩码检查每个父节点，直到找到匹配项。该算法避免了在搜索树时每一步都进行完全比较（这将抵消基数搜索算法的效率）。它针对具有较长掩码的路由进行了优化，只有在最佳匹配为默认路由（具有最短掩码的路由）时执行效率最低。

使用基数搜索比较复杂的另一个原因是，基数树不允许重复关键字的存在。在树中存在重复关键字有两种可能的原因：同一目的地址存在多条路由，或者同一关键字存在于不同的掩码中。后一种情况并非完全重复，但两条路由将占据树中的相同位置。路由代码以两种不同的方式支持重复路由，具体取决于编译到内核中的功能。默认情况下，基数代码支持仅有掩码不同的多个路由。当添加一项路由导致关键字重复时，受影响的多个路由条目将从单个叶节点链接在一起。路由按掩码重要性的顺序链接，最具体的掩码放最前面。如果掩码是连续的，则认为更长的掩码更具体（主机路由可以认为是具有可能的最长掩码）。如果路由查找在执行带掩码的比较时（在叶节点处或在向上移动树时）访问具有重复键的节点，则对链上的每个重复节点逐一比较，最佳匹配为第一个成功的比较。

到不同网关的重复路由称为 ECMP（Equal-Cost Multi-Path，等价多路径）路由，它由RADIX_MPATH 功能进行支持。ECMP 路由可用于平衡多个链路上的流量负载，它让单个链路发生故障可以接受，而不会完全失去与网络中下一跳的连接。当 ECMP 路由用于故障转移（failover）时，一个网关可以通过一条有效但不太优选的路由到目的地。较不优选的路由可能会传输在较慢或较昂贵的链路上。有了多路径路由，系统可以在一个链路断开时优雅地进行故障转移。启用 ECMP 会改变用于查找路由的例程，也会改变多个路由存储在基数 trie 的叶节点中的方式。

每个基数 trie 都有一个 radix_node_head 结构，它包含有关 trie 的数据，以及一组指向函数的指针，在对基数 trie 执行操作时使用这些函数。rnh_matchaddr() 字段在表初始化时适当地进行填充，以指向正确的例程（它返回匹配的路由）。当使用 ECMP 路由时，最终使用 rtalloc_mpath_fib() 例程来查找路由，而不是使用 rtalloc_fib()。当 ECMP 路由被用于在一组链路上对流量进行负载均衡时，匹配算法使用模 N 哈希来选择转发任何单个数据包的网关。计算模 N 哈希，是为了保证具有相同源和目的地址信息的数据包始终跨越相同的链路。如果来自同一个流的两个数据包通过不同的链路，则它们有可能无序到达目的地址，从而导致网络性能下降（参见 14.5 节）[Thaler & Hopps，2000]。当 ECMP 路由用于实现故障转移链路时，其中一条链路在主链路故障之前不被使用，每条等价路由都被赋予一个权重，该权重用作网关选择算法的一部分。将使用具有最大权重的路由，而不是任何其他等价路由。当链路断开时，路由条目将保留在 trie 中，但不会用于路由数据包。此时将从树中相同叶节点处的剩余等价路由中选择下一跳网关。

13.5.3　路由选择重定向

路由重定向报文是从一个协议发到路由系统的一个控制请求，用于修改现有路由表条目或创建新的路由表条目。协议通常会生成此类请求以响应它们从路由器接收的路由重定向报文。当路由器识别出他们被要求转发的数据包存在更好的路由时，就生成重定向报文。例如，如果两个主机 A 和 B 在同一网络上，并且主机 A 通过路由器 C 向主机 B 发送数据包，则 C 将向 A 发送路由重定向报文，告诉 A 应该将数据包直接发送到 B。

在无法维护详尽路由信息的主机上（例如，SOHO 路由器、电缆调制解调器和其他嵌入式系统），可以把通配路由条目和重定向报文结合起来，用于提供简单的路由管理方案，而无须使用更高级别的策略进程，例如用户级路由守护进程。路由表例程使用路由重定向报文以及它对路由表的影响来保存统计信息。如果重定向适用于路由所适用的所有目的地址，则重定向会导致路由的网关发生更改。用户级的路由守护进程通常会清除作废的主机路由，但大多数主机不运行路由守护进程。

13.5.4　路由表接口

协议通过三种类型的例程访问路由表：一个用于分配路由，一个用于释放路由，另一个用于处理路由重定向控制报文。例程 rtalloc() 分配路由。调用它需要两个参数，一个是指向包含所需目的地址的 route 结构的指针，另一个是将被设置为引用一个 rtentry 结构（它与目的地址匹配最好）的指针。图 13-15 显示了生成的路由分配。记录下目的地址后，稍后的输出操作就可以检查新目的地址是否与前一个目的地址相同，如果一样就可以使用相同的路由。添加 VIMAGE 后，有必要提供诸如 rtalloc_ign_fib() 之类的例程，允许调用者传入索引，以供内核用来选择适当的路由表。所有路由分配例程最终都会调用 rtalloc_ign_fib()，在那里进行查找路由的工作。返回的路由需要由调用者持有，直到调用 RTFREE 宏释放它为止。必须在 FreeBSD 中正确锁定对路由表的所有访问，RTFREE 宏处理锁定并减少对路由的引用计数，在引用计数达到零时释放路由条目。由于路由只能存在于单个路由表中，因此不需要具有特定的 rtfree_fib() 例程。rtalloc_ign_fib() 例程只检查路由是否已包含对有效路由的引用。如果没有引用路由或引用的路由不再有效，则 rtalloc_ign_fib() 调用 rtalloc1_fib() 例程来查找目的地址的路由条目，并传递一个标志，指示路由是被使用还是仅被检查。

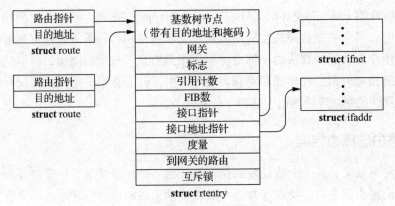

图 13-15 路由分配中使用的数据结构

调用 rtredirect_fib() 例程来处理重定向控制报文。它使用以下参数来调用的：目的地址和掩码、引用目的地址的新网关以及重定向源。仅从目的地址的当前路由器接受重定向。如果目的地址存在非通配路由，则路由中的网关项将被修改为指向所提供的新网关；否则，将创建新的主机路由。对于那些到接口的路由和到网关的路由来说，如果从主机不能直接访问它们，那么都会忽略掉。

13.5.5 用户级路由选择策略

内核路由选择机制有意避免做路由选择决策。相反，路由策略由用户进程确定，用户进程能添加、删除或更改内核路由表条目。决定将路由选择策略置于用户进程中，这意味着路由表更新可能滞后于新路由的确认或现有路由的失效。如果能正确地实现路由选择进程，则这段不稳定期通常很短。Internet 专门的咨询信息（例如 ICMP 出错报文）也可以从原始套接字读取（在 13.6 节中描述）。

现在已经实现了几个路由选择策略进程。系统标准地路由守护进程（routed）使用 RIP（Routing Information Protocol，路由信息协议）[Hedrick，1988]。许多站点需要使用其他路由协议，或想要比 routed 提供的更多的配置选项，要么使用商业软件包，要么使用开源的 Quagga Routing Suite[Ishiguro，2003]。

13.5.6 用户级路由选择接口：路由选择套接字

实现路由策略和协议的用户级进程需要一个能操作内核路由表的接口，以便它们可以添加、删除和更改内核路由。

FreeBSD 里的用户级进程使用套接字与内核路由层进行通信。一个特权进程在路由协议族 AF_ROUTE 中创建一个原始套接字，然后将报文传递到内核路由层，再从内核路由层传出报文。路由套接字的操作类似于普通的数据报套接字，包括将套接字上接收的报文进行排队，差异在于它在用户进程和内核之间进行通信。报文包括一个报文头，其中包括标识操作的报文类型，如表 13-6 所示。到内核的报文不是请求添加、修改或删除路由，就是请求关于到特定目的地址的路由信息。内核发送一条报文对原始请求进行回复，一个提示信息用于表明这则报文是一个回复，以及一个出错号（出错时返回）。因为路由套接字是原始套接字，所以每个打开的路由套接字都会收到回复的副本，并且必须过滤出它想要的报文。报文头包括一个进程 ID 和一个序列号，以便每个进程可以确定此报文是否是对其自己的请求的回复，并且可以将回复与请求进行匹配。内核还发送报文表明发生了异步事件，例如重定向和本地接口状态的更改。这些报文允许守护进程监视由其他进程所做的路由表中的更改、内核检测到的事件，以及对本地接口地址和状态发生的变化。当在路由条目上设置 RTF_XRESOLVE 标志时，路由套接字还用于传递请求，要求外部解析一条链路层路由。

表 13-6　路由报文的类型

报文类型	描　　述	报文类型	描　　述
RTM_ADD	添加路由	RTM_OLDDEL	由 SIOCDELRT 引起
RTM_DELETE	删除路由	RTM_RESOLVE	请求解析链路地址
RTM_CHANGE	改变度量或者标志	RTM_NEWADDR	给接口添加地址
RTM_GET	报告路由或标志	RTM_DELADDR	从接口删除地址
RTM_LOSING	内核怀疑分区	RTM_IFINFO	接口将要开启或关闭
RTM_REDIRECT	得知要使用不同路由	RTM_IFANNOUNCE	网络接口被添加或移除
RTM_MISS	没有查到该地址的路由	RTM_NEWMADDR	给接口加上组播组成员身份
RTM_LOCK	锁定指定的度量	RTM_DELMADDR	解除接口的组播组成员身份
RTM_OLDADD	由 SIOCADDRT 引起	RTM_IEEE80211	802.11　无线事件

添加或更改路由的请求包括路由所需的所有信息。报文头具有表 13-5 中列出的路由标志的一个字段，并包含一个度量的 rt_metrics 结构，它可以被设置或锁定。可以在路由上设置的度量包括 MTU 和到期时间。报文头还带有一个位向量，用于描述报文中携带的地址集；地址跟随在报文头后面，它是一个大小可变的 sockaddr 结构的数组。响应请求需要目的地址和一个网络路由的掩码。通常也需要一个网关地址。系统通常从网关地址决定路由所使用的接口，即使用与那个网关共享的接口。

13.6　原始套接字

原始套接字允许特权用户直接访问除通常用于传输用户数据的协议之外的协议——例如网络层协议。原始套接字用于帮助一些高级（knowledgeable）进程利用无法在普通接口直接获取的协议特性，或者用于在现有协议的基础上开发协议。例如，ping 程序就是使用原始 ICMP 套接字实现的（参见 13.2 节）。原始 IP 套接字接口尝试提供与在内核中驻留的协议一致的接口。

对原始套接字的支持是围绕一个通用原始套接字接口构建的，可能再加上一些特定于协议的处理例程。本节仅介绍原始套接字接口的核心；针对特定协议的具体细节不予讨论。某些协议族（包括 IPv4）使用此处描述的例程和数据结构的私有版本。

13.6.1 控制块

每个原始套接字都有一个协议控制块，如图 13-16 所示。原始控制块保存在单链表中，用于在数据包分发期间进行查找。关联信息可以记录在控制块所引用的字段里，并可以在准备发送数据报的过程中由输出例程使用。rcb_proto 字段包含与原始套接字关联的协议族和协议号。协议、协议族和地址信息都是用于过滤输入的数据包，如下一小节所述。

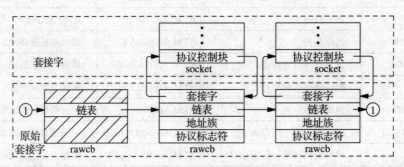

图 13-16 原始套接字控制块

原始套接字是面向数据报的：套接字上的发送或接收的每个数据报都需要一个目的地址。目的地址由用户提供。如果需要路由，则必须由下层支持协议进行处理。

13.6.2 输入处理

输入数据包基于简单的模式匹配方案分配给原始套接字。每个协议（可能还有一些网络接口）通过调用以下函数，将未分配的数据包送到原始输入例程：

```
void raw_input_ext(
    struct mbuf *msg,
    struct sockproto *proto,
    struct sockaddr *src)
```

输入数据包被放入与报头匹配的所有原始套接字的输入队列中，匹配规则如下：

1）套接字和包头的协议族一致。

2）如果套接字中的协议号非零，则它与数据包头里的协议号一致。

模式匹配方案中的基本假设是：控制块和包头中的协议信息（由网络接口和任何原始输

入协议模块构建）是规范的形式，可以逐位（bit-for-bit）比较。如果多个套接字与传入数据包匹配，则根据需要复制数据包。

13.6.3　输出处理

在输出时，每个发送请求都会调用一次原始套接字的 raw_usend 例程，它再调用特定于协议或协议族的输出例程。任何必要的处理都要在将数据包传送到适当的网络接口之前完成。

13.7　安全

我们在 13.3 节中提到，作为 IPv6 的一部分，人们开发了一套安全协议。这些协议的制定与具体的 IP 协议版本无关，所以它们能够被集成到 IPv4 和 IPv6 中。在网络层，已经添加了安全机制以提供身份认证，这样一个主机就可以知道它与谁通信了。添加了加密功能，以便数据在跨网络传输时可以隐藏不让不可信的实体看到。在网络层集中提供安全功能的协议称为 IPSec。

将安全协议放置在协议栈的网络层并不是随意的决定。可以将安全功能放置在通信系统内的任何层上。例如，传输层安全（TLS）支持应用层的通信安全，并能让一个客户端和一台服务器通过任意网络进行安全通信。另一方面，各种无线网络安全机制的协议都在数据链路层。将安全机制放在网络层的决定是出于以下几个原因：

- ❏ IP 协议充当了一个部署各种安全协议的统一平台。在设计和实现 IPSec 时，不必考虑底层硬件的差异（例如不同类型的网络介质），因为如果一块硬件可以收发 IP 数据报，它就能支持 IPSec。
- ❏ 用户无须进行任何工作即可使用安全协议。由于 IPSec 是在网络层而不是应用层实现的，只要管理员已正确地配置了系统，那么自动地，运行网络程序的用户就能以安全方式工作。
- ❏ 密钥管理可以由系统守护进程自动处理。部署网络安全协议中最困难的挑战是分发和注销用于加密数据的密钥。由于 IPSec 是在内核中处理的，并且通常无须用户处理，而且也可以编写守护进程来处理密钥管理工作。

IPSec 背景下的安全意味着以下几点：

- ❏ 能够信任主机是其声称的那台主机（身份认证）。
- ❏ 防止重放旧数据。
- ❏ 数据机密性（加密）。

为 Internet 协议提供一个安全体系结构是一个复杂的问题。相关协议包含在几个 RFC 中，Kent & Atkinson[1998a] 对它们进行了概述。

13.7.1 IPSec 概述

IPSec 协议套件提供了一个安全框架，供 Internet 上的主机和路由器使用。两个主机、主机和路由器、两个路由器之间都可以使用安全服务（例如身份认证和加密）。当网络上的任何两个实体（主机或路由器）使用 IPSec 进行安全通信时，就称它们之间有一个 SA（Security Association，安全关联）。每个 SA 都是单向的，这意味着两个点之间的流量仅在建立 SA 的方向上是安全的。想要建立一个完全安全的链路，需要两个 SA，每个方向各一个。

SA 由其目的地址、正在使用的安全协议和 SPI（Security-Parameter Index，安全参数索引）唯一标识，其中的 SPI 是一个 32 位值，它能区分终止于同一主机或者路由器上的多个 SA。每个运行 IPSec 的系统都维护着安全关联数据库，在其中查找相关信息时使用 SPI 作为键。

SA 有两种使用模式。在传输模式下，IP 头的一部分受到保护，IPSec 头和数据也受到保护。IP 头只有部分受到保护，原因是两台主机之间路径上的中间路由器必须检查 IP 头，不可能也不要求每台路由器都运行 IPSec 协议。以端到端方式运行安全协议的一个原因是，中间路由器不必受它们所处理的数据的信任。另一个原因是安全协议通常计算开销大，并且中间路由器通常不具有那么大的计算能力，在转发数据包前对每个包都进行解密和重新加密。

在传输模式下，由于只有部分 IP 头受到保护，因此这种类型的 SA 仅为上层协议提供保护，也就是那些完全封装在 IP 包的数据部分中，例如 UDP、TCP 和 SCTP。图 13-17 显示了主机 Alice 和 Bob 之间的传输模式 SA，以及其中的数据包。Alice 以 Bob 为目的地址构造了一个普通的 IP 数据包。然后加上 IPSec 头和数据。最后，它应用用户选择的任何安全协议发送这个数据包，该数据包通过东京和纽约的路由器传输，最后传输给 Bob。Bob 通过在其安全关联数据库中查找安全协议和密钥来解密数据包。

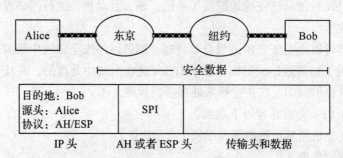

图 13-17 传输模式的安全关联。AH 表示身份认证头，ESP 表示封装安全有效载荷，SPI 表示安全参数索引

另一种模式是隧道模式，如图 13-18 所示，其中整个数据包放置在 IP-over-IP 隧道中

[Simpson，1995]。在隧道模式中，整个数据包（包括所有报头和数据）作为数据放在另一个数据包中，并在两个位置之间发送。Alice 再次想要向 Bob 发送一个数据包。当数据包到达东京路由器时，它被放置在东京和纽约之间的安全隧道中。整个原始数据包放在一个新数据包内保护起来。外部 IP 头仅标识隧道的端点（东京和纽约的路由器），并且不会泄露原数据包头的任何信息。当数据包到达纽约隧道的末端时，它会被解密，然后发送到其原始目的地 Bob。在这个例子中，Alice 和 Bob 都不知道数据已被加密，也不必运行 IPSec 协议来参与此安全通信。

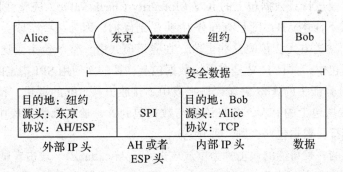

图 13-18　隧道模式的安全关联。AH 表示身份认证头，ESP 表示封装安全有效载荷，SPI 表示安全参数索引

隧道模式仅用于"主机到路由器"或"路由器到路由器"的通信，并且最常见于 VPN（Virtual Private Network，虚拟专用网络）的实现里。VPN 透过公共 Internet，连接两个私有网络，或者将用户连接到企业级的 LAN 上。

13.7.2　安全协议

有两种专为配合 IPSec 使用的安全协议：AH（Authentication Header，身份认证头）和 ESP（Encapsulating-Security Payload，封装安全有效载荷），每种协议都提供不同的安全服务 [Kent & Atkinson，1998b；Kent & Atkinson，1998c]。这两种协议都不用更改其报头，就可以与 IPv4 和 IPv6 一起使用。这种双重用法是可能的，因为数据包头实际上是 IPv6 扩展头，可以正确编码有关数据包中跟随它们的其他协议的信息。

AH 协议提供基于数据包的身份认证服务，以及防止攻击者尝试重放旧数据。要了解 AH 如何提供安全保护，最简单的方法是查看其数据包头，如图 13-19 所示。下一报头字段标识当前报头之后的数据包类型。下一报头字段使用的值与 IPv4 数据包的协议字段中出现的值一样：6 表示 TCP，17 表示 UDP，1 表示 ICMP。有效载荷长度等于身份认证头中包含的 32 位字的数目减去 2。从该数字中减去 2 没什么特别意义，只是源自 IPv6 扩展头的规范。SPI 是一个 32 位数字，每个端点使用它来查找有关安全关联的相关信息。

0	7 8	15 16	31

```
┌──────────────┬──────────────┬──────────────────────────┐
│   下一报头    │  有效载荷长度  │          保留字           │
├──────────────┴──────────────┴──────────────────────────┤
│                安全参数索引（SPI）                       │
├─────────────────────────────────────────────────────────┤
│                     序号字段                             │
├─────────────────────────────────────────────────────────┤
│               身份认证数据（变长）                       │
└─────────────────────────────────────────────────────────┘
```

图 13-19 身份验证头

身份认证是通过计算数据包上的 ICV（Integrity-Check Value，完整性校验值）提供的。如果在传输模式下使用 AH，则只有部分 IP 头受到保护，因为某些字段会被传输中的中间路由器修改，而发送方无法预测这些更改。在隧道模式中，整个包头受到保护，因为它封装在另一个数据包中，并且 ICV 是在原始数据包上计算的。使用 SPI 指定的算法计算 ICV，结果存储在身份验证头的身份认证数据字段中。接收方按 SPI 的要求，使用相同的算法，计算其接收的数据包上的 ICV，并将该值与数据包的身份验证数据字段中的值进行比较。如果值相同，则接受数据包；否则，丢弃它。

对通信信道的一种可能的攻击称为重放攻击（replay attack）。攻击者试图插入恶意数据包，这些数据包会复制过去发送的数据包，就像它们来自可靠来源一样。为了防止重放攻击，AH 协议使用序号字段来唯一地标识通过 SA 传输的每个数据包。此序号字段与 TCP 中的同名字段不同。建立 SA 时，发送方和接收方都将序号字段设置为零。发送方在发送数据包之前将序号加 1。接收方实现了一个固定大小的滑动窗口，让窗口的左沿是它已经看到且核实过的最小序号，而右沿是最大序号。收到新数据包后，对照滑动窗口检查其序号，可能的结果有如下三个：

1）数据包的序号小于滑动窗口左沿的序号，丢弃数据包。

2）数据包的序号在窗口内。接收方保留一个位图，用于跟踪窗口内已接收的数据包。检查数据包以查看它是否已在位图中标记。如果它在位图中，则它是重复的，会被丢弃。如果数据包不是重复的，则将其插入窗口，并更新位图，以显示其已接收到该序号。

3）数据包的序号位于当前窗口的右侧。验证 ICV，如果正确，则向右移动窗口以包含新的序号值。更新位图以反映其已接收到该序号。

当序号循环回来的时候，也就是发送超过 40 亿个数据包后，必须拆除安全关联并重启。这种重启只是稍有不便，因为在速率为每秒 83 000 个数据包的千兆以太网中，需要花费超过 14 个小时，安全序号才会绕回来，并且用户级守护进程可以自动拆除并重新建立链接，无须人为干预。

所有发送方都假设接收方正在使用反重放服务，并且总是递增序号，但接收方不一定实现反重放服务，并且接收系统的操作员可以自行决定关闭它。

ESP 使用加密提供机密性。与 AH 一样，理解 ESP 最简单的方法就是考察其数据包头，如图 13-20 所示。ESP 头包含在 AH 报头中找到的所有相同的字段，但它还增加了三个字

段。使用 ESP 发送的加密数据存储在数据包的有效载荷数据字段中。有效载荷数据之后的
填充字段可用于以下三个目的：

❑ 加密算法可能要求待加密的数据是整字节的若干倍。填充数据被添加到要加密的数
据中，以便数据块具有正确的大小。

❑ 为了正确对齐数据包的某些部分而需要填充。例如，填充长度和下一报头字段必须
在数据包中右对齐，而身份认证数据字段必须按 4 字节边界对齐。

❑ 填充还可用于掩盖有效载荷的原始大小，以防止攻击者通过监听流量来获取信息。

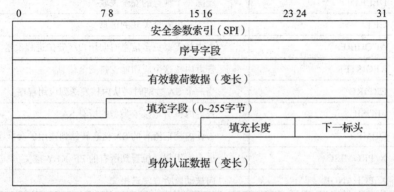

图 13-20　封装安全协议头

13.7.3　密钥管理

用户级应用程序不能像使用 UDP 和 TCP 等传输协议一样使用 IPSec。例如，应用程序
无法使用 IPSec 打开一个到另一个端点的安全套接字。相反，所有 SA 都保存在内核中，并
使用名为 PF_KEY_V2 的新通信域和协议族进行管理 [McDonald 等，1998]。

用于 IPSec 的密钥的自动分发由 IKE（Internet Key Exchange，Internet 密钥交换）协议
处理 [Harkins & Carrel，1998]。实现 IKE 协议的用户级守护进程（如 Racoon）使用 PF_
KEY_V2 套接字与内核进行交互 [Sakane，2001]。由于这些守护进程没有在内核中实现，
因此它们超出了本书的范围。

用户级应用程序通过打开 PF_KEY 类型的套接字与安全数据库进行交互。AF_KEY 并
没有对应的地址族。密钥套接字（key socket）基于路由套接字实现，其功能与路由套接字
非常相似。不过路由套接字 API 操纵内核路由表，而密钥套接字 API 管理安全关联和策略。
密钥套接字支持用户应用程序和内核之间建立一条无连接的数据报机制。用户级应用程序
将命令以数据包的形式发送到内核的安全数据库。应用程序还可以从密钥套接字接收有关
安全数据库更改的消息，例如安全关联过期。

可以使用密钥套接字发送的报文如表 13-7 所示。为密钥套接字定义了两组报文：一组
以 SADB（Security-Association DataBase，安全关联数据库）开头的报文和一组以 SADB_
X 开头的扩展报文。报文的类型就是名称的第二部分。在 FreeBSD 中，扩展报文操作与

SADB 分开的 SPDB（Security-Policy DataBase，安全策略数据库）。

表 13-7 PF_KEY 报文

报文类型	描　　述
SADB_GETSPI	从内核检索出一个唯一的安全索引
SADB_UPDATE	更新一个现有的安全关联
SADB_ADD	增加一个新的安全关联，使用一个已知的安全索引
SADB_DELETE	删除一个现有的安全关联
SADB_GET	检索一个安全关联的信息
SADB_ACQUIRE	当内核需要更多信息时向用户级守护进程发送
SADB_REGISTER	告诉内核这个应用能支持安全信息
SADB_EXPIRE	当一个 SA 过期时，从内核发送到应用程序
SADB_FLUSH	告诉内核清楚某个类型的所有 SA
SADB_DUMP	告诉内核把所有的 SA 信息转储到调用的套接字
SADB_X_PROMISC	这个应用程序想看到所有的 PF_KEY 报文
SADB_X_PCHANGE	向被动监听方发送报文
SADB_X_SPDUPDATE	更新 SPDB（安全策略数据库）
SADB_X_SPDADD	向 SPDB 添加一个条目
SADB_X_SPDDELETE	按照策略索引从 SPDB 中删除一个条目
SADB_X_SPDGET	从 SPDB 中获取一个条目
SADB_X_SPDACQUIRE	从内核发送报文以获取某个 SA 和策略
SADB_X_SPDDUMP	告诉内核把它的策略数据库转储到调用的套接字
SADB_X_SPDFLUSH	清除策略数据库
SADB_X_SPDSETIDX	按照策略索引在 SPDB 中添加一个条目
SADB_X_SPDEXPIRE	告诉监听套接字某个 SPDB 条目已过期
SADB_X_SPDDELETE2	按策略 ID 删除某个 SPDB 条目

注：SA 表示安全关联，SADB 表示安全关联数据库，SPDB 表示安全策略数据库。

　　密钥套接字报文是由一个基本头（如图 13-21 所示）和一组扩展头组成的。基本头包含所有报文共同的信息。版本字段确保应用程序可以和内核中的密钥套接字模块的版本兼容。发送的命令则被编码在报文类型（message-type）字段中。将错误发送到调用套接字时，使用的是和用于发送命令一样的报头集。应用程序不能靠在套接字上调用 send 或 write 系统调用返回的任何错误，它们必须检查套接字上返回的任何报文的错误号，以便正确处理错误。在将报文发送到侦听套接字之前，将错误类别字段设置为适当的错误号。应用程序想要操作的安全关联类型放在数据包的 SA 类型字段中。整个报文的长度（包括基本头、所有扩展头和已插入的任何填充）都存储在长度字段中。序号字段以及和请求的响应相匹配的 PID 字段唯一地标志了每一条报文。当内核向侦听进程发送报文时，PID 设置为 0。

0	7	8	15	16	23	24	31
版本		报文类型		错误类别		SA 类型	
长度				保留			
序号							
PID							

图 13-21　PF_KEY 基本头

　　无法使用基本头来更改安全关联数据库和安全策略数据库。要进行更改，应用程序会在其报文中添加一个或多个扩展头。每个扩展头以一个长度字段和一个类型字段开头，以便内核或应用程序可以轻松地遍历整个报文。一个关联扩展如图 13-22 所示。关联扩展对单个安全关联进行更改，例如指定要使用的身份认证或加密算法。

0	7	8	15	16	23	24	31
地址长度				扩展类型			
SPI							
重放		状态		授权		加密	
标志							

图 13-22　PF_KEY 关联扩展

　　每当使用关联扩展时，也必须存在地址扩展，因为每个安全关联由通信端点的网络地址来标识的。地址扩展（如图 13-23 所示）使用 sockaddr 结构存储有关 IPv4 或 IPv6 地址的信息。

0	7	8	15	16	23	24	31
地址长度				扩展类型			
协议		前缀长度		保留			
源地址							
目的地址							

图 13-23　PF_KEY 地址扩展

　　当前 PF_KEY 实现的一个问题是：它是数据报协议，并且消息大小限制为 64 KB。对于拥有小型数据库的用户来说，64 KB 的限制并不要紧，但是当一个使用 IPSec 的系统部署在一个大型企业中时，其中有数百甚至数千个并发的安全关联，那么 SADB 将会变大，这个 64 KB 的限制就会使编写管理内核的安全数据库的用户级守护进程更加困难。

　　安全关联结构如图 13-24 所示。与 FreeBSD 中的许多其他数据结构一样，安全关联结构实际上是用 C 实现的对象。每个安全关联结构都包含与一个特定安全关联相关的所有数据，以及操作与该关联相关的数据包所需的一组函数。安全关联数据库以安全关联结构的双向链表存储。每个安全关联可以由系统中的多个实体共享，这就是它包含一个引用计数的原因。

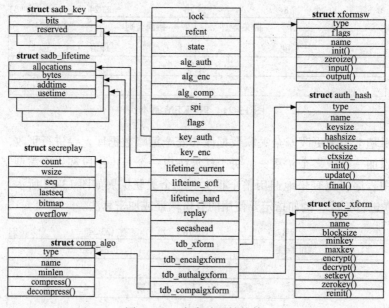

图 13-24 安全关联结构体

安全关联可以处于 4 种状态：LARVAL、MATURE、DYING 和 DEAD。首次创建某个 SA 时，它被置为 LARVAL 状态，这表示它尚不可用。一旦 SA 可用，它就会进入 MATURE 状态。在出现某个事件（例如 SA 超过了它的生命周期）而转入 DYING 状态之前，SA 一直处在 MATURE 状态。在处于 DYING 状态的 SA 被标记为 DEAD 之前，如果应用程序发出请求，要求以相同的参数使用这个 SA，那么它就可以重新恢复。

安全关联结构包含有关某个 SA 的所有信息，包括使用的算法、SPI 和密钥数据。这些信息在处理特定关联的数据包时会被使用到。生命周期（lifetime）字段限制了某个 SA 的使用期限。虽然 SA 不一定要有生命周期（因此它可能不会过期），但是推荐给 SA 设置一个生命周期。使用 sadb_lifetime 结构的 addtime 和 usetime 字段可以给生命周期一个时间限制，也可以使用 bytes 字段给出所能处理数据的上限。安全关联指向的三个生命周期结构编码了关联的当前使用情况及其硬限制和软限制。到达软生命周期值时，就将 SA 置于 DYING 状态，以表明它的使用期即将结束。到达硬生命周期值时，表示 SA 不再可用。SA 超过硬生命周期限制后，就会被置为 DEAD 状态，并被回收。current-lifetime（当前生命周期）结构包含 SA 的当前使用值——例如，自创建 SA 以来已处理了多少字节。

每个安全关联结构都有几个函数表，这些函数指向的例程要操作由该关联处理的数据包。tdb_xform 表包含指向实现特定安全协议（如 ESP 或 AH）的初始化、输入和输出函数的函数指针。其他三个函数表和特定协议有关，它们包含指向适当加密函数的指针（用于处理 SA 使用的协议）。拥有这么多函数表的原因是，从 OpenBSD 移植的密码子系统使用这些表来封装执行加密实际工作的函数。为了简化代码维护，在移植过程中保留了这组接口和表。拥有这些表的一个好处是，它使添加新协议或新密码学例程变得简单。本节稍后将介绍这些表的使用。

用户级守护进程通过密钥套接字与 IPSec 框架交互。密钥套接字的实现方式与其他套接字类型相同。有一个域结构 keydomain，一个协议开关结构 keysw，一组"用户 – 请求"例程 key_usrreqs，以及一个输出例程 key_output()。在 key_usrreqs 结构中，仅实现了那些只有无连接数据报类型的协议才需要的例程。任何以面向连接的方式使用密钥套接字的尝试（例如，在密钥套接字上调用 connect）都将导致内核向调用进程返回 EINVAL。

当一个应用程序向密钥套接字写入数据时，该报文最终会传输到内核中，并由 key_output() 例程进行处理。在进行了一些基本的错误检查之后，消息被传递给 key_parse()，它会进行更多的错误检查，最后通过一个名为 key_types 的函数指针开关（function-pointer switch）传出。key_types 指向的函数是那些操作安全关联和安全策略数据库的函数。

如果由于安全数据库中发送了更改，内核需要向监听的应用程序发送报文，则它使用 key_sendup_mbuf() 例程将报文复制到一个或多个监听套接字。每个套接字都会收到专有的报文副本。

13.7.4　IPSec 实现

IPSec 协议影响 IPv4 和 IPv6 协议栈中的处理数据包的所有方面。在某些地方，IPSec 使用现有的网络框架，而在其他地方，会直接调用 callout 用于执行安全处理工作的某些部分。我们将研究通过 IPv4 堆栈的三条可能途径：传入（inbound）、传出（outbound）和转发（forwarding）。

IPSec 为正常数据包处理添加了一个新特性：需要多次处理一些数据包。当前系统收到的一个加密过的数据包就是一个例子。数据包将以加密形式处理一次，然后在解密后由相同的例程再处理一次。这种多遍处理不同于常规的 TCP 或 UDP 处理，常规处理是从包中剥离 IP 头，然后将结果传递给 TCP 或 UDP 模块以进行处理，最终传送到套接字。这种连续处理数据包的方式是 IPSec 软件广泛使用数据包标签的一个原因。使用数据包标签的另一个原因是 IPSec 的某部分（即加密算法）可以由专用硬件加速器支持。硬件加速器可以执行全部或部分的安全处理工作，例如检查数据包的认证信息，或解密数据包有效载荷，然后将得到的数据包传递到协议栈，以最终传递到等待中的套接字。硬件需要以某种方式告诉协议栈它已完成必要的工作。将该信息存储在数据包的报头或数据中既不可能也不可取。将此类信息添加到数据包的报头是一个明显的安全漏洞，因为恶意发送方简单地设置适当的字段就可以绕过安全处理。虽然可以扩展 mbuf 结构来处理此功能，但是数据包标签是一种更灵活的方式，可以在不修改网络堆栈中的关键数据结构的情况下，向数据包添加元数据。IPSec 使用的标签如表 13-8 所示。

表 13-8 IPSec 数据包标签

标 签	描 述
IPSEC_IN_DONE	传入的 IPSec 处理完成
IPSEC_OUT_DONE	传出的 IPSec 处理完成
IPSEC_IN_CRYPTO_DONE	由硬件负责传入的 IPSec 处理
IPSEC_OUT_CRYPTO_DONE	由硬件负责传出的 IPSec 处理

正如我们在 13.4 节中看到的，当内核收到 IPv4 数据包时，它由 ip_input() 先进行处理。ip_input() 例程对与 IPSec 相关的数据包执行两次检查。第一次是查看数据包是否真的是隧道的一部分。如果数据包正在通过隧道传输并且已经由 IPSec 软件处理，它可以绕过过滤器钩子（hook）或内核防火墙代码的任何过滤。第二次检查是在转发数据包时完成的。路由器可以对转发的数据包实施安全策略。在将数据包传递给 ip_forward() 之前，通过调用 ipsec_getpolicy() 函数检查它是否存在与数据包本身相关联的策略。调用 ipsec_getpolicybyaddr() 函数检查是否存在与数据包地址关联的策略。如果任一函数返回一个指向策略例程的指针，则将数据包传给该策略例程进行检查。如果数据包被拒绝，则会以静默方式丢弃该数据包，不会向发送方返回任何错误。

当 ip_input() 确定数据包有效并且是发往本地计算机时，协议栈框架将接管数据包。使用 inetsw 结构的 pr_input 字段将数据包传递给适当的输入例程。尽管使用不同协议的数据包具有不同的入口点，但它们最终会被传递到单个例程 ipsec_common_input() 进行处理。ipsec_common_input() 例程尝试根据数据包的目的地址、正在使用的安全协议以及 SPI 来查找数据包相应的安全关联结构。如果找到适当的关联，则将控制传递给 SA 的 xform-switch 结构中包含的输入例程。安全协议的输入例程从数据包中提取所有相关数据（例如正在使用的密钥）并创建密码操作描述符。然后将该描述符传递给加密例程。当加密例程完成其工作时，它们会调用特定于协议的回调例程，该例程修改与数据包关联的 mbuf，以便现在可以通过 ip_input() 例程将解密之后的数据包传递回协议堆栈。

应用程序不知道它们在使用 IPSec 与 Internet 中的其他主机进行通信。对于传出数据包，IPSec 使用与否实际上是在 ip_output() 例程中控制的。当传出数据包到达 ip_output() 例程时，将检查是否存在适用于该数据包的安全策略：或者是因其目的地址，或者因发送它的套接字。如果找到安全策略，则通过 ipsec4_process_packet() 例程将数据包传递到 IPSec 代码中。如果尚未为此特定目的地址设置安全关联，则会在安全关联数据库中为其创建一个安全关联。ipsec4_process_packet() 使用安全关联中 xform-switch 里的 output() 例程将数据包传递给安全协议的输出例程。安全协议的输出例程使用适当的加密例程修改数据包以进行传输。一旦数据包被适当地修改，它将再次传递到 ip_output()，并附加标签 IPSEC_OUT_DONE。此标记将数据包标记为已完成 IPSec 处理，这说明它现在可以像任何其他数据包一样进行传输了。

IPSec 提供的所有安全协议的基础是一组支持密码学的 API 和库。FreeBSD 中的加密子系统支持对称和非对称加密。IPSec 使用的对称加密技术使用相同的密钥来加密和解密数据。非对称加密技术实现了公钥加密，它使用一个密钥加密数据，使用另一个密钥解密数据。5.12 节详细介绍了密码学 API。对 IPSec 子系统中的数据加密方式感兴趣的读者，建议阅读那里的完整讨论。

13.8　数据包处理框架

主机处理的大多数数据包都经过 TCP/IP 等网络协议模块。某些应用程序在数据包通过内核时可能需要访问它们，而不使用套接字提供的更常见的机制。在过去的 20 年中，FreeBSD 开发了几种不同的数据包处理框架，从简单的数据包过滤到可以开发新协议的更复杂的框架。数据包处理框架用于调试网络问题，实现防火墙，执行网络地址转换（NAT）以及为网络研究测试平台提供软件。

13.8.1　伯克利数据包过滤器

BPF（Berkeley Packet Filter，伯克利数据包过滤器）[McCanne & Jacobson, 1993]（FreeBSD 的数据包嗅探系统）可以说是操作系统提供的最简单的数据包处理框架。BPF 为所有操作系统的网络接口提供统一的用户级接口，当原始数据包在网络上传输时，它允许让具有 root 权限的程序访问它们。大多数用户并不直接与 BPF 交互，而是运行诸如 tcpdump 之类的程序，这些程序使用数据包捕获库 libpcap 表达易于理解的过滤规则，这些规则决定了要捕获哪些数据包。在任何网络协议访问原始数据包之前，tcpdump 程序指示 BPF 伪设备从网络设备中读取它们。BPF 实现为伪设备，意味着用户空间的程序可以通过众所周知的 open、close、read、write 和 ioctl 接口与 BPF 进行交互。BPF 公开的设备节点是双向的，这意味着应用程序不仅可以接收数据包，还可以在用户空间里将数据包注入网络。

BPF 使用合成的（synthetic）特定领域的汇编语言，在软件中实现了简单的高速数据包匹配引擎。BPF 虚拟机包含不足 30 条指令，却足以完成 CPU 的所有计算任务，包括获取和存储数据、数学运算和分支操作。BPF 指令集的简单与通用，使得编写复杂的过滤规则成为可能，在用户空间中编译和优化它们，并将最终的指令流传递到内核中。将 BPF 程序的编译和执行分离开，使得创建扩展更容易，并最大限度地减少在数据包过滤时必须对每个数据包执行的工作量，从而减少了决定捕获哪些数据包的开销。分离编译和执行使之成为可能的一个功能是将过滤器即时（Just-In-Time，JIT）编译为本机代码，它允许内核完全避免虚拟机指令执行的开销。

要使 BPF 在系统传输数据包时工作，必须将其挂接到每个网络驱动程序的源代码中。提供了一个简单的宏 BPF_MTAP，供驱动程序的作者在其源代码中使用。这个宏的目的是从尽可能靠近硬件层的位置获取数据包，并将它们提供给 BPF，以便它可以确定数据包是否是用户空间中的监听程序感兴趣的。在数据包接收时，BPF_MTAP 宏是在链路层协议（如以太网）调用的。BPF_MTAP 宏是 BPF 执行其工作所需的唯一接口。提供易于记忆和使用的单个宏，这使得有可能说服设备驱动程序作者在为新硬件编写软件时包含此代码。

在内部，BPF_MTAP 宏调用 bpf_mtap() 函数，该函数包含对过滤和复制例程的调用。过滤代码的核心在 bpf_filter() 中，它执行虚拟汇编语言以确定数据包是否匹配某个过滤器。当数据包匹配某个过滤器时，会将其复制到缓冲区中。除了数据复制之外，catchpacket() 例程还执行对数据包过滤很重要的所有任务：确定捕获的数据包的数量，确定数据包报头的长度，以及为捕获的数据包加时间戳。数据包的复制方式取决于作为参数传递给 catchpacket() 例程的函数。复制数据包的数据是一项代价很大的操作。一种优化方式是使用零拷贝缓冲区，它结合了虚拟内存和共享内存协议，直接在内核和用户空间之间共享缓冲区，而不需要显式复制。bpf_append_mbuf() 函数包含一个两个 case 的 switch 语句，它要么调用 bpf_buffer_append_mbuf()，要么调用 bpf_zerocopy_append_mbuf()。零拷贝代码执行一些额外的工作，以确保在数据包移向用户空间时重用用于捕获数据包数据的缓冲区，从而减少必须复制数据包数据的次数。bpf_buffer_append_mbuf() 代码则更简单，因为它只是循环遍历数据包数据以复制它们。但是，在缓冲区之间复制数据的动作代价很大，这就是要使用零拷贝代码的原因。零拷贝实现起来更复杂，但运行时更快。

13.8.2　IP 防火墙

防火墙的工作是检查数据包并根据数据包的内容采取相关措施。虽然 BPF 可能会将相同的数据包复制到用户空间中的各种监听程序，但在这个过程中，它既不会修改也不会丢弃数据包。防火墙的存在仅为了修改或丢弃传输中的数据包。内核提供了一组通用的钩子用于实现防火墙。FreeBSD 中的所有防火墙都是使用 pfil 构建的，pfil 代表"数据包过滤器"（packet filter）。防火墙使用 pfil 系统注册过滤函数，只要数据包通过网络模块中的 pfil 屏障点，就会执行这些功能。内核在网络代码中有 21 个屏障点，可以在运行时添加或删除这些函数。屏障点包括 13.4 节中讨论的 IPv6 和 IPv4 输入和输出例程。在内核中提供通用的包过滤系统，这使各种开发人员能够编写防火墙软件，而无须自行修改内核。当编写新的网络代码时，在适当的位置添加新的屏障点，使得防火墙作者可以以完全通用的方式进一步扩展其软件。

防火墙通过调用 pfil_add_hook() 例程来注册其钩子函数，指定要调用的函数，以及是否应该针对传入、传出或往任一方向传输的数据包调用它。一旦钩子注册好，只要数据包到达屏障点，钩子函数就会被 pfil_run_hooks() 调用。从 pfil_run_hooks() 例程调用的函数可以修改传递给它们的 mbuf（例如，在执行网络地址转换时）。如果钩子函数返回非零值，则数据包处理结束，不会再调用其他钩子函数。当钩子函数决定丢弃一个数据包时，由它负责释放相关的 mbuf，这可能会让新模块作者面临内存泄漏的风险。FreeBSD 中的所有防火墙都建立在这组简单的例程之上。

13.8.3　IPFW 和 Dummynet

IPFW（IP firewall，IP 防火墙）系统既是防火墙，又是通用数据包处理框架，在 IPv6 和 IPv4 数据包进入和退出系统时，可以使用 IPFW 操作数据包。一个单独的 pfil 钩子 ipfw_check_hook() 负责从以下 IPv6 和 IPv4 输入和输出例程中捕获数据包：ip6_input()、ip6_output()、ip6_forward()、ip_input()、ip_output() 和 ip_fastforward()。在每个函数中，调用一次 pfil_run_hooks() 决定是否继续处理数据包。

IPFW 包含一个中央调度函数 ipfw_chk()，它决定传递给它的所有数据包的命运。数据包的处理有以下方式：保持不变、复制、转移（divert）、进行网络地址转换、重新组装以进行进一步检查、发送到 dummynet 以及丢弃它。对任何数据包采取的操作由 ipfw_chk() 例程的返回值确定。表 13-9 给出了完整的返回值列表及其含义。

表 13-9　IPFW 基于 ipfw_chk() 返回值对包的处理

返回值	描　述
IP_FW_PASS	接受数据包
IP_FW_DENY	丢弃数据包
IP_FW_DIVERT	转移数据包到转移套接字
IP_FW_TEE	复制数据包
IP_FW_DUMMYNET	发送数据包到 dummynet
IP_FW_NETGRAPH	发送数据包到 netgraph

ipfw_chk() 例程分两个阶段完成工作。在第一阶段，ipfw_chk() 将数据包收集网络地址、传输协议类型、源和目标端口以及任何相关标志解析为一组内部变量。ipfw_chk() 完成的工作与任何 IPv6 和 IPv4 输入例程中完成的工作类似。在正确解析完数据包的状态后，ipfw_chk 进入第二阶段，在此阶段它决定如何处理数据包。系统管理员在高层级上控制着一组规则，这些规则规定了应该对数据包执行哪些操作。规则被存储在称为链（chain）的列表中。每个规则都包含一组操作码，用于控制在每个位置应对数据包执行的操作。当到达终止分组处理的操作码时，做出关于数据包的处置的决定。表 13-10 显示了会对数据包执行操作的操作码集。IPFW 中的操作码和 BPF 中的操作码一样。

表 13-10　IPFW 动作的操作码

操作码	动　作
O_LOG	记录下该数据包
O_PROB	概率，用于 RED
O_CHECK_STATE	有状态的过滤查询
O_ACCEPT	接受数据包
O_DENY	丢弃数据包

（续）

操作码	动 作
O_REJECT	丢弃数据包，并发送一个 ICMP 出错报文
O_COUNT	更新数据包统计信息
O_SKIPTO	跳到链中的下一个规则
O_PIPE	发送给一个 dummynet 的管道
O_QUEUE	发送给一个 dummynet 的队列
O_DIVERT	发送给一个转移套接字
O_TEE	复制数据包
O_FORWARD_IP	转发一个不同的 IPv4 地址
O_FORWARD_IP6	转发一个不同的 IPv6 地址
O_NAT	发送给 NAT
O_REASS	重组数据包

使用一组操作码而不是硬编码的独立函数集，可以提高 IPFW 灵活性并减少其代码大小。一个 1200 行的循环负责处理可以对数据包执行的任何操作。有一个集中的地方用于数据包的处置决策，这降低了代码的复杂性，也增加了快速找到并修复错误的可能性。IPFW 中的操作码可以包含相应的数据。例如，IP 操作码都带有一个地址和一个掩码，可用于检查数据包的 IP 地址是否与 IP 地址（当前正在执行的规则中的）相匹配。表 13-11 给出了 IP 操作码的子集。

表 13-11　IPFW IP 操作码

操作码	动 作
O_IP_SRC	匹配 IP 源地址
O_IP_SRC_ME	该主机是否是数据包的源地址
O_IP_DST	匹配 IP 目的地址
O_IP_DST_ME	该主机是否是数据包的目的地址
O_IP_SRCPORT	匹配源端口
O_IP_DSTPORT	匹配目的端口
O_PROTO	匹配传输协议

dummynet 是一种数据包处理框架，它提供流量整形（traffic shaping）、数据包延迟仿真和数据包调度功能。dummynet 最初的目的是提供一种方法来测试 TCP 等网络协议，这些协议在其数据包流遭受可变的网络延迟或丢失时会出现性能问题。它已经发展成在网络边缘的各种设备中使用的通用带宽整形工具。

dummynet 将所有流量传给称为管道的对象。管道模拟由调度器驱动的通信链路，该调度器仲裁对多个独立队列的访问权限。管道的特征是可编程的。特征不仅包括管道的带宽和延迟，还包括调度策略、队列的数量和大小，以及队列的相对优先级。系统允许动态创建许多管道和队列，而 dummynet 中使用的算法旨在能够扩展到数万个管道和队列，而不会引入过多的开销。

dummynet 系统将其接触的每个数据包指派给某个流（flow）。流是一组与预定的标准匹配的数据包，例如具有相同的目的地址和端口号。流中所有数据包都以类似方式处理。通过在网络层丢弃数据包执行流量整形，这种方法迫使诸如 TCP 之类的协议缩减其传输，从而导致提供的带宽较低。dummynet 还可以延迟数据包，方法是将数据包保存在管道中一段时间（可配置）。这种延迟属性最初用于在实验室环境中测试 TCP。

队列由数据包调度器提供服务，使用的可用调度策略为表 13-12 中列出的一种。当数据包在系统传输时，调度器对它们进行管理，或进行流量整形。调度器在提供的服务保证和数据包处理成本方面有所不同。尽管最先进的算法——如 QFQ（快速公平排队）[Checconi 等，2013]——表现良好，但要保证更好的最小带宽占用或最大延迟，就需要付出更多代价。dummynet 提供了三种基于权重的调度器。每个调度器在处理数据包时会对每个数据包产生不同程度的开销。WRR（Weighted Round Robin，加权轮询）调度器具有常量运行时间，但服务保障较差，而变体 WFQ+（Weighted Fair Queueing，加权公平排队）具有最佳保障和与流中数据包规模成对数关系的数据包服务时间。最后，QFQ 具有近似最优的保障和每个数据包的常量处理时间。也可以实现其他调度器（包括基于优先级或其他标准的调度器），作为可加载的内核模块。

表 13-12　dummynet 调度器

调度器	描 述
FIFO	先入先出排队纪律
WRR	加权轮询
WFQ+	加权公平排队
QFQ	快速公平排队

数据包在传给 dummynet 之前，首先被 IPFW 或其他防火墙进行分类。当数据包进入 dummynet 时，通过 tag_mbuf() 例程将一个 mbuf 标签附加到每个 mbuf。mbuf 标签包含对要使用的管道的引用，以及将数据包与流关联的其他元数据。数据包接着被传递给 dummynet_io() 例程，它负责完成分类并将数据包存储到正确的队列中，如果队列已满，则丢弃数据包。当管道模拟的链路准备好发送新数据包时，调度器选择待服务队列并从中提取出数据包。完成此工作后，设置一个计时器，在一定时间 T（T = 数据包长度 / 管道带宽）后再次运行调度器。产生的流量以精确的编程速率流经调度器。调度器选择的数据包被放入延迟线（delay line），延迟线是一个 FIFO 队列，在经过与管道相关联的延迟相等的时间后，从 FIFO 队列中移除数据包。dummynet mbuf 标签有一个 output_time 字段，

用于跟踪数据包需要被传输出去的时间点。当数据包从 FIFO 中删除时，它们会在拦截它们的位置重新插入网络堆栈。根据分类器的配置，可以将它们重新分类并发送到另一个管道。

dummynet 可能有许多需要服务的队列和管道。因此，dummynet 使用优先级队列实现自己的计时器队列，并在每个计时器时钟调用函数 dummynet_task() 处理它。管理自己的定时器队列提供了可扩展性，不过代价是输出中的一些抖动。在数据包中看到的抖动（由dummynet 引入的延迟）与内核中的 clock-tick 设置直接相关。默认的滴答率（tick rate）1000（参见 3.4 节）提供小至 1 毫秒的良好结果。要实现更精细的粒度，需要增加内核的滴答率。

13.8.4 数据包过滤器

虽然数据包过滤器（Packet Filter，PF）提供的功能与 IPFW 类似，但它具有不同的结构和实现。PF 系统最初是在 OpenBSD 下开发的，后来移植到 FreeBSD，在 FreeBSD 中它一直很受欢迎，用于构建防火墙和网络地址转换器。与 IPFW 一样，PF 使用 pfil 钩子来捕获数据包以供检查。PF 在 IPv4 和 IPv6 的每个传入和传出方向都添加了一个钩子。pf_check_in()、pf_check_out()、pf_check6_in() 和 pf_check6_out() 例程是 PF 执行的任何数据包过滤的起点。

防火墙的目的是决定是否丢弃某个数据包。PF 有两个枚举值（PF_PASS 和 PF_DROP），用于控制是否允许数据包通过防火墙。除了确定是否允许数据包通过的枚举值之外，PF 还使用一组因由编码（reason code）来解释数据包的最终处置。因由编码如表 13-13 所列。

表 13-13　PF 因由编码

编　码	原　因
PFRES_MATCH	显式匹配某条规则
PFRES_BADOFF	尝试获取头部时遇到无效的 offset
PFRES_FRAG	丢弃后续的片段
PFRES_SHORT	数据包太短
PFRES_NORM	在数据包规范化（normalization）时丢弃
PFRES_MEMORY	内存不够用
PFRES_TS	无效的 TCP 时间戳选项
PFRES_CONGEST	IP 输入拥塞
PFRES_IPOPTIONS	因为 IP 选项处理被丢弃
PFRES_PROTCKSUM	协议检验和无效
PFRES_BADSTATE	状态不匹配
PFRES_STATEING	状态插入失败

（续）

编　　码	原　　因
PFRES_MAXSTATES	状态表没有剩余空间
PFRES_SRCLIMIT	源节点或者连接限制
PFRES_SYNPROXY	TCP SYN 代理

当数据包进入系统时，它将在 pf_test() 例程中开始一系列测试。在将数据包传给更高层协议进行测试之前，每个测试例程都会进行一些工作来解析或重组数据包。验证数据包的过程分两个阶段进行。第一阶段称为规范化，在规范化阶段，将内容与管理员设置的规则进行比较。IPv4、IPv6 和 TCP 协议具有自己的规范化例程：pf_normalize_ip()、pf_normalize_ip6() 和 pf_normalize_tcp()。PF 中的所有规则都存储在 pf_rule 结构中，它们被链接在同一个队列中。

在数据包完成规范化，并经过若干匹配规则处理之后，开始对数据包进行第二阶段的处理。pf_test() 例程解析数据包的 IP 头，将其转换为 pf_desc 描述符结构。pf_desc 结构以方便的形式保存数据包的状态，用于其余的测试例程。除没有了 inetsw 协议开关的灵活性，IP 数据包在 pf_test() 例程中以与 ip_input() 中相同的方式进行多路复用（demultiplex）。数据包根据其协议类型直接传给预定的测试函数，而不是使用查找表。每个传输层协议（TCP、UDP 和 ICMP）由匹配的 pf_test() 例程处理（pf_test_state_tcp()、pf_test_state_udp() 和 pf_test_state_icmp()）。测试例程还处理所有协议相关的状态跟踪。

13.8.5　netgraph

netgraph 子系统旨在提供一种在 FreeBSD 内核中开发新网络协议的简便方法，它最初是作为 FreeBSD 3 的一部分发布的。自从 netgraph 被添加到操作系统以来，它已被用于实现几个协议，包括 PPP（Point-to-Point Protocol，点对点协议）、ATM（Asynchronous-Transfer Mode，异步传输模式）协议和蓝牙协议。

netgraph 背后的核心思想是：网络协议可以围绕数据流模型进行构建。在数据流模型中，数据包在软件模块之间流动，每个软件模块在将数据包传递给下一个模块之前对数据包执行少量工作。在 netgraph 中，称模块为节点，连接节点的边则称为钩子。数据流过图节点之间的一组钩子。节点可以在一定程度上任意连接，尽管它们可能会限制愿意接受的连接数量。将数据包处理封装到足够细粒度的节点中，这会比在更单一的设计中实现更多的软件重用。与一堆小孩玩积木游戏类似，在实验性的即插即用场景中，一组简单的节点可以更容易构建一个复杂的协议。数据流模型还使得在运行时添加或删除处理动作成为可能——例如，在协议需要尝试不同类型的加密算法以与对方建立网络连接时。可以将不同类型的加密算法封装为节点，然后在运行时根据需要在数据流路径中添加和删除它们。

节点不仅通过其钩子传递网络数据包，还响应每个节点定义的一组控制报文。可以使用控制报文来配置节点。节点还可以通过控制报文接口向用户级程序暴露计数器和统计信息。为数据包处理和配置提供了一组明确定义的 API，这使程序员能够构建一个看起来更像传统网络路由器的系统（同时具有数据层和控制层）。在 netgraph 中，网络数据包沿节点之间的钩子传递的地方叫数据层。控制层是负责配置节点的报文集。

netgraph（带有节点和钩子）是一种面向对象的设计，其中节点是对象，钩子是方法。netgraph 使用的面向对象方法具有与其他系统类似的优点，这些系统使用较小的块创建复杂的协议，包括 STREAMS[Ritchie，1984] 和 The Click Modular Router 框架 [Kohler 等，2000]。作为 FreeBSD 的一部分，有超过 50 个 netgraph 节点，有简单的 ng_echo 节点（它将接收到的每个数据包回送给发送方），也有不少提供整个协议的节点（如 PPP、ATM 和蓝牙）。

要使用 netgraph 构建任何内容，必须选择一组对实现协议有用的节点。节点通过它们的钩子连接为一个图形。netgraph 使用两种主要的数据结构，即 ng_node 和 ng_hook。图中的每个节点都维护自身的一些基本信息，包括全局唯一的名称以及有关如何连接到其他节点的详细信息。每个节点还有一个类型字段、引用计数字段、一组标志和一个私有数据区（节点可以在其中维护统计信息和内部状态）。

节点同时存在于系统中的几个列表中，包括所有节点的全局列表以及有工作要做的节点列表。当用户想要向某个节点发送控制报文时，使用所有节点的全局列表找到该节点。

每个节点通过函数指针表对外暴露一组函数。大多数节点都被编写为可加载的内核模块（参见 15.3 节）。节点公开的函数集和节点处在的不同阶段有关。激活节点时，它将作为模块被加载进来，执行初始化并和其他节点挂钩。激活状态下，它接收并处理报文。取消激活后，它将与系统中的其余节点断开连接并关闭。

初始化节点时，调用其 ng_constructor_t() 函数以执行在使用节点之前所需的任何内务处理事务。当节点 A 连接到节点 B 上的钩子时，将调用节点 B 的 ng_newhook_t() 函数。关闭节点时，首先将调用 ng_close_t()，然后调用 ng_shutdown_t() 函数。当数据通过 ng_rcvdata_t() 入口点到达时，ng_rcvmsg_t() 函数会接收到控制报文。

每个节点都有一组关联的钩子，用于指示节点的连接方式。节点连接的方式定义了 graph 如何处理数据包，它也表示了正在执行的协议。钩子和节点一样，也有文字名称。每个钩子都是系统中的重要对象，它们有自己的类型、标记、引用和私有数据。钩子通常在私有数据区域中记录有关跨越它们（钩子）的数据的统计信息。

一个简单的例子有助于理解 netgraph 的工作原理。图 13-25 所示的示例使用两种节点类型来构建一个简单的网桥。一个类型是以太网节点 ng_ether，当加载 ng_ether 模块时，每个 ng_ether 节点各自连接到系统中的一个以太网接口。另一个类型是桥接节点 ng_bridge，它连接多个以太网接口。

桥接器的运行级别低于 Internet 协议，如 13.4 节所述，它

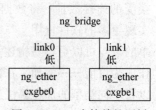

图 13-25 一个简单的网桥

将到达一个接口的任意以太网数据包转发到一个或多个其他接口。诸如 IPv4 和 IPv6 之类的网络层协议位于以太网上层，在此处不起作用。数据包的转发与其 IPv4 或 IPv6 地址无关。

我们的示例网桥只包含两个接口，cxgbe0 和 cxgbe1。在 cxgbe0 上接收的每个数据包都是未经改动从 cxgbe1 中发出的，而在 cxgbe1 上接收的每个数据包都是从 cxgbe0 发出的。图 13-25 所示的网桥由三个节点组成。每个网络接口由其 ng_ether 节点表示，ng_bridge 节点将它们绑定在一起。ng_ether 节点有两个钩子，upper() 和 lower()，其他节点连接到这些钩子上。lower() 钩子是底层接口接收的所有以太网数据包出现并供其他节点使用的地方。发送到 upper() 钩子的数据包将传到网络堆栈中。首次初始化 ng_ether 节点时，会连接上其 upper() 和 lower() 钩子，以便数据包从底层接口流向网络堆栈。

要创建网桥，我们必须连接到 ng_ether 节点的 lower() 钩子，以便在底层接口上接收的所有数据包都发送到网桥节点，而不是发送到网络堆栈。ng_bridge 节点有一组带编号的链接钩子，可以连接到 ng_ether 节点的 lower() 钩子。

与所有 netgraph 节点一样，ng_bridge 节点向外暴露了一组函数。调用 ng_bridge_newhook() 函数需要获取正确的钩子名称⊖。执行传递数据包工作的代码在节点的 ng_bridge_rcvdata() 函数中实现。

当 ng_bridge 节点收到数据包时，它必须先做几次检查，才能决定如何处理它。桥接如以太网这样的广播网络的一个更复杂的问题是，检测何时发生了环路。环路可能因多种原因发生，例如在向网络添加新计算机时配置出错，或者一台网络设备被损坏。如果网络形成了一个环路，那么数据包会在一对接口间永久转发下去，从而有效地破坏掉这部分网络。要检测环路，系统必须根据主机的链路层（以太网）源地址记录每个主机使用的链路。当系统观察到某个主机在短时间内使用多个链路时，它就检测到一个环路。检测到环路时，系统输出错误信息，丢弃该数据包，并暂时关闭链路。

ng_bridge 节点第一次发现来自某主机的数据包时，环路检测代码会在网桥主机表中为该新主机插入一个条目。主机表的实现是一个哈希表，索引是主机的链路层源地址。存储主机的源地址以及 ng_bridge 节点首次发现它时的链路。在每次后续接收来自同一主机的数据包时，将在该节点的主机表中找到数据包。在表中查找主机后，代码执行环路检查。如果接收到该数据包的链路与存储在主机表中的链路不同，系统将根据主机允许的最小稳定存活时间（值为 1 秒）检查该主机条目的存活时间。如果主机在不到一秒的时间内移动了链路，系统会认为主机处于环路状态。检测到环路条件时，将禁用违规链路，并从链接表中删除该链路上的所有主机。链路不会永远保持在环路状态。它们通过超时例程返回到正常状态，该例程每秒调用一次，以对 ng_bridge 节点执行各种内务处理任务。

netgraph 节点不仅沿着它们的钩子传递数据包，而且还响应由该节点定义的一组控制报文。netgraph 的基类定义了一小组控制报文。基础的报文需要对节点拥有最小的控制，它包括用于实例化、连接、控制和关闭节点的报文。基本报文集如表 13-14 所示。

⊖ 第三个参数是 name。——译者注

表 13-14　netgraph 基础报文

报　文	动　作
NGM_SHUTDOWN	关闭节点
NGM_MKPEER	创建并关联到一个对等节点
NGM_CONNECT	连接两个节点
NGM_NAME	给节点取一个名字
NGM_RMHOOK	删除两个节点之间的一个连接
NGM_NODEINFO	获取节点相关信息
NGM_LISTHOOKS	获取一个节点的钩子列表
NGM_LISTNAMES	获取所有带名字的节点列表
NGM_LISTNODES	获取所有节点列表
NGM_LISTTYPES	列举安装的所有节点类型
NGM_TEXT_STATUS	获取文本字符串格式的状态
NGM_BINARY2ASCII	将 ng_mesg 结构转换为 ASCII 表示
NGM_ASCII2BINARY	将 ASCII 表示转换为 ng_mesg 结构
NGM_TEXT_CONFIG	获取或设置节点配置

　　ng_bridge 节点在其 rcvmsg() 函数上接收控制报文。节点接收报文的函数看起来很像网络驱动程序中的 ioctl() 例程。ng_bridge_rcvmsg() 函数接受 item_p 结构作为参数，并使用 NGI_GET_MSG 宏将其转换为报文。该函数不知道 item_p 结构的内部细节，因为它只知道如何解释报文。接收报文的函数通过 switch 语句对报文进行解码。netgraph 中的控制报文被封装到一个 ng_mesghdr 结构中：

```
struct   ng_msghdr {
    u_char      version;                    /* NGM_VERSION号*/
    u_char      spare;                      /*填充数据到4字节*/
    u_int16_t   spare2;
    u_int32_t   arglen;                     /*数据长度*/
    u_int32_t   cmd;                        /*命令ID */
    u_int32_t   flags;                      /*报文状态*/
    u_int32_t   token;                      /*与回复相匹配*/
    u_int32_t   typecookie;                 /*节点的type cookie*/
    u_char      cmdstr[NG_CMDSTRSIZ]; /*cmd 字符串 + NULL*/
} header;
```

　　所有 ng_mesghdr 结构都包含一个描述正在发送的报文的通用头部。每个节点都必须解码报文，以执行消息请求的操作。报文头是标准化的，而包含在头部后的 data 部分中的节点相关数据则是任意的。

　　每个 netgraph 报文头包含节点用于解码报文所需的两条信息，即 typecookie 和 cmd。typecookie 是不透明的数据，用于标识发送报文的节点类型。每个节点都有自己的 typecookie，处理传入控制报文时首先检查 typecookie。如果 typecookie 与尝试解码报文的节点的类型不匹配，则报文无效，并返回错误。

一旦 ng_bridge_recvmsg() 函数确定了报文是发给它的，它会查看 ng_mesg 结构的 cmd 元素来解码命令。报文的选择由节点的实现者确定，但是大多数节点提供报文用于：获取和设置节点配置、检索和清除统计信息以及重置节点。netgraph 包含许多便利的宏（例如 NG_MKRESPONSE）以便程序员无须关注框架内部就可以构建节点。

13.8.6　netmap

能够保持每秒 1 Gb 和 10 Gb 速度的网络和网络接口的出现，意味着某些网络应用程序（如路由器、交换机、防火墙和入侵检测系统）的性能受到在网络接口和打算对数据包进行操作的用户级代码之间进行复制的数据量的限制。有几种方法可以避免将数据复制到用户空间的开销：或者在内核中运行网络应用程序，或者使应用程序完全绕过内核，直接访问底层网络接口。每个方法都有其缺点，包括失去通用性、失去虚拟内存保护以及更高的维护成本。netmap 框架 [Rizzo，2012] 为需要高速访问原始数据包数据的应用程序提供统一的用户空间 API。与网络协议不同，netmap 框架不以任何方式处理数据包，只是使用户空间的应用程序可以使用数据包。

使用 netmap 框架的应用程序可以直接访问网络接口的数据包环。数据包环首先在 8.5 节中描述，此节讨论了网络接口数据结构。每个网络设备具有一对或多对环结构，这些环结构指向用于接收或发送数据包的内存缓冲区。环通常将数据包传入 / 传出操作系统的网络协议。当应用程序通过 netmap 启用网络接口时，环会映射到应用程序和网络接口共享的内存区域。然后设备的 DMA 引擎将网络接口上接收的数据包放入接收环。应用程序希望传输的数据包放入传输环所引用的缓冲区中。内核和用户空间之间适当的同步是通过系统调用接口来维护的，调用系统调用以请求数据包传输，并在接收到数据包后通知应用程序。内核仅在应用程序阻塞在系统调用中时，才去操纵应用程序的缓冲区，因此可以维护数据结构的一致性。

当应用程序希望使用 netmap 框架时，它会在特殊设备 / dev/netmap 上调用 open。open 调用返回的文件描述符用于与框架的所有后续通信。使用 netmap 的应用程序通过 NIOCR-EGIF 命令调用一次 ioctl，将接口的文本名称作为最后一个参数，使应用程序与特定接口关联。当应用程序注册访问网络接口时，内核会断开设备的环与网络子系统的连接，并使其可供应用程序使用。断开环与网络子系统的连接能够阻止所有流量进出正常网络协议。netmap 框架具有一对基于软件的数据包环，它们保持连接到操作系统的网络堆栈，并且可以由应用程序用于向操作系统收发数据包。使用 netmap 的应用程序可以选择只处理某些数据包，而允许其他数据包进入内核的通用网络框架。当应用程序从其中一个硬件环接收数据包，并将它们放入连接到内核的软件环时，数据包会进入内核。应用程序允许数据包从主机网络堆栈中流出，方法是从连接到内核的软件环中获取数据包，并在其中一个硬件环上传输。不过，应用程序也可以选择自己处理所有数据包，从而防止任何数据包进入内核的通用网络框架。当某个 netmap 应用程序使用该设备时，通过套接字 API 访问同一网络设备的任何其他程序将不再能够在接口上接收或传输数据包，除非使用 netmap 框架的应用程序允许数据包流回内核的通用网络框架。

使用 netmap 框架的应用程序负责更新和跟踪它对接收和发送环的更改。图 13-26 显示了用户空间程序更新 netmap 接收环时所采取的三个步骤：

1）设置了 netmap 环后显示的用户空间程序指针。head 指针和 tail 指针之间的环中的插槽减去一个插槽，包含设备接收到的数据包（已经传递给用户空间程序）。用户空间程序处理数据包并使 head 指针前进到准备好返回内核的插槽。如果程序想要等待更多数据包，而不将所有先前的插槽返回给内核，则 cur 指针可以移动到 head 指针之前。

2）程序从环中读取了一个数据包，并更新了 head 和 cur 指针。内核还不知道用户空间程序已读取任何数据包，此时其 nr_hwcur 指针尚未更新。当数据包到达环时，设备驱动程序将更新 nr_hwtail 计数器。

3）用户空间程序使用 NIOCRXSYNC 命令调用 ioctl 系统调用，以通知内核其新的 head 指针，并由内核通知更新的 tail 指针位置。NIOCRXSYNC 命令不会将数据包读入用户空间程序，而只是同步用户空间程序指针的位置。

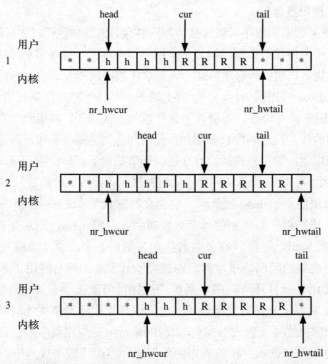

图 13-26　netmap 接收环处理。* 表示带有未定义内容的槽，h 表示用户空间程序持有的槽，R 表示准备接收的数据包

将数据包写入环与读取它们相反。图 13-27 显示了发送数据包时用户空间程序的三个步骤：

1）head 指针和 tail 指针之间的插槽数减 1，表示可用于传输的插槽数。

2）该程序填充了两个插槽，并将 head 和 cur 指针推进到准备传输的插槽之后。如果程序在进一步传输之前需要更多插槽，则 cur 指针可以进一步向前移动。

3）发送环接着发出 NIOCTXSYNC 命令，该命令一方面通知内核发送数据，另一方面更新用户空间程序的指针。head 指针之前的插槽数减 1，被传送到设备进行传输，而 tail 指针则向前移动，因为已经有更多的插槽可用。

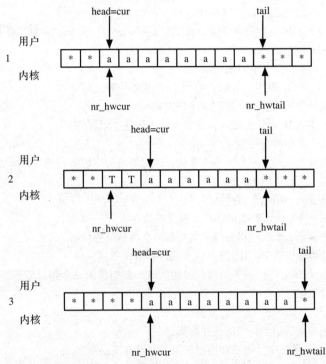

图 13-27　netmap 传输环处理。* 表示带有未定义内容的槽，a 表示可用于放置数据包，T
　　　　　表示准备好传输数据包

netmap 文件描述符支持通过 ioctl 系统调用提供的相同操作，它使用的是 select、poll 和 kevent 系统调用。这些系统调用依赖于轮询框架或中断来唤醒系统调用上阻塞的线程。中断服务例程不进行任何数据处理。对数据的所有访问都发生在用户空间程序的上下文中。netmap 框架不局限于访问网络接口。相同的函数可用于访问 VALE 虚拟交换机和 dummynet 管道的端口。

习题

13.1　列举网络子系统中使用的两个关键数据结构，这些数据结构对确保套接字层软件和网络实现之间的独立性非常重要。

13.2　套接字层调用协议开关中的哪些例程？解释为什么要分别调用这些例程。

13.3 假设可靠传递消息套接字（SOCK_RDM）是一个无连接套接字，可确保可靠的数据传输，并保留了消息边界。支持这种类型套接字的协议在协议开关条目的 pr_flags 字段中需要设置哪些标志？

13.4 为什么套接字的名字或地址保留在网络层而不是套接字层？

13.5 为什么 FreeBSD 没有去搞一个硬性要求的协议－协议接口结构？

13.6 IPv4 如何识别应处理传入消息的下一个更高层的协议？这种分发方式在其他网络体系结构中有何不同？

13.7 在掩码为 255.255.255.0 的 IPv4 子网中，可以存在多少个主机？

13.8 什么是广播消息？如何在 IPv4 中识别广播消息？在 IPv6 中又是如何识别广播消息的？

13.9 为什么 FreeBSD 不转发广播消息？

13.10 描述 IPv6 与 IPv4 的三个不同之处。

13.11 在 IPv6 中，什么协议取代了 ARP，将 IP 地址转换为硬件地址？

13.12 网络代码使用链路的网络掩码或前缀来确定什么？

13.13 邻居发现克服了 ARP 的什么限制？它是如何克服这个限制的？

13.14 内核中实现了哪些路由策略？

13.15 描述可在路由表中找到的三种类型的路由，这些路由因它们适用的目的地类型的不同而不同。

13.16 什么路由设施主要设计用于支持工作站？

13.17 什么是路由重定向？用它来做什么？

13.18 为什么 IPSec 中身份认证和加密使用了独立的协议？

13.19 为什么加密子系统的实现使用了两个队列和两个内核线程？

13.20 在隧道模式和传输模式中，IPSec 对报文的保护有何不同？

13.21 列举三个 FreeBSD 中包含的不同的包过滤系统。您选择的三个包过滤系统中的哪一个位于网络子系统的最底层？

13.22 内核的滴答速率对 dummynet 中的数据包延迟抖动（packet-delay jitter）有什么影响？

13.23 如何在 netgraph 系统的节点之间传递数据包？

13.24 为什么在 netmap 系统中，内核和用户空间之间没有使用锁？

*13.25 在之前版本的 FreeBSD 中，ARP 表条目存储在路由表中。给出两个原因，为什么将 ARP 条目移动到它们自己的表是对先前实现的改进。

*13.26 为什么发送方可能在 IP 数据包的报头中设置 Don't Fragment 标志？

*13.27 pf 和 ipfw 在过滤数据包时，有哪三个区别？

*13.28 请解释为什么不可能使用原始套接字接口来做到并行协议实现——一些在内核中，一些在用户模式下。如果要支持此设施，需要对系统进行哪些修改？

*13.29 系统的早期版本使用哈希路由查找，将目标作为主机或网络。列举 FreeBSD 中基数搜索算法更强大的两种场景。

*13.30 比较 BPF 和 netmap 的数据包处理开销。接收数据包哪个更快？为什么？

**13.31 IPv6 发送路由器通告的频度是如何折中的？

**13.32 描述数据包可以通过网络代码的三条路径。如何选择每条路径？在哪里选择？

**13.33 由于 IPSec 可以递归地调用网络堆栈中的例程，这种递归对代码有什么要求？

**13.34 VIMAGE 子系统增加了对多个独立网络堆栈的支持。在不使用当前实现中使用的链接器集（linker-set）支持的情况下，描述另外两种可行的方法，能够为共享单个内核代码镜像的支持类似的独立堆栈。每种选择的权衡是什么？

第 14 章 *Chapter 14*

传输层协议

第 13 章介绍了网络层协议，它负责在 Internet 中传送单个数据报。本章转向网络协议栈中的上一层，讨论处理端到端数据传送的协议。与网络层协议（IPv4 和 IPv6）不同，传输层协议不了解路由器等中间系统。它们只关心网络中的端点，也就是数据的发送者和接收者。

传输层协议将数据作为单独的报文或字节流呈现给应用程序。UDP 协议把数据看成离散报文处理。TCP 协议将数据作为字节流处理。SCTP 协议可以处理数据和离散报文的多个流。

14.1　Internet 端口与关联

在网络层，数据包被寻址到主机而不是进程或通信端口。当每个数据包到达时，其 8 位协议号标识将要接收它的传输层协议。因此，标识为 IPv4 的数据包将传递给 ip_input()，而标识为 IPv6 的数据包将传递给 ip6_input()。

Internet 传输协议使用附加标识符来指定主机上的连接或通信端口。大多数协议（包括 SCTP、TCP 和 UDP）使用 16 位端口号。每个传输协议都维护自己的端口号到进程的映射或描述符。因此，关联（比如连接）由其传输协议和 4 元组 < 源地址，目的地址，源端口，目的端口 > 完全指定。当地址的本地部分设置在远程部分之前时，有必要选择唯一的端口号以防止在指定远程部分时发生冲突。例如，同一主机上的两个应用程序可能会与远程主机（例如 Web 服务器）上的同一服务创建连接。用于联系远程系统的端口号是众所周知的 Web 端口 80。从服务器返回应用程序的数据包想要准确地到达正确的套接字，必须在始发主机上具有明确的端口号。打开连接时，FreeBSD 会选择一个未使用的源端口，该端口在连接期间使用，这可确保所有连接使用的 4 元组都是唯一的。

协议控制块

对于每个基于 TCP 或 UDP 的套接字，会创建一个存储在 inpcb 结构中的协议控制块（PCB），以保存网络地址、端口号、路由信息和指向任何附加数据结构的指针。TCP 创建一个存储在 tcpcb 结构中的 TCP 控制块，以保存其实现所需的大量协议状态的信息。与 TCP 一起使用的 Internet 控制块保存在 TCP 协议模块专用的双向链表的哈希表中。图 14-1 显示了套接字数据结构与这些协议特有的数据结构之间的链接。

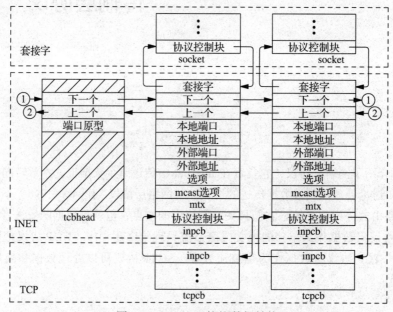

图 14-1　Internet 协议数据结构

与 UDP 一起使用的 Internet 控制块保存在 UDP 协议模块专用的类似的表中。需要两个单独的表，因为 Internet 域中的每个协议都具有一个不同的端口标识符空间。各个协议使用通用例程将新控制块添加到表中，记录关联的本地和远程部分，通过关联定位控制块以及删除控制块。IP 根据协议头中指定的协议标识符对报文流量进行多路分解，每个上层协议负责检查其控制块表，以将报文定向到适当的套接字中。

14.2　用户数据报协议

用户数据报协议（User Datagram Protocol，UDP）[Postel，1980] 是一种简单的、不可靠的数据报协议，它提供具有可选数据校验和的点对点和多播寻址。在 FreeBSD 中，校验和可以在系统范围内启用或禁用，无法在各个套接字上启用或禁用。UDP 协议头非常简单，只包含源和目的端口号、数据报长度和数据校验和。IP 报头提供数据报的主机地址。

14.2.1　初始化

创建新的数据报套接字时，套接字层将找到 UDP 的协议切换（protocol-switch）条目，并以套接字作为参数调用 udp_attach() 例程。UDP 使用 in_pcballoc() 在当前套接字的表中创建新的协议控制块。它还设置默认限制用于套接字的发送和接收缓冲区。虽然数据报永远不会放在发送缓冲区中，但该限制被设置为数据报大小的上限。UDP 协议切换条目包含标志 PR_ATOMIC，要求该发送操作中的所有数据一次性地提交给协议。

如果应用程序希望绑定端口号——如某些数据报服务的已知端口——它将调用 bind 系统调用。此请求通过调用 udp_bind() 例程到达 UDP。绑定还可以指定特定的主机地址，该地址必须是该主机上接口的地址。否则，将不指定地址，而是匹配输入上的任何本地地址，并在每个输出操作上选择适当的地址。绑定由 in_pcbbind() 完成，它验证所选端口号（或地址和端口）处于未使用状态，然后将该关联的本地部分记录在套接字的相关 PCB 中。

要发送数据报，系统必须知道关联的远程部分。程序可以使用 sendto 或 sendmsg 为每个发送操作指定该地址和端口，或者可以使用 connect 系统调用提前完成指定。无论哪种情况，UDP 都使用 in_pcbconnect() 函数来记录目的地址和端口。如果未绑定本地地址，并且找到目标路由，则将传出接口的地址作为本地地址。如果没有绑定本地端口号，则在发送时选择一个。

14.2.2　输出

发送数据的系统调用通过调用 udp_send() 例程到达 UDP，该例程需要包含数据报数据的 mbuf 链作为参数。如果该调用提供了目的地址，则该地址也会被传递；否则，使用先前 connect 调用的地址。实际的输出操作由 udp_output() 完成：

```
static int udp_output(
    struct inpcb *inp,
    struct mbuf *msg,
    struct mbuf *addr,
    struct mbuf *control,
    struct thread *td);
```

在此接口中，inp 是 IPv4 协议控制块，msg 是包含要发送数据的 mbuf 链，addr 是包含目的地址的可选 mbuf。目的地址可以通过 connect 调用预先指定，否则必须在 send 调用中提供。control 参数旨在包含可以传递给协议的辅助数据。UDP 数据包唯一允许的辅助数据是网络层的源地址，udp_output() 将其作为 sockaddr_in 结构传递给下层。td 参数是指向线程结构的指针。线程结构在 4.2 节中讨论过，它在网络协议栈中用于标识数据包的发送方。UDP 仅仅把自己的协议头加到 IP 头的前面，然后填充 UDP 头字段和 IP 协议头原型里的字段，然后计算将数据包传递到 IP 模块进行输出之前的校验和。

14.2.3　输入

直接在网络层协议（如 IPv4 和 IPv6）之上的所有传输协议，在从任何一个协议接收数据包时，都使用以下调用约定：

```
(void) (*pr_input)(
    struct mbuf *m,
    int off);
```

传递的每个 mbuf 链是由等待协议模块处理的单个完整数据包。该数据包包括数据包前面的 IP 头。off 参数标识 UDP 数据包开始的偏移量，即 IP 协议头的长度。UDP 输入例程 udp_input() 是协议输入例程的典型代表，它首先验证数据包的长度是否至少与 IP 加 UDP 协议头一样长，并且调用 m_pullup() 使协议头连续。然后，udp_input() 例程检查数据包的长度是否正确，并计算数据包中数据的校验和。如果这些测试中的任何一个失败，则丢弃数据包并增加 UDP 错误计数。最后，in_pcblookup() 使用数据包中的地址和端口号来定位要接收数据的套接字的协议控制块。可能存在多个具有相同的本地端口号但具有不同本地地址或远程地址的控制块。如果存在多个，则选择最匹配的控制块。确切的关联最匹配，但如果不存在，则将匹配到具有正确本地端口号但未指定本地地址、远程端口号或远程地址的套接字。因此，具有未指定的本地或远程地址的控制块充当通配符，如果未找到完全匹配，则用它接收其端口的数据包。如果找到控制块，则使用 udp_append() 将接收到的数据包里的数据和地址放置在指定套接字的接收缓冲区中。如果目的地址是多播地址，则将数据包的副本传送到每个具有匹配地址的套接字中。如果未找到接收方，并且数据包未寻址到广播或多播地址，则会向数据报的发起方发送 ICMP 端口不可达的出错报文信息。端口不可达出错报文一般没什么作用，因为发送方通常仅临时连接到该目的地址，并且内核会在处理新输入之前销毁该关联。但是，如果发送方仍然有一个完全指定的关联，那么它可能会收到出错通知。

14.2.4　控制操作

UDP 不支持控制操作，它将对其 pr_ctloutput() 条目的调用直接传递给 IP 层。它有一个简单的 pr_ctlinput() 例程，用于接收任何异步错误的通知。错误将传递给具有指定目标的任何数据报套接字，只有那些由 connect 调用指定了目的地址的套接字才可以被异步通知错误。这样的错误只需在适当的套接字中注明，如果进程在等待输入时正在执行轮询或休眠，还会将该套接字唤醒。

关闭 UDP 数据报套接字时，会调用 udp_detach() 例程。只要调用 in_pcbdetach() 将协议控制块及其内容删除即可，不需要其他处理。

14.3　传输控制协议

众多互联网协议中最常用的协议是传输控制协议（Transmission Control Protocol，TCP）[Cerf & Kahn, 1974；Postel, 1981]。TCP 是一种可靠的、面向连接的流传输协议，许多应用层协议搭建在其之上。它包括目前为止描述的其他传输和网络协议中没有的几个特征：

- ❑ 显式且基于确认的连接启动与终止。
- ❑ 数据传输可靠、有序、无重复。
- ❑ 流量控制。
- ❑ 紧急数据的带外指示。
- ❑ 拥塞避免和控制。

这些特征使得 TCP 实现比 UDP 和 IP 的实现复杂得多。因为有了这些复杂性，加上 TCP 的使用又很流行，使得 TCP 的实现细节与其他简单的协议的实现相比更加关键也更加复杂。

TCP 连接是在两个对端之间传输的双向、有序的数据流。数据可以以不同大小的数据包和不同间隔进行传输——例如，当它们支持通过网络进行登录会话时。数据流的启动和终止是流的开始和结束时的显式事件，它们占据序列中的位置流的空间，以便可以按照与数据相同的方式对其进行确认。序号是来自循环空间的 32 位数字，也就是说，以 2^{32} 为模进行比较，因此 $2^{32}-1$ 之后的下一个序号是 0。每个方向的序号以一个任意值开始，称为初始序号（ISN），在连接的初始数据包中发送。根据 Bellovin 算法 [1996]，TCP 实现通过使用唯一标识连接的 4 元组（本地端口、外部端口、本地地址和外部地址）执行一个函数，然后基于当前时间添加一个小偏移量，计算出初始序号。Bellovin 算法可防止 TCP 连接欺骗，即攻击者猜测连接的下一个初始序列号。执行该算法的同时，还必须保证旧的重复数据包不会匹配当前连接的序列空间。

TCP 连接的每个数据包均带有其第一个字节的序列号，并且（在连接建立期间除外）确认到目前为止收到的所有连续数据。TCP 数据包称为报文段（segment），因为它从序列空间中的特定位置开始并具有特定长度。确认用尚未接收的下一个字节的序号来指定。确认是连续累加的，因此可以确认在多个（或部分）报文段中收到的数据。数据包可能包含也可能不包含数据，但它始终包含要发送的下一个数据的序号。

TCP 中的流量控制使用滑动窗口机制（sliding-window scheme）来实现。带有确认消息的每个数据包都包含一个窗口通告，该窗口通告是接收方准备接受的数据的字节数，从确认中的序号开始。该窗口是一个 16 位字段，默认情况下将窗口限制为 64 KB 大小，但是可以使用更大的窗口。紧急数据的处理方式与此类似。如果设置了指示紧急数据的标志，则紧急数据指针被用作相对于数据包序号的正偏移，以指示紧急数据的范围。因此，即使流量控制窗口不允许发送中间数据，TCP 也可以在不发送所有中间数据的情况下，发送紧急数据的通知。

完整的 TCP 数据包的协议头如图 14-2 所示。标志包括 SYN 和 FIN，表示一个连接的启动（同步）和完成。这两个标志中的每一个都占据序列空间内的一个序号。因此，完整的连接包括一个 SYN、零个或多个字节的数据，以及从一方发送并由另一方确认的 FIN。附加标志中的两个用于指示确认（ACK）字段和紧急（URG）字段是否有效，另一个是请求将数据推送（刷新）给用户（PSH）的标志，还包括一个中断连接信号（RST）。TCP 的可选项的编码方式与 IP 可选项相同，可以是单个字节，也可以是类型、长度和值。只有 no-operation 和 end-of-options 可选项才是单字节。TCP 最初的规范中，仅定义了另一个可选项，它允许主机交换自身愿意接受的最大报文段（数据包）大小，并且这个可选项仅在连接建立之初使用。后来又定义了其他几个可选项，并且为了避免混淆，仅两个端点在建立连接期间都包含它们时，协议标准才允许在数据包中使用这些可选项。

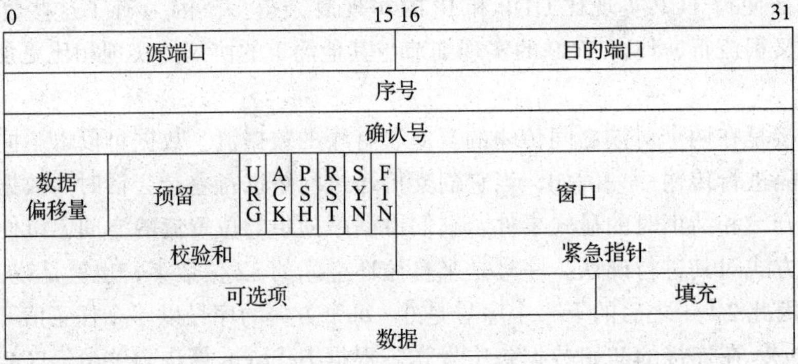

0									15 16		31
源端口									目的端口		
序号											
确认号											
数据偏移量	预留	U R G	A C K	P S H	R S T	S Y N	F I N		窗口		
校验和									紧急指针		
可选项										填充	
数据											

图 14-2　TCP 数据包头

14.3.1　TCP 连接状态

TCP 连接的建立和完成机制是为了鲁棒性而设计的。它们用于对连接期间传输的数据进行帧化，这样不仅可以可靠地传输数据，还可以扩大传输数据范围。此外，该过程旨在发现由于连接的一方崩溃或网络连接丢失而未正确终止的旧连接。如果发现这种半开（half-open）连接，则会中止它。主机为每个连接选择新的初始序号，以降低旧数据包与当前连接混淆的可能性。

常规的连接建立过程称为三次握手。每一端都向对方发送 SYN，并且每一端都用 ACK 确认对方的 SYN。实际上，连接通常由客户端发起，它尝试连接到监听已知端口的服务器。客户端选择一个端口号和一个初始序号，并在带有 SYN 的初始数据包中使用选择的端口和序号。服务器为这个等待处理的连接创建一个 SYN 缓存条目，并发送一个数据包，其中包含其初始序号、SYN 和客户端 SYN 的 ACK 信息。客户端发送一个服务器 SYN 的 ACK 响应，这就完成了连接建立。由于第一个 SYN 的 ACK 附带在第二个 SYN 上，因此该过程需要三个数据包，这也是术语三次握手的由来。如果两端都尝试同时发起连接，则协议仍然可以正常运行，但此时连接创建将需要 4 个数据包。

发起连接时，FreeBSD 在数据包里随 SYN 还带有最多 4 个可选项。第一个选项包含系统能够接受的最大报文段的长度 [Jacobson 等，1992]。这些选项中的第二个指定窗口缩放值，它用一个二进制移位值表示，从而允许窗口超过 65 535 字节。如果两端在三次握手时都包含此选项，则两个缩放值都会生效，否则，窗口值仍然以字节为单位。第三个选项则是时间戳。如果在连接建立期间向两个方向都发送了此选项，则在数据传输期间会在每个数据包中发送该选项。时间戳选项的数据字段包括与当前序号相关联的时间戳，并且还重复一个（echo）与当前确认相关联的时间戳。与序列空间一样，时间戳使用 32 位字段和取模算法。时间戳字段的单位没有标准定义，但它必须介于 1 毫秒到 1 秒之间。每个系统发送的时间戳值必须在连接期间单调增加。FreeBSD 总是使用以毫秒为单位的值。这些时间戳实现往返程计时（round-trip timing）。它们还可以充当序列空间的扩充，以防止接受旧的重复数据包。当使用大窗口或快速路径（例如以太网）时，这种扩充就很有用了。第四个可选项表示支持选择性确认，它允许接收方告诉发送方在传输过程中是否丢失了多个数据包 [Mathis 等，1996]。

在连接建立之后，每个端点在每个数据包中都包括确认和窗口信息。每端都可以根据从另一端收到的窗口大小发送数据。随着数据由一端不断发送过来，窗口逐渐被填满。对端接收到数据后，会发送确认过来，这样发送方就可以从其发送队列中丢弃数据了。如果接收方准备接收更多的数据（可能是因为接收进程已经消费了先前的数据），它也会把流量控制窗口向前移动。数据、确认和窗口更新都可以包含在一条消息中。

如果发送方在一段足够长的时间内未收到确认，则会重新发送它认为已经丢失的数据。如果重传是由确认丢失引起的，接收方会丢弃重复数据，但会再次发送确认。如果数据接收时是无序的，则接收方通常会保留无序数据，以便在接收到丢失的报文段时再使用它们。由于确认是连续累加的，因此无法对无序数据进行确认。

每端可以通过发送具有 FIN 位的数据包来随时终止数据传输。FIN 表示数据的结尾（类似文件结束的指示）。FIN 被对端确认，并将序号加 1。连接可以继续在另一个方向上传输数据，直到在该方向上也发送了一个 FIN 为止。对 FIN 发送确认将终止该连接。为了保证连接结束的同步，发送 FIN 的最后一个 ACK 的一端必须在该状态保持足够长的时间，以使任何重传的 FIN 数据包到达或被丢弃。否则，如果 ACK 丢失并且收到重传的 FIN，则接收方将无法重复确认。间隔一般被设置为报文段最长存活时间的两倍，被称为 2MSL。报文段最长存活时间的默认值为 30 秒，这意味着在 FreeBSD 中数据包预期会在 1 分钟后退出网络。

TCP 的输入处理模块和定时器模块必须在整个连接的生命周期内保持连接状态，这意味着它除了处理连接上接收到的数据外，还必须处理 SYN 和 FIN 标志以及其他状态转换。表 14-1 给出了 TCP 连接一端的状态列表。图 14-3 显示了由这些状态组成的有限状态机、引起转换的事件以及转换期间的动作。

表 14-1　TCP 连接状态。2MSL——2 倍报文段最长存活时间

状　态	描　述
连接建立前的状态	
CLOSED	关闭

(续)

状 态	描 述
LISTEN	监听连接
SYN SENT	活跃，已发送 SYN
SYN RECEIVED	已发送并接收到 SYN
创建连接时的状态	
ESTABLISHED	已连接
对端发起连接关闭时的状态	
CLOSE WAIT	已接收到 FIN，等待关闭
LAST ACK	已接收到 FIN 并关闭；等待 FIN ACK
CLOSED	关闭
本地发起连接关闭时的状态	
FIN WAIT 1	已关闭，已发送 FIN
CLOSING	已关闭，并已交换 FIN；等待 FIN ACK
FIN WAIT 2	已关闭，FIN 已被确认；等待 FIN
TIME WAIT	在 2MSL 时间内，静默等待关闭
CLOSED	关闭

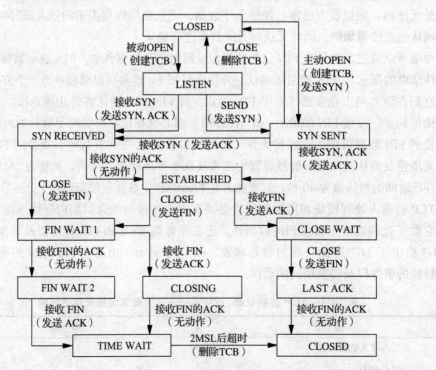

图 14-3 TCP 状态图。其中，TCB 表示 TCP 控制块；2MSL 表示 2 倍报文段最长存活时间

如果由于某个主机上的进程崩溃或超时，导致连接丢失，但连接仍被另一个主机认为是已建立的，那么，认为该连接仍处于活动状态的主机，在收到任何数据后都将发现它是一个半开连接。当检测到半开连接时，接收端发送一个响应数据包，它具有 RST 标志和传入数据包的序号，以表明该连接已不再存在。

14.3.2　序列变量

每个 TCP 连接在 TCP 控制块中都维护有大量的变量。存储在控制块中的信息包括连接状态、定时器、可选项和状态标志、一个存放无序接收的数据的队列和若干序列变量。序列变量定义发送和接收的序列空间，包括每端的当前窗口大小。该窗口是当前允许发送的数据序号的范围，从尚未确认的数据的第一个字节开始，一直到窗口通告中提供的范围的结尾。在 FreeBSD 中定义窗口的变量是协议规范 [Postel，1981] 中使用的变量的超集。发送和接收窗口如图 14-4 所示。序列变量的含义列于表 14-2 中。

表 14-2　TCP 序列变量

变　量	描　述
snd_una	未被确认的最小发送序号
snd_nxt	即将发送的下一个数据序号
snd_wnd	从 snd_una 开始，对端要接收的数据的八进制数
snd_max	已发送的最大序号
rcv_nxt	将要接收的下一个序号
rcv_wnd	可以接收的超过 rcv_nxt 的八进制数
rcv_adv	通知给对端的接收窗口的最后一个八进制数
ts_recent	从对端接收到的最近的时间戳
ts_recent_age	接收到 ts_recent 的时间

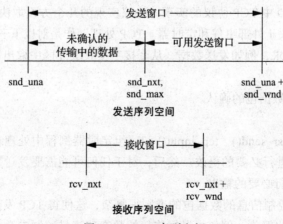

图 14-4　TCP 序列空间

snd_una 和 snd_una + snd_wnd 之间的区域称为发送窗口。范围 snd_una 到 snd_max 的数据已经发送但尚未被确认，并且与尚未传输的数据一起保存在套接字发送缓冲区中。snd_nxt 字段指示要发送的下一个序号，并在发送数据后递增。从 snd_nxt 到 snd_una + snd_wnd 的区域是窗口的剩余可用部分，其大小决定了是否还可以发送更多数据。除了 TCP 正在重新传输外，snd_nxt 和 snd_max 值通常是一起进行维护的。rcv_nxt 和 rcv_nxt + rcv_wnd 之间的区域称为接收窗口。每当 TCP 更新接收窗口的大小时，它都会将新的通告窗口存储在 rcv_adv 变量中。

输出模块使用这些变量决定是否可以发送数据，输入模块则使用这些变量决定是否可以接受接收到的数据。当接收端检测到数据包不可接受，因为数据全部位于窗口的左侧时，它会丢弃数据包，但会再次发送最新确认的副本。如果数据包包含旧数据，这时第一次发送的确认可能已丢失，因此必须重新发送确认。确认还包括窗口更新，使发送者的状态与接收者的状态同步。当接收方确认数据时，所有变量的值都会增加，在图 14-4 中向右移动。

如果在连接中使用 TCP 时间戳选项，则查看传入数据包是否可以接受的测试会随着对时间戳的检查而增加。每次接受传入数据包作为下一个预期数据包时，其时间戳会被记录在 TCP 协议控制块的 ts_recent 字段中。如果传入数据包包含时间戳，则将时间戳与最近接收的时间戳进行比较。如果时间戳小于先前值，则丢弃该数据包，将它视为旧的副本，并且发送一份当前确认作为响应。这里，时间戳用作序号的扩展，避免在窗口很大或序号可以快速重用时意外接受旧的副本。但是，由于时间戳值的时间持续值，24 天前收到的时间戳无法与新值进行比较，因此此测试将被绕过。当 ts_recent 使用传入时间戳进行更新时，当前时间被记录下来，以保证此测试无法被绕过。当然，连接很少超过 24 天一直处于空闲状态。

14.4 TCP 算法

本节介绍 FreeBSD 中 TCP 协议的实现。协议实现的几个方面取决于连接的整体状态。TCP 连接的状态则取决于外部事件和定时器。TCP 处理动作是对以下三个事件之一的响应：

1）来自用户的请求，例如发送数据、从套接字接收缓冲区中取出数据，或者是打开或关闭连接。

2）从连接中收到数据包的确认。

3）定时器到期。

这些事件在 tcp_usr_send()、tcp_input() 和一组定时器例程中处理。每个例程处理当前事件，并对连接状态进行必要的更改。然后，对于任何可能需要发送数据包的转换，调用 tcp_output() 例程来执行必要的输出。

发送包含数据或控制信息的数据包的准则很复杂，这使得 TCP 发送策略成为协议实现中最有趣也是最重要的部分。例如，根据连接的状态和流量控制参数，以下任何一项都允许发送之前不能发送的数据：

- ❑ 用户发出调用，将新数据放入发送队列。
- ❑ 从对端接收到窗口更新。
- ❑ 重传定时器到期。
- ❑ 窗口更新（持久性的）定时器到期。

此外，尽管可能没有发送数据，tcp_output() 例程也可能由于以下原因决定发送带有控制信息的数据包：

- ❑ 连接状态发生变化（例如，打开请求、关闭请求）。
- ❑ 收到必须确认的数据。
- ❑ 由于从接收队列中删除数据而导致接收窗口发生变化。
- ❑ 带有紧急数据的发送请求。
- ❑ 连接中止。

本节的其余部分将展开并解释这些要点。

14.4.1 定时器

与 UDP 套接字不同，TCP 连接维护着重要的状态信息，并且因为这些状态，某些操作必须异步完成。例如，当进程提交数据时，由于流量控制，这些数据可能不会被立即发送。对可靠传递的要求意味着必须在首次传输数据后保留数据，以便在必要时可以重传数据。为了防止协议在丢失数据包时挂起，每个连接都需要维护一组定时器，用于从对端的丢失或故障中恢复。这些定时器存储在连接的协议控制块中。内核通过一组 callout() 例程提供定时器服务。TCP 模块最多可以使用 callout 服务注册 5 个超时例程，如表 14-3 所示。每个例程都有自己关联的时间来让系统调用它。在早期版本的 BSD 中，超时由 tcp_slowtimo() 例程处理，该例程每 500ms 调用一次，然后在必要时执行定时器进行处理。直接使用内核的定时器服务更准确，因为每个定时器可以以最适合它的间隔独立进行处理。

表 14-3　TCP 定时器例程

例　　程	超时值	描　　述
tcp_timer_2msl	60 s	等待关闭
tcp_timer_keep	75 s	发送 keep alive 或者丢弃休眠中的连接
tcp_timer_persist	5~60 s	使连接持续
tcp_timer_rexmt	3ticks~64 s	当需要重传时调用
tcp_timer_delack	100 ms	发送延迟确认

输出处理使用两个定时器。每当在连接上发送数据时，除非重传定时器（tcp_rexmt()）已经在运行，否则将通过调用 callout_reset() 来启动它。当所有未确认的数据都被确认时，定时器就会停止。如果定时器到期，则重新发送最早的未确认数据（最多一个全长（full-size）的数据包），并以更长的间隔重新启动定时器。定时器值增加的速率（定时器退避）由乘数表确定，该乘数表中，超时值按指数增加，直到增加到上限 64s。

用于维护输出流的另一个定时器是持续定时器（tcp_timer_persist()）。它可防止可能导致发生连接停滞（constipate）的另一种数据包丢失的情况：丢失了可允许发送方发送更多数据的窗口更新消息。每当准备好发送数据但是发送窗口太小而不太适合进行发送（大小为零，或小于合理数量），并且又没有数据在等待确认（未设置重发定时器）时，持续定时器会被启动。如果在定时器到期之前还没有收到窗口更新消息，则例程会发送窗口所允许的最大报文段。如果这个大小为零，它将发送窗口探针（单字节数据），并重新启动持续定时器。如果窗口更新消息在网络中丢失，或者接收方没有发送窗口更新，则接收方发回的确认将包含当前窗口信息。另外，如果接收方仍然无法接受其他数据，它在依然关闭窗口的同时，应该发送先前数据的确认。窗口关闭可能会无限期地持续存在，例如，接收方可能是网络登录客户端，用户可能会停止终端输出，并离开去吃午餐（甚至休假）。

TCP 使用的第三个定时器是保活定时器（tcp_timer_keep()）。保活定时器在连接的不同阶段有两个不同的用途。在建立连接期间，它用来限制三次握手完成的时间。如果定时器在连接建立期间到期，则关闭连接。连接完成后，保活定时器会监视由于网络中断或崩溃而在对端可能不复存在的空闲连接。如果设置了套接字的选项 SO_KEEPALIVE，并且自最近的保活超时以来，连接一直处于空闲状态，则定时器例程将发送一个保活数据包，用于让对端 TCP 生成确认或复位（RST）。如果收到复位，则连接将关闭；如果多次尝试后都没有收到响应，则连接将被丢弃。设计此功能是因为，如果客户端不关闭连接就退出了，网络服务器可以避免永远空耗下去。保活数据包不是 TCP 协议的明确特性。FreeBSD 用于此目的的数据包将序号设置为 snd_una-1，如果连接仍然存在，则应该从对端获得确认。

第四个 TCP 定时器称为 2MSL 定时器。通过发送 FIN 确认（从 FIN_WAIT_2 状态）或接收 FIN 的 ACK（从 CLOSING 状态，此时发送方已经关闭），TCP 在连接完成时启动此定时器。在这些情况下，发送方不知道是否收到了确认。如果重新发送 FIN，则期望能保持状态足够久，以保证可以重复进行确认。因此，当 TCP 连接进入 TIME_WAIT 状态时，启动 2MSL 定时器；当定时器到期时，控制块被删除。如果接收到重传的 FIN，则发送另一个 ACK 并重新启动定时器。为防止这段延迟阻塞正在关闭连接的进程，进程的任何关闭请求都不用等到定时器结束就会成功返回。因此，即使在套接字描述符已经关闭之后，协议控制块也可能会继续存在。另外，FreeBSD 在用户关闭后进入 FIN_WAIT_2 状态时启动 2MSL 定时器，如果直到定时器到期，连接还是空闲的，它将被关闭。由于用户已经关闭，因此在任何情况下都不能再在该连接上接受新数据了。设置此定时器是因为某些其他 TCP 实现（错误地）无法在只能接收数据的连接上发送 FIN。如果系统没有超时机制，则与这些主机的连接将永远保持 FIN_WAIT_2 状态。

最后一个定时器是 tcp_timer_delack()，它处理被延迟了的确认，我们将在 14.6 节中介绍它。

14.4.2 往返时间的估计

当连接必须经过容易丢失数据包的慢速网络时，决定连接吞吐量的重要因素是重传定时器的设定值。如果此值太大，则在重新发送丢弃的数据包之前，数据流将在该连接上停止不必要的过长时间。发送方需要另一个往返间隔来接收重新发送的报文段的确认和窗口更新，从而允许它发送新数据。（幸运的是，只有一个报文段将丢失，并且确认将包括已发送的其他报文段。）但是，如果超时值太小，则重传数据包是不必要的。如果网络缓慢或丢包的原因是拥塞，那么不必要的重传只会让拥塞加剧。TCP 中此问题的传统解决方案是让发送方通过测量接收各个报文段的确认所需的时间来估计连接路径的往返时间（rtt）。系统利用平滑移动平均值 srtt 来得到往返时间的估计，srtt[Postel, 1981] 的计算公式为

$$srtt = (\alpha \times srtt) + ((1-\alpha) \times rtt)$$

除了往返时间的平滑估计之外，TCP 还保持平滑的方差（用均值方差来估计，以避免在内核中使用平方根计算）。对于往返时间，使用 α 值 0.875，而对于方差，则使用相应的0.75 的平滑因子。选择这些值的部分原因是，系统可以使用定点值上的移位操作（而不是浮点值）来计算平滑平均值，因为在许多硬件体系结构上使用浮点算法开销大。初始重传超时时间设置为当前平滑的往返时间加上平滑方差的 4 倍。该算法在延迟方差很小的长延迟路径上的实际效率更高（例如跨洋链路），因为它动态地计算 BETA 因子 [Jacobson,1988]。

为简单起见，TCP 协议控制块中的变量允许一次仅测量一个序列值的往返时间。当窗口很大时，这种限制会影响对时间的精确估计；每个窗口只能对一个数据包计时。但是，如果两端都支持 TCP 时间戳选项，则会为每个数据包发送一个时间戳，并随每个确认一起返回。此时，每次新确认都可以获得往返时间的估计值，因此改善了平滑平均值和方差的质量，并且系统可以更快地响应网络条件的变化。

14.4.3 建立连接

有两种方法可以建立新的 TCP 连接。主动连接由 connect 调用启动，而被动连接是监听套接字在收到连接请求时创建的。

当进程创建新的 TCP 套接字时，将调用 tcp_attach() 例程。TCP 创建一个 inpcb 协议控制块，然后创建一个额外的控制块（tcpcb 结构），如图 14-1 所示。此时会初始化 tcpcb中的一些流控制参数。如果进程明确地将连接绑定到某个地址或端口号，则这些操作与UDP 套接字中的操作相同。然后，调用 tcp_connect() 启动实际连接。第一步是使用 in_pcbconnect() 建立关联，这再次和 UDP 中的步骤相同。创建一个数据包头（packet-header）的模板以构造每个输出包。使用 MD5 哈希算法选择初始序号，然后每次增加一个确定的量。哈希的目的是使攻击者难以猜测连接的序列空间。如果连接外的各方都可以猜测到序号，那么它们可以中断使用该连接的两个对端之间的通信，例如，注入数据包到该数据流中。然后用 soisconnecting() 标记套接字，将 TCP 连接状态设置为 TCPS_SYN_SENT，设

置保活定时器（设置为 75 秒）以限制尝试连接的持续时间，并首次调用 tcp_output()。

输出处理例程 tcp_output() 使用一个由连接状态索引的数据包控制标志数组，用它来确定应在每个状态中发送哪些控制标志。在 TCPS_SYN_SENT 状态中，发送 SYN 标志。因为它有一个要发送的控制标志，系统立即使用刚刚构造的原型发送一个数据包，并包含当前的流控制参数。数据包通常包含三个选项字段：maximum-segment-size 选项、window-scale 选项和 timestamps 选项（请参见 14.3 节）。maximum-segment-size 选项传达 TCP 愿意接受的最大报文段大小。要计算此值，系统需要找到一条到目的地址的路由。如果该路由指定了最大传输单元（MTU），则系统允许数据包头使用该值。如果连接到本地网络上的目的地址，则使用输出网络接口的最大传输单元，为了提高缓冲效率，可能会向下舍入 mbuf 簇大小的倍数。如果目的地址不是本地，并且对中间路径一无所知，则使用默认的报文段大小（512 字节）。

在 FreeBSD 早期的版本中，许多与 TCP 连接相关的重要变量（例如两个端点之间路径的 MTU）以及用于管理连接的数据都包含在一组路由度量里，保存在描述该连接的路由条目中。后来开发了 TCP 主机缓存，它将所有这些信息集中在一个易于查找的位置，以便向同一端点打开新连接时，可以重用在某个连接上收集的信息。连接上记录的数据如表 14-4 所示。当主机缓存条目中存储的所有变量与 TCP 如何管理连接相关时，将在本章后面的各节进行介绍。值得注意的是，主机缓存中没有路由缓存条目。早期版本的 FreeBSD 缓存了用于连接的路由。路由和转发信息的缓存当前正在移入 inpcb 结构（使用 inp_rt 和 inp_lle 字段），但是利用这些字段的代码并没有在 FreeBSD 10 中编写。因此，当前并没有缓存路由，所以每个数据包发送都需要进行路由表查找。

表 14-4　TCP 主机缓存的指标

变　量	描　述
rmx_mtu	路径的 MTU
rmx_ssthresh	传出网关的缓冲区限制
rmx_rtt	估计的往返时间
rmx_rttvar	估计的 rtt 方差
rmx_bandwidth	估计的带宽
rmx_cwnd	拥塞窗口
rmx_sendpipe	传出延迟带宽积
rmx_recvpipe	传入延迟带宽积

每当打开新连接时，都会调用 tcp_hc_get() 来查找有关过去连接的任何信息。如果目标端点在高速缓存中存在一个对应的条目，则 TCP 使用高速缓存的信息来做出有关管理连接的更明智的决策。关闭连接时，将使用在两个主机连接期间发现的所有相关信息更新主机缓存。每个主机缓存条目的默认生命周期为 1 小时。无论何时访问或更新条目，其生命周

期都将重置为 1 小时。每 5 分钟调用一次 tcp_hc_purge() 例程来清除任何已超期的条目。清除旧条目可确保主机缓存不会变得过大，让它始终具有较新的数据。

　　TCP 使用路径 MTU 发现，它是一个进程，在该进程中，系统探测网络以确定两个节点之间特定路由上的最大传输单元 [Mogul & Deering，1990]。通过发送设置了 don't fragment IP 标志的数据包来完成发现。如果数据包在它到目的地的路径上遇到一个网段要将它分片，那么中间路由器就会丢弃它，并将错误返回给发送方。错误报文包含链接能接受的最大包长。针对该通信端点的信息记录在 TCP 主机缓存中，并尝试使用较小的 MTU 进行传输。一旦连接完成，由于有足够多的数据包通过网络建立了 TCP 连接，因此就对记录在主机缓存中的修订后的 MTU 进行确认。数据包将继续设置 don't fragment 标志进行传输，这样如果节点的路径发生变化，并且该路径具有更小的 MTU，则将记录这个新的更小的 MTU。当路由改变时，FreeBSD 目前不会将 MTU 更新为更大的大小。

　　首次打开连接时，重传定时器将设置为默认值（3 秒），因为此时还没有可用的往返时间信息。幸运的话，在重传定时器到期之前，将从连接目标那里接收到一个响应数据包。不幸的话，则重传该数据包，并再次启动重传定时器，且设置为更大的超时时间。如果在保活定时器到期之前未收到响应，则连接尝试将终止，错误为“连接超时”。不过如果收到响应，就会把它和发送出去的请求进行核对。它应该确认发送方发送的 SYN，并且应该包括对方发出的 SYN。如果两者都符合要求，则初始化接收序列变量，并将连接状态转到 TCPS_ESTABLISHED。如果响应中存在 maximum-segment-size 选项，则将连接的最大报文段大小设置为所提供长度和输出接口的最大传输单元值两个里的较小值；如果该选项不存在，则记录默认大小（512 字节数据）。在调用输出例程之前，在 TCP 控制块中设置标志 TF_ACKNOW，以便能够立即确认 SYN。现在，连接已准备好传输数据了。

　　当连接是由被动打开创建时，发生的事件与主动打开的连接不同。和之前一样，套接字被创建，并绑定它的地址。然后，由 listen 调用标记该套接字为愿意接受连接。当数据包到达 TCPS_LISTEN 状态的 TCP 套接字时，会使用 sonewconn() 创建一个新套接字，该套接字调用 tcp_usr_attach() 例程来为新套接字创建协议控制块。新套接字放置在部分连接队列中，该队列的队头是正在监听的套接字。如果数据包包含 SYN，并且可以接受，则绑定新套接字的关联，初始化发送和接收序号，并将连接状态推进到 TCPS_SYN_RECEIVED。保活定时器的设置和前面一样，并且在 TF_ACKNOW 被设置后，调用输出例程强制确认 SYN，同时发出一个传出的 SYN。如果这个 SYN 得到正确的确认，则新套接字将从部分连接队列移动到已完成连接队列。如果监听套接字的所有者在 accept 调用中休眠或者正在轮询，则套接字将指示有新连接可用。同样，套接字最终准备好了发送数据。在 accept 调用完成时，可能已经接收并确认长达一个窗口的数据了。

14.4.4　SYN 缓存

　　在前面的 TCP 实现里存在一个问题，那就是恶意程序有可能使用 SYN 数据包去淹没一个系统，从而让它不能做任何有用的工作，或不能服务任何真实的连接。在 20 世纪 90 年代后期的互联网商业化过程中，这种类型的拒绝服务攻击（denial-of-service attack）变得非常常见。为了对抗这种攻击，引入了 syn 缓存，用它来有效地存储甚至丢弃那些没有指向实际连接的 SYN 数据包。syn 缓存处理本地服务器和与之连接的对端之间的三次握手。

当收到要发送给处于 LISTEN 状态的套接字的 SYN 数据包时，TCP 模块尝试调用 syncache_add() 例程，为数据包添加新的 syn 缓存条目。如果收到的数据包中有任何数据，那么此时不会对它们进行确认。确认数据会耗尽系统资源，攻击者可能会通过使用包含数据的 SYN 数据包去覆盖系统，达到耗尽这些资源的目的。如果之前未看到此 SYN，则会根据数据包的外部地址、外部端口、套接字的本地端口和一个掩码在哈希表中创建一个新条目。syn 缓存模块使用 SYN/ACK 响应这个 SYN 数据包，并在新条目上设置定时器。如果 syn 缓存包含与接收到的数据包匹配的条目，则假设发起连接的对端未接收到原始 SYN/ACK，此时会发送另一个 SYN/ACK，并且重置缓存条目上的定时器。连接对端可以发送的 SYN 数据包在数量上并没有限制。施加任何限制都会违反 TCP 的 RFC，并可能造成在丢包的网络上无法建立连接的后果。

14.4.5 SYN cookie

SYN 缓存旨在通过为每个新连接保持最小状态来减少处理潜在传入连接所需的内核资源的数量。SYN cookie 的目标是让内核在三次握手完成之前不要保持连接的任何状态。SYN cookie 是加密签名的数据，它放在作为标准三次握手中的第 2 个数据包发送的 SYN/ACK 数据包中。编码到 SYN cookie 中的数据将允许服务器完成 TCP 连接的建立，它在从远程系统接收到最终 ACK 时发生。在 FreeBSD 中，为每个收到的 SYN 数据包生成 SYN cookie，以防止 SYN 缓存溢出。只有当传入请求的速率太快，会让 SYN 缓存溢出时，才需要使用它们。

内核使用 syncookie_generate() 和 syncookie_lookup() 这两个例程来生成和验证 SYN cookie。当内核从远程主机收到一个 SYN 数据包，指示远程主机希望建立连接时，syncookie_generate() 例程计算一个 MD5 哈希值，它包括一个密钥、一个指向包含连接中可能的最大报文段大小的表格的索引，以及请求连接的本地和外部网络地址与端口。表格对最大报文段大小进行编码，以将 cookie 中存储 MSS 所需的空间大小减少到 3 位。MD5 哈希值被置于 SYN/ACK 数据包的初始序号中，数据包将被发送回远程主机。如果远程主机已指示它支持 RFC1323 时间戳，则会计算第二个 MD5 哈希值，其中包含发送和接收窗口的缩放因子以及指示连接是否支持 SACK 的单一位。第二个哈希值被放入返回的 SYN/ACK 数据包的 timestamp 字段中。将 SYN/ACK 数据包返回到远程主机后，将释放与该连接关联的所有状态。当从远程主机接收到 ACK 时，检查它是否包含有效的 syn-cookie 数据。有效的 SYN cookie 必须在生成后的 16 秒内返回。超出 16 秒的数据包将被丢弃。再次针对密钥、返回的序号和连接信息计算 MD5 哈希，然后将其与在 ACK 数据包的确认字段中接收的数据进行比较。远程主机应该发送一个比其收到的序号大 1 的确认。从确认的值中减去 1，并将其与 syncookie_lookup() 例程中生成的 MD5 哈希进行比较，这是内核验证 cookie 有效性所需要做的全部工作。有效的 ACK 数据包将其 ISN 和 timestamp 字段解包到 SYN 缓存条目中，然后将它用于建立正常的 TCP 连接。

14.4.6 关闭连接

TCP 连接是对称的全双工连接，因此任何一方都可以独立地发起断开连接。只要连接的一方可以传送数据，连接就会保持打开状态。套接字可以通过 shutdown 系统调用来表示它已完成数据发送，而 shutdown 会调用 tcp_usr_shutdown() 例程。对此请求的响应是它会推动连接状态发生改变：从 ESTABLISHED 转变为 FIN_WAIT_1。随后的输出调用将发送 FIN，表示连接正在关闭。接收套接字将转为 CLOSE_WAIT 状态，但可能继续发送数据。如果进程只是简单地关闭套接字，则该过程可能不同。在这种情况下，FIN 会立即发送，但如果收到新数据，则无法发送。通常，高层协议之间可以进行协调，以便双方知道何时关闭。但是，如果它们不这样做，TCP 必须拒绝新数据。如果在用户关闭连接后收到新数据，则通过发送设置了 RST 标志的数据包来实现此目的。如果在关闭完成后数据仍保留在套接字的发送缓冲中，TCP 通常会尝试传送它们。如果套接字选项 SO_LINGER 设置的"延迟时间"为 0，则只简单地清空发送缓冲；否则，允许用户进程继续，而协议则等待传送结束。在这些情况下，套接字标记有状态位 SS_NOFDREF（没有对文件描述符的引用）。在一段不确定的时间后，数据传输完成，连接最终关闭。当 TCP 最终完成连接（或因超时或其他故障而放弃）时，它会调用 tcp_close()。此时会释放协议控制块和其他动态分配的结构。如果已设置 SS_NOFDREF 标志，则还会释放套接字。只要有一个文件描述符或协议控制块引用了它，那么就仍保留该套接字。

14.5 TCP 输入处理

TCP 输入处理比 UDP 输入处理复杂得多，前面的部分提供了检查 TCP 输入路径实现所需的背景。调用输入例程需要几个参数：

```
void tcp_input(
    struct mbuf *msg,
    int off0);
```

前几个步骤类似于 UDP：

1）在收到的 IP 数据报中找到 TCP 头。确保数据包至少与最小 TCP 报头一样长，并在必要时使用 m_pullup() 使其连续。

2）计算数据包长度、设置 IP 伪报头，并计算 TCP 报头和数据的校验和。如果校验和错误，则丢弃数据包。

3）检查 TCP 报头长度。如果它大于最小报头，则确保整个报头是连续的。

4）找到与指定端口号连接的协议控制块。如果不存在，则发送包含重置标志 RST 的数据包，然后丢弃该数据包。

5）检查套接字是否正在监听连接。如果是，请按照被动连接创建所述的步骤进行操作。

6）处理数据包头中的任何 TCP 选项。

7）清除连接的空闲时间，并将保活定时器设置为正常值。

这里，已经进行了正常检查，并且内核准备好处理接收到的数据包中的数据和控制标志。在正常处理过程中仍然需要进行许多一致性检查。例如，如果仍然在连接过程中，则必须存在 SYN 标志，如果已建立连接，则不能存在。为简单起见，下面没有描述这些检查中的许多检查项，但是测试很重要，它能防止任意数据包引起混淆和可能的数据损坏。

检查 TCP 数据包的下一步是根据接收窗口查看数据包是否可接受。在检查控制标志（特别是 RST）之前完成此步骤很重要，因为旧的或无关的数据包不应影响当前连接，除非它们在当前上下文中明显相关。如果接收窗口的大小不为零，并且数据包占用的至少某些序列空间落在接收窗口内，则报文段是可接受的。窗口之前的部分数据被丢弃，因为它们已经被接收，并且超出窗口的部分也被丢弃，因为它们被过早发送了。如果接收窗口关闭（rcv_wnd 为 0），则只接受没有数据且序号等于 rcv_nxt 的报文段。如果传入的报文段不可接受，则在发送确认后将其丢弃。

对传入 TCP 数据包的处理必须完全通用，同时考虑所有可能的传入数据包和接收端点的可能状态。但是，处理的大部分数据包分为两大类。典型的数据包包含现有连接的下一个预期报文段，或确认加上一个或多个报文段的窗口更新，没有其他标志或状态指示。tcp_input() 不是根据第一原则考虑每个传入段，而是首先检查这些常见情况，即一种称为报头预测（header prediction）的算法。如果传入段符合以下 5 个标准，则它是两种常见类型之一：

1）它和一个 ESTABLISHED 状态的连接相匹配。

2）它包含 ACK 标志但没有其他标志。

3）它的序号是预期的下一个值（如有时间戳，则它是非递减的）。

4）其窗口字段与前一报文段相同。

5）其连接不处于重传状态。

与这 5 个条件匹配且不包含数据的报文段是带有窗口更新的纯确认消息。在通常情况下，如果可用的往返定时信息被采样，则从套接字发送缓冲区中删除确认的数据，并且更新序列值。一旦检查了头部值，就丢弃该数据包。如果所有未决数据都已被确认，则重传定时器被取消；否则，重新启动定时器。如果有任何进程正在等待输出数据，则会通知套接字层。最后，调用 tcp_output()，因为此时窗口已向前移动，并且该操作完成了对纯确认信息的处理。

如果满足头部预测测试的数据包包含下一个预期数据，并且该连接没有无序数据在排队，同时套接字接收缓冲区有空间用于传入数据，则此数据包是纯粹的输入序列数据报文段。更新序号变量，从数据包中删除数据包头部，并将其余数据附加到套接字接收缓冲区。

通知套接字层，以便它可以通知任何相关线程，并且在控制块打上标记，指示需要进行确认。纯数据包不需要额外的处理。

对于未由头部预测算法处理的数据包，处理步骤如下：

1）如果存在时间戳选项，则处理它，拒绝时间戳变小的任何数据包。

2）检查数据包是否在 rcv_nxt 之前开始。如果是，则忽略数据包中的任何 SYN 并修剪落在 rcv_nxt 之前的任何数据。如果没有剩余数据，则发送当前确认并丢弃该数据包。（该数据包被认为是重传的。）

3）如果数据包在修剪后还有数据，并且创建套接字的进程已关闭套接字，则发送重置（RST）并断开连接。进行重置是必要的，这样才能中止无法完成的连接。当远程登录客户端在断开连接时，如果数据还在接收中，这时一般会发送重置信号。

4）如果报文段的末尾落在窗口之后，则修剪窗口之外的任何数据。如果窗口已关闭，且数据包序号为 rcv_nxt，则将数据包视为窗口探针；TF_ACKNOW 被设置以发送当前确认和窗口更新，接着处理数据包的其余部分。如果设置了 SYN 并且连接处于 TIME_WAIT 状态，则此数据包实际上是一个新的连接请求，旧连接被丢弃。此过程称为快速连接复用。否则，如果没有剩余数据，则发送确认，并丢弃该数据包。

TCP 输入处理的剩余步骤是检查以下标志和字段，并采取适当的操作：RST、ACK、window、URG、data 和 FIN。由于数据包已被确认为可接受，因此可以通过简单的方式完成这些操作：

5）如果存在时间戳选项，并且数据包包含预期的下一个序号，则记录接收到的值以包含在下一个确认中。

6）如果设置了 RST，请关闭连接，并丢弃数据包。

7）如果未设置 ACK，则丢弃数据包。

8）如果确认字段的值高于先前确认的值，则已确认新数据。如果连接处于 SYN_RECEIVED 状态，并且数据包确认了此连接上发送的 SYN，则转入 ESTABLISHED 状态。如果数据包包含时间戳选项，则使用它来计算往返时间样本；否则，如果新确认的序列范围包括测量往返时间的序号，则该数据包也提供了一个样本。将时间进行平均采样，作为连接的平滑往返时间估计。如果已确认所有未完成的数据，则停止重传定时器；否则，将其设置回当前超时值。最后，删除从套接字的发送队列中确认过的数据。如果 FIN 已被发送并被确认，则推进状态机。

9）检查窗口字段以查看它是否推进了已知的发送窗口。首先，检查此数据包的新窗口是否更新。如果数据包的序号大于先前窗口更新的序号，或者序号相同但确认字段值较大，或者如果序列和确认都相同，但窗口较大，则记录新窗口。

10）如果设置了紧急数据标志 URG，则将数据包中的紧急指针与最后接收的紧急指针进行比较。如果不同，则发送新的紧急数据。使用紧急指针计算 so_oobmark，它是从套接字接收缓冲区的开头到紧急标记的偏移量（见 14.3 节），并使用 sohasoutofband() 通知套接字。如果紧急指针小于数据包长度，则已收到全部紧急数据。TCP 通常会删除在紧急模式下发送的最终数据字节（紧急指针之前的最后一个字节），并将该字节放在协议控制块中，直到通过一个 PRU_RCVOOB 请求它为止。（紧急数据的结束是一个有争议的话题，BSD 解释遵循原始的 TCP 规范。）套接字选项 SO_OOBINLINE 可以请求将紧急数据与正常数据一起留在队列中，尽管数据流上的标记仍然保持。

11）检查收到的数据包中的 data 字段。如果数据以 rcv_nxt 开头，则可以使用 sbappend-stream() 将它们直接放入套接字接收缓冲区。标志 TF_DELACK 在协议控制块中设置，以指示需要确认，但确认应该延迟，它可以捎带在很快发送的任何数据包上（可能是响应传入数据），或与对很快收到的其他数据的确认相结合，请参阅 14.6.4 节。在下次运行 tcp_delack() 例程之前，如果没有活动导致返回数据包，它将把标志更改为 TF_ACKNOW 并调用 tcp_output() 例程来发送确认。因此，确认可以延迟，但不超过 100 毫秒。如果数据不以 rcv_nxt 开头，则数据包将保留在每个连接队列中，直到中间数据到达并立即发送确认。

12）处理接收数据包的最后一步是检查 FIN 标志。如果 FIN 存在，则可能需要推进连接状态机，并且套接字用 socantrcvmore() 例程以传达文件结束指示。如果发送方已经关闭（发送并确认了 FIN），则套接字现在被视为已关闭，并且使用 soisdisconnected() 进行标记。TF_ACKNOW 标志被设置以强制进行立即确认。

步骤 12 执行后，tcp_input() 接收到新数据包时所采取的操作就都完成了。但是，如本节前面所述，接收输入可能需要新输出。特别是，确认所有未完成的数据或新窗口更新，都需要输出模块的新输出或状态变更。此外，一些特殊条件会设置 TF_ACKNOW 标志。此时，在输入处理结束时调用 tcp_output()。

14.6 TCP 输出处理

本节介绍 TCP 发送策略的实现。TCP 数据包包含确认、窗口字段和数据。如果这三个字段中的任何一个改变了，则可以发送单个数据包。简单的 TCP 发送策略可能会发送很多不必要的数据包。从逻辑上讲，当用户将一个字符键入远程终端连接以让远程返回 echo 信息时，会发送三个数据包。

1）服务器端 TCP 接收到单字符数据包。

2）它立即发出对该字符的确认。

3）几毫秒后，登录服务器读取该字符，从接收缓冲区中删除该字符。TCP 立即发送窗口更新，通知对方发送窗口的另一个字节可用了。

4）在大约 1 毫秒之后，登录服务器将回送（echoed）的字符发送回客户端，需要发送第三个数据包以响应输入的单个字符。

更有效的实现则是将最后三个响应（确认、窗口更新和数据返回）整合为单个数据包。但是，如果服务器没有回显输入数据（例如，当用户输入密码时），则不能保留确认信息太长时间，否则客户端 TCP 将开始重传。发送策略中用于最小化网络流量且最大化吞吐量的算法是 TCP 实现中最微妙的部分。FreeBSD 中使用的发送策略包括几种标准算法，以及网络研究社区建议的一些方法。本节将介绍发送策略的各个部分。

14.6.1　发送数据

调用 TCP 输出例程 tcp_output() 的最常见原因是用户已将新数据写入套接字。通过调用 tcp_usr_send() 例程完成写操作。回想一下，如果需要，sosend() 会在套接字发送缓冲区中等待到空间足够，然后将用户的数据复制到 mbuf 链中，而 mbuf 链由 tcp_usr_send() 例程传递给协议。tcp_usr_send() 中的操作只是调用 sbappendstream() 将新输出数据放在套接字发送缓冲区中，然后调用 tcp_output()。如果流量控制允许，tcp_output() 将立即发送数据。

实际的发送操作与 UDP 数据报套接字的发送操作没有实质不同。不同之处在于报头更复杂，必须初始化其他字段，而发送的数据只是用户数据的副本。但是，对较大的发送操作，sosend() 将数据放入外部 mbuf 簇中，通过创建对数据簇的新引用来完成复制。必须在套接字的发送缓冲区中保留副本，以便在需要重传时使用它。此外，如果数据字节数大于单个最大报文段的大小，则将在单次调用时构建和发送多个数据包。

tcp_output() 例程分配一个 mbuf 来包含输出数据包报头，并将报头模板的内容复制到该 mbuf 中。如果要发送的数据与报头能放在同一个 mbuf 中，则 tcp_output() 使用 m_copydata() 例程将它们从套接字发送缓冲区复制过来。否则，tcp_output() 将要发送的数据添加到单独的 mbuf 链中，mbuf 链从发送缓冲区的相应部分使用 m_copy() 操作获得。数据包的序号从 snd_nxt 开始设置，确认则从 rcv_nxt 开始设置。标志是从数组中获得的，该数组包含要在每个连接状态中发送的各个标志。要通告的窗口根据套接字接收缓冲区中剩余的空间大小计算得来；但是，如果它很小（小于缓冲区的四分之一且小于一个报文），则将其设置为零。永远不允许窗口以比它在前一个数据包中结束的序号更小的序号结束。如果已发送紧急数据，则相应地设置紧急指针和标志。必须设置另一个标志。数据包上的 PSH 标志表示数据应该传递给用户；它就像一个缓冲区刷新请求（buffer-flush request）。该标志通常被认为是过时的，但只要发送缓冲区中的所有数据都已发送完毕就会设置它；FreeBSD 忽略了输入中的这个标志。填充报头后，计算数据包的校验和。初始化 IP 报头的其余部分，包括 type-of-service 和 time-to-live 两个字段，接着使用 ip_output() 发送数据包。如果重传定时器尚未运行，则启动它，并更新连接的 snd_nxt 值和 snd_max 值。

14.6.2　避免糊涂窗口综合征

糊涂窗口综合征是基于窗口的流量控制方案中一个潜在问题的名称，患有糊涂窗口综合征的系统会发送几个小包，而不是等待合理大小的窗口变得可用 [Clark, 1982]。例如，如果网络登录客户端程序的总接收缓冲区大小为 4096 字节，并且用户在大量打印输出期间停止终端输出，则在接收到新的全尺寸报文时缓冲区将变得几乎满了。如果剩余的缓冲区大小减少到 10 字节，则接收方自愿接收额外的 10 字节是没有用的。如果用户之后允许几个字符打印并再次停止输出，则让接收 TCP 发送允许另外 14 字节的窗口更新仍然没什么用。相反，最好等到可以发送相当大的数据包，因为接收缓冲区已经包含足够的数据用于接下来的几页输出。在流量控制连接的接收方和发送方中都需要避免糊涂窗口综合征，因为任何一方都可以防止使用糊涂的小窗口。接收方避免糊涂窗口综合征在前一小节中描述过；当发送数据包时，如果接收窗口少于一个数据包且少于接收缓冲区的四分之一，则将其通告为零。发送方避免糊涂窗口综合征时，如果准备好至少发送一个完整的数据包，但由于发送窗口的大小无法发送一个完整的数据包，则输出操作会被延迟。tcp_output() 不是将数据发送出去，而是启动持续定时器，从而将输出状态设置为持久状态。如果在定时器到期之前没有接收到窗口更新，则发送允许发送的数据，希望确认信息将包含更大的窗口。如果没有（包含更大的窗口），则连接保持在持久状态，定期发送窗口探测，直到窗口打开。

发送方避免糊涂综合征的初始实现，如果连接另一方的主机具有很小的缓冲区，会产生高延迟和低吞吐。不幸的是，这些实现总是被通告接收窗口小于最大报文段大小——这被该实现认为是愚蠢的行为。由于这个问题，FreeBSD TCP 实现保留了对端提供的最大接收窗口的记录，它保存在协议控制块的 max_sndwnd 变量中。当可以发送至少一半的 max_sndwnd 时，发送新的分组。当 BSD 系统与这些受限的主机通信时，该技术改善了性能。

14.6.3 避免小数据包

网络流量呈现双峰分布。批量数据传输倾向于使用尽可能大的数据包以获得最大吞吐量，而交互式服务（例如网络登录）倾向于使用小数据包，通常仅包含单个数据字符。在快速的局域网中，单字符数据包的使用通常不是什么问题，因为网络带宽通常不饱和。在通过慢速或拥塞链路互连的长距离网络上，或者在既慢又有损耗的无线 LAN 上，需要在一段时间内收集输入数据，然后将其整合到单个网络数据包中进行发送。已经设计了各种方案用于在固定时间（通常大约 50～100 毫秒）内收集输入，然后在单个数据包中发送它们。这些方案显著减慢了快速网络上的字符回显时间，并且通常在慢速网络上节省了少量数据包。Nagle[1984] 提出了一种相比之下更简单而优雅的用于减少小数据包流量（避免发送小数据包）的方案。该方案允许在数据包中单独发送第一个字节输出，不带延迟。但是，在此数据包被确认之前，不会发送新的小数据包。如果有足够的新数据到达，凑够了一个最大大小的数据包，则发送另一个数据包。一旦未完成数据被确认，就可以发送在等待第一个数据包时排队的输入。一个连接一次只能有一个未完成的小数据包。实际结果是，在一个往返时间内，来自输出操作的小数据被排入队列。如果往返时间少于字符到达的时间间隔，例如它是在一个局域网上的远程终端会话中，那么从不会延迟发送，并且响应时间保持较低。当在一个慢速网络的时候，第一个字符之后的输入信息都放入队列，并且下一个数据包包含了先前往返时间内所接收到的输入。该算法之所以有吸引力，是因为它既简洁，又具有自调节的能力。

Nagle 的算法不适用于某些类型的网络客户端，这些客户端发送很小的请求流，它们无法被批处理。基于网络的 X Window 系统 [Scheifler & Gettys，1986] 就是一个这样的客户端，它需要立即传送小消息，以获得用户界面的实时反馈，例如用橡皮筋法（rubber-banding）以清除一个新窗口。因此，添加了 TCP_NODELAY 选项，用它取消在连接上使用此算法。使用 setsockopt 调用就可以设置此选项，该调用通过 tcp_ctloutput() 例程访问 TCP。

14.6.4　延迟确认与窗口更新

除了进行数据传送以外，必须发送 TCP 数据包还有几个原因。在单向连接上，接收方 TCP 仍必须发送数据包，以确认收到的数据，并让发送方的发送窗口向前移动。在批量数据传输中，发送窗口更新的时间是网络吞吐量的决定因素。例如，在批量数据连接上，如果接收方每次在接收到数据的时候，仅设置 TF_DELACK 标志，则每 100 毫秒才发送一次确认。如果在 1 Gbps 以太网上使用 8192 字节的窗口，则此算法获得的最大吞吐量为 655 Kbit/s，它小于可用网络带宽的 1%。很明显，一旦发送方填满了发送窗口，它就必须停止，直到接收方确认了先前发送的数据（允许它们从发送缓冲区中删除，并填充新的数据）并提供了窗口更新（允许发送新数据）为止。

由于 TCP 使用基于窗口的流量控制，它受到了套接字接收缓冲区空间的限制，因此 TCP 在其协议开关条目中设置了 PR_RCVD 标志，这样当用户完成一次接收调用，数据从接收缓冲区移走时，才调用协议（通过 tcp_usr_rcvd() 例程）。tcp_usr_rcvd() 例程只简单地调用了 tcp_output()。每当 tcp_output() 认为在当前情况下值得发送一个窗口更新来给发送方提供足够大的新发送窗口时，它才会发送确认和窗口更新。如果接收方等到窗口已满，发送方在最终收到窗口更新时已经空闲了一段时间。此外，如果发送系统上的发送缓冲区小于接收方的缓冲区——因此也小于接收方的窗口——在未收到确认的情况下，发送方将无法填充接收方的窗口。因此，FreeBSD 中的窗口更新策略仅基于最大报文段大小。每当新窗口更新将窗口向前移动至少两个全长报文段的时候，就发送窗口更新。这种窗口更新策略使确认信息的流量减半，并且发送方的输入处理也减半。但是，通常会及时发送更新，以便向发送方提供有关连接进度的反馈，并允许发送方继续发送其他报文段。

注意，TCP 在批量数据传输的接收端的两个不同处理阶段被调用：在数据包接收时调用 TCP 以处理输入，而在每次接收操作从输入缓冲区中移走数据后，也要调用 TCP。在第一次调用时，可以发送一个确认，但不能发送窗口更新。在接收操作之后，还可能有窗口更新。因此，算法一定要在这个周期的后半程执行。

14.6.5　选择性确认

在有损网络路径上长时间运行的 TCP 连接，可能会在传送中丢弃数据包。一旦连接打开了足够大的传送窗口，它就可以一次发送几个数据包，并且丢弃的数据包可能发生在数据包集的中间而不是结尾。TCP 通常会确认它收到的最后一个报文的最后一个字节，以及它可以正确附加到任何以前接收到的数据。当一个报文被丢弃时，TCP 会将丢弃的报文后面的任何新报文排到接收队列中，但不会向发送方指示它丢弃了一个或多个报文，只是指示最后一个接收的字节位于特定的序号中。选择性确认（SACK）是一种机制，接收方可以在一个或多个报文被丢弃时告诉发送方，从而允许发送方更有效地选择数据进行重传[Mathis 等，1996]。

在连接建立时，协商是否使用 SACK。在包含 SYN 的数据包（例如初始连接请求）或接收连接请求的主机返回的 SYN / ACK 中包含 SACK 允许选项，表示发送方支持 SACK。一旦连接发送数据，接收方就可以向发送方发送 SACK 选项（作为 ACK 数据包的一部分），以指示它已经收到的数据。接收方不会告诉发送方丢弃的报文。相反，它发送指定接收数据的左侧和右侧的序号对，通过它来告诉发送方它已接收的数据。

SACK 信息作为选项被发送，而不是作为数据包数据的一部分进行发送。可以从接收方发送回发送方的信息量是有限的，因为选项字段的最大大小为 40 字节。在已经使用其他选项（如时间戳）的典型环境中，启用 SACK 的接收只能指示它已收到的三个数据区域。

图 14-5 显示了一个接收方状态，它具有四个段和两个孔。每个段包含 500 字节。包含字节 0～499 的第一个报文已被接收并向发送方确认了。已收到三个其他报文段，但尚未确认，字节范围为 1000～1499、1500～1999 和 3000～3499。缺少三个报文段：这三个报文包含字节 500～999、2000～2499 和 2500～2999。接收方通过发送包括最多三个接收数据部分的左侧和右侧的 SACK 选项（称为 SACK 块），告知发送方它已成功接收但未传送到应用程序的报文。在我们当前的示例中，接收方将发送带有 SACK 块的选项，SACK 块为 1000：2000 和 3000：3500。SACK 块的右侧定义为最后接收到的字节加 1。SACK 选项对从接收方发送回发送方的 TCP 数据包的确认字段没有影响。确认字段始终包含最后一个正确接收的字节的序列值（本例中为 499）。发送方实现 SACK 不依赖于接收方去维护任何额外状态。由于内存压力，接收主机可能会从其重组队列中删除未传递到的段，从而需要通过 SACK 选项使先前的数据报告无效。在通过具有适当确认号的 ACK 收到对该数据的确认之前，发送方不能释放它发送的任何数据。SACK 选项只是一种优化，而并不是根本改变 TCP 的工作方式。

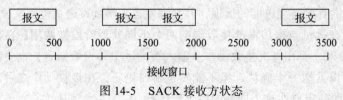

图 14-5　SACK 接收方状态

FreeBSD 中 SACK 的实现有两个主要的数据结构：一种数据结构用于 SACK 块的列表，另一种用于发送方认为在接收器的重组队列中存在孔列表。发送方和接收方对 SACK 块数组的使用不太一样。在接收方，SACK 块数组包含接收方将在下一个 ACK 发送回发送方的信息。发送方的数组则包含从接收方到达的块。数组 sackblks 包含在 TCP 控制块中，最多可容纳 6 个条目，因为最多可以在一个 SACK 选项中传送 4 个块。阵列中的两个额外条目存储发送方在先前更新中收到的块。当 TCP 连接有许多正在传送的数据包时，由于网络状况的变化，可能会丢弃多个数据包，从而导致接收方的重组队列中出现多个孔。为了在内存使用和性能之间折中，能够在发送方处为每个套接字存储 6 个 SACK 块是被认为是合理的。只要主机在 TCP 连接上接收到数据，tcp_do_segment() 例程就会将数据放入套接字的接收缓冲区或重组队列中。将数据放入重组队列时，表示数据包是无序接收的，并且可能存在孔。接收方使用 tcp_update_sack_list() 例程来更新其 SACK 块列表。由于接收方必须使用其重组队列，因此将在 TCP 控制块上设置 TF_ACKNOW 标志。更新其 SACK 块后，接收方将调用 tcp_output()，它将添加一个 SACK 选项，其中包含适合数据包选项字段大小的 SACK 块。最后通过 tcp_addoptions() 例程处理 SACK 选项，以便最大数量的选项可以存储在可用的 40 字节中。启用了时间戳和签名的 TCP 连接只有一个 SACK 块的空间，因为时间戳占用 12 字节，签名占用 18 字节，只留下了 10 字节给 SACK 信息。由于大多数 TCP 连接不使用签名，因此最多可以为至多三个 SACK 块提供空间。SACK 的当前设计不允许为更多的 SACK 块提供空间，因为它们只能在 TCP 选项允许的有限空间内进行通信。

TCP 发送方在设置了 ACK 标志的数据包的选项部分中接收 SACK 块。tcp_input() 例程调用 tcp_sack_doack() 例程来更新发送方对接收方重组队列中存在的空数据的理解。发送方在尾部队列（tail-queue）结构中维护空缺数据的记分板，并将接收到的 SACK 块保存在每个套接字的特有数组中。所有接收到的块都放入数组中，然后根据每个块的右侧按升序排序。对 SACK 块进行排序后，tcp_sack_doack() 例程会遍历块列表并调整其记分板。可能会对记分板进行三种调整：

1）SACK 块可以完全覆盖一个孔 (hole)，表明接收方现在拥有发送方认为丢失的数据。此时，从记分板上移除孔。

2）块可以部分地覆盖一个孔。这时，减小孔的尺寸。

3）块可能确认了孔内的数据，这时会分割孔。

处理完所有块后，记分板再次处于一致状态，并在下次传输数据时由 tcp_output() 例程使用。

当发送方想要将数据传送到接收方，并且发送方在记分板中存在孔时，将调用 tcp_sack_output() 例程。如果存在多个孔，则例程仅返回下一个孔而不是整个孔集。来自记分板的信息调整 TCP 要发送的数据的长度，以便下一次传送尽可能多地覆盖记分板中的下一个孔。新数据的传送不会更新记分板或发送方维护的 SACK 孔数组。发送方上的 SACK 数据结构仅在接收到来自接收方的确认时会被更新。一旦接收方确认了所有孔中的数据，发送方将清除其记分板和 sackblks 数组。

14.6.6 重传状态

当发送方正在等待对发出数据的确认时，重发定时器到期，则调用 tcp_output() 进行重传。重传定时器一开始按退避序列里下一个往返时间的倍数进行设置。变量 snd_nxt 从其当前序号改回 snd_una。然后发送一个包含发送队列中最旧数据的数据包。与其他系统不同，

FreeBSD 不保留连接上已发送的数据包的副本，它只保留数据。因此，尽管仅重传单个数据包，但该数据包可能包含比最旧的未确认数据包更多的数据。在一个只有少量发送操作的慢速连接上（例如远程登录），此算法可能会让丢失的单字节数据包与首次传输初始字节后排队的所有数据一起被重传。

如果在网络中丢失了单个数据包，则重传的数据包将引出一个对到目前为止所发送的所有数据的确认。如果丢失了多个数据包，则下一个确认将包括重新传输的数据包以及可能的一些中间数据。它还可能包括新的窗口更新。因此，当在重传超时之后接收到确认时，将重发未被确认的任何旧数据，就好像它们尚未被发送一样，并且也可能发送一些新数据。

14.6.7 慢启动

许多 TCP 连接在其源和目标之间要经过多个网络。当某些网络比其他网络慢时，通往最慢网络的入口路由器通常要面临超过其处理能力的流量。它可以缓冲一些输入数据包以避免由于流量的突然变化而丢弃它们，但最终它的缓冲区将被填满，此时必须开始丢弃数据包。当 TCP 连接首次开始通过快速网络向通过较慢网络转发的路由器发送数据时，可能会发现路由器的队列已经快满了。在 BSD 中使用的最初的发送策略中，一旦建立连接，就会通过发送完整的数据包窗口来开始批量数据的传送。这些数据包可以以网络的全速发送到瓶颈路由器，但该路由器却只能以低得多的速率传输它们。结果，一开始就突发传送的数据包很可能会使路由器队列溢出，因而一些数据包将丢失。如果这样的连接使用扩大的窗口大小以试图获得更好的性能——例如，当经过具有长往返时间的跨洋网络链路时——该问题将更加严重。但是，如果连接一旦达到稳定状态，并且数据包在整个路径中均匀分布，则网络通常可以容纳完整的数据窗口。在稳定状态下，只有当先前的数据包被确认并且网络中的数据包数量不变时，才会将新数据包发往网络。图 14-6 显示了期望的稳定状态。另外，即使数据包一股脑地涌到了一台对外发送的路由器上，它们也会被展开，按最慢网络的传输速率依次发送。如果接收方在收到每个数据包时发送了确认，则确认将以大体上比较合适的间隔返回给发送方。然后，发送方会采用一种自计时（self-clocking）的方法，使发送按照网络中比较合适的速率进行，这样就不会发送使瓶颈节点不能够缓冲的突发数据包了。

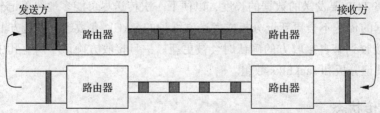

图 14-6　确认计时。在发送方和接收方之间由一条慢速链路把两台路由器连接起来。链路的厚度表示它们的速度。数据包的宽度表示它们沿着链路传播的时间。快速链路带宽大，数据包很窄。慢速链路带宽小，数据包很宽。在如上所示的稳定状态中，每当从接收方接收到确认时，发送方就发送一个新数据包

一个名为慢启动的算法可以将 TCP 连接过渡到这种稳定状态 [Jacobson, 1988]。它被称为慢启动，是因为在经过慢速网络时需要缓慢启动数据传送。图 14-7 显示了慢启动算法的过程。方案很简单：连接开始时，初始报文段配额为 1～4 个未被确认的数据包。单块初始报文段配额用于具有较小初始窗口大小的连接，而具有较大初始窗口大小的连接则使用 4 块初始报文段配额。增大的初始窗口大小利用了快速网络可用的更大的带宽 [Allman 等，2002]。每次收到确认时，上限都会增加一个数据包。如果确认还带有窗口更新，则发送两个数据包作为响应。此过程一直持续到窗口完全打开为止。在连接的慢启动阶段，如果每个数据包被单独确认，则在每次交换期间上限将成倍增加，导致窗口以指数级打开。如果多个数据包在 100 毫秒内到达接收方，延迟确认可能会导致确认被合并，从而使窗口打开的速度略微减慢。但是，在打开阶段，发送方从不发送超过两个或三个突发数据，并且一旦窗口打开，一次就只发送一个或两个数据包。

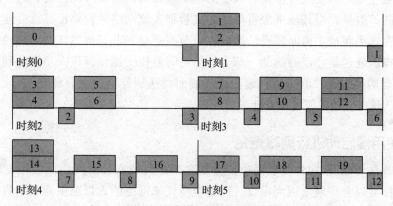

图 14-7　慢启动算法的过程

慢启动算法的实现使用了第二个窗口，这个窗口就像发送窗口一样，但它们是单独维护的，它被称为拥塞窗口（snd_cwnd）。拥塞窗口是根据网络当前能够为该连接缓冲的估计数据量来维护的。发送策略要经过修改，以便仅在正常的发送窗口和拥塞发送窗口都允许的情况下才发送新数据。拥塞窗口初始化为一个数据包的大小，使得连接以慢启动开始。每当传输停止时，拥塞窗口将重置为与初始窗口中使用的值相同的值。否则，一旦确认了重传的数据包，由此产生的窗口更新可能会允许发送整个窗口大小的数据，这将会再一次造成中间路由器的过载。重传超时后，使用慢启动可防止发送方让拥塞网络进一步过载。超时可能意味着网络由于拥塞而变慢了，暂时将窗口减少可能有助于网络从这种情况中恢复过来。

在连接停止后，连接将被强制重新建立其确认时钟，并且慢启动也具有此作用。如果连接至少在当前重传值的闲置时间段后开始传输（与平滑的往返时间和方差估计值的函数有关），则也将强制慢启动。

14.6.8　缓冲区与窗口大小

TCP 连接的吞吐量受连接所必须经过的路径的带宽限制。性能也受到路径往返时间的影响。例如，经过任何主要的跨洋链路的路径具有固有的长延迟，即使带宽可能很高，但吞吐量还是被限制为每个往返时间一个窗口的数据。在填满接收方的窗口之后，为了等待确认及窗口更新的到来，发送者必须等待至少一个往返时间。为了利用路径的全部带宽，发送方和接收方都必须使用至少与带宽 - 延迟乘积一样大的缓冲区，保证发送方在整个往返时间内都能发送数据。在稳定状态下，该缓冲允许网络的发送方、接收方和中间部分在每个阶段保持流水线正常传输。对于某些路径，使用慢启动和大窗口可以获得比以前更好的性能。

网络路径的往返时间包括两个部分：传输时间和排队时间。传输时间包括网络物理层中的传播、切换和转发时间，也包括在每一跳的存储 / 转发之后，逐位传输数据包的时间。理想情况下，排队时间可以忽略不计，到达每一个网络节点的数据包会紧随着前一个数据包之后及时被发送。当使用合适窗口大小的单个连接与网络保持同步时，这种理想的数据流是有可能的。但是，当其他来源将额外的流量加入该网络时，路由器就会建立起一个队列，特别是在这条路径上通向较慢链路的入口节点更是如此。虽然在使用路径的每个网络连接看来，排队延迟是往返时间的一部分，但是将连接的操作窗口大小增加到大于路径带宽与传输时延的乘积是没有用的。超出此限制而发送额外数据会导致它们自己进入队列，这会增加排队延迟，却没能增加吞吐量。

14.6.9　使用慢启动进行拥塞避免

慢启动算法可防止 TCP 在数据包传输首次开始时或在长时间空闲后恢复时使网络过载。单个连接可以合理地使用大窗口，而不会使慢速网络的入口路由器在刚启动时就被填满。当连接在慢启动期间打开窗口时，它会将数据包发送给网络，直到网络链路忙碌起来。在此阶段，由于窗口的打开是以指数方式进行的，它可能会以网络可以传送数据的速率的两倍发送数据包。如果为路径选择了适当的窗口，则连接将达到稳定状态而不会淹没网络。但是，对于共享路径的多个连接而言，每个连接可用的带宽都减少了。如果每个连接都使用带宽 - 延迟乘积等大的窗口，则传输中过多的数据包就会产生排队现象，这会导致延迟增加。如果总负载过高，路由器开始丢包，而不是增加队列大小和延迟。因此，TCP 连接的适当窗口大小不仅取决于路径，还取决于竞争带宽的流量。当路径上有一段延迟时间较长的链路时，为了提供良好的性能而提供一个足够大的窗口，这将会因为大部分往返时间花在了队列等待上而使网络过载。我们非常希望 TCP 连接是自调整的，因为端点很难知道路径的特性，并且特性还可能随时间而变化。如果连接将其窗口扩大到对路径而言太大的值，或者如果加上网络上的额外负载，负载总体上超过了容量，则路由器将建立等待队列，直到必须丢弃数据包。此时，连接会将拥塞窗口调小为一个最大报文段大小，并开始一次慢启动。但是，如果窗口对于路径而言确实太大，则在每次窗口打开太大时，重复该过程。

连接可以从这个问题中进行学习，并可以使用与慢启动算法相关的另一算法来调整其行为。该算法为每个连接保留一个状态变量 snd_ssthresh（慢启动阈值），它是对某条路径可用窗口的估计值。当因为重传定时器超时而导致丢包时，设置该窗口估计值为以下两个值的最大值：最大报文段大小（MSS）的两倍，当前尚未获得确认的数据量的一半（FlightSize）：

$$ssthresh = max(FlightSize/2, 2 \times MSS)$$

关于慢启动算法的更多细节在 [Allman 等，2009] 中有介绍。当前窗口明显太大，一定要大幅度减少窗口的利用率，这样拥塞程度才能够降下来。同时，慢启动窗口（snd_cwnd）被设置为初始值，并重新启动。连接像以前一样启动，以指数方式打开窗口，直到达到 snd_ssthresh 限值。此时，连接接近路径的预计可用窗口大小了。它进入稳态，按照窗口更新指示来发送数据包。为了测试是否还能改进网络性能，它继续缓慢地扩大窗口；只要此扩展成功，连接就可以继续利用减少下来的网络负载。此阶段窗口是线性增加的，是通过每次发送占用整个窗口的数据包的时候都增加一个全长包来实现的。这种缓慢的增加策略，允许连接去发现什么时候继续使用一个更大的窗口是安全的，同时在丢失数据包之后、重新发送之前，减少这段等待时间所造成的吞吐量降低。注意，在连接的这个阶段，只要没有丢包，窗口大小的增加一直是线性的，但是当出现拥塞迹象时，窗口大小的减小是指数级的（在每次超时时除以 2）。通过使用此动态窗口大小调整算法，就有可能在通往所有不同目的地的连接上使用更大的默认窗口大小，而不会使网络超载。

14.6.10　快速重传

由于多种原因，数据包可能会在网络中丢失，其中两个原因是拥塞和损坏（corruption）。TCP 通过超时检测丢失的数据包，一旦发现丢失会进行重传。当数据包丢失时，连接上的数据包流会在等待超时时停止。根据往返时间和方差，此超时可能导致连接在较长时间内没有进展。一旦发生超时，就要开始重传，按照慢启动的第一步，首先发送一个数据包，并且按照上一节介绍的方式设置慢启动的阈值。如果以后的数据包没有丢失，则连接会慢速启动到新阈值，然后逐渐打开窗口以探测是否拥塞已经消失了。每一次进入这些阶段都降低了连接的有效吞吐量。即使拥塞可能是短暂的，结果却是性能下降了。

当连接达到稳态时，它就发送连续的数据包流，作为对一个带有窗口更新的确认流的响应。如果丢失单个数据包，则接收方会看到数据包无序到达的现象。包括 FreeBSD 在内的大多数 TCP 接收方，都要重复发送对有序数据的确认，来响应一个不按顺序到达的报文段。如果在发送足够的数据包填充窗口时丢失一个数据包，则丢失数据包之后的每个数据包将引发一个重复的确认，它没有数据、窗口更新或其他新信息。接收方能够从接收到的这些重复确认中，推断出数据包是乱序到达的。如果有足够的需要重新排序的证据，接收方就可以假设数据包丢失了。FreeBSD TCP 就是基于此迹象实现快速重传的。图 14-8 显示了在丢包期间使用快速重传算法时数据包传输和确认的时序。在检测到三个相同的确认之后，tcp_input() 函数会保存当前的连接参数，模拟重传超时以重新发送发送队列中最早数据的一个报文段，然后恢复当前传送状态。因为丢包的这种指示是一个拥塞信号，所以要把网络缓冲限制的估计值 snd_ssthresh 设置为当前窗口的一半。但是，由于确认流尚未停止，因此不需要进行慢启动。如果已经丢失了单个数据包，比起等待重传超时，快速重传能更快地填补那个空缺。然后，将接收到丢失报文段的确认，以及在重新传输之前存入队列的所有乱序报文段，连接就能够正常继续了。

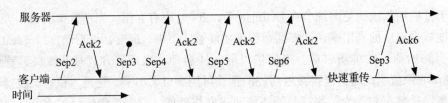

图 14-8　快速重传。序号为 3 的数据包丢失了。接收方返回最后一个正常传输的数据包
（序号 2）的重复确认。发送方在收到三个重复确认后重新发送第 3 个数据包

即使有了快速重传，但一个丢失报文段的 TCP 连接可能已经到达发送窗口的末尾，并在等待丢失段的确认时被迫停止传输。但是，在快速重传之后，关于丢失的数据包对等方接收到的每个其他数据包都会收到重复的确认。这些重复的确认意味着数据包已离开网络，现在在接收方的队列中排队。在这种情况下，不需要将数据包视为在网络拥塞窗口之内，如果接收方的窗口足够大，则可能允许额外发送一些数据。因此，快速重传之后的每个重复确认使得拥塞窗口被人为地按照报文段的大小向前移动。如果接收方的窗口足够大，在发送方等待重传报文段确认期间的大部分时间内，都能让连接继续进行通信。要使此算法生效，发送方和接收方必须具有超出正常的带宽 - 延迟乘积的额外缓冲；需要两倍于该数量的缓冲，该算法才能完全发挥作用。

14.6.11　模块化拥塞控制

在 TCP 被部署到互联网上使用的 30 年中，有大量的研究对其算法进行了调优，使其在许多不同的环境中都能表现良好。虽然人们都希望能有单组算法可以处理所有类型的网络环境——从可靠、高带宽、低延迟的局域网到不可靠的低带宽、高延迟广域网——但是单个算法覆盖所有的网络环境组合，事实证明是不可行的。

自从包含 TCP 的 4.2BSD 发布以来，已经定期对拥塞控制算法进行了改进，以更公平地共享带宽，并提高整体网络性能。FreeBSD 中的默认拥塞控制算法称为 New Reno，因为它是从 4.4BSD 的最终 Reno 版本继承而来的。在 FreeBSD 7 中包含模块化拥塞控制之前，对拥塞控制算法的每次更改，都需要发布新版操作系统 [Stewart & Healy,2007]。

模块化拥塞控制是这样的一种系统，在该系统中，任何 TCP 或 SCTP 连接都可以选择使其具有最佳性能的拥塞控制算法。每个拥塞控制算法（包括默认的 New Reno 算法）都包含在可加载的内核模块中，并且每个 TCP 协议控制块都包含指向 cc_algo 和 cc_var 结构的指针。cc_algo 结构包含一组函数指针，每当指示与网络拥塞相关的连接状态的变化事件发生时，由 TCP 调用它们。有关连接拥塞信息的所有变量都存储在 cc_var 结构中。FreeBSD

的 TCP 实现中现在提供了 5 种拥塞控制算法：Hamilton Institute 基于延迟的拥塞控制 [Budzisz 等，2009]、CUBIC[Ha 等，2008]、H-TCP[Leith 等、2005]、Vegas[Brakmo & Peterson、1995] 以及默认的 New Reno[Henderson 等，2012]。

如何防止一个或多个主机因网络过载而损害所有的网络参与者，这是所有 TCP 拥塞控制算法的目标。FreeBSD 中提供的所有算法都通过控制 TCP 中的两个变量来避免拥塞：拥塞窗口 snd_cwnd 和慢启动阈值 snd_ssthresh。算法还仔细跟踪通信主机之间测量的往返时间。前面有关 FreeBSD 的默认慢启动和快速重传行为的章节中，已经对这些变量进行了介绍。以下部分描述了 FreeBSD 现在提供的各种拥塞控制算法如何（以不同于默认值的方式）处理这些变量。在慢启动算法完成其工作后，以快速的方式打开拥塞窗口，以及在面对网络拥塞时如何做出反应，每个算法在这两个方面有所不同。FreeBSD 支持的所有算法都封装在可加载的内核模块中，并共享一个通用的内核 API。cc_algo 结构表示拥塞控制算法向 TCP 的其余部分开放的内核 API。cc_algo 结构中的每个入口点（如表 14-5 所示）在连接生命周期的不同时期使用。当首次建立连接时，调用 conn_init 函数初始化由拥塞控制模块私有的每个连接状态。收到的每个确认都会触发对 ack_received 函数的调用，这通常会导致发送方拥塞窗口 snd_cwnd 增大。当在网络中发现拥塞时——接收到重复的 ack、往返超时的到期或接收到具有显式拥塞通知（ECN）标志的数据包的显式通知——则调用 cong_signal 函数，拥塞类型则使用 type 字段指示。接收到拥塞信号的任何拥塞控制算法，将采取行动来改变拥塞窗口的大小。

表 14-5　TCP 拥塞控制模块的方法

函　　数	描　　述
mod_init	初始化拥塞控制模块状态
mod_destroy	在 kldunload 的时候清空模块状态
cb_init	为新的控制块初始化拥塞状态
cb_destroy	为停止中的控制块清空拥塞控制状态
conn_init	为新创建的连接初始化变量
ack_received	收到 ACK 后调用
cong_signal	检测到拥塞信号后调用
post_recovery	在退出拥塞恢复后调用
after_idle	在空闲一段时间后数据恢复传输时调用

拥塞控制算法的区别在于它们如何检测网络中的拥塞。第一个 TCP 算法（包括 New Reno）使用指示丢失数据包的超时来检测拥塞。最近开发的拥塞避免算法专为高速、高延迟网络而设计，例如每秒 1 Gbit 的 WAN 链路，它的往返时间超过 50 毫秒，通过监控数据包往返时间的变化来检测网络中的拥塞。基于计时的方法可以提高 TCP 对响应拥塞的能力，因为连接的往返时间数据会在收到每个 ACK 时更新。

14.6.12 Vegas 算法

Vegas 拥塞控制算法是对之前的 Reno 和 New Reno 算法的逻辑提升。Vegas 算法的两个主要创新是用于处理重传的新系统和基于测量两个通信端点之间的带宽的拥塞避免的新形式。不同于 Reno 和 New Reno 算法，Vegas 更倾向于预测网络中的损失，因此会更激进地重传数据包。引入了新的重传机制，以改善原始 BSD TCP 实现中固有的问题。问题在于，TCP 使用的定时器粒度太粗，无法对丢失的数据包做出适当的反应，有时需要过一秒钟才发现重传是必要的。FreeBSD 定时器系统的改进和 New Reno 的实现使得在 Vegas 中引入的更改没有实际意义，因此不再进一步描述。

Vegas 的主要贡献在于，它的拥塞避免算法基于对两个通信端点之间的带宽的估算，该算法试图将连接的带宽利用率保持在可接受的范围内。Vegas 定义了两个值（即 alpha 和 beta）用于控制拥塞窗口。虽然关于 Vegas 的文献将其网络利用机制描述为基于带宽来运作的，但是 alpha 和 beta 值却是以报文数来衡量的。在 FreeBSD 中，alpha 和 beta 值是通过一对 sysctl 变量 net.inet.tcp.cc.vegas.alpha 和 net.inet.tcp.cc.vegas.beta 来控制的，分别设置为 1 和 3 报文段。每次收到 ACK 时，都会由模块的 vegas_ack_received 函数处理。vegas_ack_received 函数计算传输速率的预期值和实际值，然后执行以下三种操作之一：

1）如果预期速率和实际速率之间的差值小于 alpha 值，Vegas 将在下一次往返时将拥塞窗口加一。

2）如果差值大于 beta 值，Vegas 将在下一次往返时将拥塞窗口减一。

3）如果差值在 alpha 和 beta 之间，则不采取任何措施。

使用 alpha 和 beta 作为阻尼函数，防止在网络状况发生微小但非灾难性变化时，拥塞窗口大小发生振荡。

14.6.13 Cubic 算法

Cubic 算法是一种新的拥塞控制算法族里的算法之一，它们旨在改善网络链路利用不足的问题。在 TCP 历史上的大部分时间里，拥塞控制算法运行在高带宽链路同时具有低延迟的环境中，例如在局域网中。自 20 世纪 90 年代末以来，公司通常在远程位置之间搭建自己的私有高带宽链路。一个典型的例子是一家运营在美国和日本的公司。在东京和旧金山之间通常具有每秒 1 Gb 的链路，往返时间约为 110 毫秒。使用 New Reno 和 Vegas 算法中的增加拥塞窗口的传统方法，单个连接花费将近 10 分钟来探测可用带宽，因为窗口仅在每次往返时增加一次。试图简单地通过使 TCP 更激进（增加拥塞窗口）来解决链接未充分利用的问题是行不通的，因为这会导致所有连接在可用带宽上相互冲突，从而导致有效带宽下降，并最终导致拥塞崩溃（这在互联网早期是典型现象）[Jacobson，1988]。

CUBIC 拥塞控制算法分两个阶段工作，以找到正确的拥塞窗口。两阶段的名称与 CUBIC 函数的形状有关，该函数具有两个区域，一凹一凸。当 CUBIC 激进地增加拥塞窗口时，它处于凹区域，但是当拥塞窗口接近目标最大值时，它切换到凸区域，使得拥塞窗口增长变慢，并且不会意外地超过理论最大尺寸。

14.7　流控制传输协议

在 TCP / IP 协议族的大多数历史中，有两种主要的传输协议。网络应用程序设计者被迫在可靠的、有序的字节流协议 TCP 和具有明确消息边界，但不可靠且无序的 UDP 协议之间进行选择。套接字 API 旨在处理可靠的、面向消息的传输协议，它可以通过提供 SOCK_SEQPACKET 作为 socket 系统调用的 type 参数来选择。顺序分组协议套接字最初被添加到 4.2BSD，以支持来自 Xerox 网络系统的顺序包协议（SPP）[Xerox, 1981] 和来自 Lawrence Livermore 国家实验室的 Delta-t 协议 [Watson, 1989]。

流控制传输协议（SCTP）旨在提供可靠的面向消息的传输协议 [Stewart 等，2000；Stewart 等，2011]。SCTP 是 TCP 的直接替代品，但本节集中讨论那些使其作为有序分组协议有用的特性，并且还讨论了其他传输协议中不存在的一些新特性。

顺序分组协议与字节流协议的区别在于一个重要方面：每个消息总是作为整个单元由应用程序发送和接收的。消息可以被分解成较小的数据包以便在网络上传输。当应用程序发送数据时，只要传递给 recvfrom 例程的缓冲区能够保存整个消息，就可以保证传递到 sendto 调用的所有数据，都能在对端一次性调用 recvfrom 接收到。当应用程序尝试接收大于 recvfrom 调用中提供的缓冲区大小的消息时，内核将填充缓冲区，丢弃其余消息，返回的时候设置上 MSG_EOR 标志。想要知道收到的消息是否已完成的唯一方法是在从 recvfrom 例程返回时检查 MSG_EOR 标志。

除了支持基于消息的协议之外，SCTP 还具有其他一些功能，这些功能是对 TCP 中所做工作的改进，包括增强的安全性、多宿主、多数据流和跟踪连接健康状况的心跳。

当应用程序使用 TCP 时，每个连接都独立存在，并且与可能在相同主机之间移动的其他数据流无关。SCTP 使用源和目标网络的地址以及端口来实现唯一标识通信端点的关联，以区分不同关联。在一个关联中，可以有多个数据流，每个数据流都有自己的一组性能参数。与 TCP 非常相似，关联可以包含一个或多个流，它们是可靠有序的字节流。该关联还可以包含一个或多个流，其中数据是有序的，不过具有消息边界。每个关联最多可支持 65 536 个独立的流。

14.7.1　大数据块

每个 SCTP 数据包都以一个公共数据包报头开始，如图 14-9 所示。报头中编码的仅有的信息是源和目标端口、验证标记以及数据包中包含的其余数据的校验和。报头后跟一个或多个块，这些块被编码为具有嵌入式标志集的类型 / 长度 / 值元组，如图 14-10 所示。SCTP 数据包中的所有字段都经过编码，以让它们正好是 32 位的倍数，这使得它们更易于在常用的 32 位和 64 位处理器上使用。

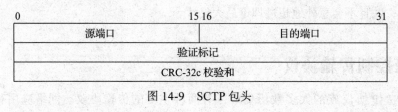

图 14-9　SCTP 包头

图 14-10　SCTP 块

表 14-6 中显示了 SCTP 块类型所需的最小集合。SCTP 协议的扩展定义了新类型，但它们不在本书的讨论范围内。关于 SCTP 协议及其扩展的更完整的讨论可以在 Stewart & Xie[2002] 中找到。

表 14-6　SCTP 块类型

类　　型	用　　处
DATA	数据
PADDING	填充
INITIATION	连接创建
INITIATION_ACK	连接创建
COOKIE_ECHO	连接创建
COOKIE_ACK	连接创建
OPERATION_ERROR	错误指示
SELECTIVE_ACK	部分数据确认
HEARTBEAT_REQUEST	连接维护
HEARTBEAT_ACK	连接维护
ECN_ECHO	拥塞通知
ECN_CWR	拥塞通知
ABORT	连接销毁
SHUTDOWN	连接销毁
SHUTDOWN_ACK	连接销毁
SHUTDOWN_COMPLETE	连接销毁

14.7.2　关联建立

SCTP 使用 4 次握手在两个端点之间建立关联。创建 TCP 连接只需要 3 个数据包：SYN、

SYN/ACK 和 ACK，但这种方法使 TCP 容易受到拒绝服务攻击，称为 SYN 洪水（SYN flood）。SYN 攻击是有效的，因为 TCP 没有内置机制来判断连接是否想成功，或者它纯粹是为了耗尽内核的资源。14.4 节中描述的 syn 缓存和 syn-cookies 旨在克服使用 3 次握手引起的问题。SCTP 的关联设置阶段旨在阻止拒绝服务攻击。

　　关联建立始于客户端将带有 INIT 块的数据包发送到网络上的服务器。INIT 数据包在验证标记中包含一个 32 位随机数，该数字在 4 次握手的剩余时间内使用。当服务器收到 INIT 数据包时，它会生成自己的验证标记以及状态 cookie。状态 cookie 包含主机重新创建有效协议控制块所需的最小状态量，限制 cookie 生命周期的超时值，以及使用 cookie 数据和私钥生成的验证标记。验证标签受到 Krawczyk 等 [1997] 所述的消息认证码的保护。私钥不需要在主机之间共享。它仅用于验证服务器生成的 cookie 是否与客户端在关联过程结束时返回的 cookie 相同。服务器现在创建一个包含 INIT-ACK 块的数据包，其中包含客户端创建的验证标记，服务器的新验证标记以及状态 cookie。当客户端收到 INIT-ACK 数据包时，它立即创建一个带有 COOKIE-ECHO 块的数据包，并将 cookie 发送回服务器。当服务器从客户端收到 COOKIE-ECHO 块时，它会验证状态 cookie，如果签名和数据正确，并且 cookie 已在必要的超时内到达，则实例化关联。关联设置的最后一步是服务器将带有 COOKIE-ACK 块的数据包发送回客户端。一旦客户端收到包含 COOKIE-ACK 块的数据包，关联就完成了。为了改善与 4 次握手建立关联所涉及的开销，SCTP 可以在包含 COOKIE-ECHO 和 COOKIE-ACK 块的数据包中传输数据，从而减少关联启动和初始数据传输之间的时间。尝试使用 INIT 数据包在网络上 flood 攻击另一台主机的任何主机（类似于 SYN 洪水）都不会让内核创建或维护任何状态，因为在收到 COOKIE-ECHO 之前不需要任何状态。在收到 COOKIE-ECHO 的握手中，内核通过解码用自己的密钥加密签名的数据包来确认连接的合法性。

14.7.3　数据传输

　　一旦在两个端点之间建立了关联，SCTP 就可以开始传输数据。使用 SCTP 传输的所有数据都是关联中不同流的一部分。每个流都有唯一的流标识符。传输数据时，SCTP 会跟踪两个不同的序号。流序号跟踪数据在特定流中的位置，并确保流中消息的正确排序。传输序号（TSN）跟踪整个关联的块，负责保证块的可靠传送。诸如选择性确认的机制被应用于整个关联，它使用 TSN 跟踪块，并确保任何丢失的块最终会被重传和交付。

　　当应用程序使用 SCTP 作为顺序数据包传输时，接收数据的程序会做检查，确保 recvmsg 例程返回的 msghdr 结构体中 MSG_EOR 标志被设置上。为了提供面向消息的服务，SCTP 有几个函数一起工作，以能够接受任意大小的消息，并确保要么它们全部到达关联的另一端，要么将错误返回给 sendto 的调用者。

　　使用 TCP 在两个端点之间发送不同记录的程序需要在数据流中引入标记以识别记录边界。即使使用这些记录标记，也不可能强制 TCP 将数据作为记录传输，因为 TCP 无法识别应用程序级边界。使用 SCTP 的程序不需要引入记录边界，因为 SCTP 的数据传输的基本单位是数据块。如图 14-11 所示，数据块是 SCTP 使用的抽象，它封装了在网络上传输的应用程序数据。SCTP 中的所有块都有一个公共头部，包括类型、一组标志和长度。长度字段为16 位。因此，块可以描述的最大数据量是 64 KB。长度字段的值必须包括头部大小和任何用户数据，使得单个块的有效最大大小为 64 KB 减去 16 字节（也就是 65 520 字节）。用块构建的消息可能远大于 64 KB，因为 SCTP 使用 TSN 按顺序保留所有块。在具有默认套接字缓冲区大小的 FreeBSD 系统上，传递给单个 send 调用的消息的有效大小限制为 225 KB。使用更大的套接字缓冲区，单个消息可能达到几兆字节。

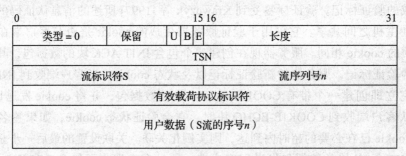

图 14-11　SCTP 数据块，TSN——传输序列号

　　当程序在使用 SOCK_SEQPACKET 选项打开的套接字上调用 sendto 系统调用时，数据最终到达 sctp_sosend() 例程的时候，被转换为 uio 结构。在进行少量处理（提取控制数据）之后，将 uio 结构传递给 sctp_lower_sosend()，在这个函数中开始传输 SCTP 数据的实际工作。SCTP 中的数据被放置在存储在 sctp_inpcb 结构 (SCTP 的网络层协议控制块) 中的一个或多个关联上。SCTP 的一个特性是能够在当前套接字处于活动状态的所有关联上发送数据块。处理一对多通信方式的代码给系统增加了相当大的复杂度，这里不再描述。

　　将数据发送到新的未连接地址被视为隐式发送，它需要协议建立新关联，在关联创建完成前持有数据块。找到正确的关联后，通过调用 sctp_chunk_output() 将数据排队，等待被传输。传递到内核的数据由 sctp_move_to_outputqueue() 例程转换为块结构。每个关联都有自己的发送队列结构，在发送之前将块放在这些结构上。块被保存在两个队列之一中（ send_queue 或 sent_queue 队列），直到接收数据的系统正确确认它们为止。将块正确放置在 send_queue 上后，调用 sctp_med_chunk_output() 来检查是否可以给该关联发送任何数据。与 TCP 一样，SCTP 必须保持对网络状况的良好理解，包括任何可能的拥塞。在确定是否可以输出任何数据之前，sctp_med_chunk_output() 例程负责检查拥塞窗口。如果拥塞窗口中有足够的剩余空间来发送数据包，则 sctp_med_chunk_output() 会创建一个 mbuf链，它由 sctp_lowlevel_chunk_output() 对外输出。sctp_lowlevel_chunk_output() 将适当的IP 或 IPv6 报头放在数据包上，并通过调用适当的网络层协议输出例程（ip6_output() 或 ip_ output()）来传输数据包。

在 SCTP 中处理接收的数据包比传输更容易，因为 SCTP 的大多数有趣特性都与数据包的发送位置有关。当网络层协议识别出 SCTP 数据包时，将使用从网络接收的 mbuf 调用 sctp_input()。它立即调用 sctp_input_with_port()，其任务是将数据包拆分为一组内部结构，用于确定数据包的传递位置。处理传入数据包时 SCTP 完成的大部分工作由 sctp_common_input_processing() 处理。此例程处理来自所有下层网络源的输入。数据块由 sctp_process_data() 例程中的代码处理。检查每个块以确保它在预期的接收窗口内，然后调用 sctp_add_to_reqdq() 例程，重新组装它们并添加到读取队列中。一旦数据在读取队列上，由应用程序负责通过系统调用（例如 recvfrom）来获取它们。在 SEQPACKET 类型的套接字上调用 recvfrom，将会调用 sctp_soreceive() 例程，然后调用 sctp_sorecvmsg() 例程，该例程是从 SCTP 套接字读取数据的所有例程的最终例程。如果在调用 sctp_sorecvmsg() 时没有可读取的数据，它将阻塞在 sbwait 状态，直到数据到达或套接字关闭。如果读取队列中有可用数据，则 sctp_sorecvmsg() 将从读取队列中复制 mbuf。当从读取队列接收数据时，调用 sctp_user_rcvd() 例程计算是否已在接收套接字中释放了足够的空间，以决定是否向发送方发送 ACK，告知对方现在可以发送更多数据。一旦读取了一定量的数据，对 sctp_sorecvmsg() 的调用将返回给调用 recvfrom 系统调用的调用者，其中数据和任何辅助或控制信息被放入应用程序传入的缓冲区中。

14.7.4　关联关闭

关闭关联是一个多步骤过程，可以由任一相关主机发起。当应用程序指示关闭关联时，发送方将关联置于 SHUTDOWN_PENDING 状态，并设置 PCB，以便不再发送数据。然后发送主机进入等待，直到所有先前发送的数据都已被确认。一旦确认了所有未完成的数据，客户端就会向服务器发送一个带有 SHUTDOWN 块的数据包。接收到带有 SHUTDOWN 标记的数据包的主机，将在其自身 PCB 中设置一个标志，该标志是关联的一部分，这样用户级程序就不能再发送更多数据了。然后检查它是否有任何未完成的数据要发送给客户端。如果有未完成的数据，则在所有剩余数据被确认之前，服务器不会继续关闭过程。一旦客户端确认完所有先前发送的数据，服务器将发送带有 SHUTDOWN-ACK 的数据包。当客户端收到带有 SHUTDOWN-ACK 块的数据包时，它将使用带有 SHUTDOWN-COMPLETE 块的数据包进行回复。完成后，关联关闭。

14.7.5　多宿主和心跳

SCTP 的目标是通过 Internet 为应用程序提供高可用的通信通道。与 TCP 连接不同，SCTP 关联可以具有多个网络地址。如果由于网络分区或其他故障导致地址无法访问，则关联可以选择使用其他地址来尝试访问端点。

图 14-12 显示了多宿主主机的示例。多宿主系统是在两个或多个网络上具有两个或多个接口的系统。两个系统之间通过网络的每条路径都应该是唯一的，以提供完整的保护，防止丢失一条路径。在公网中，主机无法控制其数据包传输的路径，因此多宿主关联提供的保护是概率性的。在企业网络中，管理员知道所有底层网络链路的完整路径，它更有可能有效地使用多宿主。共享同一网络的两个多宿主主机，并不比只有（共享同一网络的）单个接口的两个主机更好。共享路径中的任何中断都会破坏关联，它将使得两台主机断开连接。

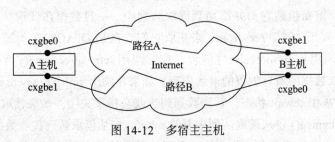

图 14-12 多宿主主机

通过 SCTP 进行通信的用户级代码向内核指示它将使用一组地址，方法是调用 sctp_bindx() 或 sctp_connectx()（它们分别包装 bind 和 connect 系统调用），调用哪个取决于程序是接收还是启动连接。

当数据流在关联中传输时，如果来自关联另一端的确认流程停止了，则像网络分区之类的问题就会立即显而易见。包含多个网络地址的关联需要一种方法来确保构成关联的所有地址仍可访问。SCTP 通过向任何作为关联一部分的地址（但不是当前通信中的活跃参与者）发送定期心跳请求，以此来维护作为关联一部分的每个网络地址的可访问性信息。当 SCTP 与外部主机通信时，使用一个主地址，在主地址失效时，使用一个或多个其他地址。当关联中没有数据流时，会将心跳请求发送到所有地址，以确保它们都可以访问。接收心跳请求的主机会立即发回心跳响应。当主机收到先前传输的心跳请求的响应时，内核会更新关联状态，然后使用 callout 子系统设置超时时间，以便后面在下一个超时间隔发送另一个心跳请求。默认超时间隔为 30 秒加上源地址和目的地址之间的估计重传超时时间，并添加少量抖动值，以使心跳包不会彼此紧密同步。

在 sctp_inpcb_alloc() 例程中创建协议控制块时，将设置初始心跳超时值。SCTP 中的所有定时器都由一个集中的例程 sctp_timer_handler() 处理，该例程根据已过期的定时器类型调用其他辅助例程。当心跳定时器到期时，对 sctp_heartbeat_timer() 的调用将确定是否已收到心跳确认。如果已收到心跳确认，则仅重置定时器并发送另一个心跳请求。如果未收到心跳确认，则认为该地址已部分失效。内核将继续联系部分失效的地址多达 5 次，5 次后删除该地址。

通过调用 sctp_send_heartbeat_ack() 直接在数据包输入期间处理心跳请求，该调用将心跳确认立即打包并发送回请求的发送方。接收心跳请求时不需要其他处理。

习题

14.1 是什么可能导致连接在关闭时永远停留？

14.2 TCP 是传输层、网络层还是链路层协议？

14.3 为什么 TCP 和 UDP 协议控制块分别保存在单独的列表中？

14.4 为什么输出例程而不是套接字层的发送例程（sosend()）检查输出数据包的目的地址，以查看目的地址是否是广播地址？

14.5 为什么 TCP 协议头包含报头长度字段，即使它总是封装在 IP 数据包中，而 IP 数据包已经包含了 TCP 消息的长度？

14.6 TCP 用于限制数据传输速率的流量控制机制是什么？

14.7 TCP 如何识别来自主机的消息？这些消息被定向到先前存在但之后被关闭的连接（例如在重新启动计算机之后）。

14.8 在一个连接中，TCP 接收窗口的大小何时不等于相关套接字的接收缓冲区中可用的空间量？为什么这些值在此时不相等？

14.9 什么是 keepalive 消息？TCP 为什么要使用它们？为什么在内核中实现 keepalive 消息，而不是在每个需要此功能的应用程序中实现？

14.10 为什么计算平滑的往返时间很重要，而不是仅仅将计算的往返时间进行平均？

14.11 为什么 TCP 延迟确认接收的数据？TCP 将确认延迟的最长时间是多久？

14.12 解释糊涂窗口综合征是什么。举一个例子说明避免糊涂窗口综合征对良好的协议性能很重要。解释 FreeBSD TCP 如何避免这个问题。

14.13 "小包避免"的含义是什么？为什么对表现出单向数据流并且需要低延迟以获得良好交互性能的客户端（例如，X Window 系统）来说，小包避免是不利的？

14.14 举两个在 SCTP 中，但不在 TCP 中的功能。

14.15 什么是 SCTP 关联？

14.16 SCTP 中的 4 次握手如何防御拒绝服务攻击？

*14.17 为什么 TCP 连接的初始序号是随机选择的，而不是总是设置为零？

*14.18 在 TCP 协议中，为什么 SYN 和 FIN 标志在序号空间有一席之地？

*14.19 描述连接建立期间的典型 TCP 数据包交换过程。假设活跃的客户端主动发起了和服务器的连接。如果服务器同时尝试发起与客户端的连接，这种情况下会发生什么变化？

*14.20 假设服务器进程接受了某个连接，然后在接收到任何数据前立即关闭该连接，画出此时发生的 TCP 状态转换图。如果 FreeBSD TCP 支持服务器在系统完成连接之前可以拒绝连接请求的机制，那么此时又有什么不同？

*14.21 UDP 如何将传入消息的完全指定的目的地址与具有不完整的本地地址和远程目的地址的套接字匹配？

*14.22 报文最长存活时间（MSL）是指消息在网络中可以存活的最长时间，即消息可能在某些硬件介质上传输或在网关中排队的最长时间。TCP 如何确保 TCP 消息也有有限的 MSL？IP 又是如何做到有限的 MSL 的？有关此问题的另一种方法，请参见 Fletcher & Watson[1978]。

*14.23 在检测旧的重复数据包时，为什么 TCP 除了序号之外还使用时间戳选项？在什么情况下最需要这种检测？

**14.24 描述一种在 Internet 环境中用来计算 MSL 上界的协议。TCP 如何使用某个消息的 MSL 上界（参见练习 14.22），以最小化与关闭 TCP 连接相关的开销？

**14.25 描述路径 MTU 的探测过程。当一个路径的 MTU 突然增加时，FreeBSD 可以利用它吗？请解释原因。

系 统 运 行

第 15 章

系统启动与关闭

本书的大部分内容都关注 FreeBSD 内核的稳定状态，主要包括运行期间维护的不变性，以及本地进程或网络服务提供给远程系统的内核服务。本章将描述内核是如何引导和关闭的。由于硬件的类型不同以及预期部署不同，所以引导过程的详细信息各不相同，但所有引导过程都共享着共同的结构：其中包括系统固件、BIOS、FreeBSD 提供的 boot loader（引导加载程序）的不同阶段、内核引导以及用户空间。

系统操作以供应商提供的固件开始（结束），该固件可抽象出硬件环境中的底层变化。固件还向内核提供有关处理器、内存、总线以及外围设备配置的信息，且可以提供电源管理服务。系统固件的接口在平台、供应商和部署环境之间存在很大差异——工作站和服务器的操作模型与嵌入式设备的模型是不同的，FreeBSD 内核必须考虑这些所有的模型。高端系统通常在固件中支持远程管理功能和网络引导，FreeBSD 通过这些固件对脚本、boot loader、内核以及可选加载的内核模块的多个阶段进行分层。相比之下，嵌入式和小型个人设备往往具有更多约束，其中简单的固件将静态链接的内核从闪存中复制到主存储器，然后跳转到其起始地址开始执行。在低端环境中，FreeBSD 可能从闪存的只读文件系统镜像引导并运行单个专用应用程序。

本章其余内容，请访问华章网站 www.hzbook.com 下载。